普通高等教育农业部“十二五”规划教材
普通高等教育“十三五”规划建设教材

小动物临床诊断学

张海彬　夏兆飞　主编

中国农业大学出版社
·北京·

内 容 提 要

本书共分4篇19章。第一篇为小动物的临床检查，包括临床检查的基本方法和程序、整体和一般检查、躯体各部位的检查和临床特殊器械检查。第二篇为实验室检验，囊括血液学检验，临床生化检查，动物排泄物、分泌物及其他体液检查等。第三篇为影像诊断，重点讲述了X射线检查和超声波检查。第四篇为建立诊断的方法与原则。本书深入浅出，密切联系小动物的临床实际，容纳了当前小动物诊疗的新技术、新方法；同时为加深对相关操作和知识的理解，还选择了一些有代表性的图片附在书中，供大家在临床实践中参考。本书可作为农业院校及综合性大学动物医学专业本科生的教学用书，也可作为小动物临床诊疗工作者的工具书。

图书在版编目(CIP)数据

小动物临床诊断学/张海彬，夏兆飞主编. —北京：中国农业大学出版社，2016.7
ISBN 978-7-5655-1595-8

Ⅰ.①小… Ⅱ.①张… ②夏… Ⅲ.①动物疾病-诊断 Ⅳ.①S854.4

中国版本图书馆CIP数据核字(2016)第113977号

书　名 小动物临床诊断学
作　者 张海彬　夏兆飞　主编

策划编辑 潘晓丽　赵　中　　**责任编辑** 潘晓丽
封面设计 郑　川　　**责任校对** 王晓凤
出版发行 中国农业大学出版社
社　址 北京市海淀区圆明园西路2号　　**邮政编码** 100193
电　话 发行部 010-62818525，8625　　读者服务部 010-62732336
编辑部 010-62732617，2618　　出　版　部 010-62733440
网　址 http://www.cau.edu.cn/caup　　**E-mail** cbsszs@cau.edu.cn
经　销 新华书店
印　刷 涿州市星河印刷有限公司
版　次 2016年7月第1版　2016年7月第1次印刷
规　格 787×1 092　16开本　23.25印张　575千字
定　价 49.00元

编写名单

主　　编　张海彬　夏兆飞

副 主 编　孙卫东　陈艳云　刘国芳

编写人员　（按姓氏笔画排列）

王玉燕（南京农业大学）
王希春（安徽农业大学）
邓益锋（南京农业大学）
吕艳丽（中国农业大学）
刘　宏（南京博研宠物医院）
刘国芳（江苏农林职业技术学院）
孙卫东（南京农业大学）
吴文达（南京农业大学）
张广强（信阳农林学院）
张海彬（南京农业大学）
张海霞（中国农业大学）
张　磊（河南牧业经济学院）
陈艳云（中国农业大学）
陈耀钦（中国农业大学）
夏兆飞（中国农业大学）
夏继飞（南京农业大学）
黄　薇（中国农业大学）
崔焕忠（吉林农业大学）
董　强（西北农林科技大学）
赖晓云（无锡派特宠物医院）

前　言

目前，中国共有60多所高校开设动物医学专业，长期以来，该专业的目标都旨在培养具备动物医学方面的基本理论、基本知识和基本技能，能胜任动物医学相关工作的高级人才。经笔者调研发现，国内开设动物医学专业的高校“临床诊断”课程所采用的教材多数都是《兽医临床诊断学》，其对象主要是针对马、猪、禽类等经济动物，诊疗手法也较为落后。

随着社会经济的发展，人们对猫、犬等小动物的喜爱程度增加，不少与小动物相关的行业和职业开始兴起，比如“宠物医院”、“宠物美容店”、“宠物健康护理员”等，尤其在北京、上海等大城市，养宠物的人越来越多，带动了宠物医疗保健行业的发展，也刺激了这些行业对动物医学专业毕业生的需求。

作为在高校从事一线动物医学专业教学和科研的教师，我们应该适应社会经济发展的要求，从动物医学专业学生的就业现状出发，对目前现有教材的内容进行改革和创新，以提高教学效果，同时提高学生的就业竞争力，以满足社会对该专业学生的实际需求。

基于此，我们策划编写了《小动物临床诊断学》一书。本书弥补了目前通用教材中以牛、马等大动物为诊疗对象的不足，可以使学生更为直观、便捷地掌握猫、犬等宠物的诊疗技术。同时，笔者具有30多年兽医内科和诊断学教学经验，又长期从事宠物医院的临床诊疗工作，具有丰富的理论和实践经验。书中所介绍的诊断手段不但包括视诊、触诊、叩诊和听诊等诊断手段，还包括血象、生化、电解质、血气、细胞学等实验室诊断以及X射线、超声等影像学诊断等。此书不但是高校动物医学专业学生简单实用的指导教材，也可供宠物工作者及宠物饲养者参考。

本教材由来自南京农业大学、中国农业大学等20位农业高校动物医学专业的知名教授和上海、江苏等地的宠物医师合作完成。在此，向各位参编人员的鼎力相助表示衷心的感谢。书中如有不足和纰漏之处，还请各位同仁批评指正。

编　者

2016年2月

前言

目　录

第一篇　临床检查

第二篇 实验室检验

第三篇　影像诊断

第四篇 建立诊断的方法与原则

绪　论

改革开放极大地促进了中国经济的发展和人民生活的多样化，小动物(尤其是宠物犬、猫)迅速进入千家万户，成为家庭的特殊成员，作为伴侣动物，宠物在当代社会生活中的重要性迅速提高，同时创造了许多就业机会，社会对小动物医疗水平的要求远远高于对经济动物的要求。小动物临床诊疗行业发展迅猛，就业队伍不断壮大，宠物兽医已经成为社会上受到广泛关注的人群，小动物临床诊断医学发展前景广阔。

近年来，宠物医院的发展非常迅速，人们对小动物临床诊断工作的要求不断提高。小动物临床工作的基本任务是防治小动物疾病，保障小动物的健康发展。防治疾病的前提是认识疾病，正确的诊断是制订合理、有效防治措施的依据。因此，小动物临床诊断学作为农业院校动物医学专业的一门主要的专业基础课，也是把基础课和临床或专业课程相互联系起来的一个桥梁。

一、小动物临床诊断学的概念和主要内容

诊断学(diagnostics)是系统地研究诊断疾病的方法和理论的科学。小动物临床诊断学(small animal clinical diagnostics)是以犬猫为主要研究对象，从临床实践的角度，研究检查疾病的方法和分析症状、认识疾病基本理论的一门学科。

小动物临床诊断学的主要内容包括以下 3 个部分。

(一)方法学

为了收集作为诊断依据的症状、资料，首先需应用各种方法进行实际调查和检查，所以检查法是本课程的重要内容之一，狭义的临床诊断学，其内容主要就是方法学。应用于临床的检查方法较多，且随着近现代科学的发展，一些新的方法和技术被广泛地应用于临床诊断实践，归纳起来，这些方法可分为如下几类。

(1)对小动物及其环境、条件的调查、了解，通常可通过向主人询问的方式进行，称为问诊。

(2)通过检查者的感官，直接对小动物进行客观的观察和检查的方法，称为物理检查法。其中包括视诊、触诊、叩诊、听诊和嗅诊。

以上两类检查方法在临床诊断中已经普遍应用，故又称为基本临床检查法。这是本课程的基本内容。

(3)需用某些特殊的仪器、设备或需在特定的实验室条件下进行检查、测定或试验的方法，统称为特殊检查法。

这类检查法，一般都是根据临床诊断的启示或需要，针对某些特殊情况，为了肯定或排除某些疾病而选择应用的，在确定诊断中，经常具有特定的意义，有时甚至起决定性的作用。

常用的特殊检查方法中，主要有实验室检查法(血、尿、粪和食品等的常规检验及生化分析等)、X 线检查法(如 X 线的透视或摄影等)，其他的还有心电描记法、超声探查法以及放射性

同位素在临床诊断中的应用等。

(二)症状学或症候学

临床诊断的目的在于发现并搜集作为诊断根据的症状资料。症状是患病动物所表现出的病理性异常现象。只有熟悉小动物正常的生理状态,才能发现、识别其异常的病理变化。症状学内容中,首先描述各种症状的表现、形象和特征,以其作为发现、识别症状的根据。更重要的则是阐明每个症状产生的原因、条件和机制,并进而联系、提示其诊断的意义。症状和资料是提示可能性诊断的出发点和构成诊断的重要依据。全面确切的症状资料,是取得正确诊断的客观基础。

(三)诊断的方法论(建立诊断的方法和原则)

检查法和症候学是临床诊断学的基本内容。每个症状和单项资料,只是有关疾病的表面的、片面的现象和孤立零散的条件,并不能直接地反映疾病的实质。因此,必须将全部的症状资料加以深入分析和全面综合,才能阐明疾病本质,构成诊断的依据。症状资料的综合、分析过程,应以辩证唯物认识论的基本观点作为总的指导原则。诊断方法论部分,主要叙述症状资料综合分析的原则和建立诊断的步骤、方法及依据,并作为本课程的最后概括和总结。

二、症状、诊断及预后的概念

(一)症状的基本概念

小动物患病时,由于受到致病因素的作用,引起动物机体细胞内分子结构的改变,使组织、器官的形态结构发生变化,机能发生紊乱,在临床上常常呈现出一些异常的表现,这些异常的表现就叫做症状(symptom)。总的来说,疾病过程所引起的机体或某器官的机能紊乱现象称为症状,而所表现的形态结构变化,通常称为症候。在医学临床上有主观症状和客观体征(sign)之分,临床上由于小动物不能用语言表达其自身的感觉,均需要根据客观的检查来发现与揭示。所以,将机能紊乱现象与形态结构的变化统称为症状。

症状是在小动物疾病过程中所表现出的病理性的异常现象,是认识疾病的向导,能够为诊断疾病提供重要的线索或佐证。

(二)症状的分类

由于致病原因、动物机体的反应能力、疾病经过的时期等的不同,疾病过程中症状的表现千变万化。从临床的角度出发,大致可将症状分为如下几类:

1. 全身症状与局部症状

全身症状(constitutional symptom),一般是指机体对致病因素所作出的全身性反应,如多种发热性疾病经常呈现的体温升高,脉搏、呼吸增数,食欲减退和精神沉郁等。全身症状也称作一般症状(general symptom)。虽然根据全身症状,不易确诊为何种疾病,但全身症状的有无、轻重、发展等,对病势、疾病种类和性质、病程长短及预后各方面的判断,都可以提供有力的参考。例如胃肠卡他一般很少呈现全身症状,预后良好;胃肠炎则全身症状明显,预后慎重。

局部症状(local symptom),是指某一器官疾病时,局限于病灶区的一些症状,如肺炎的胸部叩诊浊音区,炎症部位的红、肿、热、痛等。局部症状直接与发病部位有关。局部症状并非某种疾病所独有,但具体的哪一种机能障碍则有一定的特异性,据此可以明确患病的主要部位,甚至有时可以确定病名,如血液循环障碍大多因心血管疾病引起。此外,局部症状也可以提供有价值的诊断依据，如从采食和咀嚼障碍，自然会联想到牙齿、舌、颊、口黏膜、唇、颌骨及支配这些部位的神经机能异常。

2. 主要症状和次要症状

主要症状(cardinal symptom)，是指某一疾病时，表现出的许多症状中的对诊断该病具有决定意义的症状。如心内膜炎时，可表现为心搏动增强，脉搏加快，呼吸困难，静脉瘀血，皮下浮肿和心内性杂音等，其中只有心内性杂音可作为心内膜炎诊断的主要依据，故称其为主要症状，其他症状称为次要症状(incidental symptom)。在临床诊断中分辨出主要症状和次要症状，对准确建立诊断有很大帮助。

3. 示病症状和特殊症状

示病症状(pathognomonic symptom)，是指只有在某种疾病时才出现的症状，即是该病所表现其特有的而其他疾病所不能出现的症状，见到这种症状，一般即可联想到这种疾病，而直接提示某种疾病的诊断。如颈静脉阳性搏动提示三尖瓣闭锁不全。

特殊症状(characteristic symptom)是指能反映疾病临床特征的症状，也就是典型症状(classical symptom)。

4. 前驱症状和后遗症状

前驱症状(precursory symptom)又称早期症状(early symptom)，是指在疾病的初期阶段，主要症状尚未出现以前表现的症状。早期症状常为该病的先期征兆，可据此提出早期诊断，为及时提出防治措施提供启示。例如幼犬的异嗜现象，常为矿物质代谢紊乱的先兆。

当原发病已基本治愈，而遗留下的某些不正常的现象，称为后遗症状(sequent symptom)或后遗症(sequelae)，如关节炎治愈后遗留下的关节畸形。是否有后遗症，对于评价小动物预后有参考作用。

5. 固定症状和偶然症状

在整个疾病过程中必然出现的症状，称为固定症状(constant symptom)；在某些特殊条件下出现的症状，称为偶然症状。如患消化不良的病犬，必然会出现食欲减退，有舌苔，粪便性状发生改变，这些属于固定症状；只有当十二指肠发生炎症，使胆管开口处黏膜肿胀，阻碍胆汁排出时才可能发生轻度黄疸，所以消化不良过程中的黄疸表现，就属于偶然症状(accidental symptom)。

6. 综合症候群(综合征)

在许多疾病过程中，有某些症状不是单独孤立出现，而是相互联系，有规律地同时或相继出现，把这些症状称为综合征或综合症候群(syndrome)。

如体温升高、精神沉郁、呼吸、心跳、脉搏加快、食欲减少等症状互相联合出现，称为发热综合症候群。各种症候群在提示某一系统、器官疾病，或明确疾病的性质等方面均具有重要意义。

(三)诊断

诊断(diagnosis)就是对患病动物所患疾病本质的判断。也就是通过详细的诊查，获得全面的症状、资料，再经过对有关的症状、资料的综合、分析，以弄清疾病本质的过程，所以，诊断的过程就是诊查、认识、判断和鉴别疾病的过程。

临床诊断的基本步骤，一般可分为3个阶段：

1. 调查病史，检查患病动物，收集症状资料，是取得正确诊断的客观基础

首先要接触小动物及其环境，通过调查了解，以收集关于发病经过、发病规律以及可能的致病原因等一系列病史等资料，应用各种临床检查的基本方法，对小动物进行全面的、系统的临床检查，以发现各方面的症状、表现及病理变化，根据具体情况，配合使用某些特殊的检查或辅助检查，以建立正确的诊断结论。

2. 分析、综合全部症状、资料，作出初步诊断

对每个症状、每项资料，在审核其真实性的基础上，分析其产生的原因、评价其诊断意义，对所有症状要分清主次，并以主要症状为基础，综合相互联系的症状而组成基本症候群，再结合有关发病经过、发病规律及可能的致病原因和条件等资料，考虑提示可能性的假定诊断，并经论证和鉴别过程而作出初步诊断。

3. 实施防治，观察经过，验证并完善诊断

临床初步诊断即可作为制定防治措施的依据，而初步诊断是否正确，还要经防治实践的效果来验证。临床诊断的依据和正确诊断的基本条件：病史或流行病学资料、患病动物的临床症状、某些特殊或辅助检查与化验的指标及结果等 3 部分资料。

正确的诊断必须以全面的、足够的、真实可靠的症状、资料为基础。而这些丰富的、客观的症状资料，又需要通过周密的调查和系统的检查而获得，当然，对这些资料和症状还要进行科学的综合与分析，才能得出符合实际的诊断结论。

（四）预后

预后(prognosis)就是对疾病发展趋势及其可能结局的估计。一般分为以下几种：预后良好，小动物能完全恢复；预后不良，小动物可能死亡，或不能完全恢复；预后可疑，由于病情正处在转化阶段，或材料不充分，暂时尚不能得出肯定结论。

鉴于小动物临床的对象主要是犬猫等宠物，所以客观地推测预后，在决定采取合理的防治措施上，具有重要的实际意义。

三、学习小动物临床诊断学的目的和要求

学习小动物临床诊断学的目的主要是掌握检查小动物疾病诊断的基本方法，为小动物临床诊疗提供通用的理论基础。

在学习过程中，要求学生理论联系实际，一方面系统学习理论知识，带着课堂中的问题，随时复习基础课(解剖、生理、病理等)的知识，做到温故知新，融会贯通，形成完整的理论体系；另一方面要重视实践，接触临床病例，通过规范化操作，熟练掌握基本操作技能。要求学生培养自己观察问题和分析问题的逻辑思维能力，识别不同疾病现象和体征，从中区别哪些属于普遍的规律，哪些属于特殊的规律，用以指导临床实践。要求对技术精益求精，维护兽医职业道德规范。

根据教学计划的规定，在本课程学习全部结束时，要求学生做到熟练掌握临床检查的常规方法(特别是一般检查、心血管系统检查、呼吸器官检查、消化器官检查、血液和尿液常规化验)，理解症状学的诊断意义，熟悉各个项目检查的部位，识别有诊断意义的体征，一般了解特殊检查的方法(如 X 射线检查、超声诊断等)，从而能分析综合症状资料，对典型病例作出初步假定诊断。并且熟练掌握小动物临床治疗方面的基本知识和各项技术的操作要领、方法及注意事项。

四、我国小动物临床诊断学的发展和现状

最初的医学诊断学，主要靠对表面现象的观察和简单经验的积累。近代医学的诊断学，主要是18世纪初期，在物理学、化学等基础学科发展的基础上开始形成的。主要包括体温计、叩诊法与听诊法的运用。19世纪中叶，微生物学快速发展，发现了某些传染病的病原体，制成了显微镜并开始应用于病原菌的诊断，提高了病原诊断的科学性和准确性。近代理论、科学技术的新成就也促进了本学科的发展，电生理与电子技术的进步，使心电、脑电、肌电描记能应用于小动物临床诊断；光导纤维研制改进内窥镜，使得消化道、泌尿道及呼吸道的内窥镜检查技术得以应用；电子显微镜的研制也使病理组织及病体组织的病理学诊断达到亚细胞水平；X光、超声波、核磁共振等目前也得以应用于小动物临床；许多生化检验精密仪器用于检测微量元素、激素、酶活性等大大提高了临床诊断的准确性。此外，计算机技术的发展和信息网络的形成将更方便地对特殊病例进行广泛的网上会诊、交流和远程诊断，为小动物临床诊断学科的发展，展现出新的前景。

第一篇　临床检查

◇ 第一章　临床检查的基本方法与程序
◇ 第二章　整体与一般检查
◇ 第三章　头颈部检查
◇ 第四章　胸部及胸腔器官的检查
◇ 第五章　腹部及腹腔器官的检查
◇ 第六章　神经及运动机能的检查
◇ 第七章　临床特殊器械检查

第一章　临床检查的基本方法与程序

第一节　临床检查的基本方法

在兽医临床实践中，为了诊断疾病，常常需要应用各种特定的检查方法，对患病动物进行客观的观察与检查。以诊断为目的，应用于临床的各种检查方法，称为临床检查法。

目前应用于小动物临床的各种检查方法较多，尤其是实验室检验、影像诊断（超声探查、X射线检查、MRI、放射性同位素、内窥镜检查）、心电描记等方面的新技术在小动物临床医学上的广泛应用，使现代疾病诊断技术有了很大的提高。但是，从临床诊断的角度，通过问诊调查和检查者的眼、耳、手、鼻等感觉器官对患病动物进行直接的检查，仍是当前兽医临床上采用的最基本临床检查法。

基本临床检查法包括问诊、视诊、触诊、叩诊、听诊和嗅诊，这些方法简单、方便，实用性强，在临床上应用广泛。

一、问诊

问诊（inquiry）是以询问的方式向动物主人或饲养管理人员调查、了解患病动物及所在群体表现的与发病有关的所有材料的一种检查方法。

（一）问诊的内容

问诊常在患病动物登记后首先开展。其主要内容包括现病历、既往病史、日常饲养管理及训练或运动情况。

1. 现病历

现病历即关于现在发病的情况与经过。主要了解以下内容。

（1）发病时间　询问发病时间，以了解疾病的发展阶段与快慢，判断疾病处在早期、中期或晚期；判断疾病是急性、亚急性还是慢性。例如，发现动物出现异常后立即前来就诊，病情发展迅速者为急性病例，且多处于早期；发病后拖延时间较长，则疾病可能进入中期或晚期；病情发展缓慢，长期呈渐进发展者则多为慢性病例。此外，在什么时间发病，还可以帮助判断疾病的可能原因。例如，在饲喂前或饲喂后（中毒病或采食异物），产前或产后（犬低血钙性抽搐），用药前后，换食物前后，运输前后，剧烈运动前后等，这些不同的情况可提示不同的可能性疾病，据此推测可能的致病原因。

（2）发病地点及相关背景　询问是在室内（场内）还是在外出运动中发病（如外出运动，有没有啃食异物的习惯，运动区域内其他动物的情况，有没有做过灭鼠、杀虫、除草等）；有无过量采食等；有无摔伤、冻伤、烫伤、淋雨等。以进一步了解疾病可能的发病原因。

(3)发病率和死亡率　共饲养多少动物,这些动物有多少发病,或者同一窝的动物有多少发病?同一小区或者附近其他动物的发病情况,邻舍及附近场同种动物与异种动物的发病情况,这对估计疾病的种类有参考意义。一般来说,传染病(如犬瘟热)、寄生虫病(如弓形体病)可以群发,并具有传播性;而普通内科病、外科病和产科病多为单发且无传播性,但也不能绝对而论,如内科病中的中毒病及营养代谢病可以群发。发病动物所在整个动物群体中具有相同症状的动物发病数和死亡数可以帮助诊断者推测疾病的性质和严重性,这对诊断有一定的指导意义。

(4)疾病的表现　主要向动物主人或动物的饲养管理者询问动物患病后观察到的精神状态、采食、饮水、排便、排尿、营养状态、体温、呼吸、步态和姿势等情况,了解有无不安、呕吐、腹泻、便秘、尿血、咳嗽、喘息、腹痛、体表肿胀等表现。这些对初步推断疾病轻重,病变的部位、范围、性质和预后有一定的帮助。

(5)疾病的经过　目前与开始发病时疾病程度的比较,主要症状是减轻或加重,有无新增病例;出现了什么新的症状或原有的什么症状消失;是否在其他医院诊断过(诊断方法、检验结果);是否经过治疗(何种药物、用药方法及疗效)等。这不仅可推断病势的进展,而且可依治疗效果验证诊断。

(6)主诉人估计的致病原因　主诉人所认为的病因(如饲喂不当、管理失误、剧烈运动、受惊/凉、曝晒、被踢等)常是推断病因的重要参考依据。

2.既往病史

主要是了解动物本次疾病发生前,其本身和同窝动物或生活在一起的动物(同一个区域或小区)的一些与疾病相关的资料,主要包括曾发病、疫情情况、防疫情况、治疗史、外伤及手术史、过敏史、家族史等。

(1)发病前曾经患过的疾病　有一些疾病(特别是传染病)在发病后若能耐过,在一定的时间内可获得坚强的免疫力,依此可帮助我们排除某些疾病,例如犬细小病毒康复后不久出现腹泻,可暂不考虑细小病毒感染。

(2)过去是否发生过同样或类似的疾病　询问过去是否发生过同样与类似疾病,其经过与结局如何,以明确是否旧病复发,并为本次诊疗提供参考,例如京巴犬的腰椎间盘突出,一般都会复发。

(3)过去的检疫成绩或疫区划定　主要是针对一些国家法定疫病,如犬瘟热、狂犬病等,过去的检疫成绩或疫区划定可以为诊断提供重要参考。

(4)了解本地区及周边地区疫情　主要了解地方常见疾病、季节多发病,以掌握本地疫病的一般流行规律,例如灌木丛比较多的地方,蜱虫病的发生比例就会高一些。此外,应询问与患病动物定期接触的周围动物或人的健康情况。

(5)个体及群体防疫情况　询问动物个体及群体防疫情况,主要是疫苗接种和药物预防的情况。应详细了解动物的免疫时间、程序、疫苗种类,驱虫时间、程序、药品名、免疫驱虫地点等,以排除是否存在免疫/驱虫不合理或评价免疫效果。

(6)了解动物的外伤和手术史　主要了解是否有重要组织、器官的切除等。

(7)了解动物的过敏史　询问动物对药物、食物或其他接触物的过敏史。

(8)了解动物的家族史　询问动物主人是否知道患病的同窝犬、猫或其他密切亲属的疾病信息,了解动物父母代及其子代的疾病,以确定这些疾病与遗传之间的关系。

3. 日常饲养管理

主要包括饲养、管理、训练、环境和繁育等情况。对这些情况的了解，不仅可从中查找饲养、管理失宜与发病的关系，而且在制订防治措施上也是十分必要的。

(1)动物来源　了解动物的来源，可帮助兽医师从环境适应性、动物疾病易感性及疫源情况来发现线索、考察病因。动物现饲养地和原生活地不同的水土、气候环境及饲养方式均可能造成或诱发疾病。此外，了解动物原生活地疾病的流行情况，也可帮助判断现发病是不是外来疾病，如家庭自繁自养的犬猫，感染传染病的概率相对较小。

(2)食品情况　包括食品的种类、数量与质量，食品配方成分、搭配情况，食品加工配制情况，食品保管情况，有无霉变，有无被农药污染，饲喂制度与方法等。对这些情况的了解，常常可以为某些疾病(特别是营养代谢病或中毒病)的诊断提供重要线索，如犬场饲喂的食品自己配制，并添加玉米粉，往往会因为玉米粉霉变而导致发病。

(3)管理情况　动物饲养场地的卫生和环境条件，如光照、通风、保暖与降温、废物排出设备运转等情况；有无突然改变食品；有无将不同年龄、不同品种/种类的动物饲养在一起；引进动物是否经过隔离后再混群饲养。

(4)训练、运动情况　训练量/运动量是否适当？训练/运动强度是否适中？例如，动物未经过适应性运动即开始剧烈运动易导致肌红蛋白尿和肌肉损伤。

(5)环境情况与卫生条件　运动场、训练场的地理情况，如位置、地形、土壤特性、供水系统、气候条件等是否合理；动物居住场所的环境条件，如光照、通风、温度、湿度控制(如环境潮湿容易引起湿疹)等是否适宜；卫生条件，如消毒隔离、废物处理等措施是否健全；附近厂矿的“三废”(废水、废气及废渣)的处理等，都应给予特别重视。

(6)繁育情况　配种制度是自然交配还是人工授精，有无近亲繁殖现象，家族发病情况(系谱调查)，以确定有无遗传性疾病(如亲犬有髋关节发育不良，则仔犬发病的概率就较高)，一些垂直传播的疾病或因人工授精过程消毒不严引起感染发生的可能性。

(二)问诊的方法和技巧

要采集较为理想的病史，掌握一定的方法与技巧十分必要。问诊的方法和技巧涉及交流技能、医患关系、动物医学知识、仪表礼节，以及提供咨询和指导动物主人等多个方面。

1. 问诊的基本方法与技巧

(1)营造轻松和谐的诊疗氛围　执业兽医应主动营造一种能够良好沟通的气氛，以解除动物主人不安、紧张、焦虑的心情，使用恰当的言语或体态语言充分表现出“急动物主人所急，想动物主人所想”，并愿意尽自己所能解决患病动物出现的问题，这样的做法有助于建立良好的医患关系，改善互不了解的生疏局面，使疾病信息采集能顺利地进行下去。

(2)明确问诊的目的及顺序　可根据问诊的内容列出清单进行问诊，一方面是避免病史/症状采集的遗漏，另一方面也可避免杂乱无章的重复问诊降低动物主人对医生的信心和期望，也便于将所获得的资料按时间顺序记录/口述或写出病案。

(3)灵活运用提问方式　可根据具体情况采用不同类型的提问：①一般性提问，常用于现病史、既往病史、生活史等每一部分开始时，如先问“动物以前健康情况如何?”、“动物的表现有什么异常?”等。②直接提问，用于收集一些特定的细节，如询问“什么时间发现动物开始不吃食的?”、“动物尿液的颜色有何变化?”、“动物的排便情况有何异常?”等。若有几个症状同时出现，可采用反问及解释等技巧，确定其先后顺序。

(4)注意过渡语言的使用　在问诊下一个项目之前使用过渡语言，即向动物主人说明将要讨论的新话题及其理由，使动物主人不会困惑你为什么要改变话题以及为什么要询问这些情况。

(5)态度要和蔼　尽可能让动物主人充分陈述和强调他认为患病动物出现的重要变化，不要贸然打断动物主人的叙述。应在动物主人描述出现迟疑时提供必要的说明或书面帮助；在动物主人的陈述离病情太远时，根据陈述的主要线索灵活地把话题转回。

2. 特殊情况的问诊方法与技巧

(1)注意动物主人的情绪变化，采取灵活方式问诊　①当动物主人缄默不说话、伤心或哭泣，表现为情绪低落时，兽医师应予以安抚、安慰并适当等待，减慢问诊速度，等动物主人情绪稳定后，再继续询问动物病史。②当动物主人表现出愤怒或不满时，兽医师应采取坦然、理解、不卑不亢的态度，对有些专业知识作适当的解释，尽量寻找动物主人发怒的原因，注意切勿使其迁怒其他医生或医院其他部门。提问应该缓慢而清晰，内容主要限于现病史为好，对既往病史及生活史或其他可能比较敏感的问题，询问要慎重，或分次进行。③当动物主人因动物患病或因某些责任/考核指标未能实现而担心，表现为焦虑、抑郁时，应鼓励他们讲出真相/实话。但在给予宽慰和保证时应注意分寸，应首先了解患病动物的主要问题，再确定表述的方式。切不可因要解除动物主人的焦虑而对动物主人予以患病动物治疗效果上的保证，以免出现医疗纠纷。④当动物主人多话与唠叨，兽医师不易插话及提问时，提问应限定在主要问题上，在动物主人提供不相关的内容时，应巧妙地打断。也可分次进行问诊，告诉动物主人问诊的内容及时间限制等，但均应有礼貌、诚恳表述，切勿表现得不耐烦。

(2)注意动物主人的身份及文化背景，采取必要的辅助手段进行问诊　①当遇到语言/方言不通时，最好是找到翻译，并请其如实翻译，勿带倾向性。有时体语、手势加上不熟练的语言交流也可抓住主要问题，但应反复核实。②当动物主人是残障人士时，除了需要更多的同情、关心和耐心之外，尤其是对于听力障碍者必须辅助书面语言，需要花更多时间收集病史。问诊时切忌不要触及动物主人的忌讳之处。③当动物主人是老年人时，应先用简单、清楚、通俗易懂的一般性问题提问，减慢问诊进度，使之有足够时间回忆，必要时作适当的重复。④当动物主人是未成年人时，应注意其记忆及表达的准确性，最好与家长电话沟通。⑤当动物主人文化程度不高时，兽医问诊语言应通俗易懂，言简意赅，减慢提问的速度，注意必要的重复及核实，避免或减少使用兽医专业术语进行问诊。

(三)问诊的注意事项

为获得全面、真实的关于患病动物的症状资料，提高诊疗的效率，问诊还必须注意以下方面。

1. 问诊的内容应根据患病动物的具体情况适当增减、有所侧重

问诊的内容十分广泛，不可能对动物主人询问上面所述的全部内容，应根据患病动物的具体情况进行必要的选择和增减，既做到抓住重点，有所针对地展开询问，又能避免采集病史的遗漏。

2. 问诊的顺序，应依具体情况而灵活掌握

可先问诊后检查，也可边检查边询问。对病情危急的动物(如呼吸困难、心力衰竭动物、大出血等)，一般只作简单主要症状的询问，先抢救，等病情稳定后再仔细问诊。

3. 问诊的语言应通俗易懂，避免使用医学术语

执业兽医应尽量熟悉方言，在与动物主人交谈过程中，尽可能用通俗易懂的词语代替晦涩难懂的专业术语。如以“阉割”代替“去势”，“抽筋”代替“角弓反张”等。此外，问诊语言尽可能与就诊者当地的语言习惯结合起来。

4. 问诊的方式，应避免诱导式提问、暗示式提问、责备性提问

如应避免使用“是不是”、“有没有”的提问方式，防止误导动物主人，引起故意掩盖（特别有个人责任存在时，如配料失误，饲养管理不当等）或夸大病情。也应避免如“你为什么不早一点带动物就诊呢？”、“你为什么自己买药瞎治疗呢？”等责备性的提问，造成动物主人无所适从或产生抵触心理。此外，兽医师应全神贯注地倾听动物主人的回答，除了少量为了核实资料进行的必要重复外，应尽量避免对同一个问题反复提问。

5. 问诊的态度应和蔼、有耐心、有责任担当

当患病动物多种症状并存时，尤其是慢性过程又无重点时，动物主人的情绪波动较大时，兽医应冷静，应注意在其描述的大量症状中抓住关键、把握实质，作出符合实际病情的判断。

6. 问诊所得材料的处理应客观科学

①对待其他动物医院转来的病情介绍、化验结果和病历摘要，应给予足够的重视，但只能作为参考材料。原则上本医院兽医必须亲自询问病史、检查体格，并以此作为诊断的依据。②对问诊所得的全部材料，应抱客观的态度，实事求是，既不能绝对肯定，又不能简单否定，应将问诊材料和临床检查结果加以联系，必要时应深入现场，亲自了解全面情况、掌握第一手资料，再进行全面的综合分析，从而提出下一步的检查/诊断线索。

二、视诊

视诊（inspection），又叫望诊。是指用肉眼或借助器械对患病动物个体及所在群体进行观察，以收集有关疾病资料的诊断方法。在这里也包括借助一些器械（反光镜、内窥镜等）对天然孔、道（耳道、食道、直肠等）进行的检查。视诊具有简单易行、直观可靠的优点。祖国传统医学在望诊方面早已积累了十分丰富的经验，所以将其列为四诊（望、闻、问、切）之首。

（一）视诊的基本原则与方法

1. 视诊的基本原则

一般应遵循“先远观、后近观；先全身、后局部；先静态、后动态；由左到右、由上到下”的原则进行。

2. 视诊的方法

视诊分为直接视诊和间接视诊。

（1）直接视诊法　是指执业兽医直接利用肉眼对动物正常或者异常状况进行观察的方法。其具体方法如下。①检查者站立的位置：由远到近逐渐靠近被检动物，根据动物体形的大小和状况及需视诊检查的内容，距离被检动物 0.5～2 m 处。②检查的顺序：由动物左前方开始，从前向后，边走边看，有顺序地观察头部、颈部、胸部、腹部和四肢，走到正后方时，稍停留一下，观察尾部，会阴部，同时对照观察两侧胸腹部及臀部的状态和对称性，再由右侧走到正前方，再按相反的方向再转一圈，边走边做细致的检查。先观察其静止姿态的变化，再行牵遛或让其自主运动，以发现其运动过程及步态的改变。③异常发现的处理：如果发现异常，可接近患病动物，对呈现异常变化的部位作进一步细致的观察。

(2)间接视诊法　是指执业兽医借助某些仪器设备(如耳镜、内窥镜等)对动物的某些部位进行检查的方法。如对口腔、鼻腔、耳道、阴道、胃肠的检查。

(二)视诊的主要内容

1.群体状态的观察

主要观察小动物饲养场饲养动物群体的全貌(饲养动物的品种、年龄、性别、动物繁育与组成等),圈舍/运动场地的卫生,检查食品、饮水及饲养管理,查看生产记录等,以获取患病动物群第一现场的实际情况,如饲养场潮湿或灌木丛比较多的,要注意体表节肢动物性皮肤病。

2.动物整体状态的观察

主要是精神状态、体格大小和发育程度、营养状况、姿势与体态、运动和行为,以获得对患病动物的整体印象。如一般慢性消耗性疾病常营养状况差,体质虚弱。

3.表被组织病变的观察

包括被毛的光泽度、清洁度、理顺程度,换毛情况,有无局部脱毛;皮肤的颜色和特性;体表的创伤、糜烂、溃疡、肿胀物(肿块、赘生物、疹、疱等)等病变的位置、大小、形状及特点。

4.动物与外界直通的体腔的观察

包括口腔、鼻腔、肛门、阴道等。注意其黏膜的颜色变化,黏膜的完整性是否遭到破坏和黏膜的湿润程度;确定其分泌物、排泄物的颜色、数量、性质、形状、混合物等。

5.某些异常生理活动的观察

包括呼吸、运动、采食、咀嚼、吞咽、排粪、排尿等生理活动,同时应重点关注患病动物有无呼吸困难、流鼻涕、咳嗽、呕吐、流涎、腹泻、尿淋漓、肌肉痉挛等异常现象。

(三)视诊的注意事项

1.尽量让患病动物保持自然/放松状态,减少对动物的应激

对初来门诊的患病动物,一般应先使其稍加休息,待呼吸平稳、心跳减慢后再开始检查。这样可以使动物对新环境有一个适应的过程,以防运动、应激等因素的干扰而造成收集的症状失真。对动物能不保定的尽量不保定,以便使患病动物的症状充分表现出来。

2.创造适宜的视诊环境

视诊应在适宜的场地进行,最好在自然光下,以免视觉误差。在灯光下,尤其在白炽灯下,人眼对黄色不敏感,可造成黄疸症状的漏诊。

3.重视每一个视诊环节,做到细致全面

视诊时应当全面系统,认真有序,做到细致、准确,并作两侧的对比观察,有重点的进行。①接近动物时,动作应缓慢、温和,以防造成动物紧张/惊恐,影响检查和掩盖症状。也可以避免发生意外,尤其是对有呼吸困难、心力衰竭的动物。②平时多观察各种动物的正常姿态及身体各部位在健康和疾病下的差异,以便在临床检查时应用。

三、触诊

触诊(palpation)是利用人的触觉及实体觉对被检动物进行临床检查,以收集症状、资料的一种检查方法。主要使用手(包括手指、手掌、手背和拳)对被检部位进行触摸、按压、揉捏或冲击来感知被检部位或深部器官的状态(包括温度、湿度、形状、大小、质地、张力、活动性等)。有时也可以借助探针等诊疗器械来感知。

(一)触诊的基本方法和分类

1.根据是否使用器械分类

分为直接触诊和间接触诊。

(1)直接触诊 是指执业兽医用手直接对被检查动物进行触摸,如切脉、用手背感觉体表温度等。

(2)间接触诊 是指执业兽医借助探针等诊疗器械对瘘管、窦道、伤口、天然孔进行探查。

2.根据触诊部位的深浅分类

分为内部触诊和外部触诊。

(1)内部触诊 是指执业兽医以手指或借助工具伸入动物的体内/腔道内,进行腔道内部或内部组织的检查方法,如小动物临床直肠指检。

(2)外部触诊 是指执业兽医用手在体表进行的触诊,以了解体表、浅表或内部器官的状态。

3.根据触诊手法的不同分类

分为浅部触诊和深部触诊。

(1)浅部触诊 是指执业兽医用一手轻放于被检查的部位,手指伸直,平贴于体表,利用掌指关节和腕关节的协调动作,适当加压或不加按压而轻柔地进行滑动触摸,依次进行触感。主要用于检查动物的体表状态,包括温度、湿度、皮肤弹性、肌肉张力、压痛感,也用于感知某些生理或病理性活动,如胃、肠蠕动,脉搏,肌肉震颤等。

(2)深部触诊 常用于检查腹腔及内脏器官的性状及大小、位置、形态。根据患病动物的性别、被检查部位和检查内脏器官的不同,可采用不同的触诊手法。①深部滑行触诊法:是指执业兽医将一手并拢的食指、中指、无名指指端,逐渐触向腹腔的脏器或包块,作上、下、左、右滑动触摸,另一手放在对侧面作衬托。该法常用于腹腔深部的包块和胃肠病变的检查。如犬肠内异物、肠套叠或因粪便干燥所致的肠梗阻,一般在深部触诊时可触诊到硬块。②双手触诊法:是指执业兽医的左手置于被检查脏器或包块侧方,并将被检查部位或脏器向右手方向推动,有助于右手触诊。该法适用于小型动物脾、肾及腹腔肿物的检查。③深压触诊法:是指执业兽医以拇指或并拢的2～3个手指逐渐深压以探测腹腔深部病变的部位,或确定压痛点,观察是否出现疼痛反应。④切入式触诊法:是指执业兽医以一个或几个并拢的手指,沿一定部位进行深入的切入或压入,以感知内部器官的性状。该法适用于检查肝、脾的边缘等。⑤冲击触诊法:又称浮沉触诊法。以拳、并拢的手指或手掌在被检查的相应部位连续进行数次急速而较有力的冲击动作,以感知腹腔深部器官的性状与腹膜腔的状态。如于腹侧壁冲击触诊感到有回击波或振荡音,提示腹腔积液或胃肠道中存有大量液状内容物。

(二)触诊的主要内容

1.检查动物的体表状态

如判断皮肤表面的温度(整体及局部的温度变化,有无皮温不均的现象)、湿度(干、湿状态);皮肤与皮下组织(脂肪、肌肉、骨骼等)的质地(厚度、平坦与粗糙)、弹性及硬度(柔软、波动感、生面团样、实质性及骨样坚硬);体表淋巴结及局部肿物的位置、大小、形态、温度及敏感性,内容物的性状、硬度、移动性等。

2.检查某些组织器官的生理/病理活动

检查浅在动脉(股内动脉)的脉搏,判定其频率、性质及节律等变化;在心区检查心搏动,判定其位置、强度、频率及节律;对胃肠道检查,判定其蠕动次数及强度。

3. 检查腹壁及腹腔器官的状态

腹部触诊除可判定腹壁的紧张度及敏感性外,还可通过软腹壁进行深部触诊,从而感知腹腔内状态,如肝、脾的边缘及硬度、有无腹腔积液、肠套叠、肠便秘、膀胱积尿、雌性动物的子宫与妊娠情况等。

4. 检查动物对外界刺激的敏感性

触诊检查时注意被检动物对某一部位触诊刺激的感受性或敏感性,以及整个机体的反应性。如检查关节、肾区时动物是否有疼痛反应。

(三)触诊时动物常见症状描述

1. 疼痛(pain)

疼痛也称触诊敏感,在触诊时患病动物常表现为回视、呻吟、躲闪或反抗。

2. 捏粉样(doughy)

指压留下压痕(凹陷),消退速度慢,就像压在生面团上一样(故又称生面团样),无痛无热,是组织浮肿/水肿的表现。

3. 波动感(fluctuation)

触诊被检部位感觉柔软,有波动的感觉。提示被检部位下有液体蓄积(可能是水肿液、血液、淋巴液、脓液、唾液)。

4. 坚实感(elastic firm)

触诊被检部位感觉坚实,就像触在肝、肾等正常实质器官上一样,略有弹性。提示被检部位可能有炎症性肿胀、体表的肿瘤、淋巴结肿胀等。

5. 硬固感(hardness)

触诊被检部位感觉坚硬,像触在骨头或石头上的感觉,无弹性。如皮肤放线菌肿、体表骨瘤。

6. 捻发样(crepitus)

触诊被检部位感觉柔软,有弹性,低压时如有在耳边捻动头发的感觉。提示被检部位有皮下气肿(压迫时似皮下结缔组织撕裂音)。

(四)触诊的注意事项

1. 尽量使被检动物保持自然状态

触诊应在动物全身放松状态下进行,对动物只作必要的保定。动物能站立的尽量在站立姿势下进行,必要时可侧卧。触诊动作要轻,切记粗暴,当患病动物表现抗拒等反应时,应注意区分是有患病动物胆怯引起的生理性反应,还是由疼痛引起的病理性反应。因此,在检查某一部位的敏感性时,可盖住动物的眼睛以避免视觉引起反应的干扰。

2. 触诊应按顺序进行

触诊一般从健康部位开始,逐渐移向病变部位,并对健康与病变部位加以比较。触诊时,一般遵循“从前往后,先上后下,先周围后中心,先浅后深,先轻后重”的原则。

3. 触诊时应手脑并用

触诊不是单纯地用手触摸或按压,触诊过程中应密切注意动物的反应,注意力高度集中,必须手脑并用,边触压边思考,才能得出准确的判定。

四、叩诊

叩诊(percussion)是用手或借助器械对动物体表的某一部位进行叩击，借以引起其振动并发生音响，根据所产生的音响的性质和特性来推断被检查的器官、组织的物理状态、病理变化，以收集症状的一种临床检查方法。

(一)叩诊的基本方法

根据叩诊的手法与目的可将叩诊分为直接叩诊法和间接叩诊法。

1. 直接叩诊法

直接叩诊法是指执业兽医用叩诊槌，或自己的一个手指(中指或食指)，或用并拢的食指、中指和无名指的掌面或指端，直接轻轻叩击体表被检部位，借助叩击后的反响音及手指的振动感来判断该部位组织或器官的病变状态。该法主要用于小动物胸、腹部面积较广泛的病变或胸壁较厚的患病动物(如胸膜增厚、粘连、大量胸腔积液、腹水等)及某些反射机能的检查，有时也可用于了解体型较大动物的鼻窦、副鼻窦是否蓄脓(小动物临床应用较少)的检查。

2. 间接叩诊法

间接叩诊法是指在被叩诊部位上加一附着物，叩击附着物，再根据所产生的音响来进行判断。这种方法引起的振动大，音响容易辨别，传导深，应用也广泛。间接叩诊法根据附着物的不同，分为指指叩诊法和槌板叩诊法。

(1)指指叩诊法　通常以左手的中指(或食指)紧密地(但不要过于用力压迫)放在动物体表的检查部位上(此时除作为叩诊板用的手指以外的其余手指，均要与体壁离开)，再以右手的中指(或食指)，在第二指关节处呈 90°的屈曲，用该指端向做叩诊板用的手指的第二指节上，垂直的轻轻叩击，见图 1-1 和图 1-2。指指叩诊法简单、方便，比较适合用于小动物临床叩诊检查。

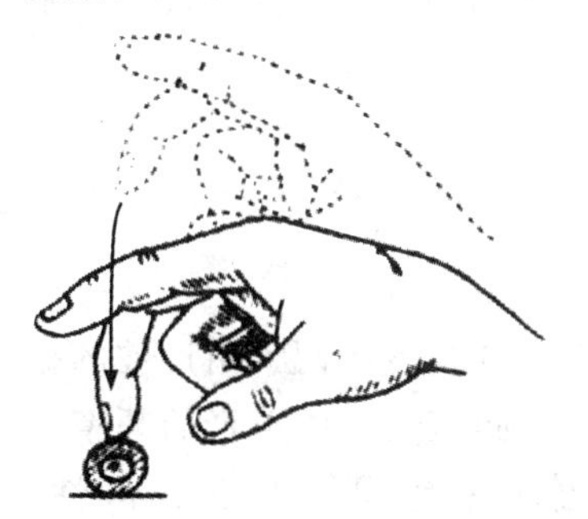

图 1-1　指指叩诊法的手势

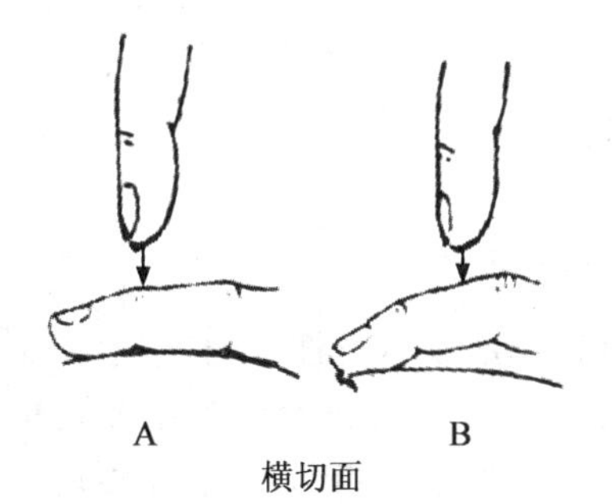

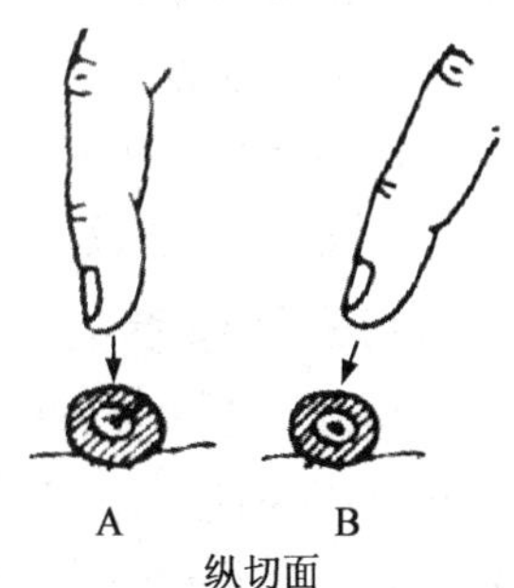

图 1-2　指指叩诊法的正确(A)与错误(B)姿势

(2)槌板叩诊法　用叩诊槌(锤)叩打叩诊板，以引起振动并发生音响的方法。叩诊槌一般是金属制作的(质量一般为 100～200 g)，在槌的顶端嵌有软硬适度的橡胶头；叩诊板可由金属、骨质、角质或塑料制作，形状不一，或有把柄或两端上曲(图 1-3)。通常的操作方法是以左手持叩诊板，将其紧密地放于欲检查的部位上；以右手持叩诊槌，以腕关节为轴而上下摆动，使之垂直地向叩诊板上连续叩击 2～3 次，以分辨其产生的音响。间接叩诊法叩击力量的轻重，视不同的检查部位、病变性质、范围和位置深浅而定。一般分为轻叩诊法、中度叩诊法和重叩诊法等。轻叩诊法用于确定心、肝及肺心相对浊音界的叩诊；中度叩诊法适用于病变范围小而轻、表浅的病灶，且病变位于含气空腔组织或病变表面有含气组织遮盖时；重叩诊法适用于深部或较大面积的病变以及肥胖、肌肉发达的动物。

图 1-3 槌板叩诊法中的叩诊槌(锤)(左)和叩诊板(右)

(二)叩诊的应用范围

1. 心

确定心浊音区界限，以判断有无心扩张、心肥大、心包积液等。

2. 胸壁

确定肺区界限，根据音响变化，确定有无肺气肿、胸腔积液、胸腔团块(脓肿、肿瘤)等。

3. 胃肠道

确定胃肠道内容物的性状、含气量及病变的物理状态。

4. 额窦

额窦周围有头骨包围，故叩诊时可产生空心音。叩诊时动物保持安静，坐姿保定，一手抓握动物的嘴巴，另一手手指轻叩额窦。当额窦出现液体或组织时，叩诊音就会变得低沉，特别是当只有一侧发生病变时，左右两侧对比更容易发现异常。

5. 某些反射机能的检查

如腱反射、膝反射等。

(三)叩诊音的种类和性质

区分一个声音是根据该音响的基本特性定的，主要是根据声音的强度(音强，由声波的振幅决定，与叩诊部位的弹性、含气量和叩诊力度正相关)、声调的高低(音调，由声音的频率决定)、音色以及音响持续时间的长短等区分的。疾病状态下，各器官和组织的致密度、弹性、含气量和大小可能发生变化，这样临床上就可以根据叩诊音的变化来推断相应器官或组织的疾病。

临床上叩诊音响主要有以下 3 种基本音响。

1. 浊音

浊音(dullness)特征为持续时间短，音响弱而实，也叫实音。代表性组织、器官为肌肉层厚、丰满的部位(如臀部)及不含气的实质器官(如心、肝、脾)与体壁直接接触的部位。

2. 清音

清音(resonance)特征为持续时间长(是浊音的 2 倍)，音响强、清脆，也叫满音。代表性组织、器官为健康动物的肺区。

3. 鼓音

鼓音(tympany)特征为持续时间更长，音强更强，像打鼓一样，为含气空腔的叩诊音。代表性组织、器官如胃肠臌气时。

(四)叩诊的注意事项

1. 创造安静的叩诊环境

叩诊检查最好在安静并有适当空间的室内进行。非则，容易受其他声音的干扰，不易辨别音响。被检查动物体位要处于放松状态，使小动物站立检查台上或呈侧卧姿势。

2. 注意叩诊的规范操作

①叩诊板(或用作叩诊板的手指)应紧贴动物体表，无空隙。但也不要过于用力压迫。对被毛过长的动物，应将被毛分开，以使叩诊板与体表皮肤很好的接触；胸部叩诊，应将叩诊板沿着肋间放置，以防出现空隙(尤其消瘦动物)和肋骨的干扰。②叩诊的手应以腕关节为轴，避免肘关节的运动，也不要强加臂力。应使叩诊槌或用作槌的手指，垂直地向叩诊板上叩击。③每一叩诊部位连续叩击 2～3 次，力度和时间间隔应尽可能相同。④叩打动作应该短促、断续、快速而富有弹性。叩诊槌或用作槌的手指在叩打后应很快地弹开，以防影响振动传导。⑤叩诊力量应根据检查的目的和被检查器官的解剖特点而有所不同(强叩组织的振动可沿表面向周围传播 4～6 cm，向深部传播 6～7 cm；弱叩组织的振动可沿表面向周围传播 2～3 cm，向深部传播 4 cm)。一般部位深，力量大；反之则轻。但不可过重，以免引起局部疼痛和不适。⑥当确定含气器官与无气器官的界限时，先由含气器官的部位开始逐渐转向无气器官部位，再从无气器官部位开始而过渡到含气器官。如此反复之，最后依叩诊音转变的部位而确定其界限。

3. 叩诊出现异常的处理

①如发现异常音响，应注意与健康部位的叩诊音响做对比叩诊，并与另一侧相应部位加以比较，避免发生误诊。对比叩诊应注意条件(如叩打的力量、叩诊板的压力、动物的体位与呼吸周期等)应尽可能相同。②叩诊时除注意叩诊音的变化外，还应结合听诊及手指所感受的局部组织振动的差异进行综合考虑判断。例如，在心界叩诊中，可以戴上听诊器，由于每一次叩击都能被听诊器放大后传入耳内，因此可以比较清楚地辨别出清音、浊音。

五、听诊

听诊(auscultation)是检查者直接用耳或借助听诊器听取动物内脏器官在活动过程中发出的声音，根据声音的性质、特征和变化情况去判断内部器官机能状态和病理变化的一种临床检查方法。

(一)听诊的方法

听诊的方法可分为直接听诊法与间接听诊法。

1. 直接听诊法

检查者将耳朵直接贴在动物体表，也可用一听诊布做垫，然后用耳直接贴于动物体表的相应部位进行听诊的方法。其特点为方法简单、声音不失真，但听取的范围小，既不安全也不卫生，易使检查者污染、感染或被动物伤害。现已不常应用。

2. 间接听诊法

间接听诊法需要借助器械，故又称器械听诊法。为临床常用方法。临床上常用听诊器有如下 2 种。①软质双耳听诊器:它是动物临床上常用的听诊器。软质听诊器由耳件、体件(又称集音头、胸具)和软管 3 部分组成,限定了声音的传导方向(软管)。体件有钟型与鼓型 2 种。鼓型体件加以共鸣装置(如橡皮膜、动物膜或其他的薄膜片)而使声音增强,也叫微音听诊器,其特点是可使声音大大增强,并可改变声音的传导方向,但容易失真,产生杂音。软质双耳听诊器见图 1-4。②电子听诊器:将现代电子技术应用于听诊,可以把听取的声音进行录制和放大,更有利于用声音判定病性。

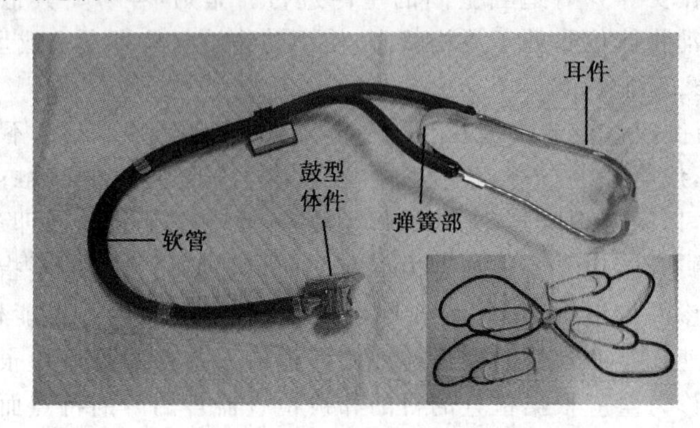

图 1-4 软质双耳(微音)听诊器(右下角为多耳件型教学用听诊器)

(二)听诊应用的范围

1. 心血管系统

听取心脏及大血管的声音,特别是心音。判断心音的频率、强度、性质、节律以及有无附加心杂音。此外,心包的摩擦音及击水音也是应注意检查的内容。在雌性动物妊娠的中后期可通过听诊了解胎儿活动和胎心搏动的声音。

2. 呼吸系统

听取喉呼吸音、气管呼吸音及肺泡呼吸音,判定正常呼吸音有无病理性改变,如增强、减弱或消失;是否出现病理性呼吸音,如啰音、捻发音、胸膜摩擦音等。

3. 消化系统

听取胃肠的蠕动音,判断其频率、强度及性质等。

4. 其他

可听取皮下气肿音、肌束颤动音、关节活动音、骨折断面摩擦音以及当腹水产生的腹腔振荡音等。

(三)听诊的注意事项

1. 创造安静舒适的听诊环境

听诊环境要安静和温暖,最好在室内或避风处进行,尤其是小动物应避免惊恐或因外界寒冷引起肌肉震颤产生噪声而影响听诊效果。

2. 注意听诊的规范操作

①经常检查听诊器,注意接头有无松动,胶管有无老化、破损或堵塞。②听诊器的接耳端,要适宜地插入检查者的外耳道(不松也不过紧);接体端(听头)要紧密地放在动物体表的检查部位,但也不应过于用力压迫以免影响振动。③应注意防止一切可能发生的杂音干扰。如听

诊器胶管与手臂、衣服等的摩擦杂音，听头与被毛摩擦音等。

3. 听诊时应手脑并用

①检查者要将注意力集中在声音的听取上，并且同时要注意观察动物的动作，注意排除其他音响的干扰，区分是因被毛摩擦、肌肉震颤、咀嚼、吞咽、咳嗽等产生的音响，还是被听诊的器官活动所产生的音响。②听诊过程中发现异常音响，应注意与邻近或对侧相应部位听诊音反复比较，以获得正确结果。

六、嗅诊

嗅诊(smelling)是通过检查者的嗅觉对患病动物的呼出气体、口腔的异味以及患病动物所分泌和排泄的带有特殊气味的分泌物、排泄物(粪、尿)以及其他病理产物进行分辨的一种临床检查方法。

嗅诊时检查者可用手将气味扇向自己的鼻部，然后仔细判断气味的特点与性质。

临床上经常用嗅诊检查的有口腔呼出气气味、鼻腔呼吸气气味、痰液、呕吐物、粪便、尿液、脓液和动物体表散发的气味等。例如，呼出气体及鼻液的特殊腐败臭味，提示呼吸道及肺的坏疽性病变；呼出气体和胃内容物散发出刺激性蒜味常提示有机磷农药中毒；腹腔穿刺液有氨味，提示膀胱破裂；皮肤散发尿臭味时，常提示尿毒症；粪便带腐败臭味或酸臭味常见于肠卡他和消化不良，腥臭味常提示细菌性痢疾；阴道分泌物的化脓、腐败臭味，提示子宫蓄脓症或胎衣滞留等。通常临床上嗅诊需要结合其他检查才能作出正确的诊断。

第二节　临床检查的程序

在临床工作中，按照一定顺序，有目的、有系统地对患病动物进行全面检查，可避免遗漏主要症状，防止产生误诊，从而获得完整的病史及症状资料。

一、常规检查程序

在临床工作中，对个体病患，大致按下列步骤进行：患病动物登记、问诊、现症的临床检查(一般检查、系统检查、实验室检查、特殊仪器检查)。

(一)患病动物登记

登记的目的，在于了解患病动物的个体特征，并在这些登记事项中也会给诊断工作提供某些参考性条件。主要的登记事项及其意义如下。

1. 动物种类

不同种类的动物会有一些固有的传染病，或对某些疾病具有先天免疫性(如犬瘟热病毒只感染犬，不感染猫)，或某些种类的动物在传染病的过程中具有一定的特性，或对某种毒物(如猫对石炭酸)有高度敏感性等。

2. 品种

品种与动物个体的抵抗力及其体质类型有一定关系，如藏獒犬的蠕形螨性皮肤病的感染率就相对比较高，治疗相对较困难。

3. 性别

性别关系到动物的解剖和生理特性，其在某些疾病的发生上具有重要意义。如尿道结石为雄性动物常见，子宫内膜炎是雌性动物的常见疾病。

4. 年龄

如幼龄动物的消化与呼吸道感染常与年龄因素有关；不同年龄阶段有着固有的常发病，如幼龄动物快速生长期容易发生佝偻病。此外，根据不同年龄的发育状态，在确定药物种类、剂量以及判断预后上也值得参考，如一些药物（拜有利）不能用在幼龄动物身上。

5. 体重

体重可以帮助判断动物的发育、营养状况和代谢状况，如一些年龄较大的动物，同时又出现极度消瘦，往往要考虑肿瘤的发生。同时也是用药量的参考依据。

6. 用途

用途可提供发病原因的参考依据，并为预后提供帮助（治疗价值）。如种用雌性动物发生严重的子宫内膜炎，在治疗后可能无法再怀孕而失去种用价值。

7. 毛色

毛色既是个体特征的标志之一，也关系到疾病的趋向。如皮肤的缺乏色素部分对发疹性皮肤病有一定意义，白色皮毛的动物，可患感光过敏性皮肤病。

8. 动物主人所在地

可帮助确定是否是地方性流行病，并且有利于疾病跟踪调查。

（二）问诊

在患病动物登记、动物主人主诉后，开始临床检查前，通常应进行必要的问诊。

问诊的主要内容包括现病历、既往史及日常的饲养管理等情况。这在探索致病原因、了解发病情况及其经过方面具有十分重要的意义。

当疾病表现有群发、传染与流行现象时，详细地调查疾病的发生和发展情况、既往病史、检疫结果、防疫措施、免疫驱虫等有关流行病学特点，在综合分析、建立诊断上更有特殊的价值。

（三）现症的临床检查

对个体患病动物的临床检查，通常按以下程序进行。

1. 整体及一般检查

包括以下几个方面：

(1)整体状态的观察　包括体格与发育、营养状态、精神状态、姿势与体态、运动和行为等；

(2)被毛、皮肤及皮下组织的检查；

(3)眼结合膜的检查；

(4)浅在淋巴结及淋巴管的检查；

(5)体温、脉搏及呼吸数的测定。

2. 部位或系统检查

在经过整体及一般状态检查之后，根据检查者的习惯或具体情况，可按头颈部、胸部及胸腔器官、腹部及腹腔器官、脊柱及四肢、泌尿生殖、神经系统等项目进行检查，也可按心血管、呼吸、消化、泌尿生殖、神经系统等顺序检查。

3. 实验室检查

实验室检查包括血、尿、粪三大常规检查，血液生化检查，特殊实验室检验（细菌、病毒的分离、培养和鉴定，血清学检测、分子生物学检测）等。

4. 特殊仪器检查

特殊仪器检查包括 X 射线检查、超声检查、心电图检查等。

当然，临床检查的程序并不是固定不变的，可根据患病动物的具体情况而灵活运用。如对某些急性病例，在刻不容缓的情况下，可先做重点诊查且根据需要立即进行必要的抢救，情况允许后再行详细的诊查；如对某些主症不清或复杂病例，宜进行反复检查等。但是，应该特别强调的是，临床检查首先必须全面而系统，在一般的全面检查的基础上，更要对病变的主要器官和部位再做详细、深入的检查，以期全面揭示病变与症候，为临床诊断提供充分、可靠的资料，特别对初诊患病动物及初学者尤应如此。只重视病变局部而忽视整体的变化或只做整体检查而无重点病变的深入，都是片面的。

在全面、系统的临床检查之后，有时可以根据取得的症状、资料，而提示诊断或建立初步诊断。但是，更多的情况是仅仅根据一般的临床检查所得到的症状、材料，尚不足以作出明确的诊断，因此，应在临床检查结果的启示下，确定并实施某些辅助的或特殊的检查项目和内容，如必要的实验室检验、X 射线检查、超声检查和其他特殊器械的应用等。这主要应依实际的需要而定。所有内容都应详细记录在病历中。病历记录还包括诊断、治疗过程。

二、病历记录

病历记录不仅是诊疗机构的法定文件，也是原始的科学资料。不仅供内部诊疗人员的查阅，也可供外来工作者的参考，并可作为法医学的根据。因此，必须认真填写、妥善保管。

（一）病历的格式

病历的格式，随要求目的而不同，有门诊用的一般病历，有住院用的详细病历，有专为科研设计用的科研病历。不论何种格式，其内容和作用基本是相同的，即根据病历可以分析疾病的发生原因，发展变化的经过，以及治疗效果和最后转归等。执业兽医师应在病历上签名，以示负责。门诊病历、住院病历参考格式分别见表 1-1 和表 1-2。

表 1-1　门诊病历的参考格式

所属单位						动物主人姓名	
动物种类		性别		年龄		毛色	
品种		用途		体重		特征	
初诊日期	年　　月　　日					转归	
初步诊断						最后诊断	
既往病史							
现症概要及治疗处置： 体温　　℃；脉搏　　次/min；呼吸　　次/min；营养状况 兽医师签名：							

表 1-2　住院病历的参考格式

<table>
<tr><td>门诊号</td><td colspan="4"></td><td>入院日期</td><td>年　月　日</td></tr>
<tr><td>初诊日期</td><td colspan="4">年　月　日</td><td>出院日期</td><td>年　月　日</td></tr>
<tr><td>所属单位</td><td colspan="4"></td><td>动物主人姓名</td><td></td></tr>
<tr><td>动物种类</td><td colspan="2">性别</td><td colspan="2">年龄</td><td>毛色</td><td></td></tr>
<tr><td>品种</td><td colspan="2">用途</td><td colspan="2">体重</td><td>特征</td><td></td></tr>
<tr><td colspan="7">初步诊断</td></tr>
<tr><td colspan="7">最后诊断</td></tr>
<tr><td>疾病转归</td><td colspan="6">痊愈　死亡　扑杀　（工作犬）废役</td></tr>
<tr><td>既往生活史</td><td colspan="6"></td></tr>
<tr><td>既往疾病史</td><td colspan="6"></td></tr>
<tr><td colspan="7">临　床　检　查</td></tr>
<tr><td>日期</td><td></td><td>体温　℃</td><td colspan="2">脉搏　次/min</td><td colspan="2">呼吸　次/min</td></tr>
<tr><td colspan="2">整体状态（体格、营养、精神、姿势、运动与行为）</td><td colspan="5"></td></tr>
<tr><td colspan="2">被毛及皮肤</td><td colspan="5"></td></tr>
<tr><td colspan="2">可视黏膜</td><td colspan="5"></td></tr>
<tr><td colspan="2">体表淋巴结</td><td colspan="5"></td></tr>
<tr><td colspan="2">循环系统变化</td><td colspan="5"></td></tr>
<tr><td colspan="2">呼吸系统变化</td><td colspan="5"></td></tr>
<tr><td colspan="2">消化系统变化</td><td colspan="5"></td></tr>
<tr><td colspan="2">泌尿系统变化</td><td colspan="5"></td></tr>
<tr><td colspan="2">生殖系统变化</td><td colspan="5"></td></tr>
<tr><td colspan="2">神经系统变化</td><td colspan="5"></td></tr>
<tr><td colspan="2">运动系统变化</td><td colspan="5"></td></tr>
<tr><td colspan="2">外伤</td><td colspan="5"></td></tr>
<tr><td colspan="2">特殊检查及接种试验</td><td colspan="5"></td></tr>
</table>

续表 1-2

<table>
<tr><td colspan="10">病程经过及治疗方法</td></tr>
<tr><td rowspan="2">日期</td><td colspan="2">体温(℃)</td><td colspan="2">呼吸(次/min)</td><td colspan="2">脉搏(次/min)</td><td rowspan="2">患病动物状态</td><td rowspan="2">治疗方法</td><td rowspan="2">兽医师</td></tr>
<tr><td>上午</td><td>下午</td><td>上午</td><td>下午</td><td>上午</td><td>下午</td></tr>
<tr><td></td><td></td><td></td><td></td><td></td><td></td><td></td><td></td><td></td><td></td></tr>
<tr><td></td><td></td><td></td><td></td><td></td><td></td><td></td><td></td><td></td><td></td></tr>
<tr><td colspan="10">患病动物实验室及特殊检查/检验结果摘抄或粘贴处</td></tr>
<tr><td colspan="10"></td></tr>
<tr><td colspan="10"></td></tr>
<tr><td colspan="10">讨　论　与　小　结</td></tr>
<tr><td colspan="10">[此处除对病例的总结外，还包括专家会诊结果、病理切片(剖检)结果、医嘱等]

兽医师签名：
年　　月　　日</td></tr>
</table>

(二)填写病历的原则

1. 要全面而详细

将所有关于问诊、临床检查、特殊检验的所见及结果，都要详尽地记录，以求全面而完整。某些检查项目的阴性结果，亦应记录(如下颌淋巴结未见肿胀、异常)，以便作为鉴别诊断的根据。

2. 系统而科学

为了记录系统化，便于归纳、整理，所有内容应按系统或部位有秩序地记录。各种症状、所见应以通用名词或术语加以客观的描述，不宜以病名概括所见的现象(如口腔黏膜潮红、肿胀、口温增高、分泌增多等现象，不能简单用口腔发炎来记录)。

3. 具体而肯定

各种症状、变化、现象，力求真实而具体，最好以数字、程度标明或用实物加以恰当的比喻，必要时附以略图。避免用可能、似乎、好像等模棱两可的词句(当然，如果确实是暂时不能肯定的变化，可在词后加一问号("?")以便继续观察、然后确定)，应进行确切的形容和描述。

4. 通俗而易懂

词句应通俗、简明，便于理解，有关动物主人主诉内容，经过整理后进行记录。

(三)病历的内容

1. 第一部分

关于动物种属、名称、特征等登记事项。

2. 第二部分

动物主人主诉及问诊资料,有关病史、疾病的经过、饲养管理与环境条件的内容。

3. 第三部分

临床检查所见,这是病历组成的主要内容,特别是初诊病例更应详尽。一般应按部位或系统填写。

(1)一般或基础资料　记录体温(℃)、脉搏(次/min)、呼吸(次/min)。整体状态(体格、发育、精神、营养、姿势、行为等);表被情况(被毛,皮肤与皮下组织,肿胀物、疹疱、创伤、溃疡等外科病变的特点);可视黏膜眼结合膜的颜色;浅在淋巴结及淋巴管的变化等。

(2)具体或系统资料　随后按心血管系统、呼吸系统、消化系统、泌尿生殖系统及神经系统等的顺序记录检查所见的症状、变化。此部分也可按头颈部、胸部、腹部、脊柱及四肢等躯体部位和器官而记录之。

(3)辅助或特殊检查资料　最后为辅助或特殊检查的结果,应以附表的形式记录或粘贴。如:血、尿、粪的实验室检验结果;X 线透视或摄影报告;心电图、超声波记录等。

4. 第四部分

病历日志。包括逐日记载体温、脉搏、呼吸次数(或以曲线表示之);各器官系统的症状、变化(一般仅记录与前日的不同所见);各种辅助、特殊检查的结果;治疗原则、方法、处方、护理及改善饲养、管理方面的措施;会诊的意见及决定。

5. 第五部分

总结。治疗结束时,以总结的方式,概括诊断、治疗的结果,并对今后的基本状况加以评定,尚应指出今后在饲养管理上应注意的事项;若以死亡为转归时,应进行剖检并附病理剖检报告;最后应整理、归纳诊疗过程中的经验、教训,或附病例讨论。

第二章　整体与一般检查

对患病动物进行诊断时，常需先进行整体与一般的检查，借以了解动物的体况，为系统检查提供方向和重点。整体及一般检查的主要内容包括：整体状态的观察，被毛、皮肤及皮下组织的检查，眼结合膜的检查，浅在淋巴结及淋巴管的检查，体温、脉搏及呼吸次数的测定等。

在临床检查之前应了解小动物的接近与保定。

第一节　小动物的接近与保定

一、小动物的接近

在接近小动物（犬、猫）时，最好有主人在旁协助。首先向其发出接近信号，如以温和的声音呼唤小动物（犬、猫）的名字，然后从其前方徐徐绕至前侧方动物的视线范围内，一面观察其反应，一面接近。接近小动物（犬、猫）后，检查者先用手轻轻抚摸其头部或背部，并密切观察其反应，待其安静后方，再进行保定和诊疗活动。

在小动物（犬、猫）的接近过程中，应注意以下几点：首先向主人了解小动物的习性，是否咬人、抓人及有无特别敏感部位不让人触碰；其次观察其反应，当其怒目圆睁，龇牙咧嘴，甚至发出“呜呜”的呼声时，应特别小心；检查者接近动物时，避免粗暴的恐吓和突然的动作以及可能引起小动物（犬、猫）防御性反应的各种刺激。

二、小动物的保定方法

目前，小动物临床通常都是兽医工作者进行保定，有时还需要让主人离开诊断室，以利于临床操作。兽医师可以选择的保定方法有很多，主要依据患病动物的行为、品种和预计的检查程序来决定。

小动物的保定根据保定方式的不同，大体上可以分为3类，徒手保定、器具保定和药物（化学）保定。根据动物种类的不同、动物脾性的不同、需要进行的操作不同需要选择不同的保定方式。

（一）犬的保定

1.站立徒手保定法

犬通常可以用手抓紧脖子和两侧耳朵下方，或后方的皮毛来做保定，见图2-1（左）。这种保定方法并不会造成犬太多的不适，也能提供头部良好的固定。这种保定方法可用于处理较小的医疗操作，如量肛温或打针。对于小型短吻犬，使用这种保定方法必须小心，应避免牵引过多的头部皮肤，以免在犬挣扎的过程中导致眼睛脱垂的情况。大型犬在抓住耳及头顶部皮肤的同时可骑在犬背上，用两腿夹住胸部。

2. 怀抱保定

怀抱保定是目前应用比较多的一种保定方式。操作者一只手从犬的颈部伸出，并向上环绕，手抓住犬的颈背部或靠近身体一侧的耳朵；另一只手，从犬后躯沿肋弓向前进行固定后躯，见图 2-1(右)。固定头颈部的手，要防止动物伤到自己，必要时，可配合口笼保定；同时，肘部要留有空隙，以保证动物的呼吸顺畅；必要时，可配合用自己的身体加强保定；保定量力而行，操作不可粗暴；在进行操作时，后躯的固定力度要适中。

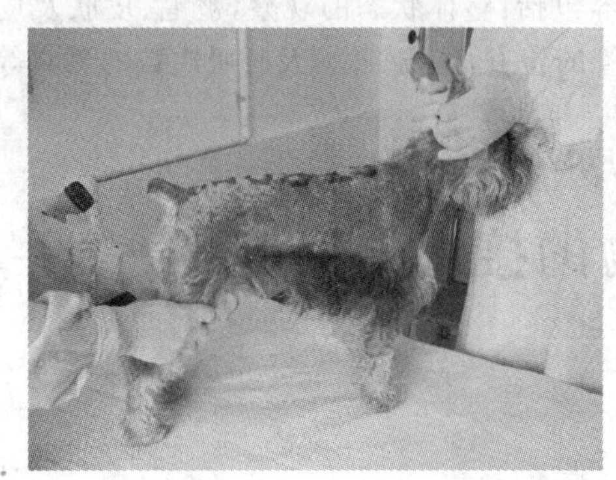
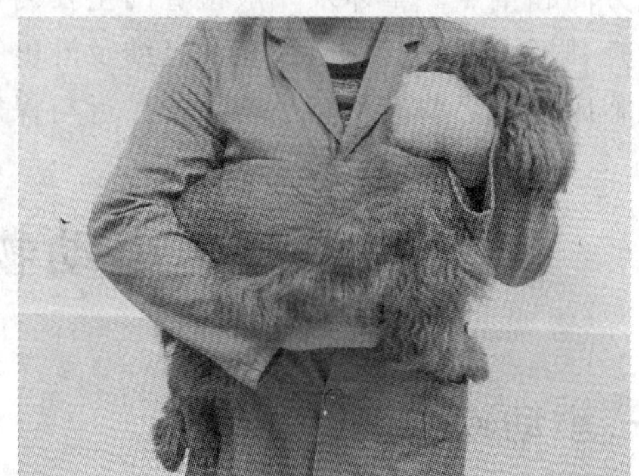

图 2-1 犬的徒手保定

3. 器械保定

(1)绷带保定法 如果犬曾在之前的检查中有攻击或试图咬人的记录，或是预期接下来的检查可能会造成疼痛的话，则有必要用纱布条(绷带)为其绑口，并向动物主人解释原因。

方法如下：采用 1 m 左右的绷带条，在绷带中间打一活结圈套，将圈套从鼻端套至犬鼻背中间(结应在下颌下方)，然后拉紧圈套，使绷带条的两端在口角两侧向头背部延伸，在两耳后打结，见图 2-2。该法适用于长嘴犬。这个动作最好在动物仍冷静时，由动物主人协助进行，并且由侧面去接近具有攻击性的犬，是比较安全的做法。或在绷带 1/3 处打活结圈，按上述方法在耳后打结后，并将其中一长的游离绷带经额部引至鼻背侧穿过绷带圈，再反转至耳后与另一游离端收紧打结，该法适用于短嘴犬。

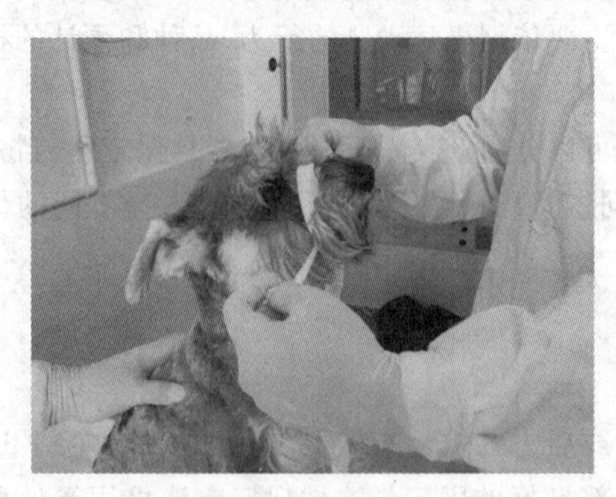

图 2-2 犬的绷带保定

(2)伊丽莎白项圈保定　用软硬适中的塑料薄板或硬纸板做成圆形的颈圈或商品化的伊丽莎白项圈(图 2-3),外缘不要超过鼻端 5～6 cm,内径与犬的颈部粗细相当,在内径的两侧加钉 2～3 排子母扣,以防项圈脱落。

(3)口笼保定　犬用口笼多为皮革或钢丝制成,使用时将大小适中的口笼套住犬的口鼻部并在耳后将带系牢(图 2-4)。

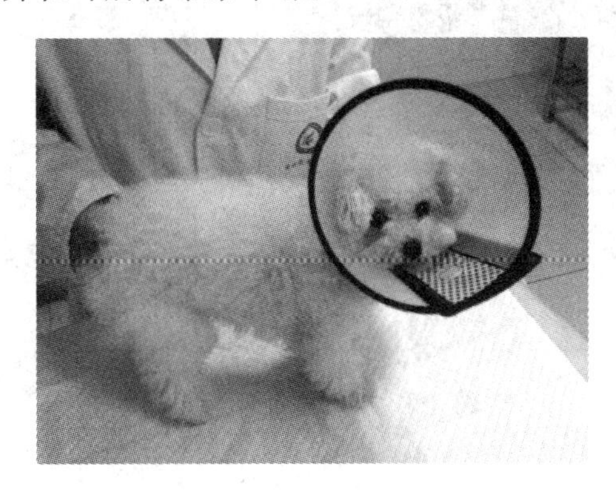

图 2-3　犬伊丽莎白项圈保定

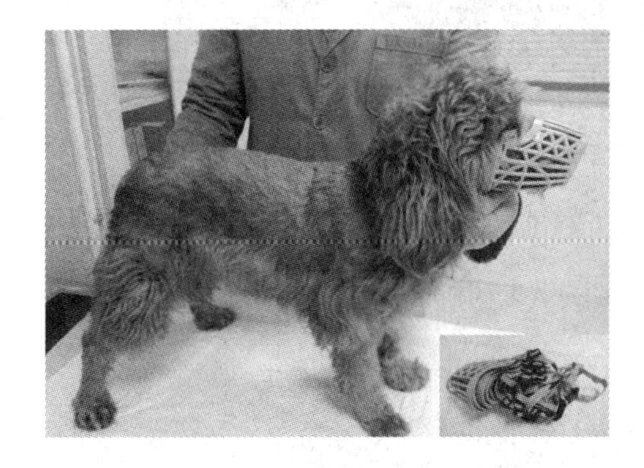

图 2-4　犬的口笼保定(右下角是犬商品化的口笼)

(4)网架保定　可先用绷带将犬的嘴扎紧,然后将其置于网架上,并使其四肢悬空。网架的网眼结构要由质地柔软、结实的材料做成,网架可用木质或金属材料制作(图 2-5)。

(5)颈钳保定法　主要用于凶猛、咬人的犬。颈钳柄长 1 m 左右,钳端为两个半圆形钳嘴,使之恰好能套入犬的颈部。保定时,保定人员抓住钳柄,张开钳嘴将犬颈部套入后再合拢钳嘴,以限制犬头部的活动。

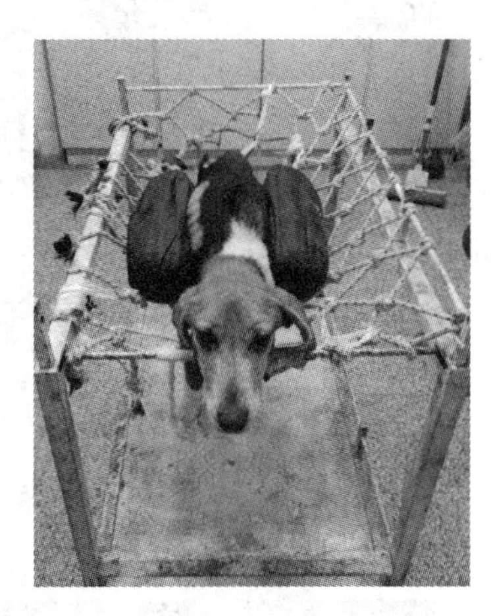

图 2-5　网架保定

(二)猫的保定

1. 手抓顶挂皮法

一手抓住猫的头顶和颈后的皮肤(俗称“顶挂皮”),另一手将其两后肢拉直游离,这种保定方法和母猫转移仔猫的操作类似,故许多猫比较容易接受(图 2-6)。

2. 胸卧保定

在猫的侧边或后部用前臂夹住猫体两侧,使猫头不朝向保定者,并用两手固定猫头(图 2-7)。

3. 伊丽莎白项圈保定

用软硬适中的塑料薄板或硬纸板做成圆形的颈圈或商品化的伊丽莎白项圈(图 2-8),外缘不要超过鼻端 5～6 cm,内径与猫的颈部粗细相当,内径的两侧加钉 2～3 排子母扣以防止项圈脱落。

4. 猫笼保定法

选用与猫体大小(洗)猫笼,将猫放进去后,可方便进行洗澡等操作(图 2-9)。

图 2-6 手抓顶挂皮法保定

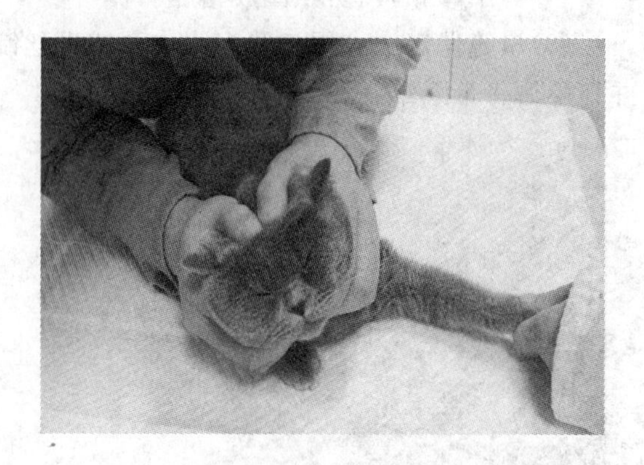

图 2-7 猫的胸卧保定

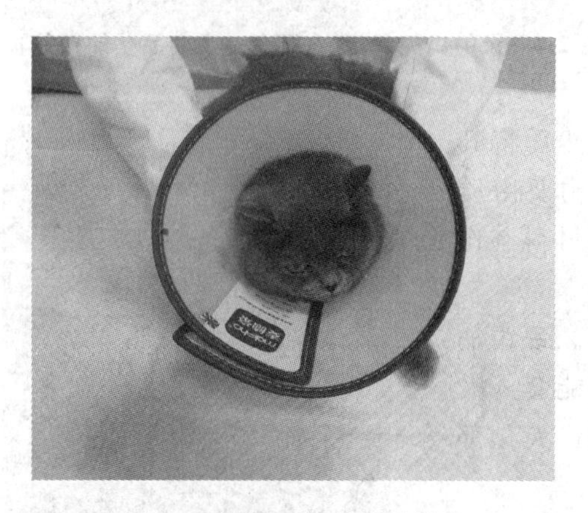

图 2-8 猫伊丽莎白项圈保定

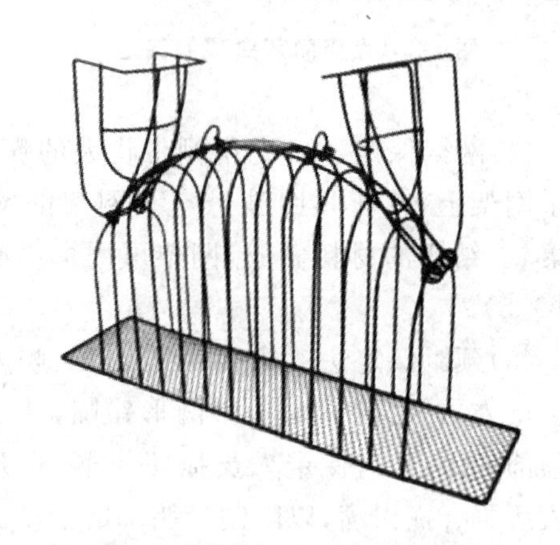

图 2-9 猫笼保定时用的保定笼

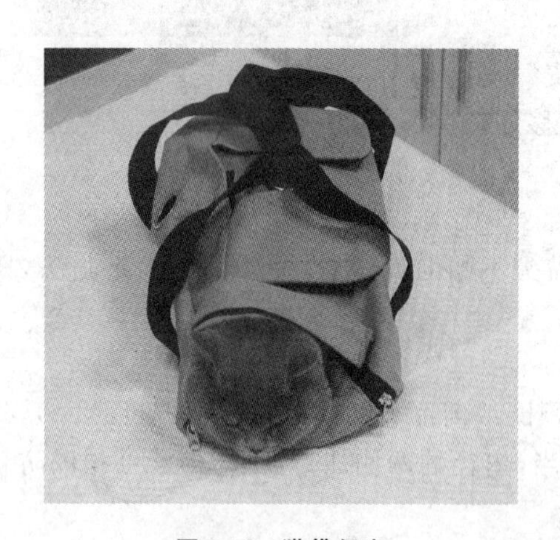

图 2-10 猫袋保定

5. 猫袋保定

选用一与猫体大小相适的猫袋(用人造革或帆布缝制),或与猫体大小相适的渔网(可用尼龙绳编织),根据需要将某一肢露出袋子外,或某一特点部分露出来,以方便临床操作(图 2-10)。

如果用上述方法仍无法达到确切的保定,或者无法确保患病动物本身或操作人员、设备的安全,应对患病动物进行适当的化学保定,即给予镇静药、肌肉松弛药或麻醉药(如舒泰、846 合剂和异氟烷等)。在临床对于一些流浪动物的救治保定时,因动物比较敏感,往往需要将动物放在一个透明的基本密封的箱体(麻醉箱)中,通入氧气和吸入麻醉气体(如异氟烷),待动物轻度麻醉后再进行操作。

(三)基本原则及注意事项

小动物的接近是临床兽医开展诊疗工作的前提,保定是开展临床各项工作的基础。恰当、合适的接近与保定能减轻宠物的应激,使动物感到舒适,在动物和工作人员及主人和工作人员间建立互信,以利于诊疗工作的展开。接近与保定的方法在临床中并无定式,需要根据临床的具体情况而调整,但基本原则应当注意。

(1)保定和接近无定式,应当随机应变,灵活应用。

(2)保定和接近要求简单方便,利于保定操作和临床诊治操作。

(3)保定和接近要求安全舒适,工作人员和患病动物都要兼顾。

(4)保定和接近时操作人员要注意默契配合,团队协作共同完成。

应当注意的是,无论采用何种方式,如果操作过程中,动物出现强烈反抗而导致出现呼吸困难时等异常时,必须立即停止保定,并视情况给予氧气,等动物恢复冷静后再选择适当的保定方法进行保定。

第二节　整体状态的检查

整体状态的检查又称容态(habitus)检查,是指对动物外貌形态和行为表现的检查。应着重判定患病动物的精神状态,体格、发育,营养程度,姿势、体态,运动与行为的变化和异常表现。

一、精神状态

动物的精神状态(mental state)是其中枢神经机能的外在标志,可根据其对外界刺激的反应能力及其行为表现而判定。临床检查时主要观察患病动物的神态,注意其耳、眼活动,面部的表情及对各种刺激的反应。

正常时中枢神经系统的兴奋与抑制两个过程保持动态的平衡。动物表现为静止间较安静,行动间较灵活,经常注意外界,对各种刺激反应敏锐。当中枢神经机能发生障碍时,兴奋与抑制过程的平衡被破坏,临床上表现为过度兴奋或抑制。

(一)兴奋

兴奋是中枢机能亢进的结果,患病动物对外界的轻微刺激反应强烈,轻则表现为惊恐、骚动不安,重则狂躁不驯、乱咬、嚎叫、乱冲乱撞。常由脑及脑膜的充血和颅内压增高所致,或系某些中毒与内中毒的结果,如脑与脑膜的炎症、日射病或热射病(中暑)的初期、某些中毒病(食盐中毒)、某些侵害中枢神经系统的传染病(如狂犬病的初期)、某些营养代谢病(如钙缺乏症等)。

(二)抑制

抑制是中枢神经机能扰乱的另一种表现形式。轻则表现沉郁,重则嗜睡,甚至呈现为昏迷状态。

1. 沉郁

患病动物沉郁时表现为呆立、萎靡不振、耳耷头低、对动物主人冷淡、对外界刺激反应迟钝。

2. 嗜睡

患病动物嗜睡时则重度萎靡、闭眼似睡,或站立不动或卧地不起,给以强烈的刺激才引起其轻微的反应，见于重度的脑病或中毒。

3. 昏迷

昏迷是重度的意识障碍，患病动物表现为意识不清，卧地不起，呼唤不应，对外界刺激几乎无反应甚至仅保有部分反射功能，或有时伴有肌肉痉挛与麻痹，或有时四肢呈游泳样动作。昏迷主要见于脑及脑膜疾病、中毒病或某些代谢性疾病的后期。重度的昏迷常是预后不良的征兆。此外，因大失血、急性心力衰竭或血管机能不全而引起急性脑贫血时，临床上可见到一时性的昏迷状态，称休克或虚脱。

应该指出，精神状态的异常表现不仅常随病程的发展而有程度上的改变，如由最初的兴奋不安逐渐变为高度的狂躁，或由轻度的沉郁而渐呈嗜睡乃至昏迷，此系病情加重的结果；而且有时在同一疾病的不同阶段中，可因兴奋与抑制过程的相互转化，而表现为临床症状的转变或两者的交替出现，如初期的兴奋，到后期可转变为昏迷，或可见到兴奋、昏迷与昏睡、兴奋的交替出现。由此可见，疾病既然不是一个静止的过程，症状也自然会有动态的变化。

二、体格与发育

体格(constitution)一般根据骨骼、肌肉和皮下组织的发育程度来确定。为了确切地判定，可应用测量器械测定其体高、体长、体重、胸围及腰围的数值。一般视诊观察的结果，可区分体格的大、中、小或发育良好与发育不良。

(一)发育良好

其体躯高大，结构匀称，肌肉结实，给人以强壮有力的感觉。具有强壮体格的动物不仅生产性能良好，而且对疾病的抵抗力也强。

(二)发育不良

其体躯矮小，结构不匀称，肢体纤细，瘦弱无力，发育迟缓或停滞，一般是由于营养不良或慢性消耗性疾病(慢性传染病、寄生虫病或长期的消化扰乱)所致。如由矿物质、维生素代谢障碍引起的骨质疾病(骨软症、佝偻病)。幼龄动物的佝偻病，在体格矮小的同时，其躯体结构呈明显改变，如头大颈短、关节粗大、肢体弯曲(图 2-11)或脊柱凸凹等特征形象。

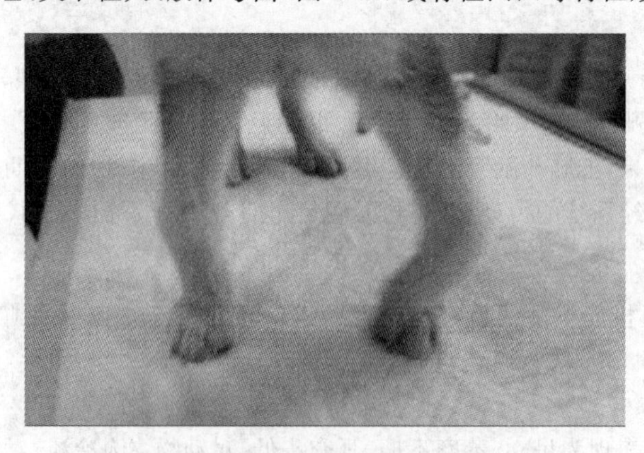

图 2-11　患佝偻病的幼犬前肢弯曲

三、营养状况

营养状况(state of nutrition)表示动物机体物质代谢的总水平。通常根据肌肉的丰满度,特别是皮下脂肪的蓄积量而判定,被毛的状态和光泽,也可作为参考。临床上一般可将营养程度分为营养良好、营养中等、营养不良。

(一)营养良好

动物表现肌肉丰满、皮下脂肪充盈、躯体圆满而骨骼棱角不突出、被毛平顺并富有光泽,皮肤有弹力。但营养过分良好会造成肥胖(图 2-12),种用动物肥胖则可影响其繁殖能力。

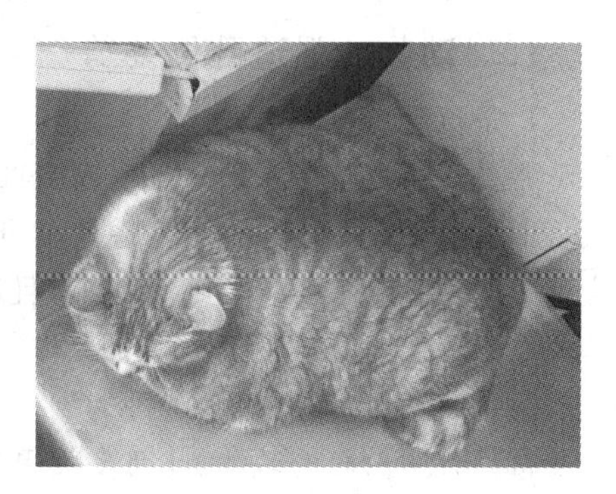

图 2-12 过于肥胖的猫

(二)营养不良

动物表现为消瘦,且被毛蓬乱、无光泽,皮肤缺乏弹性,骨骼表露明显(如肋骨),皮肤干燥而缺乏弹力。营养不良的动物多同时伴有精神不振与躯体乏力。营养过度不良则称为消瘦(emaciation),若患病动物在短期内急剧消瘦,应考虑有急性热性病的可能或由于急性胃肠炎、频繁腹泻而致大量失水的结果;若病程发展缓慢,多提示食品供应不足或慢性消耗性疾病(如慢性传染病、寄生虫病、长期的消化紊乱或代谢障碍性疾病等)。高度营养不良,并伴有严重贫血,称为恶病质(cachexia),常是预后不良的指征。

(三)营养中等

其体况特征介于上述两者之间。

四、姿势与体态

姿势(posture)与体态系指动物在相对静止或运动过程中的空间位置及其姿态表现。健康状态时,动物的姿势自然、动作灵活而协调。正常的姿势主要依赖骨骼结构和各部分肌肉的紧张度来保持,而动物的肌肉、骨骼和关节都是在中枢神经系统的控制下运动自如,协调一致的。因此,要认识动物患病后的异常姿势,首先应仔细观察和了解各种动物的正常姿势。病理状态下所表现的反常姿态常由中枢神经系统疾病及其调节机能失常,骨骼、肌肉或内脏器官的病痛及外周神经的麻痹等原因而引起。

图 2-13 犬四肢僵直

(一)动物在站立间的异常姿态

1.典型的木马样姿态

患病动物表现为头颈平伸、肢体僵硬、四肢关节不能屈曲、尾根挺起、鼻孔开张、瞬膜露出、牙关紧闭等,这是全身骨骼肌强直的结果(图 2-13)。木马样姿态主要见于破伤风。

2.异常站立

当患病动物的四肢发生病痛时,驻立间也呈不自然的姿势,如单肢疼痛则患肢呈免负重或提起状;两前肢疼痛则两后肢极力前伸,两后肢疼痛则两前肢极力后送以减轻病肢的负重；肢体的骨骼、关节或肌肉的带痛性疾病（如骨软症、风湿症等）时，四肢常频频交替负重。

3. 站立不稳

当患病动物的躯体失去平衡而站立不稳时，则呈躯体歪斜、四肢叉开或依靠墙壁而立的特有姿态。站立不稳主要见于中枢神经系统疾病，小脑受损时尤为明显。

（二）动物的强迫卧位姿势

1. 强迫的躺卧姿势

常见于脑、脑膜的重度疾病或中毒、内源性中毒的后期，也可见于某些营养代谢扰乱性疾病时，此时患病动物多伴有昏迷。此外，动物机体高度瘦弱、衰竭时（如长期慢性消耗性病、重度的衰竭症等），多长期躺卧，且因长久的躺卧，皮肤的骨骼棱角处被擦伤，甚至形成褥疮。

2. 四肢的轻瘫或瘫痪

常见有两后肢的截瘫，此时多因患病动物两前肢仍有运动功能而反复挣扎、企图起立并屡呈坐姿，常提示脊髓横断性疾病（如腰扭伤等），同时伴有后躯的感觉、反射功能障碍及粪、尿失禁。类似的后肢轻瘫还可发生于长期休闲后的猎犬突然剧烈运动后，应考虑肌红蛋白尿症的可能，宜注意观察排尿的颜色，排出含肌红蛋白的红棕色尿液为其特征，且常伴有臀部肌肉的变性与硬化。患骨软症的患病动物，由于骨质疏松、脆弱，常因剧烈的运动或跌倒、其他的外力作用或高空坠落而引起骨折，在腰、荐椎部受损后亦可引起后肢截瘫，应根据病史、骨质的形态学改变以及引起骨折或不完全骨折的病因等症状综合判定。此外，当小动物出现膈疝时，往往也呈犬坐姿势，或呈前躯高后躯低的姿势；大型犬发生髋关节发育不良时，易出现两或单后肢的瘫痪（图 2-14）。

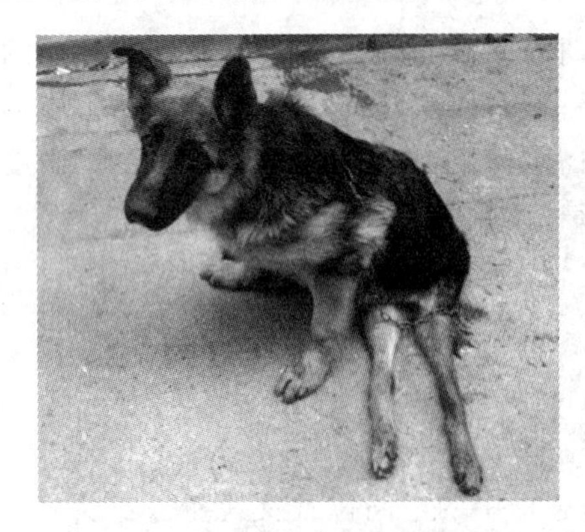

图 2-14　髋关节发育不良病犬的双后肢出现瘫痪

五、运动与行为

运动与行为（movement and behavior）是由机体各系统器官对可感知的现实环境刺激的反应所引起的。健康动物表现反应敏捷，运动灵活、协调，步态自然。在病理情况下，由于神经调节或肢体的运动功能发生障碍，往往出现行为和步态异常。运步异常常见于四肢病、脑病或中毒病，也可见于病危动物。临诊常见的运动和行为异常表现有共济失调、盲目运动、跛行等。

（一）共济失调

共济失调（ataxia），又称运动失调，是指动物在运动时四肢配合不协调，其步幅、运动强度和方向均发生异常的改变，动作缺乏节奏性、准确性和协调性。在临床上，患病动物表现为运动时踉跄，体躯摇晃，步样不稳，动作笨拙，四肢高抬，着地用力，如涉水样步态，有的不能准确地接近饮水或食物。见于脑脊髓的炎症，某些耳毒性药物（链霉素、庆大霉素等）中毒以及营养缺乏（急性低血糖）与代谢紊乱性疾病时，多为疾病侵害小脑的标志。此外，当急性脑供血不足

(如大失血、急性心力衰竭或血管机能不全)时,也可见有一时性的共济失调现象,应根据病史、心血管系统的变化而加以鉴别。

(二)盲目运动

盲目运动(blind movement)是指患病动物作无目的的徘徊走动,直向前冲、后退不止,不注意周围事物,对外界刺激缺乏反应。表现严重精神抑制,失明,舌脱出,尽管动物不能采食和饮水,但不断咀嚼,见于某些中毒病、代谢性脑病及变性脑病。

(三)圆圈运动

圆圈运动(circling movement)是患病动物按一定的方向作无休止的圆圈运动,是大脑、丘脑、中脑和前庭核一侧性损伤的表现。一侧性损伤时,身体左右两侧伸肌的紧张性不同,头歪斜于伸肌紧张性低的一侧,结果身体重心偏向一侧,迫使动物因企图维持身体平衡而朝一个方向移动,故表现出圆圈运动。由于损伤的部位不同,故转圈的方向也有所不同。常见于脑、脑膜的充血、出血、炎症或某些中毒与严重的内源性中毒。此外,若患病动物反复呈现一定方式的盲目运动,提示颅脑内的占位性病变(如脑内出血、肿瘤、脑包虫病等)。

(四)跛行

跛行(lameness)是因动物肢体的骨骼、关节、肌肉/腱、趾(蹄)部或外周神经发生疾患而引起的一肢或多肢的运动、步态异常。对于有跛行症状的动物,应细致认真地观察跛行的特点,并详细检查,必要时进行 X 射线检查,以确定患肢、患部及疾病性质。跛行的具体内容请参考本书第六章第六节中“四肢运动状态的检查”的相关叙述。

第三节　表被状态的检查

表被状态的检查包括被毛、皮肤及皮下组织的检查,在动物疾病诊断中具有重要作用,一些疾病的临床病理变化,常可在被毛或皮肤上表现出来,尤其对犬、猫的传染病和皮肤病的诊断非常重要。如犬疥螨虫病的皮肤瘙痒和损伤、犬瘟热时的皮疹及皮肤角化等。

一、被毛的检查

(一)被毛的外观检查

被毛(hair)的外观检查可通过视诊观察被毛的光泽度、完整性、稀疏、被污染情况,通过触诊检查被毛是否容易脱落(牢固性)、是否干燥或油腻、被毛的长度、被毛上的附着物等。

健康动物的被毛平顺、清洁卫生、富有光泽、生长牢固、不脱不断,每年于春、秋两季脱换新毛。健康鸟类的羽毛整齐、光泽而美丽,秋末换羽。病理情况下,表现为被毛蓬松、粗乱、打结,失去光泽,易折断、毛尖分叉、脱落或换毛季节延迟,见于长期营养不良或慢性消耗性疾病。当后肢飞节、会阴和尾部的被毛被粪便污染时,提示动物患有腹泻等。皮脂缺乏时被毛暗淡,而皮脂过多时被毛附有类似麸皮样脂肪片。

(二)被毛的色泽检查

动物局部被毛变白,多见于局部皮肤机械性损伤、外科敷料及绷带压迫等使色素沉着障碍所致。动物的被毛变灰、变白，是老龄生理性现象。

(三)脱毛

动物在非换毛季节大量脱毛是病理现象。检查时应注意脱毛是广泛的还是局部性的，是两侧对称性的还是一侧性的。在非换毛期，被毛成片脱落，是营养极度不良、体表寄生虫病及湿疹的特征，常伴有皮肤的病理变化；若有多处局限性脱毛、落屑，并伴有剧痒，多是螨虫病的表现(图 2-15)；碘、汞中毒也常引起大块脱毛。具有一定范围的圆形脱毛，见于真菌感染(秃毛癣)(图 2-16)，如犬小孢子菌和石膏样小孢子菌感染。脱毛还见于犬和猫先天性、全身性或局部性脱毛症；两侧对称性躯干部/耳廓脱毛见于内分泌失调(如甲状腺激素、性激素分泌失调)。此外，动物舔食、啃咬自身或其他动物的被毛，表现的脱毛现象多为营养物质缺乏时的异嗜(食)癖所致，如观赏鸟的食羽症等。

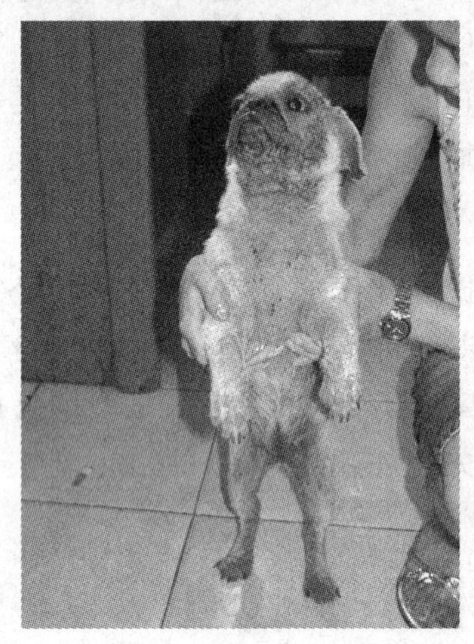

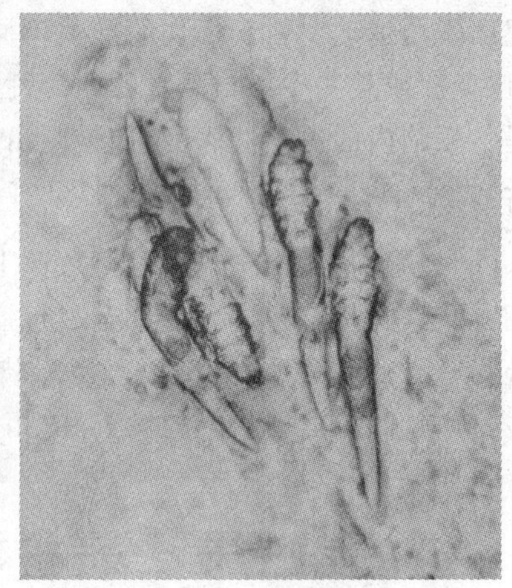

图 2-15　患蠕形螨病犬有多处局限性脱毛、落屑(右侧为显微镜下的蠕形螨)

图 2-16　猫的秃毛癣

二、皮肤检查

皮肤(skin)及相关组织检查内容包括皮肤的外观、颜色、气味、温度、湿度、弹性、厚度，有无瘙痒、肿胀、损伤及皮脂腺病变等。

(一)皮肤的外观与颜色

1. 皮肤的外观检查

主要用视诊和触诊的方法，检查皮肤的完整性、对称性、光泽度、有无痒感及皮肤震颤等。健康动物皮肤完整无损伤，清洁卫生、富有光泽，无痒感。健康犬、猫的鼻镜或鼻端均湿润，并附有少量水珠。

病理情况下，动物的皮肤无光泽，常伴有斑疹、丘疹、脓疱、结节、肿块、水疱、痂皮、糜烂、溃疡、表皮脱落等病理变化。鼻镜或鼻端干燥与增温，甚至龟裂，常提示脱水或发热性疾病。局部皮肤战栗或震颤，尤其以肘后、肩部肌肉明显，常见于四肢疼痛性疾病等。全身皮肤紧张痉挛，见于脑病和中毒病。胸壁震颤，见于胸膜炎等。

2. 皮肤颜色的检查

皮肤颜色的检查，一般能反映出动物血液循环系统的机能状态及血液成分的变化。白色皮肤的动物容易检查出皮肤颜色发生的细微变化。有色素的皮肤，应参照可视黏膜的颜色变化。

白色皮肤的动物，其皮色改变可表现为苍白、黄染、发绀及潮红与出血斑点。

(1)皮肤苍白　是贫血的重要特征，见于各型贫血，包括溶血性贫血(如犬巴贝斯焦虫病、钩端螺旋体病、输血反应等)、营养不良性贫血(如钴胺素缺乏症等)、失血性贫血(如严重的蛔虫症等)和再生障碍性贫血(如猫的泛白细胞减少症等)。

(2)皮肤黄染　犬的皮肤黄染见图 2-17。可见于肝病[实质性肝炎(如犬传染性肝炎)、中毒性肝营养不良(如黄曲霉毒素中毒、肝变性及肝硬化)]、胆道阻塞(胆道蛔虫症)和溶血性疾病。

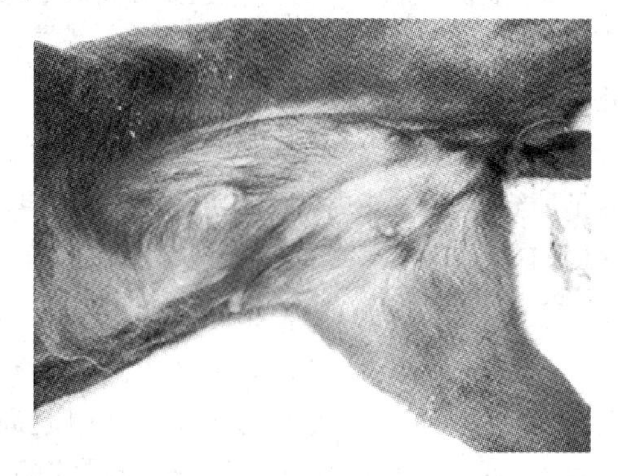

图 2-17　犬的皮肤黄染

(3)皮肤蓝紫色　称为发绀。轻则以耳尖及四肢末端为明显，重则可遍及全身。发绀可见于严重的呼吸器官疾病(如犬副流感等)、重度的心力衰竭及多种中毒病(尤以亚硝酸盐中毒最为明显)。此外，中暑时也可见显著的发绀。多种疾病的后期均可见全身皮肤的明显发绀，以致全身皮肤的重度发绀，常为预后不良之征。

(4)皮肤的红色斑点及疹块　皮肤的红色斑点常由皮肤出血而引起，如系出血点则指压时不褪色。皮肤小点状出血，好发于腹侧、股内等部位，常为犬瘟热的表现。

此外，皮炎时可见炎性部位发红，以及由皮内出血引起的瘀点或瘀斑。后者有时还表现皮肤腺漏血，即血汗症，这是血液凝固障碍或毛细血管通透性异常的结果，见于香豆素、蕨、呋喃唑酮等引起的中毒。

(二)皮肤的气味与弹性

1. 皮肤的气味

皮肤的气味来源于皮脂、汗液及脱落上皮细胞的分解和挥发性物质。健康动物的皮肤如经常刷拭，保持体表清洁，一般没有特殊不良的气味。但当动物生活环境污秽，患病动物又不常刷拭时，常带有粪尿的臭味。在病理情况下，皮肤可发出特殊的气味，如膀胱破裂、尿毒症时，患病动物皮肤常散发出尿臭味；皮肤发生坏疽时，常伴尸体腥臭味；犬患细小病毒病时，常伴有腥臭味等；皮脂分泌过多时，常伴有腐臭味。

2. 皮肤的弹性

皮肤的弹性与动物的营养状态、年龄、有无脱水等因素有关。幼龄和营养良好的动物，其皮肤具有一定的弹性。犬、猫等小动物皮肤弹性检查的主要部位是背部或腹部。检查方法是用手将皮肤捏成皱褶并轻轻拉起，然后松手，观察其恢复原状的快慢。皮肤弹性良好的动物，松手后立即恢复原状。皮肤弹性减退时，则皱褶消失很慢，不宜恢复原状。

在营养障碍、大失血、脱水（严重腹泻、呕吐）、皮肤慢性炎症（如疥癣、湿疹等）时，皮肤弹性减退。老龄动物的皮肤弹性降低是正常生理现象。此外，临床上常将皮肤弹性减退作为判定脱水的指标之一，在高度脱水而致皮肤弹性明显减退时，难以把皮肤捏成皱褶，而且恢复原状的时间显著延长。

(三)皮肤的温度与湿度

1. 皮肤的温度

通常用手背或手掌的感觉来检查皮肤的温度（皮温）。在判定皮温分布的均匀性时，可触诊耳根、鼻端、颈侧、腹侧、四肢的系部等。皮温的病理性改变，常见的有皮温增高、降低和分布不均（皮温不整）。

(1)皮温增高　全身性皮温增高是体温升高的结果，系由于皮肤血管扩张、血流加快所致，见于一些发热性疾病、中暑等。局部性皮温增高提示局部发炎，如皮炎、蜂窝织炎、咽喉炎、腮腺炎等。

(2)皮温降低　全身性皮温降低是体温低下的标志，系由于血液循环障碍，皮肤血液灌注不足所致，见于（外周）循环衰竭、营养不良、大失血、严重的脑病或中毒病等。局部性皮温分布不均，且末梢厥冷，乃重度循环障碍的结果；而耳鼻发凉、肢梢冷感，见于心力衰竭及虚脱、休克等。

(3)皮温不整　皮温不整又叫皮温分布不均，即身体对称部位的皮肤温度不一样，是由于皮肤血液循环不良，或神经支配异常引起局部皮肤血管痉挛所致，如一耳热、一耳冷，或一耳时热时冷，见于发热的初期、胃肠性腹痛病的末期、休克等。

2. 皮肤的湿度

检查皮肤湿度常用视诊和触诊的方法，对犬、猫可检查脚掌（趾垫）、鼻端。犬、猫的汗腺分布在趾垫之间，这种汗腺的分泌物不仅可以避免其连续与地面的摩擦使脚掌间干裂，而且可以散发体内大量的热量。

(四)皮肤的厚度与痒感

1. 皮肤厚度

皮肤增厚可见于表皮角化、真皮黄疸、表皮和（或）结缔组织肿瘤等疾病。许多皮下组织的病理过程可呈现皮肤一层或多层增厚，如黑色素皮肤增厚症。黑色素皮肤增厚症是以表皮增厚、角化和色素沉着为特征的疾病，腊肠犬多发。病变呈两侧对称性，初期多出现于腋下和鼠蹊部，表皮明显增厚、脱毛及发生严重的黑色素沉着。随着病情的发展，病变蔓延至耳廓、肋部、四肢中部和末端，皮肤形成深的皱褶，皮肤表面常见多量油脂或呈蜡样，并有脱屑和痂皮。原发病灶无痒感，但因脂溢和继发感染而发生瘙痒。此病呈慢性经过，激素疗法可控制，但难以完全治愈。

2. 皮肤痒感

检查动物有无皮肤瘙痒常用视诊方法。继发于内分泌失调、糖尿病、肝胆疾病、尿毒症及妊娠等过程的瘙痒，称为症状性皮肤瘙痒。

患病动物出现持续性或阵发性瘙痒时，其瘙痒程度轻重不同。轻者，磨蹭身体局部，用后肢抓挠痒处或舔舐患处；严重者，烦躁不安，不停地啃、咬、舔、擦瘙痒部位，导致局部皮肤被毛脱落，皮肤受损，或表现有擦痕、潮红、渗出或痂皮。局部瘙痒常见的部位是肛门周围、外耳道等处，因瘙痒而啃咬、损伤皮肤，继发皮炎，有的呈苔藓、色素沉着及湿疹样变化。有的剧痒可咬断尾巴，甚至咬烂四肢肌肉。局部性瘙痒常见于外寄生虫病，特别是疥螨病，也见于其他类型的皮炎。一过性瘙痒可见于过敏反应，如食物过敏等。此外，神经功能障碍（如脑炎）、营养代谢病（如糖尿病等）、毒素中毒性疾病（如寄生虫产生的毒素刺激等）、消化系统疾病（如慢性肝炎、慢性消化不良等）、尿毒症等均可引起皮肤瘙痒。犬肛门瘙痒多因肛门囊炎所致。

（五）皮肤及皮下组织的肿胀

皮肤或皮下组织的肿胀，可由多种原因引起，不同原因引起的肿胀又有不同的特点。

1. 炎性水肿

炎性水肿又称大面积的弥散性肿胀。伴有局部的热、痛及明显的全身反应（如体温升高等），应考虑蜂窝织炎的可能，尤多发于四肢，常因创伤感染而继发。

2. 皮下水肿

皮下水肿好发于胸、腹下的大面积肿胀或阴囊、阴筒与四肢末端的肿胀，一般局部并无热、痛反应，触诊呈生面团样硬度且指压后留有指压痕为其特征。依发生原因可分为营养性、肾性及心性浮肿。

（1）营养性水肿　常见于重度贫血、高度的衰竭（低蛋白血症）。

（2）肾性水肿　多见于肾炎或肾病。

（3）心性水肿　是由于心脏衰弱、末梢循环障碍并进而发生瘀血的结果，其特点是从四肢的末梢开始呈对称性水肿。

3. 皮下气肿

皮下气肿是由于空气或其他气体，积聚于皮下组织内所致（图 2-18），其特点是肿胀界限不明显，触压时柔软而容易变形，并可感觉到由于气泡破裂和移动所产生的捻发音。

（1）窜入性气肿　体表皮肤移动性较大的部位（如腋窝，肘后及肩胛附近等），发生创伤时，由于动物运动，创口一张一合，空气被吸入皮下，然后扩散到周围组织形成，如犬各种原因引起的气管破裂，导致皮下气肿（图 2-19）。

（2）腐败性气肿　是由于厌氧菌感染，局部组织腐败分解而产生的气体积聚于皮下组织所致。

4. 脓肿、血肿、淋巴外渗

（1）脓肿　是指在任何组织或器官内形成外有脓肿膜包裹，内有脓汁潴留的局限性脓腔。如在解剖腔内（胸腔、关节腔、额腔、子宫腔）有脓汁潴留时则称为蓄脓，如胸腔蓄脓、关节蓄脓、子宫蓄脓等。脓肿可发生于全身各部，发展迅速，炎症反应明显。初期边界不清，硬实，后期中央有波动感，穿刺物为脓液。

（2）血肿　是由于种种外力作用，招致血管破裂，溢出的血液分离周围组织形成充满血液

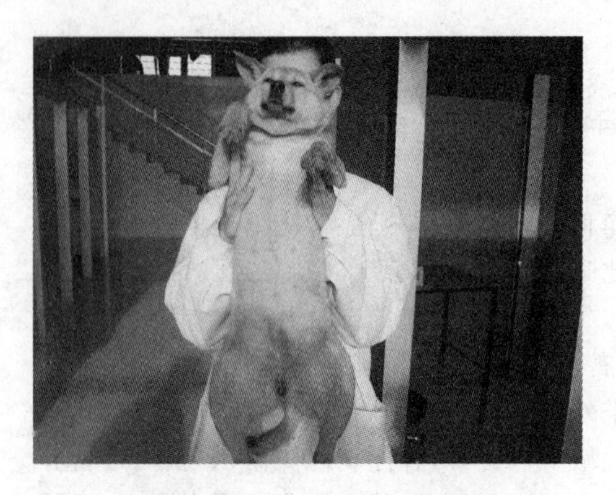

图 2-18 犬的全身皮下气肿

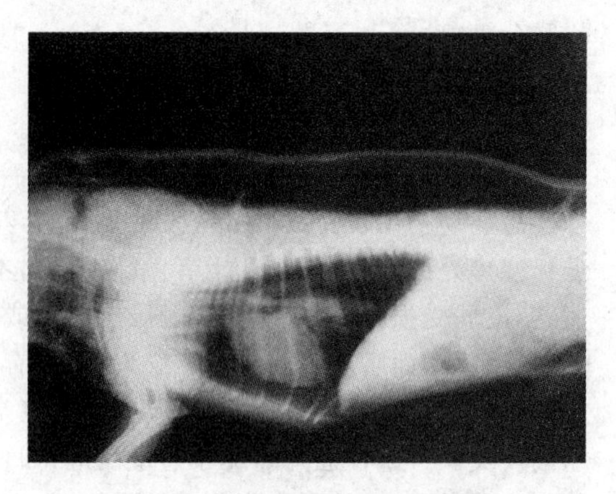

图 2-19 犬背部皮下的窜入性气肿

的腔洞。血肿发生于体表大血管处(如耳部,图 2-20),伤后立即发生,局部有疼痛反应但无炎症反应,病初肿胀有波动弹性,后期界限清楚,周缘坚实,中央波动,有捻发音。穿刺物为血液、血浆或血清。

(3)淋巴外渗 是在钝性外力作用下,由于淋巴管断裂,致使淋巴液聚集于组织内的一种非开放性损伤。淋巴外渗多发生于淋巴管丰富的结缔组织处,发展较慢,数天甚至更长时间才能形成肿胀,局部无炎症反应。柔软囊状肿胀,推压有过水音或振水音,穿刺物为橙黄色淋巴液(图 2-21)。

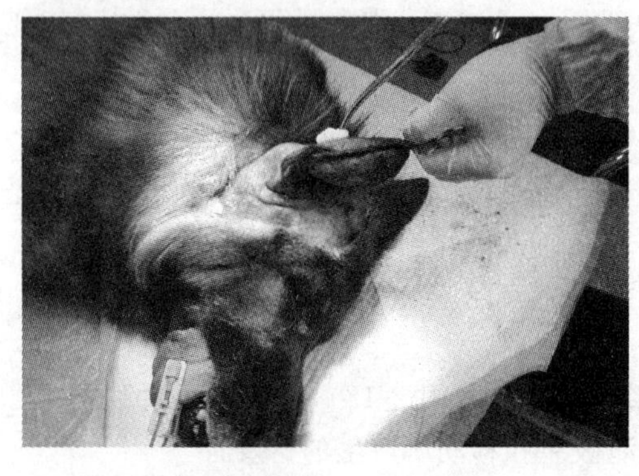

图 2-20 犬的耳部血肿

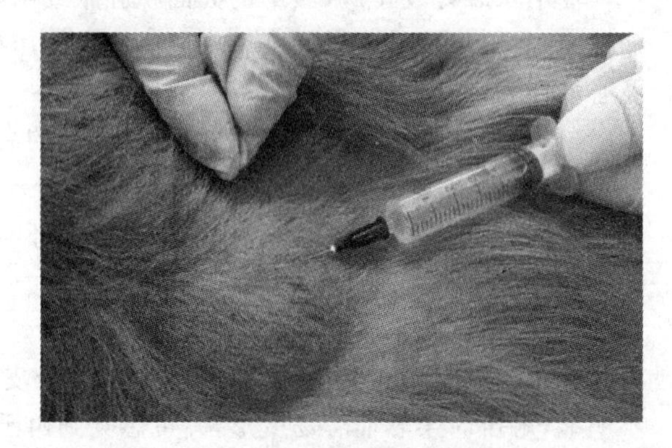

图 2-21 犬的淋巴外渗

5. 其他肿胀物

(1)疝(赫尔尼亚) 腹壁或脐部、阴囊部的触诊呈波动感的肿物,要考虑有疝症[腹壁疝(图 2-22)、会阴疝(图 2-23)、脐疝(图 2-24)、阴囊疝(图 2-25)]的可能,此时进行深部触诊可探索到疝孔,对于非嵌闭性疝,可将脱垂物还纳,听诊时局部或有肠蠕动音,检查时应结合病史、病因等进行仔细区别。

(2)体表的限局性肿物 如触诊呈坚实感,则可能为骨质增生、肿瘤、肿大的淋巴结等。在尾根部、会阴部及肛门周围等处的肿物,应注意黑色素瘤。下颌附近的坚实性肿物,可提示放线菌病。因浅表淋巴结的肿胀而引起的限局性肿胀,因有相应的淋巴结的固有位置,识别并不困难。

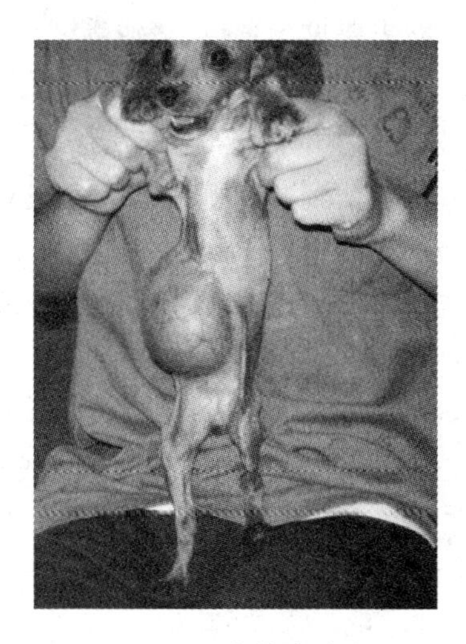

图 2-22　犬的腹壁疝

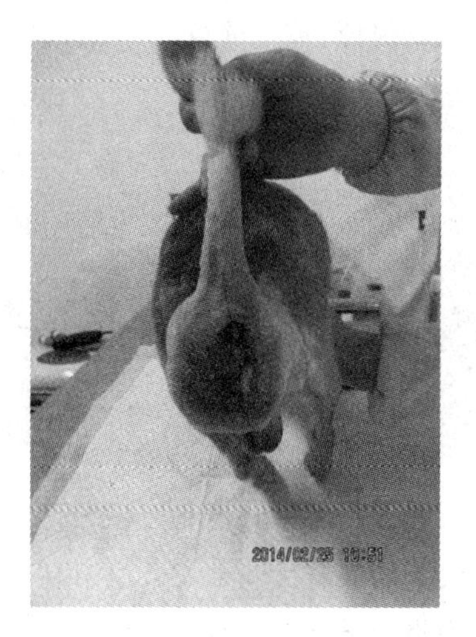

图 2-23　犬的会阴疝

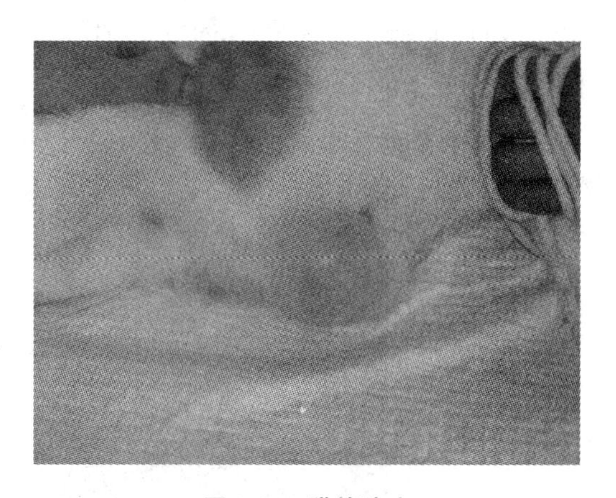

图 2-24　猫的脐疝

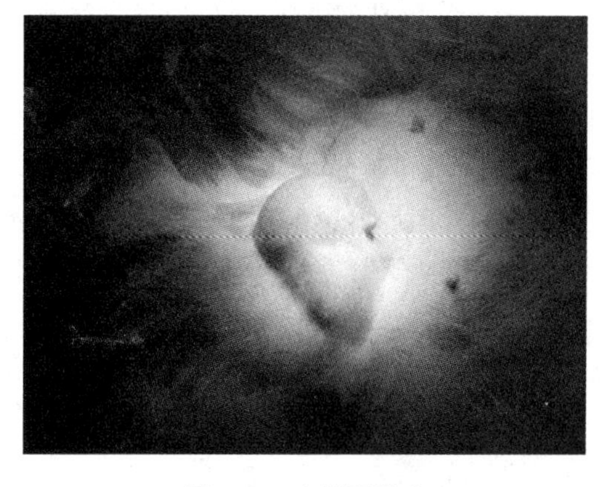

图 2-25　犬的阴囊疝

(六)皮肤疹疱

1. 湿疹样病变

呈粟粒大小的红色斑疹，弥漫性分布，多见于被毛稀疏部位，可见于湿疹、过敏性反应等。

2. 风疹

界限很明显，隆起的损害常为顶部平整，这是因水肿造成的。隆起部位的被毛高于周围正常皮肤，这在短毛犬更容易看到。风疹与荨麻疹反应有关，皮肤过敏试验呈阳性反应。

3. 丘疹

丘疹是指突出于皮肤表面的局限性隆起，其大小在 7～8 mm 或以下，针尖大至扁豆大。形状分为圆形、椭圆形和多角形，质地较硬。丘疹的顶部含浆液的称为浆液性丘疹，不含浆液的称为实质性丘疹。皮肤表面小的隆起是由于炎性细胞浸润或水肿形成的，呈红色或粉红色，丘疹常与过敏和瘙痒有关。

4. 痘疹

皮肤出现豆粒大小的疹疱，一般取红斑、丘疹、水疱、脓疱、溃疡、结痂定期或分期性经过。

易发部位:被毛稀少的部位,如乳房、鸡冠、鼻盘、头面部,主要见于禽痘、猪痘等。

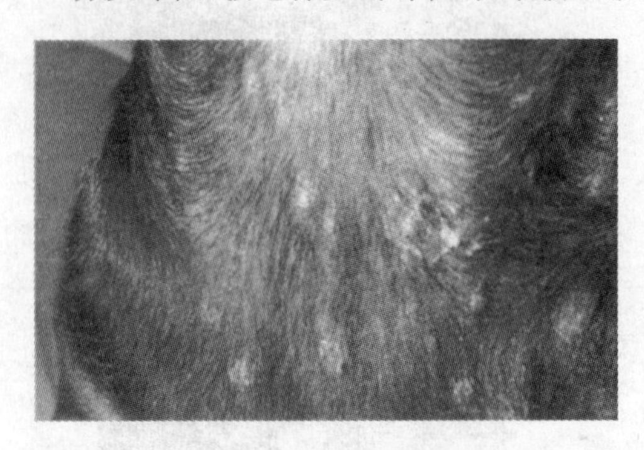

图 2-26 犬的毛囊炎

5. 脓疱

脓疱是皮肤上小的隆起,它充满脓汁并构成小的脓肿,常见于葡萄球菌感染、毛囊炎(图 2-26)、犬痤疮(粉刺)等感染所致的损害,从犬的皮肤脓疱中分离出的主要致病细菌是中间型葡萄球菌。

6. 水疱

水疱突出于皮肤,内含清亮液体,直径小于 1 cm。泡囊容易破损,留下湿红色缺损,且呈片状。大疱的直径大于 1 cm,由于易破损而难以被观察到。在犬水疱病损处常因多形核白细胞浸润而出现脓疱。

(七)皮肤的创伤与溃疡

皮肤完整性的破坏,还可表现为各种创伤及溃疡,一般性的创伤与溃疡,可见于普通的外科病。体表部位有较大的坏死与溃烂,应提示坏死杆菌病。

1. 糜烂

当水疱和脓疱破裂,由于摩擦和啃咬,表皮破溃而形成的创面,其表面因浆液漏出而湿润,当破损未超过表皮则愈合后无瘢痕。

2. 溃疡

溃疡是指表皮变性,坏死脱落而产生的缺损,病损已达真皮(图 2-27),它代表着严重的病理过程和愈合过程,总伴随着瘢痕的形成。

3. 表皮脱落

表皮脱落是表皮层剥落而形成的。因为瘙痒,犬会自己抓、磨、咬。常见于虱的感染以及特异性、反应性皮炎等。表皮脱落为细菌性感染打开了通路。经常见到的是犬泛发性耳螨性皮肤病造成的表皮脱落。

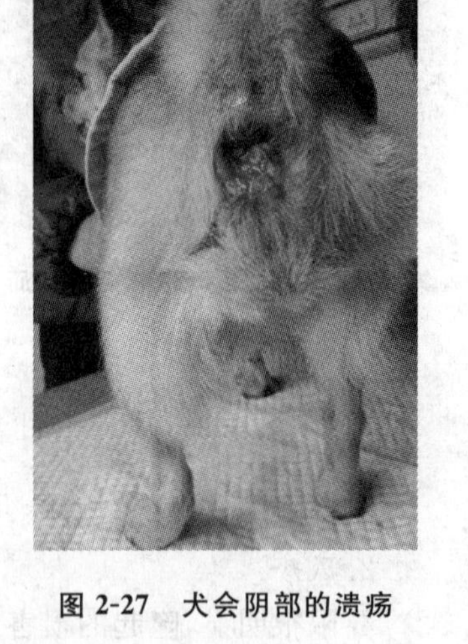

图 2-27 犬会阴部的溃疡

(八)皮肤及体表的战栗与震颤

观察表被状态时,有时可发现肢体皮肌的战栗或震颤。可因机体体温升高(多于发热初期)、剧烈的疼痛性疾病(如腹痛症、四肢的带痛性病等)、中毒及内源性中毒、神经系统疾病(如脑及脑膜的炎症等)而引起。寒冷季节,瘦弱的个体,长期受凉时也可见到这种情况。

皮肤的战栗多以肘后、肩部、臀部肌肉为最明显。严重时也可波及全身各部。出生后 2～3 日龄的新生幼龄动物全身痉挛提示幼龄动物的低血糖症;当脑病或中毒时,亦可表现为痉挛的同时伴有昏迷。

第四节　可视黏膜的检查

可视黏膜指肉眼能看到或借助简单器械可观察到的黏膜，如眼结膜、鼻腔、口腔、直肠、阴道等部位的黏膜。小动物临床上一般检查眼结合膜。

一、眼结合膜的检查方法

用两手的拇指或单手的拇指和食指打开上下眼睑检查眼结合膜。在判定眼结合膜颜色变化时，应在自然光线下进行，并注意两眼的比较对照检查。

二、可视黏膜的病理变化

检查可视黏膜时，除应注意其温度、湿度、有无出血、完整性外，更要仔细观察颜色变化，尤其是眼结合膜的颜色变化。结合膜的颜色变化，不仅可反映其局部的病变，并可推断全身的循环状态及血液某些成分的改变，在诊断和预后的判定上均有一定的意义。

眼结合膜的颜色取决于黏膜下毛细血管中的血液量及其性质以及血液和淋巴液中胆色素的含量。正常犬、猫的眼结膜为淡粉红色，其颜色的改变，可表现为潮红、苍白、发绀或黄染等。

1. 潮红

潮红是结合膜下毛细血管充血的征象(图2-28)，临床上分为弥漫性潮红和树枝状充血。单眼的潮红，可能是局部的结合膜炎所致；如双侧均潮红，除可见于眼病外，多标志着全身的循环状态。弥漫性潮红常见于各种热性病及某些器官、系统的广泛性炎症过程；如小血管充盈特别明显而呈树枝状，则称树枝状充血，多为血液循环或心机能障碍的结果。

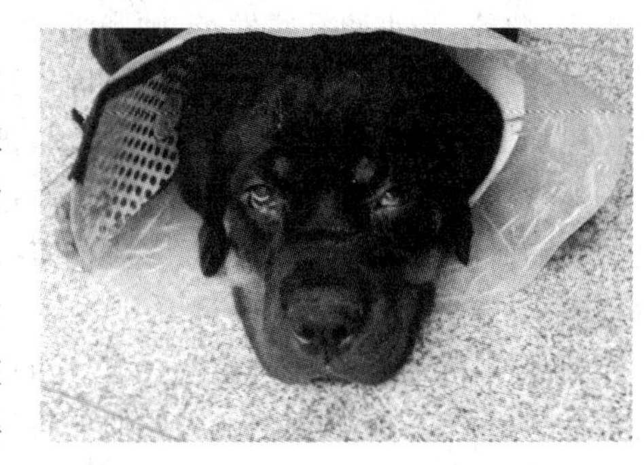

图 2-28　犬眼结合膜潮红

2. 苍白

眼结合膜色淡，甚至呈灰白色，是贫血的特征。如果病程发展迅速而伴有急性失血的全身及其他器官、系统的相应症状变化，可考虑大创伤、内出血或内脏破裂(如肝、脾破裂)。如果病程呈慢性经过，眼结合膜逐渐苍白并有全身营养衰竭的体征，则提示慢性营养不良或消耗性疾病(如衰竭症、慢性传染性病或寄生虫病等)。由于红细胞大量被破坏而形成的溶血性贫血(如巴贝斯焦虫病)，则在苍白的同时常伴有不同程度的黄染。应当注意，当动物的可视黏膜出现灰白色时，特别是口腔黏膜，往往表示预后不良。

3. 发绀

发绀即可视黏膜呈蓝紫色，系血液中还原血红蛋白增多或形成大量变性血红蛋白的结果。一般引起发绀的常见病因如下。

(1)呼吸困难　因高度吸入性呼吸困难(如上呼吸道的高度狭窄)或肺呼吸面积的显著减少(如各型肺炎、胸膜炎)而引起动脉血氧的未饱和度增加，即肺部氧和作用不足。

(2)血流缓慢或过少　因血流过缓(瘀血)或过少(缺血)而使血液经过体循环的毛细血管

时，过量的血红蛋白被还原，称外周性紫绀。多见于全身性瘀血，特别是心脏机能障碍时(如心脏衰弱、心力衰竭)。

(3)血红蛋白的化学性质改变　常见于某些毒物中毒、食品中毒(如亚硝酸盐中毒等)或药物中毒，形成变性血红蛋白或硫血红蛋白。不同病因引起的发绀，在结合膜呈蓝紫色的同时，往往具有不同的其他临床症状，应注意全面检查、综合分析。

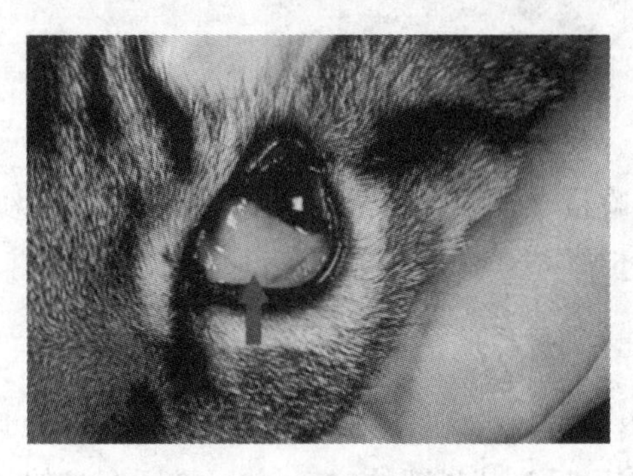

图 2-29　眼结合膜黄染

4. 黄染

眼结合膜黄染(图 2-29)，于巩膜处常较为明显而易于发现。黏膜黄疸色乃胆色素代谢障碍的结果。引起黄疸的常见病因如下。

(1)肝实质病变　致使肝细胞发炎、变性或坏死，并有毛细胆管的瘀滞与破坏，造成胆汁色素混入血液或血液中的胆红素增多，称为实质性黄疸，可见于实质性肝炎、肝变性以及引起肝实质发炎、变性的某些传染病(如犬传染性肝炎)和营养、代谢病与中毒病(如黄曲霉毒素中毒)。

(2)胆管阻塞　因胆管被结石、异物、寄生虫所阻塞或被其周围的肿物压迫，引起胆汁的瘀滞，胆管破裂，造成胆汁色素混入血液而发生黏膜黄染，称为阻塞性黄疸，可见于胆结石、胆道蛔虫等；此外，当小肠黏膜发炎、肿胀时，由于胆管开口被阻，可有轻度的黏膜黄染现象。

(3)肝前性黄疸(溶血性黄疸)　因红细胞被大量破坏，使胆色素蓄积并增多而形成黄疸，如犬巴贝斯焦虫病时，由于红细胞被大量破坏而同时造成机体的贫血，所以，在可视黏膜黄染的同时常伴有黏膜苍白。故眼结合膜的重度苍白与黄染是溶血性疾病的典型特征。但应注意某些疾病时的黄疸现象，可能是多种因素综合作用的结果，如患犬钩端螺旋体病时，既有溶血的因素，又有肝实质的损害。

此外，当检查结合膜颜色变化时，应特别注意黏膜上是否有出血点或出血斑。眼结合膜上有点状或斑点状出血，是出血性素质的特征。

第五节　浅在淋巴结及淋巴管的检查

淋巴系统由淋巴管、淋巴组织、淋巴器官和淋巴组成。淋巴组织(器官)可产生淋巴细胞，参与免疫活动，是机体内重要的防御系统。在致病因素作用下(特别是传染病的侵袭)能导致淋巴系统呈现出病理状态，因此，浅在淋巴结及淋巴管的检查在确定感染或诊断某些传染病上有重要意义。

一、浅在淋巴结的检查

小动物的体表浅在淋巴结较小，健康时不易触及。犬、猫可能摸到的浅在淋巴结有：下颌淋巴结(位于咬肌与颌下腺之间的角部，在颌外静脉的上方和下方，外表仅被皮肤和皮肌所覆盖，一般下颌两侧各有 2～3 个)；颈浅淋巴结(位于下锯肌上，冈上肌的前缘，包埋于脂肪内，每侧常有 1～8 个，一般为卵圆形，长约 2.5 cm)；腋下淋巴结(位于大圆肌远端内侧的脂肪内，大型犬呈圆盘状，宽约 2.5 cm，有时还可触到一个小淋巴结）；腹股沟浅淋巴结（位于腹股沟环的脂肪内，每侧有 2 个）；公犬其内侧接阴茎，母犬一般称作乳房上淋巴结；膝窝淋巴结（位于股二头肌与半腱肌之间，呈卵圆形，大小为 4.5 cm×3 cm）等。淋巴结的检查主要采用触诊和视诊，必要时采用穿刺检查。主要检查其位置、表面形态、大小、硬度、敏感性、可移动性等。

二、淋巴结的病理性改变及临床意义

淋巴结的病理性改变主要表现为急性肿胀、慢性肿胀、化脓。

（一）淋巴结急性肿胀

淋巴结急性肿胀的特征是淋巴结肿胀明显，体积增大，触之温热、疼痛，表面平坦光滑、坚实、活动性受限，见于急性感染和某些传染病（如猫患白血病时可见体表淋巴结肿大）。

（二）淋巴结慢性肿胀

由于病原刺激物的慢性影响使腺体的结缔组织增生，并使淋巴结变形，同时淋巴结周围的结缔组织及皮下蜂窝组织也发生增生现象。淋巴结慢性肿胀的特征是触诊淋巴结坚硬，表面凹凸不平，无热无痛，多与周围组织粘连而无移动性。

（三）淋巴结化脓

淋巴结化脓是由急性炎症过程高度发展的结果。临床上表现为淋巴结肿大、隆起，触诊皮肤紧张，热、痛明显，有明显的波动感。

三、淋巴管检查

临床检查时，除对淋巴结进行检查外，还应注意淋巴管有无异常变化。健康动物体表的淋巴管不能明视，只有当动物患某些疾病时，淋巴结扩张和管壁发生病理改变，才可见淋巴管肿胀、变粗，甚至呈绳索状。

第六节　体温、脉搏及呼吸的测定

体温、脉搏、呼吸是动物生命活动的重要生理指标。在正常情况下，除受外界气候、运动、训练等环境条件的暂时性影响外，一般变动在一个较为恒定的范围之内。但是，在病理过程中，受致病因素的影响，可发生不同程度的变化。

一、测定体温

在动物的进化过程中，逐步形成了一系列复杂而精确的体温调节机构，可随体内、体外环境的变化不断地改变机体的产热和散热过程，使体温在狭小的波动范围内保持着动态平衡，一般一昼夜的温差不超过 1.0℃。但在病理情况下，由于体内、体外环境的剧烈变化，超过了动物体温调节中枢的限度，就会出现体温升高或体温降低。因此，测定体温对于发现患病动物、了解病情、判定病性、推断预后、指导治疗和验证疗效都具有重要意义。

根据测量时体温计是否接触身体，体温计可以分为接触式体温计和非接触式体温计；根据体温计的显示形式，可以分为电子式体温计或非电子式体温计。小动物临床目前还是以水银体温计测量直肠温度为主。

(一)体温的测定方法及正常体温

1.测定部位

测量体温时,先检查水银体温计的完好性,并将体温计的水银柱甩到35.0℃以下;用酒精棉球擦拭消毒(或带体温计套)并涂以润滑剂后;让助手/宠物主人固定好被检动物,抓住小动物的尾根稍上举,将体温计斜向上15°～30°角缓慢地插入动物直肠内;体温计后端系一小夹子,把夹子固定在小动物的背部被毛上,同时用手扶住体温计,以防体温计脱落或小动物坐下后折断体温计;经3～5 min取出体温计,站到安全的地方读取温度数值;读数完毕后,擦拭体温计外的附着物,消毒,将体温计的水银柱甩到35.0℃以下,放回原处。如果用电子测温计,一般是测量犬、猫的股内侧温度,待体温计温度显示稳定后读数。但要注意犬、猫的股内侧温度略低于直肠温度,需要作适当的校正。

2.正常体温

因受年龄、性别、品种及营养等因素的影响,故健康动物的体温会在一定范围内波动。幼犬的正常体温为38.2～39.5℃;成年犬为37.5～39.0℃;成年猫为38.0～39.5℃,对于比较活泼的犬,正常体温甚至能达到39.9℃。动物的体温通常早晨低,晚上高,日差为0.2～0.5℃。但应注意,当外界炎热、采食、运动、兴奋、紧张时,动物的体温会略有升高。直肠炎、频繁腹泻或肛门松弛时,直肠所测温度会有一定的误差。在排除生理的影响之后,体温的增、减变化即为病态。某些疾病时,在临床上其他症状尚未显现之前,体温升高就已经出现,所以,测量体温可以早期发现患病动物,做到早期的及时诊断。应对患病动物逐日检温,最好每昼夜定期检温两次(即清晨及午后或晚间各一次),并记录测温结果,制成体温曲线表,以观察分析病情的变化。

3.体温升高

由病理原因引起体温升高,称为发热病,系动物机体对病原微生物及其毒素、代谢产物或组织细胞的分解产物(如无菌手术后或输血后的发热)的刺激,以及某些有毒物质被吸收后所发生的一种反应。此外,也可能是体温调节中枢受某些物理因素刺激(如日射病)的结果。发热的临床综合症候群中,除体温升高的主要指标外,尚可见皮温增高或其分布不均、末梢冷感,寒战与战栗(主要见于发热初期)、犬猫脚掌多汗或气喘,呼吸、脉搏的加快,消化与泌尿机能障碍(如食欲减少、蛋白尿等),精神沉郁及代谢紊乱等一系列变化。但一般均以体温升高的程度,作为判断发热程度及患病动物反应能力的标准。

(1)根据体温升高的程度　可分为微热(体温升高0.5～1.0℃)、中等热(体温升高1.0～2.0℃)、高热(体温升高2.0～3.0℃)、最高热(体温升高3.0℃以上)。一般说来,发热的程度可反映疾病的程度、范围及性质。

①微热。仅见于限局性的炎症及轻微的病程时,如鼻卡他、口腔炎、胃卡他等。

②中等热。通常见于消化道、呼吸道的一般性炎症以及某些亚急性、慢性传染病,如胃肠炎、支气管炎、咽喉炎、布氏杆菌病等。

③高热。可见于急性感染性病与广泛性的炎症,如犬瘟热、巴氏杆菌病、大叶性肺炎、小叶性肺炎、急性弥散性的胸膜炎与腹膜炎等。

④最高热。提示某些严重的急性传染病(如脓毒败血症)、日射病与热射病等。

应注意,上述不同程度发热病的区分,在诊断上只有相对的参考意义,不能机械地去理解。

因为，同一疾病可有程度的不同，且在病程经过的不同阶段中其体温升高的程度也不一致；尤其是患病动物的个体特点及其反应能力，更会影响其体温升高的程度。如老龄或过于衰弱的患病动物，由于其反应能力弱，即使得了急性高热性疾病、甚至感染的病原强度相同，其体温也可能达不到高热的程度；相反，一般仅呈中等发热的疾病，表现在特殊的个体或存在某些并发、继发病时，也可出现高热的现象。因此，应对每个具体病例，进行具体的综合分析。

(2)发热类型　在体温升高的过程中，根据其经过的特点，可区分为几种不同的发热类型。

①稽留热。高热持续数天或更长时期，且每日昼夜的温差很小(在 1.0℃以内)为其特点。此乃致热物质在血液中长期存在，并对中枢给予不断刺激的结果，见图 2-30。稽留热可见于犬瘟热、大叶性肺炎等。

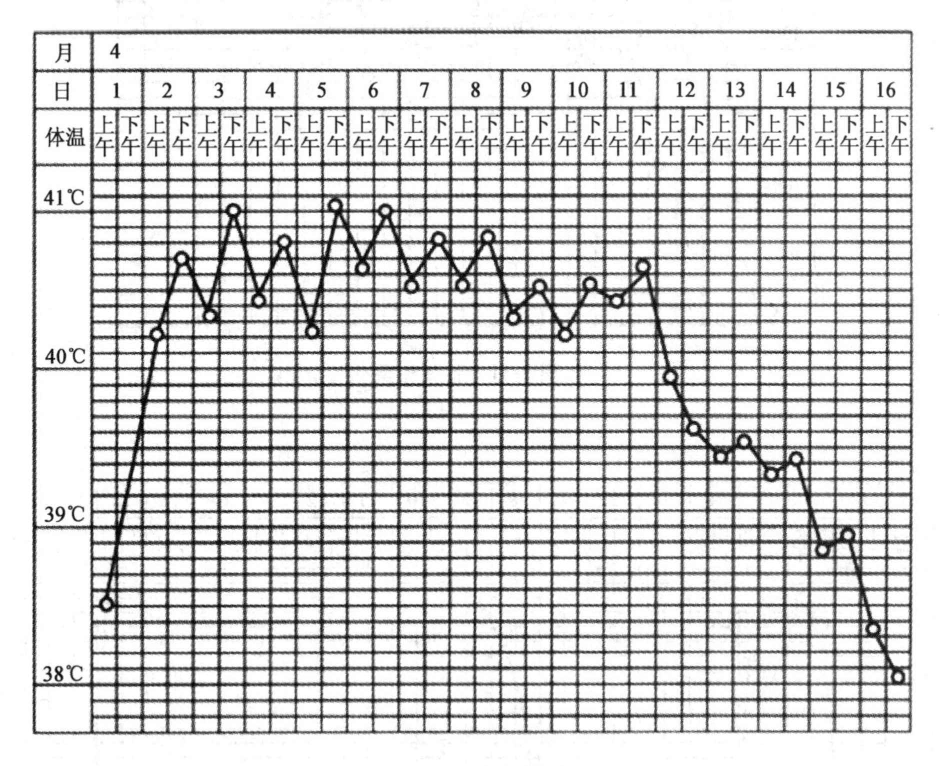

图 2-30　稽留热型

②弛张热。体温升高后，每天昼、夜间的温差有较大的升、降变动(可变动于 1.0～2.0℃以上)的变动范围较大，且体温并不降至正常为其特点，见图 2-31。弛张热见于化脓性疾病、败血症、小叶性肺炎等。

③间歇热。在持续数天的体温升高后，出现体温正常期(也称无热期)，如此以一定间隔期间而反复交替出现体温升高的现象，称为间歇热，见图 2-32。根据疾病的性质、程度与类型不同，体温升高的持续与间歇期可有长短不同的变化，通常依其病原性有毒(致热性)物质周期性的进入血液的规律为转移，典型的间歇热可见于血孢子虫病等。

④不定型热。体温曲线变化无规律，如发热的持续时间长短不定，每天日温差变化不等，有时极其有限，有时则波动很大。不定型热多见于一些非典型经过的疾病，如渗出性胸膜炎等。

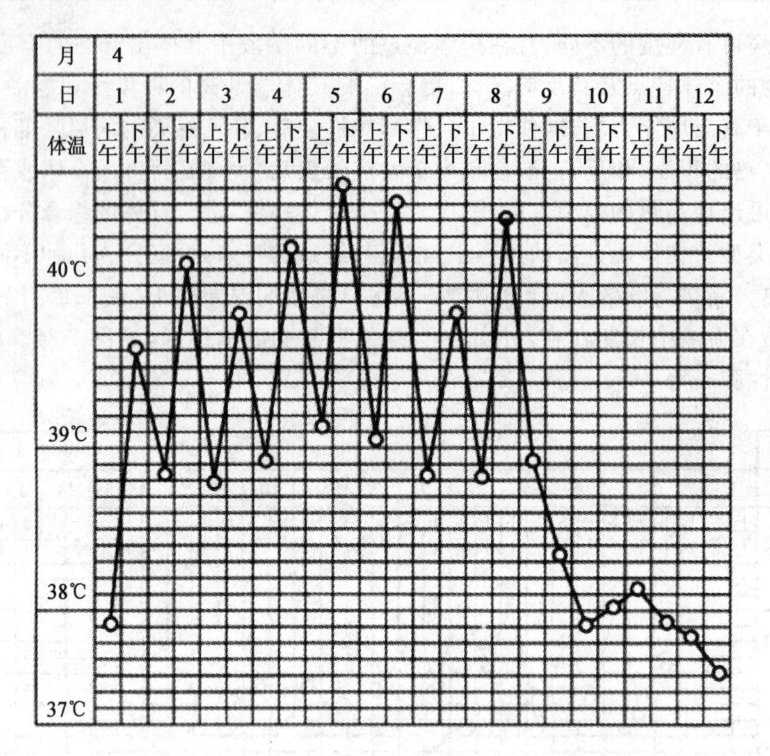

图 2-31　弛张热型

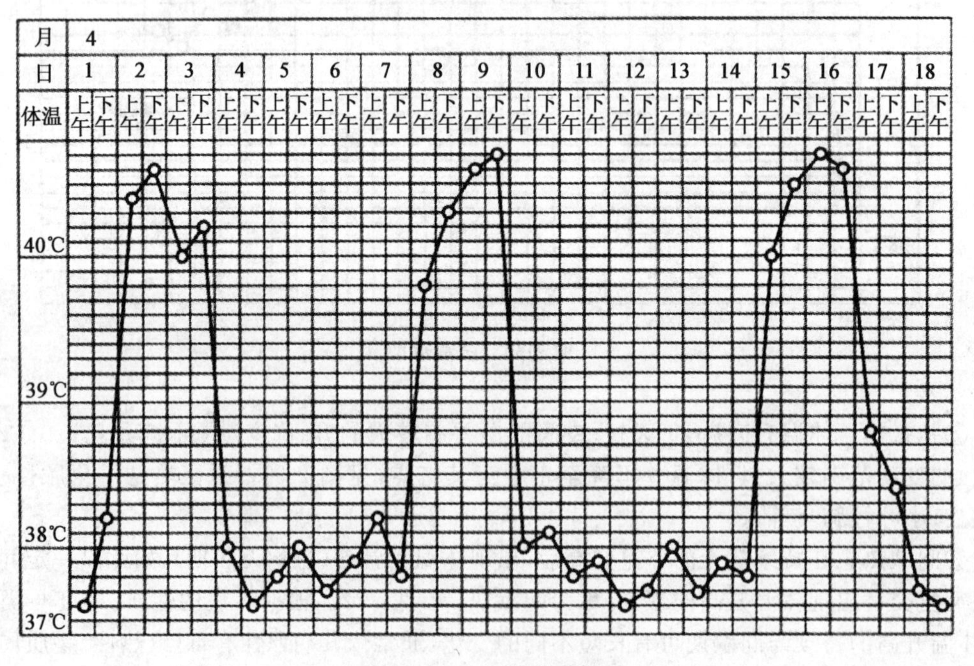

图 2-32　间歇热型

此外，也可将两次发热之间，间隔以较长的无热期者另称为回归热。

(3)按体温升高持续的时间(病程)　可分为急性、慢性和一过性发热。

①急性发热。一般发热期延续1周至半个月,如长达1个月有余则为亚急性发热,可见于多种急性传染病。

②慢性发热。表现为发热的缠绵,可持续数月甚至1年有余,多提示为慢性传染病,如结核等。

③一过性热或暂时性热。仅见体温的暂时性(1日内)升高,常见于注射血清、疫苗后的一时性反应,或由于暂时性的消化紊乱。由于体温迅速恢复正常,故对动物无不良影响。某些疾病的初期虽可能有一过性发热,但因发热多出现在疾病的前驱期,因临床上无其他明显症状而不易被发现,从而实际的诊断意义不大。

发热持续一定阶段之后则进入降热期。依热下降的特点,可分为热的渐退与骤退。热的渐退表现为在数天内逐渐地、缓慢地下降至常温,动物的全身状态亦随之逐渐地改善而至康复;热的骤退以短期内迅即降至常温甚或常温以下为其特点,如热骤退的同时,脉搏反而增数且动物全身状态不见改进甚或恶化,多提示预后不良。

(二)体温降低

由于病理性的原因引起体温低于正常体温的下界,称为体温过低或低体温。低体温可见于老龄动物,重度营养不良、严重贫血的动物(如衰竭症等),也可见于某些脑病(如慢性脑室积水或脑肿瘤)及中毒。频繁腹泻的动物,其直肠温度可能偏低。大失血、内脏破裂(如肝破裂)以及多种疾病的濒死期均可表现低体温。明显的低体温,同时伴有发绀、末梢厥冷、高度沉郁或昏迷、心脏微弱与脉搏不感于手,多提示预后不良。

二、脉搏检查

伴随每次心室收缩,向主动脉搏送一定数量的血液,同时引起动脉的冲动,以触诊的方法可感知浅在动脉的搏动,称为脉搏。诊查脉搏可获得关于心脏活动机能与血液循环状态的资料,这在疾病的诊断及预后的判定上都有很重要的实际意义。检脉时宜注意其频率(即每分钟内的脉搏次数)、节律及性质的变化。

(一)脉搏检查的方法及正常频率

1. 测定方法

应用触诊检查动脉脉搏,测定每分钟脉搏的次数,用“次/min”表示。小动物一般在后肢股内侧的股动脉处做检查。

2. 犬、猫脉搏的正常频率

成年健康犬的脉搏数为70～160次/min,小型犬180次/min以上;猫110～240次/min。但犬、猫在剧烈运动、兴奋、恐惧、过热、妊娠等情况下,脉搏可一时性增多。此外,幼龄犬、猫比成年犬、猫的脉搏数多。

(二)脉搏检查的临床意义

1. 脉搏增数

脉搏增数见于各种发热性疾病、心脏病、呼吸器官疾病(如大叶性肺炎、小叶性肺炎及胸膜炎)、各型贫血及失血性疾病、剧烈疼痛性疾病以及某些毒物中毒等。

2. 脉搏减数

脉搏减数见于某些脑病(如脑脊髓炎、慢性脑室积水)、药物中毒(如洋地黄中毒)、胆血症(如胆道阻塞性疾病)、心脏传导阻滞、窦性心动过缓以及危重患病动物等。脉搏数明显减少,提示预后不良。

三、呼吸的测定

动物的呼吸活动由吸入及呼出两个阶段而组成一次呼吸。呼吸的频率一般以“次/min”表示。呼吸数是机体重要的生理指标之一，通过检查呼吸数，可以了解呼吸系统的大体情况，为以后的系统检查和特殊检查提供线索和依据。

（一）呼吸数检查的方法及正常频率

1. 测定方法

检查呼吸数时，必须在动物处于安静状态下进行。呼吸数检查的方法很多，最佳的方法是检查者站于患病动物旁边，观察胸腹部起伏动作，一起一伏即计算为1次呼吸；其次，可将手背放在动物鼻孔前方的适当位置，感知呼出的气流，呼出1次气流，即为1次呼吸（在冬季寒冷时可直接观察呼出气流）；还可对肺进行听诊测数。

2. 健康犬、猫的正常呼吸数

健康犬的呼吸数为10～20次/min，猫为14～20次/min。当犬、猫兴奋、运动、身体过热时，呼吸数可明显增多。此外，幼犬比成年犬呼吸数稍多，妊娠犬、猫呼吸数稍多。

（二）呼吸数检查的临床意义

呼吸数的病理性改变，可表现为呼吸次数增多或减少，但以呼吸次数增多为常见。

1. 呼吸次数增多

引起呼吸次数增多的常见病因：①呼吸器官本身的疾病，当上呼吸道的轻度狭窄及呼吸面积减少时可反射地引起呼吸加快。如上呼吸道的炎症、各型肺炎及胸膜炎以及主要侵害呼吸器官的各种传染病等。②多数发热性疾病（包括发热性传染病及非传染病），系致热源及细菌、病毒感染的结果。③心力衰弱及贫血、失血性疾病。④导致呼吸活动受阻的各种病理过程，如膈的运动受阻（膈的麻痹或破裂），腹内压升高（如胃扩张），胸壁疼痛性疾病（如肋骨骨折等）。⑤剧烈疼痛性疾病，如四肢的带痛性疾病及腹痛症。⑥中枢神经的兴奋性增高，如脑充血、脑炎及脑膜炎的初期等。⑦某些中毒，如亚硝酸盐中毒引起的血红蛋白变性。

2. 呼吸次数减少

临床上比较少见，通常的原因：引起颅内压显著升高的疾病（如慢性脑室积水），某些中毒病及重度代谢紊乱等。此外，当上呼吸道高度狭窄而引起严重的吸入性呼吸困难时，由于每次吸气的持续时间显著延长的结果，可相对造成呼吸次数减少。此外，常伴有吸气期明显的狭窄音，且患病动物表现痛苦甚至呈窒息状。呼吸数显著减少并伴有呼吸方式与节律的改变，常提示预后不良。

一般来说，体温、呼吸数和脉搏数的变化，在多数疾病状态下是平行一致的，即体温升高时，脉搏数和呼吸数也相应地随之增加；而当体温降低时，脉搏数和呼吸数也相应地减少。若三者平行趋于正常，则提示病情趋向好转；若高烧骤退，而脉搏数及呼吸数反而上升，则反映心脏功能或中枢神经系统的调节机能衰竭，为预后不良之症。

第三章　头颈部检查

第一节　头 部 检 查

头部检查的内容包括头部外形、耳、眼、鼻、副鼻窦、咳嗽、上呼吸道杂音、口腔等。

一、头部外形观察

检查者位于动物头部的正、侧面分别进行观察，健康动物的头部外形轮廓匀称，耳鼻端正，给人以舒适的感觉。当幼龄动物表现头大、颈短的不匀称结构时，多提示佝偻病或低蛋白血症等引起的脑部水肿。当出现耳、眼睑、口唇下垂时，提示为面神经麻痹，表现为头面部歪斜，是由于单侧肌肉松弛而引起的。当出现鼻面的膨隆（图 3-1）、变形时，是由于骨质疏松、肿胀引起的，见于骨软症或头窦蓄脓症。头窦蓄脓症时，叩诊窦部呈浊音，并有敏感反应，且多伴有单侧的大量脓性鼻液。骨软症时，叩诊局部呈过清音，并伴有全身其他各部骨骼变化，如四肢关节粗大等，同时多见有四肢运动障碍。当出现头部局部脱毛（图 3-2）、落屑且伴有剧痒（表现为经常在周围物体上摩擦）时，则提示为疥癣病。头部皮温升高，见于热性病；鼻端、耳根冷感，是末梢循环障碍的结果。头面部及眼睑水肿多提示为浮肿病。头面部创伤多见于咬伤或机械性损伤（图 3-3）。

图 3-1　犬鼻面的膨隆

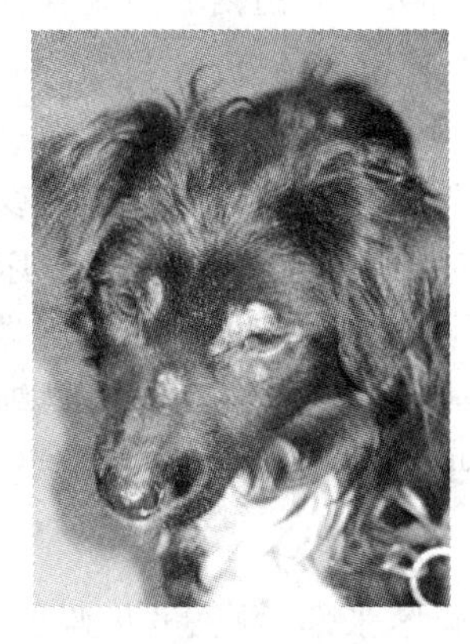

图 3-2　犬头面部脱毛

图 3-3　犬头面部的创伤

二、耳的检查

犬随品种不同可分为直立耳、半直立耳、垂耳和半垂耳，猫多为直立耳。除了自身的损伤外，耳部异常多是全身性疾病的部分表现。耳的检查项目包括耳廓、耳道、鼓膜、中耳及内耳。每次检查都应检查双耳，并从状况好的那一只耳开始。

(一)外耳

外耳检查包括耳廓的完整性，耳廓内外有无肿胀增厚、血肿、体外寄生虫，耳软骨有无疼痛、钙化，外耳道有无分泌物等。

1. 耳廓

(1)温度变化　触诊耳廓，检查耳温有无改变。耳温之所以发生改变，是由于炎症或外周血液循环减少所致。

(2)结构变化　检查者注意耳廓的对称性和完整性。耳廓结构会因为肿瘤而发生改变，但结构变化更常见的原因是由于创伤造成的缺损或软骨骨化。

(3)皮肤变化　耳廓的皮肤病变，常常是由于相互撕咬或自残所致，特别是急性病变。慢性皮肤病变，表现为耳廓凹面出现鳞屑、黑色素沉着及表皮层增殖等，多见于疥螨病、蠕形螨病、皮肤真菌病等。

2. 耳道

(1)一般临床检查　首先检查耳道入口的宽度，在正常情况下能看到垂直耳道的前半部分。耳道入口有可能因为皮肤肿胀或皮肤增生而变狭窄。触诊时，耳道的弹性会因为耳道增生及软骨骨化而变弱。耳道发生严重增生时，耳道周长也会随之增加。除此之外，耳道入口还可能看到过量的病理性分泌物，如过量的皮质性耳垢、混有脓汁或血液的耳垢，并闻到异常强烈的臭味。

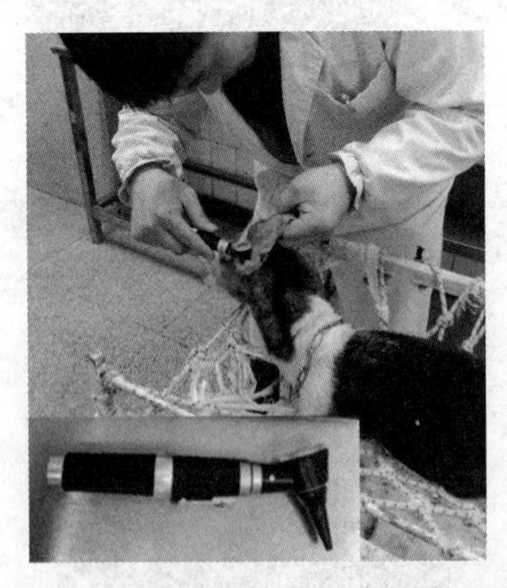

图 3-4　犬的耳镜检查(左下角为检耳镜)

(2)耳镜检查　如果要检查深部耳道就必须借助专门的器械检查，临床常用检耳镜。检耳镜是由附有可更换式锥形耳套的耳窥镜、小型光源及放大镜所构成。首先将动物保定，然后用左手抓住耳廓向腹外侧拉，这样垂直耳道就会和水平耳道变成一条直线。此时，右手持检耳镜，小心放入耳道内。只要保持耳道平直，并在观察时随着检耳镜向各方向缓缓移动耳道，便可观察到全部的耳道及鼓膜(图 3-4)。

(3)耳道清洗　当耳道有过多的分泌物或鳞屑时会妨碍耳道检查，此时必须先冲洗耳道。临床常用生理盐水或商品化洗耳液冲洗。但如果需要用显微镜检查耳分泌物内有无寄生虫，或者要做分泌物细菌学检查，需先收集病料后再冲洗耳道。

(二)鼓膜

鼓膜是一层具有透光性的膜。鼓膜绷紧的部分，称为鼓膜紧张部，颜色呈灰蓝色，而在鼓膜紧张部内，可见白色轮廓的椎骨柄。鼓膜上方为松弛部，颜色呈粉红色，具有弹性。

1. 颜色改变

当发生外耳炎或中耳炎时,鼓膜颜色会改变。如慢性外耳炎时,鼓膜颜色会变成白色,或者透光度减小,此时鼓膜会明显增厚。若是中耳出现炎症反应,则鼓膜的颜色会变成红色,而其他的结构看不清楚。

2. 鼓膜缺失破裂

如果鼓膜发生穿孔,则穿孔区通常看起来是暗的。倘若鼓膜严重撕裂的话,有可能直接看到中耳部。临床常见于慢性外耳炎、耳息肉等。

(三)中耳

只有当鼓膜破裂时,才能由检耳镜看到中耳。健康动物中耳的黏膜呈现黄白色。若发生炎症反应,则变成红色。如果需要更深入地检查颅骨内的耳部结构,那么就需要使用影像学方法进行检查诊断。

引起中耳炎的原因:细菌,如假单胞菌、中间葡萄球菌、棒状杆菌和厌氧菌等;真菌,如马拉色菌、曲霉菌、念珠菌等;其他,如异物、肿物、炎性息肉、创伤等。

(四)听力

检查动物的听力,通常可观察动物对哨子声、拍手或甩门声的反应。应当注意的是,制造这些声响时,不应让动物看到。若犬、猫对上述任何一种刺激都没有反应的话,那么双耳就可能有严重的听力问题。进一步,可利用脑干诱发反应电位进行听力检查,分别检查两侧耳朵的听力。

引起耳聋原因:传导性障碍,见于外耳道分泌物或异物阻塞、鼓膜破裂、严重的外耳炎、中耳炎等;感觉神经异常,见于内耳结构异常、听神经和中枢神经损害(如遗传性耳聋、毒物损伤神经、老年耳聋等)。

三、眼睛的临床检查

健康动物,眼睑开闭活动自如,眼球明亮,无分泌物,瞳孔对光反应变化敏感,视力正常。眼睛临床检查包括外眼检查、眼前节检查和眼底检查。犬、猫的某些全身性疾病会影响到眼睛(如糖尿病、猫牛磺酸缺乏等),因此,在检查眼睛疾病前应对犬、猫整体状况有所了解。

(一)外眼检查

外眼检查应在光线充足或灯光下进行,一般检查以下内容。

1. 眼眶检查

主要观察眼眶有无外伤、肿胀、凹陷、骨折和疼痛等。

2. 眼睑检查

(1)眼睑裂　疼痛时,眼睛通常会紧闭(眼睑痉挛),特别是疼痛源自角膜虹膜。睫状肌疼痛时会更为明显,这样会造成眼睑变小。而先天性的眼睑过小较少见,通常会造成上眼睑的眼睑内翻。

(2)眼睑的闭合　在不接触头部的情况下,或轻轻触碰内眦周围的皮肤,来检查眼睑的闭合反射。若无法完全闭合眼睑,则称为眼睑闭合不全;若是因神经受损、肿胀或肿瘤而无法将上眼睑完全打开,则称为眼睑下垂。

(3)眼睑的外缘　检查时,观察眼睑外缘是否有伤口、肿胀、脱毛、潮湿,或是倒睫。倒睫是睫毛在正常位置，但生长的方向不良而造成软组织（如眼球）的刺激，该刺激可能造成角膜血管新生、黑色素沉着、溃疡、甚至穿孔。

(4)眼睑的位置　眼睑的边缘应该平滑地贴近眼球，异常时可能出现眼睑内翻或眼睑外翻，依其严重度可分为轻度、中度及重度。

(5)眼睑水肿　中兽医认为眼睑浮肿属于水肿病范畴，引起的原因可以是心、肾、脾在液体代谢方面的机能不好所致。此外，慢性胃肠疾病也会引起眼睑水肿。根据发病原因不同，将眼睑水肿总体上分为生理性和病理性 2 种。

①生理性眼睑水肿：生理性水肿大多是影响面部血液回流，这种眼睑水肿对身体没有什么影响，常能自然消退。但一些理化性刺激（如石灰粉、烟、酒精、强烈日光直射、X 射线或紫外线辐射、高温作用等）也可引起生理性眼睑水肿。

②病理性眼睑水肿：病理性眼睑水肿又分炎症性眼睑水肿和非炎症性眼睑水肿。炎症性眼睑水肿除眼睑水肿外，还有局部的红、热、痛等症状，引起的原因有眼睑的急性炎症、眼睑外伤及眼周炎症等。非炎症性眼睑水肿大多没有局部红、热、痛等症状，常见原因是过敏性疾病，心脏病，甲状腺功能低下，急、慢性肾炎，以及特发性神经血管性眼睑水肿。

3. 结膜检查

结膜可经由颜色、平滑度、潮湿度、肿胀与否、病灶/缺陷、血管充血、异物及发炎的渗出液来评估。结膜血管走向与角膜缘垂直，通常为鲜红色；而巩膜血管较平行于角膜缘，且为紫色。当用 0.01％肾上腺素点眼时，结膜血管可以快速收缩，而巩膜血管通常维持不变。结膜发炎或眼压上升都会造成结膜发红。

图 3-5　犬的瞬膜（第三眼睑）脱出

4. 瞬膜（第三眼睑）检查

先观察双眼的瞬膜是否皆位于内眦的正常位置，犬、猫的瞬膜位于鼻腹侧。若观察到瞬膜出现于外侧远端，称为脱出（图 3-5）。瞬膜脱出可见于局部瞬膜的异常，眼球内缩，或是眼球后方的突出（眼球后脓肿或肿瘤）等。

5. 眼球检查

(1)位置　先将两眼视线固定在同一点上，再尝试吸引患病动物的注意力，以便观察双眼的协同性。眼球震颤是指眼球不自主颤动，反复持续性垂直、水平或旋转移动，常见于癫痫和脑炎。

(2)大小　若两眼大小有明显的异常，则必须考虑眼球大小是否异常，及相对于头部的比例是否适当。单侧性小眼症（先天性眼球过小）、眼球痨（后天性眼球过小）以及牛眼（后天性眼球变大），通常很容易被观察到。

(3)眼球突出　通常有物体占据眼球后部，会表现为眼球突出。有时当眼球变大时，会有伪眼球突出的情形。许多品种有生理性的眼球突出（如京巴犬、西施犬、波士顿梗犬、法国斗牛犬等）。

(4)眼球内缩　当眼睛疼痛或受到刺激时，可观察到眼球内缩。眼球内缩通常是由恶病质、老化、失去眼球后脂肪、咀嚼肌萎缩等因素使眼球后支撑不足引起的，也可能是因为眼球缩肌回缩引起。

(5)眼内压　通常用眼压计进行检测(图 3-6)。眼内压降低,见于眼球萎缩或脱水等;眼内压升高,见于青光眼等。犬正常眼内压一般为 16～25 mmHg。

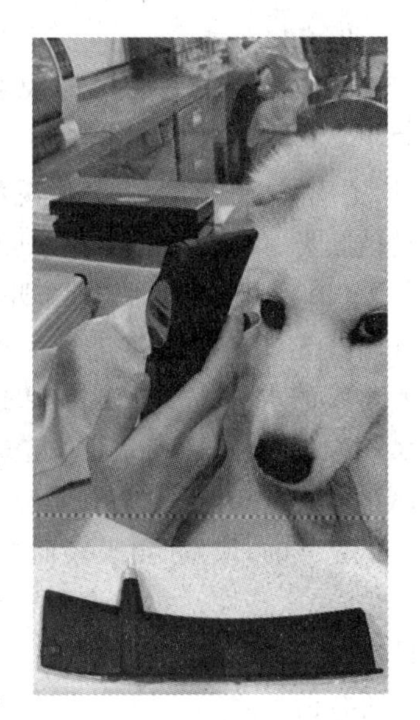

图 3-6　犬眼内压的检测
(图的下方为眼压计外观)

6. 泪膜与泪液生成检查

当泪膜正常时,可在眼睑边缘与角膜以及第三眼睑与角膜的交界处见到一完整、会反光且清楚的液体线。如果怀疑泪膜的完整性,或出现黏液性或黏液脓性分泌物时,应进行 Schirmer 泪液试验(STT)测量泪液生成。犬的正常泪液生成量下限为 9 mm,猫为 6 mm。STT 检测应在其他可能影响此项检查结果的操作之前进行。只有在明显泪液生成过量的情况下,STT 才可忽略不做。

7. 眼分泌物检查

根据分泌物的黏稠度、颜色等性质,可以将眼的异常分泌物分为水样、黏性、黏液脓性、脓性、血性分泌物等。不同性质的分泌物有助于初步判断眼部疾病的大概性质,以便采取相应的治疗措施。

(1)水样分泌物　为稀薄稍带黏性的水样液体,这种分泌物增多多提示病毒性角结膜炎、早期泪道阻塞、眼表异物、轻微外伤等。有的动物(如松狮犬)眼睑内翻导致睫毛刺激角膜而引起结膜充血、流泪、怕光和疼痛,在睫毛的不断摩擦下,可发生角膜炎和角膜溃疡以至穿孔,常会引起眼部刺激症状,并伴有水样分泌物增多。

(2)黏性分泌物　黏性分泌物常出现在干眼症和急性过敏性结膜炎患病动物,常表现为黏稠白色丝状物质,与常用的胶水性状十分相似,可能还伴有异物感、眼痒等症状。

(3)黏液脓性分泌物　黏液脓性分泌物为较为黏稠的、略带淡黄色的物质,这类分泌物增多,可考虑犬瘟热、慢性过敏性结膜炎、沙眼等。

(4)脓性分泌物　是最应引起重视的问题,它的出现常提示有细菌的感染。当眼睛受到病菌感染时,会产生炎症反应,一方面,刺激了睑板腺,促进了油脂的分泌,使眼睑上和眼角里的油脂比平时增多;另一方面,眼睛里的血管扩张了,血液中的白细胞聚集以杀灭外来的病菌,这些被杀死的病菌残骸以及白细胞都混到眼分泌物里,这样一来,眼分泌物增多,且呈黄白色。

(5)血性分泌物　如果发现眼分泌物呈明显的血红色,应该考虑眼睛外伤。眼分泌物呈淡粉或略带血色,可考虑急性病毒性感染,这时患病动物同时会伴有眼睛红、耳前淋巴结肿大等表现。

(二)眼前节检查

1. 巩膜检查

巩膜含有淋巴、血管及弹力纤维组织,构成眼球坚硬的外壁。

(1)颜色　正常巩膜的颜色是白色的。体内循环的色素会使其变色,大多会变成黄色。当眼睛发炎或青光眼时,则巩膜会在角膜缘区域呈现血管充血、发红与水肿的现象。

(2)厚度　巩膜厚度不定,可从接近眼球赤道部的 0.3 mm,到视神经处的 0.8 mm。巩膜发炎会造成粉红色的区域增厚。

2.角膜检查

角膜是透明无血管的,从外层(被泪膜覆盖)到内层可分为上皮层、基质层、后弹力层和内皮层。角膜厚度正常范围为0.45～0.65 mm。正常的角膜含有完整的泪膜,且其球形表面平滑、透明、具反光性,且是敏感的。角膜易患疾病有角膜炎、角膜溃疡、角膜皮样囊肿、干燥性角膜结膜炎、角膜穿孔、角膜水肿等。

(1)透明度　角膜是透明的,但幼犬6周以前的角膜会轻微模糊。角膜透明度改变时,可用荧光素点眼染色进行检查。所有眼睛疼痛及角膜病灶,都应进行荧光染色检查。若因为角膜的水肿太严重,影响到较深层部位的观察时,可以给予高张性食盐水来暂时性减少水肿程度。

(2)反光性　不论有无使用灯光,视诊时发现角膜没有或只有很少的反光性,则泪膜可能是不完整的,或/和角膜表面不平滑。

(3)敏感性　角膜表面有丰富的感觉神经末梢,因此十分敏感。角膜的敏感性可以用潮湿且揉捻的棉球来检验。但在进行检查前应给予局部麻醉剂。当触碰到角膜时,眼睑应该会立即闭合。

3.眼前房检查

通常使用裂隙灯,或局部小光源来检查眼前房,检查项目包括眼前房的形状、深度及透明度。

(1)形状及深度　眼前房的反射是由角膜内皮所构成。当晶状体变平坦而失去对虹膜的支撑时,虹膜会形成一个平面,所以眼前房会较深,且照射到虹膜表面(眼前房的后缘)的光线会是直线。眼前房的角度是由虹膜基部的前半面,以及角膜在角膜缘的内部所构成。若眼房隅角太过狭窄,裂隙灯照在虹膜的光线会很接近,甚至与角膜内皮接触。

(2)清晰度　健康动物眼前房内的液体清澈透明。眼前房浑浊可见于葡萄膜炎、创伤等。

4.瞳孔检查

虹膜的中央开口部分称为瞳孔。健康动物的瞳孔在强光照射下(如手电筒)迅速缩小,除去照射即恢复。

(1)形状　瞳孔的形状取决于瞳孔括约肌纤维的走向。大多数动物的瞳孔是圆形,猫有垂直裂隙样的瞳孔。瞳孔大小不等指的是两边瞳孔大小不一样;如果瞳孔边缘与晶状体或角膜粘黏,使得瞳孔形状改变,称为瞳孔异常。

(2)反射　①直接瞳孔反射:暗室适应15 s以上,将笔灯放于距离眼睛5 cm远的视轴上,然后突然开灯,受测面的瞳孔应会快速缩小,维持在缩瞳的状态。②间接瞳孔反射:主要观察没有被光照的另一只眼睛。当光照进一只眼睛时,对侧的眼睛理应也要缩瞳。

(3)瞳孔的异常变化　①瞳孔强直:指的是瞳孔完全失去对光的反应,多由病理性的变化引起,临床上可见于缩瞳剂的使用、虹膜萎缩、视网膜功能丧失等。②瞳孔缩小:且对光反应消失,多见于颅内压中等程度升高时,如脑膜炎、脑出血、慢性脑室积水等。③瞳孔扩大:见于严重脑膜炎、脑脓肿或脑肿瘤;动眼神经麻痹也可引起瞳孔扩大;两侧瞳孔同时扩大,对光反应消失,刺激眼球不动则是病情危重的表现。

5.虹膜检查

虹膜是葡萄膜的一部分,由结缔组织、括约肌的扩张肌纤维、大量的血管与神经纤维所构成,且带有很多色素。

(1)颜色　除了暹罗猫虹膜是蓝色,大部分动物的虹膜颜色是深棕色或金黄色。若虹膜本身和色素上皮都缺乏色素的话(白化症),就会呈现血管的颜色(红色)。虹膜呈现红色或者灰色,表示充血或有炎性渗出,是虹膜炎或是葡萄膜炎的表征,而局部隆起较深色的色素斑块可能是肿瘤初期的表征。

(2)表面　正常虹膜因下层有血管网,表面略有一点点不规则。虹膜上发现到局部且较深层的色素结节可能是黑色素瘤。虹膜广泛肿胀(呈现特别平滑、表面有张力)可见于发炎或肿瘤浸润。

(3)厚度　通过裂隙灯评估虹膜厚度。如果虹膜变厚,光线从虹膜到前囊的差距变更明显,也可见到光线在虹膜形成的条带弧度明显异常。

(4)位置　当晶状体消失、变平坦或脱位时,失去支持的虹膜就会变得比较平坦。另外,虹膜(特别在瞳孔边缘)也变得不会随着眼球运动而开始震颤,称为虹膜震颤。在发生虹膜炎后,虹膜粘黏到晶状体上,阻碍眼房水流出瞳孔,结果导致虹膜向前膨胀,称为虹膜膨隆。

6. 眼后房检查

眼后房是由晶状体、睫状体及虹膜所围成,一般不易视诊,但若睫状体肿瘤或囊肿时,就可能用裂隙灯检查到。

7. 晶状体检查

晶状体因为没有血管或神经,除了先天性异常、创伤、肿瘤外,很少会发炎。晶状体检查可先用局部光源视诊,接着再使用裂隙灯检查(图 3-7)。如果需要,可以使用散瞳剂来评估晶状体状况。

(1)清澈度　肉眼下的晶状体是完全透明的,裂隙灯照下密度与角膜差不多,如果晶状体在裂隙灯光照下,有密度异常升高的状况时,称为白内障(图 3-8)。

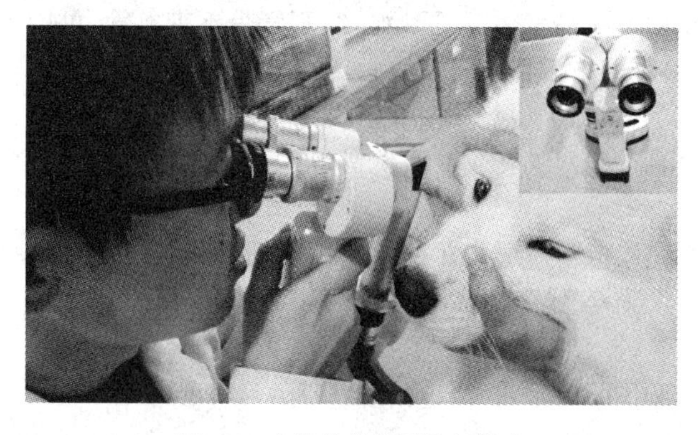

图 3-7　犬的晶状体裂隙灯检查

图 3-8　犬左侧眼睛出现白内障

(2)大小和形状　晶状体因为肿胀而变大时,唯一的变化可能是以裂隙灯检查时,会感觉前房稍微变浅。而当晶状体直径变小,完全散瞳后可在瞳孔内见到睫状体的睫状突。

(3)晶状体震颤　当睫状体小带不见或缺陷时,晶状体会部分松脱。将动物头部固定,当眼球转动时,晶状体会因为惯性出现延迟向后并且震颤。

(4)位置　如果大部分的睫状体小带都断掉了,晶状体就会脱位,而部分小带断掉可能产生半脱位,虹膜也因此失去晶状体支持产生震颤的现象,另外可在瞳孔与脱位的晶状体间见到新月形的无晶体阴影。

(三)眼底检查

1. 检眼镜检查

检眼镜是由光束和一系列的透镜组成,分直接式和间接式(图 3-9)。用直接式检眼镜看眼底时,建议在检查前的 15~20 min 先点短效散瞳剂帮助检查。对于特别年幼的动物,需要使用 1%的阿托品眼药水,并在检查前 0.5~3 h 使用才会得到较理想的散瞳效果。直接式检眼镜的检查要在暗室进行,首先检查眼底的中央区域或视神经乳突,再边调整焦距边往周边眼底检查,正常犬的眼底情况见图 3-10。

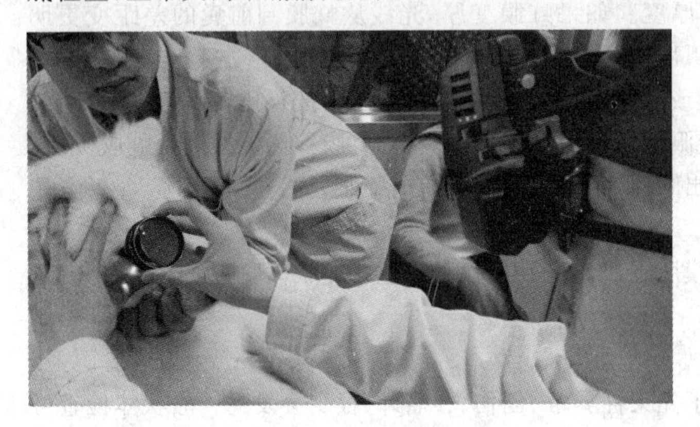

图 3-9 间接式检眼镜检查

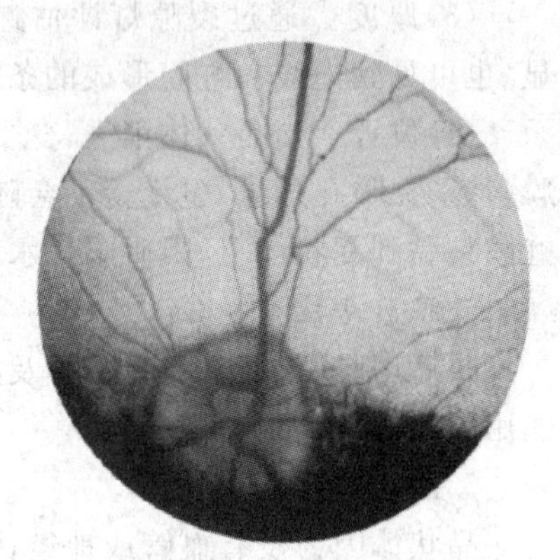

图 3-10 正常犬的眼底

2. 玻璃体检查

玻璃体没有血管和神经,其结构尚未完全了解。如果在晶状体后囊看到一条延伸往视网膜的白色线状构造,可能为永存性玻璃体动脉。在晶状体后见到血丝,不管带不带血管,可能为先天性病变或是视网膜剥离。如果有较多带着粗血管的固体物质,就有肿瘤发生的可能性。

3. 视网膜检查

视网膜是透明的,只有在出现渗出液、出血、视网膜炎或视网膜剥离时才会被评估。

4. 脉络膜检查

脉络膜位于视网膜的后侧,是薄且富含色素的组织层。在视神经乳突的背侧,有一半球形的蓝到橘黄或绿色区域,即脉络膜毯层(在犬猫 7 周龄以前,这个眼底区域的颜色是深蓝紫色)。

因为动物间的眼底外观变化很大,使经验不足的检查者较难评估眼底,这时就要考虑转交给较有经验的眼科医生。

四、鼻的检查

鼻的检查包括鼻的一般检查、呼出气及鼻液的检查。

(一)鼻的一般检查

1. 鼻的外部检查

健康犬猫的鼻头常呈湿润状,有色素沉着。鼻的外部检查包括鼻孔周围组织及鼻甲骨的形态变化和鼻的痒感。

(1)鼻孔周围组织　鼻孔周围组织可发生各种各样的病理变化,如肿胀、水疱、脓肿、溃疡和结节等，这些病变可继发于皮肤、口腔及鼻黏膜的疾病。鼻孔周围组织肿胀，可见于血斑病、纤维素性鼻炎、异物刺伤等；鼻头表现干燥，甚至发生龟裂，见于犬瘟热及其他发热性疾病。此外，长期持续性流鼻液时，鼻液流过的皮肤失去色素，形成一条白色的斑纹，称为鼻"分泌沟"；鼻液的长期刺激，有时还可引起烂斑，见于慢性鼻炎、副鼻窦炎等。

(2)鼻甲骨形态的变化　鼻甲骨增生、肿胀，见于严重的软骨病及肿瘤；鼻甲骨凹陷、肿胀、疼痛则多见于外伤。

(3)鼻的痒感　鼻部发痒见于鼻卡他、鼻腔寄生虫病、异物刺激及吸血昆虫的刺蜇等。鼻部及其邻近组织发痒时，患病动物常用前肢搔痒，而长期擦痒会引发鼻部损伤甚至炎症。

2.鼻黏膜检查

鼻黏膜的检查方法主要包括视诊和触诊。检查时，要适当保定患病动物，将头略为抬高，使鼻孔对着阳光或人工光源。用手指适当扩张鼻孔，使鼻黏膜充分显露，即可观察。检查鼻黏膜时，应注意其颜色、有无肿胀、水疱、溃疡、结节和损伤等。

(1)颜色　健康动物鼻黏膜的颜色通常为淡红色。在病理情况下，鼻黏膜的颜色也有发红、发绀、苍白、黄疸等变化。潮红可见于鼻卡他、犬副流感、发热及各种全身性疾病；若出现出血点，则见于败血病、某些中毒病等。其他颜色变化的临床意义与可视黏膜颜色的变化相同。

(2)肿胀　弥漫性肿胀，见于鼻卡他，此时鼻黏膜表面光滑平坦，颗粒消失，闪闪有光，触诊有柔软和增厚感，见于犬瘟热等。

(3)水疱　鼻黏膜的水疱，其大小由粟粒大到黄豆大，有时水泡融合在一起破溃而形成糜烂。

(4)溃疡　浅在性溃疡，偶见于鼻炎、血斑病等。

(5)瘢痕　鼻中隔下部的瘢痕，多为损伤所致，一般浅而小，呈弯曲状或不规则。

(6)肿瘤　比较少见。鼻腔的肿瘤呈疣状凸起；单发或多发，大如蚕豆或更大，蒂短或无蒂，与基部黏膜紧密相连。肿瘤表面光滑闪光，或呈不规则的结节状，或呈污秽不洁的菜花样，质地柔韧。这种患病动物常有衄血，鼻腔狭窄音和呼吸困难等症状。在临床上可见有鼻息肉、乳突瘤、纤维瘤、血管瘤和脂肪瘤。癌及肉瘤则甚为少见。鼻腔肿瘤的确切诊断，需做病理组织学检查。

(二)呼出气的检查

呼出气的检查，应注意两侧鼻孔的气流强度是否相等，呼出气的温度是否有变化，呼出气的气味是否异常。检查时，可用双手置于鼻孔前感知，或当寒冷季节直接观察呼出的气流判断。

1.两侧气流的强度

健康动物两侧鼻孔呼出气的气流相等。当一侧鼻腔狭窄，一侧副鼻窦肿胀或大量积脓时，则患侧的呼出气流较小，并常伴有呼吸的狭窄音及不同程度的呼吸困难；若两侧鼻腔同时存在病变，则依病变的程度和范围不同，两侧鼻孔气流的强度也不一致。

2.呼出气的温度

健康动物的呼出气稍有温热感。当体温升高时，呼出气的温度也有所增高，见于热性病。呼出气的温度显著降低，可见于严重的脑病、中毒或虚脱、大失血以及患病动物的濒死期。

3.呼出气的气味

健康动物的呼出气，一般无特殊气味。当肺组织和呼吸道的其他部位有坏死性病变时，不但鼻液有恶臭，而且呼出气也带有强烈的腐败性臭味；当呼吸道和肺组织有化脓性病理变化时，如肺脓肿破溃，则鼻液和呼出气常带有脓性臭味；若有呕吐物从鼻孔中流出时，则常带有酸味。此外，在尿毒症时，呼出气可能有尿臭味。当发现呼出气有特殊腥臭味时，应注意气味是来自口腔还是来自鼻腔。

(三)鼻液的检查

健康动物一般无鼻液，寒冷季节动物可有微量浆液性鼻液，若有大量鼻液，则为病理征象。当呼吸器官疾病时，除单纯的胸膜炎不流鼻液外，上呼吸道的疾病、支气管和肺的疾病，都有数量不等、性质不同的鼻液。因此，鼻液的检查对呼吸器官疾病的诊断具有重要意义。检查鼻液时，应注意其分泌量、性状、一侧性或两侧性及有无混杂物。

1.鼻液的量

鼻液量的多少，取决于疾病发展的时期、程度、病变的性质和范围。

(1)量多　当呼吸器官有急性广泛性炎症时，通常有大量鼻液，这是黏膜充血、水肿、黏液分泌增多，毛细血管的渗透性增高，浆液大量渗出的结果。这种情况见于急性鼻炎、急性咽喉炎、肺脓肿破裂、肺坏疽、肺炎溶解期和某些传染性疾病(如犬瘟热、犬副流感等)。

当重度咽炎或食管阻塞时，可有大量唾液和分泌物经鼻反流，应与鼻液进行鉴别。

(2)量少　在慢性或局限性呼吸道炎症时，鼻液量少，见于慢性鼻炎、慢性支气管炎、慢性肺结核等。

(3)量不定　鼻液量时多时少，以副鼻窦炎患病动物最为典型。其特征为当患病动物自然站立时，仅有少量鼻液，而当运动后或低下头时，则有大量鼻液流出。此外，在肺脓肿、肺坏疽和肺结核时，鼻液的量也不定。

2.鼻液的性状

鼻液的性状可因炎症的种类和病变的性质而有所不同。一般分为浆液性、黏液性、脓性、腐败性、血性、铁锈色鼻液。

(1)浆液性鼻液　呈无色透明，稀薄如水。见于急性鼻卡他、犬副流感等。

(2)黏液性鼻液　呈蛋清样或粥状，有腥臭味。因混有大量脱落的上皮细胞和白细胞，故呈灰白色，为卡他性炎症的特征。黏液性鼻液见于急性上呼吸道感染、支气管炎等。

(3)脓性鼻液　黏稠混浊，呈糊状、膏状或凝结成团块，有脓臭或恶臭味。因感染化脓性细菌的不同而呈黄色、灰黄色或黄绿色。脓性鼻液见于化脓性鼻炎、副鼻窦炎、肺脓肿破裂等。

(4)腐败性鼻液　呈污秽不洁的灰色或暗褐色，伴有尸臭或恶臭味，常为坏疽性炎症的特征。这种鼻液见于坏疽性鼻炎、腐败性支气管炎、肺坏疽等。

(5)血性鼻液　鼻液带血时，呈红色。血量不等，混有血丝、凝血块或为全血。鲜红色滴流者，常提示鼻出血；粉红色或鲜红而混有许多小气泡者，则提示肺水肿、肺充血和肺出血。大量鲜血急流，伴有咳嗽和呼吸困难者，常提示肺血管破裂。当脓性鼻液中混有血液或血丝时，称为脓血性鼻液，见于鼻炎、肺脓肿、异物性肺炎等。在炭疽、出血性败血病、血斑病和某些中毒性疾病时，可呈现血性鼻液。鼻肿瘤时，鼻液呈暗红色或果酱状为其特征。

(6)铁锈色鼻液　为大叶性肺炎在一定阶段的特征，由渗出的红细胞中的血红蛋白在酸性的肺炎区域中变成正铁血红蛋白所致。在病程经过中往往只在短时期内见到，故应注意观察才能发现。

3.混杂物

鼻液中的混杂物，按其性质和成分，可以分为气泡、唾液、呕吐物等。

(1)气泡　鼻液中常常带有气泡，呈泡沫状。白色或因混有血液而呈粉红色或红色。小气泡提示来自深部细支气管和肺。见于肺水肿、肺充血、肺气肿和慢性支气管炎等。大气泡提示来自上呼吸道和大支气管。

(2)唾液　鼻液中混有大量唾液和食物残渣，这是动物吞咽或咽下障碍引起食物反流所致。这种情况见于咽炎、咽麻痹、食管炎、食管痉挛和食管肿瘤等。

(3)呕吐物　各种动物呕吐时，胃内容物也可从鼻孔中排出。其特征为鼻液中混有细碎的食物残渣，呈酸性反应，并带有难闻的酸臭气味。这种情况常提示来自胃和小肠。

此外，鼻液中可能混有寄生虫的虫体等。

4.一侧性或两侧性

单侧性的鼻炎、副鼻窦炎、肿瘤时，鼻液往往仅从患侧流出；如为双侧性的病变或喉以下器官的疾病，则鼻液多为双侧性。

5.鼻液中弹力纤维的检查

弹力纤维的出现，表示肺组织溶解、破溃或有空洞存在，见于异物性肺炎、肺坏疽和肺脓肿等。

五、副鼻窦的检查

副鼻窦(鼻旁窦)包括额窦、上颌窦、蝶窦和筛窦，经鼻颌孔直接或间接与鼻腔相通。临床检查主要为额窦和上颌窦。一般检查方法多用视诊、触诊和叩诊，亦可用 X 线检查。此外，还可应用圆锯手术探查和穿刺术检查。

(一)视诊

注意其外形有无变化。额窦和上颌窦区隆起、变形，主要见于窦腔积脓、软骨病、肿瘤、外伤、局限性骨膜炎。

(二)触诊

注意敏感性、温度和硬度。触诊必须两侧对照进行。窦部病变较轻时，触诊往往无变化。触诊敏感和温度增高，见于急性窦炎、急性骨膜炎。局部骨壁凹陷和疼痛，见于外伤。窦区隆起、变形，触诊坚硬，疼痛不明显，常见于骨软症、肿瘤等。

(三)叩诊

健康动物的窦区叩诊呈空盒音，声音清晰而高朗。若窦腔积液，或为瘤体组织充塞，则叩诊呈浊音。叩诊时宜先轻后重，两侧对照进行，这样可以提高叩诊的准确性。

六、咳嗽的检查

咳嗽是一种保护性反射动作，能将呼吸道异物或分泌物排出体外；咳嗽也是一种病理状态，当咽、喉、气管、支气管、肺和胸膜等器官，受到炎症、机械和化学等因素的刺激时，通过分布于各器官的舌咽神经和迷走神经分支传达到延脑呼吸中枢，由此中枢再将冲动传向运动神经，而引起咳嗽动作。咳嗽动作是在深吸气之后，声门关闭继以突然剧烈呼气、气流猛冲开声门，而发出特征性声音。

咳嗽为呼吸器官疾病最常见的症状。在呼吸器官疾病中，除单纯的鼻炎、副鼻窦炎外，喉、气管、支气管、肺和胸膜的炎症都可出现强度不等、性质不同的咳嗽。通常，喉及上部气管对咳嗽的刺激最为敏感，因此，喉炎及气管炎时，咳嗽最为剧烈。此外，当肺充血和肺水肿时肺泡和支气管内有浆液性或血性漏出物时也可引起咳嗽。在特殊情况下，会有呼吸器官以外的迷走神经末梢受到刺激而产生的咳嗽，如外耳道、舌根和腹部器官受刺激时可以反射性地发生咳嗽。

检查咳嗽时，应注意咳嗽的性质、频率、强度和疼痛感。

(一)性质

咳嗽按性质一般分为干咳和湿咳。

1. 干咳

干咳的特征为咳嗽的声音清脆，干而短，疼痛较明显。干咳提示呼吸道内无分泌物或仅有少量的分泌物。典型的干咳，见于喉、气管异物和胸膜炎。在急性喉炎的初期、慢性支气管炎、肺结核等也可出现干咳。

2. 湿咳

湿咳的特征为咳嗽的声音钝浊、湿而长，提示呼吸道内有大量、稀薄的分泌物，往往随咳嗽从鼻孔流出多量鼻液。湿咳见于咽喉炎、支气管炎、支气管肺炎、肺脓肿、肺坏疽等。

(二)频率

咳嗽按频率可分为单发性、连续性、经常性和发作性咳嗽。

1. 单发性咳嗽

特征为骤然发咳，仅一二声。表示呼吸道内有异物或分泌物(痰)，异物除去则咳嗽停止。

2. 连续性咳嗽

特征为咳嗽连续不断。一次发咳达十几声甚至数十声。常常带有痉挛性质，故亦称痉挛性咳嗽。这种咳嗽见于急性喉炎、急性上呼吸道感染、弥漫性支气管炎、支气管肺炎、幼龄动物肺炎等。

3. 经常性咳嗽

咳嗽保持相当长的时间，数周、数月、甚至更长者，称为经常性咳嗽，此与经常性刺激有关，见于慢性支气管炎、慢性肺气肿、肺结核等，有时也可见于肿瘤压迫返回神经末梢。

4. 发作性咳嗽

特征为具有突然性和暴发性，咳嗽剧烈而痛苦，且连续不断，提示呼吸道内有强烈的刺激，见于呼吸道异物和异物性肺炎。

(三)强度

咳嗽的强度，视肺的弹性、呼气的强度和速度而定，也和发病的部位和病变的性质有关。当肺组织的弹性正常，而喉、气管患病时，则咳嗽强大有力。反之，当肺组织有浸润、毛细支气管有炎症或肺泡气肿而弹性降低时，则咳嗽低弱或嘶哑，称为哑咳。哑咳见于细支气管炎、支气管肺炎、肺气肿等。此外，低弱的咳嗽也见于某些疼痛性疾病，如胸膜炎、胸膜粘连、喉炎、气胸等。当全身极度衰弱、声带麻痹时，咳嗽极为低弱，甚至几乎无声。

(四)痛咳

咳嗽伴有疼痛或痛苦症状者,称有痛咳。其特征为患病动物头颈伸直,摇头不安,前肢刨地,且有呻吟和惊慌现象,见于呼吸道异物、异物性肺炎、急性喉炎、胸膜炎等。

七、上呼吸道杂音

健康动物呼吸时,一般听不到异常声音。在病理情况下,患病动物常伴随着呼吸运动而出现特殊的呼吸杂音。因为这些杂音都来自上呼吸道,故称为上呼吸道杂音。上呼吸道杂音包括鼻呼吸杂音、喉狭窄音、啰音和鼾声。

(一)鼻呼吸杂音

1. 鼻腔狭窄音

鼻腔狭窄音又称鼻塞音。此乃鼻腔狭窄所致。其特征为患病动物呼吸时产生异常的狭窄音,吸气比呼气更加响亮,并有吸气性呼吸困难。鼻腔狭窄音,一般分为干性和湿性两种。

(1)干性狭窄音　呈口哨声,多提示鼻腔黏膜高度肿胀,或有肿瘤和异物存在。当呼吸时,气流通过狭窄的孔道而产生声音。干性狭窄音见于慢性鼻炎、鼻息肉、严重的软骨病、鼻腔肿瘤等。

(2)湿性狭窄音　呈呼噜声,多提示鼻腔内积聚多量黏稠的分泌物,当气流通过时发生震动而引起声音。湿性狭窄音常见于犬瘟热、鼻炎、咽喉炎、异物性肺炎、肺脓肿破溃等。

2. 喘息声

喘息声为高度呼吸困难而引起的一种病理性鼻呼吸音,但鼻腔并不狭窄。其特征为鼻呼吸音显著增强,呈现粗大的“赫赫”声,多在呼气时较为清楚。此时患病动物伴有呼吸困难的综合症状。喘息声常见于发热性疾病,如肺炎、胸膜肺炎和严重的急性胃扩张等。

3. 喷嚏

喷嚏为一种保护性反射性动作。当鼻黏膜受到刺激时,反射性地引起暴发性呼气,震动鼻翼产生一种特殊声音。其特征为患病动物仰首缩颈,频频喷鼻,甚至表现摇头、擦鼻、鸣叫等。喷嚏见于鼻卡他等。

4. 呻吟

呻吟为深吸气之后,经半闭的声门作延长的呼气而发生的一种异常声音。呻吟常表示疼痛、不适,见于肠扭转、肠套叠、肠阻塞、肠变位及其他疼痛性疾病。

(二)喉狭窄音

在正常情况下,喉及气管可以听到类似“赫赫”的声音,这是气流冲击声带和喉腔产生漩涡运动所致。在病理情况下,当喉黏膜发炎、水肿或有肿瘤和异物存在时可导致喉腔狭窄变形,在呼吸时即可产生异常的狭窄音。其性质类似口哨声或拉锯声。有时声音相当强大,以致在数十步之外都可听见。喉狭窄音见于喉水肿、咽喉炎、炭疽等。

喉狭窄音是一种最常见的上呼吸道杂音,应注意与来自鼻、咽和气管的杂音相区别。

(三)啰音

当喉和气管有分泌物时,可出现啰音。如分泌物黏稠时,可听见干啰音,即吹哨音或咝咝音。分泌物稀薄时,则出现湿啰音,即呼噜声或猫喘音。啰音见于喉炎、咽喉炎、气管炎和气管异物等。

(四)鼾声

鼾声是一种特殊的呼噜声,是咽、软腭或喉黏膜发生炎症肿胀、增厚导致气道狭窄,呼吸时发生震颤所致;或由于黏稠的黏液、脓液或纤维素团块部分地粘着在咽、喉黏膜上,部分自由颤动产生共鸣而发生。鼾声见于咽炎、咽喉炎、喉水肿、咽喉肿瘤等。此外,当犬鼻黏膜肿胀、肥厚导致鼻道狭窄而张口呼吸时,软腭部常发生强烈的震颤也可发出鼾声。

八、口腔检查

口腔检查的内容主要包括动物饮食状态的观察、口腔外部和口腔内部的检查。主要用视诊、触诊、嗅诊等方法进行。

(一)饮食状态的观察

食欲和饮欲是动物对采食及饮水的需求。在临床检查中,除了用问诊的方法向动物主人询问动物采食和饮水的情况外,还可以亲自进行喂饲试验,主要根据其采食的数量、采食持续时间的长短、咀嚼的力量和速度,以及参考腹围大小等综合条件判定动物的食欲和饮欲状态。

1.食欲检查

在观察动物的食欲时,必须注意食物的种类及质量、饲喂方式以及环境条件等因素。因为这些条件的突然改变,会使动物的食欲受到一定的影响。

在病理情况下,食欲可能发生减少或废绝、亢进、不定、反常(异嗜)等。

(1)食欲减少或废绝　检查时应注意区分是食物适口性不佳,还是动物没有食欲,也应注意鉴别不能进食的情况(主要见于口腔内、咽喉部疾病)。食欲减少或废绝常见于消化器官本身的疾病(如口腔疾病、牙齿疾病、咽腔与食管疾病、胃肠疾病)、发热性疾病、伴有剧烈疼痛的疾病、营养衰竭等。

(2)食欲亢进　指患病动物食欲旺盛、采食量多,超过正常食量的一种表现。这种情况比较少见,主要是由于机体能量需要量增加,代谢加强,或对营养物的吸收和利用障碍所致。食欲亢进主要见于甲状腺机能亢进、糖尿病、肠道寄生虫、慢性消耗性疾病、疾病的恢复期或长期饥饿引起的暂时性食欲亢进。

(3)食欲不定　患病动物食欲表现时好时坏,常见于慢性消化不良的病例。

(4)食欲反常　又称异嗜癖,即动物摄入不是正常食物组成成分的物质,如采食煤渣、泥土、粪尿、被毛、污物等。食欲反常多为矿物质、维生素和微量元素(如缺锌)缺乏的先兆。此外,胃肠道的寄生虫病,也可造成异嗜现象。

2.饮欲检查

主要根据动物的饮水量来检查饮欲情况。在正常情况下动物的饮欲随气候、运动及食物含水量而不同。饮欲的病理改变主要表现为饮欲增加和饮欲减少。

(1)饮欲增加　表现为饮水量和饮水次数的增多,见于发热性疾病、腹泻、剧烈呕吐、大量出汗、慢性肾炎、犬糖尿病、渗出性腹膜炎等。

(2)饮欲减少　表现为不喜饮水或饮水量少,见于伴有意识障碍的脑病,不伴有呕吐、腹泻的胃肠病。

3. 采食和咀嚼

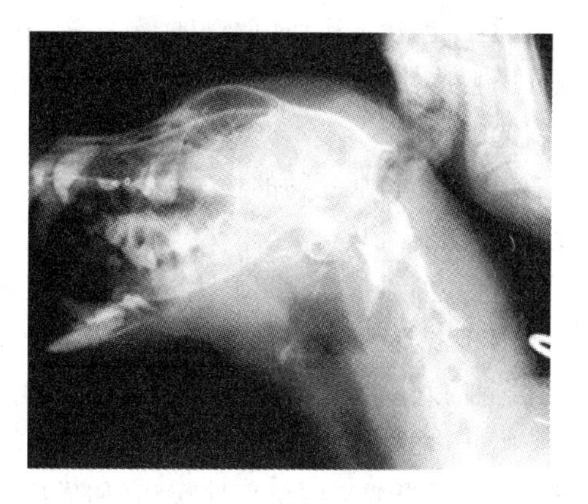

图 3-11　犬的下颌骨骨折

采食和咀嚼障碍，可表现为采食不灵活，或不能采食；咀嚼时费力、困难或疼痛。采食和咀嚼障碍见于舌及口腔黏膜的发炎或溃烂、舌的断裂、牙齿的磨灭不整与松动及氟中毒、下颌骨骨折（图3-11），某些神经系统疾病（如破伤风、脑及脑膜的疾病）等。

病理性咀嚼障碍表现为咀嚼迟缓、咀嚼困难、咀嚼疼痛。

（1）咀嚼迟缓　表现为动物采食后咀嚼减慢，食物积聚在口内。咀嚼迟缓见于大脑慢性疾病，如脑膜脑炎后期、脑室积水等。

（2）咀嚼困难　开口检查时可发现食物积聚在口腔内，见于面部神经麻痹、破伤风等。

（3）咀嚼疼痛　动物在咀嚼时突然停止，并将食物吐出，见于下颌关节、下颌间隙的急性炎症，舌、口腔黏膜炎症或异物刺入。

4. 吞咽

吞咽动作是动物的一种复杂生理性反射活动，由舌、咽、喉、食管及胃的贲门部协同动作而完成。因此，其中的某一器官机能或结构发生异常时，均可引起吞咽障碍。

（1）吞咽障碍　可表现为患病动物摇头、伸颈、屡次企图吞咽但中止或吞咽时引起咳嗽及伴有大量流涎。吞咽障碍是咽炎的特征性症状。此外，咽部的异物或肿瘤，也可引起吞咽障碍。

（2）吞咽扰乱　可见于食管疾病，如食管梗塞或食管内异物，食管痉挛或麻痹。如颈部食管病变，则可通过视诊、触诊发现；如病变在胸部食管，则需配合进行食管探查。

某些神经系统疾病或中毒时，可因伴发咽与食管的麻痹，从而引起吞咽障碍。

5. 呕吐

胃内容物不自主地经口或鼻腔反排出来，称为呕吐，各种动物的呕吐都是一种极为重要的病理现象。各种动物由于胃和食管的解剖生理特点和呕吐中枢的感应能力不同，发生呕吐情况各异。

（1）呕吐的表现　肉食和杂食动物的呕吐比较容易，呕吐时最初略呈不安，然后伸头向前接近地面，此时，借横膈膜与腹肌的强烈收缩，胃内容物经食管的逆蠕动由口排出。

（2）呕吐的原因　根据呕吐的发生原因，可分为中枢性呕吐和末梢性呕吐两大类。

①中枢性呕吐。由于毒物或毒素直接刺激延脑的呕吐中枢而发生。中枢性呕吐见于延脑的炎症过程、脑膜炎、脑肿瘤、某些传染病（如犬瘟热等），内源性中毒以及某些药物（氯仿、阿朴吗啡）中毒。

②末梢性呕吐。又称反射性呕吐，是由于延脑以外的其他器官受刺激反射引起呕吐中枢兴奋而发生的。主要由来自消化道及腹腔的各种异物、炎性及非炎性的刺激所引起，如软腭、舌根及咽内的异物，过食（胃过度膨满）、胃的炎症或溃疡、寄生虫等。末梢性呕吐特征是胃排空后呕吐即停止。

此外，当食道疾病（食道梗塞、痉挛、狭窄、发炎或形成憩室时）、肠管疾病（小肠梗阻、肠变位或肠粘连、肠道寄生虫病）、腹膜发炎及其他腹腔和盆腔器官疾病（如肝炎、子宫炎等）时，亦可引起呕吐。

（3）呕吐和呕吐物的检查　检查呕吐应注意呕吐的频度、出现时间、呕吐物的数量，气味、酸碱度及混合物等。

采食之后，一次性呕吐大量正常的胃内容物，且短时间内不再呕吐，常为过食造成的；频繁多次呕吐，表示胃黏膜持续受到某种刺激，常在采食后立即发生，这种现象多是由于胃、十二指肠、胰腺的顽固性疾病或中枢神经系统的严重疾病所致，呕吐物常混黏液。

呕吐物的性质和成分随病理过程的不同而不同。混有血液的呕吐物称为血性呕吐物，见于出血性胃炎或某些出血性疾病（如猫瘟、犬瘟热等）；混有胆汁的呕吐物，见于十二指肠阻塞，顽固性呕吐呕吐物呈黄色或绿色；呕吐物的性状和气味与粪便相同称为粪性呕吐物，主要见于犬的大肠梗阻；犬、猫的呕吐物中有时有毛团、肠道寄生虫及异物等。

（二）口腔的外部检查

1. 口唇

健壮动物的上下口唇紧闭。在某些病理状态下，口唇下垂，口腔不能闭合，可见于面神经麻痹、昏迷及某些中毒性疾病。此外，在下颌骨骨折、狂犬病、唇舌肿胀及齿间契入异物时，口唇往往不能闭合。一侧性面神经麻痹，则唇歪向健康的一侧。脑膜炎和破伤风时可见口唇紧张性增高，双唇紧闭，口角向后牵引，口腔不易或不能打开。唇部的明显肿胀见于马蜂或蛇的叮咬、口腔黏膜的深层炎症等。

2. 流涎

口腔中的分泌物（正常或病理性的）流出口外，称为流涎。

大量流涎，是由于各种刺激导致口腔分泌物增多或吞咽障碍引起。可见于各种口炎、口腔内异物刺入、咽和食管疾病（咽炎或食道梗塞）、某些中毒性疾病（有机磷中毒、急性铅中毒、慢性汞中毒）、神经系统疾病（如狂犬病时咽部肌肉麻痹）等。

犬、猫口吐大量白色泡沫状物，可见于中暑、急性心力衰竭及某些中毒病。

（三）口腔的内部检查

1. 口腔气味

动物在正常生理状态下，除在采食后，可闻到有食物的气味外，一般无特殊气味。病理状态下的口臭，是由于动物消化机能紊乱，口腔上皮脱落和食物残渣腐败分解而引起的，常见于口炎、胃肠道的炎症和阻塞等。腐败臭味多见于齿槽骨膜炎、坏死性口炎等。

2. 口腔黏膜

检查口腔黏膜用视诊和触诊，应注意黏膜的温度、湿度、颜色及完整性等。

（1）口腔温度　可将手指伸入口腔中感知。口温升高，见于一切热性病和口腔黏膜的各种炎症等。口温低下，见于重度贫血、虚脱及动物的濒死期。检查时应同时与鼻镜的温度加以比较。

（2）口腔湿度　口腔黏膜湿润，可由唾液分泌增多或吞咽障碍而引起，见于口炎、咽炎、唾液腺炎、狂犬病、破伤风等。口腔干燥，则见于一切热性病、长期腹泻或脱水等。

（3）口腔颜色　正常动物的口腔黏膜呈粉红色。口腔颜色可随年龄变化，幼年动物偏红而老年动物偏淡。口腔颜色还随季节变化，夏季气血旺盛，口色偏红；冬季气血流行略为衰减，口色偏淡。病理情况下，口腔黏膜颜色可表现为苍白、潮红、黄染（图 3-12）、发绀等变化，其诊断意义除因局部炎症可引起潮红外，其余与其他部位的可视黏膜（如眼结膜、鼻黏膜、阴道黏膜等）颜色变化的意义相同。口腔黏膜的极度苍白或高度发绀，提示预后不良。

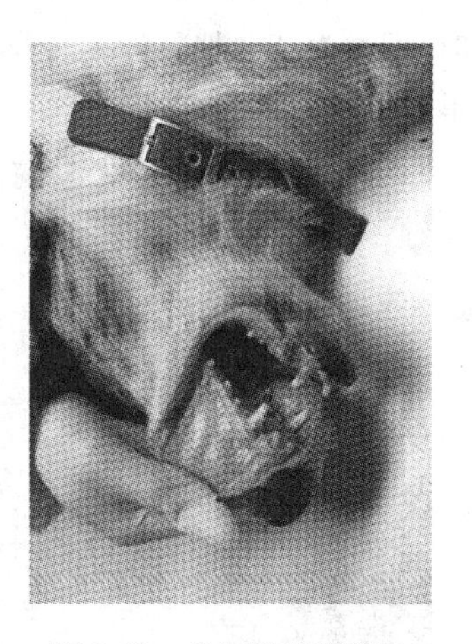

图 3-12　犬口腔黏膜黄染

口腔黏膜出血斑点（出血点乃至出血斑），可见于出血性疾病（如血斑病等）。

（4）口腔黏膜的完整性破坏　动物患口炎、维生素 C 缺乏症及念珠菌病等，口腔黏膜的完整性常遭到不同程度的损伤，表现为红肿、结节、水疱、脓疱、溃烂、表面坏死、上皮脱落等。口腔局限性溃疡，可见于恶性卡他热、球虫病、犬钩端螺旋体病等。此外，某些物理、化学及机械性因素，可引起口腔黏膜不同程度的损伤。

3. 舌

舌头主要检查舌苔、舌色、表面形态外观、乳突、局部增厚以及有无异物等。

（1）舌苔　舌苔是覆盖在舌体表面上的一层疏松或致密的沉淀物，它是在疾病过程中，脱落不全的上皮细胞积滞在舌面而形成。因此，舌苔是一种保护性的反应，可见于胃肠病（胃肠卡他、胃肠炎、肠阻塞等）和热性病。舌苔黄厚，一般表示病情重或病程长；舌苔薄白，见于贫血、营养不良、慢性消耗性疾病、慢性胃肠卡他等，一般表示病情轻或病程短。病重舌苔突然消失，表示预后不良。

（2）舌色　健康动物舌的颜色与口腔黏膜相似，呈粉红色，且湿润有光泽。在病理情况下，其颜色变化与眼结膜及口腔黏膜颜色变化的临诊意义大致相同。如果舌色青紫、舌软如绵多提示预后不良。

图 3-13　犬的舌头垂于口外，不能收回

（3）异物　舌头周围的异物会使整个舌头瘀血、肿胀、坏死甚至腐烂。异物也可能会在舌头的下方形成病灶。舌系带需要特别注意有无细线或丝状物钩挂。舌下囊肿可在舌头下方发现。正常情况下，只有颌下腺及部分的舌下唾液腺可以被触诊到。

此外，咬伤或勒伤也会引起舌损伤；舌麻痹时舌失去活动能力，也常垂于口外（图 3-13），见于各型脑炎的后期、肉毒梭菌毒素中毒等。

4. 牙齿

应注意牙齿有否松动，有无齿斑、龋齿、磨灭不齐，有没有过度磨损和齿列不齐。

（1）牙齿的完整性　根据动物的年龄，口腔视诊可见到乳齿、永久齿或两者皆有，而乳齿比永久齿小。犬、猫的永久齿在五至七个月龄时会完全长出来，且随着品种而有所不同。臼齿是最晚出现的。大部分品种的犬第三臼齿在七月龄时才长出来。若在口腔视诊时发现牙齿缺损，则需用放射影像学检查来鉴别是缺失还是未长于齿龈以外。永久齿长出之后仍保有乳齿时，即称为持久性乳齿。这些乳齿的存在可能导致咬合不正、黏膜受损、食物残留、牙结石早期形成以及牙周炎。

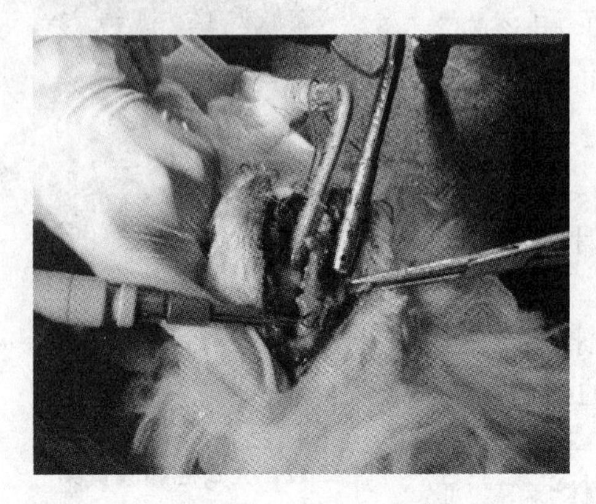

图 3-14 犬的牙结石

(2)牙齿的咬合或闭合状况 正确的(剪刀状)咬合，下颚门齿之咬合面会接触到上颚门齿的颚面，下颚犬齿会与上颚第三门齿及犬齿之间咬合。如咬合异常时可能会使黏膜受损。如下颚犬齿若较向舌头面偏移时会造成硬腭受伤，导致进食疼痛和困难。

(3)牙齿周围 检查牙齿表面有无牙菌斑、牙结石(图 3-14)以及齿间有无异常物质(如毛发或食物残渣)。同时也要检查有无其他可能的损伤(如牙齿骨折、珐琅质缺损)以及其他牙齿异常。此外，检查齿龈有无潮红、肿胀及出血(齿龈炎、牙周炎)。

理论上，在成长及成年过程中，乳齿、永久齿、门齿磨损裂隙、牙斑与牙结石的形成和齿列的改变都可用以评估动物的年龄。然而，成年犬没有什么确切的评估依据。成年犬可综合依据其姿势、行为、体型大小、被毛、眼睛(白内障)以及牙齿的外观来评估其年龄，但也只是粗略的评估，而且其评估年龄可能较实际年龄少好几年。相对于犬，利用牙齿磨损程度来评估猫的年龄则更不准确。

第二节 颈部检查

颈部检查的内容包括颈部的一般检查、咽和食管、喉和气管及浅在静脉的检查等。

一、颈部的一般检查

动物的颈部检查，主要用视诊和触诊的方法进行。

正常状态下，动物的颈部比较平整。当拴犬绳过细或勒得过紧时常常会引起颈部皮肤的损伤(图 3-15)。当中部食道发生阻塞时，可触摸到异物，视诊可观察局部有隆起。当下段食道阻塞时，在阻塞部上端食道内积有大量的唾液，食道膨满，触之柔软有弹性，并可从口中流出大量的黏液。

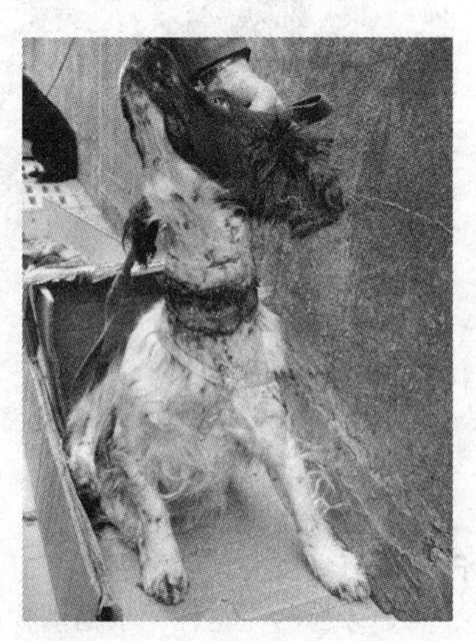

图 3-15 犬颈部皮肤的勒伤

颈静脉沟处出现肿胀、硬结并伴有热、痛反应，是颈静脉及其周围炎症的特征。多有静脉操作时消毒不全或刺激性药液(如钙的制剂等)渗漏于脉管外的病史。颈静脉充盈而隆起是静脉瘀血所致，见于各种原因引起的心力衰竭。

二、咽和食管的检查

(一)咽的检查

当动物表现有吞咽障碍并随之有食物或饮水从鼻孔返流时,应作咽部的检查。

1. 咽的外部视诊

当发现有局部肿胀、吞咽动作障碍及头颈伸直等姿势变化时,多为咽部炎症的表现。当怀疑有咽部异物阻塞或麻痹性病变时,则应进行咽的内部检查。小型动物咽的内部视诊比较容易,可将口腔打开直接进行内部视诊检查,必要时可借助喉镜检查。

2. 咽的外部触诊

触诊者站在动物的颈侧,以两手同时由两侧耳根部向下逐渐滑行并随之轻轻按压以感知其周围组织状态。如出现有明显肿胀和热感并引起敏感反应(疼痛反应)或咳嗽时,多为急性炎症过程。若为附近淋巴的弥漫性肿胀,则可见于耳下腺炎、腮腺炎等,此时的吞咽障碍表现不明显。咽麻痹时,黏膜感觉消失,触诊无反应而不出现吞咽动作。

(二)食管检查

当发现动物表现有吞咽障碍及怀疑食管梗塞时,应进行食管检查。常用视诊、触诊和探诊等方法。

1. 食管视诊

在动物采食过程中,可见颈沟部(颈部食管)出现边界明显的局限性隆起。此时如果将食物向头部方向按摩、推送,可引起呕吐动作,由于食物被排出,隆起即可消失。

2. 食管触诊

触诊食管时,检查者应站在动物的左颈侧,面向动物后方,左手放在右侧颈沟处固定颈部,用右手指端沿左侧颈沟直至胸腔入口,轻轻按压,以感知食管状态。当食管有炎症时,可引起疼痛反应及痉挛性收缩。食管阻塞时,可感知阻塞物的大小、形状及性质;阻塞物上部继发食管扩张且有大量液状物时,触诊局部可有波动感。

3. 食管(包括胃)的探诊

它不仅是临床上一种有效的诊断方法,也常是一种治疗手段,主要用于提示食管阻塞性疾病、通过胃管投服药物等。根据探管深入的长度和动物的反应,可确定食管阻塞、狭窄、憩室及炎症的发生部位。在急性胃扩张时,可通过胃管排出内容物及气体。此外,还用于胃液采集和洗胃等。

胃管探诊要注意胃管是否在食管内,以免发生动物窒息。

三、喉及气管检查

喉及气管检查,可分为外部和内部检查。外部检查用视诊、触诊和听诊。内部检查可借助喉气管镜,必要时可用气管切开术,由其切口中观察气管黏膜的变化。犬的喉部可直接视诊。

(一)外部检查

1. 视诊

注意有无肿胀,喉部的肿胀,主要是喉部皮肤和皮下组织炎性浸润的结果。此时可呈现呼吸和吞咽困难。

2. 触诊

借触诊可以判定喉及气管疾病时有无疼痛和咳嗽,并可以确定有无肿胀及肿胀的性质。在急性喉炎时,触诊局部发热、疼痛、并引起咳嗽。当喉黏膜有黏稠的分泌物、水肿、狭窄和声带麻痹时,触诊喉壁有明显的颤动感。喉水肿时喉壁的颤动最为明显。

3. 听诊

听诊健康动物的喉和气管时,可以听到类似"赫"的声音,称为喉呼吸音。此乃气流冲击声带和喉壁形成漩涡运动而产生并沿整个气管向内扩散,渐变柔和的声音。在气管出现者,称为气管呼吸音。在胸壁支气管区出现者,称为支气管呼吸音。这种声音的性质基本相同,仅由于传导条件不同而稍有变化。在病理情况下,喉和气管呼吸音可出现各种变化。

(二)内部检查

主要为直接视诊。检查时,通常将头略为高举,用开口器打开口腔,将舌拉出口外,并用压舌板或者咽喉镜压下舌根,即可观察喉黏膜及其病理变化。

四、颈静脉的检查

检查颈静脉主要是应用视诊和触诊方法检查静脉的充盈状态和静脉波动。

(一)静脉充盈而隆起

颈静脉呈明显的扩张,呈绳索状,可视黏膜潮红或发绀,可见于各种原因引起的心力衰竭以及可导致胸内压升高的疾病(如渗出性胸膜炎、肺气肿、胃肠内容物过度充满等)。

(二)静脉萎陷

静脉萎陷是指浅在静脉不显露,即使压迫静脉,其远心端也不充盈,将针头插入静脉内,也不见血液流出。这是由于血管衰竭,大量血液瘀积在毛细血管内的缘故,见于休克、严重毒血症等。

(三)颈静脉波动

检查颈静脉时有时可见随心脏活动而由颈根部向颈上部的逆行性波动,称颈静脉波动。在正常情况下的颈静脉的波动,是当右心房收缩时,由于腔静脉血液回流入心的一时受阻及部分静脉血液逆流并波及前腔静脉而至颈静脉所引起,所以此种波动出现在心房收缩与心室舒张的时期,且逆行性波动的高度一般不超过颈的下 1/3 处,这是生理现象。

病理性的颈静脉波动,有 3 种类型:

1. 心房性颈静脉波动(阴性波动)

当生理性的颈静脉波动过强,由颈根部向头部的逆行波超过颈中部以上时,即为病理现象,乃心脏衰弱、右心瘀滞的结果。心房性颈静脉波动的特点,是波动出现于心搏动与动脉脉搏之前。

2. 心室性颈静脉波动(阳性波动)

颈静脉的阳性波动是三尖瓣闭锁不全的特征。此时随心室收缩使部分血液经闭锁不全的空隙而逆流入右心房,并进一步经前腔静腔而至颈静脉。此时其波动较高,力量较强,并以出现于心室收缩期(与心搏动及动脉脉搏相一致)为其特点。

3. 伪性搏动

当颈动脉的搏动过强时，可引起颈静脉沟处发生类似的搏动现象，一般称为颈静脉的伪性搏动。

为区别几种不同的颈静脉波动，应注意其波动的强度及逆行波的高度，特别要确定其出现的时期（是否与心室收缩相一致）。必要时还可应用指压试验：用手指压在颈静脉的中部并立即观察压后波动的情况，如远心端及近心端波动均消失，则为阴性波动；如远心端消失而近心端仍存在，则为阳性波动。如系伪性搏动，则两端搏动无任何改变。

第四章 胸部及胸腔器官的检查

胸廓由胸骨、肋骨和胸段脊柱所组成。胸部及胸腔器官检查的内容包括:胸廓外形、胸壁、呼吸运动、支气管、肺、胸膜、心和血管等部分。这部分检查几乎包括了以往诊断学上呼吸系统和心血管系统检查的所有内容。动物患有胸部及胸腔器官疾病时,不仅影响其生产性能、训练和运动能力以及经济/观赏价值,而且影响动物的生长和发育,甚至会造成死亡。因此胸部及胸腔器官的检查是兽医临床诊断中十分重要的环节,必须予以足够的重视。

胸部及胸腔器官的检查,主要应用视诊、触诊、叩诊和听诊方法,其中尤以听诊和叩诊方法更为重要。此外,可根据需要配合应用某些特殊的检查(如 X 线的透视或摄影、心电图或心音图的描记等)和实验室检查(如血气分析、胸腔穿刺及穿刺液的检查、动脉压和中心静脉压的测定、血液生化检验等),有助于疾病的诊断。

第一节 胸廓的检查

检查胸廓时,一般采用视诊和触诊的方法。视诊时一般应遵循由上而下,从左到右的顺序进行全面细致的检查。

一、胸廓的视诊

胸廓视诊,应注意观察胸廓的形状及其皮肤的变化。

(一)胸廓的形状

健康动物胸廓的形状和大小,因动物的种类、品种、年龄、营养及发育状况而有很大差异。但胸廓两侧应对称,脊柱平直,肋骨膨隆,肋间隙的宽度均匀,呼吸亦匀称。

在病理情况下,胸廓的形状可能发生异常变化。

1. 桶状胸

特征为胸廓向两侧扩大,左右横径显著增加,呈圆桶形。肋骨的倾斜度减小,肋间隙变宽。桶状胸常见于重度肺气肿。

2. 扁平胸

特征为胸廓狭窄而扁平,左右径显著狭小,呈扁平状。扁平胸可见于佝偻病、营养不良和慢性消耗性疾病。胸骨柄明显向前突出,常常伴有肋软骨结合处的串珠状肿,并见有脊柱凹凸,四肢弯曲,全身发育障碍,是佝偻病的特征。

3. 两侧胸廓不对称

表现为患侧胸壁平坦而下陷,肋间隙变窄,而对侧常呈代偿性扩大,致两侧胸壁明显不对称。这种不对称见于肋骨骨折、单侧性胸膜炎、胸膜粘连、骨软病、代偿性肺气肿或胸部被其他动物咬伤后形成的大面积血肿(图 4-1)等。此时呼吸的匀称性也发生改变。此外脊柱的病变亦可导致胸廓变形。检查时,必须两侧对照比较来确定病变的部位和性质。

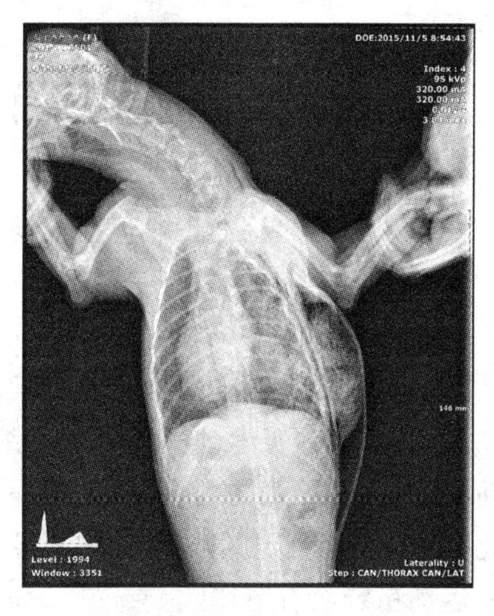

图 4-1　患犬被咬伤胸部,X 光显示其左侧胸部膨大,皮下气肿并伴有血肿

(二)胸廓皮肤的变化

应注意观察皮肤创伤、皮下气肿、丘疹、溃疡、结节、胸前及胸下水肿及局部肌肉震颤等。

患病动物胸廓的创伤、气肿、水肿等比较容易诊断;胸壁的散在性扁平丘疹,多提示荨麻疹;伴有痒感的小结节样疹、水疱以至皮肤增厚、脱毛落屑等应考虑螨虫病、湿疹或真菌性皮肤病。在肘后、肩胛和胸壁的震颤,常见于发热病的初期,也可见于疼痛性疾病、某些中毒、代谢性疾病或神经系统疾病。

二、胸壁的触诊

胸壁触诊对于确定某些病变的性质,确定胸壁的敏感性和胸膜摩擦感有一定的意义。

(一)胸壁的温度

局部温度增高,可见于炎症、脓肿等。胸侧壁的温度增高,可见于胸膜炎等,此时必须进行左右胸壁的对比检查。

(二)胸壁疼痛

触诊胸壁时,动物表现骚动不安、回顾、躲闪、反抗或呻吟,这是胸壁敏感的表现。胸壁敏感是胸膜炎的特征,尤以疾病的初期更为明显。胸壁敏感还可见于胸壁的皮肤、肌肉或肋骨的炎症或疼痛性疾病(如肋骨骨折时疼痛非常显著)。

(三)胸膜摩擦感

在胸膜炎时,由于胸膜表面沉积大量的纤维蛋白,使胸膜变得粗糙,以至于呼吸运动时,胸膜的壁层和脏层相互摩擦,用手触诊时可感觉到。通常在呼吸两相均可触及,但有时只能在吸气末期触诊到。此外,当较大支气管内啰音粗大且严重时,触诊胸壁可有轻微的震颤感,称为支气管震颤,多提示异物性肺炎、肺脓肿破溃等。

(四)皮下气肿/水肿

胸部皮下组织有气体积存时称为皮下气肿,以手按压皮下气肿的皮肤,引起气体在皮下组织内移动,可出现捻发音,严重者气体可由胸壁皮下向颈部、腹部或其他部位的皮下蔓延,多见于外伤、肺气肿,有时发生于气胸。

胸前、胸下的水肿以手按压,可留下压痕,呈捏粉样感,多见于心力衰竭、重度贫血、营养不良等。此外,当胸下有大面积水肿,且伴有局部的热、痛感时,常提示渗出性胸膜炎。

(五)肋骨局部变形

见于幼龄动物的佝偻病、成年动物的骨软症、氟骨病、肋骨骨折等。

第二节 肺和胸膜的检查

肺和胸膜的检查一般包括视诊、叩诊和听诊3部分。

一、视诊

视诊主要是检查动物的呼吸运动。动物的呼吸运动主要是依靠膈肌和肋间肌收缩、松弛完成，胸廓随呼吸运动呈现扩大和缩小，从而带动肺的扩张和收缩。正常情况下吸气为主动运动，此时胸壁扩张，胸膜腔内负压增大，肺扩张，空气经上呼吸道进入肺内。呼气为被动运动，此时肺弹力回缩，胸廓缩小，胸膜腔内负压降低，肺内气体随之呼出。健康动物静息状态下呼吸运动稳定而有节律。

检查呼吸运动时，应注意呼吸的频率（见本书“呼吸的测定”的相关叙述）、类型、节律、对称性、呼吸困难和呃逆（膈肌痉挛）等。

（一）呼吸类型

呼吸类型即动物呼吸的方式。检查时，应注意胸廓和腹壁起伏动作的协调性和强度。根据胸壁和腹壁起伏变化的程度和呼吸肌收缩的强度，将其分为胸腹式呼吸、胸式呼吸、腹式呼吸三种类型。

1. 胸腹式呼吸

健康动物一般为胸腹式呼吸，即在呼吸时胸壁和腹壁的动作很协调，强度也大致相等，故亦称混合式呼吸。但犬例外，正常时即以胸式呼吸占优势。

2. 胸式呼吸

胸式呼吸为一种病理性呼吸方式。当腹壁和腹腔器官患有某些疾病时，即以胸式呼吸为主，其特征为胸壁的起伏动作特别明显，见于胃扩张、肠臌气、腹腔大量积液以及腹壁外伤和腹壁疝等。此外，在膈破裂和膈肌麻痹时，也可使膈肌的活动受到限制或根本不能运动，从而出现胸式呼吸为主的现象。

3. 腹式呼吸

腹式呼吸也是一种病理性呼吸方式。其特征为腹壁的起伏动作特别明显，而胸壁的活动却极轻微，多提示病变在胸部，见于急性胸膜炎、胸膜肺炎、胸腔大量积液等，这是疼痛反射性抑制胸壁的起伏动作所致。此外，在肋骨骨折时亦可出现腹式呼吸。

（二）呼吸节律

健康动物呼吸时，有一定的节律，即吸气之后紧接着呼气，每一次呼吸运动之后，稍有休歇，再开始第二次呼吸。每次呼吸之间间隔的时间相等，如此周而复始，很有规律，称为节律性呼吸。呼吸有一定的深度和长度，呼气一般要比吸气长一些。当呼吸次数减少时，则呼吸加深。吸气与呼气之比在犬为1∶1.64。健康动物的呼吸节律，可因兴奋、运动、恐惧、尖叫及嗅闻等而发生暂时性的变化。

在病理情况下正常的呼吸节律遭到破坏，称为节律异常。常见的异常呼吸节律有以下6种。

1. 吸气延长

特征为吸气异常费力，吸气的时间显著延长，提示气流进入肺部不畅，从而出现吸气困难。吸气延长见于上呼吸道狭窄，鼻、喉和气管内有炎性肿胀、肿瘤、黏液、假膜、异物阻塞或呼吸道受到相邻病变组织的压迫。

2. 呼气延长

特征为呼气异常费力，呼气的时间显著延长，表示气流呼出不畅，从而出现呼气困难，由支气管腔狭窄或肺的弹性不足所致。呼气延长见于慢性肺泡气肿、慢性支气管炎等。

3. 间断性呼吸

特征为间断性吸气或呼气，即在呼吸过程中出现多次短促的吸气或呼气动作，是由于患病动物先抑制呼吸，然后进行补偿所致。间断性呼吸见于细支气管炎、慢性肺气肿、胸膜炎或伴有疼痛的胸腹部疾病；也出现在呼吸中枢兴奋性降低时（如脑炎、中毒和濒死期）。

4. 陈施(Cheyne-Stokes respiration)二氏呼吸

病理性呼吸节律的典型代表。其特征为呼吸逐渐加强、加深、加快，当达到高峰以后，又逐渐变弱、变浅、变慢，而后呼吸中断。经数秒甚至 15～30 s 的间隔以后，又以同样的方式出现。这种波浪式的呼吸方式，又名潮式呼吸。这是由于血液中的二氧化碳（CO_2）增多而氧（O_2）减少，颈动脉窦、主动脉弓的化学感受器和呼吸中枢受到刺激，使呼吸加深加快；待达到高峰后，血中（CO_2）减少而（O_2）又增多，呼吸又逐渐变浅变慢，继而呼吸暂停片刻。这种周而复始的变化是呼吸中枢敏感性降低的特殊指征。这时患病动物可能出现昏迷，意识障碍，瞳孔反射消失以及脉搏的显著变化。这种呼吸多是神经系统疾病导致脑循环障碍的结果，也是疾病重危的表现，见于脑炎、心力衰竭以及某些中毒，如尿毒症、药物中毒等，见图 4-2。

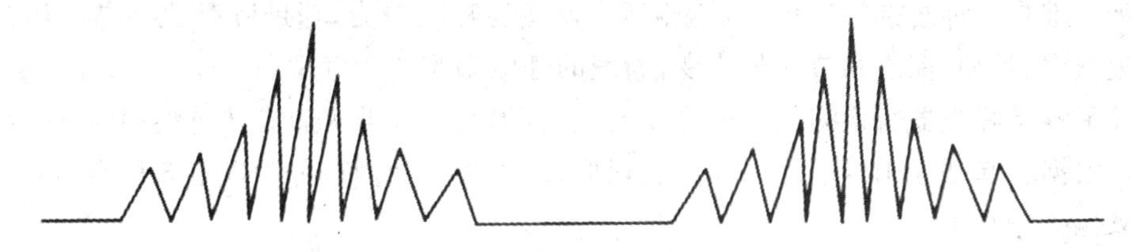

图 4-2　陈施二氏呼吸示意图

5. 毕欧特(Biot’s respiration)氏呼吸

病理性呼吸节律的又一代表。其特征为数次连续的、深度大致相等的深呼吸和呼吸暂停交替出现。表示呼吸中枢的敏感性极度降低，是病情危笃的标志。这种呼吸节律见于各种脑膜炎，也见于某些毒物中毒、酸中毒和尿毒症等，见图 4-3。

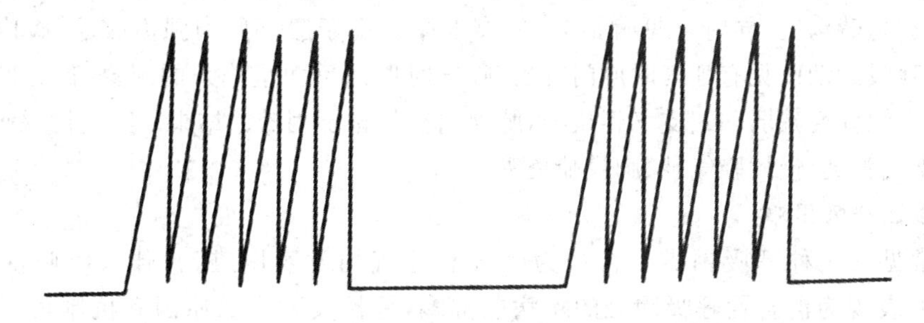

图 4-3　毕欧特氏呼吸示意图

6. 库斯茂尔(Kussmaul's respiration)氏呼吸

这也是一种病理性呼吸节律。特征为发生深而慢的大呼吸,呼吸次数少,呼吸不中断,呼吸过程中带有明显的呼吸杂音(如啰音和鼾声),故又称深大呼吸。这种呼吸节律见于酸中毒、尿毒症、濒死期,偶见于大失血、脑脊髓炎和脑水肿等,见图 4-4。

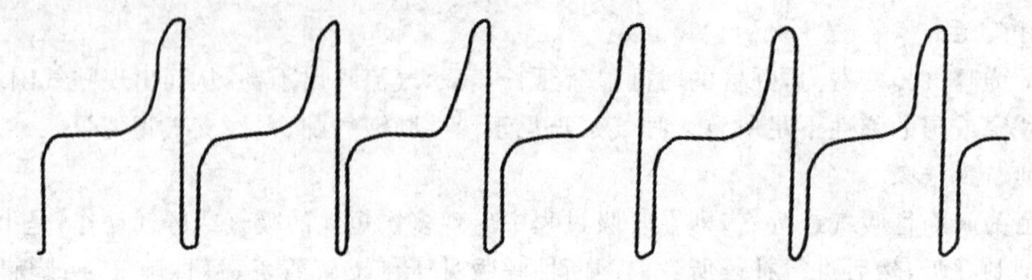

图 4-4 库斯茂尔氏呼吸示意图

(三)呼吸的对称性

健康动物呼吸时,两侧胸壁的起伏幅度几乎一致,故称为匀称呼吸或对称性呼吸。反之则称为呼吸不对称。当胸部疾患局限于一侧时,则患侧的呼吸运动显著减少或消失,健康一侧的呼吸运动常出现代偿性加强。呼吸不对称见于单侧性胸膜炎、胸腔积液、气胸和肋骨骨折等;也见于一侧大支气管阻塞或狭窄,一侧性肺膨胀不全等。检查呼吸的对称性时,最好站在动物的后方或在后方高处观察。

(四)呼吸困难

呼吸困难是一种复杂的病理性呼吸障碍,表现为呼吸费力,辅助呼吸肌参与呼吸运动,可伴有呼吸频率、类型、深度和节律的改变,高度的呼吸困难称为气喘。

呼吸困难是呼吸器官疾病的一个重要的症状,但在其他器官患有严重疾病时,也可出现呼吸困难。根据引起呼吸困难的原因和其表现形式,可将呼吸困难分为以下 3 种类型:

1. 吸气性呼吸困难

特征为吸气期显著延长,辅助吸气肌参与活动,并伴有特异的吸入性狭窄音。患病动物在呼吸时,鼻孔张大,头颈伸展,胸廓开张,呼吸深而强,甚至呈张口呼吸,这是上呼吸道狭窄的特征。吸气性呼吸困难多见于鼻腔狭窄、喉水肿、咽喉炎、异物阻塞等。

2. 呼气性呼吸困难

特征为呼气期显著延长,辅助呼气肌(主要是腹肌)参与活动,腹部有明显的起伏动作,可出现连续两次呼气动作,称为二重呼气。高度呼气困难时,可沿肋骨弓出现较深的凹陷沟,称为"喘线"或"息劳沟"。同时可见背拱起,肷窝变平。由于腹部肌肉强力收缩,腹内压变化很大,故伴随呼吸运动而见有呼气时肛门突出,吸气时肛门反而呈陷入的现象,称为肛门抽缩运动,这是肺组织弹性减弱和细支气管狭窄,肺泡内空气排出困难的结果。呼气性呼吸困难多见于急性细支气管炎、慢性肺气肿、胸膜肺炎等。

3. 混合性呼吸困难

为最常见的一种呼吸困难。特征为吸气和呼气均发生困难,常伴有呼吸次数增加现象。临床上表现为混合性呼吸困难的疾病非常多,根据其发生的原因和机制可以分为以下 6 种类型。

(1)肺源性 在动物肺部有广泛性病变,支气管受到侵害时,其肺的呼吸面积减少,肺活量降低,肺的通气不良,换气不全,进而使血液 CO_2 浓度增高和 O_2 的浓度下降,导致呼吸中枢兴奋的结果。这种情况见于各型肺炎、胸膜肺炎、急性肺水肿和主要侵害胸、肺器官的某些传染性疾病,也见于支气管炎并发肺气肿、渗出性胸膜炎、胸腔大量积液等。

(2)心源性 呼吸困难是心功能不全(心力衰竭)的主要症状之一。其产生的原因为小循环发生障碍,肺换气受到限制,导致缺氧和二氧化碳潴留。患病动物表现混合性呼吸困难的同时,伴有明显的心血管系统症状,运动后心跳、气喘更为严重,肺部可闻湿啰音。这种情况可见于心内膜炎、心肌炎、心力衰竭等。

(3)血源性 严重贫血时可因红细胞和血红蛋白减少,血氧不足,导致呼吸困难。尤以运动后更为显著。血源性混合性呼吸困难可见于各种类型的贫血,如梨形虫病等。

(4)中毒性 因毒物来源不同可分为内源性中毒和外源性中毒。内源性中毒见于各种原因引起的代谢性酸中毒,由于血液酸碱度(pH)降低,间接或直接兴奋呼吸中枢,增加呼吸通气量与换气量,表现为深而大的呼吸困难,但无明显的心、肺疾病存在,见于尿毒症、严重的胃肠炎等。此外,高热性疾病时,因血液温度增高和代谢亢进引起酸性代谢产物增多,刺激呼吸中枢引起呼吸困难。外源性中毒见于某些化学毒物中毒影响血红蛋白,使之失去携氧功能;或抑制细胞内酶的活性,破坏组织内氧化过程,从而造成组织缺氧,出现呼吸困难,见于亚硝酸盐中毒。另外有机磷化合物,如敌百虫等中毒时,可引起支气管分泌增加、支气管痉挛和肺水肿导致呼吸困难。某些药物中毒,如吗啡、巴比妥等中毒时,呼吸中枢受到抑制,进而呼吸迟缓。

(5)神经性和中枢性 重症脑部疾病,由于颅内压增高和炎症产物刺激呼吸中枢可引起呼吸困难,见于脑膜炎、脑肿瘤等,某些疼痛性疾病可以反射地引起呼吸运动加深,重者也可引起呼吸困难。在破伤风时由于毒素直接刺激神经系统,使中枢的兴奋性增高,并使呼吸肌发生强直性痉挛性收缩,导致呼吸困难。

(6)腹压增高性 急性胃扩张、肠变位和腹腔积液等情况下,胃肠容积增大或膨胀,导致腹腔的压力增高,直接压迫膈肌并影响腹壁的活动,从而导致呼吸困难。严重者,患病动物甚至可出现窒息。

(五)呃逆(膈肌痉挛)

所谓呃逆,即患病动物所发生的一种短促的急跳性吸气,此乃膈神经直接或间接受到刺激使膈肌发生有节律的痉挛性收缩而引起的。其特征为腹部和肷部发生节律性的特殊跳动,称为腹部搏动,俗称“跳肷”。严重者,胸壁,甚至全身也可出现相应的震动,震动时,可闻呃逆声。呃逆常伴发于某些中毒性疾病、血液电解质平衡失调、食滞性急性胃扩张、肠阻塞和脑及脑膜疾病等。

二、叩诊

叩诊的目的在于了解胸腔内各脏器的解剖关系和肺的正常体表投影;根据叩诊音的变化,来判断肺和胸膜腔的物理状态,据此发现异常,诊断疾病;叩诊亦可作为一种刺激,根据患病动物的反应,来判断胸膜的敏感性或疼痛。

(一)肺叩诊区

叩诊健康动物肺区,发出清音的区域,称为肺叩诊区。叩诊区仅表示肺可以检查的部分,即肺的体表投影，并不完全与肺的解剖界限相吻合。这是由于肺的前部被发达的肌肉和骨骼所掩盖，不能为叩诊所检查。因此，动物的肺叩诊区比肺本身约小1/3。

肺叩诊区因动物种类不同而有很大差异。如犬的叩诊区的上界为一条距背中线2～3指宽，与脊柱平行的直线；前界为自肩胛骨后角并沿其后缘向下所引的一条直线，止于第6肋间；后界是一条自第12肋骨与上界之交点开始，向下向前经髋关节水平线与第11肋骨之交点、坐骨关节水平线与第10肋骨之交点，肩端水平线与第8肋骨之交点所连接的弧线，止于第6肋间下部与前界相交，见图4-5。

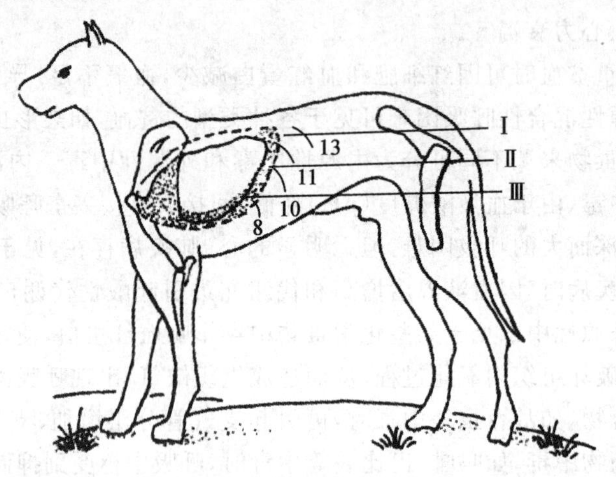

图4-5 犬叩诊区示意

Ⅰ.髋关节水平线；Ⅱ.坐骨关节水平线；Ⅲ.肩端水平线；数字示相应肋骨

(二)肺叩诊区的叩诊方法

胸、肺的叩诊方法有间接和直接叩诊法两种。小动物常用指指叩诊法，见图4-6。

(三)肺叩诊区的病理变化

肺叩诊区的病理变化，主要表现为扩大或缩小。其变动范围与正常肺叩诊区相差2～3 cm以上时，才可认为是病理征象。

1.肺叩诊区扩大

为肺过度膨胀（肺气肿）和胸腔积气（气胸）的结果。当肺过度膨胀时，则肺界后移，心绝对浊音区缩小。急性肺气肿时，肺后界后移常达最后一个肋骨，心绝对浊音区缩小或完全消失。但心浊音区常因右心室肥大的关系，或移位不明显，或无变化。在气胸时，肺的后缘亦可达膈线，甚至更后。

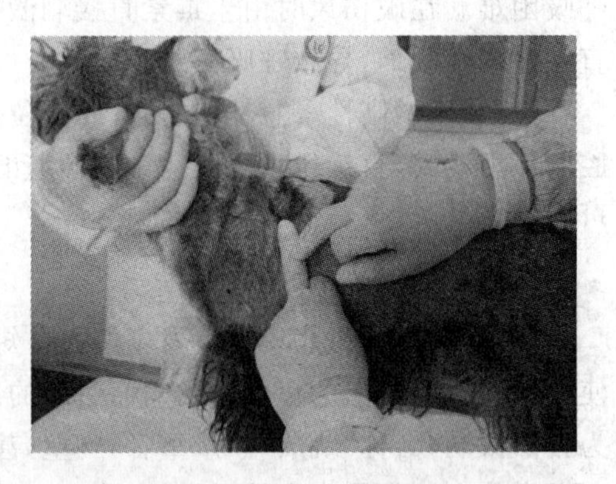

图4-6 犬肺叩诊区的指指叩诊法

2.肺叩诊区缩小

因腹腔器官对膈的压力增强，并将肺的后缘向前推移所致。肺叩诊区缩小见于怀孕后期、急性胃扩张、子宫蓄脓、腹腔大量积液等。

此外，当心肥大、心扩张和心包积液时，心浊音区可能向后向上延伸而致肺叩诊区缩小。一侧肺界缩小，可见于引起肝肿大的各种疾病，如肥大性肝硬化等。

(四)肺区正常叩诊音

肺是一对含有丰富弹性纤维的气囊,在正常情况下充满于胸膜腔,其解剖学特点和恒定的生理状态,为叩诊创造了良好的条件。叩诊肺区时,可得清楚的叩诊音,称为清音或肺音。肺正常叩诊音,一般认为由三种音响组成,即叩诊锤敲击叩诊板所产生的声音;胸壁受到叩打的冲击时发生震动而产生的声音;由于胸壁的震动运动引起肺组织和肺泡内空气柱的共鸣而产生的声音。

1.影响肺叩诊音的主要因素

(1)胸壁厚度 如肥胖动物肌肉发达、皮下脂肪丰满、皮下浮肿,或当纤维蛋白性胸膜炎时胸壁肥厚,较厚的胸壁使叩诊所产生的振动不能很好地向深部传播,则叩诊音较浊、较弱、较钝。而消瘦的动物,胸壁菲薄,则叩诊音宏大而呈明显的清音。

(2)肺泡壁的弹性及肺泡内含气量 肺泡壁紧张、弹性良好,叩诊产生非鼓音;而肺泡壁弛缓、失去弹性则叩诊产生鼓音。依肺泡内含气量减少的程度不同,可使叩诊音变为半浊音、浊音,肺实变时则叩诊呈浊音。

(3) 胸膜腔状态 胸腔积液则以液面为分界线,下部呈水平浊音,上部呈过清音;气胸时叩诊呈鼓音。

此外,叩诊用力过强,叩诊的技巧及叩诊器的质量等因素均可影响叩诊音的性质。

2.小动物肺正常叩诊音

由于肺内空气柱的震动较小,正常肺区的叩诊音均很清朗,稍带鼓音性质。

在判断肺叩诊音时必须考虑到影响叩诊音的各种因素(即胸壁的厚薄、肺的含气量和肺泡壁弹性、胸腔和胸膜的状态)以及叩诊的强度和技巧等。由于肺组织在生理情况下含气量不同(肺区中央的肺组织厚、含气量较多),胸壁各处的厚薄又不一致,加之胸腔的下部和后部又有心和腹腔脏器(肝和胃肠)的影响,故正常肺组织各部的叩诊音也不完全相同。肺区中央的叩诊音较为响亮,而周围的叩诊音则较弱而短,带有半浊音性质。

(五)胸、肺病理叩诊音

在病理情况下,胸、肺叩诊音的性质可能发生显著的变化。其性质和范围,取决于病变的性质和大小以及病变的深浅。一般深部的病灶(离胸部表面 7 cm 以上)和小范围的病灶(直径小于 2～3 cm)或少量胸腔积液,常不能发现叩诊音的明显改变。

1.浊音、半浊音

浊音、半浊音是肺泡内充满炎性渗出物,使肺组织发生实变,密度增加的结果,或为肺内形成无气组织(如肿瘤)所致。由于病变的大小,深浅和病理发展过程不同,肺泡中的含气量也各异,叩诊时有时为浊音,有时则为半浊音。此外,浊音或半浊音也可能是由于胸壁增厚和胸腔积液的结果。

(1)大片状浊音区 多发生在肺区中 1/3 及下 1/3,主要见于大叶性肺炎和融合性肺炎,是肺的大叶或大叶的一部分炎症形成实变所致。在大叶性肺炎时,炎症往往由下向上、向前和向后发展,故浊音区的上界常呈弓形为其特殊表现。但在有些情况下,浊音区的上界是不整齐的。

(2)局灶性或点片状浊音区 见于小叶性肺炎,是肺的小叶发生实变所致。在小叶性肺炎时,炎症常常侵袭数个或一群肺小叶,并且分散存在或融合成片,因而形成大小不等的实变区,故叩诊时呈现大小不等的散在性浊音或半浊音区为其特点。应当指出，这种病灶必须达到一定的大小，且病灶距胸壁较近时，叩诊方能呈现出浊音或半浊音，有时由于病灶过小或位于深部，则不易被发现。此外，局灶性浊音或半浊音区，也可见于肺脓肿、肺坏疽、肺结核、肺肿瘤等。当胸壁发生外伤性肿胀、胸膜炎、胸膜结核、胸膜肿瘤或胸膜粘连而过度增厚时，叩诊的振动不能达到肺实质，故亦可呈现浊音或半浊音。

(3)水平浊音　当胸腔积液(渗出液、漏出液、血液)达一定量时，叩诊积液部位，即呈现浊音。由于其液体上界呈水平面，故浊音的上界呈水平线为其特征，称为水平浊音。胸部的水平浊音是渗出性胸膜炎的特征，也可见于胸水和偶尔见于血胸。

当胸腔大量积液时，其浊音区的水平面可随患病动物的体位改变而变动。这种特性有助于渗出性胸膜炎和肺炎的鉴别。水平浊音比较稳定，可持续数日或数周，表示液体吸收缓慢，但浊音的上界可随着液体量的增减而升降。浊音区的锤下抵抗感较大，此乃渗出液压迫胸壁，使其反冲力量增大所致。

2.鼓音

这是由于健康组织被致密的病变所包围，使肺组织的弹性丧失，于是传音强化，叩之即呈鼓音；或由于肺和胸腔内形成反常的气腔，且空腔壁的紧张力较高时，叩之也可形成鼓音；或肺泡内同时有气体和液体存在，使肺泡扩张，弹性降低时，叩之亦可出现鼓音。

胸肺部叩诊呈鼓音，常见于下列病理状态。

(1)炎性浸润区周围的健康肺组织　叩诊大叶性肺炎的充血期和消散期及其炎性浸润周围的健康肺组织即呈现鼓音；在小叶性肺炎时，浸润病灶和健康肺组织掺杂存在，此时叩诊病灶周围的健康组织也可发生鼓音；当肺充血时，叩诊也可能出现鼓音。

(2)肺空洞　当位于体表的肺实质发生溶解缺损而形成空洞，在空洞的四壁光滑，紧张力较高，且与支气管微通或不通时，叩诊即呈鼓音。常见于肺脓肿、肺坏疽等病灶溶解、破溃并形成空洞。

(3)气胸　当胸腔积气时，叩之可闻鼓音。声音的高低受气体的多少和胸壁紧张度的影响。

(4)胸腔积液　在靠近渗出液的上方肺组织发生臌胀不全时，叩诊则呈现鼓音。

(5)膈疝　当膈肌破裂，充气的肠管进入胸腔时，叩诊则呈局限性鼓音。但当肠管内为液体或粪便时，则呈浊音或半浊音。

此外，当胃肠臌气时，膨胀的胃肠压迫膈肌，此时，叩诊肺的后下界也可呈现鼓音。

3.过清音

为清音和鼓音之间的一种过渡性声音，其音调近似鼓音。过清音类似敲打空盒的声音，故亦称空盒音。它表示肺组织的弹性显著降低，气体过度充盈。过清音主要见于肺气肿。

4.破壶音

为一种类似叩击破瓷壶所产生的声响，这是空气受排挤而突然急剧地经过狭窄的裂隙所致。破壶音见于与支气管相通的大空洞，如肺脓肿、肺坏疽和肺结核等形成的大空洞。

5.金属音

类似敲打金属板的音响或钟鸣音，其音调较鼓音高朗。肺部有较大的空洞，且位置表浅，四壁光滑而紧张时，叩诊才发出金属音。当气胸或心包积液、积气同时存在而达一定紧张度时，叩诊亦可产生金属音。

(六)叩诊敏感反应和叩诊抵抗感

1.叩诊敏感反应

叩诊可以作为一种有效的刺激，根据患病动物的反应，来判断胸膜的敏感性或有无疼痛，从而诊断疾病。叩诊敏感或疼痛时，患病动物主要表现为回顾、躲闪、抗拒、呻吟等，有时还可引起咳嗽，此为胸膜炎的特征，尤以病初最为明显。

此外，也见于肋骨骨折和胸部的其他疼痛性疾病。叩诊引起咳嗽亦可见于支气管炎和支气管肺炎等。

2.叩诊抵抗感

应用手指直接叩诊时，叩诊指的感觉随叩诊的位置与胸腔内的病变而异。一般叩诊健康肺部时，由于充气良好，叩诊指有一种弹性感觉，但在肩胛部，心浊音区，此种感觉很轻微，甚至没有。明显的叩诊抵抗感，提示肺实变或胸腔积液。

三、听诊

听诊是检查肺和胸膜的一种主要而且可靠的方法。听诊的目的在于查明支气管、肺和胸膜的机能状态，确定呼吸音的强度、性质和病理呼吸音。所以听诊对于呼吸器官疾病，特别是对支气管、肺和胸膜疾病的诊断具有特殊重要的意义。

此外，在胸部的临床检查中，听诊和叩诊如能配合应用，相互补充，则对胸腔和肺部疾病的诊断和鉴别就更为准确。例如，听诊某部肺泡呼吸音消失，而有明显的支气管呼吸音，此时即应在该处进行叩诊，如叩诊呈现浊音或半浊音，则对肺炎或其他实变性疾病的诊断根据就比较充分。又如胸部叩诊的浊音区上界呈水平线，且出现水平浊音区域内的呼吸音消失或有胸腔拍水音，且水平浊音上界以上肺泡呼吸音代偿性增强，则对渗出性胸膜炎的诊断就更有把握。

(一)胸、肺听诊法

小动物肺听诊区和叩诊区基本一致。检查时主要采用间接听诊法。听诊时宜先从中 1/3 开始，向前、向后逐渐听取，其次上 1/3，最后下 1/3。每个部位听 2～3 次呼吸音，再变换位置，直至听完全肺。如发现异常呼吸音，应确定其性质，且应将该点与其邻近部位比较，必要时还应与对侧对应部位比较听诊。当呼吸音不清楚时，宜以人工方法增强呼吸(即使动物做短暂的运动，或短时间闭塞鼻孔后引起深呼吸)，往往可以获得良好的效果。

听诊肺部时应注意呼吸动作，排除各种干扰，否则容易发生错觉，导致错误的诊断。初学者往往听到过多的杂音，故只有熟悉正常的呼吸音，才能辨别各种病理性呼吸音。为了精确地辨别病理性呼吸音，必须通过长期的实践锻炼，才能很好地掌握。

(二)生理呼吸音

动物呼吸时，气流进出细支气管和肺泡发生摩擦，引起漩涡运动而产生声音。经过肺组织和胸壁，在体表所听到的声音，即为肺呼吸音。在正常肺部可以听到两种不同性质的声音，即肺泡呼吸音和支气管呼吸音。检查时应注意呼吸音的强度，音调的高低和呼吸时间的长短以及呼吸音的性质。

1.肺泡呼吸音

类似柔和吹风样的“夫、夫”音，一般健康动物的肺区内都可听到清楚的肺泡呼吸音。肺泡呼吸音在吸气之末最为清楚。呼气时由于肺泡转为弛缓，则肺泡呼吸音表现短而弱，且仅于呼气初期可以听到。肺泡呼吸音在肺区中 1/3 最为明显。肩后、肘后及肺之边缘部则较为微弱。

肺泡呼吸音一般认为由下列诸因素构成:①毛细支气管和肺泡入口之间空气出入的摩擦音。②空气进入紧张的肺泡而形成的漩涡运动,气流冲击肺泡壁产生的声音。③肺泡收缩与舒张过程中由于弹性变化而形成的声音。此外,还有部分来自上呼吸道的呼吸音也参与肺泡呼吸音的形成。在正常情况下,肺泡呼吸音的强度和性质可因动物的种类、品种、年龄、营养状况、胸壁的厚薄及代谢情况而有所不同。生理性的紧张、兴奋、运动以及气温的变化等对肺泡呼吸音亦有一定影响。

2. 支气管呼吸音

一种类似将舌抬高而呼出气时所发生的"赫、赫"音。支气管呼吸音是空气通过声门裂隙时产生气流漩涡所致。故支气管呼吸音实为喉、气管呼吸音的延续,但较气管呼吸音弱,比肺咆呼吸音强。支气管呼吸音的特征为吸气时较弱而短,呼气时较强而长,声音粗糙而高。此乃呼气时声门裂隙较吸气时更为狭窄之故。

支气管呼吸音有生理性和病理性两种。动物健康时在肺区的前部,较大的支气管接近体表处,称为支气管区,在此处可以听到生理性支气管呼吸音,但并非纯粹的支气管呼吸音,而是带有肺泡呼吸音的混合呼吸音。犬在整个肺部都能听到明显的支气管呼吸音。

(三)病理呼吸音

在病理情况下,除生理性呼吸音的性质和强度发生改变外,常可发现各种各样的异常呼吸音,称为病理呼吸音。常见的病理呼吸音有下列几种。

1. 肺泡呼吸音的变化

可分为增强、减弱或消失及断续性呼吸音。

(1)肺泡呼吸音增强　可表现为普遍性增强和局限性增强。

①肺泡呼吸音普遍性增强,为呼吸中枢兴奋,呼吸运动和肺换气加强的结果。其特征为两侧和全肺的肺泡音均增强,如重读"夫、夫"之音。这种增强见于发热、代谢亢进及其他伴有一般性呼吸困难的疾病。在细支气管炎、肺炎或肺充血的初期,由于支气管黏膜轻度充血、肿胀,而使支气管末梢的开口变狭窄,也可使肺泡音异常增强。

②肺泡呼吸音局限性增强,亦称代偿性增强,这是病变侵及一侧肺或一部分肺组织,而使其机能减弱或丧失,则健侧或无病变的部分出现代偿性呼吸机能亢进的结果。这种增强见于大叶性肺炎、小叶性肺炎、渗出性胸膜炎等疾病时的健康肺区。

(2)肺泡呼吸音减弱或消失　特征为肺泡音变弱、听不清楚,甚至听不到。根据病变的部位、范围和性质,可表现为全肺的肺泡音减弱,亦可表现为一侧或某一部分的肺泡音减弱或消失。肺泡音减弱或消失可见于下列情况。

①肺组织的炎症、浸润、实变或其弹性减弱、丧失。当肺组织浸润或炎症时,肺泡被渗出物占据并不能充分扩张而失去换气能力,则该区肺泡音减弱或消失,见于各型肺炎、肺结核等;当肺组织极度扩张而失去弹性时,则肺泡呼吸音亦减弱,见于肺气肿。

②进入肺泡的空气量减少。当上呼吸道狭窄(如喉水肿等),肺膨胀不全,全身极度衰弱(如严重中毒性疾病的后期、脑炎后期、濒死期),呼吸肌麻痹,呼吸运动减弱,进入肺泡的空气量减少,则肺泡呼吸音减弱。此外,当胸部有剧烈疼痛性疾病,如胸膜炎、肋骨骨折等时,致呼吸运动受限,则肺泡呼吸音减弱。

③呼吸音传导障碍。当胸腔积液、胸膜增厚、胸壁肿胀时,呼吸音的传导不良,则肺泡呼吸

音减弱。

（3）断续呼吸音或齿轮呼吸音　在病理情况下，肺泡呼吸音呈断续性，称为断续呼吸音。这是部分肺泡炎症或部分细支气管狭窄，空气不能均匀进入肺泡而是分股进入肺泡所致。其特征为吸气时不是连续性的而是有短促的间隙（呼气时一般不改变），将一次肺泡音分为两个或两个以上的分段。这种呼吸音见于支气管炎、肺结核、肺硬变等。当呼吸肌有断续性不均匀的收缩时（兴奋、疼痛、寒冷），两侧肺区亦可听到肺泡音中断现象。

2. 病理性支气管呼吸音

动物在正常肺范围外的其他部位出现支气管呼吸音，其发生的条件为肺实变的范围相当大，病变的位置较浅表，且大支气管和支气管都畅通无阻。病理性支气管呼吸音见于下列情况。

（1）肺组织实变　当浅表部位的肺组织出现大面积实变，且大支气管和支气管都畅通无阻时，由于肺组织的密度增加，传音良好，听诊即可闻清晰的支气管呼吸音。其声音强度取决于病灶的大小、位置和肺组织的密度。患病部位越大、越靠近大支气管和体壁、肺组织实变越充分，则支气管呼吸音越强；反之则越弱。这种情况见于肺炎、肺结核等。

（2）胸腔大量积液　当胸腔积液压迫肺组织时，变得较为致密的肺组织有利于支气管呼吸音的传导，此时也可听到较弱的支气管呼吸音。这种情况见于胸膜炎、胸水等。

3. 病理性混合呼吸音

当较深部的肺组织产生炎症病灶，而周围被正常的肺组织所遮盖，或浸润实变区和正常的肺组织掺杂存在时，则肺泡音和支气管呼吸音混合出现，称为混合性呼吸音或支气管肺泡呼吸音。其特征为吸气时主要是肺泡呼吸音，而呼气时则主要为支气管呼吸音，近似“夫-赫”的声音。吸气时较为柔和，呼气时较粗粝。这种呼吸音见于小叶性肺炎、大叶性肺炎的初期和散在性肺结核等。在胸腔积液的上方有时亦可听到混合性呼吸音。

4. 啰音

啰音是呼吸音以外的附加音响，也是一种重要的病理征象。按其性质可分为干啰音和湿啰音。

（1）干啰音　当支气管黏膜上有黏稠的分泌物，支气管黏膜炎症、肿胀或支气管痉挛，使其管径变窄，空气通过狭窄的支气管腔或气流冲击附着于支气管内壁的黏稠分泌物时引起振动而产生的声音。其特征为音调强、长而高朗，类似哨音、笛音、飞箭音及咝咝声等，它表明病变主要在细支气管，亦可为强大粗糙而音调低的“咕-咕”声、嗡嗡音等，表示病变主要在大支气管中。

干啰音在吸气和呼气时均能听到，一般在吸气时最为清楚。干啰音容易变动，可因咳嗽、深呼吸而有明显的减少、增多或移位，或时而出现，时而消失为其特征。

干啰音是支气管炎的典型症状。广泛性干啰音，见于弥散性支气管炎、支气管肺炎、慢性肺气肿等；局限性干啰音常见于支气管炎、肺气肿、肺结核和间质性肺炎等。

（2）湿啰音　湿啰音又称水疱音，为气流通过带有稀薄的分泌物的支气管时，引起液体移动或水疱破裂而发生的声音，或为气流冲击液体而形成或疏或密的泡浪，或气体与液体混合而成泡沫状移动所致。此外，肺部如有含液体的较大空洞时亦可产生湿啰音。湿啰音的性质类似用一小细管向水中吹入空气时产生的声音。按支气管口径的不同，可将其分为大、中、小三种。大水疱音产生于大支气管中，如呼噜声或沸腾声；中、小水疱音来自中、小支气管。湿啰音可能为弥散性，亦可能为局限性。吸气和呼气时都可听到，但以吸气末期更为清楚。湿啰音也有容易变动的特点，有时连续不断，有时在咳嗽之后消失，经短时间之后又重新出现。湿啰音的强度除受支气管大小的影响外，与病变的深浅和肺组织的弹性大小有密切关系。当湿啰音发生于肺的深部而周围的肺组织正常时，传到胸壁上就显著减弱，犹如来自远方；如发生在肺组织的浅部时，听诊就较明显；如发生于被浸润的肺组织包围的支气管中，因肺组织实变而传音良好，则声音甚为清楚。此时啰音常和支气管呼吸音同时存在。这种啰音为大叶性肺炎的症状之一。空洞内形成的啰音，由于共鸣作用，听之如在耳边。此外，湿啰音的强度与呼吸运动的强度、频率，分泌物的量及黏稠度有关。呼吸愈强，啰音愈大。当分泌物稀薄而量多时，则啰音较为明显。

湿啰音是支气管疾病的最常见的症状，亦为肺部许多疾病的重要症状之一。支气管内分泌物的存在常为各种炎症的结果，故支气管炎、各型肺炎、肺结核等侵及小支气管时都可产生湿啰音。

广泛性湿啰音，可见于肺水肿；两侧肺下野的湿啰音，可见于心力衰竭、肺瘀血、肺出血，亦可见于吸入液体，即异物性肺炎；当肺脓肿、肺坏疽、肺结核时，液体进入支气管也可产生湿啰音。若靠近肺的浅表部位听到大水疱性湿啰音时，则为肺空洞的一个指征。啰音的发生机制及部位，见图 4-7。

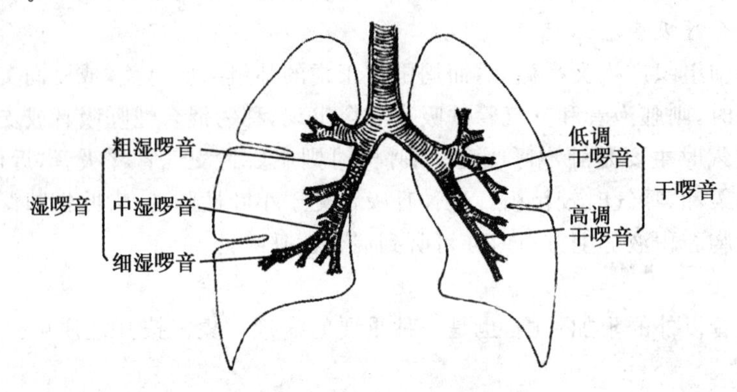

图 4-7　啰音的发生机制及部位

5. 捻发音

捻发音是一种因肺泡被感染时，炎性渗出物将肺泡黏合起来，在吸气时黏着的肺泡突然被气体展开；或毛细支气管黏膜肿胀并被黏稠的分泌物黏着，当吸气时黏着的部分又被分开，而产生的特殊的爆裂声。其特点为声音短、细碎、断续、大小相等而均匀，类似理耳边捻转一簇头发时所产生的声音，故称捻发音。一般出现在吸气之末，或在吸气顶点最为清楚。捻发音常提示肺实质的病变，如肺泡炎症，见于大叶性肺炎的充血期与消散期及肺结核等；肺充血和肺水肿的初期；肺膨胀不全，但肺泡尚未完全阻塞时。

捻发音与小水疱性啰音虽很相似，但两者的意义都不相同，捻发音主要表示肺实质的病变，而小水疱性啰音则主要表示支气管的病变，故二者应加以区别。

6. 空瓮音

空瓮音是空气经过狭窄的支气管，进入光滑的大空洞时，空气在空洞内产生共鸣而形成的一种类似轻吹狭窄的空瓶口时所发出的声音。其声音的特点是柔和而深长，常带金属音调。

常见于肺脓肿、肺坏疽、肺结核。

7. 胸膜摩擦音

正常胸膜的壁层和脏层之间湿润而光滑，呼吸时不产生声音。当动物患胸膜炎时，由于纤维蛋白沉着，使其变的粗糙不平，在呼吸时两层粗糙的胸膜面互相摩擦而产生杂音。其特点是声音干而粗糙，接近表面，且呈断续性，吸气和呼气时均可听到，但一般多在吸气之末与呼气之初较为明显。摩擦音可在极短时间内出现、消失或再出现，也可持久存在达数日或更长。

摩擦音的强度极不一致，有的很强，粗糙而尖锐，如搔抓声；有的很弱，柔和而细致，如丝织物的摩擦音。这与病变的性质、位置、面积大小及呼吸时胸廓运动的强度有关。摩擦音常发于肺移动最大的部位，即肘后肺叩诊区的下 1/3，肋骨弓的倾斜部。

摩擦音为纤维蛋白性胸膜炎的特征，但没有听到胸膜摩擦音，并不能排除纤维蛋白性胸膜炎的存在。这是由于摩擦音常出现于胸膜炎之初期，一旦炎症消散，则摩擦音也随之消失；或因胸膜腔中同时存在一定量的渗出液而将两层胸膜隔开时，则摩擦音也会消失，直至渗出液吸收之末期，摩擦音重新出现。当胸膜发生粘连时，则无摩擦音。摩擦音也可见于大叶性肺炎、肺结核等。当胸膜肺炎时，啰音和摩擦音可能同时出现，应注意鉴别。

呼吸音的共同特征为伴随着呼吸运动和呼吸节律而出现。若为病理性呼吸音，则常伴有呼吸器官疾病的其他症状和变化，而其他杂音的发生则与呼吸无关。由于膈疝或膈破裂部分肠管进入胸腔而产生的肠蠕动音或肠管振荡音，应结合病史、腹痛症状和 X 线检查结果，进行全面综合分析。

此外，在听诊肺部时，常可听到与呼吸无关的一些杂音，此类声音往往扰乱听诊，特别是初学者有时会误认为呼吸音。属于这一类声音者，有吞咽食物、磨牙、呻吟、肌肉震颤、被毛摩擦、异常高朗的心音、胃肠的蠕动引起的声音等，对此应特别予以注意。

第三节　心脏检查

心脏检查在临床上具有重要的意义。可用视诊、触诊的方法检查心搏动；用叩诊的方法判定心的浊音区；并应着重用听诊的方法，诊查心音，判断心音的频率、强度、性质和节律的改变以及有否心杂音。

一、心搏动的视诊与触诊

心搏动是心室收缩时撞击左侧心区的胸壁而引起的震动。用视诊的方法一般看不清楚，所以多用手掌放于左侧肘头后上方的心区部位进行触诊，以感知其搏动。检查心搏动时，宜注意其位置、频率，特别是其强度的变化。

心搏动的频率有时可用以代替脉搏的次数（如当脉搏过于微弱而不能感知时）。其正常指标及频率的增多、减少的变化原因和意义与脉搏次数的变化基本相同。

心搏动的强度决定于心的收缩力量、胸壁的厚度、胸壁与心之间的介质状态。正常情况下，如心收缩力量不变，胸壁与心之间的介质状态无异常，则因动物的营养程度不同，胸壁的厚度不一，而心搏动的强度有所差异。如过肥的动物，其胸壁较厚而心搏动较弱；但营养不良、消瘦的个体，因胸壁较薄而心搏动相对的较强。此外，运动、外界温度增高时、动物的兴奋与恐惧等均可引起生理性的心搏动增强。动物的个体条件,如年龄及神经类型与兴奋性等也对心搏动有影响。心搏动的病理性变化有以下几种情况。

(一)心搏动增强

可见于一切引起心机能亢进之时,如发热病的初期、伴有剧烈的疼痛性的疾病、轻度的贫血、心脏病的代偿期(如心肌炎、心包炎、心内膜炎的初期)以及病理性的心肥大(图 4-8)等。

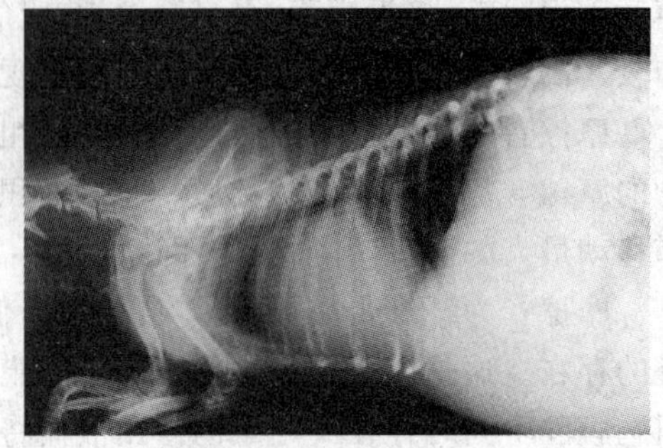

图 4-8 犬的心脏肥大

(二)心搏动减弱

表现为心区的震动微弱甚至难于感知。心搏动减弱可见于以下情况:引起心脏衰弱、心室收缩无力的病理性过程,如心脏病的代偿障碍期;病理性原因引起的胸壁肥厚,如当纤维蛋白性胸膜炎或胸壁浮肿时;胸壁与心之间的介质状态的改变,如渗出性胸膜炎,胸腔积水,肺气肿,渗出性或纤维蛋白性心包炎等时。

(三)心搏动移位

由于心受邻近器官、渗出液、肿瘤等的压迫,而造成心搏动位置的改变。其中向前移位见于胃扩张、腹水、膈疝等,向右移位见于左侧胸腔积液等。

此外,当触诊检查心区时,如动物表现回视、躲闪或抵抗,是心区敏感的表现,可见于心包炎或胸膜炎。有时还可感知心区的轻微震颤,除可见于纤维蛋白性心包炎、胸膜炎之外,还可伴发于明显的心内性的器质性心杂音。

二、心区的叩诊

心的叩诊是用以确定心界,判定心大小、形状的一种方法。心不被肺遮盖的部分,叩诊呈绝对浊音;被肺遮盖的部分则呈相对浊音,相对浊音区反映心的实际大小。

(一)叩诊方法

小动物可用指指叩诊法。

(二)正常心浊音区

犬、猫心的绝对浊音区位于左侧第 4～6 肋间,前缘达第 4 肋骨,上缘达肋骨和肋软骨结合部,大致与胸骨平行,后缘受肝浊音的影响而无明显界限。

(三)心叩诊的病理变化

1. 心浊音区的扩大

可见于心肥大及心扩张,心包炎时亦可见之。当渗出性胸膜炎时,心浊音区将混同于下部的叩诊水平浊音区之内。而当胸壁浮肿时,心浊音区则难于判定。

2. 心浊音区的缩小

常是由于掩盖心的肺边缘部分的肺气肿而引起心绝对浊音区缩小。为进一步判断心的容积与肺边缘的关系,可仔细在心区部位用较强的叩诊与较弱的叩诊方法反复进行检查,并根据产生绝对的浊音区域及呈现相对的半浊音的区域,而确定心的绝对浊音区及相对浊音区。

叩诊心区时,动物如呈现回视、躲闪、反抗等行动,提示心区胸壁的敏感、疼痛,可见于胸膜炎或心包炎。

三、心音的听诊

通过心音听诊可以了解心机能及血液循环状态,为建立诊断和判定预后提供有价值的材料。心音是随同心室的收缩与舒张活动而产生的声音现象。听诊健康动物的心音时,每个心动周期内可听到两个相互交替的声音。在心室收缩过程产生的心音,称缩期心音或第一心音;于心室舒张过程出现的心音称舒张期心音或第二心音。每次心音之间的间隔期或休止期的长短,也是重要的区别条件,即第一心音与第二心音之间的间隔期较短,而第二心音与下次第一心音之间的间隔期则较长。更重要的区别点在于第一心音产生于心室收缩之际,因此同心搏动及动脉脉搏同时出现;第二心音产生于心室舒张之时,所以在出现时间上和心搏动及动脉脉搏不相一致。

(一)心音的组成因素

心音的组成因素很多,主要由瓣膜的振动,心肌的紧张及血液的流动与振动等声音综合而成。但其中弹性瓣膜的振动音,是心音的主要组成部分。第一心音主要是房室瓣(二尖瓣与三尖瓣)的关闭与振动的声音;第二心音则主要为动脉(肺动脉与主动脉)根部的半月瓣的关闭与振动音。

(二)听诊心音的方法

一般用听诊器进行听诊(图 4-9)。应先将动物的左前肢向前拉伸半步,以充分暴露出心区,通常于左侧肘头后上方心区部位听取,必要时再于右侧心区听诊。宜将听诊器的集音头(听头)放于心区部位,并使之与体壁密切接触。为确定某一瓣膜口的心音变化,可于各该瓣膜口的心音最佳听取点进行听诊。

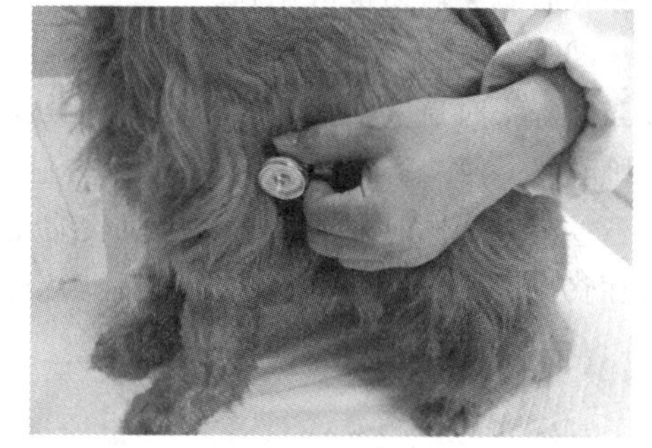

图 4-9 犬心音的听诊

(三)听诊心音的目的

主要在于判断心音的频率及节律,注意心音的强度与性质的改变,是否有心音分裂和心杂音。依此而推断心功能及血液循环状态。

1. 测定心音的频率

依每分钟的心音次数而计测之。但需注意,正常情况下每个心动周期中有两个心音,当某些病理过程中可能只听到一个心音(如当血压过低或心率过快时第二心音可极度减弱甚至难于听到),这时应配合心搏动或动脉脉搏频率的检查结果而确定。

心音频率的增多与减少,其原因及意义与脉搏次数的增减变化基本相同。

2. 心音的强度

心音的强度决定于心音本身的强度及其向外传递过程的介质状态(如胸壁的厚度、肺的心叶和边缘的状态、胸膜腔及心包腔的情况等)。而心音本身的强度,又受心肌的收缩力量、心瓣膜的性状及其振动能力、循环血量及其分配状态等主要因素的影响。通常,第一心音的强度主要决定于心室的收缩力量,第二心音的强度则主要决定于动脉根部的血压。

心音的强、弱变化可表现为第一、第二两个心音同时增强或减弱，有时也表现为某一个心音单独的增强或减弱。

两个心音同时的增强或减弱，可见于某些生理性情况，如消瘦而胸壁菲薄或狭胸的动物个体，其心音较强；而营养良好或过肥，因胸壁较厚，心音则相对较弱。此外，当动物兴奋、恐惧时或运动之后，可见心音增强。

(1)病理性的心音增强　可分以下几种情况。

①第一心音增强。它是由于心肌收缩力增强与瓣膜紧张度增高所引起。临床上表现多是第一心音相对增强；第二心音相对减弱，甚至难以听取。多见于贫血、热性病及心衰弱的初期。当大失血、剧烈腹泻、休克及虚脱时，由于循环血量少，动脉根部血压低而第二心音往往消失。

②第二心音增强。多为相对性增强。它是由于动脉根部血压升高引起。故与心舒张时半月瓣迅速而紧张地关闭有关。主动脉口第二心音增强，见于心肥大、肾炎。肺动脉口第二心音增强，见于肺充血、肺炎等。

③两心音同时增强。它是由于心肌收缩力增强，血液在心收缩和舒张时冲击瓣膜的力量同时增强所致。这种增强见于心肥大、热性病初期、剧痛性疾病、轻度贫血或失血、肺萎缩等。

(2)病理性的心音减弱　可分为如下情况。

①第一心音减弱。相对的减弱如前述。单纯的第一心音减弱，临床上几乎未见到，但在心扩张及心肌炎后期也可见到。

②第二心音减弱(甚至消失)。这种情况临床上最常见，主要是由于每次压出的血量减少，故当心舒张时血液回击动脉瓣的力量微弱所至，是动脉根部血压显著降低的标志，见于贫血、心脏衰弱。第二心音消失时，见于大失血、高度的心力衰竭、休克及虚脱，多预后不良。

③两心音同时减弱。它是心肌收缩无力的表现，常见于心衰弱的后期、心肌炎、心肌变性、重症贫血、渗出性胸膜炎、渗出性心包炎及重症肺气肿等。

(四)心音性质的改变

1.心音混浊

主要表现为心音不纯，音质低、浊，含糊不清，两个心音缺乏明显的界限。心音混浊主要是由于心肌及其瓣膜变性，使其振动能力发生改变的结果。此种情况可见于心肌炎症的后期以及重度的心肌营养不良与心肌变性。高热性疾病，严重的贫血，重度的衰竭症等时，因伴有心肌的变性变化，多有心音混浊现象。

2.钟摆律

前一个心动周期的第二心音与下一个心动周期的第一心音之间的休止期缩短，而且第一心音与第二心音的强度、性质相似，收缩期和舒张期时间大致相等，加上心动过速，听诊极似钟摆“滴答”声，故称钟摆律。又因为音调酷似胎儿心音，又称胎心律，提示心肌损害。

3.心音清脆并带金属响

当破伤风或邻近心区的肺叶中有空洞(含气性)形成时之际，可听到此心音；也见于膈疝，脱垂至心区部位的肠段内含有大量气体。

(五)心音的分裂和重复

正常的缩期或舒期的某一个心音，因病理原因而分裂为两个音响时，称为心音的分裂。如分裂的程度较明显，且分裂开的两个声音有明显间隔时，则称为心音的重复。分裂与重复的意义相同，仅程度不同而已。

1. 第一心音分裂或重复

它是左右心室收缩有先有后，或有长有短，左右房室瓣膜不同时闭锁的结果。这种情况见于一侧心室衰弱或肥大及一侧房室束传导受阻。

2. 第二心音分裂或重复

它是两心室驱血期有长有短，主动脉瓣与肺动脉瓣不同时闭锁的结果。这种情况见于主动脉或肺动脉血压升高的疾病及二尖瓣口狭窄等。如左房室口狭窄时，左心室血量减少，主动脉血压降低，则左心室驱血期短，主动脉瓣先期闭锁；肺部瘀血时，肺动脉压升高，则右心室驱血期延长，肺动脉瓣闭锁较晚，出现第二心音分裂或重复。肾炎时因主动脉压升高也出现第二心音分裂或重复。

3. 额外心音(奔马调)

它是第三心音明显所致，除第一、二心音外，又有第三个附加的心音连续而来，恰如远处传来的马奔跑时的蹄音。此第三心音，可发生于舒张期(第二心音之后)，或发生在收缩期前(第一心音之前)。但此附加音，一般没有心音重复那样清晰，可见于心肌炎、心肌硬化或左房室口狭窄。

(六)心音节律的改变

正常情况下，每次心音的间隔时间均等，且每次心音的强度相似，此为正常的节律。如果每次心音的间隔时间不等，且其强度不一，则为心律不齐。心律不齐多为心肌的兴奋性改变或其传导机能障碍的结果，并与植物神经的兴奋性有关。在判定心音节律的改变时，应注意运动前后的心率、恢复到安静状态时所需要的时间、心音的强度及脉搏的特征。临床上常见的心律失常有窦性心律不齐、阵发性心动过速、传导阻滞、期外收缩或过早搏动、心房颤动等。

1. 窦性心律不齐

窦性心律不齐常表现为心活动周期性快慢不匀的现象，且大多与呼吸有关，一般吸气时心动加快而呼气时心动转慢。窦性心律不齐多见于健康犬、猫。

2. 期外收缩

期外收缩又称过早搏动、期前收缩。当心肌的兴奋性改变而出现窦房结以外的异位兴奋灶时，在正常的窦房结兴奋冲动传来之前，由异位兴奋灶先传来了一次兴奋冲动，从而引起心肌的提前收缩，此后，原来应有的正常搏动又消失一次，以致要等到下次正常的兴奋冲动传来，才能再引起心脏的搏动，从而使其间隔时间延长，即出现所谓代偿性间歇。当听诊心音时表现为心音的间隔时间不等，其特点如下：在正常心音后，经较短的时间即很快出现一次提前收缩的心音，其后又经较长的间歇时间，才出现下次心音。因提前收缩时心室充盈量不足，心搏出量少，从而其第二心音微弱甚至消失。期外收缩若有规则地每经一或二、三次正常搏动之后出现 1 次，则表现为所谓二联律或三、四联律。偶尔出现的期外收缩，多无重要意义；如为顽固而持续性的期外收缩，常为心肌损害的标志。

3. 阵发性心动过速

在正常心律中，连续发生 3 次以上期外收缩的快速心律，称为阵发性心动过速。心律增快常一阵阵发生，突然发生，突然消失，每次发作持续时间较短，一般为数分钟至数小时，常见于心力衰竭和危重疾病时。

4. 心动间歇

心在几次正常跳动后停跳一次的心律，称为心动间歇。它是由于心肌的病变波及传导系统，兴奋冲动不能顺利地向下传递，从而出现传导阻滞。明显而顽固的传导阻滞，常为心肌损害的一个重要指征。传导阻滞的表现形式有多种，如窦房阻滞、房室传导阻滞或心室束支的传导阻滞等。如一侧心室束支的传导阻滞可表现为第一心音的分裂；房室传导阻滞时，部分病例可表现为慢而规则的心律，而部分病例可表现为不规则的心律；有时在心动间歇期间可听到轻微的心房音。传导阻滞与期外收缩的不同点是传导阻滞既无提前收缩，又无代偿间歇，只在两次心动之间出现一次心室搏动的暂时停止。房室传导阻滞若有规则地每经二、三或四次心室搏动后即出现一次搏动脱漏，也可形成类似的二联或三、四联律；但它与期外收缩的不同处是几次正常的连接出现的心律之间的间隔时间是均等的。

5. 震颤性心律不齐（心房颤动）

正常情况下，先心房肌、后心室肌收缩，再共同进入舒张期。但在病理情况下，房室的个别肌纤维在不同时期分散而连续收缩，从而发生震颤。一般主要表现为心房颤动（或称心房纤颤）。其特征是心律毫无规则，心音时强时弱、休止期忽长忽短，此乃心律不齐中最无规律的一种，也称心动紊乱。心律震颤若持续过久，常为预后不良的信号。心律不齐与脉律不齐是紧密联系的，因此，应将两者加以对照与综合。期外收缩时，脉搏表现为间隔时间不等且强弱不一。即当过早搏动时，于正常脉搏之后经短时间而很快又出现一次提前的脉搏，其后又经较长的间隔才出现下次搏动；但由于心室过早搏动的搏出血量较少，提早出现的脉搏多较微弱。

（七）心杂音

心杂音是指伴随心脏的舒、缩活动而产生的正常心音以外的附加音响。它的特点是持续时间长，可与心音分开或连续，甚至掩盖心音。依产生杂音的病变所存在的部位不同，可分为心内性杂音与心外性杂音。

1. 心内性杂音

临床上多是心内膜及其相应的瓣膜口发生形态改变或血液性质发生变化时引起，常伴随第一、第二心音之后或同时产生的异常音响，称为心内性杂音。其特点是杂音从远而来，加压听诊器音量无变化；其音性如笛声、吱吱声、嗞嗞声、嗡嗡声、飞箭声或风吹声。按其发生时期，分为缩期杂音和舒期杂音。缩期杂音发生于心收缩期，伴随第一心音之后或同时出现杂音；舒期杂音发生于心舒张期，伴随第二心音之后或同时出现杂音。按其瓣膜或瓣膜口有无形态改变可分器质性心内杂音和非器质性心内杂音（机能性）。

（1）器质性心内性杂音　它是慢性心内膜炎的特征。慢性心内膜炎的后果，常引起某一瓣膜或瓣孔周围组织增生、肥厚及粘连，瓣膜缺损或腱索的短缩，这些形态学的病变统称为慢性心脏瓣膜病。瓣膜病的类型虽很多，但概括地可分为瓣膜闭锁不全及瓣膜口狭窄。瓣膜闭锁不全时，在心室收缩或舒张过程中，由于瓣膜不能完全将其相应的瓣膜口关闭而留空隙，致使血液经病理性的空隙而逆流形成漩涡，振动瓣膜产生杂音。此杂音可出现于心室收缩期或舒张期。如左、右房室瓣闭锁不全，杂音出现于心缩期，称缩期杂音；主动脉与肺动脉的半月状瓣闭锁不全，则杂音出现于心舒期，称舒期杂音。瓣膜口狭窄时，在心脏活动过程中，血液经狭窄的瓣膜口时，形成漩涡，发生振动，产生杂音。此杂音可出现于心缩期或心舒期。如左、右房室口狭窄，杂音出现于舒张期；主动脉、肺动脉口狭窄，则杂音出现于心缩期。为推断心内膜病变部位及类型，应特别注意杂音出现时期及最强听取点。缩期杂音继第一心音之后或同时出现，见于左、右房室瓣闭锁不全及主动脉口或肺动脉口狭窄；舒期杂音继第二心音之后或同时出现，见于左、右房室口狭窄，主动脉瓣闭锁不全。

(2)非器质性心内性杂音(机能性杂音)　其发生有两种情况：一种是瓣膜和瓣膜口无形态变化，当心室扩张或心肌弛缓时，造成瓣膜相对闭锁不全而产生杂音；另一种是当血液稀薄时，血流速度加快，振动瓣膜口和瓣膜引起的所谓贫血性杂音。非器质性心内性杂音的特点是杂音不稳定，仅出现于心缩期，故称缩期杂音；杂音柔和如风吹声；运动及给予强心剂后杂音消失；饲养、管理改善或病情好转时杂音消失。这种杂音多见于心扩张、营养性贫血、犬焦虫病等。

2.心外性杂音

心外性杂音是心包或靠近心区的胸膜发生病变引起。杂音似来自耳下，仅限于局部听到，加压听诊器体外音增强，杂音与心跳一致，杂音比较固定，且可长时间存在。按杂音性质分为心包拍水音、心包摩擦音和心包胸膜摩擦音。

(1)心包拍水音　它是心包发生渗出/腐败性炎症时，由于心包内积聚多量液体与气体，故当心活动时所产生的一种类似震动半满玻璃瓶水的声音或似河水击打河岸的声音。心包拍水音见于心包积液。

(2)心包摩擦音　它是心包炎的特征。由于心包发炎，纤维蛋白沉着于心包的壁层和脏层，使心包的壁层和脏层变得粗糙，当心活动时，粗糙的心包壁层和脏层互相摩擦产生杂音。其音性如两层粗糙的皮革相互摩擦的音响，其特点是杂音与心跳一致，常呈局限性，但在心尖部明显，心收缩期及舒张期均可听到，但以缩期明显，主要见于纤维素性心包炎及创伤性心包炎。

(3)心包胸膜摩擦音　它主要见于胸膜发生纤维素性胸膜炎时，当心脏活动时，心包与粗糙的胸膜面发生摩擦所产生的音响。此音与呼吸运动同时发生，呼吸运动停止时，即减弱或消失。心包胸膜摩擦音，除心区部能听到外，肺区某些部位也可听到。

第五章　腹部及腹腔器官的检查

腹部和腹腔器官的检查，主要是腹部的一般检查，消化器官（胃、肠、肝、排便动作、粪便感官的检查），泌尿器官（肾、输尿管、膀胱、尿道、排尿动作及尿液感观检查）的检查和外生殖器官检查。

腹部及腹腔器官的检查主要应用视诊、触诊（包括直肠指诊）、叩诊、听诊以及导管探诊、腹腔穿刺等方法。也可根据需要进行特殊检查（如X射线、内腔镜检查、超声波检查等）和实验室检验（如胃肠内容物、粪便、腹腔穿刺物等检查）。

第一节　腹部的一般检查

一、腹部的视诊

腹部视诊的目的，除观察被毛、皮肤及皮下组织的浅表病变外，应着重判断腹围的大小及外形轮廓的改变。

健康动物腹围的大小与外形，除雌性动物妊娠后期生理性的及肥胖引起的增大外，主要受胃肠内容物的量、性质以及腹腔的状态和腹壁紧张度的影响。

小动物腹围的病理性改变包括腹围容积增大和腹围容积缩小。

1.腹围膨大

多见于急性胃扩张（图5-1）、腹水（图5-2）、子宫蓄脓（图5-3）、腹腔肿瘤等。局限性膨隆见于腹壁疝、血肿、淋巴外渗、肿瘤等。

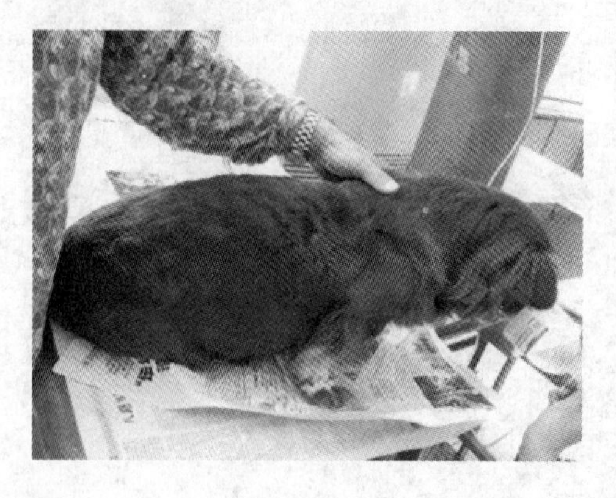
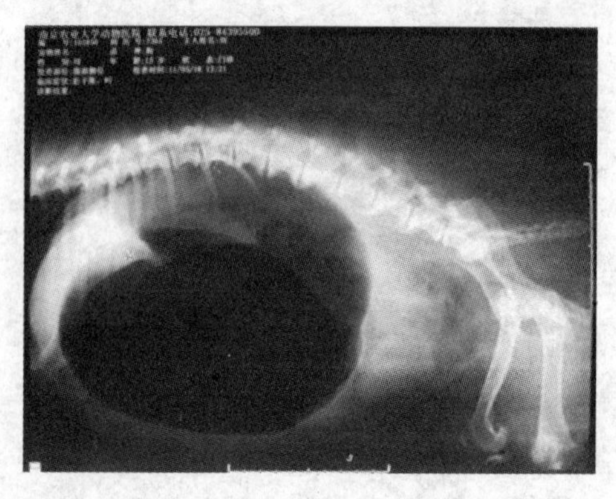

图5-1　犬的急性胃扩张

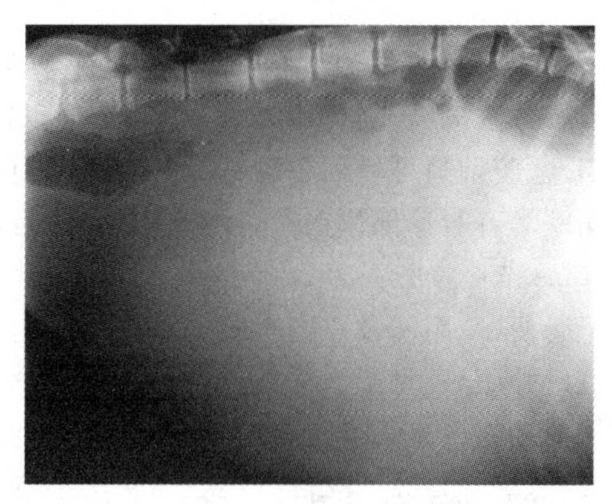

图 5-2　犬的腹水

2. 腹围缩小

除主要见于细小病毒肠炎、犬瘟热等腹泻病外，也见于长期饥饿、食欲扰乱及顽固性腹泻、慢性消耗性疾病（如贫血、营养不良、内寄生虫病、结核病等）、伴有腹肌收缩的疾病（破伤风、腹膜炎的初期）、疼痛性疾病（急性胃肠炎、剧烈疼痛性疾病）等。

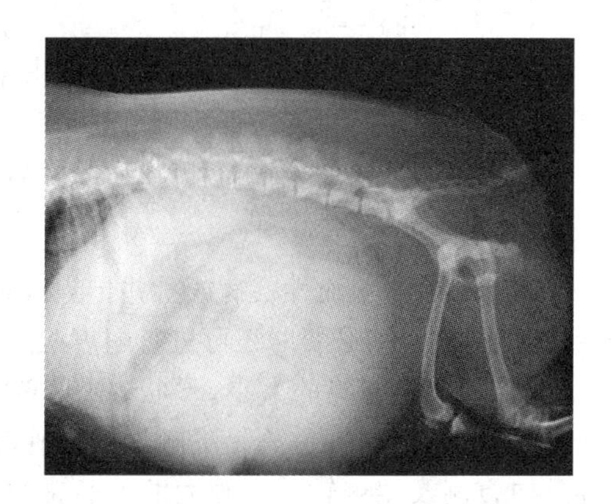

图 5-3　犬的子宫蓄脓

二、腹部的触诊

通过腹壁的触诊，可判断胃内容物性状，了解腹壁的敏感性和紧张性，确定胃肠内异物、肠梗阻、肠套叠和胃肠炎的疼痛点等情况。

病理改变主要有腹壁敏感，可见动物表现回视、躲闪、反抗或攻击等动作，提示腹膜的炎症；有击水音或感有回击波，见于腹腔积液。

腹壁的温度、湿度的变化及其诊断意义，详见“皮肤温度和湿度的检查”相关部分的叙述。

第二节　消化器官的检查

一、胃肠检查

（一）犬、猫胃的检查

由于犬、猫的腹壁薄，容易用触诊方法检查。通常用双手拇指以腰部做支点，其余四指伸直置于两侧腹壁，缓慢用力，感觉胃的状态。也可将两手置于两侧肋骨弓的后方，逐渐向后上方移动，让内脏器官滑过指端，以行触诊。如将病犬前后轮流高举，几乎可触知全部腹内器官。当患有急性胃炎、胃溃疡时，胃区触压有疼痛反应；胃扩张时，左侧肋弓下方有膨隆。

(二)犬、猫肠道的检查

检查方法同犬、猫胃检查,腹部触诊可以确定肠的充盈度、肠便秘、肠套叠等。大肠秘结时,在骨盆腔前口可摸到香肠粗细的粪结;肠套叠时,可以摸到坚实而有弹性的肠道。

肠蠕动音听诊部位在左右两侧肷部,健康犬肠音如断断续续的咕噜声,犬正常肠音为4~6次/min;猫正常肠音为3~5次/min。肠音增强见于消化不良、胃肠炎的初期;肠音减弱或消失见于肠便秘、阻塞及重剧胃肠炎等。

肛门肿胀,可见于肛周炎、肛门腺(囊)炎;肛门括约肌弛缓、哆开,常见于频繁腹泻、老龄或濒死期的动物。直肠指检有助于判断肛门、直肠及肛周腺可能发生的变化。

二、肝、脾的检查

(一)肝的检查

除用触诊、叩诊及测定肝功能(见本书第九章第一节"肝指标检查"的相关叙述)方法外,必要时可进行穿刺及超声检查。

检查者从站立犬、猫的右侧最后肋骨后方向前上方触压可以触知肝。

(二)脾的检查

临床上对患溶血性疾病或某些传染病和寄生虫病的动物,应进行脾检查。临床上常用的检查方法是触诊,必要时还可进行超声检查、脾穿刺检查等。

触诊时,感知脾的大小、形状、硬度和疼痛反应。脾正常位置在上腹部胃大弯处,由于脾整个位于肋骨弓内,故无法触诊到。脾和胃由胃脾韧带松弛连接,因此当脾肿大时,则很容易向腹侧及尾侧转移。肿大的脾通常可利用浅层触诊于中腹部之腹侧和中间处。不同于肝,脾可借由触诊动作而向尾侧移位。犬的脾肿大,见于白血病、急性或慢性脾炎、吉氏巴贝斯焦虫病等。

三、排便动作及粪便感官检查

(一)排便动作的检查

排便动作是动物排便时的一种复杂反射活动。正常状态下动物排便时,背部微拱起,后肢稍开张并略向前伸。犬排便采取近似坐下的姿势。

正常动物的排便次数与采食食物的量、质量及其活动情况有密切关系。犬、猫每日排便次数为1~2次。

动物排便动作障碍主要表现为以下5种。

1.便秘

表现为排便费力,排便次数减少或屡呈排便姿势仅排出少量粪便,常伴有各种腹痛不安的姿势,排出的粪便干结、色深/暗,呈小球状,常被覆黏液。便秘多见于发热性疾病、腰脊髓损伤、肠弛缓、大肠便秘等疾病。

2.腹泻(下痢)

表现为频繁排便,甚至排便失禁。粪便呈稀糊状(图5-4),甚至水样,常混有黏液、甚至脓液/血液。腹泻是各种类型肠炎的特征,包括原发性、继发性。与此同时,腹泻需区分出小肠性腹泻与大肠性腹泻。小肠性腹泻的发生是由于从小肠排入大肠的物质其体积与成分发生改变，即使结肠黏膜具有再吸收水分的能力，但最终粪便内容物仍过量和/或稀薄，该形式的腹泻往往由小肠内容物渗透压的增加，和/或肠道蠕动异常所造成；大肠性腹泻常与结肠蠕动异常，结肠黏膜吸收表面积减少，或结肠的分泌和/或渗出的增加有关。

3. 排便失禁

排便失禁即动物不经采取固有的排便动作而不自主地排出粪便，多是由于肛门括约肌弛缓或麻痹所致，见于腰荐部脊髓损伤、脑部疾病、顽固性腹泻、直肠炎、濒死期等。

4. 排便带痛

排便时动物表现疼痛不安、惊惧、努责、呻吟等，可见于腹膜炎、直肠损伤、胃肠炎、尖锐异物、锁肛、粪便和被毛堵塞肛门等。

5. 里急后重

里急后重表现为屡呈排便动作并强度努责，仅排出少量粪便或黏液。顽固性腹泻时，常有里急后重现象，是炎症波及结肠和直肠黏膜的结果。犬肛周腺炎时也可出现里急后重。

图 5-4　犬排出稀糊状粪便

(二)粪便的感官检查

1. 粪便的数量、形状和硬度

不同种属动物，其粪便的正常形状各异。在观察粪便的数量和形状、硬度时应注意排除动物因采食食物的量、种类、质量和含水量等因素的影响。犬、猫的粪便一般呈圆柱状，当喂给多量骨头时，则干而硬。一般在腹泻时(尤其是初期)粪便量多而稀薄，且不呈固有的形状；便秘时，由于水分为肠壁吸收，粪便少而干硬。病程经过较长的便秘，粪便可呈算盘珠子状。

2. 粪便的颜色和气味

检查前应排除由食物成分等因素影响。在病理情况下，当胃或前部肠道出血时，粪便呈褐色或黑色(沥青样便)；后部肠道出血时，血液附着在粪便表面而呈红色；阻塞性黄疸时，粪便呈淡黏土色(灰白色)；犬胰腺炎时，粪便呈焦黄色；犬病毒性肠炎时粪便呈暗红色，带腥臭味。

3. 粪便的异常混有物

粪便中混有物和性状的变化，对于区别胃肠炎的种类和类型具有重要意义。

急性、重度的肠炎，粪便呈糊样或水样；粪便中混有血液或呈黑色，则为出血性炎症(如犬的细小病毒性肠炎)。如果血液只附于粪球外部表面，并呈鲜红色时，是后部肠道出血的特征；而均匀混于粪便中，并呈黑色时，说明出血部位在胃及前段肠道。粪便中混有脓液是化脓性炎症的标志；若粪便中混有脱落的肠黏膜，则为伪膜性与坏死性炎症的特征。此外，在犬、猫粪便中还可能混有骨头、毛发、寄生虫(成虫或虫卵)等。

第三节　泌尿器官检查

从动物整体而言，一方面，泌尿器官与全身的机能活动有着密切关系。肾是机体最重要的泌尿器官，不仅排泄代谢最终产物种类多、数量大，而且还参与体内水、电解质和酸碱平衡的调节，维持体液的渗透压。肾还分泌某些生物活性物质，如促红细胞生成素、维生素 D_3 和前列腺素等。如果肾和尿路的机能活动发生障碍，代谢最终产物的排泄将不能正常进行，酸碱平衡、水和电解质的代谢会发生障碍，内分泌功能也会失调，从而导致机体各器官的机能紊乱。另一方面，泌尿器官与心、肺、胃肠、神经及内分泌系统有着密切的联系，当这些器官和系统发生机能障碍时，也会影响肾的排泄机能和尿液的理化性质。因此，掌握泌尿器官和尿液的检查和检验方法，不仅对泌尿器官本身，而且对其他各器官、系统疾病的诊断和防治都具有重要意义。

泌尿系统的检查方法，主要有问诊、视诊、触诊、导管探诊、肾功能试验和尿液的检查。必要时还可应用膀胱镜、X 线、腹部超声波等特殊检查法。

泌尿器官由肾、输尿管、膀胱和尿道组成。肾是形成尿液的器官，其余部分则是尿液排出的通路，简称尿路。

一、肾的检查

（一）肾的位置

肾是一对实质性器官，位于脊柱两侧腰下区，包于肾脂肪囊内，右肾一般比左肾稍在前方。犬肾较大，呈蚕豆外形，表面光滑，左肾位于第 2～4 腰椎横突的下面，右肾位于第 1～3 腰椎横突的下面。右肾因胃的饱满程度不同，其位置也常随之改变。

（二）肾的检查方法

动物的肾一般虽可用触诊方法进行检查，但因其位置和动物种属关系，有一定局限性。临床一般检查中，如果发现排尿异常、排尿困难以及尿液的性状发生改变时，应详细询问病史，重视泌尿器官，特别是肾的检查，也可结合肾患病所引起的综合症状，尿液的实验室检查，以及必要时的肾功能试验等方法，以判定肾的机能状态和病理变化。

1. 视诊

某些肾的疾病（如急性肾炎、化脓性肾炎等）时，由于肾的敏感性增高，肾区疼痛明显，患病动物常表现出腰背僵硬、拱起，运步小心，后肢向前移动迟缓。此外，应特别注意肾性水肿，通常多发生于眼睑、腹下、阴囊及四肢下部。

2. 触诊

触诊为检查肾的重要方法。小动物通常以站立姿势进行外部触诊，用两手拇指压于腰区，其余的手指向下压于髋结节之前、最后肋骨之后的腹壁上，然后两手手指由左右挤压并前后滑动，即可触得肾。检查时应注意肾的大小、形状、硬度、敏感性、活动性、表面是否光滑等。在小动物肾区外部触诊时，注意观察有无压痛反应。肾的敏感增加，则可能表现出不安、拱背、摇尾和躲避压迫等反应。

在病理情况下，常见的异常表现有以下几种。

(1)肾压痛　见于急性肾炎、肾及其周围组织发生化脓性感染等,在急性期压痛更为明显。

(2)肾肿胀　触诊时体积增大、压之敏感,有时有波动感,见于肾盂肾炎、肾盂积水、化脓性肾炎等。

(3)肾变硬　触诊时肾体积增大,表面粗糙不平,主要是肾间质增生引起,见于肾硬变、肾肿瘤、肾结核、肾结石及肾盂结石。肾脏肿瘤时,肾脏常呈菜花状。

(4)肾萎缩　肾体积显著缩小,见于先天性肾发育不全、萎缩性肾盂肾炎及慢性间质性肾炎。

二、肾盂及输尿管的检查

肾盂位于肾窦之中,输尿管是一细长而可压扁的管道,起自肾盂,终至膀胱。在肾盂积水时,可能发现一侧或两侧肾增大,呈现波动,有时还可发现输尿管扩张。输尿管严重炎症时,由肾至膀胱的径路上可感到输尿管呈粗如手指、紧张而有压痛的索状物。

三、膀胱的检查

膀胱为贮尿器官,上接输尿管,下和尿道相连。因此膀胱疾病除原发病外,还可继发于肾、尿道及前列腺疾病等。

小动物的膀胱,位于耻骨联合前方的腹腔底部。在膀胱充盈时,可能达到脐部,检查时可由腹壁外进行触诊,感觉如球形而有弹性的光滑物体。小动物可通过腹部触诊,或将食指伸入直肠,另一只手通过腹壁将膀胱向直肠方向压迫进行触诊,以判定膀胱的充盈度及其敏感性。其主要临床症状为尿频、尿痛、膀胱压痛、排尿困难,尿潴留和膀胱膨胀等。因此,检查膀胱时应注意其位置、充盈度、膀胱壁的厚度、压痛及膀胱内有无结石、肿瘤等。此外,在膀胱的检查中,也可使用膀胱镜检查,借此可以直接观察到膀胱黏膜的状态及膀胱内部的病变,也可根据窥察输尿管口的情况,判定血尿或脓尿的来源。必要时可用腹部超声以及X线造影术进行检查。

临床上常见的病理异常有以下几种。

(一)膀胱充盈

膀胱充盈多继发于尿道结石、膀胱括约肌痉挛、膀胱麻痹、前列腺肥大、膀胱肿瘤以及尿道的瘢痕和狭窄等,有时也可由于直肠便秘压迫而引起,此时触诊膀胱高度膨胀。当膀胱麻痹时,在膀胱壁上施加压力,可有尿液排出,随着压力停止,排尿也立即停止。

(二)膀胱空虚

除肾源性无尿外,临床上膀胱空虚常见于膀胱破裂。膀胱破裂多为外伤引起,或为膀胱壁坏死性炎症(如溃疡性破溃)所致。各种原因引起的尿潴留而使膀胱过度充盈时,由于内压增高,受到直接或间接暴力的作用也可破裂。

膀胱破裂多发生于患病动物长期无排尿动作,腹围逐渐增大,两侧腹壁对称性向外向下突出,腹部触诊膀胱空虚;腹腔穿刺时,可排出大量淡黄、微混浊的液体,或为红色混浊的液体;镜检时,此液体中有血细胞和膀胱上皮;腹腔液中肌酐远高于血液中的肌酐。严重病例,在膀胱破裂之前,有明显的腹痛症状,有时持续而剧烈,破裂后因尿液流入腹腔而引起腹膜炎,腹腔内尿液被机体吸收后可导致尿毒症。

(三)膀胱压痛

膀胱压痛见于急性膀胱炎、尿潴留或膀胱结石(图 5-5)等。当膀胱结石时,在膀胱空虚的情况下触诊,可触摸到坚硬如石的硬块物。急性膀胱炎,动物表现尿急、尿频和尿痛的症状,触压膀胱时有明显的疼痛反应。

四、尿道检查

对尿道可通过外部触诊、导尿管探诊进行检查。

雌性动物的尿道,开口于阴道前庭的下壁,宽而短,检查最为方便。检查时可将手指伸入阴道,在其下壁可触摸到尿道外口。此外,可用橡皮制或塑料制导尿管进行探诊。雄性动物的尿道,因解剖位置的不同,位于骨盆及会阴以外的部分,可行外部触诊。

尿道疾病最常见的是尿道炎、尿道结石、尿道损伤、尿道狭窄及尿道阻塞,有时尚可见到尿道坏死。

(一)尿道炎

尿道炎有急性和慢性之分。急性者表现为尿频和尿痛;同时尿道外口肿胀,且常有黏液或脓性分泌物,并可能出现血尿甚至脓尿。慢性者多无明显症状,仅有少量黏性分泌物。

(二)尿道结石

尿道结石多见于公犬,结石部位多发生于犬阴茎骨近端尿道狭窄的或猫的龟头狭窄的部位,见图 5-6。

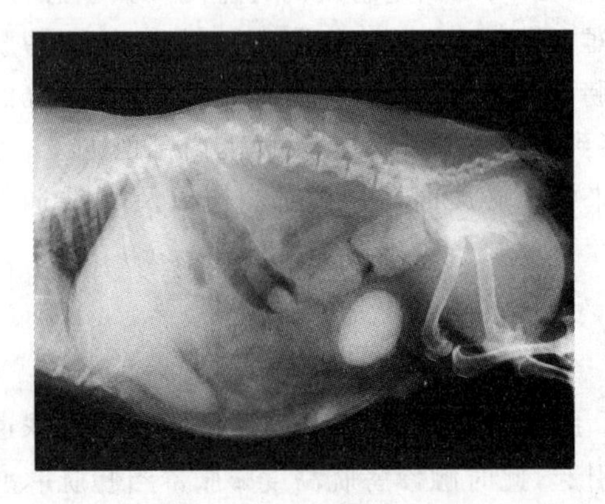

图 5-5 犬的膀胱结石

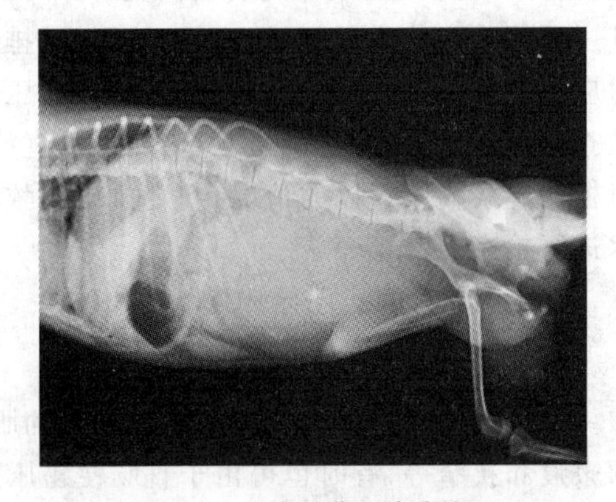

图 5-6 犬的尿道和膀胱结石

(三)尿道狭窄

尿道狭窄多因尿道损伤而形成瘢痕所致,也可能是不完全结石阻塞的结果。临床表现为排尿困难,尿流变细或呈滴沥状,严重狭窄可引起慢性尿潴留。应用导尿管探诊,如遇有梗阻,即可确定。

五、排尿动作及尿液感官检查

尿液在肾形成之后,经由输尿管不断地进入膀胱内贮存。当贮存于膀胱内的尿液不断增加,内压逐渐升高,达到一定程度时,刺激膀胱壁压力感受器,冲动经传入神经传至脊髓排尿初级中枢，引起盆神经兴奋和腹下神经抑制，从而反射地使膀胱逼尿肌收缩和括约肌松弛，引起排尿。一旦排尿开始，尿流经过尿道时，还可刺激尿道感受器，其冲动沿阴部神经传入脊髓排尿中枢，再通过相应的神经引起膀胱继续收缩和括约肌继续松弛，直到尿液排完。排尿末期，由于尿道海绵体收缩，可将尿道内残留的尿液排至体外。

脊髓排尿反射初级中枢经常受大脑皮质的调节，而且阴部神经又直接受意识所支配，故排尿可随意控制。因此，膀胱感受器、传入神经、排尿初级中枢、传出神经或效应器官等排尿反射弧的任何一部分异常，腰段以上脊髓受损伤而排尿初级中枢与大脑高级中枢之间传导中断，或大脑高级中枢机能障碍，均可引起排尿异常。

临床检查时，注意了解和观察动物的排尿动作和对尿液的感官检查，在诊断疾病上具有重要意义。

（一）排尿动作检查

1. 排尿姿势

由于动物种类和性别的区别，其正常排尿姿势也不尽相同。幼犬往往会先在某一处转圈，然后蹲下，再排尿；成年母犬往往是直接蹲下排尿；公犬常将一后肢翘起排尿，有排尿于其他物体上的习惯，公猫有时也有这种情况；如果有猫沙盆，猫往往会有在猫沙盆中先拨一小坑，然后蹲下排尿，并再盖起来的习惯。

2. 排尿次数和尿量

排尿次数和尿量的多少，与肾的泌尿机能、尿路状态、食物中含水量和动物的饮水量、机体从其他途径（如粪便、呼吸、皮肤）所排水分的多少有密切关系。24 h 内健康猫排尿次数为 3～4 次，尿量为 0.1～0.2 L；犬 3～4 次，尿量 0.25～1 L。但公犬常随嗅闻物体而产生尿意，短时间内可排尿十多次。

3. 排尿异常

在病理情况下，泌尿、贮尿和排尿的任何障碍，都可表现出排尿异常，临床检查时应注意下列情况：

（1）频尿和多尿

①频尿是指排尿次数增多，而一次尿量不多甚至减少或呈滴状排出，故 24 h 内尿的总量并不多。频尿多见于膀胱炎，膀胱受机械性刺激（如结石），尿液性质改变（如肾炎、尿液在膀胱内异常分解等）和尿路炎症。动物发情时也常见频尿。

②多尿是指 24 h 内尿的总量增多，其表现为排尿次数增多而每次尿量并不少，或表现为排尿次数虽不明显增加，但每次尿量增多，是由于肾小球滤过机能增强或肾小管重吸收能力减弱所致。见于肾小管细胞受损伤（如慢性肾炎），原尿中的溶质（葡萄糖、钠、钾等）浓度增高（如渗出性疾病吸收期、糖尿病等），应用利尿剂或大量饮水之后以及发热性疾病的退热期等。

（2）少尿和无尿　动物 24 h 内排尿总量减少甚至接近没有尿液排出，称为少尿或无尿（排尿停止）。临床上表现排尿次数和每次尿量均减少或甚至久不排尿。此时，尿色变浓，尿比重增高，有大量沉积物。按其病因可分为以下 3 种。

①肾前性少尿或无尿（功能性肾衰竭）。这种少尿或无尿多发生于严重脱水或电解质紊乱（如烈性呕吐、严重腹泻、大出汗、热性病、严重水肿或大量渗出液/漏出液渗漏至体腔、严重失血等）、外周血管衰竭、充血性心力衰竭、休克等。在这些情况下，由于血压降低，血容量减少，或肾血液循环障碍使肾血流量突然减少，致使肾小球滤过率减少。同时也可能因抗利尿激素

(加压素)和醛固酮分泌增多,以致尿液形成过少,而引起少尿。临床特点为尿量轻度或中度减少,尿比重增高,一般不出现无尿。

②肾原性少尿或无尿(器质性肾衰竭)。这种少尿或无尿是肾机能障碍的结果,多由于肾小球和肾小管严重损害所引起,见于急性肾小球性肾炎、慢性肾炎的急性发作期、各种慢性肾脏病(如慢性肾炎、慢性肾盂肾炎、肾结石、肾结核等)引起的肾功能衰竭期、肾缺血及肾毒物质[如休克,严重创伤,严重的水和电解质紊乱,严重感染,汞、砷、铀、四氯化碳、磺胺类药物、卡那霉素、庆大霉素、新霉素以及生物毒素(如蛇毒)等肾毒物质中毒等]所致的急性肾功能衰竭等。其临床特点多为少尿,少数严重者无尿,尿比重大多偏低(急性肾小球性肾炎的尿比重增高),尿中出现不同程度的蛋白质、红细胞、白细胞、肾上皮细胞和各种管型(尿圆柱)。严重时,可使体内代谢最终产物不能及时排出,特别是氮的蓄积,水、电解质和酸碱平衡紊乱而引起自体中毒和尿毒症。

③肾后性少尿或无尿(梗阻性肾衰竭)。这种少尿或无尿是因尿路(主要是输尿管)梗阻所致,见于肾盂或输尿管结石或被血块、脓块、乳糜块等阻塞,输尿管炎性水肿、瘢痕、狭窄等梗阻,机械性尿路阻塞(尿道结石、狭窄),膀胱结石或肿瘤压迫两侧输尿管或梗阻膀胱颈,膀胱功能障碍所致的尿闭和膀胱破裂等。

此外,少尿也有时因精神因素或神经系统疾病(如脊髓全横径损伤)所致的排尿困难以及药物性排尿障碍(如神经阻滞药等)所引起。

(3)尿闭　肾的尿生成仍能进行,但尿液滞留在膀胱内而不能排出者称为尿闭,又称尿潴留。尿闭可分为完全尿闭和不完全尿闭,多由于排尿通路受阻所致,见于因结石、炎性渗出物或血块等导致尿路阻塞或狭窄时。膀胱括约肌痉挛或膀胱(逼尿肌)麻痹时,也可引起尿闭。如导致后躯不全瘫痪或完全瘫痪的脊髓腰荐段病变,因影响位于该处的低级排尿中枢或副交感神经功能丧失,逐渐引起尿潴留。

尿闭在临床上也表现为排尿次数减少或长时间内不排尿,但与少尿或无尿有本质的不同。尿闭时因肾生成尿液的功能仍存在,尿不断输入膀胱,故膀胱不断充盈,患病动物多有"尿意",且伴发轻度或剧烈腹痛症状。尿潴留逐渐发展至膀胱内压超过膀胱内括约肌的收缩力或冲过阻塞的尿路时,尿液也可自行溢出。但完全尿闭因膀胱过于胀大终至破裂,腹部触诊可感到膀胱空虚。

(4)排尿困难和疼痛　某些泌尿器官疾病可使动物排尿时感到非常不适,甚至呈现腹痛样症状和排尿困难,称为痛尿。患病动物表现弓腰或背腰下沉,呻吟,努责,后肢踏地回顾或蹴踢腹部,阴茎下垂,并常引起排尿次数增加,频频试图排尿而无尿排出,或呈细流状或滴沥状排出,故又称为痛性尿淋漓(应注意老龄、体衰、胆怯动物或雌性动物发情期可呈现尿淋漓,但无疼痛表现),也常引起排便困难而使粪停滞。这种情况见于膀胱炎、膀胱结石、膀胱过度充盈、尿道炎、尿道阻塞、阴道炎、前列腺炎、包皮疾患、肾梗死、炎性产物阻塞肾盏。

尿道阻塞时,呻吟、努责常发生在排尿动作之前或伴发于排尿过程中,而且如果尿液不能顺利通过此阻塞部位时,则呈痛性尿淋漓。尿道炎时,呻吟和坠胀常于尿液排出之后立即出现,并逐渐消失,直至下次排尿时再发生。

(5)尿失禁　动物未采取一定的准备动作和排尿姿势,而尿液不自主地经常自行流出者,称为尿失禁。通常在脊髓疾病而致交感神经调节机能丧失时,因膀胱内括约肌麻痹所引起,如脊髓腰荐段全横径损伤等。腰部以上脊髓损伤,以及腰荐部的低级排尿中枢与大脑皮层失去联系，某些脑病、昏迷、中毒等高级中枢不能控制低级中枢时，患病动物也不自主地排尿。尿失禁时两后肢、会阴部和尾部常被尿液污染、浸湿，久之则发生湿疹，腹部触诊膀胱空虚。

（二）尿液的感官检查

临床上，尿液的检查对某些疾病，特别是对泌尿系统疾病的诊断具有重要意义，某些其他系统病（如肝脏病、代谢病等）也有很大参考价值。有关尿样本的实验室检验请参考本书第十三章第三节“尿液检查”的相关叙述，此处仅就尿的感官检查加以叙述。

1. 尿量

请参阅“排尿动作检查”条目下的叙述。

2. 尿色

健康动物尿色因品种、食物、饮水、出汗等不同而不同，新鲜尿液均呈深浅不一的黄色，陈旧尿液则色泽变深。

尿的黄色是因尿中含有尿黄素和尿胆原。其黄色深浅则因这些成分的浓度高低而不同。尿黄素的排出一般是稳定的，其在尿中的浓度则主要因尿液多少而定。尿量增加时，尿黄素被稀释而尿色变淡，是多尿结果；尿量减少则色即变深，常是少尿的结果。

尿中含有多量的胆色素时，尿呈棕黄色、黄绿色，振荡后产生黄色泡沫，见于各种类型的黄疸。

红尿是尿变红色、红棕色甚至黑棕色的泛称，并非指某一种尿，它可能是血尿，也可能是血红蛋白尿、肌红蛋白尿、卟啉尿或药物尿等。血尿是尿中混有血液，因尿反应不同而呈鲜红、暗红或棕红色，甚至近似纯血样，混浊而不透明。有时尿中可发现血丝或凝血块。血尿见于泌尿道炎症（各种肾炎、肾盂肾炎、膀胱炎、尿道炎）、结石、外伤、某些血液病、败血症和血孢子虫病等。也可因邻近器官（如子宫、阴道、前列腺）的出血所引起。

尿中仅含有游离的血红蛋白者，称为血红蛋白尿。尿呈均匀红色而无沉淀，镜检不见（或有少量）红细胞。这是血管内溶血现象之一，见于犬巴贝斯焦虫病、钩端螺旋体病等。

动物用药后有时也使尿液变色，例如安替比林、山道年、硫化二苯胺、蒽醌类药剂、氨苯磺胺、酚红等可使尿变红色；呋喃类药物、核黄素等可使尿变黄色；美蓝或台盼蓝等可使尿变蓝色；石炭酸、松馏油等可使尿变黑色或黑棕色等。

3. 透明度

正常情况下，小动物尿液清亮透明。若尿过于透明，常为多尿结果。

4. 黏稠度

各种动物的尿液均为稀薄水样。当肾盂、肾、膀胱或尿道有炎症而尿中混有炎性产物（如大量黏液、细胞成分或血源性蛋白质）时，尿黏稠度增高，甚至呈胶冻状。

5. 气味

不同动物新排出的尿液，因含有挥发性有机酸，而各具有一定气味。尤其在某些动物，如公猫的尿液具有难闻的臊臭味。一般尿液越浓，气味越烈。病理情况下，尿的气味可有不同改变。如膀胱炎、长久尿潴留（膀胱麻痹、膀胱括约肌痉挛、尿道阻塞等），由于尿素分解形成氨，使尿具有刺鼻的氨臭；膀胱或尿道有溃疡、坏死、化脓或组织崩解时，由于蛋白质分解，尿带腐败臭味；尿中存在某些内源性物质或某些药物、食物成分时，可使尿有特殊气味；樟脑、乙醚、酚类等会使尿有该药物特有气味。

第四节 外生殖器官的检查

一、雄性动物

雄性动物生殖器官包括阴囊、睾丸、精索、附睾、阴茎和一些副腺体(前列腺、贮精囊和尿道球腺)。临床检查中凡是有外生殖器官局部肿胀,排尿障碍、尿血,尿道口有异常分泌物、疼痛等症状时,均应考虑有生殖器官疾病的可能性。这些症状除发生于生殖器官本身的疾病外,也可由泌尿器官或其他器官的疾病引起。

检查雄性动物外生殖器官时应注意阴囊、睾丸和阴茎的大小、形状、尿道口炎症、肿胀、分泌物或新生物等。

(一)睾丸和阴囊

阴囊内有睾丸、附睾、精索和输精管。检查时应注意睾丸的大小、形状、硬度以及有无隐睾、压痛、结节和肿胀物等。

1.阴囊

由于阴囊低垂,组织疏松,最易发生阴囊及阴鞘水肿,临床表现为阴囊呈椭圆形肿大,表面光滑、膨胀,有囊性感,局部无压痛,压之留有指痕。如积液明显,可行阴囊阴鞘穿刺,一般积液为黄色透明液体,若为血性液体可提示由外伤、肿瘤及阴囊水肿引起,严重时水肿可蔓延到腹下或股内侧,有时甚至引起排尿障碍。水肿多见于阴囊局部炎症,睾丸炎、去势后阴囊积血、渗出、浸润及感染,阴囊脓肿,精索硬肿,阴鞘和阴茎的损伤、肿瘤等。此外,阴囊和阴鞘水肿也可发生于某些全身性疾病,如贫血、心及肾疾病等。

发现阴囊肿大,如为鉴别阴囊疝和鞘膜积液,应将患病动物侧卧保定再行检查,除嵌顿性阴囊疝外,阴囊肿物可还纳,而鞘膜积液和脓肿则无改变。

2.睾丸

检查时应注意睾丸的大小、形状、温度、疼痛、肿胀物(图 5-7)等。睾丸炎多与附睾炎同时发生。在急性期,睾丸明显肿大,疼痛,阴囊肿大,触诊时局部压痛明显、增温,患病动物精神沉郁,食欲减退,体温增高,后肢多呈外展姿势,出现运步障碍。如发热不退或睾丸肿胀和疼痛不减时,应考虑有睾丸化脓性炎症的可能。此时全身症状更为明显,阴囊逐渐增大,皮肤紧绷发亮,阴囊及阴鞘水肿,且可出现渐进性软化病灶,以致破溃。必要时可行睾丸穿刺以助诊断。

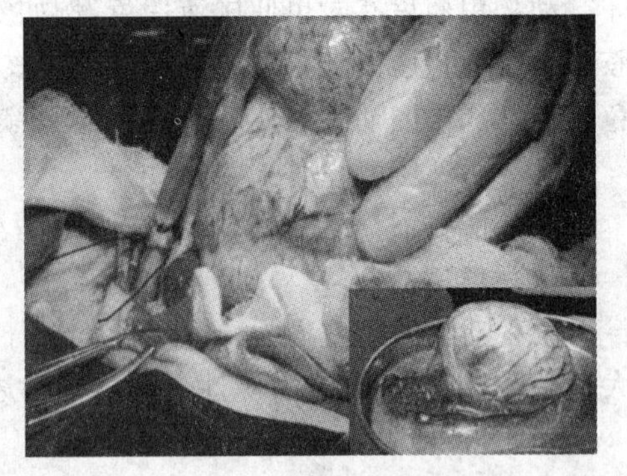

图 5-7 犬的睾丸肿瘤
(右下角为摘除的肿瘤外观)

3.精索

精索硬肿为去势后常见之并发症,可为一侧或两侧,多伴有阴囊和阴鞘水肿,甚至可引起腹下水肿。触诊精索断端,可发现大小不一、坚硬的肿块,有明显的压痛和运步障碍。有的可形成脓肿或精索瘘管。

4.包皮

在包皮的前端部形成充满包皮垢和浊尿的球形肿胀，同时包皮口周围的阴毛被尿污染，包皮脂和脓秽物粘着在一起，致使排尿发生障碍，此种变化常提示包皮囊积尿或包皮炎。

（二）阴茎及龟头

在雄性动物，阴茎损伤、阴茎麻痹、龟头局部肿胀及肿瘤较为多见。雄性动物阴茎较长，易发生损伤，受伤后可局部发炎，肿胀或溃烂，见尿道流血，排尿障碍，受伤部位疼痛和尿潴留等症状，严重者可发生阴茎、阴囊、腹下水肿和尿外渗，造成组织感染、化脓和坏死。如用导尿管检查则不能插入膀胱，或仅导出少量血样液体，提示有尿道损伤之可能。龟头肿胀时，局部红肿，发亮，有的发生糜烂，甚至坏死，有多量渗出液外溢，尿道可流出脓性分泌物。

雄性动物的外生殖器肿瘤，多见于犬，且常发生于阴鞘、阴茎和龟头部，阴茎及龟头部肿瘤多呈不规则的肿块和菜花状，常溃烂出血，有恶臭分泌物。

二、雌性动物

（一）外生殖器

雌性动物生殖器官包括卵巢、输卵管、子宫、阴道和阴门。雌性动物外生殖器主要指阴道和阴门。检查时可借助阴道开张器扩张阴道，详细观察阴道黏膜的颜色、湿度、损伤、炎症、肿物及溃疡。同时注意子宫颈的状态及阴道分泌物的变化。这对于诊断某些泌尿生殖器官疾病有重要意义。

健康雌性动物的阴道黏膜呈淡粉红色，光滑而湿润。阴道黏膜黄染，可见于各型黄疸，黏膜有斑点状出血点，提示出血性素质。雌性动物发情期阴道黏膜和黏液可发生特征性变化，此时，阴唇呈现充血肿胀，阴道黏膜充血。子宫颈及子宫分泌的黏液流入阴道。黏液多呈无色、灰白色或淡黄色，透明，其量不等，有时经阴门流出，常吊在阴唇皮肤上或粘着在尾根部的毛上，变为薄痂。

在病理情况下，较多见者为阴道炎。如难产时，因助产而致阴道黏膜损伤，继发感染。胎衣不下而腐败时，也常引起阴道炎。患病动物表现为拱背、努责、尾根翘起，时作排尿状，但尿量却不多，阴门中流出浆液性或黏液-脓性污秽腥臭液，甚至附着在阴门、尾根部变为干痂。阴道检查时，阴道黏膜敏感性增高，疼痛，充血，出血，肿胀，干燥，有时可发生创伤，溃疡或糜烂。假膜性阴道炎时，可见黏膜覆盖一层灰黄色或灰白色坏死组织薄膜，膜下上皮缺损，或出现溃疡面。

雌性动物子宫扭转时，除明显的腹痛症状外，阴道检查可提供很重要的诊断依据。阴道黏膜充血呈紫红色，阴道壁紧张，其特点是越向前越变狭窄，而且在其前端呈较大的明显的螺旋状皱褶，皱褶的方向标志着子宫扭转的方向。

当阴道和子宫脱出时，可见阴门外有脱垂物体，在产后胎衣不下时，阴门外常吊挂部分的胎衣。

（二）乳房

乳房检查对乳腺疾病的诊断具有很重要的意义。在动物一般临床检查中，尤其是泌乳雌性动物除注意全身状态外，应重点检查乳房。检查方法主要用视诊、触诊，并注意乳汁的性状。

1. 视诊

注意乳房大小、形状，乳房和乳头的皮肤颜色，有无发红，橘皮样变、外伤、隆起、结节及脓疱等。

2. 触诊

可确定乳房皮肤的厚薄、温度、软硬度及乳房淋巴结的状态，有无脓肿及其硬结部位的大小和疼痛程度。检查乳房温度时，应将手贴于相对称的部位，进行比较。检查乳房皮肤厚薄和软硬时，应将皮肤捏成皱襞或由轻到重施压感觉之。触诊乳房实质及硬结病灶时，注意肿胀的部位、大小、硬度、压痛及局部温度，有无波动或囊性感。

乳房炎时，炎症部位肿胀，发硬，皮肤呈紫红色，有热痛反应，有时乳房淋巴结也肿大。炎症可发生于整个乳房，有时，仅限于乳腺的一叶，或仅局限于一叶的某部分。因此，检查应遍及整个乳房。如脓性乳房炎发生表在脓肿时，可在乳房表面出现丘状突起。发生乳房结核时，乳房淋巴结显著肿大，形成硬结，触诊常无热痛。

乳房发生肿瘤时，通常是几个乳腺同时发病，形态大小不同，质地坚实，凹凸不平，界限清晰，可以自由移动，覆盖的皮肤不发生溃疡，只是在一些较大的肿瘤可能由于外伤而引起覆盖处皮肤溃疡(图 5-8)。发生乳腺癌，其生长迅速，界限不清，易形成溃疡和继发感染(图 5-9)。

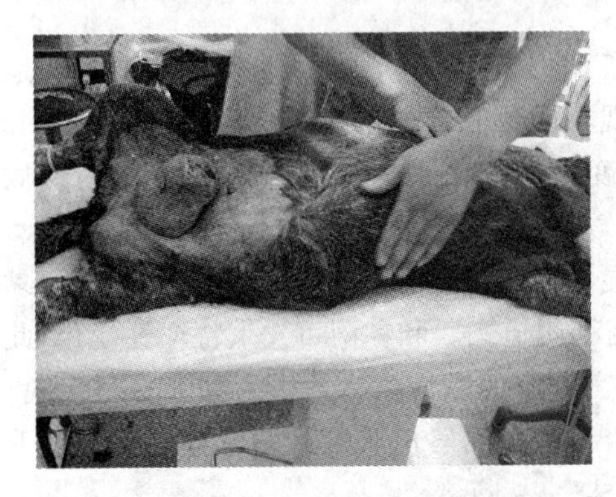

图 5-8 犬乳房肿瘤表面有许多破溃处

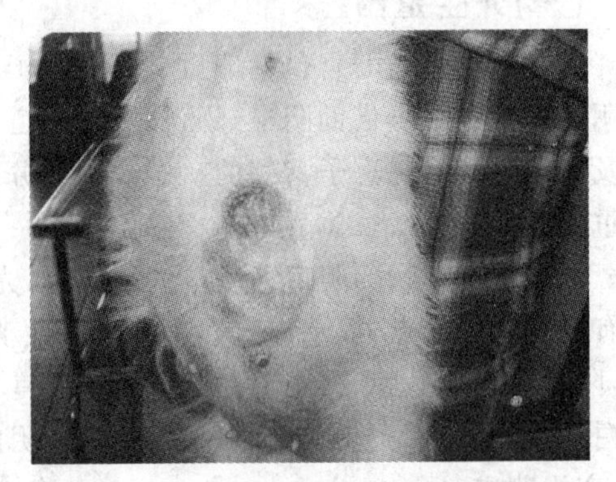

图 5-9 犬乳腺导管内癌的形态：皮肤呈橘皮样，肿瘤组织弥散性生长，呈分叶状

第六章　神经及运动机能的检查

在对动物进行神经及运动机能临床检查时，需要将一般检查和特殊检查相结合，并按顺序进行。通常先观察动物的精神、姿态，特别是头颅和脊柱的形态，然后依次是颅神经和特殊感觉检查，上（前）肢和下（后）肢的运动机能和反射检查，最后是自主神经机能检查。根据病史和一般检查，初步诊断病变性质和位置，必要时可进行血液常规和生化指标、脑脊髓穿刺液、X 射线、眼底镜、脑电图、肌电图、CT 扫描、MRI 等辅助检查项目，通过分析，综合，逐步判断是否为神经系统本身疾病，并分析推断发病原因、病变性质和发病部位等。

第一节　头颅和脊柱的检查

由于脑和脊髓位于颅腔和脊柱椎管中，对其直接进行检查尚有困难，所以只有利用对头颅和脊柱检查以推断脑、脊髓可能发生的变化，对于头颅和脊柱检查，可利用视诊、触诊，对头颅部也可运用叩诊。

一、头颅部检查

应注意其形态和大小的改变，温度、硬度以及有无浊音等。头颅局限性隆突，可由于局部外伤，脑和颅壁的肿瘤所致；也可见于副鼻窦蓄脓。头颅部异常增大，多见于先天性脑室积水。头颅部骨骼变形，多因骨质疏松、软化、肥厚所致，常提示某些骨质代谢疾病，例如骨软症、佝偻病等。头颅部局部增温，除因局部外伤、炎症所致外，常提示热射病、脑充血、脑膜和脑的炎症，如恶性卡他热等。头颅部压疼，见于局部外伤、炎症、肿瘤。头盖部变软，提示为颅壁肿瘤，但某些副鼻窦炎或积脓时，可以使窦壁增温，疼痛，隆突变形或软化，不可误认为神经系统疾病。

头颅部叩诊，在小动物可用指端或弯曲的中指背部。叩诊力量大小，依动物种类及头盖骨厚薄而不同。头颅部浊音，可见于脑肿瘤。当骨质变薄时（如骨软症），则抵抗明显降低。

二、脊柱检查

脊柱由颈椎、胸椎、腰椎、荐椎和尾椎组成，并由一系列椎骨通过软骨、关节和韧带连接而成，构成动物体的颈部、胸部、腰荐部、臀部和尾部，有保护脊髓、支持头部和体重、悬吊内脏等作用。脊柱变形是临床上比较重要的症状。脊柱上弯、下弯或侧弯是因支配脊柱上下或左右的肌肉不协调，最常见的原因为脑膜炎、脊髓炎、破伤风以及骨软症等骨质代谢障碍疾病或骨质剧烈疼痛性疾病所致。由此可造成后头挛缩、角弓反张。后头挛缩或斜颈甚至可使动物强迫后退或圆圈运动，最明显而又多见的是动物前庭神经麻痹（如 B 族维生素缺乏症）时，头颈向患侧后仰、侧扭，甚至造成身体翻转。但应注意肾炎或腹部疼痛、努责等有时引起暂时性的脊柱向上弯曲而拱背，不可误认。

(一)脊柱的视诊和触诊

1. 颈部

颈部僵硬、敏感、活动不自如，多提示颈部风湿或破伤风。颈部突然歪斜，弯向一侧，局部肌肉僵直、出汗及运动功能障碍，应疑为颈椎脱位或骨折，多为机械性暴力所致。

2. 腰荐部

不同品种犬的腰荐部形态有所不同，但基本都是与地面水平为主。腰部拱起或凹陷，触诊椎骨变形，多见于骨软症或佝偻病。触诊腰荐部敏感，动物表现回视、躲闪、反抗等护痛行为，多为脊髓或脊髓膜炎的症候或肾炎。触诊腰椎横突变形以及末端部位的尾椎骨质被吸收，提示动物的矿物质代谢紊乱，常为骨软症的初期症状。可用强力触压腰荐部的方法检查其反射功能，正常时，动物腰荐部随按压能灵活下沉，如反应不灵活或无反应，常提示为腰部疼痛，可见于风湿、骨软症或脊柱横断性损伤，有时还可见于髋关节的损伤。

3. 臀部

臀部肌肉震颤，表现为皮肤和被毛有节律不自主的交替收缩，可见于发热初期、疼痛性病理过程及某些脑病或中毒。

4. 尾部

尾部肛周的被毛被粪便污染，多提示有腹泻。健康动物尾力强劲有力，尾力减弱或无力，是重度衰竭的表现，可见于衰竭症及慢性消耗性疾病引起的全身衰竭。尾部歪斜，可见于脊髓炎或某些霉菌中毒病。

(二)脊柱的特殊检查

1. X 线检查

本书第十六章“X 线检查”将详细叙述。

2. 穿刺检查

当脊柱的某一部位(颈、腰等)的临床检查结果提示有侵害中枢神经系统的疾病时，或当某些代谢紊乱性疾病伴有中枢神经系统综合征候群时，可实施脊椎或腰椎穿刺，采集脑脊(髓)液进行实验室检验。

(1)穿刺部位　可选择颈椎和腰椎。

①颈椎穿刺。在寰椎枕骨轴关节处进行。先在颈椎嵴及颅顶嵴引一正中线，再沿两侧寰椎翼后角引一直线，其交叉点即为穿刺部位，穿刺点一般在交叉点的左或右侧 2～3 cm 处。也是通常所讲的头颈部的“动与不动”之间进行穿刺。

②腰椎穿刺。犬、猫的腰椎穿刺通常在第五、第六和第七腰椎间进行穿刺。先于脊椎嵴引一正中线，再按两侧髂骨外角引一横线，两线交叉点即为穿刺点。

(2)穿刺方法　穿刺针一般长 10～12 cm，内径 0.2～0.5 mm，或用普通的封闭针。穿刺前先将动物横卧保定，特别注意头部的保定，以免动物骚动。局部按一般外科常规处理，器械应煮沸消毒。先穿透皮肤、肌层，当穿过棘间韧带及脊髓硬膜时，稍有抵抗感觉。刺入蜘蛛膜腔后，针尖阻力消失，拔出针芯，脑脊(髓)液即可流出。用注射器或消毒容器采集脑脊(髓)液，并送实验室检验。术后局部按一般外科常规处理。

第二节 感觉机能的检查

动物的感觉机能系由感觉神经系统所完成，它包括 3 级神经元。第一级神经元的细胞体位于脊神经节，其外周突分布于皮肤、黏膜、肌腱、关节等终末感受器，其向心突组成脊神经的背根；第二级神经元细胞体位于脊髓背角，第三级神经元细胞体位于丘脑。来自终末感受器的各种感觉冲动沿第一级神经元外周突向心传于其细胞体，经由向心突而传至第二级神经元，再上行传至第三级神经元。即经由脊髓而传至间脑的丘脑部，最后传递到大脑皮层产生各种感觉（但感觉冲动必须在中枢神经系统经过综合、分析后，才能产生相应的运动）。故感觉神经元或感觉通路的任何部分发生障碍，均可出现各种类型的感觉障碍。反过来，当感觉发生障碍时，也就说明这种传导结构发生了某种损害。

动物的感觉，除了视觉、嗅觉、听觉、味觉及平衡感觉外，还包括浅感觉、深感觉，它们都有各自的感受器和传入神经，产生各自的感觉。临床上，将感觉机能分为浅感觉、深感觉和特殊感觉三类。

一、浅感觉的检查

浅感觉是指皮肤和黏膜感觉，包括触觉、痛觉、温觉和电的感觉等。但兽医临床上温觉、电磁觉等有一定局限性，故少用。在动物主要检查其痛觉和触觉。由于动物没有语言，其感觉如何只能根据运动形式加以推断，而且动物的注意力容易分散，所得的反应往往与所给的刺激不相符合。因此，在检查中不仅要考虑动物的神经活动类型，而且要注意到当时动物的心理状态。检查时要尽可能先使动物安静，最好有动物主人在旁，并采用温柔的动作进行检查。应在体躯两侧对称部位和欲检部的左、右、前、后等周围部分反复对比，四肢则从末梢部开始逐渐向脊柱部检查，以期证明该部感觉是否异常以及范围的大小。

检查时，为了避免视觉的干扰，应先将动物的眼睛遮住，然后用针头以不同的力量针刺皮肤，观察动物的反应。一般先由感觉较差的臀部开始，再沿脊柱两侧向前，直至颈侧、头部。对于四肢，作环形针刺，较易发现不同神经区域的异常。健康动物针刺后，立即出现反应，表现相应部位肌肉收缩、被毛颤动或迅速回头、竖耳，或作踢咬动作。

感觉障碍，由于病变部位不同，有末梢性、脊髓性和脑性之分。从临床表现则分为下列 3 种：

1. 感觉性增高（感觉过敏）

当感觉刺激的兴奋阈降低，虽轻微刺激或抚触即可引起强烈反应（但检查时应注意，有力的深触诊反而不能显示出感觉过敏点），除起因于局部炎症外，一般是由于感觉神经或其传导径被损害所致。此表现多提示脊髓膜炎、脊髓背根损伤、骈胝体下方视丘损伤、末梢神经发炎、受压等。尤其视丘部对痛觉刺激最敏感，故视丘受病理性刺激时，可引起剧烈疼痛（甚至镇痛剂也不能止痛）。但脊髓实质、脑干（延脑、桥脑、大脑脚）或大脑皮层患病时均不引起感觉过敏。

2. 感觉性减退及缺失

感觉能力降低或感觉程度减弱称感觉减退。严重者，在意识清醒的情况下感觉能力完全缺失，由于感觉神经末梢、传导径路或感觉中枢障碍所致。

局限性感觉减退或缺失，为支配该区域内的末梢感觉神经受侵害的结果，体躯两侧对称性的减退或缺失,多为脊髓横断性损伤,如挫伤、压迫及炎症等,半边肢体的感觉减退或缺失,见于延脑或大脑皮层间的传导路径受损伤,多发生于病变部对侧肢体(但常因同时伴有意识丧失,故半边感觉障碍很难被认出);发生在身体许多部分的多发性感觉缺失,见于多发性神经炎。

此外,全身性皮肤感觉减退或缺失,常见于各种不同疾病所引起的精神抑制和昏迷时。表现为在蝇、虻叮咬时不抖动皮肌或不以尾驱逐,甚至毫无反应。

3. 感觉异常

不受外界刺激影响而自发产生的感觉,如痒感、蚁行感、烘灼感等。但动物不像人类能以语言表达,只表现对感觉异常部的舌舔、啃咬、摩擦、搔爬,甚至咬破皮肤而露出肌肉、骨骼仍不停止。感觉异常乃因感觉神经传导径路存在有强刺激而发生,见于狂犬病、伪狂犬病、脊髓炎、多发性神经炎等。

但在皮肤病或许多寄生虫病、真菌病等也可发生皮肤痒感,应与神经系统疾病相区别。如荨麻疹、湿疹、螨病、犬的毛囊虫症、吸血昆虫刺蜇等。

二、深感觉的检查

深感觉是指位于皮下深处的肌肉、关节、骨、腱和韧带等,将关于肢体的位置、状态和运动等情况的冲动传到大脑,产生深部感觉,即所谓本体感觉,借以调节身体在空间的位置、方向等。因此,临床上根据动物肢体在空间的位置改变情况,可以检查其本体感觉有无障碍或疼痛反应等。

临床检查深感觉时,多人为地使动物的四肢采取不自然的姿势,在健康动物当人为地使其采取不自然的姿势后能自动地迅速恢复原来的自然姿势;在深感觉发生障碍时,可在较长的时间内保持人为的姿势而不改变肢体的位置。深感觉障碍多同时伴有意识障碍,提示大脑或脊髓被侵害,如慢性脑室积水、脑炎、脊髓损伤、严重肝病、某些中毒病等。

三、特种感觉

特种感觉乃由特殊的感觉器官所感受,如视觉、听觉、嗅觉、味觉等。某些神经系统疾病,可使感觉器官与中枢神经系统之间的正常联系破坏,导致相应感觉机能障碍。故通过感觉器官的检查,可以帮助发现神经系统的病理过程。但特种感觉的异常也可因非神经系统的(尤其该感觉器官本身)疾病所引起,因此应注意加以区别。

(一)视觉

视器官(眼球和眼的辅助器官)和有关神经(主要是视神经)共同支配动物的视觉。眼球壁内膜(视网膜)神经细胞纤维汇集成视神经乳头后,集合成束,并穿过眼球壁的中膜和外膜,形成视神经,进入颅腔。来自两侧的视神经共同形成视神经交叉后,又再分为视束而终止于丘脑。视神经交叉以后的视束既包含来自同侧的又包含来自对侧的视神经纤维。

动物视力减弱甚至完全消失即所谓的目盲,除因某些眼病所致外,也可因视神经异常所引起。后者,眼球本身并无明显的病变,但瞳孔反射减弱或消失,乃因视网膜、视神经或脑的功能减弱或丧失所致称为黑朦,见于山道年等中毒,一侧视神经障碍时,同侧视力受到影响,视神经交叉以后至脑之间损伤时,两侧视力均受影响。

动物视觉增强,表现为羞明,除发生于结膜炎等眼科疾病外,罕见于颅内压升高、脑膜炎、日射病和热射病等。视觉异常的动物,有时出现“捕蝇样动作”,如狂犬病、脑炎、眼炎初期等。

(二)听觉

耳与有关神经(主要是听神经)共同司掌动物的听觉,即由耳廓收集音波,经外耳道震动鼓膜,通过听小骨传递到内耳,由于外淋巴的震动波及内淋巴,并刺激分布在耳蜗上的蜗神经感受器而产生听觉冲动,沿听神经传向中枢。动物的听觉不易像人那样容易仔细检查。

听觉迟钝或完全缺失(聋)只是对一定频率范围内的音波听力减少或丧失。除因耳病所致外,也见于延脑或大脑皮层颞叶受损伤时。某些品种(特别是白毛的犬和猫)有时为遗传性,乃因其螺旋器发育缺陷所致,有人认为系一氧化碳中毒的后遗症。听觉过敏可见于脑和脑膜疾病。

(三)嗅觉

动物中以犬、猫的嗅觉最灵敏,临床检查上也最重要。尤其是警犬和猎犬可因嗅觉障碍而失去其经济价值。嗅神经、嗅球、嗅纹和大脑皮层是构成嗅觉装置的神经部分。当这些神经或鼻黏膜发生疾病(如鼻炎)时则引起嗅觉迟钝甚至嗅觉缺失,如犬瘟热、初生幼猫的传染性胃肠炎(猫瘟热)。

第三节　反射机能的检查

反射是神经活动的最基本方式。起源于机体内部或外部的刺激,都是由分布于各个组织和器官中的感受器所感受,经由感觉神经向心地将冲动经脊髓背根传至丘脑下部,然后再到大脑皮层;冲动在中枢神经系统经过分析、综合及协调后,再经脊髓腹根沿运动神经远心地传到相应组织和器官的效应器,而实现活动反应,即冲动通过感受器—传入神经—神经中枢—传出神经—效应器而构成反射弧。这种不随意的反射运动,只有在反射弧的结构和机能保持完整时,才能实现。当反射弧的任何一部分发生异常或高级中枢神经发生疾病时,都可使反射机能发生改变。通过反射检查,可以帮助判定神经系统损害的部位。

一、反射种类及其检查方法

临床上所检查的神经反射可分为浅反射、深反射、器官反射等,不同反射的检查,其诊断意义也不同。反射检查结果一般对神经系统受损害部位的确定有诊断价值。

(一)浅反射

浅反射是指皮肤反射和黏膜反射。

1. 耳反射

检查者用纸卷、毛束等轻触耳内侧被毛,正常时动物摇耳或转头。反射中枢在延髓和脊髓的第一、二颈椎段。

2. 腹壁反射和提睾反射

用针轻刺激腹部皮肤，正常时相应部位的腹肌收缩、抖动，即为腹壁反射。刺激大腿内侧皮肤时，睾丸上提，即为提睾反射。反射中枢均在脊髓胸椎、腰椎段。

3. 会阴反射

刺激会阴部尾根下方皮肤时，引起向会阴部缩尾的动作。反射中枢在脊髓腰椎、荐椎段。

4. 肛门反射

刺激肛门周围皮肤时，正常时肛门括约肌迅速收缩。反射中枢在脊髓第4～5荐椎段。

5. 睑反射和角膜反射

中枢在延脑，传入神经是眼神经(三叉神经上颌支)的感觉纤维，传出神经为面神经的运动纤维。

6. 瞳孔反射

中枢在中脑四叠体传入神经为视神经，传出神经为动眼神经的副交感纤维(收缩瞳孔)和颈交感神经(舒张瞳孔)。

(二)深反射

深反射是指肌腱反射。

1. 膝反射

检查时使动物侧卧位保定，让被检测后肢保持松弛，用叩诊锤背面叩击膝韧带直下方。对正常动物叩击时，下肢呈伸展动作。反射中枢在脊髓第4～5腰椎段。

2. 跟腱反射

跟腱反射或称飞节反射，检查方法与膝反射检查相同，叩击跟腱，正常时跗关节伸展而球关节屈曲。反射中枢在脊髓荐椎段。

二、反射机能的病理变化

在病理状态下，反射可有减弱、消失或亢进。

(一)反射减弱或反射消失

反射减弱或反射消失是反射弧的径路受损伤所致。无论反射弧的感觉神经纤维、反射中枢、运动神经纤维的任何一部位被阻断(如核性或核下性麻痹)时，或反射弧虽无器质性损害，但其兴奋性降低时，都可导致反射减弱甚至消失。因此，临床检查发现某种反射减弱、消失，常提示其有关传入神经、传出神经、脊髓背根(感觉根)、腹根(运动根)、脑、脊髓的灰白质受损伤，或中枢神经兴奋性降低(例如意识丧失、麻醉、虚脱)等。

一定部位的感受器或效应器损伤时，虽也出现反射减弱或消失，但前者仅有感觉缺失，仍存在随意运动，而后者虽有运动瘫痪但仍有感觉。然而动物不能述说有无感觉和配合兽医进行随意运动，故难确诊。且单纯感觉或运动纤维受损伤的病例亦甚少。

(二)反射增强或亢进

反射增强或亢进是反射弧或中枢兴奋性增高或刺激过强所致;或因大脑对低级反射弧的抑制作用减弱、消失所引起。因此,临床检查发现某种反射亢进,常提示其有关脊髓节段背根、腹根或外周神经过敏、炎症、受压和脊髓膜炎等。破伤风、士的宁中毒、有机磷中毒、狂犬病等常见全身反射亢进。

当大脑和视丘下部受损伤或脊髓横贯性损伤以致上神经元失去对损伤以下脊髓节段控制时,则与其下段脊髓有关的反射亢进,且活动形式也有所改变。因此,上运动神经元(锥体束)损伤时,可以出现腱反射增强。

第四节 自主(植物)神经机能的检查

自主神经系统分为副交感神经和交感神经两种。凡具有平滑肌的各个器官、心和腺体都同时分布有副交感神经和交感神经。二者具有相反的作用,但它们的机能并不是对抗的而是协调的,在大脑皮质的调节下,健康动物二者之间维持平衡状态。自主神经纤维末梢能释放特殊的化学物质,并作为兴奋传递的媒介,这种化学物质称为介质。介质有乙酰胆碱和交感素两种。乙酰胆碱能使末梢节后神经元兴奋,自主神经节前纤维释放乙酰胆碱,副交感神经系的节后纤维也能释放乙酰胆碱,交感神经系的节后纤维则释放交感素,交感素主要是去甲肾上腺素。病理状态下,交感神经和副交感神经作用平衡被破坏,则产生各种状态。

一、交感神经紧张性亢进

交感神经异常兴奋时,表现为心搏动亢进,外周血管收缩,血压上升,肠蠕动减弱;瞳孔散大,出汗增加和高血糖等症状。

二、副交感神经紧张性亢进

呈现与交感神经相拮抗作用的症状,即心动徐缓,外周血管紧张性下降,血压降低,贫血,肠蠕动增强,腺体分泌过多,瞳孔收缩,低血糖等。

三、交感、副交感神经紧张性均亢进

交感神经和副交感神经二者同时紧张性亢进时,动物出现恐惧,精神抑制,眩晕。心搏亢进,呼吸加快或呼吸困难,排粪与排尿障碍,子宫痉挛,发情减退等现象。当自主神经系统疾病时,发生运动和感觉障碍,各器官的自主神经系机能均引起障碍,主要的机能变化为呼吸、心跳的节律,血管运动神经的调节,吞咽,呕吐,消化液,肠蠕动,排泄和视力调节异常等。自主神经对内脏器官的作用见表 6-1。

表 6-1 自主神经对内脏器官的作用

系统	内脏器官	自主神经功能	
		交感神经	副交感神经
心血管系统	心	脉数增多，心跳加强、加快	脉数减少，抑制心跳
	血压	升高	降低
	冠状动脉	扩张	收缩
	其他动脉	收缩	扩张
呼吸系统	支气管	扩张、黏液分泌减少	收缩，黏液分泌增多
消化系统	胃肠道	蠕动减慢，分泌减少	蠕动加快，分泌增多
泌尿生殖系统	膀胱	内括约肌收缩，排空受抑制	内括约肌舒张，排空加强
	其他	子宫收缩	阴茎勃起
其他	瞳孔	散大	缩小
	汗腺	泌汗增多	泌汗减少
	肾上腺	髓质分泌增多	髓质分泌减少

第五节 运动机能的检查

动物的运动，是在大脑皮层的控制下，由运动中枢和传导径以及外周神经元等部分共同完成。健康动物，运动协调而有一定次序性。运动中枢和传导径由锥体束系统、锥体外系、小脑系统 3 部分组成，彼此间有密切联系。这些部分受损伤以后，则可产生运动障碍。临床上动物出现各种形式的运动障碍除因运动器官本身（如骨骼、关节、肌肉等）的疾病或外周神经受损害所致外，也常因一定部位的脑组织受损伤，以及运动中枢和传导径的功能障碍所引起。故了解和掌握有关运动神经系统的构造和功能，对于神经系统疾病定位诊断上，有极其重要的意义。检查运动机能，临床上除进行外科检查外，主要应注意强迫运动、共济失调、不随意运动、瘫痪等项。

一、强迫运动

强迫运动是指不受意识支配和外界因素影响，而出现的强制发生的一种不自主的运动。检查时应将患病动物牵引绳松开，任其自由活动，方能客观地观察其运动情况。

（一）回转运动

患病动物按同一方向作圆圈运动，圆圈的直径不变者称圆圈运动；以一肢为中心，其余三肢围绕这一肢而在原地转圈者称时针运动。当一侧的向心兴奋传导中断，以致对侧运动反应占优势时，便引起这种运动。转圈的方向，随病变性质、部位，大小和病期不同，或朝向患病的同侧（如颞叶部占位性病变、前庭核或迷路的一侧性损伤）；或朝向患病部的对侧（如四叠体后部至桥脑的一侧性损伤）。脑脓肿、脑肿瘤等占位性病变时，常以圆圈运动或时针运动为特征，其转圈方向不仅与发病部位有关，而且与发病时期及病变大小有关。

出现回转运动的另一原因是患病动物头颈或体躯向一侧弯曲，以致无意识地随着头、颈部的弯曲方向而转动。特别是一侧前庭神经、迷路、小脑受损害时，当一侧颈肌瘫痪或收缩过强而颈项弯曲之际，间或一侧额叶区受损害时，都可发生此情况。当一侧中央运动神经纤维束由于器质疾病而功能降低时，或纹状体、丘脑后部、苍白球或红核受损伤时，也可引起同样结果。回转运动也见于脑的泛发性疾病，是脑内压升高的结果。

（二）盲目运动

患病动物无目的地徘徊，不注意周围事物，对外界刺激缺乏反应。有时不断前进，一直前进到头顶障碍物而无法再向前走时，则头抵障碍而不动（但人为地将其头转动后，则又盲目徘徊），故又名强制彷徨。这一症状乃因脑部炎症、大脑皮层额叶或小脑等局部病变或机能障碍所引起。患狂犬病犬可以远距离彷徨行走。

（三）暴进及暴退

患病动物将头高举或沉下，以常步或速步，踉跄地向前狂进，甚至落入沟塘内而不躲避，称为暴进；如患病动物头颈后仰，颈肌痉挛而连续后退，后退时常癫蹶，甚或倒地，则称为暴退或弧退。暴进见于纹状体或视丘受损伤或视神经中枢被侵害而视野缩小时，暴退见于摘除小脑的动物或颈肌痉挛而后弓反张时，如流行性脑脊髓炎等。

（四）滚转运动

患病动物向一侧冲挤、倾倒、强制卧于一侧，或以身体长轴向一侧打滚，称为滚转运动。滚转时，多伴有头部扭转和脊柱向打滚方向弯曲。出现此种症状，常是迷路、听神经、小脑脚周围的病变，使一侧前庭神经受损，从而迷路紧张性消失，以致身体一侧肌肉松弛所致。

二、共济失调

健康动物借小脑、前庭、锥体束及锥体外系以调节肌肉的张力，协调肌肉的动作，从而维持姿势的平衡和运动的协调。视觉也参与维持体位平衡和运动协调的作用。如各个肌肉收缩力正常，而在运动时肌群动作相互不协调所导致动物体位和各种运动的异常表现，称为共济失调。

（一）静止性失调

动物在站立状态下出现共济失调，而不能保持体位平衡。临床表现为头部摇晃，体躯左右摆动或偏向一侧，四肢肌肉紧张力降低、软弱、战栗、关节屈曲，向前、后、左、右摇摆。常四肢分开而广踏，力图保持体位平衡，如"醉酒状"。常将四肢稍微缩拢，缩小支撑面积，则容易跌倒。运步时，步态踉跄不稳，易倒向一侧或以腹着地。提示小脑、小脑脚、前庭神经或迷路受损害。

（二）运动性失调

站立时可能不明显，而在运动时出现的共济失调。其步幅、运动强度、方向均呈现异常。临床表现为后躯踉跄，整个身躯摇晃，步态笨拙。运步时肢高举，并过分向侧方伸出，着地用力，如涉水样步态。其出现原因，主要是因深部感觉障碍。外周部随意运动的信息向中枢传导受障碍所引起。见于大脑皮层、小脑、前庭或脊髓受损伤时。

运动性共济失调按病灶部位不同则可将其分为脊髓性、前庭性、小脑性以及皮质性失调四种。

1. 脊髓性失调

运步时左右摇晃,但头不歪斜。这种失调主要是由于脊髓背侧根损伤,肌、腱、关节的深感觉感受器所发生的冲动,不能由背根入脊髓,或不能沿脊髓上行到延髓而上传至丘脑,使肌肉运动失去中枢的精确调节所致。

2. 前庭性失调

动物头颈屈曲及平衡遭受破坏,头向患侧歪斜,常伴发眼球震颤,遮闭其眼时失调加重。这种失调主要是迷路、前庭神经或前庭核受损伤,进而波及到中脑脑桥的动眼神经核、滑车神经核和外展神经核的结果。

3. 小脑性失调

不仅呈现静止性失调,而且呈现运动性失调,只当整个身体倚在固定物或游泳在水中时,运动障碍才消失。此种失调不伴有眼球震颤,也不因遮眼而加重。乃因脑病过程中,小脑受侵害所致。在一侧性小脑受损伤时,患侧前后肢失调明显。

4. 大脑性失调

虽能直线行进,但身躯向健侧偏斜,甚至在转弯时跌倒。这种失调见于大脑皮层的颞叶或额叶受损伤时。

三、不随意运动的检查

不随意运动是指患病动物意识清楚而不能自行控制肌肉的病态运动。检查不随意运动时,应注意不随意运动的类型、幅度、频率、发生部位和出现时间等。临床上常见的有痉挛、震颤及纤维性震颤等。

(一)痉挛

肌肉的不随意收缩称为痉挛。大多由于大脑皮层受刺激,脑干或基底神经受损伤所致。按其肌肉不随意收缩的形式,痉挛可分为阵发性痉挛和强直性痉挛两种。

1. 阵发性痉挛

在动物为最常见的一种痉挛。其特征为单个肌群发起短暂、迅速,如触电样而一个跟着一个重复的收缩。收缩与收缩之间,间隔以肌肉松弛,故又称之为间代性痉挛。其痉挛经常突然发作,并且迅速停止。阵发性痉挛提示大脑、小脑、延髓或外周神经遭受侵害,见于病毒或细菌感染性脑炎,化学物质(如士的宁、有机磷、氯化钠)或植物中毒和起源于肠道的内源性中毒,低钙血症等代谢疾病,膈痉挛以及可能与遗传有关的痉挛性综合征等。

2. 强直性痉挛

肌肉长时间的、均等的持续收缩,如同凝结在某种状态一样者,称强直性痉挛。此乃由于大脑皮层功能受抑制,基底神经节受损伤,或脑干和脊髓的低级运动中枢受刺激所引起。强直性痉挛常发生于一定的肌群,例如头向后仰,乃后头部肌肉强直性痉挛所致,咬肌痉挛可使牙关紧闭;眼肌痉挛可使瞬膜突出;颈肌痉挛使颈部硬如板状,背伸肌痉挛,使背腰部变为水平(挺直性痉挛),背腰上方肌肉痉挛致凹背、脊柱下弯(后反张或角弓反张);背腰下方肌肉痉挛致凸背(前反张或腹弓反张);背腰一侧肌肉痉挛致身体向侧方弯曲(侧弓反张),因腹肌痉挛而肚腹缩小等。以上各种局限于一定肌群的强直性痉挛,统称为挛缩,但有时全身肌肉均发生者，称为强直。最典型而多见的强直性痉挛，见于各种动物的破伤风。此外，有机磷中毒、脑炎、脑脊髓炎、士的宁中毒等也可见之。

(二)震颤

由于相互拮抗肌肉的快速、有节律、交替而不太强的收缩所产生的颤抖现象，称为震颤。其幅度可大可小，速度可快可慢，范围可为局限性也可为大范围，甚至全身肌肉震颤。检查时，应注意观察其部位、频率、幅度和发生的时间(静止时或运动时)。按其发生的时间，可分为静止性震颤、运动性震颤和混合性震颤 3 种。

1. 静止性震颤

静止性震颤是指静止时出现的震颤，运动后震颤消失，有时在支持一定体位时，震颤再次出现，主要是由于基底神经节受损伤所致。

2. 运动性震颤

运动性震颤称意向性震颤，是指在运动时出现的震颤。轻者，静止时震颤消失，重者，在头部或肢体维持一定体位时，也可能出现震颤；主要是由于小脑受损害所致。

3. 混合性震颤

混合性震颤是指静止时和运动时都发生的震颤，临床上常见于过劳、中毒、脑炎和脊髓疾病时。但某些胆怯、高度神经质动物，当惊惧、紧张时，寒冷或恶寒战栗时，也出现震颤现象，应加以区别。

(三)纤维性震颤

纤维性震颤是指单个肌纤维束的轻微收缩，而不扩及整个肌肉，不产生运动效应的轻微性痉挛。临床上常见其先从肘肌开始，后延及肩部、颈部和躯干肌肉的某些肌纤维；也有只见舌肌肌纤维的痉挛者。在某些纤弱品种动物发生热性病或传染病(如犬瘟热)时最为常见。

四、瘫痪(麻痹)

动物骨骼肌的随意运动，是靠锥体系统和锥体外系的运动神经元(上运动神经元)及自脊髓腹角和脑神经运动核的运动神经元(下运动神经元)的协同作用而实现。当上、下运动神经元的损伤以致肌肉与脑之间的传导中断，或运动中枢障碍所导致的发生骨骼肌随意运动减弱或丧失，称为瘫痪(paralysis)或麻痹。

瘫痪的分类可有多种。根据致病原因可分为器质性瘫痪与机能性瘫痪。器质性瘫痪乃因运动神经的器质性疾病所引起。如脊髓受压(骨软症时，因脊椎骨疏松肿大而致椎管变狭，压迫脊髓而引起后肢或前肢瘫痪)、脊椎骨骨折、脑脊髓丝虫病等。机能性瘫痪则运动神经不具有器质性变化，仅因其机能障碍而引起。例如暂时性血液循环障碍或各种毒素中毒与内源性中毒等。

按瘫痪程度可分为完全瘫痪或不完全瘫痪。完全瘫痪简称全瘫，是横纹肌完全不能随意收缩；不完全瘫痪简称轻瘫，是随意运动仅仅减弱但仍能不完善地运动。

按发生肢体部位又可分为单瘫、偏瘫、截瘫及交叉瘫痪。少数神经节支配部位的某一肌肉或肌群瘫痪者称为单瘫，两对称部位瘫痪者称为双瘫或两侧瘫；而躯体双侧发生瘫痪者称截瘫；一侧大脑半球或锥体传导径路受损伤所引起的半边身体瘫痪称为偏瘫；两侧不对称部位发生瘫痪者称为交叉性瘫痪。动物因背腰部损伤部位以后的背腰、臀部、尾部和后肢瘫痪者甚多见,称为腰麻痹或后躯瘫痪。

根据神经系统损伤的解剖部位不同,可分为中枢性和外周性瘫痪。

(一)中枢性瘫痪

中枢性瘫痪是因脑、脊髓的上运动神经元的任何一部分病变所导致,故又名上运动原性瘫痪。此时,不仅不能将冲动传递给下运动神经元使随意运动发生障碍,而且控制下运动神经元反射活动的能力也减弱或消失,故脊髓反射机能反而增强。后果即瘫痪的肌肉紧张性增高;肌肉较坚实,被动运动开始时阻力较大,继而突然降低;腱反射亢进。由于瘫痪的肌肉紧张而带有痉挛性,故又称痉挛性瘫痪。因其不影响损伤部位以下的脊髓侧角自主神经的正常活动,下运动神经元仍能向肌肉传送神经营养冲动,故瘫痪的肌肉不萎缩,或仅因长期不运动而产生废用性萎缩,所以萎缩的发展缓慢。此种瘫痪提示脑、脊髓损伤,细菌性、病毒性或中毒性脑、脑脊髓炎,大脑皮层运动区的出血、寄生虫、脓肿、肿瘤等占位性病变而使脑部受压等。

根据椎体系受损伤部位不同,中枢性瘫痪的范围也不同。皮层型(一侧前肢单瘫,病变在对侧前中央回的中点处)、内囊型(偏瘫、病变在对侧内囊)和脑干型(一侧脑神经和对侧肢体交叉性瘫痪)在动物极少见,脊髓型者则甚常见。脊髓的颈膨大以上横贯性损伤,引起四肢瘫痪,甚至呼吸立即停止而死亡;颈膨大处损伤,发生前肢外周性瘫痪和后肢中枢性瘫痪,颈膨大以下至腰膨大以上之间损伤,均伴有损伤以下的中枢性瘫痪、传导型感觉脱失和括约肌不受高级中枢控制;而腰膨大处损伤,则前肢正常,后肢为外周性瘫痪,即常见的截瘫。此种脊髓性瘫痪常因脊椎骨骨折、外伤(如打击)、炎症、出血、肿瘤、寄生虫病、狂犬病等所致。

(二)外周性瘫痪

外周性瘫痪是因下运动神经元,包括脊髓腹角细胞、腹根及其分布到肌肉的外周神经或脑干的各脑神经核及其纤维的病变所发生,故又名下运动原性瘫痪。下运动神经元为运动神经系统的最后通路,又为反射弧的传出部分,并有传送营养冲动的植物性神经成分,故其受损害时,不仅肌肉瘫痪,肌紧张力降低(肌肉松弛、被动运动的阻力减小、活动幅度增大),而且所支配的肌腱和皮肤反射降低,甚至消失,并因失去营养冲动而迅即发生萎缩,故又称弛缓性瘫痪或萎缩性瘫痪。

根据损伤部位与受侵犯的神经核的关系可将瘫痪分为核性、核上性和核下性。核性瘫痪是由于脑神经中或脊髓腹角中的运动细胞核受损害所引起的瘫痪。反射活动消失,肌肉张力缺乏,迅速严重萎缩。核上性瘫痪是由运动核以上部位受损害所引起的随意运动瘫痪,肌肉紧张,反射亢进,肌肉仅因长期不活动而轻度、缓慢萎缩。核下性瘫痪是由于运动核以下的部位受损害所引起,其症状几乎与核性瘫痪相同。中枢与外周性瘫痪的鉴别见表 6-2。

表 6-2　中枢性瘫痪与外周性瘫痪的鉴别

	中枢性瘫痪	外周性瘫痪
肌肉张力	增高、痉挛性	降低、弛缓性
肌肉萎缩	缓慢、不明显	迅速、明显
腱反射	亢进	减弱或消失
皮肤反射	减弱或消失	减弱或消失

第六节　四肢静止和运动状态的检查

一、四肢静止状态的检查

(一)前肢

1. 趾(跖)部检查

犬、猫趾(跖)部检查首先从视诊以及触诊开始,检查趾(跖)爪、表皮、足垫以及趾间皮肤。接着,分别针对每一足趾个别进行被动性动作检查。如果检查发现移动性异常、骨摩擦音、疼痛,就必须进行局部重点检查。如果悬趾还在,也应当纳入检查的范围。检查时,注意足垫的角质化程度,其跟犬、猫的年龄和生活环境关系密切,如果是幼龄犬,过度角质化可提示有犬瘟热的症状;其次是趾间的毛发和皮肤,这个部位的潮湿、被毛枯黄、皮肤发红,甚至伴有恶臭,多提示有趾(跖)部瘙痒、过敏或趾(跖)间的感染;最后要注意趾甲,趾甲过长会卷曲刺入趾垫中,特别是悬趾,另外如果趾甲沟处发红或有感染,则提示甲沟炎。

过度屈曲趾(跖),常常会引起疼痛,但趾(跖)过度伸展测试一定要进行:先以拇指与食指将足趾过度伸展,然后同时用另一手的拇指,对该趾的籽骨施加压力。请特别注意有无疼痛反应和局部骨摩擦音。

系关节(球节)是动物驻立或运步时负重最大的部位,特别是近籽骨、韧带较多的地方。检查时要注意关节的正常轮廓有无改变,有无异常的伸展与屈曲,关节囊憩室是否突出等变化。

2. 掌部

主要是用触诊和视诊检查掌骨和曲腱,注意有无疼痛反应和骨摩擦音,特别是有无异物刺入或寄生虫叮咬(蜱虫叮咬可引起犬的突发性跛行),另外还需注意年龄较大的宠物掌骨上是否有骨瘤。

3. 腕关节

腕关节触诊应注意其表在温度,有无肿胀(要区别其性质和硬度)、疼痛反应。该部位的检查,选择腕关节可活动的部位,检查动作为伸展及弯曲,其他如旋转、外转、内转等动作幅度相对较小。

腕关节的活动性与动物年龄有关。通常,过度屈曲腕关节会造成疼痛。在腕关节进行伸展及屈曲动作检查时,是以桡骨与尺骨为支点,由右手活动足部,并同时用左手触诊腕骨。要评估的项目包括过度伸展、旋转(旋前=内旋,旋后=外旋)、外展及内展等。屈曲程度变小(不全)并有痛感,是慢性或畸形性关节炎的特征。

检查腕掌关节的移动性,这个动作是让腕关节保持半弯曲状态,然后用手将掌骨平行于桌面往前推。这是一种生理性抽屉运动,可以跟膝关节的病理性抽屉运动作比较。生理性抽屉运动,在腕关节伸直时会完全消失。

4. 前臂部

检查时,先将臂部的外侧面靠着拇指根部,其余手指指尖则在桡骨内侧面,然后由下侧端开始,往上触诊。接着,另一手的拇指抵住尺骨上侧端外侧面,其余四指平伸,撑住臂部的重量,由拇指进行尺骨的深部触诊。臂部肌肉僵硬(特别是臂三头肌)呈石板样,初期压迫极度敏感，是该部风湿病的表现；当继发感染，出现剧烈疼痛、肿胀，是化脓性肌炎的特征，并易蔓延至前臂部。

5. 肘关节

肘部的检查主要是触诊，检查时，用一只手握住桡骨与尺骨的远端，另一只手的拇指置于肘突的位置。进行屈伸、伸展、屈曲过度等动作评估，伸展过度检查动作只做一次，而且要小心操作。接着，以肱骨为圆心，并将肘关节伸直，然后对桡骨与尺骨做对外运动。此时，可利用拇指抵住鹰嘴，另一手则是握住桡骨与尺骨的远端，进行外旋运动。肘关节的外旋与内旋的检查是将肘关节与腕关节都维持在 90°，然后旋转桡尺骨分别进行内旋与外旋动作。

肘关节出现炎症时，表现为肿胀、热痛、关节轮廓（尤其是尺骨和桡骨的结合部）不清。关节侧韧带扭伤时，以指压迫关节凹陷，他动运动疼痛剧烈。同时，需要注意大型犬、巨型犬，由于摩擦的原因，经常在肘关节形成黏液囊。

6. 上臂部

上臂部检查，主要是触诊，注意对臂三头肌、二头肌进行滑擦、压迫，以感知局部温度、紧张度及疼痛反应。肱骨的触诊检查往往只在远端和外侧面，因为尺神经由肱骨内侧面跨过，如果触诊肱骨内侧面，往往会引起不必要之疼痛。另外，有时还可触诊大圆肌粗隆。触诊肱骨远端骨干时是将拇指放在肱骨之上，其余四指伸平撑住肱骨内侧面，由拇指进行触诊。相关肌肉的检查参考“前臂部”内容。

7. 肩胛部和肩关节

主要用触、压诊方法检查。按冈上肌和冈下肌肌纤维走向，抚摸并压迫三角肌、肩胛冈、肩胛前角和后角、肩胛软骨及肩胛骨，以感知局部温度、湿度，有无运动限制及其敏感性等变化。

肩关节触诊注意关节的轮廓、肿胀、变形等异常状态。如果出现骨摩擦音，则可在大圆肌粗隆触诊，该处是比较容易触诊的位置。强行使肩关节内收、外展、伸展、屈曲时，如表现疼痛，说明其反方向组织有疼痛过程。但必须注意，实施他动运动前应先确认肘关节以下部位无疼痛病灶，否则易误诊。

肩关节不仅可以屈曲及伸展，也可进行若干程度的旋转、内收（转）与外展（转）。当肩关节过度伸展或过度屈伸疼痛时，动物会增加肌肉张力来限制肩胛骨与肱骨间的角度，从而导致在进行过度伸展或过度屈曲的检查时，可能只是让肩胛骨靠着胸壁移动，而真正的过度伸展或过度屈曲并没有进行，从而出现漏诊，故在检测时应当注意操作。

检查时，犬侧卧保定，检查者站在犬的腹侧，将右手手指靠在大圆肌粗隆的位置，左手握住桡骨与尺骨的近端。注意要防止因左手过度用力掐住肱骨部位的肌肉组织而引起的疼痛。然后，用左手让肩关节屈曲及伸展，右手进行触诊。这样就可以对着肩胛骨旋转前肢，或者让肩关节内收及外展，来评定肩关节的稳定度与可靠性。最后进行肩关节过度伸展测试。检查时需让右手在肩胛骨前缘移动，保持肩胛骨与胸壁之间相对不动，防止检查时出现动物翻滚。检查时，检查者站在犬腹侧面前方，然后让桡骨与尺骨斜向前方伸展，直到肩胛骨、肱骨与桡尺骨在一条直线上，或者是动物出现疼痛表现为止。弯曲肘关节，但角度不要超过 90°，然后将肘关节推往脊椎的方向。

最后检查二头肌肌腱的张力，以及有无疼痛反应。二头肌的起点为肩臼上结节。因此，检查时应同时移动肩关节及肘关节。二头肌肌腱或其鞘膜若发生异常，会在肌腱张力增加时，引起疼痛。检查右二头肌肌腱，左手要握住前臂骨。然后将肱骨与桡尺骨向后侧拉直到它们变成在一条直线上，并与胸壁平行。如此，肘关节就呈伸直状态，而肩关节呈屈曲状态。同时，用右手握住肱骨近端内侧（深部触诊），并沿着二头肌肌腱触诊。

8. 腋窝

触诊腋窝，注意第一肋骨的结构与轮廓，还有检查淋巴结或臂神经丛是否有增厚或疼痛反应。检查时，前肢必须要外转。此外，还要检查腋窝近端，注意是否存在不同程度的疼痛或肿胀，方法是从肩胛骨前缘的内侧面开始，将手指贴紧胸壁往后侧移动，然后，再从肩胛骨后侧缘，以相同的方式往前移动。如果对触诊所摸到的感觉不确定时，可以比较对侧。

（二）后肢

后肢检查时，通常采用侧向上的侧卧保定方式。

1. 跗关节

跗关节触诊主要注意局部温度、肿胀、疼痛及波动。波动性肿胀在跟部，为跟端黏液囊炎；关节憩室外出现波动性肿胀，则为关节腔积液；在腱的径路上出现波动性肿胀，可能为腱鞘炎。

跗关节常发生硬肿，主要是由韧带、软骨、骨膜等损伤引起，特别是在该关节内侧第3跗骨和中央跗骨之间发生的飞节内肿。

检查时，双手拇指分别靠在外侧副韧带的前后侧，一手在前，另一手在后，而双手食指则分别靠在内侧副韧带前后侧。通过内转和外转，以及让足部对着胫骨旋转等动作，就可检查副韧带与胫骨末端。然后，将此关节过度伸展，触诊跗骨足底侧的轮廓。其次是检查各个跗间关节与跗跖关节的稳定度，应注意这些关节在正常情况下只有非常小的移动性。

2. 小腿部

主要注意皮肤有无脱毛、肥厚及肿胀，以及第3腓骨肌和腓肠肌有无断裂变化。

胫骨前肌和第3腓骨肌断裂时，胫前部不易摸到断端，但可看到跗关节特殊开张和跟腱弛缓。跟腱断裂时，可触知腓肠肌弛缓，并可摸到断端。

触诊胫骨的方式，与桡骨的触诊类似，也是检查移动性有无异常。如果对象是幼年动物，那么还要检查胫骨上侧端的骨突，并注意其移动性、位置，以及有无疼痛表现。当然，也要触诊其周围的肌肉组织。

3. 膝关节

正常情况下膝关节轮廓清楚，触诊可感知浅部的3条直韧带。急性膝关节炎时，关节呈一致性肿胀，压之有剧痛。膝关节腔内有波动性肿胀，是关节积液的特征。慢性畸形性膝关节炎时，在膝关节内侧、胫骨的关节端可出现鹅卵大到鸡卵大的硬固性肿胀。

膝盖骨上方脱位时，提举患肢关节不能屈曲；触诊膝盖骨，感知其是否能滑动到滑车内外侧脊外，评判是否有内外侧脱位，同时还可感知滑车沟的深浅。这种情况多发生于小型犬，如贵宾犬和比熊犬。

膝关节检查，首先以右手抓住胫骨远端，并将左手置于膝关节上。然后进行膝关节伸展与弯曲动作检查。注意膝关节的活动范围，有无骨摩擦音、疼痛反应与咔嚓音。如果在髌骨与外侧籽骨之间，出现局部增厚、骨摩擦音及疼痛反应等，且刚好是滑车外侧缘，则可能表示长趾伸肌撕裂。然后进行膝关节完全弯曲及完全伸展的动作检查。检查者将右手拇指放在根骨内侧，用右手握住跖骨。将膝关节伸展，左手拇指置于髌骨外侧缘。当右手将跟骨往外侧旋转，造成胫骨向股骨内侧旋转之，同时左手拇指将髌骨往内侧方向施压。正常情况下，髌骨应该仍位于滑车内，而且这种内旋也不会造成疼痛。然后右手拇指放在跟骨内侧，左手食指勾住髌骨内侧。当右手将胫骨往股骨外侧旋转，且膝关节仍在伸展状态，同时用左手食指拉住髌骨。对于正常动物而言，髌骨仍会位于滑车内且不会有疼痛反应。若髌骨发生脱位，那么就需要测量滑车的深度。

前十字韧带有无损伤的检查。检查的手法有两种，原理都是测试胫骨往股骨前侧的移动性，常采用抽屉运动和骨压迫试验。首先，左手食指置于髌骨之上，左手拇指置于外侧籽骨，右手食指放在胫骨脊，右手拇指放在腓骨头端之后。然后，以此让膝关节处在伸展、半屈曲和屈曲 3 种状态下，左手不动当参考点，将右手拇指向右手食指方向推。每次都是以快且适当的力量，反复进行这个动作检查。在检查过程中，要注意不要让膝关节同时伸展或屈曲，也不要旋转胫骨，尽量将使胫骨以平行本身的方式往前移动。若发现胫骨早已经往前移位，那么应先使其向后移位，然后再往前移动，如此以产生抽屉运动。由于手只握住骨骼结构，所以当右手能往左手前方移位，则表示胫骨往股骨前方移位。此时，除了有无疼痛反应外，还应注意胫骨的前移动性，以及胫骨往股骨内侧旋转之程度。

检查完前十字韧带之后，同样让膝关节处在伸展、半屈曲、屈曲 3 种状态下，试着将右手食指往右手拇指方向移位，以检查后十字韧带。同样，要注意有无疼痛反应，及胫骨是否会往股骨内侧移位。对体型大、肌肉丰满或抗拒的犬、猫则要在镇静或麻醉状态下才能进行检查。

第二种检查前十字韧带有无受损的方法是胫骨压迫试验。如果在膝关节伸展时屈曲跗关节，前十字韧带可以防止胫骨向前移位。所以，检查时右手从下方握住跖部，左手食指放在髌骨、髌骨韧带及胫骨脊上侧端。在膝关节保持伸展的状态下，屈曲跗关节，左手食指应该不会感觉到胫骨脊有往前移位的情形。

副韧带的检查时，膝关节以几乎完全伸展的状态进行。左手拇指置于外侧副韧带之上，其余手指则用来扶住膝关节。右手握住胫骨中端，将胫骨朝股骨内侧旋转。正常动物，这样检查操作不会使关节腔外侧面的宽度增加。检查内侧副韧带时，将左手食指置于胫骨平台内侧面最突起的部位，右手仍保持在前述相同的位置，将胫骨往股骨外侧旋转，用左手食指感觉胫骨有无发生移位，以及关节腔是否变宽。最后，用食指在内侧副韧带后侧用力压半月板，检查半月板有无受损，并注意是否有肿胀或疼痛的情形。

4. 股部

股部检查主要注意检查前外侧和内侧的股四头肌、股阔筋膜张肌、股薄肌及缝匠肌等，感受其温度、弹性及疼痛反应。同时注意腹股沟淋巴结有无肿胀以及睾丸、腹股沟的情况。

5. 髋部

髋部检查包括髋骨、髋结节和臀肌检查。观察和触诊有无肿胀及热、痛反应，必要时大型犬可作直肠内部检查。髋关节的检查在大型犬运动障碍上需要仔细检查。检查时，首先触诊大转子，检查是否有肿胀与疼痛的情形。以右手握住膝关节，左手手指置于大转子之上，进行屈曲、伸展、外展与内展等动作，注意髋关节的动作范围、疼痛反应、骨摩擦音及稳定度。然后以各种不同的姿势让股骨绕其长轴旋转，检查有无骨摩擦音。同时，将大转子往内侧方向压，感觉股骨头是否还会再往内侧移位。如果有，则表示髋关节不稳固。然后，检查股骨头与髋臼连接是否牢固，或髋关节松弛的程度。分为两个阶段进行：先内展股骨，然后再外展。

(1)股骨内展　动物侧卧，握住左膝关节，并用手指撑住股骨。右手手指放在大转子上，评估股骨头与髋臼间的连接性。左手将膝关节朝桌面下移动，造成股骨内展。同时，向股骨长轴向施力，使其往髋关节方向移动。操作时要注意，不能伸展股骨，一定要保持股骨与骨盆长轴垂直。如果股骨与髋臼间的连接松弛，股骨头就可能会脱位。当股骨头发生脱位时，用右手就可以感觉到大转子向背外侧移位，这种情况称为 Barlow 氏阳性。当 Barlow 氏阳性时，表示股骨头脱位或半脱位。此时，股骨与桌面的夹角称为脱位角度。

(2)股骨外展　运用轴向施力使股骨外展。如果股骨头与髋臼的连接松弛，外展到一定程度时，半脱位的股骨头会突然落回到髋臼就，并能听到咔吧声。这个现象称为 Qrtolani 氏阳性。Qrtolani 氏阳性表示股骨头复位。发生 Qrtolani 氏现象时股骨头的角度称为复位角度。另外，要注意放在大转子上的右手，利用其感觉有无骨摩擦音，若有则可能表示在髋臼背侧缘有软骨损伤。如果无 Qrtolani 氏发生，则记录为阴性。

如上面的检查无符合阳性的结果时，则要注意动物的疼痛反应。通常，动物在仰卧时，疼痛程度会比较轻，但如果动作检查造成严重疼痛及肌肉张力增加，不仅会影响检查结果，甚至会造成检查无法进行。为了防止这些情况的发生，动物就需要镇静或麻醉。另外，有时股骨与骨盆长轴呈垂直状态时，并不会发生 Qrtolani 氏现象，但只要再让股骨稍微伸展就会发生。因此，重复地针对 Qrtolani 氏现象进行检查，可以增加结果的可信度。当然评估髋关节的稳定度，也可以让动物以仰卧位进行。检查时，除了握住动物两前肢来维持姿势外，另外也可以让宠物主人站在动物头旁边使其安心。检查者左手置于大转子上，用右手移动膝关节，使股骨至内展状态、自然姿势及外展状态，检查股骨头是否发生脱位/半脱位，或有股骨头复位的情形。所谓股骨脱臼(图 6-1)或是复位的角度，指的是股骨当时的位置与桌面垂直的面所形成的夹角。

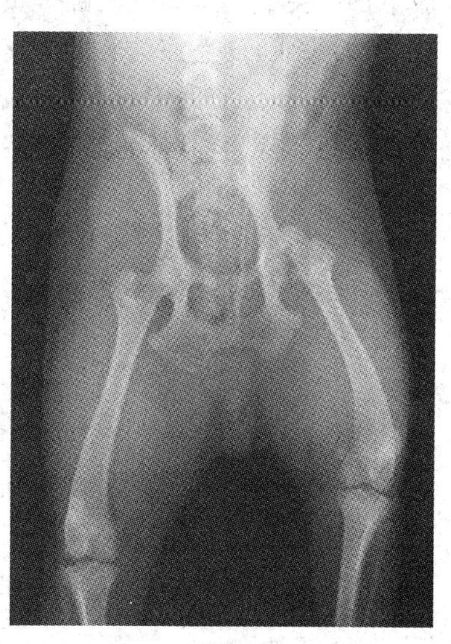

图 6-1　犬的股骨脱臼

最后，检查左右耻骨肌的张力，将股骨与桌面垂直，然后将其外展至横向状态。在检查过程中，要注意不能将膝关节向前移动。正常动物进行这个动作，股骨应该可以充分外展，而且耻骨肌在外展初期触诊不会呈条索状。

6. 骨盆

荐骨、坐骨与耻骨构成骨盆，形状就像是柱状体，而且经由荐髂关节使后肢与脊椎稳固连接在一起。检查时，触诊荐骨与坐骨，看看是否有任何不稳固、骨摩擦音或疼痛反应。

二、四肢运动状态的检查

多数运动系统的疾病，在四肢局部形态改变的同时，均伴有不同形式和不同程度的运动功能障碍。运动功能障碍主要表现为跛行，因此，临床上动物表现的跛行症状常为四肢疾病的重要启示。了解跛行的种类、特点和程度，对四肢各部疾病的诊断具有重要意义。

四肢在运动时，每条腿的动作可分为在空中悬垂和在地面支柱两个阶段。四肢运动的功能障碍，如在悬垂阶段称为悬(垂)跛(行)，如在支柱阶段称为支(柱)跛(行)。

1. 悬跛的特征

悬跛的特征是患肢在前进运动时，抬举不高，速度比健侧缓慢，出现抬不高、迈不远的状态。因此，以健侧测量患侧的步距时，出现前半步缩短，临床上称为前方短步。前方短步、运动缓慢、抬腿困难，是确定悬跛的依据。所有关节的伸展肌及其附属器官，分布于上述肌肉的神经、关节囊，牵引四肢前进的肌肉，关节屈侧皮肤及骨膜等发生炎症时，均可引起悬垂跛行。临床上，大型犬的髋关节发育不良，可见典型的悬跛。

2. 支跛的特征

支跛的特征是负重时间短缩和避免负重。站立时两肢频频交替，运步时对侧健肢比正常运步时伸出快，即提前落地。因此，以健侧测量患侧所走的一步时，呈现后一步短缩，临床上称为后方短步。后方短步、免负体重、系部直立及肢体着地声音较低是确定支跛的依据。骨骼，肢下部的关节、腱，韧带及趾等负重装置的疼痛性疾病，固定前后肢主要关节的肌肉（臂三头股肌、股四头肌）的炎症均表现为支柱跛行。临床上趾间炎、脚掌蜱虫叮咬可见典型支跛。

此外，临床实践中，单纯性跛行（悬跛或支跛）较少见，多数病例表现为混合型跛行。四肢上部的关节疾病、骨体骨折、某些关节炎及黏液囊炎均可表现为混合跛行。

第七章 临床特殊器械检查

第一节 动脉血压与中心静脉压的测定

一、动脉血压的测定

动脉血压(blood pressure, BP),是指心收缩时,进入动脉的血液对其血管壁的压力。测定动脉血压,可以阐明血液向毛细血管流动压力的大小。血压高低,不仅与心收缩力及驱出的血量有关,而且与血管腔的大小、血管的张力、血液黏稠度、血管与心距离等因素有关,并且受神经、体液、肾功能等的调节。故动脉压的测定,对于心血管系统疾病、血液病、肾病、发热性疾病、疼痛性疾病等的诊断都有相当大的意义。危重患病动物的血压变动在预后判定上有很大的参考价值。小动物动脉血压的测量主要是指肱动脉、股动脉等较大动脉血管的血压测量。血压测量的方法可分为直接法与间接法两种。目前兽医临床上多采用间接法,只有在特殊心血管功能检查或动物试验中为获得准确且连续的记录时才采用直接法。

(一)直接测量法

用一种特殊的小型血压传感器,将传感器部分直接装在动脉导管的顶端,组成导管顶端压力传感器。使用时可随导管直接插入动脉血管内,记录各段血管的血压,也可插入心室记录室内血压;或从右肘静脉或颈静脉进入,插入右心房、右心室和肺动脉处,分别记录各部位的血压。直接测量法虽然很准确,但它是侵入性的,并且需向动脉内插入导管,需要无菌操作,不便于日常多次反复检查。

(二)间接测量法

临床上广泛使用的血压计是一种利用压脉带压迫血管的测压方法。当压脉带内压力高于收缩压时,血液完全被阻断,远端听不到任何声音。当带内压降低到刚刚低于收缩压时,在每一心动周期中可有少量血液冲过压迫区并在远端形成涡流而产生血管音。此时带内压力即代表收缩压。此后随着带内压力逐渐降低,冲过压迫区的血液量越来越多,产生的血管音也随着增大。但当带内压降至舒张压以下时,已不再能阻断血流,血流由断续流动变为持续流动,血管音突然变小,最后消失。

目前临床上使用的血压计主要是水银血压计和电子血压计。近年来,随着多普勒技术的发展,逐渐由听音法测量血压转变成利用多普勒效应测量血压,设备也称为多普勒血压计。目前宠物临床用的血压计多为多普勒血压计,见图 7-1。

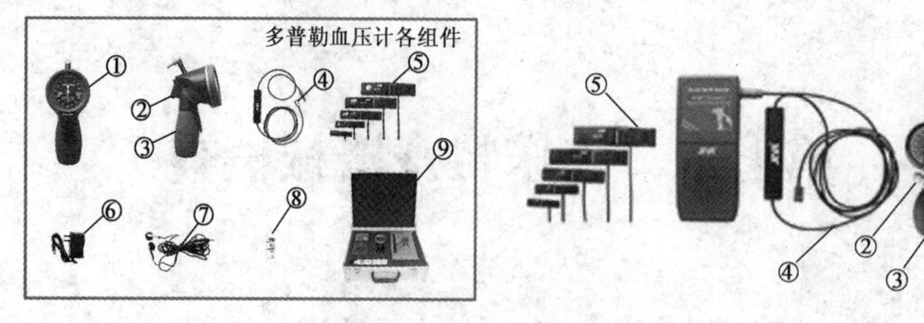

图 7-1 目前宠物临床用的多普勒血压计

①血压表；②气阀旋钮；③充气囊；④探头；⑤神带(压脉带)；⑥充电适配器；⑦耳机；⑧超声耦合剂；⑨包装箱

1. 使用方法

(1)确定测量位置并剪毛　剪掉掌垫部位的被毛，特别是第一脚趾下方部位的被毛，剪得越干净越好，向第一脚趾下方掌心中线处(也就是动脉弓处)涂抹超声凝胶；在一些体形比较庞大的犬身上可以触诊到，并且其准确位置在第一脚趾下方，脚掌中线位置。

(2)超声探头涂胶　将超声凝胶涂抹在超声探头的凹槽中，然后将探头放置在步骤(1)中描述的位置处，测量过程中，每次血液通过动脉时，都会听到"嗖、嗖"声，如果没有的话，就需要稍稍移动探头，直至听到"嗖、嗖"声。

(3)测量血压人员的分工　在门诊测量血压时，因被测犬、猫会紧张，一般需要三个工作人员辅助测量血压。一个人负责保定，另一个人负责用探头找准脉搏，听到血流多普勒音(嗖、嗖声)后，用手固定好探头位置，不要让探头移位；第三个人拿着血压表进行充放气，观察血压值。在手术监护时，一般只需一个人进行测量。找到脉搏，并听到血流多普勒音后，用纸胶带固定好探头，再每间隔一定时间(一般为 5～10 min)测量一次。

(4)袖带的放置位置　袖带应安放在动物前肢腕关节上方(近心端)，袖带末端的指示线应该在袖带的限定范围之内，这些在袖带内部都有标注。如果指示线在范围以外的话，读出的数据或者是过低(对于肢体来说，袖带显得太大了)，或者是过高(对于肢体来说，袖带显得太小了)。

(5)收缩压的确定　在气阀关闭的情况下挤压充气囊，这时候袖带开始膨胀，当听不见"嗖、嗖"声时，再加压 20 mmHg 左右，缓慢打开放气阀门，将袖带内的气体放出；当"嗖、嗖"声第一次被听到时，这个时候血压表上记录的数值即为收缩压，与没有给袖带充气时听到的声音相比，具有短波状的特点。

(6)舒张压的确定　慢慢地持续对袖带放气，可以通过认真观察发现"嗖、嗖"声的特点，当一个轻微的逆流音在听诊动脉出现时，一个明显的撤退声或者说是舒张"嗖、嗖"声被再次感觉到(在袖带膨胀以前也可以感觉到)，这时候血压表上记录的数值即为舒张压值，通常舒张压都很不明显，很容易受到探头位置、探头相对脉搏的松紧程度等因素干扰，不容易被听到，所以需要经过多次练习，在积累一些经验后才能检测到，这是由超声多普勒的检测原理导致的。

(7)动脉血压测量环境温度的处置　当室温降低到一定程度(10℃以下)，或被测动物表皮体温过低时，会影响多普勒探头的检测效果，不容易听到血流的多普勒音("嗖、嗖"声)，所以在冬季建议在有空调或暖气的房间中进行测量。另外，在少数情况下，被测动物体型太小，血管太细，也会出现监听不到血流声。

（8）健康犬、猫动脉压的参考范围　健康犬、猫正常的收缩压范围是110～160 mmHg。其中犬颈动脉血压测量值为（108～189）mmHg/（75～122）mmHg；犬猫股动脉血压测量值分别为（100～120）mmHg/（30～40）mmHg和（120～140）mmHg/（30～40）mmHg；犬尾动脉血压（秋季）测量值为（124.05±7.35）mmHg/（73.58±5.93）mmHg。

2.临床应用技巧

（1）传感器的固定　在门诊测量时，建议不要用胶带将传感器固定在某个位置，因为足或腿稍稍的移动都会导致传感器晃动，使得动脉音消失；应用拇指轻轻按住传感器，如果动脉音消失的话，慢慢移动拇指进行重新定位，这比拆开胶带进行再次固定要方便、省时。手术监护时，因为动物处于麻醉状态，身体不会移动，所以建议用胶带固定探头，这样可以一个人进行测量，并可持续听到实时的脉搏血流音（即实时心跳），及时避免麻醉意外的产生，降低动物手术过程中的死亡率。

（2）传感器与皮肤的接触　为了使传感器与皮肤尽可能的接触，需要施加一定的压力，但是压力不要太大，以免导致动脉血管停流。

（3）耳机的使用　建议在门诊测量过程中使用耳机，这样可以更加容易听到多普勒音，同时防止扩音器刺耳的声音惊吓被检测的动物。

（4）扩音器的使用　如果使用扩音器，音量要适中，因为音量调节到最大会使耳朵感觉不舒服；相反，音量太小会导致监听过程中错过某些声音。

（5）被测动物腿的位置　要适当地将腿延展开来，因为在对腿部弯曲的患病动物测量时，动脉血流会受到异常体位的限制，导致没有读数或错误的低读数。

（6）测量次数及测量值的选择　一般来说，在门诊测量时，需要进行6～7次测量，使被测动物慢慢放松下来，所以在几次的测试过程中，最初的几个数值可能会很高，后面的会降低，并稳定，我们通常将前面的几次数值忽略，将后面比较稳定且数值接近的几次测量值视为正常值。

3.注意事项

（1）探头　探头是经皮使用的，使用过后应及时关闭电源开关；超声探头是非常精密的，需要重点保护，切勿破坏探头的顶部（因替换较昂贵），切勿从高处摔落，或与锋利物体相碰撞，那样容易导致超声探头中的晶片破碎，所以要多加小心。

（2）超声耦合剂　通常测试过程中要借助超声耦合剂，不能使用心电图凝胶或婴儿油，因为这些物质会腐蚀传感器表面，那样不仅不能够产生正确的多普勒音，而且会损坏探头。

（3）电池　当电池电力较低时，电源灯开始变暗，同样，扩音器会停止发声，这个时候就需要给电池充电。

（4）清洁　在使用过后要用餐巾纸清理探头上面的超声凝胶；如需消毒，可使用酒精棉球对探头进行消毒擦拭。在清洁机身过程中，需防止机身进水。

4.影响犬血压的主要因素

（1）动物个体与环境因素　犬血压与动物所处的环境、气温、精神状态、饮食、体位、生理状况有一定的关系。此外，还受动物个体因素（如心脏收缩、心输出量、血管管腔大小、血管壁）的影响。有资料指出，血压不但随动物的品种、年龄、性别、体质而有差异，也受血管张力、血液黏滞度、血管与心的距离、测量方法等因素的影响，但在正常条件下，同种动物的血压相对恒定。

（2）测量方法的人为因素　主要有袖带宽度、袖带位置及听诊器胸件放置方法、血压计与心相对位置等几个方面。据人医有关资料，袖带过窄测得的值偏高，而过宽时所测得的值偏低。武振龙等在《犬血压测量的方法及应用》一文中也提到，Geddes 等研究发现袖带宽度与测量部位周长比为 40%时，直接测量值与间接测量值有良好的一致性。现代研究资料显示，血压计位置的高低或被检动脉位置的改变对测量值无显著性影响，因此在检测时，犬猫可随意立、卧，不必过度保定犬猫。

(3)犬血压的测量部位　在肱动脉、股动脉和尾动脉三个测量部位中，以股动脉的收缩压和舒张压最高，尾动脉的收缩压和舒张压最低。然而，犬肱动脉和股动脉的局部解剖结构形态均呈倒三角形，不大利于袖带缠绕和血压测量，尾动脉的局部解剖结构形态接近于圆柱形，与人的上臂相似，适于采用间接测量法进行测量。

5.病理改变及诊断意义

动脉血压变化，可分为血压增高及血压降低 2 种。

(1)血压增高　可见于剧烈疼痛性疾病，肾炎、肾萎缩，动脉硬化，铅中毒，发热性疾病，左心室肥大等心脏病，颅内压升高、脑干损伤等脑病，甲状腺机能亢进，肺炎，红细胞增多症以及输液或输血过多等。

(2)血压降低　见于心力衰竭，外周循环衰竭，大失血，虚脱、休克，慢性消耗性疾病等。最高压增高而最低压又降低(脉压增大)见于主动脉瓣关闭不全；最高压降低而最低压增高(脉压减少)，见于二尖瓣口狭窄。

二、中心静脉压的测定

中心静脉压(central venous pressure，CVP)是指右心房及上、下腔静脉胸腔段的压力。它可判断患病动物的血容量、心功能与血管张力的综合情况，有别于周围静脉压力。后者受静脉腔内瓣膜与其他机械因素的影响，不能确切反映患病动物血容量与心功能等状况。

(一)中心静脉压测定的适应症、禁忌症及临床意义

1.适应症

①急性循环衰竭动物，测定中心静脉压借以鉴别是否血容量不足或心功能不全。

②需要大量补液、输血时，借以监测血容量的动态变化，防止发生循环负荷超重的危险。

③拟行大手术的危重病患，借以监测血容量，并使其维持在最适当水平，以便更好耐受手术。

④血压正常而伴少尿或无尿时，借以鉴别少尿为肾前性因素(脱水)还是肾性因素(肾功能衰竭)。

2.禁忌症

①穿刺或切开处局部有感染。

②凝血类疾病，如血小板减少症、血小板病、维生素 K 拮抗的灭鼠药中毒、肾上腺皮质机能亢进、弥散性血管内凝血(DIC)、蛋白质丢失性肠炎/肾炎。

③眼内压或颅内压升高或者一侧颈静脉有血栓的动物，不应该在该侧颈静脉放置导管。

3.测定中心静脉压的临床意义

CVP 正常值为 0.49～1.18 kPa，降低与增高均有重要临床意义。如休克患病动物 CVP ＜0.49 kPa 表示血容量不足，应迅速补充血容量。CVP＞0.98 kPa，则表示容量血管过度收缩或有心力衰竭的可能，应控制输液速度或采取其他相应措施。若 CVP＞1.47 kPa 表示有明显心力衰竭，且有发生肺水肿的危险，CPV＞1.96 kPa 时更甚，应暂停输液或严格控制输液速

度，并给予速效洋地黄制剂和利尿药或血管扩张剂。有明显腹胀、肠梗阻、腹内巨大肿瘤或腹部大手术时，利用股静脉插管测量的 CVP 可高达 2.45 kPa 以上，但不能代表真正的 CVP。少数重症感染患病动物虽 CVP<0.98 kPa，仍有发生肺水肿者，应予注意。

(二)中心静脉压的测定方法

1.原理

中心静脉压是指右心房或靠近右心房的腔静脉的压力。正常时，在整个循环系统中，心好似一个水泵，是血液循环动力的来源，血液能够在血管系统内循环不止，主要依赖心的排血功能。心排血量的多少，决定于心舒张期内从静脉返回心的血液量的多少，而静脉回心血量的多少，又取决于血容量的多少和静脉压的高低。可见，在血容量、静脉压、静脉回心血量、心排血量和动脉血压之间存在着密切的相互关系。

2.测压装置

测定中心静脉压的装置是一套特制的测压计。测压计由盐水静压柱与标尺、导管(聚乙烯医用输液导管，内径约 1 mm)、金属三通和输液胶管等组成。

3.测压位置

中心静脉压导管能放置在颈静脉、内侧隐静脉或外侧隐静脉。测量中心静脉压的导管多放置在颈静脉内。

4.操作方法

①所用器械多为一次性耗材，或经过严格消毒。

②动物侧卧保定，以颈静脉沟为中心进行剃毛，剃毛范围：下颌分支向后到胸腔入口处和背侧到腹侧正中线。如果是长毛动物，要把周边长的被毛剪掉，以保证周围的毛发不会覆盖到术野部。

③按压颈静脉，以使颈静脉怒张，选择进针点，将针刺入皮下后，当看到导管内有血液流出时，将导管插入静脉，并移走探针。导管开始会比较容易放入静脉，当经过前肢上部时可能会比较困难，这是需要将导管回抽 2～3 cm 后，前肢下垂，与桌面垂直，这时就会比较容易插入。

④用肝素生理盐水冲洗导管，然后用胶带将其固定在合适的位置。在体型较大的动物，要将导管从静脉中抽出 4～5 cm，并将其挽成弧；体型较小一些的动物，导管需要抽出更多一些，以保证导管头部正好处于右心房外，以准确地测定中心静脉压。

⑤在插入导管处放置一块 10 cm×10 cm 的无菌纱布块，并用胶带固定，然后用脱脂绷带包扎，注意包扎时不要将导管折住或堵塞。

⑥如果在后肢外侧隐静脉插入导管，动物侧卧保定。在膝关节和跗关节之间剃毛、清洁和消毒。捏起隐静脉上侧的皮肤，针头刺入一段距离后，再刺入血管。见到回血后，把导管和探针一起插入静脉，如果导管不易插入，可通过改变腿的姿势，以利于插入。其他同上。

⑦插入的导管用丫型管或三通活塞与输液器及测压管相连。管与静脉导管相通后，测压内液体迅速下降，当液体降至一定水平不再下降时，液平面在量尺上的读数即为中心静脉压。不测压时，扭动三通开关使输液瓶与静脉导管相通，以补液并保持静脉导管的通畅。

观察后，将测压管关闭，开放输液器，以保持静脉输液。

5.注意事项

①测压管 0 点必须与右心房中部在同一水平，体位变动时应重新调整两者关系。如果在测压过程中发现静脉压突然出现显著波动性升高时，提示导管尖端进入右心室，立即退出一小

段后再测,这是由于右心室收缩时压力明显升高所致。

②导管应保持通畅,否则会影响测压结果。

③测压管留置时间,一般不超过 5 d,时间过长易发生静脉炎或血栓性静脉炎,故留置 3 d 以上时,需用抗凝剂冲洗,以防血栓形成。

第二节 内窥镜检查

内窥镜是一种光学仪器,由体外插入动物天然孔道或体腔内,观察某些组织、器官病变,确定其部位、范围,并可进行照相、活检或刷片,大大地提高了癌的诊断准确率,并可进行某些特色治疗。从 1978 年开始,国外就有一系列关于上消化道内窥镜在犬、猫上应用的报道。目前临床常用的是光导纤维内窥镜,其是利用光导纤维传送冷光源,管径小,且可弯曲,能减少被检查动物的痛苦。内窥镜现在应用广泛,如胃镜检查、食管镜检查、膀胱镜检查和阴道镜检查等。随着计算机技术和图像处理技术的发展,现在的内窥镜检查,正在发挥着更大的检查优势。

一、消化道内窥镜检查

(一)消化道内窥镜适应症

1. 前消化道内窥镜适应症

一般来说,用其他方法难以诊断的一切食管、胃、十二指肠疾病,均可用内窥镜检查。主要适应症:①有吞咽困难、呕吐、腹胀、食欲下降等消化道症状。②前消化道出血。③X 射线钡餐不能确诊或不能解释的前消化道疾病。④需要跟踪观察的病变。⑤需做内窥镜治疗的病例,如取异物、出血、息肉摘除、食管狭窄的扩张治疗等。

2. 后消化道内窥镜适应症

主要适应症:①腹泻、便血、便秘、腹痛、息肉、腹部隆起、粪便形态反复改变等症状,但病因不明病例。②钡灌肠或结肠异常的病例,如狭窄、溃疡、息肉、癌肿、憩室等。③肠道炎性疾病的诊断与跟踪观察。④结肠癌肿的术前诊断、术后跟踪,癌前病变的监视,息肉摘除术后的跟踪观察。⑤需做结肠息肉摘除等治疗的病例。

(二)消化道内窥镜禁忌症

1. 前消化道内窥镜禁忌症

前消化道内窥镜禁忌症:严重心肺疾病,休克或昏迷,神志不清,前消化道穿孔急性期,严重的咽喉部疾患,急性传染性肝炎或胃肠道传染病等。

2. 后消化道内窥镜禁忌症

后消化道内窥镜禁忌症:肛门和直肠严重狭窄,急性重度结肠炎性病变,急性弥漫性腹膜炎,腹腔脏器穿孔,妊娠,严重心肺功能不全,神经样发作及昏迷病例。

(三)术前准备

了解病情,阅读钡灌肠 X 射线片,向动物主人说明检查注意事项。

检查前 2～3 d 供给少量半流质食物,检查当日禁食,清洁动物肠道。术前灌服食用油 10～30 mL,检查前 2～3 h 用温水或生理盐水灌肠 2～3 次(灌肠剂必须是非油性无刺激性的溶液），至排出清亮的液体为止。

术前 15～30 min 肌注阿托品，适度麻醉。

（四）消化道和腹腔的内窥镜检查

1. 食管镜检查

食管镜诊断和治疗食管机能障碍已经有很大的发展，在可视的状态下可去除异物和扩张狭窄的食管。可选用可屈式光纤维内窥镜进行检查。一般犬取左侧卧，全身麻醉。经口插入内窥镜，进入咽腔后，沿咽峡后壁正中达食管入口，随食管腔走向，调节插入方向，边插入边送气，同时进行观察。颈部食管正常是塌陷的，黏膜光滑、湿润，呈粉红色，皱襞纵行。胸段食管腔随呼吸运动而扩张和塌陷。食管与胃结合部通常是关闭的。其判定标准是，食管黏膜皱襞纵行，粉红色，胃黏膜皱襞粗大，不规则，深红色。急性食管炎时，黏膜弥漫性潮红、水肿，附有淡白色渗出物，可见有糜烂、溃疡或肉芽肿；出现食道口线虫时，食道黏膜上皮会出现肿瘤样变。

2. 胃镜检查

胃镜主要用来检查胃及十二指肠的疾病，也可检查气管或食道异物，通过胃镜食物检查术评估动物对食物的敏感性。在许多胃和十二指肠疾病的诊断中，尤其是肿瘤、溃疡和炎症的鉴别诊断中，胃镜要比 X 射线可靠。犬左侧卧，全身麻醉后检查。常见的病理改变有胃炎、溃疡、出血、肿瘤和息肉等。对于胃癌，主要观察病变的基本形态，有隆起、糜烂、凹陷或溃疡；表面色泽加深或变浅；黏膜粗糙不光滑；有蒂或亚蒂；病变边界是否清楚及周围黏膜皱襞状态。临床上可与正常黏膜对比来区分和辨别病灶，还可通过取样体外镜检。

3. 结肠镜检查

结肠镜检查主要应用于当犬猫表现为大肠和直肠慢性疾病时，而回肠内窥镜检查则应用于动物表现有典型的大肠或小肠疾病时。犬左侧卧，全身麻醉。经肛门插入结肠镜，边插边吹入空气。在未发现直肠或结肠开口时，切勿将镜头抵至盲端，以免造成穿孔。当镜头通过直肠时，顺着肠管自然走向，插入内窥镜。将镜头略向上方弯曲，便可进入降结肠。常见的病理学改变有结肠炎、慢性溃疡性结肠炎、肿瘤及寄生虫等。

4. 腹腔镜检查

腹腔镜技术在兽医中用于非损伤性的器官检查，包括肝、肝外胆管系统、胰腺、肾、肠道、生殖泌尿道、膀胱（膀胱镜检查）。从这些器官进行活检损伤极其微小，在小动物外科上已被广泛应用。一般术部选择依检查目的而定，先在术部旁刺入封闭针，造成适度气腹，再在术部做一个与套管针直径大致相等的切口，将套管针插入腹腔，拔出针芯，插入腹腔镜，观察腹腔脏器的位置、大小、颜色、表面性状及有无粘连等。

可借助内窥镜诊断的消化道常见疾病有胃癌、消化道出血、大肠癌和直肠癌、食管癌等。

二、纤维支气管镜检查

（一）适应症与禁忌症

1. 适应症

（1）诊断适应症　不明原因的痰血或咯血、肺不张、干咳或局限性喘鸣音、声音嘶哑、喉返神经麻痹或膈神经麻痹；反复发作的肺炎；胸部影像学表现为孤立性结节或块状阴影；痰中查到癌细胞，胸部影像学阴性；诊断不清的肺部弥漫性病变；怀疑气管食道瘘者；选择性支气管造影；肺癌的分期；气管切开或气管插管留置导管后怀疑气管狭窄；气道内肉芽组织增生、气管支气管软骨软化；气管塌陷等。

(2)治疗适应症　去除气管、支气管内异物；建立人工气道；治疗支气管内肿瘤、良性狭窄；气管塌陷时放置气道内支架；去除气管、支气管内黏稠分泌物等。

2. 禁忌症

麻醉药物过敏；通气功能障碍引起 CO_2 潴留，而无通气支持措施；气体交换功能障碍，吸氧或经呼吸机给氧后动脉血氧分压仍低于安全范围；心功能不全，严重高血压和心律失常；颅内压升高；主动脉瘤；凝血机制障碍；近期哮喘发作或不稳定哮喘未控制者；大咯血过程中或大咯血停止时间短于 2 周；全身状态极差；受检病例无麻醉药控制的病例。

(二)术前准备

术前准备主要做好以下几方面的工作：

1. 病情调查

详细询问患病动物过敏史、支气管哮喘史及基础疾病史，备好近期 X 射线胸片、肺部 CT 片、心电图、肺功能报告。若通过基础临床检查怀疑肺功能失调则应进行动脉血气分析。高血压病、冠心病、大咯血急性期、危重患病动物或体质极度衰弱的患病动物，应慎行操作。如有镜检的必要，必须心电监护、在吸氧的条件下进行。有凝血机制障碍或有出血倾向(尿毒症)、严重缺氧，近期心肌梗死、严重心律失常的患病动物应禁忌检查。

2. 药品、器械的准备

备好急救药品、氧气、开口器和舌钳，检查有无松动、断裂，纤维支气管镜检面及电视图像是否清晰，确保心电监护仪、吸痰器性能良好，必要时备好人工复苏器。

3. 患病动物的术前准备

术前禁食、禁饮水 4 h；术前 30 min 肌内注射阿托品以减少支气管分泌物，防止迷走神经反射和减弱咳嗽反射；若有可能则在使用支气管镜前 6～12 h 使用 β 受体激动剂(如特布他林 0.01 mg/kg 或雾化给予舒喘宁)使支气管扩张，尤其是对有气道炎症的猫及有气管或支气管塌陷的犬进行操作，可很大程度上减少猫出现支气管痉挛(猫实施支气管镜操作最易发生的并发症)的概率以及减缓气管或支气管塌陷的犬在进行支气管镜操作时出现的咳嗽的概率及程度。

在术前准备完成后进行全身麻醉。鼻内或咽喉部喷雾 2%利多卡因 1 mL。犬取腹卧姿势，头部尽量向前方伸展，经鼻或经口插入内窥镜，经口插入时，应装置开口器。

(三)临床应用

1. 在诊断上的应用

可用于鼻腔检查，喉部检查，评价气管、支气管机能和采取活组织标本。正常鼻腔、气管、支气管黏膜呈白粉红色，带有光泽。随着年龄的增长，黏膜下层逐渐萎缩，黏膜颜色可由白粉红色向苍白方向转变，软骨和隆突也因此变得更加轮廓鲜明，异常时黏膜颜色改变；在鼻腔检查中，可适用于鼻腔异物，鼻咽部狭窄，炎症(如犬淋巴性鼻炎及猫的慢性鼻窦炎等)，鼻部真菌感染(如曲霉菌出现的真菌斑)，以及鼻腔息肉、肿瘤等；在喉部检查中，可用于喉麻痹及喉塌陷和喉小囊外翻，软腭肿胀及延长，有异物或肿瘤、肿块或囊肿。在气道检查中，可适用于气管

(包括颈段和胸段)和支气管塌陷,气管及局部支气管的灌洗(为细胞学检查取得样本),异物堵塞,判定分泌物的量及性质以及肿瘤等。

2.在治疗上的应用

可用于去除鼻腔内以及气管、支气管内异物和分泌物;治疗气道狭窄。

(1)除去异物　支气管镜的最早用途之一是除去鼻部、气管、支气管内异物和分泌物,并根据临床治疗的要求发展了抓取钳、回收网和磁力器等工具。取出异物后应密切注意观察动物有无咯血和声门水肿等症状。出血较多时用肾上腺素止血。

(2)治疗气道狭窄　气管和主干气管塌陷、狭窄和阻塞可影响通气和气体的交换功能,引起严重的低氧血症,诱发肺部感染甚至呼吸衰竭。对于气管、支气管软骨软化或软组织类的外源性压迫造成的气管塌陷,可放置气管和支气管支架进行治疗。

(四)并发症

直接不良反应有喉、气管、支气管痉挛,呼吸暂停,严重并发症可导致心跳骤停等。其他并发症有发热和感染、气道阻塞、出血等。

第三节　穿刺检查

穿刺术是指将穿刺针刺入体腔抽取分泌物做化验,向体腔注入气体或造影剂做造影检查,或向体腔内注入药物的一种诊疗技术。目的是抽血化验,输血、输液及置入导管做血管造影。穿刺检查是利用穿刺术来进行相应的临床检查。

一、腹腔穿刺术

腹腔穿刺是指手术穿透腹壁,排出腹腔液体。多用于腹水症,减轻腹内压。也可通过穿刺,确定其穿刺液性质(渗出液或漏出液),进行细胞学和细菌学诊断,如血腹、尿腹、胆汁性或败血性腹膜炎,以及腹腔输液和腹腔麻醉等。一般选用20～22号针头。

(一)部位

通常选在耻骨前缘腹中线一侧2～4 cm处。

(二)操作方法

动物侧卧保定,以脐孔为中心对腹部腹侧剃毛,洗刷清洁并消毒,按无菌操作要求进行。可用0.5%盐酸利多卡因溶液局部浸润麻醉后,用套管针、20号置留针或20号针头垂直刺入腹壁。刺入时,可轻轻旋转,把中空器官推离进针处,刺入2～3 cm。如有腹水经针头流出,使动物站起,以利液体排出或抽吸;如流出不畅,可以更换刺入点位置或用注射器轻轻抽取,但如果腹腔内液体少于每千克体重5～7 mL/kg,可能抽不出腹腔液。术毕,拔下针头,碘酊消毒。

(三)禁忌症

腹部透创(需要开腹)时禁用。

二、胸腔穿刺术

胸腔穿刺指从胸腔抽吸积液或气体,用于诊断和治疗胸腔积液、血胸、乳糜胸、脓胸、肿瘤性积液和气胸等，排出胸腔积液、观察积液性质、进行细胞学检查和细菌培养、冲洗胸腔、注入药物以及改善动物呼吸窘迫的临床症状等。

（一）部位

病侧肩端水平线与第4～7(右胸)或6～8(左胸)肋间隙交点。若胸腔积液，其穿刺点在肋间下1/3处；气胸者，则在其上1/3，但若气胸不严重者(如由于肺部轻微破裂造成的气胸)则在X光拍片检查后再确定穿刺部位。

（二）操作方法

术部剪毛、洗刷清洁并消毒，用0.5%盐酸利多卡因溶液局部浸润麻醉。动物站立保定为宜，也可俯卧或侧卧保定。根据胸部X射线检查结果(是胸腔积液还是气胸)，确定其穿刺点。选20～22号针头，其针座接静脉输液延长管，后者再与带有三通开关的注射器(20～50 mL)连接。通常针头在欲穿刺点后一肋间穿透皮肤，沿皮下向前斜刺至穿刺点肋间。再垂直穿透胸壁。也可以直接刺入，但针的斜面一旦刺入皮肤，就应当旋转90°，然后再刺入胸腔。一旦进入胸腔，阻力突然减少，停止推进，并调整针与体壁平行，避免医源性肺刺伤，可用止血钳在皮肤上将针头钳住。如需调整，可使针像钟面上的指针一样旋转，以尽量使针与体壁保持平行。如果是抽气体，应该使针的斜面朝向背侧；如果是抽液体，应该使针的斜面朝向腹侧。助手在抽吸时，应注意抽出的液体或气体的量，通常要在两侧进行胸腔穿刺，因为纵隔不总是相通的。

如胸腔积液很多，可用胸腔穿刺器(也可用通乳针代替)。穿刺前，术部皮肤应先切一小口，再经此切口按上述方法将其刺入胸腔。拔出针芯，其套管再插一长30 cm聚乙烯导管至胸底壁。拔出针套，将导管固定在皮肤上。导管远端接一三通开关注射器，可连续抽吸排液。

（三）禁忌症

在对慢性胸腔积液进行穿刺时，可能会发生肺与胸膜的纤维素性粘连，液体可能呈现局限性，故需借助超声进行或在使用肝素进行胸腔灌洗治疗若干天后再进行。

三、膀胱穿刺术

膀胱穿刺术指在体外通过针穿透膀胱，排出膀胱内液体。适用于因尿道阻塞引起的急性尿滞留，可缓解膀胱的内压，防止膀胱破裂。另外，经膀胱穿刺采集的尿液，可以减少尿液污染，使尿液的化验和细菌培养结果更为准确，也可减少导尿引起医源性尿道感染的机会。

（一）部位

穿刺部位一般选在耻骨前缘3～5 cm处腹中线一侧腹底壁上。也可根据膀胱充盈程度确定其穿刺部位。

（二）方法

动物前躯侧卧，后躯半仰卧保定。术部剪毛、洗刷清洁并消毒，用0.5%盐酸普鲁卡因溶液浸润麻醉。膀胱未充盈时，操作者一手隔着腹壁固定膀胱，另一手持注射器(接7～9号针头)，将针头与皮肤呈45°角向骨盆方向刺入膀胱，回抽，如有尿液，证明针头在膀胱内。并将尿液立即送检或细菌培养。如膀胱充盈，可选12～14号针头，当刺入膀胱时，尿液便从针头射出。可持续地放出尿液，以减轻膀胱压力。

对于比较肥胖或紧张的动物，可以采用盲穿。操作是施加少许压力于腹部，将腹腔内容物向前推，然后评估膀胱的位置。雄犬，则在包皮前端与阴囊之间。穿刺完毕，拔下针头，消毒术部。

（三）禁忌症

疑似有子宫蓄脓或前列腺脓肿的动物，可能会引起脓腔破裂；另外，可能由于膀胱穿刺，而引起膀胱癌扩散至腹腔。

四、关节穿刺术

关节穿刺术指在体外通过针穿透关节腔，排出关节腔内的液体。适用于各种原因引起的关节炎和关节积液等。当有一个以上关节出现肿胀或疼痛、动物明显步态异常或跛行和怀疑有多发性关节炎时需要进行关节穿刺。

（一）操作

关节周围剃毛、清洁和消毒。穿刺通常用 25 号针头，对于较大体型的动物可以采用 22 号针头，2.5 mL 的注射器。由助手握住关节处弯曲或伸展关节，触诊关节并正确地评估关节腔与解剖位置。将针头避开骨骼刺入关节腔（图 7-2），当针头处出现液体时，轻轻抽吸关节液后，拔出针头，对穿刺部位进行消毒。然后对关节液进行检查。

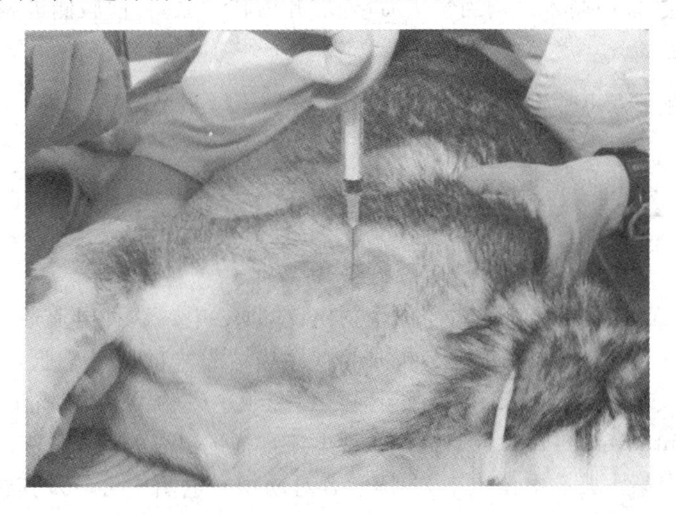

图 7-2 关节穿刺

1. 腕关节

可以从桡腕关节或者腕骨关节中采取，通常选择桡腕关节处采取，但当有血液污染时，可从其他关节处采集。操作时，弯曲桡腕关节，从前内侧刺入。

2. 跗关节

跗关节关节液的采集有三种方法，即前侧法、外侧法和后侧法。

（1）前侧法 伸展和屈曲关节，触诊胫骨前外侧远端的突出处刺入，刺入后会很快碰到骨头，然后进行抽吸。

（2）外侧法 关节部分伸展，触诊腓骨外侧髁，从外侧髁远端刺入皮肤，然后将皮肤向后推，寻找关节腔刺入，抽吸即可。

(3)后侧法　伸展和屈曲关节，触诊胫骨相对于跗骨向后移动的滑车，然后沿此处进针，进入关节腔后，抽吸即可。

3. 肘关节

握住肘关节并适度弯曲，将针头沿鹰嘴背缘上方肱骨外上髁，与鹰嘴平行刺入。刺透皮肤后停留在外上髁内侧，在注射器上施加向内侧的压力，并保持针头与鹰嘴平行，针体进入关节腔。轻轻抽吸即可吸入关节液，如果没有，可适当调整肘关节，再次进针。

4. 肩关节

犬侧卧，握住肩关节并部分弯曲，同时维持肢体平行于桌面，如同犬站立负重的样子。从肩胛峰突起的远端进针，针垂直进入，往内侧插入。当针刺透皮肤后，即进入肩关节，可轻轻抽吸关节液。

5. 膝关节

伸展膝关节，找到胫骨与股骨之间的空隙，并将膝关节适度弯曲，从髌骨与胫骨粗隆中间髌韧带旁进针。当针刺透皮肤后，阻力减少，即进入关节腔。

6. 髋关节

髋关节穿刺通常需要全身麻醉，动物侧卧，并使后肢平行于桌面。触诊大转子，沿着大转子的后缘向前，垂直桌面刺入。刺到骨头后，外展并内转后肢，往前腹侧进展刺入关节腔。

(二)禁忌症

当有明显的凝血障碍时不能进行穿刺。

第四节　心电图检查

心肌细胞在兴奋过程中可产生微小的生物电流，即心电。这种电流通过动物组织传到体表，用心电图机(心电描记仪)将其放大，按时间顺序描记下来的一个心肌电流的连续曲线，称为心电图(electrocardiogram, ECG)，描记心电图的方法称为心电描记法(electrocardiography)。自从 Einthoven 于 1897 年首先用弦线电流计描记出心的动作电流以及 Tehermaker 于 1910 年在马描记出第一张心电图以来，各国学者对动物心电图正常值及其在疾病时的变化进行了研究，并已广泛应用于兽医临床实践中。目前，心电图检查已经成为兽医临床上动物心血管疾病诊断中一项重要的非创伤性辅助诊断方法，尤其适用于心律失常、心肥大、心肌梗塞、心肌缺血、心包炎、冠状血管供血不足等。此外，对于某些电解质紊乱性疾病(如血钾过高或过低、血钙过高或过低)和某些药物(如洋地黄类)的影响，也有一定的诊断意义。

现将心电描记的原理、心电图的导联、心电图的描记、心电图的组成与命名、正常心电图的特征和心电图的临床应用等简要叙述如下。

一、心电图基础

(一)心电的产生及心电向量

心作为“循环泵”有效发挥功能时，需协调地收缩，双侧心房收缩后将血液泵入双侧心室，然后心室收缩将血液排出心并射入主动脉和肺动脉，亦即房室收缩必须保持协调性。心肌细胞需要接受电刺激，然后发生收缩，而动物机体中含有大量的体液和电解质，具有一定的导电性能，并具有长、宽、厚三维空间，所以动物机体也是一个容积导体。根据容积导电的原理，可以从体表上间接地测出心肌的电位变化。

1. 心电生理

心内所有细胞都具有潜在的自身电活动性，其中窦房结电活性频率最高，是“心率控制者”，专业术语称之为起搏点。窦房结的节律可受自主神经系统的影响，如交感神经（加快心率）和副交感神经（减慢心率）系统。每个心动周期的兴奋始于窦房结，激动传播至心房肌细胞，之后去极化波传至房室结，此时速率减慢，形成一次延时。传导通过房室结（从心房进入心室），进入一条称为希氏束的较窄的通道。在室中隔处分为左、右两个束支（进入左、右心室）。左束支可再分为前、后两个束支，传导组织以被称为浦肯野纤维的极细束支嵌入心肌。相应的传导见图 7-3。

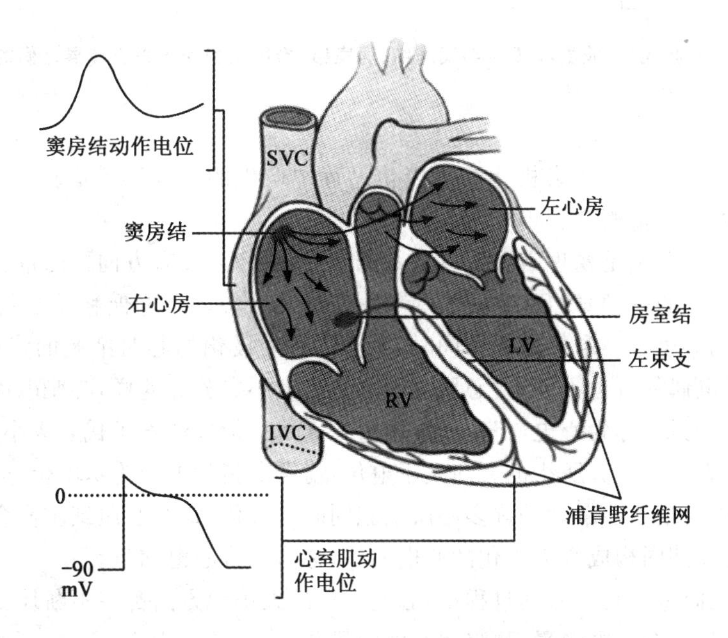

图 7-3　窦房结产生的电兴奋在心脏传导系统中的传播途径

电去极化波起始于窦房结，然后传至心房，当窦房结附近的心房区域发生去极化后，在已去极化和未去极化的心房间产生电位差，便形成心电图的 P 波；心房去极化时，去极化波蔓延至房室结时速度减慢，以保证心室在心房收缩后正确协调地收缩，去极化波通过房室结后，将快速通过特殊的心室传导组织，如希氏束、左右束支和浦肯野纤维，此时形成心电图的 P-R 间期；心室最开始去极化的位置是室中隔，去极化波较小且传导方向与正极方向相反，在心电图纸上形成一个向下或负向的偏移，即为 Q 波；心室心肌的主体开始去极化时，产生一个向正极传导的去极化波，由于心室肌组织体积较大，其产生一个大的正向波，即为 R 波；心室主体去极化后，心室基部产生的去极化波与正极方向相反，且心室基部的组织较少，在心电图纸上产生一个小的负向波，即为 S 波；心室完全去极化（和收缩）后，需及时复极化而为下一次收缩做好准备，这种复极化过程在心室肌形成电位差，直至复极化完成。这一过程使基线发生偏移，形成 T 波。P 波、QRS 波群和 T 波与窦房结、房室结、希氏束和束支兴奋传导之间的关系，见图 7-4。

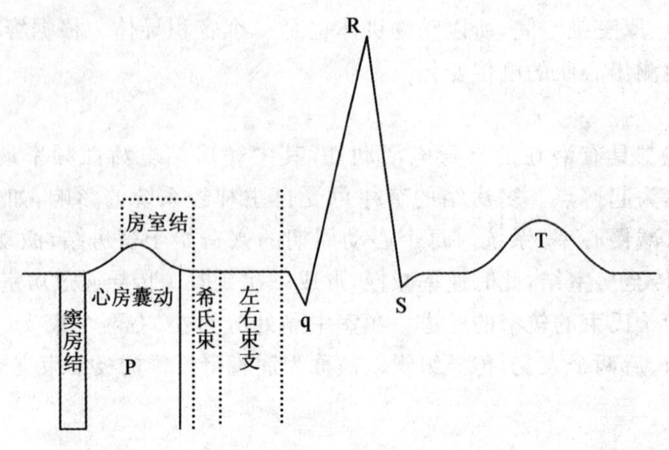

图 7-4　P 波、QRS 波群和 T 波与窦房结、房室结、希氏束和束支兴奋传导之间的关系

2. 心电向量

心是一个立体脏器，它在去极化和复极化过程中产生的电偶移动必然有空间的方向性。因此，必须引入心电向量概念。

(1)心电向量　向量是物理学上用以表示既有数量大小、又有方向性的量。心电偶电源与电穴(半导体载流子的一种)之间的电位差就是心肌电动势。心电偶移动是具有一定方向性的，因此心肌电动势也有一定的方向。同时，由于同时去极化的心肌细胞的多少(即去极化面的大小)不同，其电偶数目也不同，使心肌电动势也有大小之分。这样，心肌电动势也有一个既有大小、又有方向的量，称为心电向量，通常用箭矢表示。箭矢的长短代表大小，箭矢所指方向代表心电向量的方向。箭头所指的方向是正电位，箭尾所指的方向为负电位。

(2)综合心电向量　心激动是许多心肌细胞同时去极化，每个心肌细胞都会产生一个心电向量。它们的总和共同构成心去极化的心电向量，称为综合心电向量。

(3)瞬间心电向量　在心激动过程中，心电向量的大小和方向都在不断地变化着。心激动的每一瞬间都产生一个心电向量，称瞬间心电向量。

(4)心电向量环　将心激动各个瞬间心电向量的箭头顶点按激动时间的顺序连接成一曲线，构成心电向量环。心房肌去极化构成 P 环，心室肌去极化构成 QRS 环，心室肌复极化构成 T 环。

(二)心电图的导联

电极在动物体表放置的部位不同、与心电图描记仪连接方式的差异，可以描记出波形、波向、电压不同的心电图。为了便于对不同患病动物和同一患病动物在不同时期的心电图进行比较，必须对电极在动物体表的放置部位以及与心电图描记仪正、负极的连接方法作出统一的规定。这种电极在动物体表的放置部位及其与心电图描记仪正、负极的连接方法，就称为导联(lead)。动物中常用的导联有双极肢导联、加压单极肢导联、A-B 导联、双极胸导联和单极胸导联。

目前，在介绍心电图的导联时，一般只说明电极在动物体表的放置部位，至于如何与心电图机的正负极连接，都不用说明，因为国内外生产的心电图机都附有统一规定的带色导线：红色(R)——连接右前肢；黄色(L)——连接左前肢；蓝或绿色(LF)——连接左后肢；黑色(RF)——连接右后肢；白色(C)——连接胸导联。

在具体操作时，只要将上述颜色的导线按要求连在四肢的电极板上，将心电图机上的导联选择开关拨到相应的导联处，即可描出该导联的心电图。

1. 双极肢导联

双极肢导联又称标准导联，由3个导联组成，分别以罗马数字Ⅰ、Ⅱ、Ⅲ表示。双极肢导联的电极放置部位和连接方法见表7-1。

表7-1 标准导联的连接方式

名称	符号	阳极	阴极
标准第一导联	Ⅰ	左前肢大掌骨中部或桡骨上部(黄线)	右前肢大掌骨中部或桡骨上部(红线)
标准第二导联	Ⅱ	左后肢跖骨中部或膝盖骨下部(蓝线或绿线)	右前肢大掌骨中部或桡骨上部(红线)
标准第三导联	Ⅲ	左后肢跖骨中部或膝盖骨下部(蓝线或绿线)	左前肢大掌骨中部或桡骨上部(黄线)

2. 加压单极肢导联

加压单极肢导联是在单极肢导联的基础上改进的导联系统。加压单极肢导联描记出的心电图波形与单极肢导联的相同，但波的电压可增加50%，便于观察、测量与分析。加压单极肢导联，分为右前肢加压单极肢导联(aVR)、左前肢加压单极肢导联(aVL)和左后肢加压单极肢导联(aVF)。

3. A-B 导联

A-B导联是心尖-心基导联的缩写，是一种沿动物心脏的解剖学长(纵)轴方向设计的导联。该导联有描记的心电图电压高、波形和波向一致、不受体位影响等优点。由于各种动物心脏的解剖学纵轴方向有所不同，故导线连接方法也有差异，见表7-2。

表7-2 小动物A-B导联的电极放置部位

品种	A点(apex，正极)	B点(base，负极)
犬	左侧心尖部	左侧肩胛骨上1/3处
兔	剑状软骨部	颈部中央
鸡(长轴)	锁骨结合点	胸骨脊末端
鸡(短轴)	右锁骨中点	左锁骨中点

4. 双极胸导联

根据心解剖学纵轴以及心肌去极化方向应与爱氏三角平面平行的原则，将原来放置在肢体上的肢导联电极R、L和F移到胸(背)部的相应部位，使它们构成一个与心纵轴和心肌去极化方向平行的近似等边三角形，组成双极胸导联。实际上，A-B导联也是一种双极胸导联。除了A-B导联以外，有人还设计了双极胸导联(一)、双极胸导联(二)。

(1)双极胸导联(一) R、L和F 3个电极沿横面放置，组成一个近似的等边三角形，即R电极放置右侧肘头后方的胸部，L电极放置在左侧肘头后方的胸部，F电极放置在鬐甲部顶点，接地电极放置在右后肢膝关节内侧上方或肛门附近。3 个导联分别以符号 C_1、C_2、C_3 表示。

(2)双极胸导联(二) R、L 和 F 3 个电极组成的三角形平面与矢状面(侧面)大致平行，即 R 电极位于左侧心尖部，L 电极位于胸骨柄正中直上方，F 电极位于髻甲部顶点。3 个导联分别以符号 C_{I}、C_{II}、C_{III} 表示。

5. 单极胸导联

单极胸导联又称心前导联，是横面心电向量在相应导联轴上的投影。在兽医临床心电图学中，研究者根据各种动物心脏解剖学位置和心肌去极化的特点设计了许多单极胸导联系统。小动物的单极胸导联如下。

(1)犬和猫 具体如下。

①CV5RL，探查电极位于右侧第 5 肋间胸骨缘。

②CV6LL，探查电极位于左侧第 6 肋间胸骨缘。

③CV6LU，探查电极位于左侧第 6 肋间，肋骨与肋软骨连接处。

④V_{10} 导联，探查电极位于背中线第 7 胸椎棘突处。

(2)观赏鸟 具体如下。

①V_1 导联，探查电极位于右侧第 3 肋间胸骨缘上。

②V_2 导联，探查电极位于左侧第 4 肋间胸骨缘上。

③V_3 导联，探查电极位于剑状软骨后方的凹陷处。

④V_{10} 导联，探查电极位于背部第 3 胸椎骨之上。

(三)心电图的操作

动物心电图的描记方法与人的有所不同，其一是动物不会像人那样自觉地任凭医师摆布放置电极；其二是多数动物体表密布被毛；其三是动物体表往往有大量皮脂分泌物和其他污物。因此，在描记动物心电图时，应采取必要的保定、剪毛、脱脂去污、选择合适的电极、防止肌颤干扰、注意人和动物的安全等关键措施。

1. 被检动物的准备

(1)动物的保定 犬、猫在被检前应妥善保定，其脚下应放置橡皮垫。其保定方法可采用保定栏、绳网保定架，且保定栏(架)应与地面绝缘。必要时可采取化学保定，但所有镇静或安定药物都对心和/或自主神经产生一定的影响，药物可以直接或通过影响自主神经紧张性改变心率和心律，在判读心电图结果时应注意这两者之间的差异。

(2)犬、猫的保定体位 使犬、猫放松或休息以尽可能减少骨骼肌的电活动性。动物颤抖、摆动、喘息或鸣叫，均会干扰心电图基线，掩盖心电图的小波群(如 P 波)，尤其在猫，易混淆心电图图形。故优质的心电图应无明显运动干扰且相邻波群间为平稳的基线。

①犬。尽量选择右侧卧，多数犬躺卧时可减少骨骼肌电活动性，且犬的心电图正常值也是基于该位置，能记录基线运动伪差最少的优质心电图。若并不需要进行严格的振幅测量，如主要检查心律失常时，动物躺卧、坐位甚至站位均可采用。为避免犬无法耐受相应的体位(如存在呼吸窘迫)，检查前应采用其能耐受的体位姿势。

②猫。猫的正常值并非获自侧卧位，故猫较少采取卧位。很多猫在弓坐时较为安静，但因猫而异，临床兽医师应根据猫的喜好而选择其较为安静的体位。对于性格暴躁的猫(如能够安

置电极)，可让其带着电极进入篮子内至平静，坐在篮子内进行心电图记录(但该种方法避免用于啃咬导线的猫)。通常猫都不愿接受鳄鱼夹，对于这些动物，可局部剃毛并在胶黏电极或金属片部位用绷带固定，虽然耗时，但较为简便。

(3)电极的选择　心电图电线和皮肤之间需要一个连接件进行连通，称为电极。动物体表存在被毛，故人用胶黏电极并不方便日常使用，动物需要剃毛后才能使用胶黏电极，且黏附效果常常不理想，需固定位置后用绷带缠绑肢和电极；小号金属板电极——儿科肢体电极可用于代替鳄鱼夹，但也需使用胶带、绷带或 Velcro tie 进行固定；鳄鱼夹，是最常用于连接心电图导线和动物皮肤的电极，连接效果理想，但夹齿产生的轻度疼痛会给动物带来不适，可通过向外适度弯曲，或在夹齿间焊接小导电板，以减轻鳄鱼夹齿引起的疼痛。

2. 连接导联

(1)体表放置电极部位的处理　根据情况剪去放置电极部位的被毛，以 95%酒精棉球涂擦脱脂除去污物，然后涂耦合胶或导电液(导电液可任选以下一种：①饱和盐水 500 mL，食盐 10 g，甘油 20 g；②食盐 29 g，甘油 5 g，淀粉 10 g，甲基对位羟基苯甲酸 0.2 g，水 100 mL；③在紧急情况下可仅用饱和盐水)。

①酒精的使用。用鳄鱼夹夹持，拇指和食指固定皮肤(捻动并找到被毛下皮肤的边缘)，将鳄鱼夹打开至最大角度，拨开被毛并将夹子夹持皮肤皱褶。为了增强皮肤和鳄鱼夹的导电性，常使用酒精作为导电剂。将少量酒精喷至皮肤，即足以润湿鳄鱼夹和被毛下的皮肤。酒精易在 5～10 min 后蒸发，这种方法不适用于较长时间的检测(如麻醉期监护)。

②耦合胶的使用。鳄鱼夹夹持部位剃毛，有两种方法供选择：①在皮肤上涂抹少量耦合胶(心电图最好，也可使用较为便宜的超声检查胶或 K-Y 糊)，连接鳄鱼夹；②连接鳄鱼夹后在夹子和夹持皮肤周围涂抹耦合胶。后者较易操作，手指不会因为太滑而无法打开鳄鱼夹。

(2)安置鳄鱼夹电极　在不同部位捏持皮肤，尽量在被毛较少处，选择最佳检测位置。

①前肢。较常用肘部屈角位置。也可选择肘后方背侧位置，但该位置接近胸部，呼吸运动可使导线和电极移动，记录的心电图会受到运动伪差影响。另外，也可选择肘部和腕部的中间掌侧位置。

②后肢。常选择踝关节屈角(有时可在该位置偏上)位置。另外，也可在膝关节上方或下方的肢背侧。

(3)使用胶黏电极　胶黏电极常需用绷带固定，需将前肢腕关节上方以及后肢踝关节上方或下方剃毛。胶黏电极在小动物也可置于脚掌中央，这种连接较为理想，但电极的不稳定也会产生一定的运动伪差。

(4)电极绝缘　连接好所有电极后，应确保各电极、夹持的皮肤或传导介质(酒精或耦合胶)与动物体的其他部分、保定者或检查台之间均无任何接触。否则可能导致电短路而在心电图记录时引起伪差。同时注意安置电极夹时勿将导线置于动物体上，避免形成呼吸运动伪差或导线缠绕引起动物不适。

3. 心电图记录纸

心电图记录纸有粗细两种纵线和横线。横线代表时间，纵线代表电压。细线的间距为 1 mm，粗线的间距为 5 mm，纵横交错组成许多大小方格。通常记录纸的走纸速度为 25 mm/s，故每一小格代表 0.04 s,每一大格(5 小格)代表 0.20 s。一般采用的定标电压是输入 1 mV 电压时,描记笔上下摆动 10 mm(10 小格),故每一小格代表 0.1 mV。如 1 mV 标准电压,使描记笔摆动 8 mm,则每 1 mm 的电压就等于 1/8=0.125 mV。

4. 心电图机的调试和准备

(1)走纸速度　设置走纸速度,可选择 25 mm/s 或 50 mm/s,有时可选择 100 mm/s。走纸速度的选择需考虑动物的心率。根据说明,如犬心率正常时可选择 25 mm/s,若心率较快可将走纸速度设置为 50 mm/s(猫常用)。若心电图机电脑打印模式产生基线颤动效果(即像素效应),则可选择 100 mm/s,以方便心电图波群时限测量。

(2)定标　通常设置为 10 mm/mV,但若波群较小时,可增加为 20 mm/mV;若波群过大则可降为 5 mm/mV。应在心电图纸上记录定标值,并按下心电图机上的 1 mV 标记按钮。

(3)滤波调试　在连接良好的状态下,尽量不使用此项设置,即不用滤波。且应在无滤波的心电图上测量波群振幅,滤波器的衰减作用可不同程度地降低波群振幅(影响较小)。若主要进行心律失常的检测而基线伪差无法避免时,可使用滤波器降低基线伪差而使心电图记录的图像更易判读。

(4)描记笔位置　在描记期间应调整描记笔的位置(若在手动心电图机上操作)以使整个心电图波群在心电图纸边界之内。若心电图图像过大,超越心电图纸(超出边界范围)时,此时应向上或向下移动描记笔,或降低定标值(更为可取),以使整个心电图波形位于心电图纸内(而不延伸至边界外空白处)。

(5)调整热笔的电阻　使其能画出能见度良好、浓淡适中的热笔线。

(6)连接导联线　将导联线的插头插在心电图机的插座上,按以下顺序连接导联线:红色导线(R)接右前肢电极,黄色(L)导线接左前肢电极,绿色(F)导线接左后肢电极,黑色或蓝色导线接地线(通常是右后肢),白色导线(V)接单极胸导联电极。

描记 A-B 导联、双极胸导联心电图时,按上文介绍的方法放置电极。

5. 心电图描记

将导联选择开关旋钮旋至零位,衰减拨动置于"1"位,琴键式开关置"准备"位置。接好地线,连接电源后再检查一次各导线的连接情况,然后接通电源,预热 2～5 min。将导联选择开关旋分别钮旋到Ⅰ、Ⅱ、Ⅲ、aVR、aVL、aVF 等导联,当基线平稳,无干扰时即可描记各导联心电图。每个导联可描记 4～6 个心动周期。如果发现有心律失常或异常心电图,则可选择图形清晰、波幅大的导联(通常是Ⅱ导联或 A-B 导联),适当地多描记一些心动周期以便分析。描记时每个导联可打一标准电压,也可酌情在几个导联描记后打一标准电压,作为分析心电图时计算电压的依据。

一般胸导联的连接导线为 1～6 根,如需多描记几个胸导联心电图,则应变更导线与相应导联的连接部位。

6. 心电图机关机

描记完毕后,关闭电源开关,将导联选择开关旋至零位,卸下导联连接电极,并立即在心电图上标明被检动物的性别及标号、描记日期、导联。

7. 描记心电图时的注意事项

工作时应严格按操作规程进行,不让不熟悉机器性能者随便使用;打定标电压时,不仅要调整电压,而且要观察记录器的阻尼是否适当,如阻尼过强或阻尼不足,应转动热笔固定座上的螺帽,以改变描笔对记录纸的压力,从而获得正确的阻尼,因为阻尼不足会使心电图上的R波增高或S波加深,阻尼过高会使心电图上的R波降低或S波减小和消失,影响心电图的真实性;描笔热丝应用日久会磨损成缺口状,此时应换上新的备用描笔;每次描记完毕,应及时关闭电源,各控制器开关都恢复到原位;电极在使用后应注意清洗、擦干,以免生锈或腐蚀,影响描记质量;各导联线应妥善保护,避免过度曲折,以免导线内部折断,造成隐蔽故障;心电图机应存放在干燥阴凉处,开机时间最好不要超过4 h;应定期对心电图机的定标电压、走纸速度等技术指标进行校验。

8.常见心电图伪差的识别与纠正方法

伪差是心电图上与心电活动性无关的异常偏移,可掩盖心电图图形或与心电活动记录发生混淆:记录一张无伪差的心电图是至关重要的。

(1)导联线接错引起的伪差　这是操作者粗心大意造成。在描记心电图时发现某导联出现反向波形。纠正方法:考虑并检查导联线连接是否正确。

(2)电干扰　可在心电图记录时产生细微、快速且规则的基线移动,通常与检查场所的电缆干扰(电磁波)相关,可由保定动物的人员通过架空的电缆或通过心电图机的电线所致。细小的偏移发生频率为50次/s(Hz)。纠正方法:①确保电极夹与皮肤连接良好和绝缘,因为不良连接会引起操作时的电干扰;②用毯子确保动物与检查桌表面绝缘;③确认心电图机连接地线(至建筑),或避免使用交流电,直接使用电池进行检测;④保定人员可尝试戴手套进行操作,以减少干扰。

(3)肌颤伪差　形状类似电干扰,但其偏移不规则且较为随意。这种干扰可由动物颤抖、摇动或在站立状态下记录心电图所致。猫的鸣叫也可使基线发生振动。纠正方法:①确保动物各肢放松且支撑良好;②采取动物最放松的姿势,尽量避免站位;③可尝试握住动物各肢以尽可能减少颤抖;④用棉球蘸取少量酒精至猫鼻部阻止猫鸣叫。

(4)运动伪差　幅度大于肌颤伪差,其偏移较粗大且不规则。记录针在记录纸上上下移动,可由动物呼吸运动、活动、运动或挣扎引起。纠正方法:①纠正方法同肌颤伪差部分;②尽量使动物放松且保持静止状态;③确保心电图导线不随动物运动而移动(如呼吸运动),避免心电图夹不稳固或夹得太紧。

(四)心电图分析步骤和方法

1.整理好各导联的记录图纸

将各导联心电图按双极肢导联、加压单极肢导联、双极胸导联、单极胸导联、A-B导联的顺序剪下,并贴在同一张纸上。

2.观察记录图纸的定标和位差

从Ⅰ导联开始逐步观察整个心电图的标准电压打得够不够,阻尼是否适当,导联线有否接错,有无各种干扰因素的影响。

3.确定心律

选择图形清晰、波幅明显的导联标注出各主要波的名称。找出P波,并注意它与QRS波群及T波之间的关系,以确定心律。如犬的正常心电图为窦性心律,见图7-5。

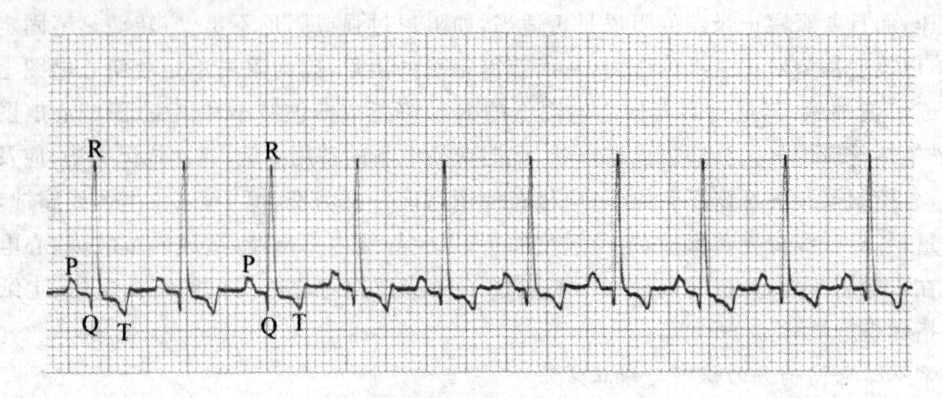

图 7-5 犬正常窦性心律心电图,心率 140 次/min(25 mm/s,10 mm/mV)

4. 计算心率

测量 R-R 或 P-P 间期时限,以计算心率。

5. 测量各波及间期时限和振幅

测量各波、P-Q 和 Q-T 间期时限,测量各波的电压。观察各波波向、QRS 波群波型和 S-T 段移位情况。

6. 测量心电轴

用目测法和查表法测量心电轴。

7. 心电图报告

经阅读和分析的心电图,一般以正常心电图、可疑心电图和异常心电图 3 种方式表达。报告中必须写明心率、心律、心电轴,有无期前收缩和传导阻滞等内容。

二、正常心电图

(一)心电图的组成与命名

动物正常的心电图由心房激动波和心室激动波组成,心房激动波以 P 波表示,心室激动波由心室去极化产生的 QRS 波群和复极产生的 T 波组成,其典型的模式图见图 7-6。

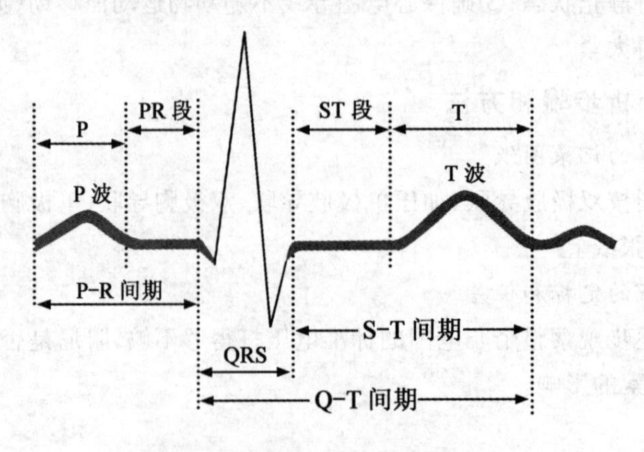

图 7-6 动物典型心电图的模式图

1. 心电图各主要波的名称及其所代表的意义

(1)P 波　P 波代表左、右心房激动时的电位变化，其前半部分代表右心房产生的电活动，中间部分代表右心房激动完毕、左心房激动开始，后半部分代表左心房产生的激动。P 波是心电图上记录到的第一个波，波形小而光滑、圆钝，一般有正向(直立)、负向(倒置)、双向(+/—和—/+)和低平 4 种波形。

(2)QRS 波群　又称 QRS 综合波或 QRS 复波，由向下的 Q 波、陡峭向上的 R 波与向下的 S 波组成，代表心室肌去极化过程中产生的电位变化(也称心室去极波)。QRS 波群的宽度表示激动在左、右心室肌内传导所需的时间。

QRS 波群的波形极其多样化，而且在动物的正常心电图上常常不一定全部具有 Q 波、R 波和 S 波 3 种波，可能具有其中的一种、两种或几种波。其波形的命名通常采用下列规定。

Q 波：第一个负向波，它前面无正向波。

R 波：第一个正向波，它前面可有/可无负向波。

S 波：R 波后的负向波。

R′波：S 波后的正向波。

S′波：R′波后又出现的负向波。

QS 波：波群仅有的负向波。

R 波粗钝(切迹)：R 波上出现负向的小波或错折，但未达到等电线。

QRS 波群有多种不同的形态，通常以英文大、小写的字母，分别表示其大小。波形振幅不超过波群中最大波的一半者称为小波，用 q、r、s 表示。QRS 波群的命名见图 7-7。

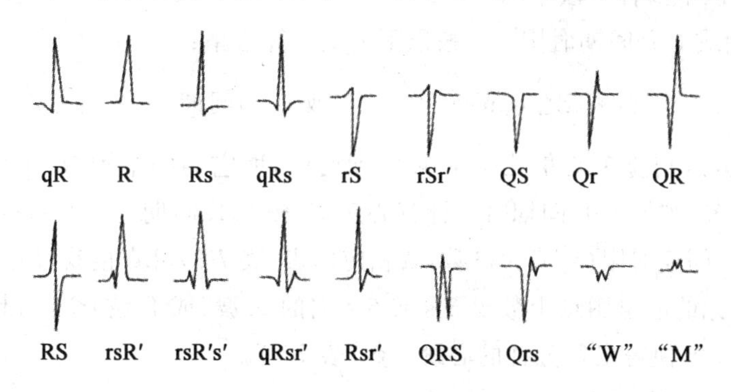

图 7-7　QRS 波群的命名

(3)T 波　T 波系心室肌去极化波，代表左、右心室肌复极化过程的电位变化，相当于心肌细胞动作电位的 3 位相期。T 波一般呈尖顶状或钝圆形，其上升支与下降支通常不对称，上升支坡度较小而下降支坡度较大。在动物中，T 波的波向变化较大，通常有正向、负向、双向(+/—和—/+)、低平、双峰或切迹等多种波形。

(4)U 波　有时在 T 波之后出现一个小波，称为 U 波。U 波的产生原因尚未完全弄清。

2. 心电图各段及间期的名称及其所代表的意义

(1)P-R 段　P-R 段是指从 P 波结束到 QRS 波群起点的一段等电位线，其距离代表心房肌去极化结束到心室肌开始去极化的时间，亦即电兴奋(激动)从心房传到心室的时间。

(2)P-Q 间期　又称 P-R 间期，是指从 P 波起点到 QRS 波群起点的距离，其时限代表电兴奋(激动)从窦房结传到房室结、房室束、蒲肯野纤维，引起心室肌去极化的时间，相当于 P 波时限与 P-R 段时限之和。为了与 P-R 段相区别，并与以后的 Q-T 间期之间衔接，这一段距离以 P-Q 间期命名比以 P-R 间期命名更加合适。

(3)S-T 段　S-T 段是指 QRS 波群终点到 T 波起点的一段等电位线，相当于心肌细胞动作电位的 2 位相期。此时全部心室肌都处于去极化状态，所以各部分之间没有电位差而呈一段等电位基线。在正常情况下，ST 段呈曲线融入 T 波的升支，而不是呈水平线，也不与 T 波的升支形成锐角。

(4)Q-T 间期　Q-T 间期是指从 QRS 波群起点到 T 波终点之间的距离，其时限代表一次心动周期中，心室去极化和复极化过程所需的全部时间。

(5)T-P 段　T-P 段是指从 T 波终点到下一心动周期 P 波的起点之间的一段等电位线，代表心的舒张期。它的时限相当于 R-R 间期时限与 P-Q 间期和 Q-T 间期时限之和的差值，即：T-P 段时限＝R-R 间期时限－(P-Q 间期时限＋Q-T 间期时限)。

(6)R-R 间期　R-R 间期，又称 P-P 间期(P-P interval)，是指前一心动周期 R 波的顶点(或 P 波的起点)到下一心动周期 R 波的顶点(或 P 波的起点)之间的距离，其时限相当于一个心动周期所需的时间。

(二)心电图的测量方法

1. 测定

测定心率常用以下 3 种方法中的一种。

测量 R-R 间期或 P-P 间期时限(s)，按以下公式计算心率：

心率(次/min)＝60/R-R(或 P-P)间期时限

如果有心律失常，则应多测量几个 R-R 间期时限，取它们的平均数，再按上面的公式计算。如果有房室脱节，则用 P-P 间期时限计算心房率，按 R-R 间期计算心室率。

测量 R-R(P-P)间期时限(s)或大格数，查相应的表(表 7-3)可直接获得心率。

在一条连续描记的心电图纸上数出 3 s 或 6 s 内的 R 波(或 P 波)个数，起始点的 R 波不计入内，乘以 20 或 10，便得出每分钟的心跳次数(表 7-3)。

2. 心电图各波振幅的测量

测量心电图的振幅时，首先应检查定标电压曲线是否合乎标准，每小格代表多大电压。等电位线应以 T-P 段为标准，因为这段时间内，整个心无心电活动，电位相当于 0。测量正向波的振幅时，用圆规自等电位线的上缘测量其到波顶点的垂直距离；测量负向波的振幅时，自等电位线的下缘测量其到波底端的垂直距离，见图 7-8。

3. 心电图各波时限的测量

选择波幅最大、波形清晰的导联，因为波幅小时，其起始及终了部分常不清晰，易造成误差。测量用圆规从波形起点内缘量至波形终点内缘的距离，在走纸速度为 25 mm/s 时，将所测小格数乘以 0.04，即为该波的时限数值(s)。如走纸速度为 50 mm/s 时，则将所测小格值乘以 0.02，即为该波的时限数值。

表 7-3　心率的计算

1 个 RR 间期所含的大格数(粗格)*	心率/(次/min)
1	300
1.5	200
2	150
3	100
4	75
5	60
6	50
7	42
8	38
9	33
10	30
6 s 所含 QRS 波群数**	
5	50
6	60
7	70
10	100
15	150
20	20

* 正常纸速 25 mm/s。1 个大格或 5 个小格(0.2 s)=300 次/min;4 个大格=75 次/min。

** 如果心电图每 3 s 做 1 个标记,计算经过 2 个标记(6 s)所含波群数,然后乘以 10。

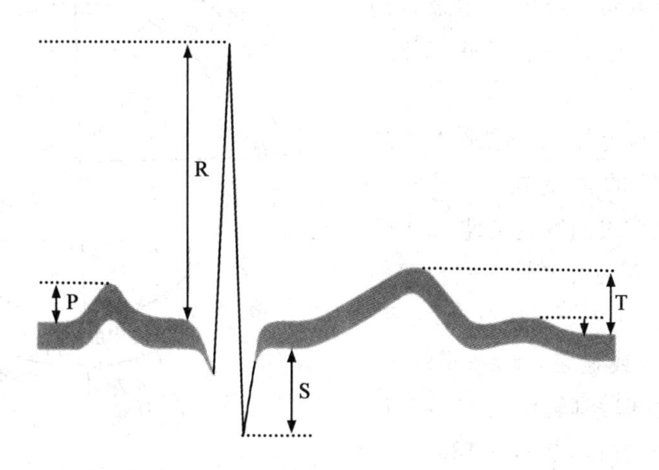

图 7-8　心电图各波振幅的测量方法

(1)P-Q 间期时限的测量　应选择 P 波宽大显著且具有明显 Q 波的导联测量 P-Q 间期时限，一般以测量 A-B 导联或单极胸导联比较适宜。测量方法见图 7-9。

(2)Q-T 间期时限的测量　应选择 Q 波和 T 波比较清楚的导联测量 Q-T 间期时限。当心率过快时，T-P 段常常消失，T 波终末部与 P 波相连而不易分开，或者 T 波低平，其起点与终点难以确定，或者存在明显的 U 波或 T 波与 U 波重叠而易被误认为 T 波存在切迹，这些情况都会给测量造成困难。这时应选择 T 波电压较高的导联测量。测量方法，见图 7-9。

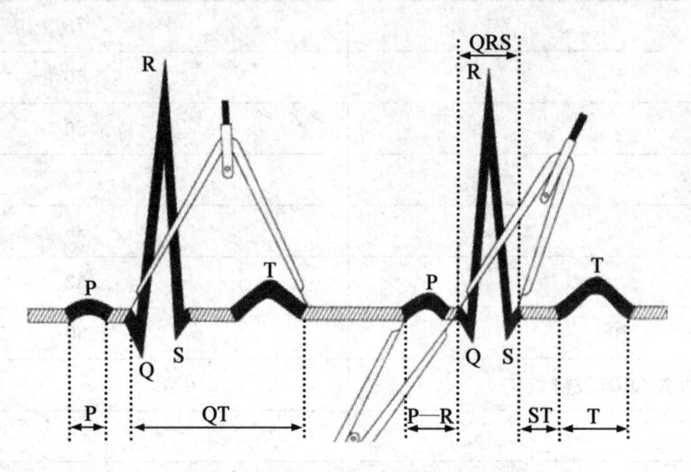

图 7-9　心电图各波时限的测量方法

4. 心电轴的测量

心电轴(cardiac electric axis)，又称平均心电轴，是一个既有方向、又有量值的指标。不过其量值的意义远远不如其方向，因此人们习惯上只指明心电轴的方向。心电轴的方向通常以 ORS 综合波额面向量与Ⅰ导联导联轴正侧段所构成的夹角度数来表示，在其下方者为正，在其上方者为负。心电图中报告的心电轴数值，就是心电轴与Ⅰ导联正侧段的夹角度数。

(1)心电轴的判定标准　按照人医的标准，正常心电轴的范围在－30°～＋110°。＋30°～＋90°之间称为心电轴无偏移(不偏)；＋30°～0°为心电轴向左轻度偏移(轻度左偏)，0°～－30°为中度左偏；－30°以上为重度(或显著)左偏；＋90°～＋120°为向右轻度偏移(轻度右偏)，超过 120°为显著(重度)右偏，超过＋180°为极度右偏，见图 7-10。

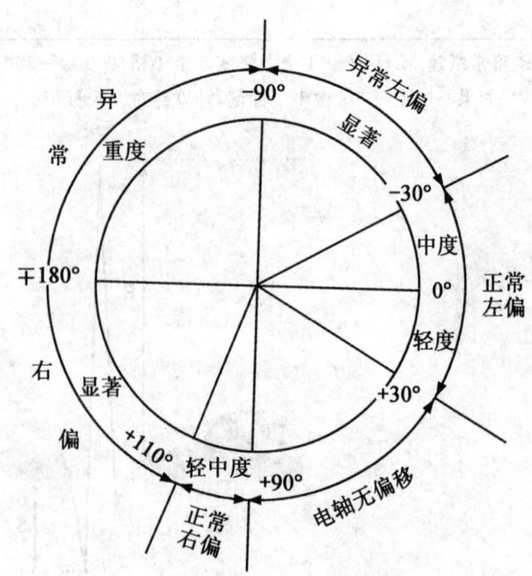

图 7-10　心电轴偏移的判断标准

(2)心电轴的测量方法　心电轴的测定方法较多,常用目测法及查表法。

①目测法。根据Ⅰ导联和Ⅲ导联心电图上QRS波群主棘波的方向,可以大致估计心电轴是否偏移。Ⅰ导联和Ⅲ导联心电图上QRS综合波主棘波均呈正向,则心电轴不偏;Ⅰ导联心电图上QRS综合波主棘波呈正向,Ⅲ导联的呈负向,则心电轴左偏;Ⅰ导联心电图上QRS综合波主棘波呈负向,Ⅲ导联的呈正向,则心电轴右偏;Ⅰ导联和Ⅲ导联心电图上QRS综合波主棘波均呈负向,则心电轴极度右偏,多数在+180°～+270°(即−90°～−180°)。

②查表法。为了便于测定心电轴,制作了由Ⅰ导联和Ⅲ导联心电图QRS综合波电压代数和测定的心电轴的表,简称心电轴表(请参考相关书籍),根据Ⅰ导联和Ⅲ导联心电图QRS综合波电压代数和查心电轴表,即可测定心电轴。

(3)心电轴测量的临床意义　心电轴的正常范围因其种类的不同而有悬殊的差异,即使在同一品种内也有较宽的界限。一般认为心电轴右偏见于右心室肥大、左后半支阻滞、肺气肿和广泛性侧壁心肌梗塞。心电轴左偏见于左心室肥大、左前半支阻滞、原发性孔型房间隔缺损等。

(三)犬猫心电图各波段正常值及临床意义

1.犬的心电图

(1)波向和波型分别如下:

①P波。Ⅱ、Ⅲ、aVF、A-B导联上皆呈正向,aVR导联上皆呈负向,Ⅰ导联上绝大多数呈正向或波向不定,aVL导联上波向不定。

②QRS波群。Ⅰ、Ⅱ、Ⅲ和aVF导联上绝大多数呈qRs或qR型,aVR和aVL导联上绝大多数呈rSr'型或rS型,A-B导联上皆呈rS或QS型。

③T波。肢导联上T波波向的变化较大,A-B导联上皆呈负向。

(2)时限　分别如下:

①P波。持续时间为0.04 s,电压为0.4 mV。

②QRS波群。小犬0.05 s,大犬为0.06 s。

③S-T段。S-T段是QRS波群终了到T波开始的线段,位于等电线上,无明显移位。QRS波群终了与S-T段开始的一点,称为S-T段结合点,即J点,测量S-T段上升或下降,应在J点后0.04 s处。

④Q-T间期。为0.14～0.22 s。

已经报道的有关健康成年犬Ⅱ导联心电图各波和间期时限的结果,见表7-4。

(3)振幅(电压)　由中国人民解放军兽医大学内科教研室报道的健康成年犬肢导联和心导联心电图各波的振幅(电压)见表7-5。

表 7-4 健康成年犬Ⅱ导联心电图各波和间期时限 s

作者	P	QRS	T	P-Q	Q-T
于志铭	0.038	0.04 (0.03～0.06)		0.09 (0.06～0.12)	0.16 (0.12～0.20)
施猷猷	0.03～0.05	0.048 (0.04～0.06)	0.04～0.08	0.089 (0.07～0.11)	0.175 (0.16～0.20)
章开训等	0.043 (0.03～0.06)	0.055 (0.03～0.08)		0.118 (0.10～0.14)	0.210 (0.16～0.24)
杨守凯等		0.05～0.08		0.08～0.15	0.18～0.26
Petersen 等		0.04～0.06		0.08～0.12	0.14～0.24
Horwitz 等		0.05～0.07		0.10～0.14	0.19～0.23
Bunman 等*		0.021～0.069		0.074～0.122	0.121～0.230
铃木**		0.033～0.043		0.085～0.105	0.160～0.230
管野		0.030～0.038		0.086～0.118	0.168～0.208
Pouchelon 等	0.05	0.056	0.095	0.111	0.22

注：* 为麻醉犬，右横卧位；** 为站立位；其余均为背位。

表 7-5 健康成年犬肢导联和心导联心电图各波的振幅(电压) mV

导联	P	Q	R	S	T
Ⅰ	0.070±0.064	0.522±0.338	0.778±0.480	0.184±0.180	−0.072±0.140
Ⅱ	0.242±0.116	0.682±0.454	2.406±0.876	0.318±0.258	−0.146±0.336
Ⅲ	0.180±0.112	0.428±0.268	1.890±0.760	0.432±0.330	−0.030±0.310
aVR	−0.20±0.09	0.20±0.45	0.21±0.24	1.21±1.27	−0.11±0.20
aVL	0.02±0.10	0.11±0.18	0.41±0.40	0.30±0.10	−0.04±0.14
aVF	0.19±0.11	0.17±0.14	1.35±0.50	0.17±0.17	0.13±0.23
CR6U	0.350±0.114	0.57±0.37	4.246±1.438	0.528±0.406	0.370±0.554
CR6L	0.334±0.100	0.406±0.276	4.766±1.348	0.726±0.540	0.598±0.570
CR5	0.164±0.100		2.598±1.206	1.236±0.766	0.724±0.480

2. 猫的心电图

(1)波向和波型 分别如下：

①P 波。Ⅰ、Ⅱ、Ⅲ和 aVF 导联上绝大多数呈正向，aVR、aVL 和 V_{10} 导联上大多数呈负向，aVL 导联上波向不定。

②QRS 波群。Ⅰ、Ⅱ、Ⅲ和 aVF 导联上绝大多数呈现主棘波为正向的 qR 型、R 型或 Rs 型，aVR 导联上主要呈现主棘波为负向的 Qr 型或 rS 型。

③T 波。与 P 波波向相似，Ⅰ、Ⅱ、Ⅲ和 aVF 导联上绝大多数呈正向，aVR 和 V_{10} 导联上

大多数呈负向，aVL 导联上波向不定。

(2)时限 分别如下：

在Ⅱ导联心电图上，各波和间期的最大时限：P 波，0.12 s；Q′RS 综合波，0.04 s；P-Q 间期，0.05～0.09 s；Q-T 间期，0.12～0.18 s。

已经报道的有关健康成年猫各导联心电图各波和间期时限的结果见表 7-6。

表 7-6 健康成年猫心电图各波和间期时限的测定值 s

导联	P	P-R	QRS	Q-T	R-R	心率/(次/min)
Ⅰ	0.03±0.01(23)	0.08±0.01(24)	0.03±0.01(29)	0.18±0.03(24)	0.38±0.06(29)	160
Ⅱ	0.03±0.00(30)	0.08±0.01(30)	0.03±0.01(31)	0.17±0.03(30)	0.38±0.07(31)	156
Ⅲ	0.03±0.01(16)	0.08±0.01(16)	0.03±0.01(26)	0.17±0.03(20)	0.39±0.06(26)	156
aVR	0.03±0.01(30)	0.08±0.01(30)	0.03±0.01(30)	0.18±0.02(28)	0.38±0.06(30)	156
aVL	0.03±0.007(11)	0.08±0.014(11)	0.03±0.011(28)	0.18±0.022(18)	0.37±0.053(30)	160
aVF	0.03±0.008(28)	0.08±0.015(28)	0.03±0.009(29)	0.17±0.025(25)	0.38±0.058(29)	158

注：括号内数字表示测定的例数。

(3)振幅(电压) 在Ⅱ导联心电图上，P 波最大电压 0.2 mV，R 波最大电压 0.9 mV，T 波最大电压 0.3 mV。

已经报道的有关健康成年猫各导联心电图各波的振幅(电压)结果，见表 7-7。

表 7-7 健康成年猫心电图各波的振幅(电压)的测定值 mV

导联	P	QRS		T
Ⅰ	0.06±0.03(24)	R 型	0.52±0.39(27)	0.16±0.06(23)
Ⅱ	0.09±0.04(36)	R 型	0.63±0.23(30)	0.18±0.010(28)
Ⅲ	0.06±0.03(16)	R 型	0.44±0.24(25)	0.12±0.08(14)
aVR	−0.07±0.02(30)	QS 型	0.45±0.20(21)	−0.18±0.13(28)
aVL	0.03±0.01(4)	R 型	0.32±0.22(17)	0.13±0.05(11)
aVF	−0.04±0.02(7)	QS 型	0.33±0.13(11)	
	0.07±0.03(28)	R 型	0.53±0.22(29)	0.18±0.16(22)

注：括号内数字表示测定的例数。

3. 心电图各波和间期变化的临床意义

(1)P 波 有如下几种情况：

①P 波增宽而有切迹。在心电图描记仪灵敏度较高或描记的曲线较细的情况下，某些健康动物的 P 波有轻度切迹，或呈双峰，但峰间距较短。假如 P 波切迹特别明显，或峰间距较大，且伴有 P 波增宽(时限延长)，则应视为病理现象。这种 P 波称为二尖瓣型 P 波(mitral valve type P wave)，提示二尖瓣疾患(主要是二尖瓣狭窄)引起的左心房肥大，常见于犬和猫的肥大性心肌病和扩张性心肌病，此时犬的 P 波时限大于 0.05 s，猫的 P 波时限大于 0.04 s。

②肺型 P 波。P 波时限在正常范围内，P 波高耸，波峰尖锐，称为肺型 P 波(pulmonary

type P wave)，最常见于右心房肥大，也见于肺部感染、缺氧以及交感神经兴奋性增高。

③P 波呈锯齿状。P 波消失，代之以频速而不规则的细小“f”波，见于心房纤颤；代之以形态相同、间隔匀齐锯齿样的“F”波，见于心房扑动。

④P 波减小。P 波减小是指 P 波的电压降低，时限缩短，常见于犬和猫的心包积水，甲状腺机能减退。

⑤P 波消失。通常表示心节律异常，见于窦性静止、窦室传导、逸搏和逸搏心律等。

⑥逆行 P 波。逆行 P 波(retrograde P wave)在本应是正向 P 波的Ⅱ、Ⅲ、aVF、A-B 导联上呈负向，在本应是负向 P 波的 aVR、V_3 和 V_4 导联上呈正向，主要见于房室交界性心律、房室交界性心动过速、阵发性房室交界性心动过速等。逆行 P 波可能出现在 QRS 波群之前、之后或重合在其中。

⑦易变 P 波。P 波波向、电压和形态在同一导联心电图上不断变化，如 P 波忽大忽小、忽高忽低、有时正向、有时负向或双向，称为易变 P 波(variable P wave)。这是由激动在窦房结的体部、头部和尾部游走所引起的，主要见于窦房结内游走性起搏点(窦房结内游走心律)，常与迷走神经兴奋性增高有关。

⑧P 波与 QRS 波群的波数不一致。P 波多于 QRS 综合波数，常见于二度房室阻滞、完全性房室阻滞、房性心动过速、未向心室传导的房性期前收缩；P 波少于 QRS 综合波数，常见于室性逸搏和逸搏心律。

⑨P 波低平。P 波低平可属正常，但电压过低则属异常。

P 波的各种形态，见图 7-11。

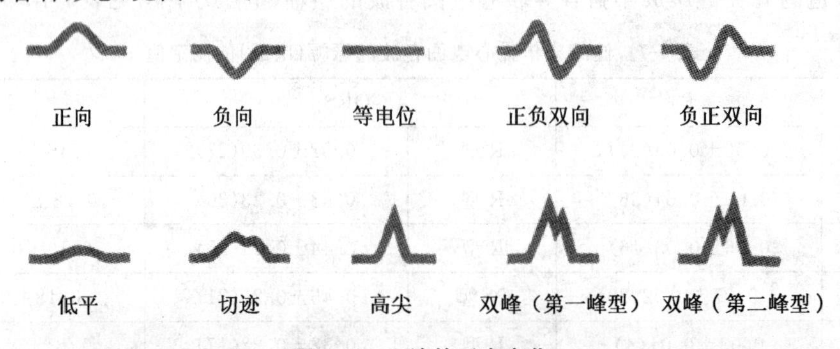

图 7-11　P 波的形态变化

(2)QRS 波群　变化情况如下：

①QRS 综合波电压增高。其增高主要见于左心室肥大，右心室肥大，预激综合征，房室束支阻滞，犬和猫的肥大性心肌病等。

②QRS 综合波低电压。在人类中的判定标准，在标准肢导联和加压单极肢导联上，R 波＋S 波(或 Q 波＋R 波)电压小于或等于 0.5 mV，心前导联上小于或等于 1.0 mV 时，称为 QRS 波群低电压。在病理情况下，低电压主要见于心包积水、甲状腺机能减退等。

③QRS 波群时限延长。QRS 波群时限延长由心室壁增厚或心传导系统功能障碍引起，主要见于心室肥大、房室束支阻滞、预激综合征、心肌变性、洋地黄中毒、室性期前收缩、室性逸搏。

④QRS 波群畸形。QRS 波群畸形常见于预激综合征、室性期前收缩、室性阵发性心动过速、室性逸搏、房室束支阻滞等；QRS 波群呈“M”形或“W”形，多提示心肌有严重病变，尤其是

犬的Ⅰ和Ⅱ导联出现这种波型时。

(3)T 波　变化情况如下：

①冠状 T 波。冠状 T 波(coronary T wave)是指波谷较尖锐，降支与升支相对称的负向 T 波，以及波峰高尖、升支与降支相对称，如帐篷样的正向 T 波，有时 T 波电压可超过 R 波或 S 波。出现冠状 T 波常表明冠状动脉供血不足，常见于急性心肌炎的中后期，应用静松灵、新保灵、隆朋等安定麻醉药以后，出现高钾血症、甲状腺机能亢进、房室束支阻滞等。

②T 波电压降低。T 波电压降低，常是心肌疾患的主要心电图变化，也见于严重感染、贫血、维生素缺乏、中毒病等多种疾病。

③T 波倒置。T 波倒置(T wave inversion)常见于心肌缺血、心肌炎、心室肥大、电解质紊乱、严重感染、中毒等。

④T 波增大。T 波增大可能与高钾血症(见下文)或心肌缺血有关。

T 波电压降低或显著增高多属于异常变化，尤其是在同时伴有 S-T 段偏移时更具有诊断意义。T 波的各种形态，见图 7-12。

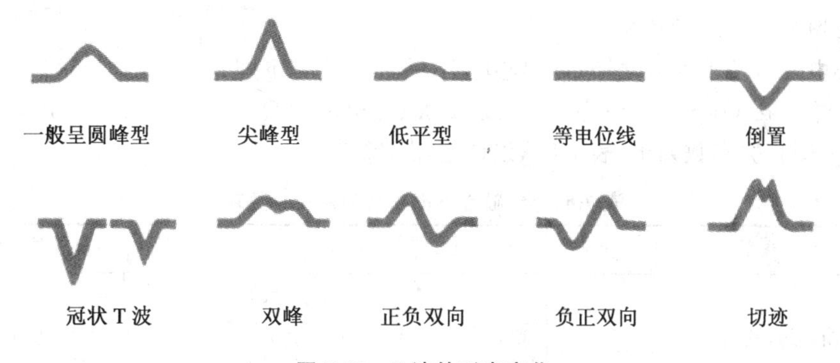

图 7-12　T 波的形态变化

(4)S-T 段　S-T 段的移位在心电图诊断中，常具有重要的参考价值。在 S-T 段偏移的同时，多伴有 T 波改变，二者都说明心肌的异常变化。

①S-T 段移位。S-T 段上移，见于急性心肌梗塞、心包炎(心包积液)、肺栓塞、胸腔肿瘤等；S-T 段下移，多见于冠状动脉机能不全而引起的急性心肌缺血、钾平衡失调、洋地黄中毒等。但应指出的是，只有移位幅度超过 0.1 mV 时才具有病理诊断意义。

②S-T 段时限变化。S-T 段时限缩短常见于高钙血症，时限延长主要见于低钙血症。

(5)P-Q 间期　主要变化是延长和缩短。

①P-Q 间期延长。延长见于房室传导阻滞、迷走神经紧张度增高，心肌缺血、心肌炎，以及使用洋地黄、奎尼丁、静松灵、新保灵及其制剂等。

②P-Q 间期缩短。缩短见于交感神经兴奋性增高、预激综合征。预激综合征是指房室间激动的传导，除经正常的传导途径外，同时经由另一附加的房室传导径。此附加的传导径路，由于绕过房室结，故传导速度明显快于正常房室传导系统的速度，使一部分心室肌预先受激。心电图除 P-Q 间期缩短外，还有 QRS 波群时间增宽，而且形态有改变。其开始部分多呈明显粗钝，但 P-J 时间(P-Q 间期加 QRS 波群时间的总时间)正常，仍在 0.26 s 以内。预激综合征是 1930 年由 Wolff、Parkimn 和 White 3 人描述，故又称“WPW”综合征，多见于非器质性心脏病，一般预后不良。

(6)Q-T 间期　主要变化是延长和缩短。

①Q-T 间期延长。延长可见于心肌损害、低钾血症、低钙血症、低体温、乙二醇中毒及使用奎尼丁等。

②Q-T 间期缩短。缩短见于高钾血症、高钙血症、使用洋地黄、使用阿托品、使用 β-阻滞剂和钙通道颉颃剂。

(7)R-R 间期　R-R 间期时限缩短主要见于窦性心动过速、房性心动过速以及一切能使心率加快的疾病;延长主要见于窦性心动徐缓、窦性静止等。

三、心电图的临床应用

(一)心电图分析的顺序和报告方法

在分析心电图时,需要遵循一定的顺序,依次阅读分析,形成常规,就不会顾此失彼,发生遗漏。为便于观察微细的波形变化并准确地测定各波的时间、电压和间期等,应准备一个双脚圆规和一个放大镜,以便更好地观察和测量相关的参数。

1.心电图的常规分析顺序

分析心电图可按下列方法:对每幅心电图,应系统检查下列特征:心率、心律、P 波、P-Q 间期、QRS 波群时限、QRS 波群形态、S-T 段、T 波、心电轴和 Q-T 间期。现将 Tilley(1992)总结的犬、猫心电图相关参数列出(表 7-8),以便运用时参考。

表 7-8　犬、猫心电图正常间期和参数表

参数	犬	猫
心率/(次/min)	70～160(成年犬) 70～180(玩具犬) 70～220(幼犬)	120～240
心律	正常窦性心律 窦性心律失常 心房游走心律	正常窦性心律 窦性心动过速
各波及间期的时限		
P 波时限	<0.04 s(巨型犬<0.05 s)	<0.04 s
P-R 间期	0.06～0.13 s	0.05～0.09 s
QRS 时限	<0.05 s(巨型犬<0.06 s)	<0.04 s
Q-T 间期	0.15～0.25 s	0.12～0.18 s
Ⅱ导联各波的振幅(50 mm/s)		
P 波的振幅	<0.04 mV	<0.20 mV
R 波的振幅	<2.0 mV(巨型犬<2.5 mV)	<0.90 mV
S-T 段	降低 <0.20 mV 抬高 <0.15 mV	无降低 无抬高
T	<R 波振幅的 0.25	<0.30 mV
额面平均心电轴	+40°～+100°	0°～+160°

2.心电图分析的新顺序

这里简要介绍的心电图分析新顺序多少与心电图的常规分析顺序有些不同，该分析方法是适应近十年来心脏病学的进展而提出的。急性心肌梗死的早期诊断取决于对S-T段异常的敏锐察觉。肌酸磷酸激酶MB(CK-MB)和肌钙蛋白的测定结果与早期急性心肌梗死并不相关，因为在心肌梗死发作的最初数小时这些心肌酶学指标并不增高，因而并无诊断价值。急性心肌梗死的早期诊断主要根据症状和S-T段改变。该分析新顺序提出了准确、快速解读心电图的11步法。

第一步，先分析心律，然后分析心率。注意在心率之前分析心律(正常窦性心律、窦性心律失常、心房游走心律)，因为心律更重要，而且正常心率(如成年犬，70～160次/min)很容易识别。

第二步，分析P-Q间期和QRS波群时限，观察有无传导阻滞。QRS波群增宽提示右束支阻滞(RBBB)或左束支阻滞(LBBB)。

第三步，如果无左束支阻滞或右束支阻滞，但QRS波群增宽，分析有无非特异性室内阻滞，有无Wolft-Parkinson-White(WPW)综合征。虽然WPW综合征并不常见，但其诊断很重要，计算机自动分析和临床兽医师人工分析时可能发生漏诊。由于WPW是QRS波群增宽的一个原因，从逻辑上讲应将该诊断与束支阻滞同时考虑，从而避免漏诊。更重要的是，分析心电图时必须尽早排除伪似心肌梗死，WPW综合征可以伪似心肌梗死图形。右束支阻滞时Ⅲ、aVF导联可出现Q波，易被误诊为心肌梗死。左束支阻滞的诊断应尽快证实，因为左束支阻滞可掩盖很多其他诊断，尤其是心肌缺血和肥厚，与心肌梗死鉴别很困难。

由于在V_1和V_2导联可以观察到束支阻滞的改变，故建议先观察V_1和V_2导联。V_1导联通常P波明显，是分析窦性心律和心律失常的较好导联方式，因此可以快速诊断窦性心律或节律异常；另外，可以分析P-Q间期，也可发现左心房增大。因此，全面分析V_1和V_2导联可获得大量信息。

另外，分析V_1、V_2、V_3导联有助于诊断右室发育不良，这些是右束支阻滞的特殊形式，最近研究提示其是幼龄动物猝死的原因之一。

第四步，分析十分重要的S-T段。急性心肌梗死的早期诊断主要是根据S-T段改变。最近提出了一些新名词：S-T段抬高型心肌梗死和非S-T段抬高型心肌梗死(非Q波型心肌梗死)，S-T段是诊断的关键。

第五步，分析病理性Q波，同前面分析的S-T段一起可判断有无新近或陈旧性心肌梗死。观察胸导联有无R波丢失或R波递增不良，两者可提示心肌梗死、导联误置或其他原因。

第六步，分析P波，观察有无心房肥大。

第七步，分析有无左心室肥大(LVH)和右心室肥大(RVH)。

第八步，分析T波，观察有无倒置。

第九步，分析心电轴和分支阻滞。心电轴无特异的诊断价值，仅作为辅助诊断工具。

第十步，分析其他问题，如长Q-T间期、心包炎、心脏起搏、肺栓塞等。

第十一步，分析心律失常，如果发现心律异常，它实际上是第一步。

步骤衔接，在第四步分析完S-T段后以及第五步提示急性或陈旧性心肌梗死的Q波后，第七步可以与第九步衔接，因而恢复了常规的分析方法，即分析 P 波，然后 T 波、心电轴、心肥大及其他问题。

3. 心电图报告

心电图报告是对心电图的分析意见和结论。一般可按上列的分析内容或心电图报告单的项目逐项填写。在心电图诊断栏内要写明心律类别、心电图是否正常等。在进行心电图诊断时，必须结合临床检查和血液检查等结果综合分析。心电图是否正常，可分为如下 3 种情况。

(1)正常心电图　心电图的波形、间期等在正常范围内。

(2)大致正常心电图　如个别导联中，有 S-T 段轻微下降，或个别的期前收缩等，而无其他明显改变的，可定为大致正常心电图。

(3)不正常心电图　如多数导联的心电图发生改变，能综合判定为某种心电图诊断，或形成某种特异心律的，都属于不正常心电图。

(二)心房肥大

1. 左心房肥大

P 波的时限延长(犬的大于 0.05 s，猫的大于 0.04 s，即可判定为左心房肥大)，P 波呈双峰或有切迹，或呈现二尖瓣型 P 波[心房去极化不同步导致出现切迹，左心房扩张时去极化稍迟于右心房，左心房增大常与二尖瓣疾病有关(图 7-13)]。在Ⅲ、aVF 和 V1 导联上，P 波的后半部常呈负向而出现双向 P 波。注意：巨型犬 P 波时限轻度延长常为正常。

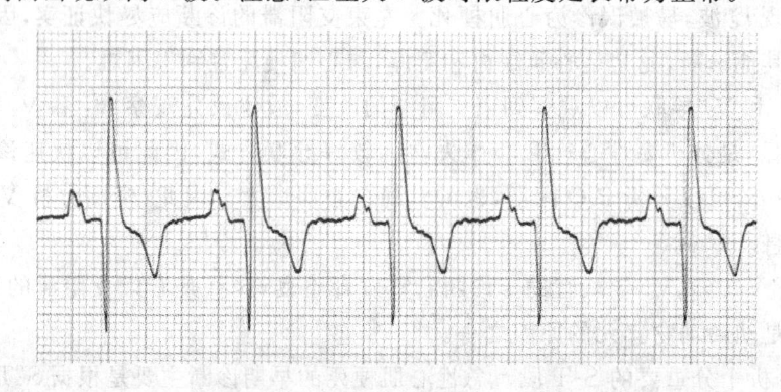

图 7-13　某犬心电图中的 P 波时限延长(0.06 s)，并出现切迹，呈现二尖瓣型 P 波 (50 mm/s，10 mm/mV)

2. 右心房肥大

P 波在Ⅱ、Ⅲ和 aVF 导联上 P 波高耸和尖锐，振幅增加，这种高耸的 P 波称为肺型 P 波(由于右心房增大常与肺部疾病相关)，见图 7-14。在犬和猫 P 波电压超过 0.2 mV 即有右心房肥大的可能。注意：肺型 P 波常见于易发慢性呼吸道疾病的犬猫品种。

3. 双侧心房肥大

兼有左心房肥大和右心房肥大的心电图特征，P 波增宽，电压增高，亦即出现具有切迹的高耸尖锐 P 波。

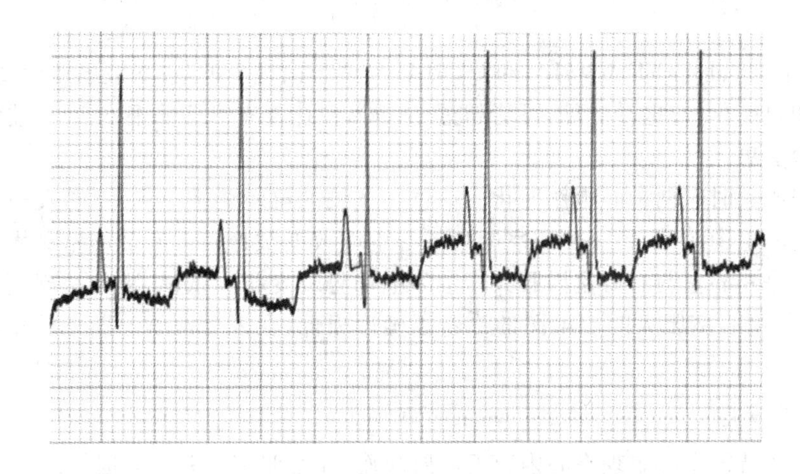

图 7-14　某犬心电图中高耸的 P 波(0.5 mV),呈现肺型 P 波
(25 mm/s,10 mm/mV)

(三)心室肥大

1. 左心室肥大

(1)犬　Ⅱ导联上 R 波电压大于 3.0 mV(图 7-15),aVR 导联上 S 波加深,Ⅲ导联上 QRS 综合波呈 RS 型,QRS 综合波时限大于 0.06 s;心电轴左偏或不偏;S-T 段下移或模糊不清,T 波电压增高,在Ⅱ导联上大于 R 波的 25%;常伴有室性期前收缩和左前半支阻滞。一般来说,Ⅰ导联 R 波高于Ⅱ导联或 aVF 导联,提示存在肥大。Ⅰ、Ⅱ、Ⅲ导联 R 波增高提示可能存在扩张,左心室增大的其他心电图特征包括 QRS 时限延长、S-T 段下移、弯曲或平均电轴左偏。

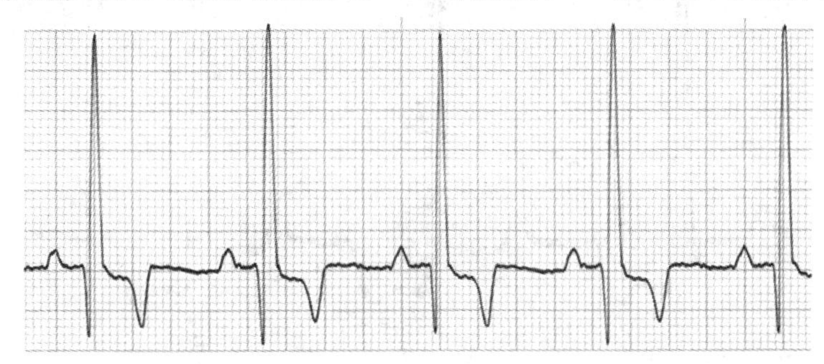

图 7-15　某犬心电图中 R 波增高(6.0 mV),且 QRS 波群的时限延长(0.06 s),
提示存在左心室肥大(50 mm/s,5 mm/mV)

(2)猫　Ⅱ导联上 R 波电压大于或等于 0.9 mV,CV6LU 导联上 R 波电压大于 1.0 mV;QRS 综合波时限大于 0.04 s;心电轴多数左偏,常小于 30°;常伴发左前半支阻滞及其他类型的心律失常。

2. 右心室肥大

(1)犬　心电轴向右偏移,常大于+120°;Ⅰ、Ⅱ、Ⅲ导联上出现 S 波;Ⅱ、Ⅲ和 aVF 导联上 Q 波电压大于 0.5 mV;aVR 导联上 R 波与 S 波的电压相近,即 QRS 综合波呈 RS 型,电压的代数和等于零;CV6ILL、CV6LU 和 V_{10} 导联上有一个深的 S 波(或 Q 波);V_{10} 导联上 T 波呈正向(倒置)。

(2)猫　Ⅰ、Ⅱ、Ⅲ、aVF、CV6LL 和 CV6LU 导联上出现 S 波,或 S 波电压增高;QRS 综合波时限没有明显变化;心电轴右偏,可能超过+160°;往往伴有 S-T 段移位和 T 波的改变。

3. 双侧心室肥大

双侧心室肥大时有两种心电图变化。一种是一侧的电动势大于另一侧,此时呈现某一侧心室肥大时的心电图改变,另一侧心室肥大的心电图改变被掩盖。双侧心室肥大的另一种心电图变化特征是左心室与右心室因肥大产生的电动势改变相互抵消,致使呈现近于正常的心电图。因此,双侧心室肥大时心电图的诊断正确率很低,在人类医学诊断中的正确率也只有10%～30%。

(四)心肌缺血

其心电图的特征主要表现在心内膜下心肌缺血(如心肌病、外伤等)时出现 S-T 段的下移(图 7-16),有时伴有巨大高耸的冠状 T 波。心外膜下心肌缺血为主时呈 T 波倒置,QRS 波群和 S-T 段没有变化。但是,可引起 T 波发生变化的因素很多,如寒冷、炎症、轻度压迫、体液内电解质浓度改变、饥饿、冠状动脉供血不足、缺氧等因素均可影响心肌代谢,从而引起心肌轻度损伤发生缺血型心电图变化。更应该指出的是,某些犬等在正常时就有 T 波不恒定和可变的特征,其机制目前尚不清楚。因此,在兽医临床上要诊断心肌缺血,仅凭 T 波的变化是不太可靠的,必须结合临床上的其他资料,才能得出比较可靠的结论。

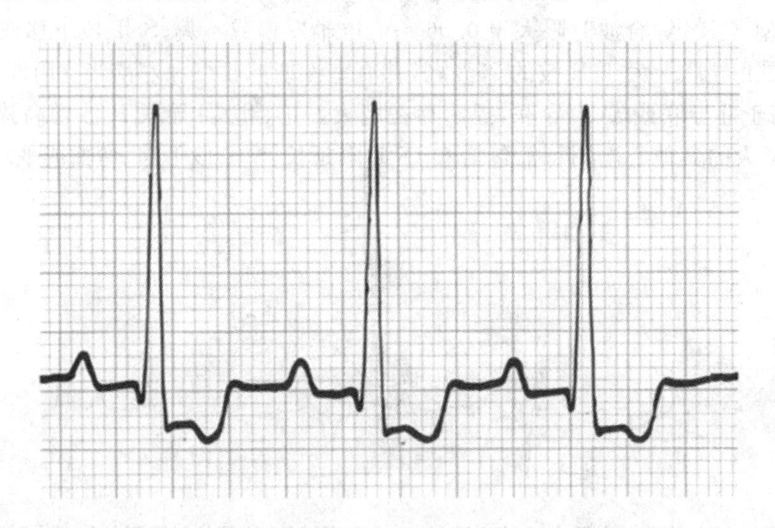

图 7-16　某犬心电图中 S-T 段下移,提示存在心内膜下心肌缺血
(50 mm/s,10 mm/mV)

(五)心肌梗塞

心电图的变化对心肌梗塞的诊断具有重要意义。表现在心电图上的主要特征是出现异常 Q 波、S-T 段升高及 T 波倒置。

1. 异常 Q 波

异常 Q 波是由于坏死的心肌丧失了去极化和复极化的能力引起的。在坏死区缺乏兴奋能力,形成一个缺口,该区没有去极向量和其他各方面的向量相抗衡,因而坏死区形成了一离开该区指向对侧的病理向量，即 Q 向量。该向量与覆盖梗塞部位的导联轴方向相反，故得一负波即 Q 波。如果在梗塞区对侧放置导联进行记录时，由于该向量的方向与对侧导联的方向一致，可得到一个正波，使该导联 R 波反而增高。

2. S-T 段变化

S-T 段变化主要由坏死区周围心肌受到严重损伤所引起。在心肌梗塞急性期有明显的 S-T 段升高与起始时为直立的 T 波相连，呈一向上的拱形曲线。随后 S-T 段逐渐回到等电位线上，T 波由直立转为倒置，并逐渐加深形成两侧对称的"冠状 T 波"。随着病情的好转，T 波倒置减浅或恢复直立，并趋于稳定。最后留永久性的异常 Q 波，称为陈旧性心肌梗塞。

(六)心律失常

对心律失常进行心电图诊断时，首先应明确主要心律，确定是否存在 P 波。有房室分离时应确定 QRS 波群的起源：起源于房室交界部的 QRS 波群，通常有轻度畸形，但是存在心室内差异性传导者有明显的 QRS 波群畸形。起源于心室的 QRS 波群几乎都是增宽和畸形的。如果存在早搏，应确定其性质。通常根据 P 波的变化、QRS 波群畸形与否以及 P 波与 QRS 波群之间的关系来判定。

1. 窦性心律失常

(1)窦性心动过速　大、中型犬在 160 次/min 以上，小型犬在 180 次/min 以上，猫在 220 次/min 以上可判定为窦性心动过速。其心电图特征为窦性心律，心电图的波型和波向与健康动物一样；T-P 段缩短，甚至消失；心率特别快时，P 波与前一个心动周期的 T 波融合，使 T 波降支出现切迹或呈双峰 T 波。相应示例见图 7-17。

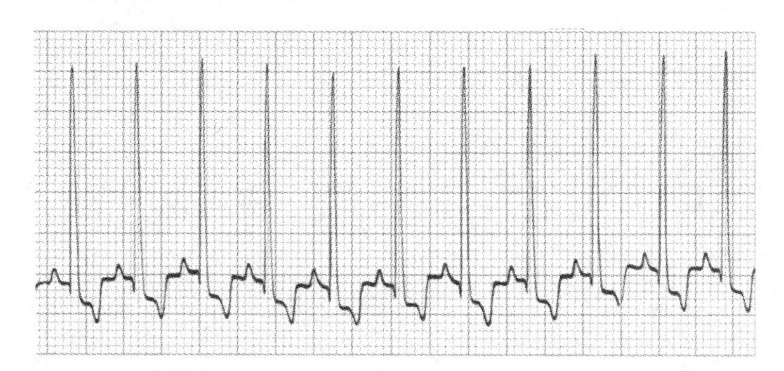

图 7-17　某犬心电图中出现窦性心动过速，心率 180 次/min
(25 mm/s，10 mm/mV)

(2)窦性心动徐缓　大、中型犬在 80 次/min 以下，小型犬和猫在 110 次/min 以下即可判定为窦性心动徐缓。其心电图特征为窦性心律，心电图的波型和波向与健康动物一样；P-Q 间期、Q-T 间期延长，但延长最明显的是 T-P 段；常伴有窦性心律不齐；严重的窦性心动徐缓，可以伴有房室交界性或室性逸搏或逸搏心律。相应示例见图 7-18。

(3)窦性心律不齐　心率时快时慢，表现为 P 波形状相同，P-Q 间期时限相等，而 R-R 间期时限长短不一。在人 R-R 间期时限之差大于 0.12 s，即可判定为窦性心律不齐。动物由于品种不同，心率差异甚大，目前尚无适用于各种动物的通用判定标准。

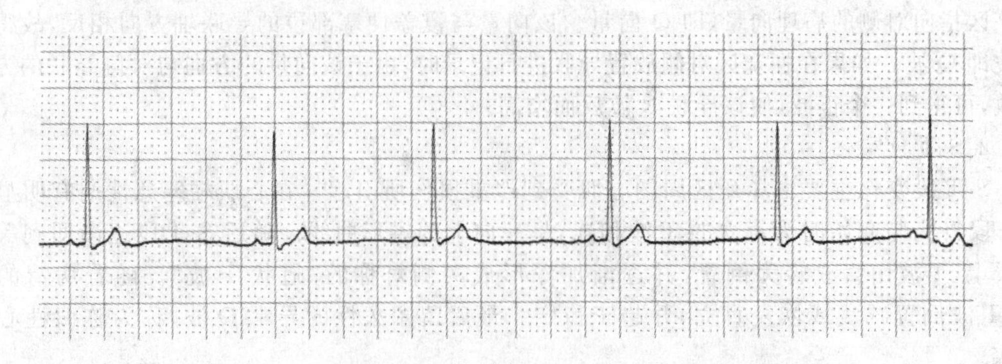

图 7-18 某猫心电图中出现窦性心动过缓，心率 65 次/min
(25 mm/s,10 mm/mV)

(4)窦性静止 指窦房结在较长时间内暂时停止发出激动，使心房和心室波都消失的现象。其心电图特征为在一段长 R-R 间期内无 P 波、QRS 综合波和 T 波；窦性静止时间过长时，常常伴发房室交界性逸搏或室性逸搏。

2. 心房扑动和心房纤颤

(1)心房扑动 是一种心房的快速而规则的主动性异位心律。其心电图特征为 P 波消失，代之以形状相同、间歇均匀的“F”波，其形状像锯齿，其频率在犬为 300～400 次/min；QRS 综合波的形状和时限与窦性激动时的相同；房率与室率之间有一定的比值，大多数为 2∶1，亦可呈 3∶1 或 4∶1。相应示例见图 7-19。

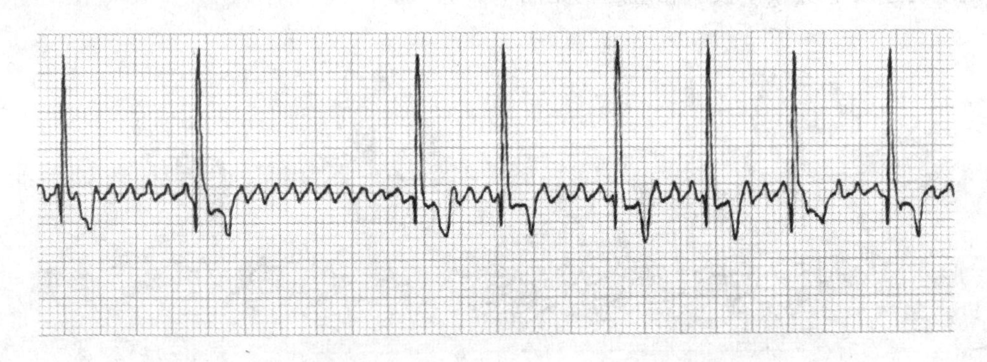

图 7-19 某犬心电图中出现心房扑动且心室传导不规则，呈现每个正常 QRS 波群之间出现多个 P 波且较规则，心室节律 90 次/min(25 mm/s,10 mm/mV)

(2)心房纤颤 是心房各部分肌纤维各自为政发生极快而微弱的纤维素颤动，心房失去整体收缩能力的一种心房的自动性异位心律，是动物十分常见的异常心电图。其心电图特征为 P 波消失，代之以一系列大小不等、形状不一、间歇不规则的连续纤颤波，即“f”波；心房频率极度加快，犬为 400～600 次/min，甚至可达到 850 次/min 以上；QRS 综合波波形与窦性激动时的相同；室率极不规则，R-R 间期时限变化较大；P-R 段消失。相应示例见图 7-20。

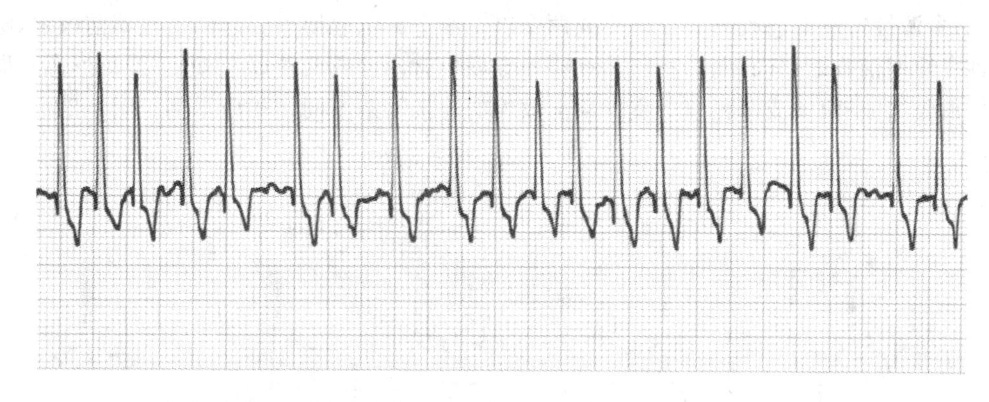

图 7-20　某犬心电图中出现心房纤颤，呈现不规则的室性节律，QRS 波群正常，P 波消失并出现纤颤波（f 波），心室节律 240 次/min（25 mm/s，10 mm/mV）

3. 心室扑动和心室纤颤

心室扑动和心室纤颤是最严重的心律失常。由于心室肌不协调地扑动或颤动，不能引起心室喷血，可引起患病动物迅速死亡，也是动物猝死的常见原因。心室扑动和纤颤的心电图特征为 QRS 综合波和 T 波完全消失，代之以形状不同、大小各异、间隔不均匀的扑动波和颤动波；频率在 250～500 次/min；颤动波之间有长短不一的等电位线；颤动波越来越细小，越来越缓慢，最终发生心室停搏而呈现一条等电位线。

4. 期前收缩

期前收缩又称早搏，是由某一异位起搏点兴奋性增高，过早地发出一次激动所致，是动物中十分常见的异位心律。根据异位起搏点的部位不同，期前收缩可分为房性、房室交界性和室性三种，其中以室性期前收缩最常见。根据异位起搏点的数量，可分为单源性期前收缩和多源性期前收缩两种。它们心电图的共同特征是期前收缩 P 波（房性）或 QRS-T 波群（室性）异位或形态异常。

（1）室性期前收缩　QRS 波群提前出现，其形状宽大、粗钝或有切迹，时限延长；提前出现的 QRS 波群之前没有相关的 P 波，有时逆行 P 波融合在 T 波中；T 波波向改变；有完全的代偿性间歇。室性期前收缩按时重复出现，可能形成二联心律、三联心律或四联心律。相应示例见图 7-21。

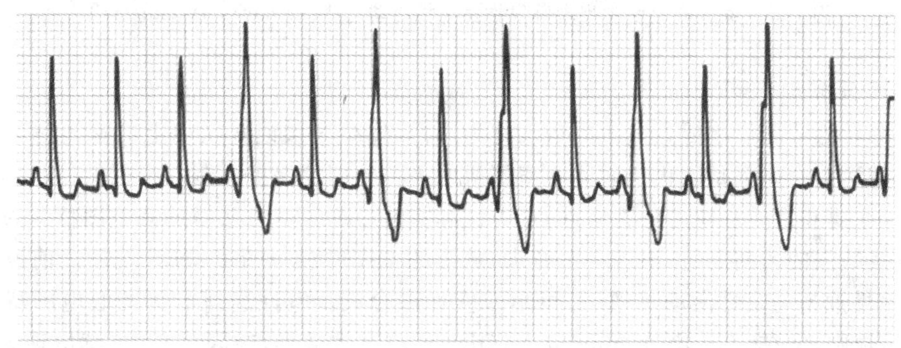

图 7-21　某犬心电图中出现室性早搏与正常窦性波群交替发生（室性二联律），该犬同时伴有室性心动过速，心室节律 180 次/min（25 mm/s，10 mm/mV）

(2)多源性室性期前收缩　由两个或两个以上心室异位起搏点引起的室性期前收缩，称为多源性室性期前收缩，其心电图特征是在同一导联中有两种或两种以上 QRS 波群形态不同的室性期前收缩波；两种或两种以上室性期前收缩的连接间期不同。相应示例见图 7-22。

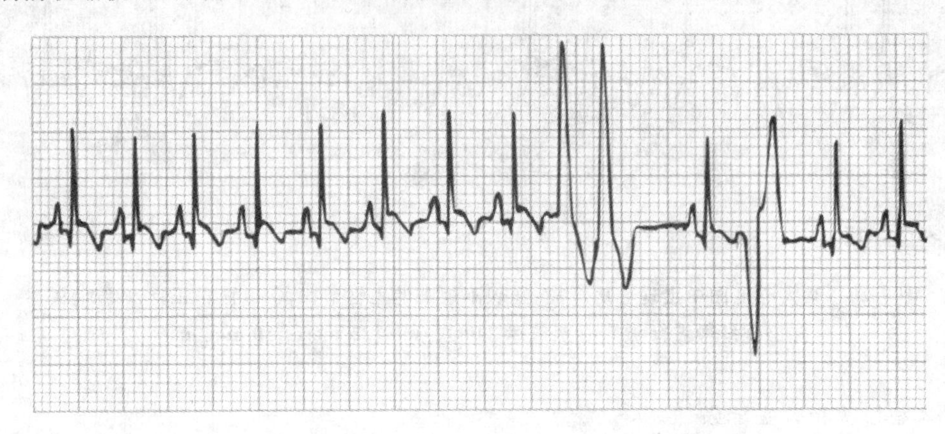

图 7-22　某犬心电图中室性早搏出现两种以上 QRS 波群形态，该犬同时伴有室性心动过速，心室节律 180 次/min(25 mm/s,10 mm/mV)

5. 阵发性心动过速

当连续出现 3 次或 3 次以上的期前收缩时，即可称为阵发性心动过速。其心电图特征为突然发生，突然停止；发作时心率频速，犬可超过 200 次/min；发作持续时间较短，一般为数秒、数分钟或数小时；心律规则。相应示例见图 7-23。

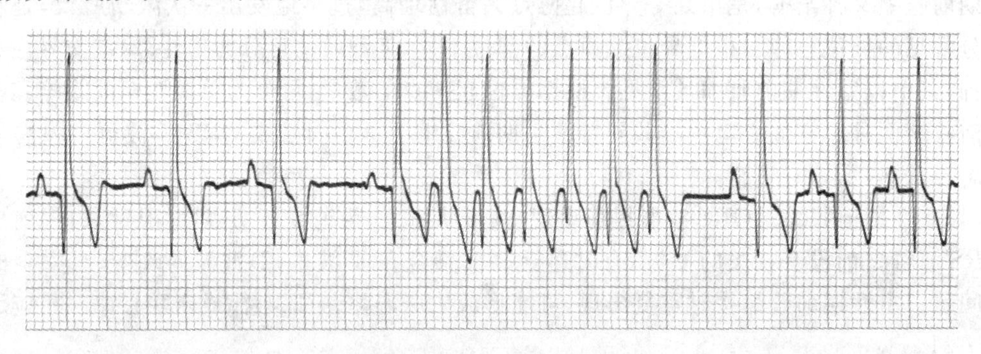

图 7-23　某犬心电图中出现阵发性室上性心动过速(25 mm/s,10 mm/mV)

6. 逸搏和逸搏心律

由频率较低的低位起搏点发出的激动称为逸搏，连续 3 次或 3 次以上的逸搏称为逸搏心律。逸搏和逸搏心律都是防止长时间心室停搏的一种生理性保护机制。根据低位起搏点的部位的差异，逸搏和逸搏心律可分为房性、交界性和室性 3 种。室性逸搏的心电图特征为一个较长的心室波缺失的间期之后，出现一个宽大、畸形的 QRS 波群；畸形 QRS 波群之前没有相关的 P 波；室性逸搏与窦性激动相遇时，可形成室性融合波。室性逸搏心律的心电图特征是心室率缓慢、规则，常在 30～40 次/min 以下；QRS 波群宽大畸形，时限延长；连续出现 3 次或 3 次以上室性逸搏。

7. 心传导阻滞

按照阻滞发生的部位，可将心传导阻滞分为窦房阻滞、房内阻滞、房室阻滞和室内阻滞 4 类，其中以房室阻滞最常见。按照阻滞的程度，可分为Ⅰ度、Ⅱ度和Ⅲ度传导阻滞。前两种为不完全传导阻滞，后一种为完全性传导阻滞。

(1) Ⅰ度房室阻滞　P-Q 间期时限延长，超过正常范围的上限，如犬的 P-Q 间期时限超过 0.14 s，小型犬和猫的 P-Q 间期时限超过 0.13 s，即可认为是Ⅰ度房室阻滞；每个窦性 P 波之后均有相对应的 QRS 波群。犬Ⅰ度房室阻滞的心电图示例见图 7-24。

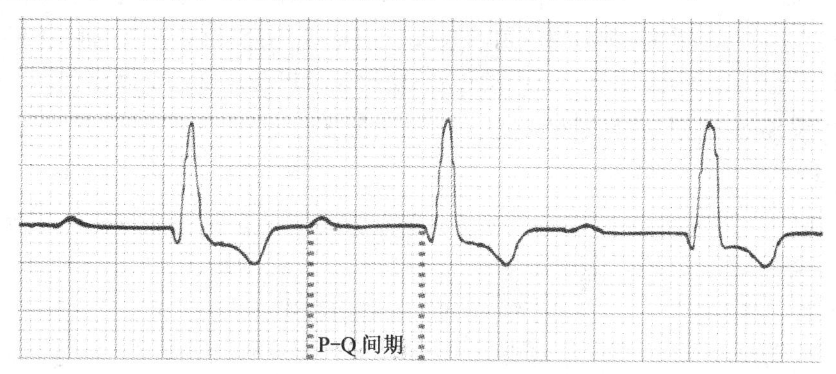

图 7-24　某犬心电图中出现Ⅰ度房室阻滞，P-Q 间期时限为 0.24 s (25 mm/s，10 mm/mV)

(2) Ⅱ度房室阻滞　Ⅱ度房室阻滞可分成心电图特征和临床意义各不相同的两种类型，即 Mobitz Ⅰ型和 Mobitz Ⅱ型房室阻滞。Mobitz Ⅰ型房室阻滞伴有文氏现象(Wenckebach's phenomenon)，具体表现：①P-Q 间期时限逐渐延长，直到 P 波之后的 QRS-T 波群缺失（心室漏搏）；②P-Q 间期时限延长的同时，R-R 间期时限逐渐缩短，直到心室漏搏为止；③QRS-T 波群缺失之后的第一个心动周期的 P-Q 间期时限最短，且与正常窦性激动传导速度时的 P-Q 间期时限相同；④上述现象会重复出现；⑤心电图上 P 波与 QRS 波群的数目没有固定的比例，即心室漏搏的发生没有一定的规律。Mobitz Ⅱ型房室阻滞的 P-Q 间期时限通常没有变化；QRS-T 波群不定时或有规律缺失，房室传导比例常呈 3∶2（3 个窦性激动中有 2 个传入心室），也可呈 3∶1，甚至 4∶1 或 5∶1，后者易发生逸搏；心室漏搏前和漏搏后的 R-R 间期时限是 P-P 间期时限的两倍；因阻滞率比较固定，故心室率多数是匀齐的。

(3) Ⅲ度房室传导阻滞　P-P 间期与 R-R 间期各有其自己固有的规律，且两者之间没有相应的关系，形成完全性房室脱节；P 波的频率常常较 QRS 波群频率高 2～4 倍，且两者之间没有固定的关系。

(4) 房室束支传导阻滞　对于犬和猫等浦肯野氏纤维网在心肌内的分布与人相似的动物来说，房室束支阻滞的心电图特征与人的大同小异。

犬和猫右房室束支阻滞：QRS 波群时限延长，犬的大于 0.07 s，猫的大于 0.06 s；心电轴右偏(104°～270°)；在 aVR、aVL、CV5RL 导联上，QRS 波群主棘波呈正向，在 CV5RL 导联上常为 RSR'型或 rsR'型；在Ⅰ、Ⅱ、Ⅲ、aVF、CV6LL、CV6LU 导联上，QRS 波群存在一个宽而深的 S(Q)波。在 V_{10} 导联上可见 S 波或"W"波。

犬和猫左房室束支阻滞：QRS综合波时限延长；在aVR、aVL、CV5RL导联上，QRS波群主棘波为阴性波；在Ⅱ、Ⅲ、aVF、CV6LU导联上，QRS波群为阳性波；Ⅱ导联和CV6LU导联上的R波电压增高，分别可达到2.5和4.8 mV。

8. 预激综合征

预激综合征又名WPW综合征(WPW syndrome)，是指心房激动的同时沿正常和异常的房室传导路径传至心室，通过旁路(附加束)传导的激动预先到达，使一部分心室肌预先激动而引起的一系列心电图异常表现。其心电图特征为P-Q间期时限明显缩短；QRS综合波宽大、畸形、时限延长、起始部粗钝，即出现所谓的"delta"波；P-J间期时限(P波起始部到QRS波群结束的时间)没有明显变化；常常伴有心动过速；预激期可以与正常期交替出现。

(七)电解质紊乱对心电图的影响

1. 低钙血症

S-T段延长，由此使Q-T间期时限延长。当血钙被纠正后，上述指标迅速恢复正常。然而，据Kvart等(1983)的统计，这些心律失常包括室上性期前收缩(96.3%)、窦性心动过速(51.9%)、室性逸搏(40.7%)、房室阻滞(25.9%)、心房游走性起搏点(22.2%)、房性心动过速(22.2%)、室性期前收缩(18.5%)、窦房阻滞(18.5%)、文氏现象(14.8%)、等律性房室脱节(7.4%)、室性心动过速(3.7%)。

2. 高钙血症

开始为心率变慢，窦性心律失常，房室阻滞；以后出现心动过速，期前收缩；最后出现心动停止或心室纤颤。

3. 低钾血症

S-T段缩短，最后消失；T波电压逐渐降低，变平坦，最后转为倒置，同时U波逐渐明显、增高。严重者可以出现各种类型的心律失常，其中以期前收缩和阵发性心动过速最常见。

4. 高钾血症

随着血清钾离子浓度的逐渐增高，开始出现T波高耸而尖锐，其基底变窄，状如帐篷，原来的负向T波可转变为正向T波；以后，P波电压逐渐降低，时限延长，最终完全消失；R波电压逐渐降低，S波逐渐加深，S-T段下移，QRS波群亦逐渐增宽，最后产生心室纤颤或心脏停搏。

(八)药物对心电图的影响

1. 洋地黄类药物对心电图的影响

应用洋地黄类药物时，常可引起明显的心电图改变，其特征是在以R型波(qR、R、Rs、qRs)为主的导联上，S-T段和T波呈"鱼钩形"改变。起初T波电压降低即变为低平T波，继而S-T段逐渐斜形下垂，略向下突出，T波转为双向，其前半部为负向，后半部为正向，S-T段与T波的负向部融合在一起，无法分出它们之间的交界点，最后T波完全变为负向，只留下终末部略超过等电位线的正向直立波形。S-T段与T波融合后的波形如鱼钩；Q-T间期时限缩短；P波电压降低或出现切迹，U波电压轻度升高。但使用洋地黄类药物剂量过大或者使用时间过长而蓄积都会引起洋地黄中毒，洋地黄中毒的心电图表现是心律失常，如室性期前收缩、房室阻滞、房室脱节、心房纤颤、阵发性房性心动过速，还可引起室性心动过速、心室纤颤等。

2.麻醉药对心电图的影响

经临床实践证明，一些新的化学保定剂(如隆朋、静松灵、新保灵等)都为效果确实、安全的化学保定剂，但它们仍旧有一定的毒副作用，尤其是对心血管系统的作用比较明显，由此对被保定动物或野生动物的心电图产生不同程度的影响。

(1)隆朋　造成心率减慢，房室阻滞、窦房阻滞等心律不齐，S-T段移位和T波的变化。

(2)静松灵　使用后出现窦性心动徐缓、Ⅰ度和Ⅱ度房室阻滞、窦性心律不齐等心电图变化。

(3)新保灵制剂　使用后造成心率减慢，出现窦性心律不齐和室性期前收缩，P-Q和Q-T间期时限延长，T波电压增高呈高耸的“冠状型”T波和倒置的T波等心电图变化。

四、心电图检查的新技术

随着医学和兽医学的进展，在心电图的临床应用方面又涌现出一些新技术。其中最为引人注目的是动态心电图、体表标测心电图、高频宽带心电图、遥测心电图和正交心电图等。

(一)动态心电图

动态心电图(dynamic electrocardiogram, DCG)由Holter首次于1957年提出，主要用于心电图监护。

常规心电图仪记录数分钟内的心电变化，且多采用卧位、静息时记录，许多“一过性”心律失常往往被误诊。动态心电图系用磁带记录数小时以至数天的心电图变化，将磁带心电图仪固定于动物体上，记录生理活动状态下不同体位的独特导联的心电图，所获数据资料，可通过专用电子计算机分析“打出报告”。可分析24 h内(约10万次心动周期)或更多时间的动态心电图变化。在兽医学领域，动态心电图主要用于下面几方面。

1.生理学研究

研究正常生理的心率变化规律。曾有人对健康成年犬进行24 h的DCG观察，清醒时个体平均心率为57～90次/min，最快为107～160次/min，最慢为37～65次/min；睡眠时个体平均心率为40～70次/min，最快为60～115次/min，最慢为30～51次/min。在运动生理研究中，DCG尤其占有重要地位。

2.药理学的研究

在药理学的研究方面，对新药的药效学和药物的副作用进行评估，尤其药物对心血管系统的影响，通过用药后24 h或更长时间的DCG连续监测，可以对该药物进行客观的评价。

3.疗效的评价

应用某些治疗措施后的疗效评价，DCG可了解治疗过程中日常活动、生理变化规律，评价心电活动变异的性质及程度，并可提供合理治疗方法的心电图学依据，估价治疗的预后等。

4.动物试验

人类在天文、宇航、高山、海底等探险过程中，动物试验是必不可少的。探险家在为小鼠、兔、猫、犬、猴和其他实验动物采取安全措施的同时，也不会忘记放上心电监护装置。此时，动态心电图将发挥重要作用。

5.心律失常监护

在医学领域，正常人群中24 h内发现室性早搏率为27%～50%。对心律失常发作的频率、持续时间、特点均可确切测定，并能了解日常活动规律，尤其对研究入睡过程及睡眠时的心律失常（窦缓、窦房阻滞、窦性静止、房室传导阻滞）以及心绞痛发作等动态心电图变化，具有独特的作用。

此外在某些情况下，DCG 可通过发现被监测动物心电异常而明确诊断。有时在研究心律失常、猝死的流行病学及工业毒物对心影响等方面，DCG 亦是一种重要手段。还有人应用 DCG 分析心起搏器故障，颇有参考价值。

（二）体表标测心电图

为了了解心肌梗塞、心肌缺血范围，1972 年 Maroko 应用心前区多个电极测量，观察各部位电极所测得的 S-T 段抬高的范围，以评价梗塞区的大小。此方法简便，安全无损，重复性强，仅需一台心电图机，对急性心肌梗塞病情演变、疗效观察、愈后判别均有较大帮助。

动物仰卧保定，使用一般心电图仪（1 mV＝10 mm，走纸速度 25 mm/s），常规记录 12 导连心电图，然后继续记录多个部位心电图。这个方法适宜对同一患病动物入院前后、治疗过程中做自身对照。

（三）高频宽带心电图

常规心电图一般振幅仅数毫米至数十毫米，描记速度在 25～100 mm/s，而多采用热笔式心电图仪记录，记录笔有一定阻力。因此，在一些心电图谱上微小的变化，可能不能辨别。20 世纪 60 年代，随着电子技术发展，出现高频宽带心电图。

采用高描记速度（一般 500～1 000 mm/s，比一般心电图描记速度快 20～50 倍）、高振幅（放大 3～8 倍，1 mV 等于 30～80 mm），把心电图的 QRS 波群放大，可以用快速扫描示波器摄影记录，亦可用记忆示波器固定波形摄影记录。亦有人用快速光线扫描而记录于感光记录纸上。在这种条件下记录的 QRS 群波上，往往发现有切迹、顿挫，其时限为 1～7 ms。

目前认为这种切迹可能与心肌缺血、坏死、瘢痕以及散在性局灶性病变有关。并有一定定位价值，但是在测量时应将肌电的干扰与这种切迹相鉴别。后者是有规律地出现，而前者往往缺乏规律性和重复性。

（四）遥测心电图

随着遥测、遥感技术的发展，已能脱离心电图导连线，而将心电图信号远程传递。最短者有几米，最长者可达数千米甚至数万米。可以在示波器上直视监控，亦可通过电子计算机处理进行监控。

由于遥测心电图具有很多独到的优势，所以兽医领域特别青睐该项技术。尤其是对一些野生动物、稀有动物、经济动物和其他濒临灭绝动物、一级保护动物（如大熊猫、虎、猴、珍贵鸟类等）方面，利用遥测心电图和动态心电图可以在人工饲养和放归野外的情况下监测动物的生理状况。此外它还可以记录各种苛刻生理或病理条件下心电图形，如运动各瞬间、卫星空间医学、潜海医学、高山医学、监护病房等；另一方面亦可用磁带记录较长时间各种条件下的心电图变化，做回顾性分析或电子计算机处理分析。但是，遥测心电图亦有一定局限性：①它往往是记录某一导联或模拟导联的心电图变化，而较难获得 9 个或 12 个，或更多导联的心电图讯号；②心电图讯号经过调制、放大、发射、接收等一系列过程，往往会使讯号形态失真，对观察心律失常较有意义，而对 S-T 段变化的研究，其价值相应削弱，这点特别应予注意；③因为发射、接收、放大等环节较多，干扰和伪迹亦相应增多，阅读分析时必须认真识别。

(五)正交心电图

正交心电图(orthogonal electrocardiogram，OCG)是根据心电向量图原理，采用一般心电图机来反映左右、上下、前后 3 个轴的心电变化的方法，与常规心电图相比，仅仅是导联位置不同。

正交心电图应用心电向量图的 Frank 导联系统，记录 X 轴(左右前肢)、Y 轴(前后肢)和 Z 轴(前后胸)的心电图。其特点如下：①简便(只有三个导联)；②正常值变异范围小于常规心电图；③对心肌梗塞、心瓣膜病变、慢性阻塞性肺部疾患、高血压而无心脏病的诊断价值优于常规心电图。此外，有人报道，对室内传导阻滞的诊断也有较高价值。

第二篇　实验室检验

第八章　血液学检验

血液参与机体内氧气、营养和代谢产物的运送和交换，并参与细胞的代谢过程，同时对水和电解质平衡、体温调控及免疫系统的防御功能都非常重要。因此，血液学检验可以为兽医临床疾病的诊断和监测提供大量信息。

血液学检验可用于患病动物疾病状态的评估、健康动物的体检和术前动物体况评价等。血液学检验主要包括全血细胞计数和血细胞形态学检查。全血细胞计数(complete blood count，CBC)，包括红细胞、白细胞和血小板计数、血红蛋白浓度、红细胞压积、白细胞分类计数和红细胞指数等；血细胞的形态检查主要通过血涂片来评估。血小板检查详见本书第十二章。

第一节　血液的采集和处理

采集血样前，应准备好采血所需用品，并选择合适的采血部位。可用于血样采集的静脉包括颈静脉、前肢臂静脉和后肢隐静脉，颈静脉是首选采血部位(图 8-1)。采血前，应剃除所选静脉周边的被毛，并使用酒精消毒，必须注意不要过度地使用酒精擦拭，否则造成溶血。保定动物时需轻柔，以免造成动物应激从而影响检测结果的准确性。

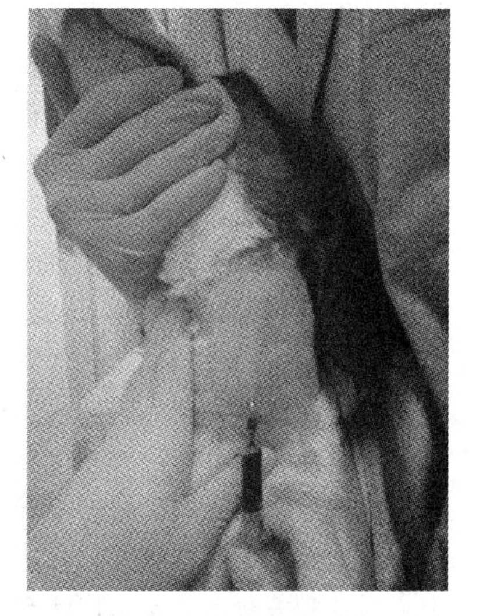

图 8-1　犬的颈静脉采血

目前兽医临床常用的采血工具是注射器，采集血样后，应迅速将其注入含有适当抗凝剂的抗凝管内。注入样本前，应拔下注射器针头，沿抗凝管壁轻柔地注入，以防止在此过程中造成溶血，之后再将抗凝管来回颠倒 10 次以上，以使血样与抗凝剂充分混匀。另外，也可以使用真空采血系统，这种系统由针头、持针器和采集管组成，采集管可以是含有或不含抗凝剂的无菌管，该方法的优点是可以同时采集多种样本。

血液学检查需要使用抗凝全血，因此抗凝剂的选择尤为重要。目前常用的抗凝剂包括乙二胺四乙酸(EDTA)、肝素、草酸盐和柠檬酸盐。EDTA 是血液学检查的首选抗凝剂，如果使用商品化的 EDTA 管，必须注意 EDTA 和血样的比例，以防止样本稀释或红细胞破裂，从而影响检测结果。与 EDTA 相比，肝素会影响白细胞染色，且容易造成血小板凝集。血样采集后，应尽快进行细胞计数并同时制作血涂片，以减少血样放置过程中造成的误差。

正确的采样技术和样本处理方法，是获得准确数据的基础。

第二节 血液学检查的方法与误差分析

一、血细胞数量检查

(一)血细胞计数

血细胞计数,包括人工计数和血液分析仪计数。随着临床实验室检测技术的进步,人工计数法由于其繁琐性和复杂性,基本已淡出历史舞台,而血液自动分析仪已越来越广泛地应用于兽医临床实验室检查。

1.人工计数法

人工计数法,即人工借助显微镜和血细胞计数器(特殊的载玻片)计数红细胞、白细胞和血小板的方法,这是一种古老且费时的方法。即使是经验丰富的化验员,也会存在20%或者大于20%的固有误差。

2.自动血液分析仪

相对于血细胞人工计数法,自动血液分析仪操作快捷且准确性更高。但获得准确数据的前提是进行完善的质量控制和机器保养,应在厂商的指导下,并结合实验室自身情况,制订适用于本实验室的质量控制和机器保养计划。像所有的医学技术一样,自动血液分析仪必须由经过培训的专门技术人员操作。

自动血液分析仪的测定方法包括阻抗法、淡黄层法和激光流式法。

所有的阻抗法血液计数仪都应用了库尔特原理。其原理是电解质溶液中的细胞稀释液被吸引通过两极之间的小孔。当粒子通过小孔时,会引起电阻变化并产生可测定的电压脉冲。电压改变的幅度与细胞的大小呈比例。因此可用电子仪器测定、分析和计算电压脉冲而进行细胞计数。阻抗法的优点是省时、操作简单且成本较低。其主要缺点是不能进行网织红细胞计数;不能进行白细胞分类计数;猫血小板和红细胞重叠会导致红细胞计数升高和血小板计数减少;红细胞没有完全溶解(含海因茨小体的红细胞不能溶解,多染性红细胞不易溶解)会导致白细胞计数假性升高。阻抗法血液分析仪是目前国内应用最广泛的自动分析仪。

定量淡黄层分析法以差速离心为基础。血液在高速离心下分为血浆层、淡黄层和红细胞层。淡黄层本身又根据密度不同分为白细胞层和血小板层。血小板密度最小,位于淡黄层最上面。紧跟着是单核细胞和淋巴细胞层,中性粒细胞是白细胞中密度最大的细胞,位于红细胞上方。这种方法不能鉴别杆状和分叶中性粒细胞;白细胞减少症的检出率偏低;发生小红细胞症、低色素血症和细胞不成熟时,测定结果没有意义。

激光流式血液分析仪是目前最新、最精确的一种方法,每秒钟可分析上千个微粒的物理和化学特性,其采用激光束测量固体成分的大小和密度。根据光线分散的强度与角度可区分颗粒细胞、淋巴细胞、单核细胞和红细胞。当在血液中添加某种染料时,激光束的变化便可区分出网织红细胞。但是某些异常的细胞形态及物质还需要通过血涂片检查识别,如核左移、反应性淋巴细胞、淋巴母细胞、肥大细胞、微丝蚴和红细胞寄生虫等。激光流式分析仪成本和维护费用均较高,目前国内兽医临床应用相对偏少。

(二)红细胞压积(PCV)和血细胞比容(HCT)

PCV 或 HCT 指外周循环血液中红细胞的百分比。虽然术语“红细胞压积”和“血细胞比容”的意思稍有不同,但一般可以互换。在血细胞自动分析仪检测过程中,HCT 一般可由机器根据红细胞计数和平均红细胞体积自动计算而得,这个结果受另外两个指标准确性的影响,相对准确性不高。PCV 则由微量血细胞比容管直接测得,这项检测操作简单、快速、便宜且准确性高,是最常用的血液学检测项目之一,但目前国内兽医临床未广泛开展。

PCV(也叫做微量血细胞比容)是红细胞占全血容量的百分比。采集的全血加入抗凝剂(如 EDTA 或肝素),置于毛细管中(75 mm)。血量约为微量红细胞比容管容量的 3/4,一端密封,置于离心机中,密封的一端朝外,离心 2～5 min。红细胞是血细胞中比重最大的成分,离心后沉入管底,呈暗红色。目前市场上有特殊的血细胞比容管比读卡,许多都有线性的刻度,因此管内血液的量不必精确。将红细胞层的底部对齐 0 刻度线,血浆的顶部对齐顶线,即可通过红细胞层表面读出对应的百分比。

紧贴红细胞层上灰白的一层叫做淡黄层,含有白细胞和血小板。淡黄层的高度可粗略地估计白细胞总数。有核红细胞数量的增加可使淡黄层偏红。血浆呈黄色清亮液体,位于管的顶部。正常的血浆清亮,呈淡稻草黄色。血浆混浊呈牛奶状即为脂血,这可能是疾病所致,也可能是采血前动物没有适当禁食而产生的伪象,高脂血症会导致血红蛋白浓度假性升高。血浆层呈淡红色为溶血,这可能是由血管内溶血所致,也可能是样本采集处理不当所致(样本处理粗暴、脂血症或贮存时间过长等)。血浆呈深黄色被描述为黄疸,常见于患肝病或溶血性贫血的动物,动物出现黄疸但 HCT 正常一般提示肝病;动物同时出现黄疸和严重的 HCT 下降则提示溶血。

(三)红细胞指数

确定红细胞指数有助于确定贫血的类型。红细胞指数包括平均红细胞体积(MCV)、平均红细胞血红蛋白量(MCH)和平均红细胞血红蛋白浓度(MCHC)。红细胞指数客观地衡量了红细胞的大小和平均血红蛋白浓度。计算的准确性依赖于各项单独检测的准确性,包括红细胞总数、HCT 和血红蛋白浓度。红细胞指数需与血涂片中的细胞形态相结合,以确定是否有效。例如,MCHC 偏低,则血涂片中的红细胞颜色应较正常时偏淡(低色素性贫血)。

MCV 指红细胞的平均大小。MCV 是用 PCV 除以红细胞总数,再乘以 10 得到的,其单位是千万亿分之一升(fL)。许多自动血液分析仪用电子方法测定 MCV 和红细胞总数,并以此计算 HCT。

MCH 指一般红细胞中所含血红蛋白(Hb)的平均质量。通过血红蛋白浓度除以红细胞总数,再乘以 10 得到:$MCH = Hb(g/dL)/RBC(\times 10^6/\mu L) \times 10$。MCH 临床意义不大。

MCHC 指一般红细胞中平均的血红蛋白浓度(或血红蛋白质量和所占容积的比例)。MCHC(g/dL)通过血红蛋白浓度(g/dL)除以 PCV(百分比)再乘以 100 得到,即 $MCHC = Hb(g/dL)/PCV(\%) \times 100$。

许多自动分析仪会提供细胞计数和血小板计数的直方图。直方图形象地表现了各种细胞成分的大小(X 轴)和数量(Y 轴)。直方图可用于验证不同血细胞涂片的结果,并展现检测结果异常的征象。例如,当存在巨血小板症或血小板凝集时,大多数自动分析仪将增大的血小板误认为是白细胞,造成所测得的白细胞总数假性升高。由于直方图中白细胞曲线会发生改变,从而可发现这种异常。

(四)网织红细胞计数

网织红细胞计数是区别再生性贫血和非再生性贫血的重要指标,当网织红细胞计数超过 80 000/μL 时,表明为再生性贫血。当血涂片上可观察到多染性红细胞增多时,即应进行网织红细胞计数。新亚甲蓝染色法可用于网织红细胞计数,人工计数网织红细胞需计数 1 000 个红细胞,且需要根据相应的公式进行校正,过程相对繁琐。

目前已应用于小动物临床的全自动血液分析仪,采用激光流式法,可直接测得网织红细胞的绝对数值,但有必要与人工计数的结果比对。贫血可引起聚集型网织红细胞释放到外周循环中,一般由前体细胞发育到网织红细胞需 4 d 左右的时间,所以临床上在依据网织红细胞判断再生性和非再生性贫血时,需先判断贫血出现的时间。

二、血细胞形态学检查

(一)血涂片制备

通过血涂片检查可以观察红细胞形态、白细胞形态和血小板形态以及是否存在异常细胞。制备出良好的血涂片是判断细胞形态的基础。

外周血液涂片常用载玻片法或盖玻片法制备。载玻片法即将一滴血液滴在干净载玻片靠近磨砂面的一端,用另一张载玻片边缘与其呈 30°角接触,待血液蔓延至接近玻片的宽度时,将玻片平稳而快速地向前推出。两张玻片之间的角度应根据血液的黏稠度进行调整。盖玻片法是将一滴血液滴在干净的载玻片中央,将盖玻片呈对角线放置其上,使血液在两张玻片间均匀分布。目前,兽医临床上主要使用载玻片法制备血涂片。

影响血涂片厚度的因素包括血滴大小、血样黏稠度、推片的角度及速度。推片角度越大、速度越快,则所制作的血涂片会越厚越短。血涂片制好后,应立即风干,可用洗耳球吹吸,避免使用电吹风。血片过厚或干燥过慢均会导致细胞皱缩,难以辨认。血涂片制好后,应使用铅笔或马克笔在载玻片的磨砂边标注动物信息,以避免混淆。

(二)血涂片染色

血涂片风干后,必须进行染色才可以清楚地鉴别各种细胞的特征。常用的染色法方法是罗曼诺夫斯基染色法(包括瑞氏染色法、瑞氏—吉姆萨染色法和 Diff-Quik 染色法等)。染色可以人工染色或使用自动染片机染色,目前国内兽医临床尚未使用自动染片机。染色过程中可能会出现各种问题,均可造成读片困难或误读。染液 pH 过低、染色时间不足或过度冲洗均会导致细胞偏红;染液 pH 过高、染色时间过长或冲洗不足均会导致细胞偏蓝。风干或固定过程中多种因素均可导致红细胞内出现可折光的包涵体,读片时应注意鉴别。染料沉渣的出现也会导致读片困难。Diff-Quik 染色是一种快速染色法,需要时间短,染色效果好,但这种染色不能着染嗜碱性粒细胞和肥大细胞。

网织红细胞染色需要使用新亚甲蓝染色法。目前,市场上已有商品化的新亚甲蓝染液,也可以自行配制染液,将 0.5 g 新亚甲蓝和 1.6 g 草酸钾溶于 100 mL 蒸馏水中即可。一般将等量的血液和 0.5%的新亚甲蓝染液混合后,置于 37℃条件下放置 10～20 min,然后涂片并计数 1 000 个红细胞,得出网织红细胞百分比。猫的网织红细胞有两种:聚集型和点状。健康猫有 0～0.5%的聚集型网织红细胞和 1%～10%的点状网织红细胞。其他动物大部分的网织红细胞均属于聚集型。

(三)血涂片镜检

血涂片镜检是血液学检查中的重要项目之一，即使是当前最先进的自动血液分析仪也无法完全替代血涂片镜检。高水平的技术员可制备一张良好的血涂片，并能给出非常有价值的信息。进行血涂片镜检之前，应先观察血涂片的整体特征，如单层区或边缘区的大小和位置，同时观察血涂片的整体厚度和染色质量。这些都会影响到镜检结果。进行镜检时，应先在低倍镜下(100×)扫查整个血涂片，选择最佳读片区域。理想区域是细胞量丰富但不重叠或成簇、扭曲，该区域靠近羽状缘。虽然一些人喜欢在高倍镜下(400×)观察血涂片，但使用油镜(1 000×)可更准确地评估正常和异常细胞。应按照一定的路径进行白细胞分类计数，以防止重复计数。血涂片镜检的常见误区是立即认读和进行白细胞分类计数，而不观察红细胞和血小板。技术员进行血涂片镜检时，至少应判断红细胞(大小、形态、颜色、异常红细胞和血液寄生虫)、白细胞(大小、形态、异常白细胞和包涵体)和血小板(分布和评估数量)，同时应判断其他异常发现。

三、误差分析

样本质量及分析方法的准确性是获得可信结果的关键因素。误差一般存在于分析前、分析中和分析后。

分析前误差包括：采血时，应尽量保持动物安静，以免动物应激而影响检验结果。采血部位应选取比较大的静脉，如颈静脉、头静脉等，以减少采血过程中对细胞形态的影响，且应选取合适的注射器和针头，避免使用酒精过度擦拭采血部位，抽血过程中应避免负压过大，以免造成细胞破裂。若采样未按照以上要求进行，则可能造成细胞破裂而引起溶血，从而导致 RBC 和 PCV 假性降低，MCHC 假性升高。血液学检查需要使用全血样本，必须使用 EDTA 抗凝，EDTA 不改变细胞形态，不会引起血小板过度凝集，应避免使用肝素等其他抗凝剂。血样贮存时间过长会导致计数结果不准确，所以尽可能采血后马上进行检测，避免长时间放置。在开始采血的瞬间，血小板已经开始凝集，因此快速将血样进行抗凝处理，并制作血涂片评估血小板数量是十分必要的。严重的脂血症会导致血红蛋白浓度和平均红细胞血红蛋白浓度假性升高，也可能会导致血小板和白细胞计数假性升高。大量的海因茨小体也会导致血红蛋白浓度和平均红细胞血红蛋白浓度假性升高，网织红细胞计数假性升高。

分析中误差包括分析仪器分析样本时出现的误差，主要包括仪器自身的问题和技术人员的操作问题。仪器是是否会出现分析中误差的关键因素，除了仪器质量是否过硬外，技术人员对于仪器的保养和质量控制是否到位也起着重要的作用。应严格按照使用说明对仪器进行日常的保养和维护。即使是质量过硬的仪器，也必须定期(每天、每周或每月)地使用质控液对仪器进行评估，以保证结果的准确性。如出现数据漂移或结果处于生产厂家提供的参考值范围外，应及时找出问题或求助于生产厂家。除了以上问题外，质控血清不佳，试剂过期或不稳定，未达到仪器所要求的工作环境等，也均会引起检验误差。

分析后误差主要是由于技术员记录结果出现失误所致。

第三节 红细胞评估

红细胞常通过红细胞计数、HCT、血红蛋白含量和红细胞指数进行综合评估。而血涂片检查则可以发现红细胞形态是否出现异常。

一、红细胞形态

(一)正常红细胞形态

犬正常的红细胞直径约为 6.5 μm,大小均一,呈两面双凹的圆盘形(中央有苍白区);猫正常的红细胞直径约为 5.8 μm,轻度大小不等,中央苍白区轻度,常可见缗钱样红细胞和豪-乔氏小体。

(二)异常红细胞形态

1. 缗钱样红细胞

缗钱样红细胞指红细胞叠成钱串样(图 8-2)。缗钱样红细胞与红细胞沉降率成正比,通常与膜表面电位有关。电位量异常可能是品种特性或疾病所致。缗钱样红细胞常见于猫。在某些疾病中,正常膜表面被过量蛋白质(高纤维蛋白原血症和高球蛋白血症)覆盖时,也会出现缗钱样红细胞。纤维蛋白原和球蛋白浓度升高会促使缗钱样红细胞伴随炎症反应而发生。

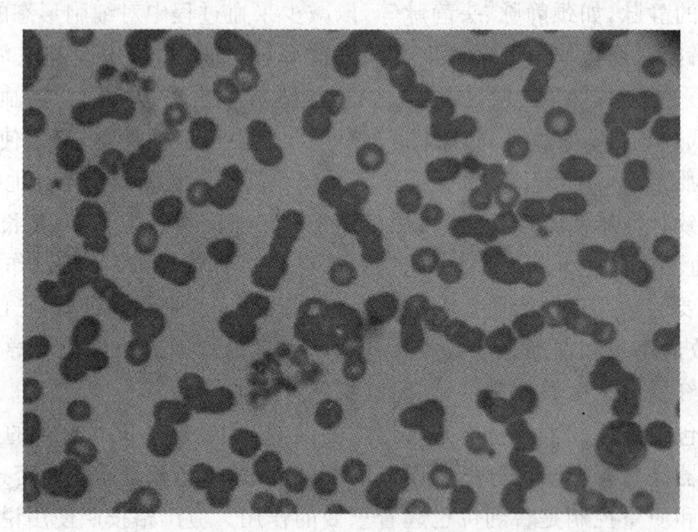

图 8-2 缗钱样红细胞

缗钱样红细胞与自体凝集区别的方法是将血液与生理盐水以 1∶5 的比例稀释,缗钱样红细胞加入生理盐水后,蛋白质被释放,红细胞会散开,而自体凝集则不会。

2. 自体凝集

自体凝集是红细胞聚集成葡萄串样(图 8-3),见于一些免疫介导性溶血的血样。应与缗钱样红细胞进行鉴别,如上将血液与生理盐水以 1∶5 的比例稀释,如果红细胞仍不散开,即为自体凝集。但无自体凝集并不能排除免疫介导性溶血。

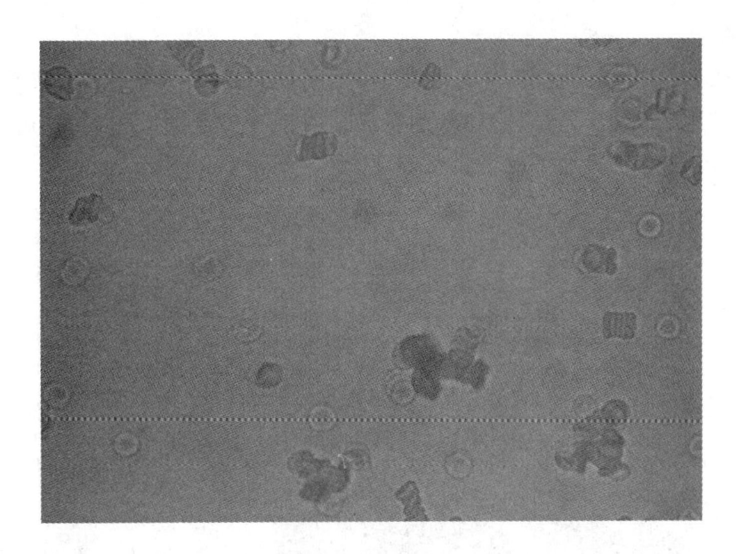

图 8-3　红细胞自体凝集(生理盐水中)

3. 球形红细胞

在血涂片中,球形红细胞(图 8-4)缺乏中央苍白区,细胞直径较正常红细胞小,但 MCV 正常。球形红细胞主要是由于细胞肿胀或细胞膜丧失而造成的,常见于犬的免疫介导性溶血性贫血。锌中毒、红细胞内寄生虫等也可引起球形红细胞轻度增加。

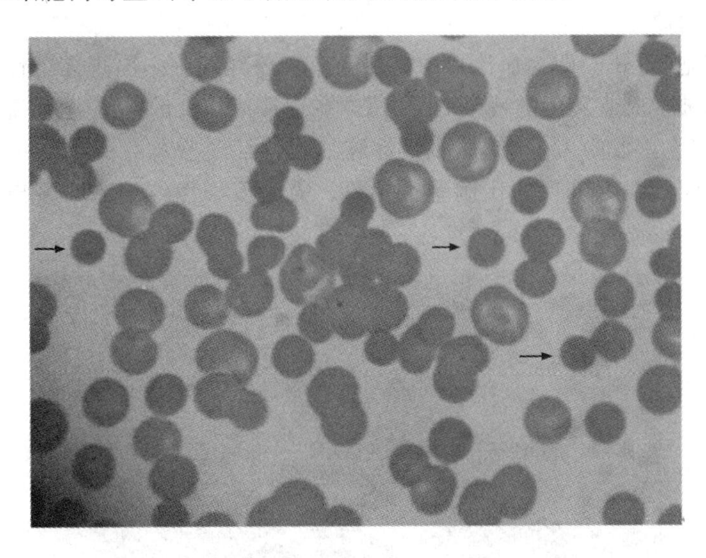

图 8-4　血涂片中的球形红细胞(实心箭头所指)

4. 大红细胞

大红细胞(图 8-5)指红细胞体积比正常大。网织红细胞通常是大红细胞。正色素性大红细胞见于一些疾病(如贵宾犬大红细胞症、猫白血病感染、犬猫白血病前期、猫红细胞再生不良和巨型雪纳瑞维生素 B_{12} 缺乏)。如果存在足够多的大红细胞,MCV 将会升高。

5. 小红细胞

小红细胞(图 8-5)指红细胞体积比正常小,见于铁缺乏和维生素 B_6 缺乏,伴有 MCV 降低。另外,小红细胞还见于门脉短路和低钠血症。对于一些亚洲犬种(如秋田犬、松狮犬、沙皮犬和日本柴犬),出现小红细胞可能是正常的。

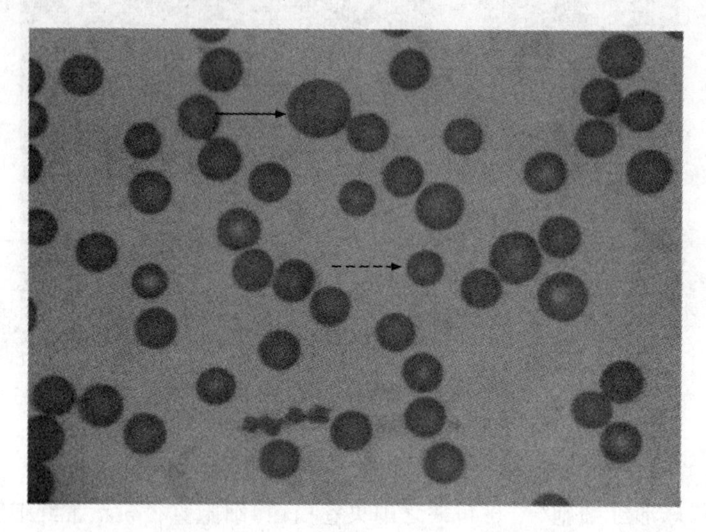

图 8-5 红细胞大小不等症(实心箭头指向大红细胞,虚线箭头指向小红细胞)

6. 多染性红细胞

多染性红细胞(图 8-6)即为血涂片中见到的蓝灰色红细胞。出现多染性红细胞通常是由于细胞内含有可被染成蓝灰色的残余的 RNA。在正常猪和犬的血液中,可见到少量的多染性红细胞,约占红细胞总数的 1%;在猫,多染性红细胞占红细胞总数的 1.5%~2.0%。犬的多染性红细胞与网织红细胞出现的比例呈正相关。猫的多染性红细胞与聚集型网织红细胞呈正比。

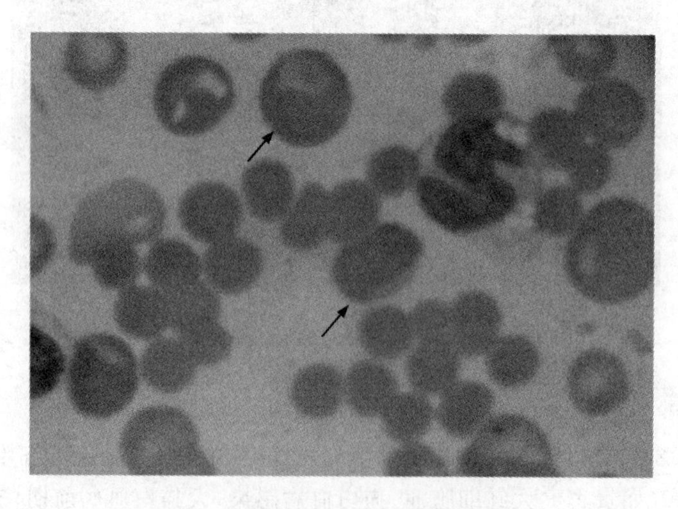

图 8-6 多染性红细胞(黑箭头所指)

7. 低染性红细胞

低染性红细胞指红细胞的中央苍白区增加，这与红细胞内血红蛋白不足有关。最常见于缺铁性贫血，也可见于铅中毒。

8. 偏心红细胞

偏心红细胞是红细胞的血红蛋白聚集于红细胞的一边，使细胞的其他部分呈水疱样外观。偏心红细胞常见于摄取到氧化剂的动物血液里(图 8-7)。例如采食了洋葱或大蒜的犬。

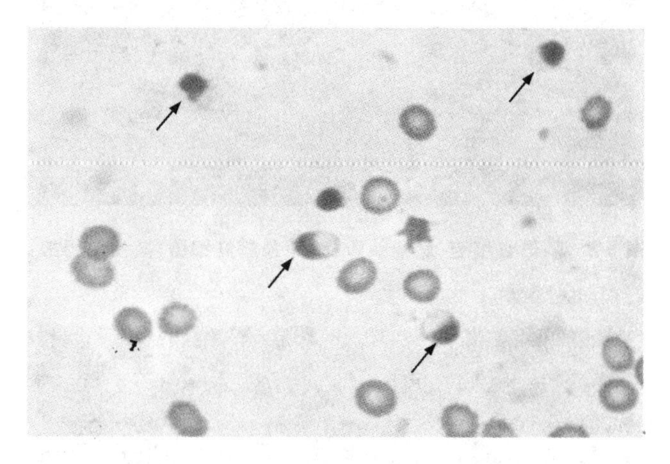

图 8-7　偏心红细胞(箭头所指)

9. 锯齿状红细胞

锯齿状红细胞指在红细胞表面含有平均分布、大小相似的针状突起。血涂片中的锯齿状红细胞常为人为因素所致，如过多的 EDTA、不当的血涂片制备或采样至制作血涂片间隔时间过长。应与棘形红细胞相区别。另外，锯齿状红细胞也可见于红细胞脱水、pH 升高、低磷血症和细胞内钙增加时。在犬，患有肾小球肾炎、肿瘤(淋巴瘤、血管肉瘤等)和使用多柔比星治疗时，也有较高的发生率。

10. 棘形红细胞

棘形红细胞指在红细胞表面含有不规则间距、大小不一的钝刺状突起(图 8-8)。当红细胞内的胆固醇多于磷脂质时便可能形成。患有肝病的动物，血液中可能会出现棘形红细胞，这可能与血浆内脂质组成改变有关。在犬，患血管瘤、DIC 和肾小球肾炎时，也会出现棘形红细胞。

11. 靶形红细胞

当红细胞膜与血红蛋白含量的比率升高时，可见到形似靶形的红细胞，即为靶形红细胞(图 8-9)。正常犬的血液里也可见到少量的靶形红细胞。靶形红细胞增多常见于再生性贫血，排除此因素，则可见于低色素性贫血(如铁缺乏)和当红细胞细胞膜过量时(如肝、肾脂代谢紊乱时)。

12. 薄红细胞

薄红细胞是薄、扁且低染性的红细胞。薄红细胞可见于缺铁性贫血，偶尔也可见于肝功能不足所造成的细胞膜磷脂和胆固醇聚集时。一些靶形红细胞和大多数低色素性红细胞是薄红细胞，但并不是所有的薄红细胞都是靶形红细胞和低色素性红细胞。

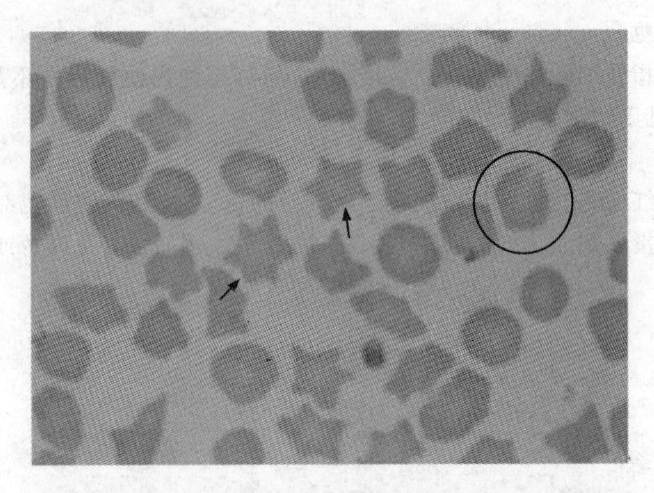

图 8-8 棘形红细胞(黑箭头所指)和角膜红细胞(圆圈中所指)

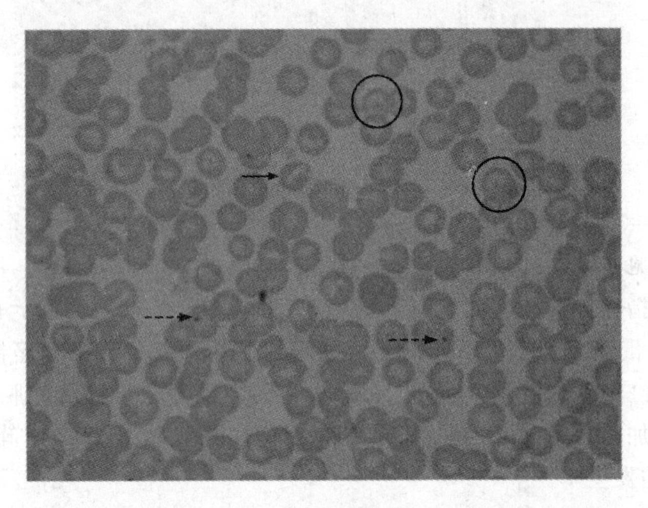

图 8-9 血涂片中的靶形红细胞(圆圈中所指)、口形红细胞(实心箭头所指)和豪-乔氏小体(虚线箭头所指)

13. 泪红细胞

泪红细胞因形态呈泪滴状而得名,具有单一细长、钝性的末端。血涂片制备不当,可造成与泪红细胞形态类似的细胞形态,但其末端比较尖锐,且细胞尾部的指向一致。偶见于骨髓疾病,如骨髓纤维化和肿瘤,在患有肾小球肾炎或脾肿大的犬血液中也可能见到。

14. 口形红细胞

在血涂片中可见呈杯形,具有椭圆或细长中央苍白区域的红细胞即口形红细胞(图 8-9)。口形红细胞多见于人为涂抹过厚的血涂片上。口形红细胞增多可见于遗传性疾病(如阿拉斯加犬的遗传性口形红细胞增多症)。

15. 角膜红细胞

红细胞内含有一个或一个以上完整或破裂的囊,称为角膜红细胞(图 8-8)。这些未染色的区域其实是圆形、密闭的细胞膜,而并非真正的囊。角膜红细胞易见于 EDTA 抗凝的猫血中。曾报道，角膜红细胞见于猫肝疾病、猫多柔比星中毒、犬骨髓发育不良综合征。角膜红细胞和裂红细胞可共见于铁缺乏。

16. 裂红细胞

当红细胞流过有病变的血管或血流不稳定时，可发生红细胞破裂，具有 2 或 3 个尖角红细胞碎片的红细胞称为裂红细胞（图 8-10）。裂红细胞可见于 DIC、血管炎（肾小球肾炎和溶血性尿毒症）、血管肉瘤、心丝虫性后腔静脉综合征、心内膜炎、肝病、心衰、获得性异常红系造血、嗜血性组织细胞性疾病、铁缺乏等，脾切除后也可能出现大量裂红细胞。患有 DIC 的猫不常见裂红细胞，可能是因为猫的红细胞较小而不易在血液循环中被纤维束撕裂。

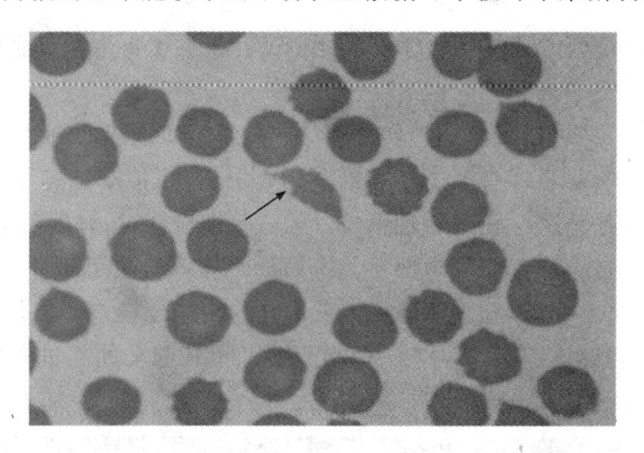

图 8-10 裂红细胞（箭头所指）

17. 有核红细胞

晚幼红细胞和中幼红细胞很少出现在健康成年动物的血液中，这些细胞通常在再生性贫血动物的血液中出现（图 8-11）。有核红细胞在自动血细胞分析仪计数时包含在白细胞总数内，因此，在进行白细胞分类计数时，应将有核红细胞单独计数，从而计算校正白细胞数：

校正白细胞数＝测定白细胞数×100/（100＋有核红细胞数）

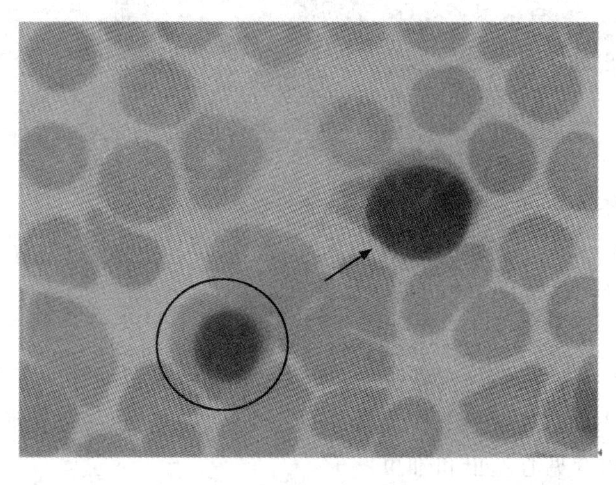

图 8-11 外周血涂片中的有核红细胞（黑色箭头指中幼红细胞，圆圈中为晚幼红细胞）

铅中毒时,可见有核红细胞轻度或急剧增多。在患菌血症、内毒素性休克等疾病时,有些动物虽未出现贫血但骨髓已经受损。当有核红细胞的前体细胞频繁出现在患有再生不良性贫血动物的血液中时,则应考虑是否存在骨髓发育障碍、浸润性骨髓疾病、造血器官肿瘤、脾功能受损及遗传性红细胞生成不良。

18. 嗜碱性点彩

红细胞表面呈现嗜碱性点彩,表明细胞内残余 RNA 斑点状聚集。这种情况偶见于猫贫血。另外,伴有大量有核红细胞时,可能还暗示存在铅中毒。

19. 豪-乔氏小体

豪-乔氏小体是红细胞内嗜碱性的核残余(图 8-9),多见于再生性贫血或脾切除术后。

20. 海因茨小体

海因茨小体是由一些可造成氧化损伤的药物或化学物质造成的血红蛋白变性而产生的圆形小体(图 8-12),由于海因茨小体来源于血红蛋白,其染色可能与细胞质相同,不易区分。新亚甲蓝染色时,海因茨小体呈深色嗜碱性颗粒。经过毛细血管时,海因茨小体会改变细胞膜并降低红细胞的变形性,故会引起血管内溶血。海因茨小体本身也可被脾巨噬细胞吞噬。猫红细胞易出现海因茨小体。另外,猫脾清除海因茨小体的功能也较差。与其他动物不同,猫正常血液中的海因茨小体可达 5%,另外,当猫患淋巴肉瘤、甲状腺功能亢进和糖尿病时,海因茨小体也会增多。

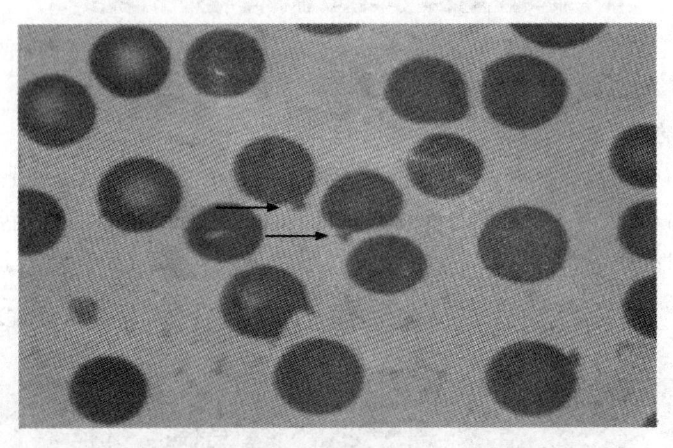

图 8-12 海因茨小体(黑色箭头所指)

21. 犬瘟热包涵体

犬瘟热包涵体见于一些犬的红细胞,呈不规则至圆形或环形外观,瑞氏染色呈蓝色,也可见于白细胞。

22. 感染性物质

红细胞寄生虫分为 3 种:细胞内寄生虫、细胞表面寄生虫和细胞外寄生虫。细胞内寄生虫有焦虫属寄生虫(图 8-13),如犬巴贝斯焦虫和吉氏巴贝斯焦虫;细胞表面寄生虫包括血巴尔通体等;细胞外寄生虫常见心丝虫和锥虫。

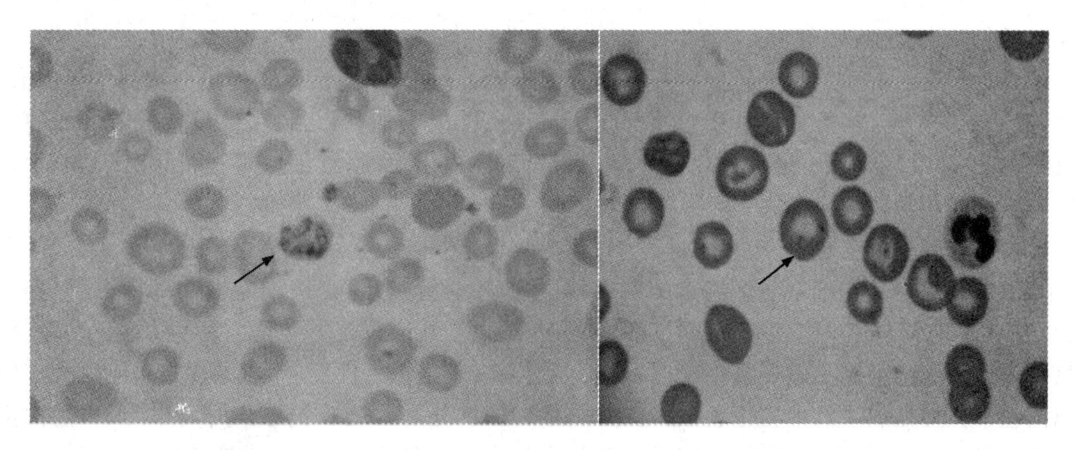

图 8-13　红细胞中的犬巴贝斯焦虫(左)和吉氏巴贝斯焦虫(右)

二、红细胞数量

(一)红细胞减少(贫血)

贫血是指红细胞数量减少,此时红细胞计数、HCT 和血红蛋白通常均会低于参考值。贫血可能被同时存在的脱水所掩盖。贫血是一种症状,而不是诊断,可见于失血后、红细胞破坏增加或红细胞生成减少。

根据骨髓反应性可将贫血分为再生性贫血和非再生性贫血。再生性贫血一般又可分为出血性贫血和溶血性贫血。

1. 出血性贫血

根据出血持续时间和出血部位,出血性贫血可分为急性出血和慢性出血,或内出血和外出血。引起出血的病因包括创伤、寄生虫、凝血紊乱、血小板紊乱、肿瘤、胃肠道溃疡等。

对于急性外出血,通常可以直接看到出血的表现。但对于内出血,则在初期可能看不到明显出血表现。当实验室检查暗示出血性贫血而外观又看不到出血表现时,应怀疑内出血或潜在的出血,如胃肠道出血。内出血时,机体会发生自体血液运输,其临床症状取决于出血量、出血持续时间和出血部位。如果存在多发性出血或血管损伤处出血不止,提示凝血异常。

急性出血时,HCT 会处于参考值范围内,甚至升高。因为所丢失的血液成分(如细胞和血浆)的比例是相同的。如果出血时引起动物严重应激而引发脾收缩,反而可引起 HCT 暂时性升高。当急性出血超过血容量的 1/3 时,动物会发生低血容量性休克。当出血发生 2～3 h 后,组织间液和细胞内液会进入血管内,恢复血容量,此时可见 RBC、HCT 和 HGB 下降,低蛋白血症可能也很明显。出血停止后,血浆蛋白会在数天内恢复正常,如果出现持续性的低蛋白血症和贫血,则提示持续性出血。出血后的前几小时内,血小板数通常是增加的。持续的血小板增多症提示持续出血。出血发生约 3 h 后,通常会发生中性粒细胞增多症。出血后 4 d 左右可见网织红细胞增多,约在第 7 天增多最为明显。

各种原因引起的慢性出血(如体内外寄生虫、胃肠道疾病和口腔疾病等),贫血通常缓慢发生且不会发生低血容量。血液学检查可见轻度再生性反应。长期持续性外出血时(一般需要数周),可能因失铁过多而引起缺铁性贫血,表现为非再生性反应。血涂片检查可见小红细胞症和低色素血症。

有时可通过贫血特征大致鉴别外出血和内出血。外出血(包括胃肠道出血或泌尿道出血)时,血液中的所有成分,如铁和蛋白质都无法再被机体吸收和利用,再生性反应较低。而内出血时,贫血可能较轻且再生性更为明显。因为出现体内出血时,红细胞可被机体分解和吞噬,铁和氨基酸可被机体再利用。

2.溶血性贫血

溶血性贫血是红细胞破坏增多的结果,一般包括血管内溶血(红细胞在循环内溶解)和血管外溶血(红细胞被单核巨噬系统吞噬)两种途径,血管外溶血较为常见。发生溶血性贫血时,只要给予网织红细胞足够多的生成时间,机体均会表现出再生性反应,血涂片中也可见大红细胞低色素性贫血或大红细胞正色素性贫血。唯一的例外是猫胞簇虫感染时,机体无再生性反应,出现正细胞正色素性贫血,可能是由于大多数感染猫在机体出现再生性反应前已死亡。与出血性贫血相比,溶血性贫血会出现更为显著的再生性反应,主要是由于发生溶血性贫血时,未发生铁丢失。

确定血管内溶血和血管外溶血并无助于确定病因,许多疾病既可以导致血管内溶血也可以导致血管外溶血,但是血管内溶血通常比血管外溶血的预后差。血管内溶血通常呈急性或超急性状态,其病史常为曾与某种药物或植物接触、刚输过不相容的血或摄入初乳。血液学检查通常存在再生性贫血,但在早期不明显。其他检查可见血红蛋白血症(血管内溶血的特征)和高胆红素血症。一般溶血 12～24 h 后,可能会出现血红蛋白尿。血涂片检查可见裂红细胞、角膜红细胞、海因茨小体、偏心红细胞或红细胞寄生虫。血管外溶血的临床和实验室特征很多,通常呈慢性发病,呈现再生性反应,伴有血浆蛋白正常或轻度增加。一般不存在血红蛋白血症和血红蛋白尿。当溶血量超过肝吸收、结合和排泄胆红素的能力时,会出现高胆红素血症。骨髓会积极补充红细胞,因此 HCT 可能仍在参考值范围内,这种情况称为代偿性溶血性贫血。血管外溶血时,通常伴有中性粒细胞增多、单核细胞增多和血小板增多。由于髓外造血和吞噬能力增加,通常会发生脾肿大。

引起溶血性贫血的病因包括免疫介导性溶血性贫血、寄生虫、氧化损伤、遗传性红细胞缺陷等。

免疫介导性溶血性贫血(immune-mediated hemolytic anemia, IMHA)是由红细胞或红细胞前体被Ⅱ型过敏反应破坏所致。一般可分为原发性和继发性两种,感染、肿瘤、药物和毒素等均可导致继发性免疫介导性溶血性贫血。原发性免疫介导性溶血性贫血常见于犬,少见于猫,2/3 免疫介导性溶血性贫血患犬为原发性。另外,新生幼年动物溶血性贫血和输血反应也属于免疫介导性溶血性贫血,所有成年 B 型血猫均含有高滴度的抗 A 型血抗体,因此,B 型血母猫生育的 A 型血幼猫会出现新生幼猫溶血性贫血。免疫介导性溶血性贫血的诊断主要取决于球形红细胞、自体凝集和库姆斯试验。

红细胞寄生虫包括细胞内寄生虫(巴贝斯焦虫和猫胞簇虫)和细胞表面寄生虫(血支原体)。红细胞感染这些寄生虫可导致轻度至严重贫血。我国常见犬巴贝斯焦虫和吉氏巴贝斯焦虫,犬巴贝斯焦虫又称大巴贝斯焦虫,常见于南方地区;吉氏巴贝斯焦虫又称小巴贝斯焦虫。犬巴贝斯焦虫病可以彻底治愈,吉氏巴贝斯虫无法彻底清除,终身具有传染性。猫巴贝斯焦虫见于南非,目前国内无相关报道。猫胞簇虫急性感染,可在数天内死亡。血支原体,之前称为血巴尔通体,猫血支原体一般包括大型猫血巴尔通体(*Mycoplasma haemofelis*)和小型猫血巴尔通体(*Mycoplasma haemominutum*)。大型猫血巴尔通体致病性强,可引起严重的临床症状;而小型猫血巴尔通体的致病性弱,感染猫会出现亚临床症状,只有在同时感染猫免疫缺陷病毒(FIV)和猫白血病病毒(FeLV)时,才会出现严重的临床症状,有效的治疗并不能完全杀死病原,患猫会成为该病原的终生携带者,在应激或其他疾病的影响下会复发。

氧化损伤也会导致红细胞破坏,引起贫血,其机制主要有3种:①使血红蛋白变性,生成海因茨小体;②膜蛋白氧化并连接,形成偏心红细胞;③氧化血红蛋白中的二价铁成三价铁,这会干扰氧气的输送,但不会引起贫血。在临床上,多数氧化损伤的病例都是药物性(对乙酰氨基酚等)或食物性(洋葱等)的。当血涂片上存在海因茨小体或偏心红细胞时,暗示存在氧化损伤。

糖酵解和红细胞ATP含量下降见于遗传性丙酮酸激酶(PK)缺乏和磷酸果糖激酶(PFK)缺乏。丙酮酸激酶缺乏是比格犬和巴辛吉犬的一种遗传性溶血性疾病。它们出生时就患有该病,通常到3岁时出现临床症状。该病的早期,丙酮酸激酶缺乏诱发的溶血表现为代偿性溶血。血涂片表现为明显的再生性反应,但患病动物可能不贫血。随着患病动物年龄的增长,贫血逐渐发展。在该病的晚期,骨髓耗竭并出现瘢痕(骨髓纤维化)。这时的贫血是非再生性的,已经到了末期,该病没有任何治疗方法。丙酮酸激酶缺乏性溶血也被称为非球形红细胞性溶血。该病的诊断主要依靠测定红细胞内的丙酮酸激酶来确诊。磷酸果糖激酶缺乏为常染色体隐性遗传,致病基因携带犬的红细胞和肌肉组织中酶的活性只有正常的一半,但无临床症状。该病主要见于英国史宾格猎犬,也可见于美国可卡犬。该病可造成未成熟红细胞破坏(溶血),引起患犬的运动耐受力下降。病犬表现出慢性贫血,间断性的急性溶血。这种现象常在过度运动、天气炎热或长时间吠叫后出现。主要表现为溶血性贫血和大红细胞低色素性再生性贫血,网织红细胞增多。测定血液中的磷酸果糖激酶活性可确诊。该病无法治愈,骨髓移植是唯一的治疗方法。

当机体的吞噬功能亢进时,正常的红细胞也可能被吞噬。吞噬功能亢进见于引起脾肿大的疾病,也见于噬血综合征和恶性组织细胞增多症,引起血细胞减少。

机械性引起红细胞膜破坏见于血管内纤维蛋白丝的切割作用。由于纤维蛋白丝通常在小血管内生成,故又称为微血管病性贫血。微血管病性贫血的例子包括血管内凝血、血管炎、血管肉瘤和心丝虫疾病。裂红细胞是破碎的红细胞,是由各种红细胞外伤引起的,它的存在暗示红细胞膜损伤和微血管疾病性贫血。

渗透性损伤见于低磷血症,红细胞膜损伤,导致过量水进入细胞内,造成细胞溶解。另外,静脉注射过量低渗性液体也会引起渗透性损伤。

3. 非再生性贫血

红细胞生成减少或缺陷引起的贫血是非再生性的。它们的共同特征是异常的骨髓不能维持有效的红细胞生成。这类贫血通常是正细胞性的,但是慢性缺铁性贫血、维生素B_6缺乏、铜缺乏和英国史宾格猎犬的红细胞生成不良等会引起小细胞性贫血;叶酸缺乏和FeLV感染会引起大细胞性贫血。此外,亚洲犬种(如秋田犬、松狮犬、沙皮犬和日本柴犬)存在小红细胞症,贵宾犬存在大红细胞症。非再生性贫血的病程通常很长,多为隐性发生。

引起红细胞生成减少的病因包括炎症、慢性肾病、内分泌疾病、纯红细胞再生障碍、骨髓再生障碍、骨髓痨、核酸合成缺陷和血红蛋白合成缺陷。

炎性疾病会引起轻度至中度的非再生性贫血(红细胞压积在20%～35%),常见于慢性炎症或肿瘤性疾病。它可在3～10 d内引起贫血。炎性贫血主要受TNF-α、IL-1和铁调素调节，其作用机制是减弱骨髓对促红细胞生成素(EPO)的反应，抑制EPO释放和阻碍铁的动用，缩短红细胞寿命。炎性贫血时，实验室检查可见血清铁浓度正常或降低，总铁结合力正常或降低，血清铁蛋白浓度正常或升高，骨髓巨噬细胞铁存贮量正常或增加。去除炎性病因后，动物即可从贫血中恢复。小动物临床常见于犬子宫蓄脓、肝脓肿等疾病。

肾是生成EPO的主要部位，慢性肾衰会导致EPO生成减少，从而导致轻度至中度的非再生性贫血。肾衰引起贫血的机制主要包括：①分泌EPO的肾组织破坏，导致EPO缺乏；②氮质血症引起溶血；③由于血小板功能异常和血管损伤造成胃肠道出血；④甲状旁腺激素抑制红细胞生成；⑤大量铁调素聚集(间接抑制铁贮存)。

雄激素、甲状腺素和生长激素、糖皮质激素、前列腺素(E1和E2)可促进EPO生成。因此，雄激素减少症、甲状腺机能减退、垂体机能减退和肾上腺皮质机能减退等内分泌疾病均可导致轻度非再生性贫血。

纯红细胞再生障碍的特征是骨髓内红细胞前体选择性消失。由于用类固醇或淋巴细胞毒性药物治疗有效，因此怀疑是免疫介导性原因引起的。一些病例呈库姆斯试验阳性，故又称为非再生性免疫介导性溶血性贫血

再生障碍性贫血或泛细胞减少症是骨髓微环境或多能干细胞的一种疾病，它会导致脂肪骨髓。白细胞减少症和血小板减少症通常较贫血先出现，这是由于白细胞和血小板寿命较短造成的。引起此病的原因包括特异性药物反应、摄入化学物质和植物毒素、放射、细胞毒性T细胞或抗体和感染原(如猫白血病病毒、犬埃利希体、猫瘟病毒和犬细小病毒)。

骨髓痨性贫血指骨髓被异常增生的间质、炎性或肿瘤细胞代替，从而引起的贫血。病因包括骨髓增生性疾病(如白血病、造血细胞恶性肿瘤)、骨髓纤维化、转移肿瘤、弥散性肉芽肿性骨髓炎和骨样硬化。骨髓穿刺有可能只抽出少量的细胞(如骨髓纤维化)或大量细胞(如骨髓增生性疾病)。幼白细胞和幼红细胞反应(存在有核红细胞增多和核左移，无网织红细胞增多和炎症表现)可见于骨髓结构被破坏，造成白细胞和红细胞前体异常释放。该病早期可能出现轻度再生性贫血。骨髓增生性疾病引起的骨髓痨性贫血常伴有白细胞增多症和白血病样血象。

核酸合成缺陷和血红蛋白合成缺陷可导致红细胞生成无效。叶酸、维生素B_{12}和内因子缺乏会导致核酸合成缺陷，临床上罕见。铁、铜和维生素B_6缺乏以及铅中毒会导致血红蛋白合成缺陷。

(二)红细胞增多

红细胞增多指红细胞计数、HCT和血红蛋白均高于参考值。这3个指标可因地理位置及品种的不同而不同，如生活于高海拔动物的HCT要高于生活于水平面的动物，短头品种犬的HCT要高于正常头形品种犬，灰猎犬的HCT也高于其他品种犬。

红细胞增多一般可分为相对增多、暂时增多和绝对增多。

1.红细胞相对增多

血浆容量减少会引起相对红细胞增多，通常由脱水引起循环红细胞相对增多。脱水可能由呕吐、腹泻、利尿、饮水量减少、肾病时引起，同时血浆蛋白浓度也会升高。临床检查可发现患病动物皮肤弹性下降、眼窝凹陷、毛细血管再充盈时间延长和口腔湿润度下降等脱水症状。

2.红细胞暂时增多

红细胞暂时增多一般是由脾收缩引起的。常见于动物应激、兴奋、恐惧、疼痛时。

3. 红细胞绝对增多

红细胞绝对增多通常由于骨髓内的红细胞生成增加所致，一般又可分为原发性绝对红细胞增多(原发性促红细胞生成素增多)和继发性绝对红细胞增多(继发性促红细胞生成素增多)。原发性绝对红细胞增多是一种慢性骨髓增生性疾病，此时骨髓细胞大量增生，红细胞的成熟程度正常。最终确诊需先排除继发性绝对红细胞增多的可能性。继发性绝对红细胞增多常见于慢性低氧血症、慢性肺病、肾病、心脏病和高铁血红蛋白症等。另外，可分泌促红细胞生成素、类促红细胞生成素的肿瘤和肾上腺皮质机能亢进也可引起继发性绝对红细胞增多。

第四节 白细胞评估

白细胞可分为嗜中性粒细胞、嗜酸性粒细胞、嗜碱性粒细胞、淋巴细胞和单核细胞。嗜中性粒细胞又可分为分叶嗜中性粒细胞和杆状嗜中性粒细胞。目前，五分类自动血细胞分析仪可以计数出五种细胞的百分比和绝对值，但仍需要进行血涂片检查，以发现一些异常的细胞形态。

一、白细胞形态

(一)正常白细胞形态

1. 嗜中性粒细胞

正常嗜中性粒细胞的直径为 12～15 μm，细胞核分叶或部分分叶，染色质深染、浓密，细胞质呈淡粉色或浅蓝色。分叶嗜中性粒细胞的细胞核一般分为 2～4 个叶，而杆状嗜中性粒细胞的细胞核则呈杆状或 U 形，见图 8-14。

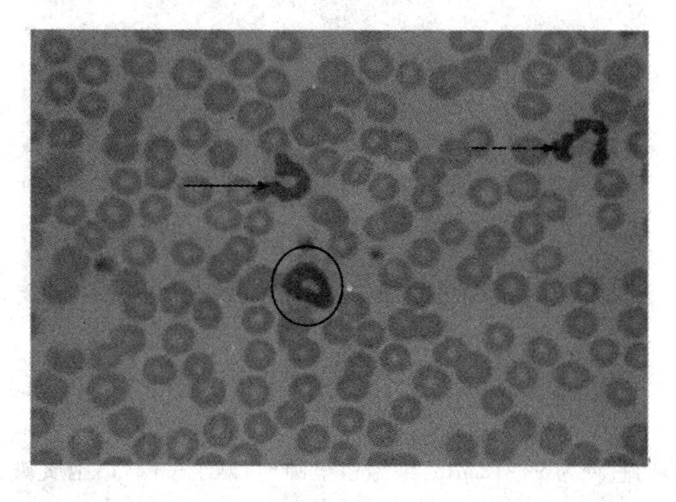

图 8-14 外周血液中杆状嗜中性粒细胞(黑色实心箭头所指)、分叶核嗜中性粒细胞(虚线箭头所指)、环状核嗜中性粒细胞(黑色圆圈中所指)

2. 嗜酸性粒细胞

嗜酸性粒细胞的形态存在着显著的种间差异。犬嗜酸性粒细胞的直径为 12～20 μm，细胞核分叶或部分分叶，染色核浓染、深紫，细胞质中含有大小和数量不等的圆形橙红色颗粒。猫嗜酸性粒细胞与犬的不同之处在于，细胞质内所含的颗粒为棒状。见图 8-15。

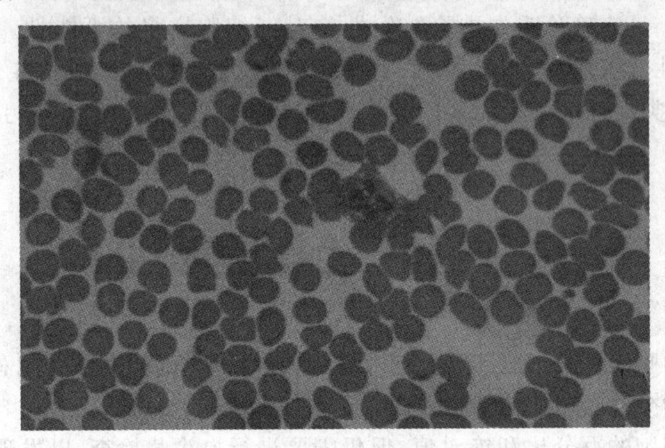

图 8-15　猫外周血涂片中的嗜酸性粒细胞

3. 嗜碱性粒细胞

正常嗜碱性粒细胞的直径为 12～20 μm，细胞核分叶，犬与猫的区别在于细胞质。在犬，细胞质呈嗜碱性染色，含有少量散在的深色颗粒，某些细胞颗粒可能非常稀少，甚至完全没有；在猫，细胞质内则含大量圆形、深紫色小颗粒，见图 8-16。

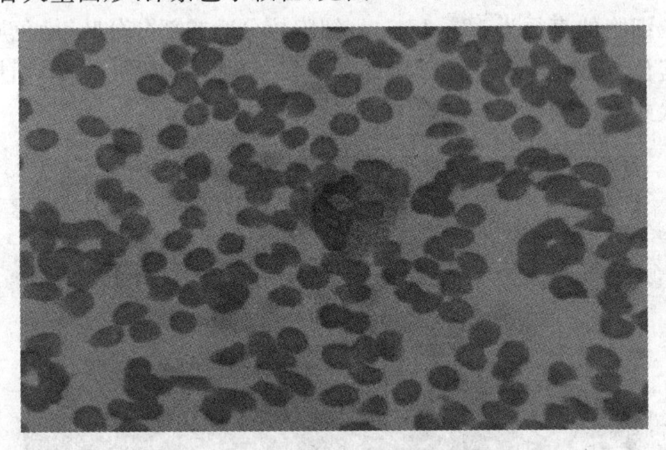

图 8-16　猫外周血涂片中的嗜碱性粒细胞

4. 淋巴细胞

正常淋巴细胞的直径为 9～12 μm，细胞核呈圆形、偏于一侧，细胞质缺乏边缘，呈淡蓝色。一些淋巴细胞的细胞质还可能出现多个、小的、粉紫色颗粒，有时会出现空泡，见图 8-17。

5. 单核细胞

正常单核细胞的直径为 15～20 μm，形状不规则，花边状网状染色质，细胞质较多，呈灰色或蓝灰色，可能含有空泡，见图 8-18。

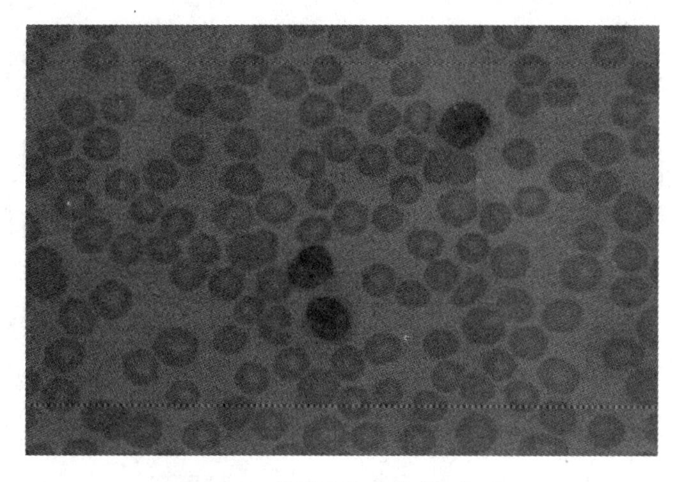

图 8-17　外周血液中的淋巴细胞

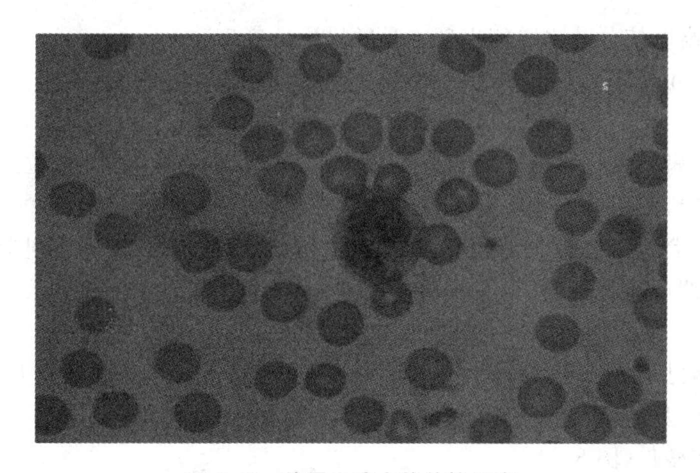

图 8-18　外周血液中的单核细胞

(二)异常白细胞形态

1. 嗜中性粒细胞

(1)中毒性嗜中性粒细胞　动物发生严重的炎性疾病和毒血症时，嗜中性粒细胞的形态会发生十分明显的变化(图 8-19)：

细胞质呈弥散性嗜碱性——细胞质颜色变为蓝灰色。

细胞质空泡化——细胞质内出现不规则的空泡。

杜勒氏小体——细胞内出现的包涵体，呈蓝色有角的外形，必须和一些含铁颗粒、犬瘟热包涵体等相区分。

细胞质内出现毒性颗粒——细胞质内出现的洋红色颗粒，毒性颗粒的存在和细胞质的嗜碱性意味着严重的毒血症。

通常可用 1+到 3+来表示轻度、中度和重度的中毒性变化。

(2)核分叶过多　出现 5 个或以上的分叶时，即意味着分叶过度，这可能是一种正常老化的现象，也可能与血液放置时间过长、慢性炎症反应、皮质类固醇类药物的使用和肾上腺皮质

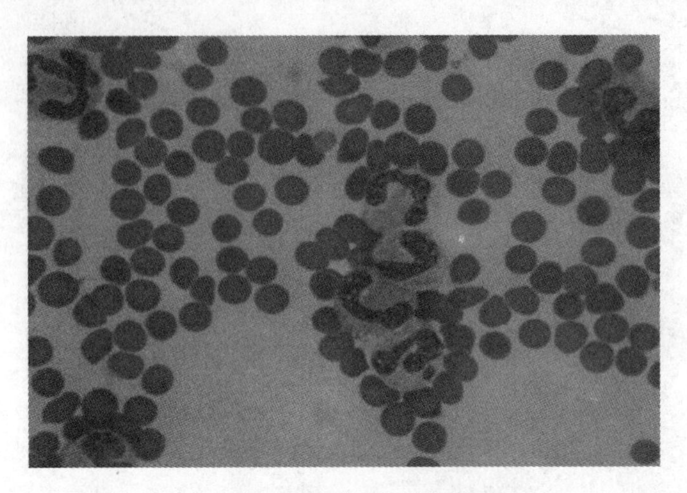

图 8-19 中毒性嗜中性粒细胞

机能亢进有关。高度核分叶也可能出现在骨髓增生性疾病。

(3)低度核分叶 可见于患 Pelger-Hunt 异常的犬和猫,这是一种遗传性疾病。必须与真正的核左移区分。

(4)遗传性疾病 患有黏多糖病和神经节苷脂贮积病的犬猫,嗜中性粒细胞的细胞质内含有微小的紫色颗粒。患有切—东二氏综合征的细胞质内含有小的、粉红色的圆形颗粒。

(5)感染物 犬瘟热包涵体可见于嗜中性粒细胞的细胞质内,感染埃利希体和边虫的嗜中性粒细胞在急性期可能会见到桑葚胚。

2. 淋巴细胞

(1)反应性淋巴细胞 受抗原刺激的细胞称为反应性淋巴细胞。反应性淋巴细胞的大小为 15～20 μm;细胞质丰富,淡蓝至深蓝,若为浆细胞,则会存在苍白的核周区;细胞核大、网状染色质,可能存在核仁(图 8-20)。

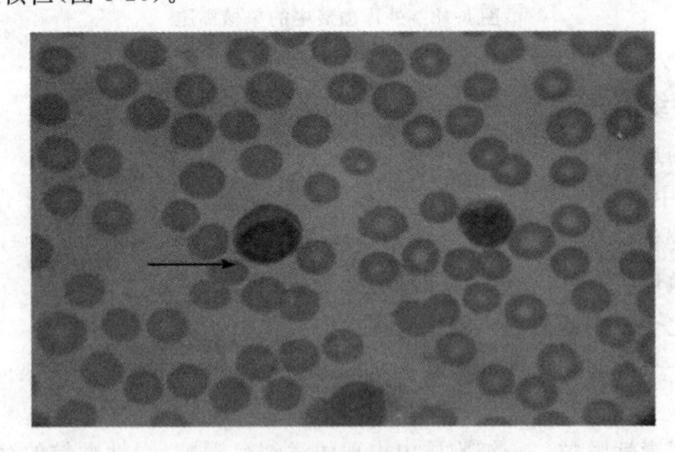

图 8-20 反应性淋巴细胞(箭头所指)

(2)异型淋巴细胞 异型淋巴细胞可见于传染病和肿瘤疾病。

(3)犬瘟热包涵体 犬瘟热包涵体也可能存在于淋巴细胞的细胞质内。

3. 单核细胞

如果血液中需要吞噬作用，单核细胞即可分化形成巨噬细胞，细胞质空泡更加丰富，可能含有一些被吞噬的物质，如红细胞、酵母和原虫等。

二、白细胞数量

(一)嗜中性粒细胞数量

1. 嗜中性粒细胞增多

嗜中性粒细胞增多分为生理性增多、类固醇性增多、炎症或感染性增多和其他因素引起的增多。

当动物处于应激、兴奋或运动状态时，肾上腺素分泌增多，脾收缩，心率、血压和血流速度加快，使边缘池嗜中性粒细胞进入循环池，引起循环池中嗜中性粒细胞增多。血液学检查有时可见淋巴细胞增多(猫)，而单核细胞和嗜酸性粒细胞正常或下降。通常嗜中性粒细胞的升高能持续 20～60 min。

类固醇能引起哺乳动物的嗜中性粒细胞升高，但通常无核左移，同时伴有嗜酸性粒细胞减少、淋巴细胞减少和单核细胞增多。类固醇性增多通常可引起中度白细胞增多症。类固醇可以为内源性的(如疼痛、高温等应激)，也可以是外源性的(如使用了类固醇类药物)。使用短效类固醇时，在用药物 4～8 h 升高到峰值，并在 24～72 h 内恢复。嗜中性粒细胞升高主要是由减少嗜中性粒细胞进入组织、增加骨髓释放和使边缘池的嗜中性粒细胞进入循环池引起的。

炎症或感染引起嗜中性粒细胞升高时，通常伴有核左移(即杆状嗜中性粒细胞增多)，如果杆状嗜中性粒细胞超过了分叶嗜中性粒细胞则可定义为退行性核左移。核左移是典型的炎症反应，核左移的严重程度反映了炎症的严重程度。慢性或轻度炎症可能不会出现白细胞增多症或核左移。

其他引起嗜中性粒细胞增多的因素包括组织坏死和缺血、伴有组织损伤的免疫介导性疾病、中毒、出血、溶血、肿瘤(包括非特异性恶性肿瘤和骨髓增生性疾病)等。

2. 嗜中性粒细胞减少

嗜中性粒细胞减少包括组织消耗过度、骨髓生成减少、无效生成、循环池转移到边缘池增加等。嗜中性粒细胞减少是引起白细胞减少的最常见原因。

急性严重炎症时，可发生嗜中性粒细胞减少症。这是因为从血液进入组织的嗜中性粒细胞量大于骨髓释放量，因此，通常可见核左移。随着骨髓中嗜中性粒细胞释放，48～72 h 后，白细胞计数开始升高。

嗜中性粒细胞生成减少的原因较多。放射、化疗药或一些药物(如雌激素、保泰松、氯霉素等)可引起嗜中性粒细胞减少，通常会伴有血小板减少和贫血。另外，某些病毒(如猫瘟病毒、犬细小病毒、猫白血病病毒、猫艾滋病病毒和埃利希体)和立克次体感染也会引起嗜中性粒细胞减少症，这主要是由于原始粒细胞或增生的粒细胞死亡引起的。但在一些急性病毒感染中，嗜中性粒细胞减少只是暂时的阶段。骨髓检查若可见粒细胞过度增生，表示正在恢复中。

粒细胞无效生成是不常见的，多见于猫白血病和骨髓发育不良综合征。骨髓检查可见嗜中性粒细胞增生池增加，而成熟池和存贮池减小。

由于过敏反应或内毒素血症等原因，嗜中性粒细胞从循环池转移至边缘池时，可引起暂时性的嗜中性粒细胞减少。

(二)嗜酸性粒细胞数量

1. 嗜酸性粒细胞增多

嗜酸性粒细胞是免疫系统的重要组成部分，数量增多常与寄生虫和过敏有关，其他情况较少见。局部损伤的分泌物中含大量嗜酸性粒细胞时，血液中常常无嗜酸性粒细胞的升高。最常引起嗜酸性粒细胞过敏疾病的组织是富含肥大细胞的组织，包括皮肤、肺、胃肠道和子宫。体内外寄生虫长期与宿主接触可引起明显的嗜酸性粒细胞增多症。

2. 嗜酸性粒细胞减少

类固醇可引起嗜酸性粒细胞减少症，这主要是通过细胞在血管内的再分布来实现的。同时其他机制包括抑制肥大细胞的脱粒，中和循环中的组胺或细胞因子的释放。儿茶酚胺可通过β肾上腺能的作用引起嗜酸性粒细胞减少。

(三)嗜碱性粒细胞数量

1. 嗜碱性粒细胞增多

循环中嗜碱性粒细胞数和组织中肥大细胞数是成反比的。嗜碱性粒细胞在哺乳动物的血液中是很少的，但组织中肥大细胞却很多。能引起嗜酸性粒细胞增多的 IgE 介导的疾病也会引起嗜碱性粒细胞增多。一般无嗜酸性粒细胞增多的嗜碱性粒细胞增多是罕见的。嗜碱性粒细胞增多可见于过敏以及超敏反应、寄生虫病、高脂血症等。

2. 嗜碱性粒细胞减少

外周血液中很少能见到嗜碱性粒细胞，很难判断嗜碱性粒细胞减少症。

(四)淋巴细胞数量

循环中淋巴细胞数在健康动物中是十分稳定的。幼年动物的淋巴细胞数会稍高些。

1. 淋巴细胞增多

生理性淋巴细胞增多，常见于幼龄健康猫，少见于犬。这主要是由于循环肾上腺素升高所致，肾上腺素使血流增加，将边缘池的淋巴细胞冲回循环池。

抗原刺激可引起淋巴结肿大，但血液中淋巴细胞数却很少也成比例增加，通常都处于参考范围内。有时在循环血液中可见反应性淋巴细胞。在感染的慢性阶段(如犬埃利希体和落基山斑点热)，淋巴细胞可能会出现明显升高。这时应测定抗体滴度以鉴别慢性淋巴细胞性白血病。

淋巴细胞增多常见于淋巴细胞性白血病和淋巴瘤Ⅴ期。在这些疾病的晚期出现淋巴细胞增多，且伴发明显的非再生性贫血，也可以见到血小板减少和嗜中性粒细胞减少。

2. 淋巴细胞减少

淋巴细胞减少是患病动物常见的表现。高水平的皮质类固醇可引起轻度淋巴细胞减少，如应激、肾上腺皮质机能亢进等。淋巴细胞循环中断(乳糜渗出)可以引起非常严重的淋巴细胞减少，并伴有血浆蛋白减少。炎症急性期或持续性慢性感染均可见淋巴细胞减少。淋巴细胞减少也可见于淋巴肉瘤病例。

（五）单核细胞数量

1. 单核细胞增多

单核细胞增多可见于所有嗜中性粒细胞增多时，包括许多疾病的急性和慢性阶段，因为两者由同一双能干细胞分化而来。另外，类固醇可引起血象中单核细胞增多，但较其他变化不明显（犬除外）。单核细胞增多可暗示嗜中性粒细胞减少症的恢复，因为骨髓中没有单核细胞的存贮池，它会较嗜中性粒细胞更早进入循环。当发生细菌性心内膜炎和菌血症时，单核细胞增多可能是最明显的变化。通常在化脓、坏死、恶性肿瘤、溶血、出血、免疫介导性损伤和某些脓性肉芽肿等疾病时，单核细胞都会出现明显的升高。

2. 单核细胞减少

由于血液循环中单核细胞数量较少，临床上不能识别单核细胞减少。

第九章 临床生化检查

血液由血细胞成分和液体成分组成。血液学是检查血细胞部分，并给出各种不同类型红细胞、白细胞和血小板的数量。临床生化主要是检查血液的液体部分，即血浆或血清。

当含有抗凝剂的血样被离心后，上清液就是血浆；而血清则是未加抗凝剂的血样凝固后的上清液。血清和血浆的主要差别在于血浆中含有纤维蛋白原，而血清中则不含。血清的应用比血浆更为广泛，血浆在分离后应冷冻保存，在检测前必须再次离心，以除去可能存在的纤维蛋白团块。

理想情况下，所有的检测都应在样品采集后 1 h之内完成，但实际操作中可能达不到这种要求，这时则需先将样品冷冻保存。化验室工作的首要任务是保证检验结果的准确性，不正确的检验结果可能导致疾病诊断出现极大的偏差。溶血、黄疸、脂血和不恰当的处理样品均会造成检测结果不准确。

血浆或血清某种物质浓度异常降低，可能是由于进入血浆中的量减少（合成障碍、营养缺乏、吸收不良、缺乏前体等）或血浆中的清除加快（需要量的增加、排泄量的增加、病理性丢失等）造成的。某种物质浓度异常升高，可能是由于进入血浆的量增加（生成和摄入的增加或从细胞内病理性漏出）或血浆中清除减慢（利用减少、排泄障碍等）造成的。同时，在有些病例中，不要忘记正常体液平衡机制所造成的影响。

这里讨论的血浆或血清的成分是临床上最常用的，还有许多其他的可用于特异性诊断的检验项目，不在这里讲述。

第一节 肝指标检查

目前在兽医临床中，常用肝检查指标包括肝酶活性、肝合成功能（如白蛋白等）、肝排泄功能（如胆红素等）、血氨及胆汁酸的检查等。

一、血清酶活性

（一）酶的位置及释放

酶通常位于细胞内，一些具有器官特异性，一些则可存在于多个器官。存在于多个器官具有不同分子形式而功能相同的酶称为同工酶。血液中的酶无生理功能。通常酶存在于以下 4 个部位：①细胞质，如丙氨酸氨基转移酶（ALT）；②线粒体，如谷氨酸脱氢酶（GLD）；③细胞质和线粒体，如天门冬氨酸氨基转移酶（AST_1、AST_2）；④细胞膜，如碱性磷酸酶（ALP）、γ-谷氨酰转移酶（GGT）。

酶在细胞内的位置可影响其释放。存在于细胞质内的酶是可溶性的，较容易释放，对于细胞完整性的改变以及细胞或器官疾病的诊断较为敏感。而存在于细胞器内的酶，只有在细胞严重损伤时才会释放，相对来说对疾病的诊断敏感性较差。

通常，各种因素引起细胞结构损伤，会使细胞膜形成泡状突起。受损的细胞可发生3种变化：①泡状突起释放入血液或淋巴后，自身崩解引起血清酶活性升高（可逆性损伤）；②泡状突起处破裂，细胞质酶释放入血液（不可逆损伤）；③细胞自身崩解，无泡状突起释放或破裂。

（二）酶在体内的循环及其降解

不同的组织细胞酶释放后的去向及其对血清酶活性的影响不同，归纳起来主要有以下四种情况：①血细胞和肝细胞损伤引起血清酶活性快速升高；②肌纤维内酶释放后经淋巴进入血液，血中酶活性升高的速率较慢；③小肠黏膜或肾上皮细胞释放的酶可能不进入血液，由肠道或尿液排出；④神经元释放的酶不通过血脑屏障，不会引起血清酶活性升高。

不同的酶其循环过程也可能不同。多数酶由细胞释放后进入组织间液，然后进入淋巴循环，最终出现在血液中。疾病时其动力学更复杂，例如，胰腺炎时，淀粉酶由胰腺分泌后进入腹腔液，经横膈淋巴循环吸收进入血液。

循环过程中多数酶被巨噬细胞或实质细胞降解，一些经尿液或粪便排出。

（三）循环中酶活性的决定因素

机体循环中酶的活性主要取决于以下几方面的因素：①组织中酶先天活性或器官合成能力；②细胞内位置，酶存在于细胞质还是黏附到细胞器；③出现疾病或受诱导后酶释放入循环的速率和数量；④降解或排泌的速率，如淀粉酶和脂肪酶部分经肾降解，肾血流下降可导致其血清活性升高。其他酶失活过程包括：与血液抗蛋白酶结合后被巨噬细胞或肝细胞摄取，或与蛋白水解酶结合被巨噬细胞摄取而降解。如果这些过程被抑制，则酶失活速率减慢。

（四）血清酶的“正常值”

在正常动物，也很难给血浆酶正常值划出清楚的界限。不像大多数的生化成分，有一个正常的分布曲线，许多酶呈一个偏斜的分布，且很多正常个体会表现出很高的血清酶值。这会引起酶解释时有很大的‘灰区’。由于灰区的原因，通过单独的一个酶活性的改变进行诊断是不明智的，除非它升得非常高。确诊必须结合临床检查、影像学等检查结果。

（五）酶活性升高

血浆中某一种酶活性的升高主要是由于组织或器官的损伤、破裂或坏死引起的，细胞增生也会引起血浆酶的升高。升高所达到的水平取决于细胞损伤的程度及酶代谢和/或排泄的速度。这意味着，即使急性病例出现少量的损伤，也会暂时出现相对较高的水平；但在慢性疾病中，即使存在严重（或潜在更严重）的损伤，酶水平却可能没有升高或仅轻度升高。

在没有原发性组织损伤时，酶排泄障碍，有时也会引起血浆酶水平的升高。这种情况是有诊断意义的，如胆管阻塞时，引起碱性磷酸酶的大幅升高，肾衰时，淀粉酶有时会轻度升高。

酶活性的非特异性升高必须牢记在心。这些影响因素包括：

1. 年龄

新生动物的某些酶的水平较高，如在骨骺生长停止前，幼年动物的碱性磷酸酶水平比成年动物高。

2. 酶的诱导

一些药物可能会刺激某些酶活性的升高——特别要注意的是巴比妥盐类，可能引起碱性磷酸酶活性的升高。典型酒精中毒中，γ-谷氨酰氨基转移酶活性的升高(可能是由于酒精引起的肝损伤造成的)。

3. 溶血

溶血的样品不适于酶的评定，因为从红细胞中释放出来的酶会干扰化验。

(六)酶活性降低

血浆酶水平的降低不常用于临床诊断，常用于解释酶水平降低的原因(样品贮存得不好，大多数的酶易发生变化，特别是没有冷冻的样品)。但在一些具体的疾病中，血浆酶水平的降低，表明相关的器官再生障碍、萎缩或被破坏。这种情况最常见的例子是在胰外分泌机能障碍中的胰淀粉酶。

(七)损伤的定位

很少酶是特异地存在某一类细胞中。一些酶几乎以不同的水平存在于所有的细胞中，多数酶大量地存在于两种或三种不同的组织中。

1. 同工酶的确定

当一种酶在几种组织中特别多时，每个组织都有它自己的特殊的同工酶。把这些酶分开，有很大的诊断意义，但这种检测不是所有实验室都能做到的。选择性地抑制某一种酶，并化验剩余的酶是最简单的方法。电泳分离经常可以提供更多有用的信息，特别是有三种以上同工酶同时存在时。

2. 评估多种酶

在不同组织中，很少有完全相同相对酶浓度，可以通过检查几种酶来确定受伤的组织。这种方法可以扩大到包括其他的化验和放射检查，所以要建立个体病理学的复合分析。

值得注意的是，酶的分布具有明显的种属特异性，在选择合适的方法时，必须考虑到这一点，例如丙氨酸转移酶(ALT)，在犬和猫，是肝特异性酶，而在马，则是肌肉特异性酶。

二、肝检查常用的酶

(一)丙氨酸氨基转移酶

丙氨酸氨基转移酶(ALT)催化丙氨酸和α-酮戊二酸转氨生成丙酮酸和谷氨酸。犬、猫的ALT主要来源于肝细胞，并游离于细胞质中。在犬、猫，ALT被认为是一种肝特异性酶。

ALT还来源于肾细胞、心肌、骨骼肌和胰腺，这些组织受损也会引起血清ALT水平升高。使用皮质类固醇或抗惊厥药物也会导致血清ALT水平升高。

ALT并不能鉴别出具体的肝病类型，所以只能作为肝病筛查的一个检测指标。血液中ALT的水平和肝损伤的严重程度没有相关性。ALT水平通常会在肝细胞受损12 h内升高，并在24～48 h内达峰值。除非存在慢性肝损伤，一般情况下血清ALT水平会在几周内恢复正常。

(二)天门冬氨基转移酶

天门冬氨基转移酶(AST)催化天门冬氨基酸和α-酮戊酸转氨生成草酰乙酸和谷氨酸，广泛地分布于机体中，特别是骨骼肌、心肌、肝和红细胞。它用于所有动物的肌损伤的检查，其半衰期介于肌酸激酶(CK)和乳酸脱氢酶(LDH)之间。虽然AST在作为肝诊断指标时不是很特异，但许多兽医仍然经常使用。除马外，所有动物正常的血浆AST活性低于100 IU/L。

（三）γ-谷氨酰转移酶

γ-谷氨酰转移酶（GGT 或 γGT）主要存在于肝和肾中，但在临床上它的使用只限于肝疾病的诊断。在小动物中，它的升高与 ALT 平行。犬血清 ALT 和 GGT 活性同时升高，表明既存在肝的损伤或坏死，也存在胆汁淤积。

GGT 的半衰期特别长，在临床症状恢复后，其血清水平仍将持续升高一段时间。犬猫的正常值大约在 60 IU/L 以下。

（四）碱性磷酸酶

碱性磷酸酶（ALP）是体内分布最广泛的酶之一。它是由一组同工酶组成的，在碱性（pH 9～10）环境下，这些同工酶会水解磷酸酯——在骨骼（成骨细胞）、肝和肠壁中可见到这些同工酶。血浆 ALP 参考值的范围非常广，大多数动物可达 300 IU/L。成骨细胞活性较高的幼年动物，其 ALP 水平较高；当骨骺生长板闭合后，ALP 水平会降低，其来源主要是肝。

全身性的骨骼疾病，如佝偻病、软骨病、甲状旁腺机能亢进、骨源性骨肉瘤、非骨骼性癌症的骨转移以及颅骨—下颌骨骨关节病，能使血清 ALP 活性发生中度到显著的升高。骨源性 ALP 的升高，通过不升高的肝实质性酶（AST、ALT、SDH、GLDH 或 GGT 取决于动物的品种）以及缺乏黄疸，很容易与肝胆疾病相区别。肝损伤会导致所有动物的血浆 ALP 活性中度升高。它与上面所列的其他肝酶活性升高趋于平行。

肾上腺皮质机能亢进通常与血浆 ALP 活性升高有关，部分是由于这些动物经常发生类固醇性肝病，还因为肾上腺皮质会产生一种特异性的 ALP 同工酶。现在已经有方法对这种同工酶进行特异性化验。

胆道疾病，特别是阻塞，会引起血浆 ALP 的大量升高——可达 50 000 IU/L。在胆汁淤积期间，胆管小管细胞会大量产生一种特异性同工酶，这种同工酶会进入血浆。实际上，在大部分胆道疾病病例中，可通过 ALP 显著升高而肝实质性酶不发生变化来鉴别。胆道疾病病例不同于骨骼疾病的病例，因为这些动物会发生黄疸。随着病情的发展，胆汁逆流入肝会引起真正的肝损伤，其他肝酶活性也会升高。在某种程度上，ALP 被作为肝胆功能的一个指标，而所有其他酶只是测定肝细胞的损伤。

三、血清蛋白质

相关介绍详见本章第七节。

四、血清胆红素

正常动物血清胆红素的浓度低于 5 μmol/L。

胆红素是红细胞代谢分解的副产物。它的初产物不溶于水（称为游离性胆红素），在血液中，通过与运输蛋白相结合，被转运到肝，然后与葡萄糖醛酸或其他物质结合，变成可溶的结合性胆红素，结合胆红素分泌入胆汁。结合胆红素及其相关的色素（主要是粪胆素）使粪便呈特征性的棕色。

直接胆红素是指结合胆红素，而非结合（间接）胆红素是通过总胆红素减去直接胆红素计算出来的。

血液胆红素浓度增加可能由以下原因引起：

(1)禁食后的高胆红素血症　马是唯一容易出现该病的动物。在饥饿或厌食且没有溶血或肝胆异常的情况下,血浆胆红素浓度可升高到 100 μmol/L。

(2)血管内溶血　由于正常的网状内皮—肝胆系统的作用,轻度到中度溶血发生时,血浆胆红素浓度可能并不升高。严重溶血时,超过机体排泄胆红素的能力而出现高胆红素血症(黄疸),这通常不会特别严重。随溶血的严重程度不同,其值可达 10～20 μmol/L。当机体血浆胆红素水平升高时,常伴有明显高水平的游离血红蛋白。大多数或所有的胆红素是非结合性的胆红素。

(3)肝病　由于肝有许多不同的功能,肝病可表现为各种各样临床综合征。一般来说,在急性肝炎中,结合或排泄功能衰竭常常是暂时性的,血浆胆红素浓度可以升高到 60 μmol/L 或更高。在疾病早期,通常出现的是间接胆红素,但在一些病例中,胆管系统完整性的破坏会引起直接胆红素被释放到循环中。

大多数的肝病例,特别是肝炎,会表现出血浆肝酶的活性升高,这些肝酶活性(特别是转氨酶)与肝实质的相关程度要比碱性磷酸酶高。但在一些肝硬化或肿瘤浸润末期,血浆酶水平可能正常或降低。同样,一些肝衰的疾病也与出血性贫血有关,如果对黄疸和贫血的患病动物产生怀疑,就应检测 BSP 清除率或血浆胆汁酸。对于肝胆机能不全的病例,BSP 清除的时间会明显延长。血浆氨浓度也会在肝衰时升高。

(4)胆管阻塞性疾病　肝性或肝后性的阻塞,肿瘤是最常见的病因。在完全阻塞的疾病中,血浆胆红素浓度可以升到非常高,甚至超过 100 μmol/L。由于缺乏粪胆素,粪便变为苍白色。在该疾病早期,胆红素几乎都是直接胆红素,且肝实质酶几乎都正常,但碱性磷酸酶会有明显的升高。在阻塞后期,受阻的胆汁会引起真性的肝损伤,这时也可见到间接胆红素升高;碱性磷酸酶以外的其他肝酶水平也会升高,但这些酶的升高没有碱性磷酸酶那么特异,碱性磷酸酶在阻塞性黄疸时,很容易超过 10 000 IU/L;BSP 清除率时间也会明显延长;血浆胆汁酸浓度也会升高,但氨浓度通常是正常的。

五、血清胆汁酸

正常的血浆胆汁酸浓度低于 15 μmol/L。

胆汁酸以胆固醇为原料由肝细胞合成,并与甘氨酸和牛磺酸结合。结合胆汁酸由毛细胆管膜分泌出来,经胆道系统进入十二指肠。进食引起胆囊收缩前,胆汁酸均贮存于胆囊内。胆汁酸到达回肠时,它们被转运入门脉循环,返回肝。90%～95%胆汁酸在回肠重吸收,其余5%～10%由粪便排出。重吸收的胆汁酸返回肝,重新结合,并作为胆汁酸肠肝循环的一部分被排出。

胆汁酸分为游离胆汁酸和结合胆汁酸两大类,游离胆汁酸主要有胆酸、鹅胆酸和脱氧胆酸三种,胆汁酸具有许多功能,它们促进脂肪的吸收(在胃肠系统中形成胶粒),通过胆汁酸合成来调节胆固醇水平。并随胆汁分泌入肠道乳化脂肪,是消化吸收食物中脂肪和脂溶性(维生素A、维生素 D、维生素 E、维生素 K)的必需条件。

正常动物可检测到由肠肝循环外溢的胆汁酸,血清胆汁酸浓度与门脉浓度有关,因此进食后血清胆汁酸浓度高于禁食胆汁酸浓度。任何损伤肝细胞、胆道或胆汁酸肠肝循环的病变都会导致血清胆汁酸浓度升高。血清胆汁酸测定作为肝功指标的最大优点是:这些测定结果可以评估肝胆系统解剖学上的主要构造,并且其能在体外稳定存在。

正常情况下，进食后胆囊收缩，释放进入十二指肠的胆汁酸增多，因此血清中胆汁酸水平也会升高。试验需要成对的血清样品，分别于禁食 12 h 后和进食 2 h 后采集，记录样品胆汁酸浓度的差异。患病动物闻到食物的香味也会导致胆囊自发性收缩。禁食过久和腹泻会引起胆汁酸浓度降低。

血清胆汁酸水平升高通常指示一些肝病，例如先天性门体分流、慢性肝炎、肝硬化、胆汁淤积或肿瘤。胆汁酸水平不能特异性地指明肝病的类型，只能作为肝病的筛查指标。在动物出现黄疸前，胆汁酸水平即可以提示肝存在问题，也可以用来检测治疗期间肝病的病情发展。肝外疾病继发性影响肝，也会导致胆汁酸浓度升高。肠道吸收不良时，可见胆汁酸浓度下降。

有几种方法可以测定胆汁酸，最常用的是酶法。目前，兽医临床采用免疫学法(酶联免疫吸附测定法)测定胆汁酸水平。

六、血氨

大多数动物正常血浆氨浓度都低于 60 μmol/L。

全血和血浆中的氨浓度都是非常不稳定的，因为采血结束后，尿素就开始分解为氨——这不足以影响尿素测定的准确性，但可以影响氨测定的准确性，因为只有一小部分尿素被分解，却足以引起氨浓度明显的升高，使一个本来正常的血样出现高氨血症的假象(分解 0.1 mmol 的尿素可以产生 200 μmol/L 的氨)。为了避免这种情况的发生，血样必须用 EDTA 抗凝(而不是肝素)，并迅速放入冰块中，然后进行离心。在采血后 30 min 内必须分离血浆。血浆必须冷冻保存，并在 3 d 内进行检测。不能长时间运输冷冻的样品，尽可能在可以进行检测的地方现场采样。

氨为氨基酸/含氮物质代谢为尿素前一个阶段的物质。尿素循环衰竭会引起氨在血浆中蓄积，并出现血浆尿素浓度降低。有严重尿毒症患病动物的氨浓度也会升高，这是由于尿素循环的不平衡引起的，没有诊断意义。

有三个原因可以引起血氨升高：

(1)先天性的尿素循环代谢缺陷　幼年动物的先天性疾病(或至少是从出生一直存在的疾病)。临床症状是神经系统紊乱——攻击行为，有时与采食有关，同时发生昏迷、智力低下。唯一的生化异常是氨血症和尿素水平下降，并存在乳清酸(它是尿素循环中断时，旁支的异常代谢产物)，且没有肝其他代谢功能受影响的迹象。门脉血管造影正常。

(2)先天性门静脉短路(静脉导管未闭合)　见于幼年动物。在这种疾病中，缺陷通常是十分严重的，如果不治疗，患该病的动物很少可以活过两年。临床症状也与先天性缺陷相似，但除了氨血症/尿素异常外，还有其他的肝功能异常——低白蛋白血症、低胆固醇血症、血浆转氨酶和碱性磷酸酶活性升高、凝血异常等。一般不出现黄疸，但磺溴酞钠(BSP)清除率延长。可以通过证明门静脉和腔静脉连接异常来确诊，而异常的诊断需通过血管造影或剖腹后在肝静脉中注入对比介质进行。

(3)肝衰后期　当肝衰达到其最后的阶段时，所有的肝功能都倾向于衰竭，包括尿素循环。在获得性门脉短路的疾病中更是如此，而且有明显的肝功能异常的证据——低白蛋白血症和凝血异常，通常可见黄疸。由于已没有肝组织释放酶，肝酶的水平可能不会升高。BSP 清除率异常地延迟。在肝病后期是否可见由高氨血症引起的中枢神经系统的症状，很大程度上取决于肝脏病变的程度和尿素循环受影响的程度。由于肝移植技术目前不成熟，预后不良。

第二节 肾功能检查

肾在维持内环境稳定方面发挥着重要的作用。其主要功能:促进水分和电解质的排出;排泄或潴留氢离子,以维持血浆 pH 在正常范围内;保存营养物质,如葡萄糖和蛋白质;排出氮代谢的终产物,如尿素、肌酐和尿囊素,从而维持这些终产物的血浆浓度处于低水平状态;生成肾素(控制血压的一种酶)、促红细胞生成素(红细胞生成的必需激素)和前列腺素(一种脂肪酸,刺激子宫和其他平滑肌的收缩、降低血压、调节胃酸分泌、调节体温和血小板凝集、控制炎症);活化维生素 D 等。

肾的血液来自于肾动脉。血液流经肾单位时,几乎所有的水分和小分子溶质通过肾单位后,进入集合管。每一个肾单位包括重吸收和分泌特定溶质的功能区。葡萄糖主要在近曲小管被重吸收。矿物质在髓袢升支和远曲小管分泌和重吸收。肾对每种物质均有一特定重吸收能力,称为肾阈值。多数水分被重吸收,仅有少于 1%的原尿排出。血液通过与后腔静脉相连的肾静脉返回体循环。

临床上通过分析尿液和血液来评估肾功能。第十三章将详述尿液分析法。肾功能主要的血清化学试验指标是尿素氮和肌酐。其他检测包括用于评估肾小球滤过效率的各种试验。

一、尿素氮

在哺乳动物,尿素是氨基酸代谢的主要终末产物。尿素氮(BUN)作为评估肾功能的指标,是以肾从血液中清除含氮废物的能力为基础的。在正常情况下,所有的尿素通过肾小球进入肾小管。约一半的尿素由肾小管重吸收,其余的由尿排出体外。如果肾功能出现异常,大量的尿素不能被清除,则会导致 BUN 水平升高。

血液样品受到脲酶菌(如金黄色葡萄球菌、变形菌和克雷伯杆菌)的污染,可能会导致尿素分解,引起 BUN 水平下降。为了避免这种情况出现,应在样品采集后几个小时内进行分析或将样品冷藏保存。

尿素是一种不溶性分子,必须在大量水中才能被排泄。脱水可引起血液中尿素潴留增多(氮质血症)。高蛋白饮食和剧烈的运动会导致 BUN 水平升高,这是由于氨基酸分解增多,并不是因为肾小球滤过降低所致。雄性动物和雌性动物、幼年动物和老年动物的蛋白质分解代谢率不同,BUN 水平也不同。

尿素是机体在肝中形成的含氮代谢产物,是氨基酸代谢的终产物。尿素在肝中形成以后,通过血浆被运送到肾,接着被排泄入尿。因此,血浆中的尿素浓度可受许多不同的因素影响。

(一)食物因素

1.蛋白质水平

食物中过多的蛋白质会引起脱氨基的增加,引起血浆中尿素浓度升高,但其浓度不会升得十分高,在多数动物中仅为 7～10 mmol/L。食物中低水平的蛋白质可以引起血浆尿素浓度减少至 1～3 mmol/L。

2.蛋白质质量

食物中蛋白质质量低劣也能造成脱氨基的增加,在没有必需氨基酸时,非必需氨基酸会脱氨基，引起血浆尿素浓度的轻度升高。

3. 碳水化合物的缺乏

当食物中没有足够的能量时，体内贮存的蛋白质（起初是肝内贮存的蛋白质）将会被脱氨基之后作为能量被利用。在饥饿，特别是存在脱水的病例中，血浆尿素浓度可以高达 15 mmol/L，甚至是 20 mmol/L。

（二）尿素循环失败（高氨血症）

尿素循环的目的是把有毒的氨离子转化为利于排泄的无毒尿素分子。尿素循环失败会引起氨在体内蓄积，同时血浆尿素浓度降低，过量的氨会引起各种中枢神经系统症状。但要注意的是单独通过尿素指标来诊断这类疾病是不可靠的。由于肾的问题，一些真正患高氨血症动物的尿素浓度可能正常或稍升高。因此当发现血浆尿素浓度降低及一些病例中怀疑有高氨血症时，无论尿素是否降低，正确的方法是测定氨本身的浓度。

（三）引起血浆尿素浓度升高的原因

1. 肾灌注不良

这可以由严重的脱水或心机能不全引起。肾本身没有问题，根据灌注不良的严重程度不同，血浆尿素浓度升高至 15～35 mmol/L。但要注意的是当灌注不良十分严重或肾缺氧时间太长时，会出现原发性的肾衰——在这些病例中，血浆尿素浓度将持续升高到 35 mmol/L。

2. 肾衰

诊断肾衰是测定血浆尿素浓度最常见的原因，特别是小动物。血浆尿素浓度可以随疾病严重程度的不同，从正常范围的上限到高达 100 mmol/L。在一些急性或像肾盂肾炎的那样的可逆病例中，即使尿素严重升高，也值得进行试验性治疗。在慢性病例中，预后取决于疾病的严重程度。当尿素浓度只有轻度升高时（低于 20 mmol/L），治疗的效果可能是很好的。但当血浆尿素水平高于 60 mmol/L 时，治愈希望很小（除非进行肾移植技术），建议安乐死。

3. 尿道阻塞

由于尿道阻塞对肾产生压力，且血浆尿素浓度可能上升到 60 mmol/L 或更高，故会引起急性肾衰。这在临床上不难作出诊断（膀胱扩张、疼痛、只有少量或没有尿液排出），如果阻塞被排除，该现象通常是可逆的。

4. 膀胱破裂

膀胱破裂可使血浆尿素浓度很快升高到 100 mmol/L 以上。如果及时用外科方法修复膀胱，加上其他方法治疗，这种情况通常是可逆的，但麻醉尿毒症的患病动物是十分危险的。在手术前用腹膜透析处理可以明显提高成功率。

（四）引起血浆尿素浓度降低的原因

1. 尿素合成减少

如肝肿瘤、肝硬化、门静脉吻合、低蛋白质日粮等。

2. 黄曲霉毒素中毒

黄曲霉毒素中毒会引起血浆尿素浓度降低。

3. 输液治疗以后

输液治疗后血浆尿素浓度降低。

二、肌酐

正常动物血浆肌酐浓度低于 150 μmol/L。

肌酐，像尿素一样，也是由肾排泄的一种氮的代谢产物，但它不是氨基酸的代谢产物，而是肌氨酸的代谢产物。肌氨酸是存在于肌肉中的一种物质，它与高能量的代谢有关，其作用是稳定高能磷酸键，使之不会被很快消耗。肌氨酸以一定的速率持续缓慢地分解代谢，它不受肌肉活动或肌肉损伤变化的影响。血浆肌酐浓度的变化只与肌酐的排泄有关，也就是说，它更准确地反映了肾的功能。因此，像尿素一样，血浆肌酐也用于检测肾的疾病，但它与尿素有所不同，要得到肾功能的最大信息时，一般同时检测尿素和肌酐。

1. 检测肌酐水平的重要性

①血浆肌酐浓度不受食物和任何可影响肝和尿素循环因素的影响。

②在疾病初期，它比尿素升高得更快，而好转时，也降得更快，因此，同时测定它们可以得到一些疾病的过程和进展的信息。

③当出现肾前性的原因（心衰或脱水）时，它比尿素的变化更小，而当存在原发性的肾衰时，它升高得更多——换句话说，它作为肾功能的诊断指标比尿素更敏感，也是更好的预后指标。

既然肌酐比尿素对肾衰更特异更敏感，为什么还要同时测定尿素呢？

2. 同时检测尿素与肌酐的必要性

①肌酐在血浆样品中会变质，必须在当天进行分析。因此，从陈旧样品中测得的结果可能不准确。

②有些物质容易干扰肌酐的检测，如胆红素可明显地降低肌酐浓度，头孢菌素可明显地增加肌酐的浓度。所以，存在这些物质干扰时，尿素就成了检测的选择。

③由于尿素受许多不同因素影响，故血浆尿素的测定也可以为患病动物提供比肌酐更多的信息。

对血浆肌酐结果的解释是相当直接的——降低没有临床意义；增加到 250 μmol/L 左右时，可能是肾前性的原因引起的（脱水或心衰）；超过该值时，肾是有问题的（除非存在膀胱破裂或尿道阻塞）；当血浆肌酐的浓度超过 500 μmol/L 时，情况就十分严重了；浓度超过 1 000 μmol/L 的情况，见于肾衰后期、膀胱破裂和尿道阻塞。

三、尿酸

尿酸是氮代谢的副产物，主要产自肝。尿酸通常被转运到肾与白蛋白结合。在多数哺乳动物，这种化合物通过肾小球时，大多数被肾小管细胞重吸收，继而转变为尿囊素，由尿排出。对大麦町犬，尿酸吸收入肝细胞的机制存在缺陷，导致尿囊素转化水平下降。因此，该品种犬尿中的排泄物是尿酸，而不是尿囊素。

尿酸是禽类氮代谢的主要终产物，尿中排泄的尿酸占总尿氮排泄量的 60%～80%，尿酸由肾小管分泌。血浆或血清尿酸的水平是评价鸟类肾功能的指标。在禽类，粪便中的尿酸盐会污染趾甲，由趾甲采集血样会造成尿酸水平假性升高。在食肉鸟类，进食后尿酸的浓度会升高。动物患有肾病时，肾功能丧失超过 70%时尿酸浓度才会升高。

四、尿蛋白/肌酐比率

肾蛋白尿的定量测定对于诊断肾病意义重大。尿中缺乏炎性细胞时，蛋白尿表明存在肾小球疾病。为精确地评价蛋白尿，应检测 24 h 的尿蛋白值。这是一项烦琐的任务，也容易出错。用数学方法比较尿样中蛋白质和肌酐水平，则更为精确和易于理解。尿蛋白/肌酐(P/C)比率，是建立在小管内尿蛋白和肌酐浓度增加水平一致的基础上的。

这种方法已有效地应用于犬。通常在 10_{AM}～2_{PM}，采集 5～10 mL 尿液，最好进行膀胱穿刺采集尿样。尿样应在 4℃或 20℃保存。将尿样离心后，取上清液。每个样品的蛋白质和肌酐浓度，可用各种分光光度计测定。对于健康犬，尿 P/C<1；尿 P/C 为 1～5，提示肾前性(高球蛋白血症、血红蛋白血症、肌红蛋白血症)或功能性(运动、发热、高血压)损伤；尿 P/C>5 提示存在肾疾病。

五、肾小球功能检测

患有氮质血症或未出现氮质血症而有肾病症状的动物，可以进行一些附加的试验评估肾功能。这些清除率的研究需要定时定量采集尿样，同时采集血浆样品。清除率研究的两种主要形式是有效肾血浆流量(ERPF)和肾小球清除率(GFR)。

ERPF 采用的试验物质经肾小球滤过和肾排泌，典型代表是对氨基马尿酸。GFR 采用的试验物质仅经肾小球滤过，典型代表是肌酐、菊粉或尿素。试验物质给予后，采集尿样和血浆样品。ERPF 或 GFR 的计算公式如下：

$$\text{某种物质的 GFR 或 ERPF(mL/kg/min)} = U_X \times V / P_X$$

U_X 代表尿样中该物质的含量(单位：mg/mL)，V 代表在限定时间内采集的尿液量[单位：mg/(kg · min)]，P_X 代表该物质的血浆浓度。

第三节　心肌损害指标

一、肌酸激酶

肌酸激酶(CK)催化肌酸和三磷酸腺苷(ATP)生成磷酸肌酸和二磷酸腺苷(ADP)之间的可逆反应。CK 以一个二聚体的形式存在，已发现有两个亚型——M 型和 B 型。这样就可能有三种同工酶的形式——MM、MB 和 BB。

CK-MM 是在骨骼肌中的存在形式，一般肌损伤时，如肌溶解时会明显升高。总 CK 活性可以从正常约 100 IU/L 到严重病例中的 500 000 IU/L。手术、肌肉运动或肌内注射都会使血浆 CK-MM 活性呈轻度到中度的升高。

CK-MB 是在心肌中的存在形式。在人，它特异用于诊断心肌梗死，但该酶在动物中很少，且慢性的心肌型的疾病很少引起可见的酶变化，这是因为该酶的半衰期很短。

CK-BB 是在脑中的存在形式。它在诊断脑病中十分有用，如脑皮质坏死和由硫胺素缺乏引起的幼年反刍动物急性中枢神经系统疾病。

一般来说，总 CK 的测定反映了 MM 同工酶水平，因为它的含量是最多的。MB 和 BB 的增加只能通过同工酶的测定来获得，否则会被 MM 所掩盖。健康动物血清 CK 活性因年龄大小而有变化，青年动物通常高于成年动物。

要注意的是，CK 是一个分子很小的酶，其半衰期短，只要持续的损伤停止后，即使在横纹肌溶解过程中，酶的升高也会在 24～48 h 内回到正常水平。总 CK 也是很容易变化的，特别是在室温或更高的温度时，故采集的样品必须当天化验，也可以在－20℃保存，但邮寄的样品是不可靠的，除非酶活性升得很高。

二、乳酸脱氢酶

乳酸脱氢酶（LDH 或 LD）促进乳酸和丙酮酸盐的可逆变化，是糖原酵解和糖异生的主要酶之一，也是体内最大的蛋白质分子之一。它是一个四聚体，每个分子中有四个亚单位，且亚单位有两种形式，即 H 和 L 两种。这样存在 5 种同工酶（HHHH、HHHL、HHLL、HLLL 和 LLLL），用 LDH 1～5 表示，其电泳活性逐渐降低。LDH1 与心肌、肾和红细胞有关，LDH5 则与肝有关。其他同工酶与骨骼肌和肺有关。

由于其分布广泛，总 LDH 活性的增加在兽医临床上是很难解释的，如果要知道它增加的原因，同工酶电泳分离十分重要。但由于 LDH 分子大且半衰期长，它的升高可在损伤后持续一段时间，所以回顾诊断十分有用。

在大多数动物，正常的血浆总 LDH 活性为 200～300 IU/L，在一些病例中，可升高到几千（IU/L）。

三、天门冬氨基转移酶

相关内容见本章第一节。

第四节　胰损伤的指标

胰腺实际上是在一个基质上的两个器官，一个具有外分泌功能，另一个具有内分泌功能。

外分泌部又称为腺泡胰腺，是胰腺最大的组成部分，分泌富含酶的胰液，包括进入小肠内参与消化所必需的酶。3 种主要的胰酶是胰蛋白酶、淀粉酶和脂肪酶。胰腺组织受损常伴有胰管的炎症，这种情况会导致储备的消化酶进入外周循环。

外分泌腺间散布排列的细胞，在组织学上，呈现出“岛”状的浅染区域，称为胰岛。胰岛细胞有四种类型，这四种细胞分别是 α 细胞、β 细胞、δ 细胞和 PP 细胞。δ 细胞和 PP 细胞所占胰岛细胞的比例少于 1%，分别分泌生长抑素和胰多肽。β 细胞约占胰岛细胞的 80%，分泌胰岛素。其余近 20%的细胞，即为 α 细胞，分泌胰高血糖素和生长抑素。

胰腺几乎没有再生能力。当胰岛受损或被破坏时，出血或坏死区胰腺组织变硬或呈现结节状，这些胰岛细胞功能即丧失。胰腺疾病可能导致炎症和细胞损伤，从而使得消化酶外泄、酶的生成或分泌不足。

本节主要讨论胰外分泌功能的检查，内分泌功能检查主要放在第五节讨论。

一、α-淀粉酶

淀粉酶(AMY)主要来源于胰腺,小肠内也可产生。其主要功能是降解淀粉和糖中的糖原,如麦芽糖和残糖。血清淀粉酶升高通常是由胰腺疾病造成的,尤其当伴随脂肪酶水平升高时。在该疾病中,淀粉酶从细胞中漏出,并开始消化自身的组织。有急性腹痛和呕吐的症状,可能会被误认为是小肠内有异物,如果不能确定的话,就应该检查淀粉酶(和脂肪酶)。正常淀粉酶的上限约为 3 000 IU/L,而在急性胰腺炎时可达 5 000～15 000 IU/L,可随着病情的改善而下降。但血液淀粉酶水平升高的程度和胰腺炎的严重程度没有直接的比例关系。连续测定淀粉酶活性可以获得更多的信息。

血液淀粉酶活性升高可见于急性胰腺炎、慢性胰腺炎的突发期或胰管阻塞。在肠炎、肠梗阻或肠穿孔时,也可能会因吸收入血的肠淀粉酶增多,而导致血清淀粉酶活性升高。另外,部分淀粉酶经肾排泄,所以任何原因导致 GFR 下降时,也可引起血清淀粉酶活性升高。血清淀粉酶水平达参考值的 3 倍以上时,通常提示胰腺炎。

犬猫正常的淀粉酶活性是人的 10 倍,因此,采用为人所设计的试验时,应将样品稀释。

二、脂肪酶

脂肪酶(LPS)与食物中脂肪的分解有关,主要存在于胰腺中,其次为十二指肠和肝。溶血可抑制 LPS 活性。它通常与淀粉酶一起用于诊断急性坏死性胰腺炎,且对该病较特异,受非特异因素影响小。作为一个大分子,它在疾病早期持续增加的时间较长,但在疾病开始阶段,它没有像淀粉酶升得那样快,所以建议同时化验两种酶。犬的正常值约低于 300 IU/L,而在胰腺炎的早期,通常可超过 500 IU/L。

与淀粉酶活性一样,脂肪酶活性与胰腺炎的严重程度无直接关系。脂肪酶活性升高也可见于肾和肝功能异常时,确切的机制尚不清楚。类固醇可引起脂肪酶活性升高,而淀粉酶活性无变化。

血清 LPS 活性升高主要见于胰腺疾病、肠阻塞、肝和肾疾病、使用强的松或地塞米松等药物。

三、胰蛋白酶

胰蛋白酶是一种蛋白水解酶,它可催化蛋白水解从而帮助机体消化。胰蛋白酶活性在粪便中比在血液中更容易检测。因此,多数胰蛋白酶分析都是以粪便作为检测样品。正常情况下,粪便中存在胰蛋白酶,缺乏时表明出现异常。

实验室采用的粪便试验方法有两种:试管法和 X 线胶片法。试管法需要将新鲜的粪便与凝胶液混合。胰蛋白酶可以分解蛋白质(凝胶),如果样品中存在胰蛋白酶,溶液就不会变成凝胶;如果不存在胰蛋白酶,溶液则呈现凝胶状。X 线胶片法是将凝胶覆盖在未显影的 X 线胶片上,测试是否存在胰蛋白酶。将 X 线胶片的一端置于粪便和碳酸氢盐的混合液中。如果粪样中存在胰蛋白酶,用水冲洗胶片时,覆盖的凝胶表层就会被冲掉。如果粪样中不存在胰蛋白酶,则冲洗后凝胶表层仍覆盖于胶片上。在评估粪便中胰蛋白酶的水解活性方面,试管法要比

X线胶片法更为准确。

胰蛋白酶活性试验需要检测新鲜粪样。如果动物近期食用生蛋清、黄豆、菜豆、重金属、柠檬酸盐、氟化物或一些有机磷复合物，粪便中胰蛋白酶的活性可能会降低。粪便中存在钙、镁、钴和锰时，可能会增加胰蛋白酶的活性。粪样中的蛋白水解菌可能会导致假阳性或表面上正常的结果，尤其在使用久置的样品时。

四、胰脂肪酶免疫反应性(PLI)

胰脂肪酶由胰腺腺泡细胞合成，分泌进入胰管系统。正常情况下，仅有少量的胰脂肪酶进入循环系统，当胰腺发生炎症时，大量的胰脂肪酶进入循环系统，测定PLI即可特异性地发现胰腺炎。与脂肪酶不同，PLI可特异性地检测胰脂肪酶，从而排除了其他脏器的干扰。目前可用放射性免疫分析法和酶联免疫吸附试验测定犬的胰脂肪酶免疫反应性(cPLI)，测定猫胰脂肪酶免疫反应性(fPLI)的放射性免疫分析法也已出现。PLI的测定具有种属特异性，现在国内市场上已有半定量测定cPLI和fPLI的试剂盒(IDEXX Laboratories)。

在胰腺炎的诊断中，与其他实验室方法和影像学方法相比，PLI的敏感性和特异性更高，对犬的严重和轻度慢性胰腺炎来说，cPLI的敏感性分别为82%和61%，特异性则超过96%；对猫的中至重度胰腺炎和轻度胰腺炎来说，fPLI的敏感性则分别为100%和54%，特异性为91%～100%。cPLI与fPLI为目前市面上诊断犬猫胰腺炎最有效的实验室检测项目。

五、血清胰蛋白酶样免疫反应性(TLI)

血清胰蛋白酶样免疫反应性(TLI)是一种应用胰蛋白酶抗体的放射性免疫测定法。这个试验可以检测胰蛋白酶原和胰蛋白酶。抗体具有种属特异性。胰蛋白酶和胰蛋白酶原仅来源于胰腺。胰腺受损时，胰蛋白酶原释入细胞外，并转变为胰蛋白酶进入血流中。该试验仅用于犬、猫。

TLI为犬胰腺外分泌机能不全的诊断提供了敏感而特异的方法。患胰腺外分泌机能不全(EPI)的犬，血清TLI<2.5 μg/L。正常犬的参考范围是5～35 μg/L。其他原因导致同化不全的犬，其血清TLI可能正常。慢性胰腺炎患犬，其TLI值可能正常或介于2.5～30 μg/L之间。正常猫的TLI参考值为14～82 μg/L，而EPI患猫的TLI<8.5 μg/L。

血清TLI下降和功能性胰腺肿瘤常同时出现。与急性或慢性胰腺炎有关的炎症，会促使胰蛋白酶原和胰蛋白酶漏出，引起TLI升高。GFR下降也会导致TLI增加(胰蛋白酶原是一种易通过肾小球滤过的小分子)。血清TLI是功能性胰腺肿瘤的一项重要指标，将其与胰功肽(BTPABA)及粪便中脂肪的测定结果一起判读，对辨别和诊断同化不全能提供更多的信息。

进食后(尤其食入含有蛋白质的食物)，血清TLI升高，但检测值仍在参考范围内。另外，补充胰酶(外源性的)不会改变TLI。因此，采集血样前至少应禁食3 h，12 h更好。血液在室温下凝集，血清保存于－20℃待检。

第五节　血糖及糖代谢指标

一、血糖

机体摄入碳水化合物后，将其转化为糖原储存于肝。机体需要能量时，糖原转化为葡萄糖，进入血液转运至全身。因此，血糖是一个监测动物营养水平的指标，但它更多地用于检测代谢和生理状态。

肾对糖的处理是通过允许血浆葡萄糖的滤过并在肾小管近端重吸收来实现的，但近端肾小管重吸收能力是有限的。当血糖浓度高于 10 mmol/L 时，不能完全重吸收，一些糖就会出现在尿中。动物尿中出现糖时的血浆糖浓度就是肾糖阈。正常情况下，发现糖尿就意味着血浆糖浓度已超过肾糖阈。低于 10 mmol/L 的肾糖阈常见于幼龄动物和在妊娠期间的雌性动物，也见于近端肾小管的缺陷(范尼氏综合征)。

糖尿不是诊断糖尿病十分可靠的方法，因为可能出现假阳性的结果，如在采尿之前应激或运动引起血糖升高到超出肾糖阈，或是存在肾性糖尿——范尼氏综合征(近端肾小管缺陷)。在该病中葡萄糖重吸收功能差，可以在没有高糖血症时出现糖尿。

在兽医临床中，动物的糖尿病一般要到十分严重才被发现，这使诊断相对容易，只要测定血糖浓度(最好是禁食后的)就可作出初步诊断。在没有应激的情况下，血糖浓度高于 11 mmol/L 时，就可认为有糖尿病。如果动物在采血过程中产生应激(猫比较明显)，则结果不可靠。

健康的单胃动物禁食后血糖浓度为 4～5.5 mmol/L，反刍动物禁食后血糖为 3～4 mmol/L。全血血糖值要比血浆值约低 0.5 mmol/L(取决于 PCV)。

(一)血糖升高

血糖升高可见于以下原因：

1. 采食高碳水化合物的食品

采食高碳水化合物后，血糖浓度有一个吸收后的峰值。血糖升高的水平取决于许多因素，但通常不会超过 7 mmol/L。

2. 运动(尤其是剧烈的运动)

这与肾上腺轴大量分泌激素有关，灰猎犬在跑步后的血糖水平可升高到 15 mmol/L 左右。

3. 应激(特别是严重的或急性的应激)

这种情况包括动物剧烈的疼痛和劳累等。肾上腺轴和糖皮质激素都发挥作用，其中肾上腺轴的影响更明显，血糖浓度可达 15 mmol/L。

4. 其他原因引起的糖皮质激素活动增加

例如用糖皮质激素治疗或库兴氏综合征，这些情况比前面提到的应激的持续时间更长。

5. 用含糖的液体静脉注射治疗

最常用的制剂是糖盐水和葡萄糖注射液，另外有些静脉注射的制剂含葡萄糖或右旋糖的，使用这种制剂之后会升高血糖，因此必须避免把刚输完液的动物诊断为糖尿病。

6. 糖尿病

由绝对或相对的胰岛素缺乏引起。

(二)血糖降低

由于葡萄糖是大脑代谢的唯一能量来源，所以低血糖症的症状与脑缺氧很相似，临床上表现衰弱，精神不振，有时出现惊厥，昏迷。这种疾病是高危的，所以快速诊断和治疗是十分重要的。在大多数动物中，血浆葡萄糖浓度低于 2 mmol/L 时，会出现可诊断的症状。血糖降低可见于以下原因：

1. 胰岛素诱导的低糖血症

胰岛素诱导的低糖血症主要见于糖尿病患病动物过量使用胰岛素，犬在给予胰岛素治疗后不进食，或错误地使用了两次胰岛素可以引起低血糖。此外，低血糖也可以见于胰岛瘤，通过胰岛素和 C-羧氨酸检测可以确诊，但在临床中，这种测定往往是很难做到的。

2. 禁食后的低糖血症

低血糖可见于小型犬的先天性低糖血症，这与应激和阶段性的虚弱有关，与胰岛瘤无关。

二、果糖胺

血液中的葡萄糖可与蛋白质发生不可逆的非酶促反应，形成糖化蛋白，其反应速率与血糖浓度成正比，不依赖于胰岛素，且葡萄糖仅因蛋白质降解而释放，因此糖化蛋白持续存在于血液中，这为我们提供了一种评估长期血糖浓度的方法。动物体内多种蛋白质均可发生糖基化反应，其中血清蛋白(主要是白蛋白)与葡萄糖结合产物为果糖胺(fructosamine，FMN)亦称糖化清蛋白。血清果糖胺测定是目前兽医临床最常用的糖化蛋白检测。

动物白蛋白的半衰期为 2～3 周，因此血清果糖胺浓度可反映采集血样之前 2～3 周的平均血糖水平，它与一定时期内的平均血糖浓度呈正比，参考范围：犬为 259～344 μmol/L，猫为 219～347 μmol/L(不同实验室参考范围有差异)。

影响糖代谢的药物(如胰岛素、皮质类固醇、孕酮、雌激素)，使用数天后可使测定结果升高，但暂时性的葡萄糖代谢变化不影响果糖胺浓度；另外，具还原性的药物(如维生素 C、止血敏、利福平等)会参与果糖胺的四氮唑蓝比色法(NBT)测定过程，使结果假性升高，必须停药 1 d 后再进行测定。采样中如果造成溶血会使得结果假性升高；脂血症虽然不直接影响结果，但易导致溶血从而影响结果。

果糖胺测定有其局限性，如无法反映血糖浓度的暂时性变化，因此只有连续检测血糖才能发现短期变化从而初步建立治疗方案；其受血清蛋白浓度、代谢的影响，蛋白质丢失或蛋白质下降时产生假性降低结果；动物在当天使用还原性药物后也会产生假性升高；相比便携式血糖仪测定血糖，果糖胺测定所需要的血量较大。

但这个检验项目也有其优点，尤其相比血糖检测，禁食与否、是否应激对结果影响不大，对鉴别应激还是糖尿病十分有帮助；肝素锂、肝素钠、EDTA 抗凝血浆或血清均可检测。

果糖胺浓度变化的原因如下(表 9-1)：

(1)果糖胺浓度升高　果糖胺浓度升高可见于任何原因引起的持续性高血糖，最常见的原因为糖尿病，罕见的原因有慢性应激高血糖症，而采血时动物应激引起的急性血糖升高持续时间短，不足以导致果糖胺浓度上升。除此之外，肾上腺皮质机能亢进时也可见果糖胺浓度升高，这是因为糖皮质激素是胰岛素的拮抗物。

(2)果糖胺浓度降低　长期低血糖可使果糖胺浓度降低,原因包括:饥饿、肝功能不全、胰岛瘤及其他肿瘤等。果糖胺下降同样可出现于患有低蛋白血症或低白蛋白血症的患病动物。另外,由于甲状腺机能亢进使体内蛋白质更新频率变快,甲亢的猫同样也可见果糖胺浓度降低。

表 9-1　果糖胺测定异常的原因

浓度升高	浓度降低
缺乏血糖控制的糖尿病	长期低血糖血症:饥饿
肾上腺皮质机能亢进	胰岛瘤或其他肿瘤
长期应激(罕见)	不恰当的胰岛素治疗
使用药物:皮质类固醇	低蛋白血症:饥饿
黄体酮	肝功能不全
醋酸甲地孕酮	蛋白丢失性肾病
维生素 C	蛋白质丢失性肠病
止血敏	甲状腺机能亢进
溶血	

三、糖基化血红蛋白

糖基化血红蛋白代表了葡萄糖结合血红蛋白的不可逆反应。糖基化血红蛋白浓度升高表明存在持续的高血糖。这个试验结果反映了一个红细胞生命周期(犬 3～4 个月,猫 2～3 个月)内的平均葡萄糖浓度。贫血的动物,糖基化血红蛋白水平会假性降低。

四、葡萄糖耐量试验

葡萄糖耐量试验是直接用葡萄糖负荷量来挑战胰腺的功能,通过评估血液和尿液葡萄糖浓度来评定胰岛素的作用。如果胰岛素释放充足,且靶细胞有健康的受体,则进食后人为升高的血糖水平在 30 min 出现峰值,然后开始下降,2 h 内达正常值,且尿中不会出现葡萄糖。若进食后 2 h,血糖水平正常,则可以排除糖尿病的可能性。持续的高血糖和糖尿是糖尿病的指征。激发后严重的低血糖,表明可能存在葡萄糖反应性的、机能亢进的胰腺 β 细胞瘤。该试验可简化为仅测定进食后 2 h 的葡萄糖浓度。

口服葡萄糖耐量试验会受到肠功能异常的影响,如肠炎、运动过度、兴奋(如胃内插管引起);静脉注射葡萄糖耐量试验是一个较好的选择。临床中,静脉注射葡萄糖耐量试验是反刍动物的唯一选择。禁食(反刍动物除外)12～16 h 后,注射挑战性的葡萄糖负荷量,紧接着检测血糖,绘制耐受曲线。

糖尿病动物会出现葡萄糖耐量下降(半衰期延长,转换率下降),而患甲状腺机能亢进、肾上腺皮质机能亢进、垂体功能亢进和严重肝病时,葡萄糖耐量的变化不恒定。

葡萄糖耐量升高(半衰期缩短,转换率升高)可见于以下疾病:甲状腺机能减退、肾上腺皮质机能减退、垂体功能减退和高胰岛素血症。食用低碳水化合物日粮的正常动物,可能出现“糖尿病性曲线”。在试验前,给予 2～3 d 高碳水化合物食物,即可将误差减至最小。

葡萄糖耐量试验通常不是糖尿病诊断必需的指标。出现持续的高血糖和糖尿，且伴有多饮、多尿、多食和消瘦的病史，即可诊断为糖尿病。多数胰腺β细胞瘤不能对葡萄糖产生快速应答，因此该试验可检测高胰岛素血症。初始低血糖会导致胰岛素拮抗激素的释放，可能出现糖尿病性葡萄糖耐受曲线。动物紧张也会影响葡萄糖耐量试验的结果。如果血液样品中没有加入抗凝剂，并在室温下放置，血清葡萄糖测定结果会因这些失误而降低。

对于临界性高血糖而不伴有持续糖尿的动物，最好进行葡萄糖耐量试验。但是，此试验对主人来说不合算，也不会引起显著的治疗措施改变。这种进退两难的境地常见于猫，其肾糖阈值高，常出现应激性高血糖，容易产生误导。如果免疫反应的胰岛素浓度同时变化，可以从静脉注射葡萄糖耐量试验获得额外的信息。

第六节 血清脂质

一、血清胆固醇

胆固醇既可从消化道中吸收（肉类食物），也可在体内合成，它是细胞膜的组成成分，可增加细胞膜结构的牢固性。过多的胆固醇排泄在胆汁中，一部分以胆汁酸和胆盐的形式，一部分以未变化的胆固醇形式（可以被重吸收）。

正常的血浆胆固醇浓度：犬为7～8 mmol/L，猫为4～5 mmol/L，草食动物为2～3 mmol/L。其浓度变化及原因如下：

（一）胆固醇浓度升高（高胆固醇血症）

草食动物胆固醇水平很低，且它的升高也不特异地与某一疾病有关。在小动物中，已发现有许多原因可以引起高胆固醇血症。

1. 近期大量采食含脂肪的食物

食物对血浆胆固醇浓度的影响不是特别大，最多为2～3 mmol/L。但在利用胆固醇作为诊断指标时，最好还是禁食后采血。

2. 肝或胆管疾病

由于肝胆管系统与胆固醇的排泄有关，患有肝衰动物的血浆胆固醇浓度会升高。

3. 糖尿病

在一些病例中，糖尿病动物脂肪代谢的增加会引起胆固醇水平的升高，特别是当患病动物还患有肝脂肪浸润而使肝功能降低时。

4. 库兴氏综合征

血浆胆固醇浓度升高常见于库兴氏综合征，部分是由于脂代谢激素紊乱，部分是由于类固醇性肝病引起，类固醇肝病常与该病伴发。

5. 甲状腺机能减退

甲状腺机能减退可使胆固醇血症高达50 mmol/L，如此高的浓度或多或少对该病是有诊断意义的。食物的影响不可能使血浆胆固醇浓度升高到超过10 mmol/L，在肝、肾、糖尿病、库兴氏综合征中也很少升高到15 mmol/L以上。但有30%患甲状腺疾病的动物的血浆胆固醇浓度是正常的。

(二)胆固醇浓度降低

在甲状腺机能亢进的病例中，出现异常的低胆固醇水平常有报道，但这不具有诊断意义。在蛋白质丢失性肠病(PLE)中，胆固醇浓度可能降低。

二、血清甘油三酯

正常的血浆甘油三酯浓度，犬约为 1 mmol/L。

脂肪贮存是以甘油三酯的形式贮存的，甘油三酯是由三个脂肪酸与一个乙二醇酯化形成的。正常的脂肪动员是由肾上腺轴的刺激引起的，还与脂肪酶和酯酶的作用有关。当在血浆中有乳白色悬浮物时(脂血症)，就要怀疑该病。

但要注意的是，实际上不能真正测定甘油三酯，通常是用脂肪酶和酯酶处理样品后再测定总乙二醇的量。因此，检测时游离乙二醇浓度的升高必须记录下来，否则也会误认为是甘油三酯，除非同时检测游离乙二醇(减去脂肪酶和酯酶)。甘油三酯的值是由总乙二醇减去游离乙二醇得来的，其结果便是真正的甘油三酯。

与血浆甘油三酯升高相关的疾病包括糖尿病、甲状腺机能减退、肾病综合征、肾衰和急性坏死性胰腺炎。

第七节　血清蛋白质

正常动物的血液总蛋白浓度为 60～80 g/L(犬稍低)，白蛋白为 25～35 g/L(犬和猫的白蛋白水平比大动物低)。

血浆蛋白质主要包括白蛋白、球蛋白和纤维蛋白原。白蛋白、大部分 α-球蛋白及 β-球蛋白是由肝合成的，而免疫球蛋白则是由淋巴细胞和浆细胞分泌的。血浆蛋白质除具有营养功能、维持胶体渗透压及酸碱平衡的作用外，还包含酶、抗体、凝血因子及运输营养代谢产物的作用。

血清总蛋白的浓度通常用双缩脲法来测定，也可以使用折光法。白蛋白通常用溴甲酚绿染料结合法测定。临床上，首先测定血清总蛋白和白蛋白的浓度，然后用血清总蛋白的量减去白蛋白的量来得到球蛋白的量。

白蛋白/球蛋白(A/G)比率，有助于解释蛋白质成分的变化。假如二者成比例的改变，可能是由于脱水引起；如果其中一者的成分明显改变，则认为是异常现象。

一、总蛋白浓度的升高

有三个主要原因：

(1)脱水也称为假性升高　脱水引起血浆蛋白浓度升高时，总蛋白、白蛋白和球蛋白都以同一比率升高。作为脱水的指标，血浆总蛋白浓度没有 PCV 好。但血浆总蛋白浓度不受脾收缩的影响，动物兴奋或应激时不会改变，而且对于犬，其范围比 PCV 狭窄得多，这就更容易评估某一血样脱水的程度。

(2)慢性和免疫介导的疾病　这些疾病包括肝硬化、慢性亚急性细菌性传染病和自体免疫疾病，特别是猫传染性腹膜炎。它们都可以引起球蛋白，特别是 γ-球蛋白的升高。

(3)副蛋白血症　这是一种相当少见的疾病，它与恶性的产生免疫球蛋白的细胞(通常是淋巴细胞)有关,这些细胞产生大量的外观异常的单个的免疫球蛋白,血浆通常十分黏稠。

二、总蛋白或白蛋白浓度的降低

可见于以下各种不同的临床疾病:

(1)相对的水过多　临床上水过多不常见,多为医源性的。最常见的是从一个正在输液的动物采血,甚至是在静脉输液的套管中采血。这些血样被输液稀释,表现为所有的蛋白都以同一比例改变。

(2)过多的蛋白质丢失　由于白蛋白是血浆中相对分子质量最小的蛋白质之一,它比其他的蛋白质更容易丢失,所以有些疾病常表现为低白蛋白血症。

①肾蛋白质丢失。见于肾病综合征、肾小球性肾炎、淀粉性样变等。这可通过检查尿中是否存在蛋白质来证实,但有时同时发生的膀胱炎会干扰诊断。

②肠蛋白质丢失(蛋白质丢失性肠病)。在小动物中,要考虑的疾病有淋巴癌、绒毛萎缩、大肠炎和嗜酸性肠炎。

③出血。当全血丢失时,血浆蛋白的丢失会引起低蛋白血症,同时存在贫血。这是评估出血性贫血,还是溶血性贫血最容易的方法(如果是后者,血浆蛋白不会下降)。

④烧伤。大面积皮肤烧伤渗出血清,可引起低蛋白血症。

(3)蛋白质合成的下降

①食物中蛋白质的缺乏。常见于饲养管理较差的动物。

②吸收障碍。可由各种原因引起,例如胰外分泌功能不全(先天性或获得性的)、小肠内细菌的过度繁殖等。另外,在一些蛋白质丢失性的肠病中,也有一定程度的吸收障碍并发。

③肝衰。白蛋白主要是在肝中合成的,肝疾病时血清白蛋白水平通常降低。注意肝衰和肝细胞损伤是不同的,不能因为肝酶不升高而认为肝衰不是引起低白蛋白血症的原因。进行特异性的肝功试验(如 BSP 清除率或胆汁酸检测)是必需的。

第十章 血清电解质

电解质是遍布于有机体全身体液中的阴离子和阳离子，具有维持水平衡、液体渗透压及肌肉和神经功能正常的作用，电解质也可以维持和激活一些酶系统，并能调节酸碱平衡。血液中主要的电解质是钠、钾、氯及钙、无机磷。由于需要特殊的分析仪器，以前不常在临床实验室进行电解质（如钠和钾）水平的评估。目前的自动离子特异性仪器容易操作，且价格合理，因此，许多兽医临床实验室有能力进行电解质测定。

第一节 血 清 钾

钾是细胞内主要的阳离子，细胞内的钾离子约为机体总钾量的 95%；在细胞外的浓度很低，但细胞外钾离子的变动对机体的影响却非常大。钾离子参与维持细胞膜静息电位，尤其与心肌和骨骼肌的兴奋性有关。它与水的关系不如钠与水密切，大多数血钾紊乱是由于过量的丢失或排泄减少造成的，与脱水无关。

机体在醛固酮的作用下，通过肾和结肠调节钾的吸收与排泄，肾功能及尿量正常的动物罕见高钾血症。

动物在以下情况时，应该检测钾离子，如呕吐、腹泻、脱水、多尿、少尿或无尿、不明原因的心律失常、肌肉无力、肾衰、尿道梗阻、肾上腺皮质机能低下或使用胰岛素、利尿剂及完全肠外营养等。

血钾正常浓度为 3.3～5.5 mmol/L。

一、血钾升高（高钾血症）

血钾升高主要是由于机体钾离子排泄减少、摄入增加或由细胞内转移到细胞外引起的。

当丢失低钾或无钾的液体时可以使血钾浓度升高，但升高的程度一般不大，不会到达危险的程度。严重脱水的患病动物引起高血钾，主要是由于肾灌注严重下降，引起排泄减少造成的。

肾排泄钾能力的丧失是明显的高钾血征的常见原因，但不是所有的肾衰病例都会引起血浆钾浓度的升高。急性的肾衰病例（例如肾盂肾炎）确实可引起高钾血症，但慢性肾衰病例常发生低钾血症。阿狄森综合征（肾上腺皮质机能低下）和尿道梗阻，也会引起血钾水平明显升高。另外，要注意持续使用保钾的利尿药（例如安体舒通，醛固酮的颉抗剂）可引起高钾血症。

过快或大量输入含钾离子的液体（如氯化钾）或药物（如青霉素 G 钾）也可以引起高血钾，并且是很危险的。

细胞内钾离子转移到细胞外液引起钾离子升高常见于糖尿病酮性酸中毒、急性无机酸酸中毒、组织坏死等。

当血浆钾浓度接近或超过 7 mmol/L 时,就必须把它当作急症,因为细胞外液中钾浓度过高,很容易引起心脏停止(但严重溶血的血浆或采血 7 h 以后才与红细胞分离的血浆,会引起血浆钾浓度的假性升高,后者是因为钾从细胞内逸出造成的)。治疗方法是静脉注射葡萄糖液或通过使用胰岛素,促进钾进入细胞。如果机体没有碱中毒,也可以通过静脉输注碳酸氢钠降低血液钾离子的水平。

二、血钾降低(低钾血症)

血钾降低主要由于钾离子丢失增加、摄入减少或由细胞外转移到细胞内引起。

低钾血症常见于持续高钾液体的丢失,呕吐和腹泻是最典型的情况。持续使用促进钾丢失的利尿药(如速尿),也可引起低钾血症。用这种药物治疗的动物,测定其血钾浓度是十分重要的(要注意使用的利尿药类型,因为对用安体舒通治疗的患病动物,使用钾补充剂可能是灾难性的)。

在动物不进食的情况下,长期使用无钾液体治疗的患病动物,如用葡萄糖液体、等渗盐水或糖盐水。

使用胰岛素治疗糖尿病或使用碳酸氢钠纠正酸中毒时,也会引起低血钾。

猫对低血钾比较敏感,主要临床症状表现为厌食、肌肉无力、多饮多尿和心动过速等。

在所有其他的动物中,血浆钾浓度低于 3.5 mmol/L,被认为是有临床诊断意义的,低于 3.0 mmol/L 是一个临界水平。最好采用口服方法来恢复低钾血症动物的血钾水平,因为静脉注射所需的钾浓度可能是很危险的,但低钾性呕吐或腹泻的患病动物,需要用静脉注射来补充,但输液时速度要慢。

林格氏液或乳酸林格氏液含 4.0 mmol/L 钾,它用于维持体液是相当安全和正确的,但不能改善已有的低钾血症的状况。

第二节 血 清 钠

钠是一种与水关系最密切的电解质,大部分的钠存在于细胞外液,细胞内液的低钠浓度是由细胞膜上的钠-钾-ATP 泵维持的。维持细胞外溶液渗透压的溶质中约 95%的是钠和其相应阴离子。

血清中钠的浓度反映的是与体内水容量相关的钠含量,并不是反映体内的总钠含量。高钠血症的动物体内的总钠可能下降,升高或正常。体内水平衡的调节[渴感和血管升压素,例如抗利尿激素(ADH)]维持着正常的血清渗透压和血清钠浓度。体内钠平衡的调节是通过减少或增加肾对钠的排出维持着正常的细胞外液(ECF)容量。这些调节因子包括球管平衡、醛固酮、房钠肽和肾血流动力学等。ECF 容量的扩大会增加钠的排出,反之,ECF 容量的缩减则会减少钠的排出。

正常的血浆钠含量为 135～155 mmol/L。

一、血钠升高(高钠血症)

丢失低钠液体时容易引起血钠升高,如呕吐、过度呼吸。血钠升高也可以见于严格限制饮水而限制了钠正常排泄的情况——最典型的例子是食盐中毒。

盐皮质激素的过度分泌也可以引起血钠升高。库兴氏综合征可以引起高钠血症,但在临床实践中,这种情况并不多见。

过多钠的摄入可能会令患病动物表现出高血容量的症状(如肺水肿)。

高钠血症可引起各种中枢神经系统的症状,如脑压升高、失明、昏迷(由中枢神经系统内的细胞脱水引起)等。血浆钠浓度高于 160 mmol/L 是很危险的。血浆钠浓度的变化率非常重要,过快地纠正高钠血症,也会引起中枢神经系统的症状。这是因为血浆渗透压的恢复速度比细胞的渗透压快,造成脑细胞吸收水分而引起水肿。

二、血钠降低(低钠血症)

血钠降低主要发生于丢失高钠的液体时,最常见的情况是肾衰,肾不能浓缩尿液,且快速流动的尿液也不利于在肾小管进行有效钠钾交换而引起高钠尿。

血钠降低也可发生于丢失的含钠液体之后,被低钠液体代替的情况,例如静脉注射葡萄糖。其他引起血钠降低的主要原因有阿狄森病(肾上腺皮质机能低下)。

当动物出现精神状态和行为异常、抽搐、脱水、多尿多饮、胸腔或腹腔积液症状时,应该检测血钠。当犬钠浓度低于 120 mmol/L,或猫低于 130 mmol/L 时,可能会出现神经症状。纠正低钠血症时,不能过快,需要缓慢升高血钠。

第三节　血　清　氯

氯离子与电解质的关系不密切,但可以提供十分重要的信息。氯离子是血浆和细胞外液中主要的阴离子,在细胞内液中含量很低,氯离子是肾小球滤过和肾小管重吸收的主要阴离子。

作为一个阴离子,它的浓度受其他主要阴离子(碳酸氢根)的浓度影响。为了维持阴离子和阳离子的平衡,在碳酸氢盐浓度降低的酸中毒动物中,氯离子浓度一般都相当高,而在碳酸氢盐浓度升高的碱中毒动物中,氯离子的浓度一般非常低。不存在明显的酸碱紊乱时,血浆的氯浓度与钠离子浓度一般是平行的。

正常动物的血浆氯浓度为 100～115 mmol/L(猫可高达 140 mmol/L)。

一、血氯升高(高氯血症)

血氯升高的原因主要为摄入增加或排泄减少。

摄入增加包括使用含氯药物或液体治疗(如使用氯化铵治疗、使用生理盐水或氯化钾输液)。腹泻时相对于氯的丢失,钠丢失增加,也会引起高氯血症。肾衰竭、肾小管酸中毒、肾上腺皮质机能低下、糖尿病、慢性呼吸性碱中毒也可以引起高氯血症。

高氯血症常发生于酸中毒时,也常见于几乎所有与高钠血症有关的疾病。

用氯离子浓度来评估脱水的严重程度(基于水丢失会引起钠离子浓度的升高的假设)是无效的。

二、血氯减少(低氯血症)

常发生于碱中毒时,也常见于与低钠血症有关的疾病。

不伴有低钠血症的低氯血症,可在丢失大量的高氯或低钠液体时发生,这一般就是盐酸,即胃分泌液丢失的缘故,故在刚采食后,持续的呕吐是其中可能的原因之一(但要注意的是在空胃时,呕吐中丢失的主要是钾)。

在慢性呼吸性酸中毒或肾上腺皮质机能亢进时,由于肾的丢失增加,容易引起低氯血症。大量使用碳酸氢钠等高钠液体治疗时,也可以引起低氯血症。

治疗氯的紊乱,主要是纠正酸碱紊乱和钠的异常,而不是特异地纠正氯离子本身的浓度。

第四节 血 清 钙

钙是骨骼的重要组成成分,在神经肌肉传导和肌肉收缩中具有十分重要的作用。钙的代谢与甲状旁腺激素(PTH)、骨化三醇(1,25-二羟维生素 D)和降钙素有关。

血液总钙是由离子钙、蛋白结合钙和复合钙组成。大约 50%的血浆钙是游离的,称为离子钙,这是有活性的部分;40%~45%与白蛋白结合在一起,称为蛋白结合钙,是无活性的;5%~10%与柠檬酸、乳酸等结合,成为复合钙,也是无活性的。

正常动物的血浆钙浓度为 2~3 mmol/L。幼年动物血钙较成年动物高。

一、血钙升高(高钙血症)

引起血钙升高的原因主要包括钙摄入增加、骨钙动员增加、肠道吸收增加、蛋白钙结合增多、钙排泄减少和其他因素。

在兽医临床病例中,最可能引起高钙血症的原因是过度使用葡萄糖酸钙治疗低钙血症,但真正的高钙血症多是由于各种类型的甲状旁腺机能亢进引起的。

维生素 A 中毒、维生素 D 中毒(含有些灭鼠药和植物)及葡萄中毒均可以引起高钙血症。大量使用含钙肠道磷结合剂及过量摄入钙补充剂(如碳酸钙)也可以引起高钙血症。

一旦证实是高钙血症,肿瘤检查可能找出病因。常见肿瘤包括骨髓瘤、淋巴瘤、转移性肿瘤。

在肾衰竭和肾上腺皮质机能低下病例中,也可见到高钙血症。

高钙血症的症状主要表现为多尿烦渴,这是因为循环中高浓度的钙会干扰正常的尿液浓缩机制,多尿会引起烦渴。除了烦渴,高钙血症的其他临床症状包括便秘和腹痛(由神经肌肉活性的抑制引起的)、肾功能障碍和心脏病等。

与其他引起烦渴或多尿的原因相比,高钙血症是不常见的,但在临床中,最好还是对出现该症状的动物检查一下钙的浓度,否则,发生的小概率情况可能被错过。

对于犬来说,肿瘤是最常见高钙血症的病因,其次为肾上腺皮质机能低下、原发性甲状旁腺机能亢进、肾衰竭等。对于猫,原发性高血钙和肿瘤是常见高钙血症病因,再次是肾衰竭。

二、血钙降低(低钙血症)

血钙降低可由几种原因引起。

(一)低白蛋白血症

这种原因引起的低钙血症只是中度的，并且当游离的钙不受影响时，常无临床症状。但当低钙血症由白蛋白的丢失引起时，在一定时间内依赖于白蛋白的钙的丢失可能会引起真性的有症状的低钙血症。

(二)产后低血钙

这是由于泌乳因素、激素因素和泌乳早期对钙的过度需求共同作用的结果。在母犬和少数的猫，通常在分娩后几周会发病，但该症状(在这些疾病中的惊厥)也可出现在哺乳期和产前的任何时候。

(三)慢性肾衰(特别是犬猫)

在这些疾病中，它们无法排泄磷，会出现高磷血症并继发血钙下降。这反过来又会刺激甲状旁腺激素分泌，以增加骨钙(和磷)的释放，低钙血症就改善了，但高磷血症又恶化了。结果该病(继发性甲状旁腺机能亢进)主要表现是高磷血症而不是低钙血症。

(四)急性胰腺炎

一些急性胰腺炎会引起低钙血症和搐搦，这一点有时对该病的诊断是十分有帮助的。目前已提出许多观点来解释这种现象，包括不溶性钙皂的沉淀，但整个生化过程仍然不完全清楚。

(五)维生素D缺乏

维生素D缺乏导致钙的吸收减少，引起血钙降低。

(六)其他因素

乙二醇中毒、静脉给予碳酸氢钠、呋塞米治疗、降钙素治疗、四环素治疗、大量使用抗凝剂、使用磷酸盐灌肠、急性肿瘤溶解综合征等，均可以导致血钙降低。

第五节　血　清　磷

无机磷在许多代谢过程中是十分重要的，而且像钙一样，它也是骨骼的主要组成成分之一。甲状旁腺激素和维生素D调控血磷水平。溶血会使血磷浓度假性增高，年幼动物的血磷水平比成年动物的高。

机体内的磷，85%以无机基质存在于骨骼中，14%～15%存在于细胞内，<1%存在于细胞外液与血清中。骨化三醇能增加小肠对磷的吸收，糖皮质类固醇、日粮中的镁含量增加、甲状腺机能减退、维生素D不足等均能减少小肠对磷的吸收。80%～90%被肾小球滤过的磷会在近曲小管被重吸收。

正常动物的血磷浓度为1～2.5 mmol/L(但猪的要远远超过该值)。

一、血磷升高(高磷血症)

引起血磷升高的原因主要包括肾对磷的排泄减少、肠道对磷的吸收增加、磷在细胞内外移动及其他因素。

血磷升高在慢性的肾疾病中最常见(通常是在小动物中)。肾排泄磷功能下降,从而引起血磷的浓度升高。这实际上是通过继发的低钙血症倾向引起甲状旁腺激素分泌增加,导致了骨磷的释放,从而使高磷血症恶化。这种方式会引起骨骼脱矿物质的恶性循环,就是所谓的继发性甲状旁腺机能亢进,患病动物会出现骨骼异常。

肾前性灌注减少、肾上腺机能减退、肾后性尿路阻塞、甲状旁腺机能减退、肢端肥大症、甲状腺机能亢进等均会引起血磷升高。

维生素 D 中毒、维生素 D_3 灭鼠药、卡泊三醇和使用含磷灌肠剂等均可促进肠道对磷的吸收,使血磷升高。

肿瘤细胞溶解、横纹肌溶解或组织损伤、溶血等可以使细胞内的磷转移到细胞外,导致血磷升高。

要注意的是,临床中可见有的猪无机磷浓度升高(甚至高达 5 mmol/L 或更高),但无症状出现,这有可能是食物的影响。

二、血磷降低(低磷血症)

血磷降低可以由下列因素引起:肠道吸收减少、肾排泄增加、由细胞外转移到细胞内等。

维生素 D 缺乏、肠道吸收不良、呕吐、腹泻、使用磷结合剂和抗酸剂等,可以导致磷的吸收下降,从而引起低血磷症。

原发性甲状旁腺机能亢进、肾小管机能不全、肾上腺机能亢进、高醛固酮血症、恶性肿瘤的早期高血钙、糖尿病以及使用利尿剂均可造成肾对磷的排泄增加,引起血磷降低。

使用胰岛素、静脉注射葡萄糖及碳酸氢盐、肠外营养、再饲喂综合征、低体温和呼吸性碱中毒等可以使细胞外的磷转移到细胞内,导致血磷下降。

第十一章　酸碱紊乱

机体每日蛋白质和磷脂代谢可产生 50～100 mEq 的氢离子(非挥发酸)，碳水化合物和脂肪代谢可产生 10 000～15 000 mmol 的二氧化碳(挥发酸)，而正常动物血浆的 pH 要求稳定在 7.35～7.45，保持稳定的体液酸碱度是维持正常生命活动的必要条件，这主要靠肺和肾的调节及体内各种缓冲体系功能来实现。

机体这种处理酸碱物质的含量和比例，以维持 pH 在恒定范围内的过程称为酸碱平衡，而打破这平衡的任何病理生理过程称为酸碱紊乱。那么为什么 pH 在生命活动中起如此重要作用呢？因为氢离子是一种反应性极度活跃的离子。当 H^+ 浓度改变时，机体蛋白质可获取或失去质子而发生分子结构或电荷的变化，使蛋白质失去功能。因此，体液 H^+ 浓度必须保持恒定水平，以保证酶功能和细胞结构的完整性。

第一节　酸碱及其紊乱的概念

在化学反应中，凡是能释放出 H^+ 的化学物质称为酸，例如 HCl、H_2CO_3 等；凡能接受 H^+ 的物质称为碱，如 OH^-、HCO_3^- 等。在下列公式中 HA 为酸，A^- 为碱。

$$\underset{\text{酸}}{HA} \longleftrightarrow H^+ + \underset{\text{碱}}{A^-}$$

酸(碱)根据电离程度可分为强酸(碱)和弱酸(碱)。溶于水后能发生完全电离的称为强酸(碱)，而不能发生完全电离的称为弱酸(碱)。pH 是溶液中酸碱度的简明指标，以 H^+ 浓度的负对数表示。

缓冲液是由弱酸及其共轭酸盐组成的溶液，在其中加入强酸或强碱时会阻碍 pH 变动。蛋白质(Pr^-)在体液中与 H^+ 结合成为蛋白酸(HPr)，而且结合较牢固，所以 Pr^- 也是一种弱碱，充当缓冲液的作用。

根据 Henderson-Hassalbach 方程式，缓冲液的 pH 为

$$pH = pKa + \lg(A^-)/(HA)$$

即

$$pH = pKa + \lg(\text{盐})/(\text{酸})$$

其中 pKa 是固定值。

而血液缓冲对以 H_2CO_3 为主，

$$pH = pKa + \lg(HCO_3^-)/(H_2CO_3)$$

正常机体血液 pH 为 7.35～7.45。酸血症是指血液 pH 低于正常(H^+ 浓度升高)。碱血症是指血液 pH 高于正常(H^+ 浓度降低)。酸中毒是指使血液 pH 降低的原发性病理生理过程，碱中毒是指血液 pH 升高的原发性病理生理过程。区分这两种概念尤其重要。患有代谢性酸中毒的动物由于呼吸性代偿作用，其 pH 可能会在正常范围之内，这时动物患有酸中毒，但并非表现出酸血症。

另外，当机体发生混合性酸碱紊乱时(如代谢性酸中毒加呼吸性碱中毒)，血液 pH 也可能会在正常范围之内。由此可见，发生酸血症或碱血症的动物一定发生了酸中毒或碱中毒，但发生酸中毒或碱中毒的动物不一定发生酸血症或碱血症。

第二节 酸碱平衡的调节

机体对体液酸碱度的维持，主要靠体液的缓冲及肝、肾和肺等器官共同调节来完成的。通过肺通气，机体可排出每日代谢所产生的大量挥发酸(10 000～15 000 mmol CO_2)。蛋白质分解代谢所产生的氨基酸在肝细胞中转换成葡萄糖或甘油三酯，同时还释放出 NH_4^+。当 NH_4^+ 与 CO_2 在肝中反应生成尿酸时，所释放的 H^+ 会由 HCO_3^- 来中和。由此可见，机体需要清除肝每天产生的大量非挥发酸。肾通过尿排出 NH_4^+ 而净得 HCO_3^- 和丢失 H^+。骨骼的钙盐分解有利于对 H^+ 的缓冲，如 $Ca_3(PO_4)_2+4H^+ \longrightarrow 3Ca^{2+}+2H_2PO_4$。

一、体液缓冲体系

体液缓冲体系主要有碳酸氢盐缓冲体系、磷酸盐缓冲体系、血浆蛋白缓冲体系、血红蛋白和氧合血红蛋白缓冲体系等。后四种又可归类为非碳酸氢盐缓冲体系。其中碳酸氢盐缓冲体系主要在细胞外液中发挥作用，而非碳酸氢盐缓冲体系则为细胞内液的主要缓冲体系。

碳酸氢盐为机体最重要的缓冲体系，这不仅因为 HCO_3^- 浓度高(约 24 mmol/L，而磷酸盐为 2 mmol/L)，更主要是因为碳酸氢根—碳酸盐缓冲体系为开放系统。呼吸系统不断排出机体代谢所产生的 CO_2，使 PCO_2 稳定在 40 mmHg。而且肾通过重吸收 HCO_3^- 来调整 HCO_3^- 浓度。碳酸氢盐缓冲体系可在几分钟之内能缓冲来自非挥发酸的氢离子，使细胞外液的 pH 保持稳定。但是，它不能缓冲挥发酸。

血浆蛋白主要在细胞内液中起缓冲作用。其中血红蛋白的缓冲能力为整个非碳酸氢盐缓冲体系的 80%。其他血浆蛋白只占 20%，而白蛋白的缓冲作用比球蛋白强。无机磷酸盐主要在细胞内液起缓冲作用，因为其在细胞内液的浓度(在骨骼肌中约 40 mEq/L)，远大于在细胞外液中的浓度(约 2 mEq//L)。无机磷酸盐又是尿液的主要缓冲体系。由于碳酸氢盐缓冲体系不能缓冲挥发酸，挥发酸的缓冲主要靠非碳酸氢盐缓冲体系来完成。

二、呼吸系统

肺主要通过改变 CO_2 的排出量，使血浆中 HCO_3^- 与 H_2CO_3 的比值接近正常，以保持 pH

相对恒定。肺的这种调节发生迅速，数分钟内即可达高峰。血液的 pH、$PaCO_2$、PaO_2 的变化均可刺激机体的中枢化学感受器和外周化学感受器，使机体延髓呼吸中枢控制肺泡通气量而调整 CO_2 的排出量。

三、肾

细胞外液的 HCO_3^- 浓度主要由肾来维持。机体代谢过程中产生的固定酸或非挥发酸主要由 HCO_3^- 来中和。这些被消耗的 HCO_3^- 靠肾小管的重吸收和再生作用来不断补充，这些过程同时伴随着肾小管 H^+ 的排出，以保持机体 pH 相对恒定。

HCO_3^- 可自由通过肾小球，肾小球滤过液中的 HCO_3^- 浓度与血浆相等。其中 90%～95% 的 HCO_3^- 被近曲小管重吸收，近曲小管细胞在主动分泌 H^+ 同时，从管腔中回收 Na^+，这种 Na^+-H^+ 交换伴有 HCO_3^- 的重吸收。远曲小管和集合管的细胞可分泌 H^+，并可借助于 H^+-ATP 酶的作用排出 H^+，同时在基侧膜以 Cl^--HCO_3^- 交换的方式重吸收 HCO_3^-。

肾小管的 HCO_3^- 再生作用主要通过排出可滴定酸（$H_2PO_4^-$）和铵（NH_4^+）盐来完成。肾小管细胞泌 H^+ 到管腔中后，可与管腔中的碱性 HPO_4^{2-} 结合形成可滴定酸，使尿液酸化。但这种作用是有限的，当尿液 pH 降到 4.8 时，几乎尿液中的所有磷酸盐都已转换成 HPO_4^{2-}，不能再发挥作用。

NH_4^+ 的排出是再生 HCO_3^- 的重要途径，所排出的 NH_4^+ 主要来自近曲小管上皮细胞。上皮细胞中的谷氨酰胺酶水解谷氨酰胺生成 NH_4^+。此代谢过程用去 2 个 H^+，净得 2 个 HCO_3^-。NH_4^+ 的生成和排出是 pH 依赖性的，即酸中毒时尿排 NH_4^+ 量更多。而在健康动物中，每天代谢生产的约 60% 的非挥发酸以 NH_4^+ 的形式排出。严重的酸中毒，当尿液 pH 下降到 4.8 左右时，磷酸盐缓冲系统不再发挥作用。此时不仅近曲小管分泌 NH_4^+ 能力增加，远曲小管和集合管也分泌 NH_4^+，尿铵的分泌可增加 5～10 倍。

肾对 HCO_3^- 的重吸收与 Na^+ 的重吸收紧密联系。换句话说，与细胞外液维持有紧密联系。如果细胞外液量增多，会加强尿钠排泄，HCO_3^- 重吸收也会暂时性降低。相反，如果细胞外液量下降，则肾重吸收 Na^+ 和 HCO_3^- 的能力会加强。肾小管重吸收 Na^+ 时必须伴随着 Cl^- 或 HCO_3^- 的重吸收。因此，肾小球滤过液中的阴离子组成在很大程度上影响肾的 HCO_3^- 重吸收。如果滤过液中有足够量的 Cl^-，肾重吸收 Na^+ 时会伴随 Cl^- 的重吸收，因此不会发生碱中毒。然而，如果滤过液中 Cl^- 量不足时，Na^+ 的重吸收会伴随着的 HCO_3^- 重吸收，便会发生碱中毒。此外动脉血二氧化碳分压（$PaCO_2$）亦会影响肾 HCO_3^- 的重吸收，当 $PaCO_2$ 升高时 HCO_3^- 重吸收会增加，反之亦然。高血钾症时肾小管对 HCO_3^- 的重吸收降低，而低血钾症时 HCO_3^- 的重吸收增加。醛固酮会增强 HCO_3^- 的重吸收。

四、电解质

细胞内液和细胞外液的 K^+ 分布对酸碱平衡的调节起一定的作用。当血浆中的 H^+ 浓度升高时，细胞通过离子交换，使血浆中的 H^+ 进入细胞内，而 K^+ 从细胞内移出，反之亦然。因此，当发生酸中毒时可能会伴发高血钾症。对小动物研究结果表明，只有无机酸（HCl、

NH_4Cl)引起的酸中毒才会引发高血钾症，而有机酸(乳酸、酮酸)引起的酸中毒则不会伴发高血钾症。而且无机酸引起的酸中毒也是暂时性的。根据对犬给予 HCl 或 NH_4Cl 引发的急性和慢性酸中毒模型的结果来看，给予 HCl 引起急性酸中毒的犬中会发生高血钾症，但给予 NH_4Cl 引发慢性酸中毒的犬，3～5 d 后反而发生低血钾症。这主要与肾对 K^+ 的排出增加和血液醛固酮浓度升高有关。由此可见，无机酸引起的慢性酸中毒可能会引发低血钾症。因此，如果在慢性酸中毒时，发现伴有高血钾症时应要考虑肾排钾功能的损伤或其他引起高血钾症的原因。另外，Cl^- 对酸碱调节也起着重要的作用，因为 Cl^- 是可自由交换的阴离子，当 HCO_3^- 浓度升高时，它的排出只能靠肾的 Cl^--HCO_3^- 交换来完成。

上述几方面的调节因素共同维持机体的酸碱平衡，但在作用时间和强度上有所区别。一旦有酸性物质入血，血液缓冲系统反应最为迅速，但由于自身消耗缓冲作用不易持久；肺的调节作用效能大，也很迅速，在几分钟内开始，30 min 便可达最高峰；细胞内液的缓冲作用强于细胞外液，2～4 h 后才发挥调节作用；肾的调节作用发挥较慢，常在酸碱紊乱后 12～24 h 才发挥作用，但效率高、作用持久。

第三节　样品的采集与处理

正确的样品采集和处理对结果的准确性至关重要。在小动物临床，动脉血一般采集于股动脉。静脉血一般来自颈静脉或头静脉。在未麻醉的情况下，采集犬股动脉血较容易，但在猫则很难。采集静脉血时，血液停滞和肌肉活动可导致血液中酸性代谢产物的滞留。因此，针头刺入静脉后应立即解除止血带，尽量获取流动的静脉血。

使用 1 mL 或 2 mL 注射器，抽吸足够肝素(1 000 U/mL)入注射器，使注射器内壁均匀湿润，并排出多余液体和注射器内空气后备用，应避免吸入肝素过多使血液被稀释。有时可用专用注射器。

采集股动脉血时，助手保定动物取侧卧位，且拉伸后肢下部。剪掉大腿内侧毛并常规消毒穿刺处皮肤。操作者触诊脉搏以定位股动脉，用左手的食指和中指将其固定，右手持注射器，在两指间垂直刺入动脉，可见有鲜红色回血。抽出所需剂量后迅速拔针，将注射器轻轻转动，使血液与肝素充分混匀以免凝固。针眼处加压止血 3～5 min。若注射器内有气泡，应尽快排出，且将针头刺入橡皮塞内，与空气隔离。空气中的二氧化碳分压(PCO_2)极低，而氧分压(PO_2)高于血液。因此，血液接触到空气将使其 PCO_2 降低，pH 升高，PO_2 升高。当气泡占样品体积的 10% 或更多时亦可引起 PCO_2 降低，pH 升高。

样品应在 15～30 min 内进行检验。若样品存放时间长，血细胞代谢耗氧，使 PO_2 和 pH 下降，PCO_2 升高。这种变化在 25℃ 时较 4℃时显著。因此，如果样品不能立即检验应冷藏起来。在 4℃ 时样品可稳定 2 h。

临床上，动脉血检测更为实用，因为它能反映机体肺气体交换功能、血液氧合度且不受血流和局部组织代谢的影响。然而动脉血不能反映外周组织的酸碱状态，这问题在心肺复苏时尤为显著。

第四节　酸碱紊乱检测指标及分析

一、常用检测指标

（一）氧分压（PO_2）和氧饱和度（$S_{at}O_2$）

PO_2 是指血浆中物理溶解的 O_2 所产生的张力。氧容量是指每 100 mL 血液中，血红蛋白（Hb）结合 O_2 的最大量，受 Hb 浓度的影响。氧含量是指在一定氧分压下 Hb 实际结合 O_2 的量，受 PO_2 的影响。氧饱和度是指氧含量和氧容量的百分比。

动脉血氧分压（PaO_2）表示肺部的氧交换能力，呼吸室内空气（FiO_2 为 21%）的 PaO_2 在犬为 80～104 mmHg，在猫为 95～118 mmHg。静脉血氧分压（PvO_2）不能用来评估肺部的氧交换能力，但可以指示外周组织利用氧的情况。犬 PvO_2 为 48～56 mmHg，猫则为 27～50 mmHg。

PO_2 不涉及到机体的酸碱平衡状态，因此讨论酸碱紊乱时一般不考虑氧分压，除非在缺氧时，如缺血引起的酸碱紊乱。

（二）pH 和 H^+ 浓度

正常机体血液 pH 为 7.35～7.45。不同的血气分析仪和不同动物之间有所差异。当 pH＜7.35 时称为酸血症，pH＞7.45 时称为碱血症。当 pH≤7.0 或≥7.65 时，机体才会有紧急的生命危险，需要立即处理。pH 在 7.2～7.6 时一般不需要处置。当 pH＜7.2 或＞7.6 时虽然需要处置，但应先找出发病原因，通常治疗原发病后酸碱紊乱也会得到改善。

（三）二氧化碳分压（PCO_2）

PCO_2 是指血浆中呈物理溶解状态的 CO_2 分子产生的张力。动脉血二氧化碳分压（$PaCO_2$）反映肺泡通气量的情况。$PaCO_2$ 与肺泡的通气量成反比，即通气不足 $PaCO_2$ 升高，通气过度 $PaCO_2$ 降低。因此 PCO_2 是反映呼吸性酸碱紊乱的重要指标。临床上，犬 $PaCO_2$ 的参考范围为 35～45 mmHg，当＜35 mmHg 表示通气过度，见于呼吸性碱中毒或代偿后的代谢性酸中毒；＞45 mmHg 则表示通气不足，见于呼吸性酸中毒或代偿后的代谢性碱中毒。而实际检测值通常比较低，犬为 30.8～42.8 mmHg，猫为 25.2～36.8 mmHg。静脉二氧化碳分压（$PvCO_2$）则比较高，犬为 33～41 mmHg，猫为 33～45 mmHg。

（四）二氧化碳总量（TCO_2）

TCO_2 是指在血清或血浆中加入强酸时，由以下公式所产生的 CO_2 总量。

$$H^+ + HCO_3^- \longleftrightarrow H_2CO_3 \longleftrightarrow CO_2 + H_2O$$

由此公式可以看出，TCO_2 是血液样品中所溶解 CO_2 和 HCO_3^- 的总和。因此，在正常机体中，TCO_2 的浓度比 HCO_3^- 的浓度高一些。但如果 TCO_2 在有氧条件下测定，溶解的 CO_2 则会释放到空气中，因此 TCO_2 略等于 [HCO_3^-]。相对而言，TCO_2 不如 HCO_3^- 准确，但可用来评估机体的酸碱值。

（五）标准碳酸氢盐（SB）

SB 是指全血在标准条件下，即 $PaCO_2$ 为 40 mmHg，温度为 37℃，血红蛋白氧饱和度为

100% 时，测得的血浆中 HCO_3^- 的量，是判断代谢性酸碱紊乱的指标。在代谢性酸中毒时降低，代谢性碱中毒时升高。在呼吸性酸中毒或碱中毒时，肾的代偿作用也会使 SB 继发性升高或降低。重要的是，所测得的 SB 仅能反映出所检测血样中的 HCO_3^- 量，是在体外完成的，而实际机体内的情况要复杂得多，因此不能正确地反映机体内部的变化。另外，SB 值的异常不是原发性代谢性酸碱紊乱的判断标准。因为有时 HCO_3^- 的变化是肾对呼吸性酸碱紊乱的生理性代偿所引起的。SB 指标在酸碱紊乱中的应用仍有争论。

(六)剩余碱(BE)

BE 是指在标准条件下(温度为 37℃，$PaCO_2$ 为 40 mmHg)，用强酸或强碱滴定全血样品至 pH 7.40 时所需要的强酸或强碱的量(mmol/L)。BE 只受固定酸或非挥发酸的影响，所以被认为是代谢性酸碱紊乱的指标。若用酸滴定，使血液 pH 达 7.40，则表示被测样品的碱过度，BE 用正值表示，反映代谢性碱中毒；如需用碱滴定，说明被测样品的碱缺失，BE 用负值表示，反映代谢性酸中毒。与 SB 相同，BE 也不能用于判断原发性代谢性酸碱紊乱，因此其应用也仍在争论中。

(七)阴离子间隙(AG)

AG 是一个计算值，指血浆中未测定阴离子(UA)和未测定阳离子(UC)的差值。表 11-1 给出犬猫血浆中阳离子和阴离子的大致浓度。

表 11-1 犬猫血浆中阳离子和阴离子的大致浓度 mEq/L

阳离子	犬	猫	阴离子	犬	猫
钠	145	155	氯	110	120
钾	4	4	碳酸氢根	21	21
钙	5	5	磷酸	2	2
镁	2	2	硫酸	2	2
其他	1	1	乳酸	2	2
			其他有机酸	4	6
			蛋白质	16	14
总和	157	167	总和	157	167

临床常用的全自动血气分析仪通常给出钠、钾、氯和碳酸氢根的浓度。因此所测得的阳离子浓度要高于所测得的阴离子浓度。正常机体血浆中的阴离子和阳离子的总和相等，从而维持电荷平衡。即：

$$Na^+ + K^+ + UC = Cl^- + HCO_3^- + UA$$

可见 $$AG = UA - UC = (Na^+ + K^+) - (Cl^- + HCO_3^-)$$

与钠离子相比，钾离子浓度较低，因此阴离子间隙可大致地认为

$$Na^+ - (Cl^- + HCO_3^-)$$

近期研究所测得的阴离子间隙，在犬为(18.8±2.9) mEq/L(范围为 13～25 mEq/L)，在

猫为(24.1±3.5) mEq/L(范围为17～31 mEq/L)。

阴离子间隙为未测定UA和未测定UC之间的差值,因此,任何一种UA和UC的变化都会导致AG的改变。但是任何一个UC(如钙和镁)的变化足以引起AG变化时,机体肯定会发生不耐受,所以讨论AG变化时只集中在UA发生的变化。

AG增高较常见,且临床意义较大。它可帮助区分代谢性酸中毒的类型。当体内有机酸升高时(如糖尿病或乳酸血症),HCO_3^- 浓度因中和有机酸所释放的 H^+ 而降低,而机体 Cl^- 浓度则不会发生改变(氯正常型代谢性酸中毒)。此时,AG就会升高。而在机体中AG的升高和 HCO_3^- 浓度降低的幅度不会一致。AG还有助于诊断混合性酸碱紊乱。AG的降低不太常见,低蛋白血症可能是导致AG下降的最常见原因。在免疫球蛋白G(IgG)分泌过多的骨髓瘤中可能会见到AG的降低。

二、常用参考范围

表11-2和表11-3分别为健康犬、猫动脉和静脉血气值参考范围。可见 PO_2 在动、静脉血中差异最显著,而其他值只有轻微区别。静脉血由于受到局部组织代谢的影响,其 PCO_2 稍高于动脉血,而pH则稍低。

表11-2　健康犬动、静脉血气值参考范围

项目	动脉血	静脉血
pH	7.407(7.351～7.463)	7.397(7.351～7.443)
PCO_2/mmHg	36.8(30.8～42.8)	37.4(33.6～41.2)
HCO_3^-/(mEq/L)	22.2(18.8～25.6)	22.5(20.8～24.2)
PO_2/mmHg	92.1(80.9～103.3)	52.1(47.9～56.3)

表11-3　健康猫动、静脉血气值参考范围

项目	动脉血	静脉血
pH	7.386(7.310～7.462)	7.343(7.277～7.409)
PCO_2/mmHg	31.0(25.2～36.8)	38.7(32.7～44.7)
HCO_3^-/(mEq/L)	18.0(14.4～21.6)	20.6(18.0～23.2)
PO_2/mmHg	106.8(95.4～118.2)	—

健康未麻醉犬不同采样部位的血气结果相比较,其中3个不同静脉血(肺动脉、颈静脉、头静脉)的结果相似,但与颈动脉相比 PCO_2 较高,pH较低。

三、酸碱紊乱分析

正确解读血气分析结果对疾病的诊断、治疗及预后起重要作用。一般解读血气分析结果的思路如下:判断机体是否存在酸碱紊乱;确定原发性酸碱紊乱;判断酸碱紊乱是单纯性还是混合性;调查所有出现酸碱紊乱的原因。

若患病动物有呕吐、腹泻等病史,或患有肾衰或糖尿病等时,应考虑机体的酸碱状态。通过血气分析可确定机体是否发生酸碱平衡紊乱及其类型。

在分析血气化验单时，先判定血液来自动脉血、静脉血或是混合的血液样本。一般而言，动脉血 PO_2 要大于 90%，静脉血为小于 75%，若介于中间则可能为混合血液样本。之后要看其 pH，评估 pH 可判断机体是否发生酸碱平衡紊乱。如果 pH 在正常参考范围之外就说明发生了酸碱平衡紊乱。即使 pH 在正常范围之内也可能存在酸碱平衡紊乱。如机体患有酸血症，且血液 HCO_3^- 浓度下降，则发生代谢性酸中毒；如机体患有酸血症，其 PCO_2 升高，说明患有呼吸性酸中毒。如果患有碱血症的动物，其 HCO_3^- 浓度升高，说明是代谢性碱中毒；若其 PCO_2 下降，则说明是呼吸性碱中毒。然而，在发生混合性酸碱平衡紊乱时（如代谢性酸中毒加呼吸性碱中毒）时，机体 pH 可能会在正常范围之内。此时，应根据代偿公式进一步判断确切的酸碱平衡紊乱的种类。

第五节 酸碱紊乱的类型和代偿

一、酸碱紊乱的类型

原发性酸碱紊乱主要有以下 4 种：代谢性酸中毒、代谢性碱中毒、呼吸性酸中毒及呼吸性碱中毒。代谢性酸碱紊乱是指非挥发酸的蓄积或丢失，而呼吸性酸碱紊乱是指挥发酸（CO_2）的蓄积或丢失。

代谢性酸中毒的特点是机体的 HCO_3^- 浓度降低及 pH 下降（H^+ 浓度升高），这主要由于 HCO_3^- 的丢失或中和非挥发酸而引起。代谢性碱中毒为 HCO_3^- 浓度升高，pH 升高（H^+ 浓度降低），常见原因有氯离子的过度丢失。当机体无体液丢失和肾功能正常的情况下，给予碱性物质很难发生代谢性碱中毒。呼吸性酸中毒是由于通气不足引起的 PCO_2 的升高。呼吸性碱中毒是由于过度通气引起的 PCO_2 的降低。

二、酸碱紊乱的代偿

原发性酸碱紊乱会伴随着代偿性反向的酸碱紊乱，使机体 pH 趋于正常，但这种代偿不可能使机体 pH 恢复到正常值。有些书将这种代偿性酸碱紊乱称为继发性酸碱紊乱，但切记这是一种机体的生理反应，而不是真的发生了紊乱，因此称为代偿更为适宜。比如，原发性代谢性酸中毒会代偿性引起呼吸性碱中毒；而原发性呼吸性酸中毒则会代偿性引发代谢性碱中毒（表 11-4）。

表 11-4 原发性酸碱紊乱的特征

原发性紊乱	pH	[H^+]	原发性紊乱	代偿反应
代谢性酸中毒	↓	↑	↓[HCO_3^-]	↓PCO_2
代谢性碱中毒	↑	↓	↑[HCO_3^-]	↑PCO_2
呼吸性酸中毒	↓	↑	↑PCO_2	↑[HCO_3^-]
呼吸性碱中毒	↑	↓	↓PCO_2	↓[HCO_3^-]

肺对代谢性酸碱紊乱的代偿在几分钟内启动，几小时内便会完成。因此，原发性代谢性酸碱紊乱的呼吸代偿只经过一个阶段。而肾的缓冲作用起效慢，对于原发性呼吸性酸碱紊乱的代谢过程要经过两个阶段。第一阶段发生迅速，主要是由细胞内液的非碳酸氢盐缓冲系统来完成。肾在第二个阶段才起代偿作用，包括泌 H^+ 作用和 HCO_3^- 的重吸收作用，这些作用在几小时内才启动，在 2～5 d 时达到最高峰。因此代谢性代偿又可分为急性（＜24 h）和慢性（＞48 h）。表 11-5 表示犬原发性酸碱紊乱的代偿性变化。

表 11-5 犬原发性酸碱紊乱的代偿性变化

原发性紊乱	原发性变化	代偿变化
代谢性酸中毒	↓$[HCO_3^-]$	$[HCO_3^-]$ 每降低 1 mmol/L，PCO_2 降低 0.7 mmHg
代谢性碱中毒	↑$[HCO_3^-]$	$[HCO_3^-]$ 每升高 1 mmol/L，PCO_2 升高 0.7 mmHg
急性呼吸性酸中毒	↑PCO_2	PCO_2 每升高 1 mmHg $[HCO_3^-]$ 升高 0.15 mmol/L
慢性呼吸性酸中毒	↑PCO_2	PCO_2 每升高 1 mmHg $[HCO_3^-]$ 升高 0.35 mmol/L
急性呼吸性碱中毒	↓PCO_2	PCO_2 每降低 1 mmHg $[HCO_3^-]$ 升高 0.25 mmol/L
慢性呼吸性碱中毒	↓PCO_2	PCO_2 每降低 1 mmHg $[HCO_3^-]$ 升高 0.55 mmol/L

三、单纯性和混合性酸碱紊乱

如果只发生了原发性酸碱紊乱和继发的代偿，则认为单纯性酸碱紊乱。在机体中同时发生两种以上的原发性酸碱紊乱时，则认为是混合性酸碱紊乱。当机体酸碱平衡指标超出或未达到所期待的代偿值时，便要怀疑发生了混合性酸碱紊乱。

假设一个有腹泻症状的细小病毒患犬，其动脉血气检查结果如下：pH＝7.35，$[HCO_3^-]$＝13 mmol/L，PCO_2＝24 mmHg。可见 pH 下降，而这 pH 下降是由 HCO_3^- 下降引起的，因此该犬发生了原发性的代谢性酸中毒。假设 PCO_2＝36 mmHg 和 $[HCO_3^-]$＝21 mmol/L 为中间值。$[HCO_3^-]$ 的变化（$\Delta[HCO_3^-]$）为：

$$\Delta[HCO_3^-]=[HCO_3^-]_{中间值}-[HCO_3^-]_{实际值}=21\ mmol/L-13\ mmol/L=8\ mmol/L$$

代谢性酸中毒时 HCO_3^- 每降低 1 mmol/L，PCO_2 降低 0.7 mmHg，因此预期下降的 PCO_2（ΔPCO_2）为：

$$\Delta PCO_2=0.7\times\Delta[HCO_3^-]=0.7\times8=5.6\ mmHg$$

PCO_2 的预期值为：

$$PCO_{2预期值}=PCO_{2中间值}-\Delta PCO_2=36\ mmHg-5.6\ mmHg=30.4\ mmHg$$

由于每个机体的代偿能力不同，实际值处于在（预期值±2）范围内时，均视为在代偿范围内。

$$PCO_{2预期值}=(30.4\pm2)\ mmHg，或\ 28.4\sim32.4\ mmHg$$

而实际 PCO_2 为 24 mmHg，未达到预期代偿水平，提示着呼吸性碱中毒与代谢性酸中毒合并存在。

第十二章　凝血功能评估

当血管受到局部损伤，或血液中存在引发凝血的刺激因素时，凝血系统便会迅速启动，在最短的时间内形成血小板凝血块覆盖出血点，尽可能地减少出血。机体在形成血小板凝血块的同时，又通过纤维蛋白溶解系统来平衡血液的凝集趋势，以防过量的凝血块妨碍血液的正常流动。

一旦平衡遭到破坏，便会出现凝血功能障碍或凝血过度的情况。这在小动物临床十分常见，尤其是犬自发性出血和猫血栓症，威胁着犬猫的生命。所以，一旦患病动物出现疑似凝血功能异常的，如出血不止、自发性出血和血栓症时，必须进行凝血功能评估，尽早地发现潜在病因，及时进行治疗。另外，在进行手术、内脏穿刺等侵入性手段前，建议进行凝血功能评估，尤其是对于可能有出血倾向的动物(如患有脾血肿、弥散性血管内凝血和慢性肝病的动物)和特发凝血因子缺乏症的品种(如杜宾犬)。

第一节　凝 血 机 制

一、凝血的生理过程

凝血的生理过程主要包括：初级凝血块和最终凝血块的形成。血管受到损伤或血液中存在激发凝血反应的因素时，血管和血小板会反应性地发生变化。血管内皮下胶原暴露后，由于血管内皮下胶原含有的大量负电荷，能吸引血液中的血小板向胶原聚集并黏附于其上。这个黏附过程是由血液中的冯威尔布兰德因子(vWF)和纤维蛋白原介导的。当冯威尔布兰德因子和纤维蛋白原黏附于内皮损伤点后，血小板便大量聚集在该损伤点，形成初级凝血块。初级凝血块极其不稳定，仅能维持短短几秒钟。但是，在这短短几秒钟内，大量的凝血因子聚集在血小板团块上，以此为“反应平台”产生了逐级凝集反应，从而形成最终凝血块。要掌握凝血功能的临床病理学评价，就必须很好地理解凝血的启动和终止过程，并谨记凝血块的形成必须先形成初级凝血块，再以初级凝血块为“平台”形成最终凝血块，这也就是为什么在凝血评估的实验室检查中将血小板的评价放在首位。

(一)初级凝血块的形成

当血管受损或血液中存在促进凝血物质时，血管通过反射性地收缩，减少流经破损处的血流量和血流速度，为血小板和凝血因子的聚集提供条件。

正常情况下，血管内皮细胞表面包含一系列抗凝物质的结合位点，具有抗血栓作用，这些结合位点能产生抑制凝血和血小板聚集的抑制剂，调节着血管紧张性和通透性，并作为内皮下组织(如胶原蛋白)和血液间的屏障，阻止两者间的反应。

当血管内皮受损后，血管表面抑制血栓形成的特性随之消失。内皮下胶原的暴露能激活内源性凝血过程。此时，内皮细胞的促凝血作用包括：合成组织因子(外源性途径的起始因子)

和释放 vWF。vWF 的作用包括：支持血小板黏附于内皮细胞；合成并释放血纤维蛋白溶酶原活化阻遏剂 1 型，阻止纤维溶解过程；合成凝血因子Ⅴ。凝血因子Ⅴ是激活促凝血酶原的辅助因子，协同凝血因子Ⅹ完成凝血酶的活化过程。

针对受损的血管壁及暴露的内皮下胶原，血小板会迅速发生黏附、活化、变形、聚集和分泌等反应，目的是保证凝血块能精确地定位在受损点上，达到止血的目的。

(二)最终凝血块的形成

从凝血因子来探讨血凝过程，根据不同的启动因素将凝血过程分为内源性途径和外源性途径。内源性途径是指参与凝血反应的凝血因子全部来源于血液，启动因素是血管内皮受损后胶原暴露于血液；而外源性途径的启动因子是来自于组织的组织因子。

内源性途径一般从因子Ⅻ的激活开始。血管内膜下组织，特别是胶原纤维，与因子Ⅻ接触，可使因子Ⅻ激活成Ⅻa。Ⅻa 可激活前激肽释放酶(PK)，形成激肽释放酶(K)；后者反过来又能激活因子Ⅻ，这是一种正反馈，可使因子Ⅻa 大量生成。Ⅻa 又激活因子Ⅺ成为Ⅺa。由因子Ⅻ激活到Ⅺa 形成的过程，称为表面激活。表面激活过程还需有高分子激肽原(HMWK)参与，但其作用机制尚不清楚。表面激活所形成的Ⅺa 再激活因子Ⅸ生成Ⅸa，这一步需要有 Ca^{2+}(即因子Ⅳ)存在。Ⅸa 再与因子Ⅷ和血小板因子 3(PF3)及 Ca^{2+} 组成因子Ⅷ复合物，即可激活因子Ⅹ生成Ⅹa。血小板因子 3 可能就是血小板膜上的磷脂(PL)，它的作用主要是提供一个磷脂的吸附表面。因子Ⅸa 和因子Ⅹ分别通过 Ca^{2+} 而同时连接于这个磷脂表面，这样，因子Ⅸa 即可使因子Ⅹ发生有限水解而激活成为Ⅹa。但这一激活过程进行得很缓慢，除非是有因子Ⅷ参与。因子Ⅷ本身不是蛋白酶，不能激活因子Ⅹ，但能使Ⅸa 激活因子Ⅹ的作用加快几百倍。所以因子Ⅷ虽是一种辅助因子，但是十分重要。遗传性缺乏因子Ⅷ将发生 A 型血友病(hemophilia A)，这时凝血过程非常慢，甚至微小的创伤也出血不止。先天性缺乏因子Ⅸ时，内源性途径激活因子Ⅹ的反应受阻，血液也就不易凝固，这种凝血缺陷称为 B 型血友病(hemophilia B)。

外源性途径由因子Ⅶ与组织因子(TF)组成复合物，在 Ca^{2+} 存在的情况下，激活因子Ⅹ生成Ⅹa。因子Ⅲ，原名组织凝血激酶，广泛存在于血管外组织中，但在脑、肺和胎盘组织中特别丰富。组织因子为磷脂蛋白质。Ca^{2+} 的作用就是将因子Ⅶ与因子Ⅹ都结合于因子Ⅲ所提供的磷脂上，以便因子Ⅶ催化因子Ⅹ的有限水解，形成Ⅹa。

Ⅹa 又与因子Ⅴ、PF3 和 Ca^{2+} 形成凝血酶原酶复合物，激活凝血酶原(因子Ⅱ)生成凝血酶(Ⅱa)。在凝血酶原酶复合物中的 PF3 也是提供磷脂表面，因子Ⅹa 和凝血酶原(因子Ⅱ)通过 Ca^{2+} 而同时连接于磷脂表面，Ⅹa 催化凝血酶原进行有限水解，成为凝血酶(Ⅱa)。因子Ⅴ也是辅助因子，它本身不是蛋白酶，不能催化凝血酶原的有限水解，但可使Ⅹa 的作用增快几十倍。

因子Ⅹ与凝血酶原的激活，都是在 PF3 提供的磷脂表面上进行的，可以将这两个步骤总称为磷脂表面阶段。在这一阶段中，因子Ⅱ(凝血酶原)、因子Ⅶ、因子Ⅸ和因子Ⅹ，都必须通过 Ca^{2+} 连接于磷脂表面。因此，在这些因子的分子上必须有能与 Ca^{2+} 结合的部位。现已知，因子Ⅱ、Ⅶ、Ⅸ、Ⅹ都是在肝中合成。这些因子在肝细胞的核糖体处合成肽链后，还需依靠维生素 K 的参与，使肽链上某些谷氨酸残基于 γ 位羧化成为 γ-羧谷氨酸残基，构成这些因子的 Ca^{2+} 结合部位。因此，维生素 K 缺乏时，将出现出血倾向。

凝血酶(thrombin)有多方面的作用。它可以加速因子Ⅷ复合物与凝血酶原酶复合物的形成并增加其作用，这也是正反馈；它又能激活因子ⅩⅢ生成ⅩⅢa；但它的主要作用是催化纤维蛋白原的分解，使每一分子纤维蛋白原从 N-端脱下四段小肽，转变成为纤维蛋白单体(fibrin monomer)，然后互相连接，特别是在ⅩⅢa 作用下形成牢固的纤维蛋白多聚体(fibrin polymers)，即不溶于水的血纤维。上述凝血过程可见图 12-1。

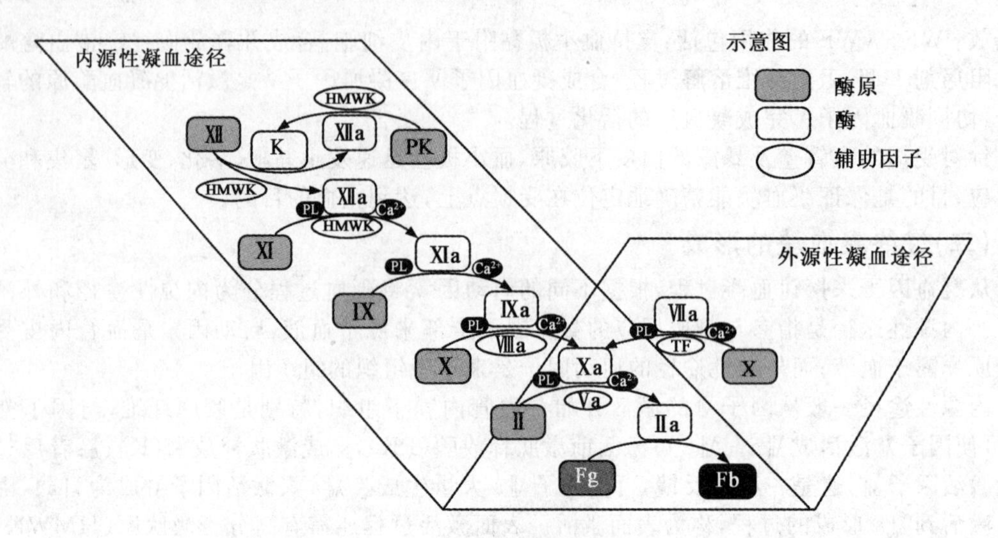

图 12-1 纤维蛋白的形成过程

血途径普遍被分为内源性和外源性两种，两途径的交叉点是凝血因子Ⅹ的活化。活化的凝血因子Ⅹ与活化的凝血因子Ⅴ，加上 PL 和钙离子等辅助因子共同构成凝血酶原激活物。凝血酶原激活物随后激活凝血酶。凝血酶随着纤维蛋白原转化为纤维蛋白逐渐被消耗。凝血过程的大多数步骤都需要活化的膜表面和钙离子(Ca^{2+})。

PK. 前激肽释放酶；K. 激肽释放酶；HMWK. 高分子激肽原；PL. 磷脂质；TF. 组织因子；Fg. 纤维蛋白原；Fb. 纤维蛋白

二、抗凝系统

血液在心血管系统内循环，因为血管内壁的光滑，凝血因子不会被激活而发生凝血反应，血小板也不会发生黏附和聚集。即使血浆中有少量的凝血因子被激活，也会被血流稀释，由肝清除或被吞噬细胞吞噬，因此凝血反应不会持续发生。另外，保证血液不凝固的更重要的原因是由于体内存在着抗凝和纤维蛋白溶解机制。最重要的抗凝物质为抗凝血酶Ⅲ、肝素和蛋白质 C。这些抗凝物质对血凝过程中的多个反应或物质有抑制、拮抗作用。

三、纤维蛋白溶解系统

纤维蛋白溶解系统(fibrinolysis system)是机体最重要的抗凝系统，由 4 种主要部分组成：纤溶酶原、纤溶酶原激活剂(如 t-PA，u-PA)、纤溶酶、纤溶酶抑制物(PAI-1)。当纤维蛋白凝结块形成时，在 t-PA 的存在下，纤溶酶原激活转化为纤溶酶，纤维蛋白溶解过程开始，纤溶酶降解纤维蛋白凝结块形成各种可溶片段，形成纤维蛋白降解产物(FDP)，FDP 的组成物质：X-寡聚体(X-oligomer)、D-二聚体(D-Dimer)、中间片段(intermediate fragments)、片段 E (fragment E)。其中，X-寡聚体和 D-聚体均含 D-二聚体单位。

第二节 样本的采集与处理

凝血功能检测对血液样本采集及处理的要求比其他任何一种检测都高。不熟练的采血以及不合适的采血管都是导致血样在检测前提前凝集的主要原因，从而导致结果无法判读。抗凝剂的选择对于不同检测项目而有所不同。例如，血小板计数需要用含 EDTA 抗凝剂的采血管；而凝血功能的筛检性检测（APTT、PT、TT 等项目）需要含枸橼酸钠的采血管，以获得枸橼酸钠抗凝血浆。

一、采血管

枸橼酸钠采血管主要应用于凝血功能筛检性检测，如活化部分凝血酶原时间（APTT）、凝血酶原时间（PT）、凝血酶时间（TT）等。不论是商业的采血管，还是自制的采血系统，枸橼酸钠与全血的比例必须严格按照 1∶9 的比例（如 0.2 mL 枸橼酸钠＋1.8 mL 全血）。商品化的 2 mL 枸橼酸钠采血管中即含有 0.2 mL 的枸橼酸钠；如果使用 2 mL 或 5 mL 的注射器采血，则应提前分别加入 0.2 mL 和 0.5 mL 的枸橼酸钠。如果比例搭配不当，过度的抗凝或血样提前凝集都会造成凝血功能检测的结果受到影响，甚至产生假性的凝血功能异常。

二、血液采集及处理

为了减少血液在与抗凝剂混合前的凝集，从针头扎入血管到将血液加入抗凝管的时间不能超过 30 s。减少采血时间，首先要求熟练的采血人员操作，同时，选择较粗的针头和大容量的注射器也有很大帮助。将血液加入抗凝管前，第一滴血液（0.5～1 mL 血液）应弃掉。将血液加入抗凝管时应贴壁倒入，并轻轻混匀多次。如果需要再次采血，则同一采血部位需要间隔至少 30 min 才能采血。

样本采集好后，尽快离心以获得不含血小板的血浆。采样到离心的时间间隔不可超过 2 h。离心条件：转速 1 500～2 000 r/min，时间为 10 min。离心后再次检查样本中是否有凝集块，如果有凝集块应放弃该样本。

当某一动物需要做不止一种化验时，可能需要使用到其他的采血管，如肝素钠采血管、促凝管等。需要注意，血液应首先加入枸橼酸钠采血管中，以免肝素或其他抗凝、促凝剂对血样污染，影响结果的准确性。

第三节　凝血评估检查项目

凝血功能异常可分为凝血功能障碍和凝血功能过强。在小动物临床，凝血功能障碍导致的出血性素质或过度出血等更为多见。血小板数量减少（血小板减少症）、血小板功能丧失（血小板病）、凝血因子生成不足（肝病）、凝血因子消耗过量（弥散性血管内凝血）或凝血因子先天性缺乏（血友病），以及纤维蛋白溶解系统过度反应都会导致出血性素质，甚至出血。临床表现以皮下瘀血、瘀斑、关节腔内出血、外伤出血不止、天然孔出血、贫血等症状为主。

凝血功能评价的适应症主要有：①自发性出血或出血时间延长；②出血不止；③侵入性处理（如内脏穿刺和手术）前的排查；④对需要育种的动物进行凝血功能遗传性筛查。对于前两种情况，首先应进行筛检性的凝血功能评估，初步判断动物发病的原因。筛检性的凝血功能评估内容包括：血小板的数目及形态检查；口腔黏膜出血时间（BMBT）的测定；活化凝集时间（ACT）、部分活化凝血酶原时间（APTT）、凝血酶原时间（PT）、凝血酶时间（TT）的测定；纤维蛋白原（Fg）、纤维蛋白降解产物（FDP）的定量分析或 D-dimer 分析。

通过综合分析筛检性评价的结果，基本可以判断出血性素质的原因，如肝合成凝血因子不足或药物引起的凝血因子缺乏等。但是凝血因子缺乏的最终确诊，需要利用 ELISA 的方法测定其在血液中的含量。

一、血小板数目

血小板是形成初级凝血块的主要原料，血小板的数量决定了初级凝血块，即次级凝血反应是否具有合适的反应条件。因此，凝血功能评估的首要任务便是筛查血小板的数目。目前，血小板计数主要是通过全自动血细胞分析仪和人工计数两种方法。

多数全自动血细胞分析仪都可以进行血小板的计数，计数原理和其他血细胞类似。需要注意的是，不同种类的动物，其血小板的大小有很大差异，必须对仪器进行校准（尤其是使用人医临床实验室检验设备时），以获得适应于犬猫的条件。此外，全自动血细胞分析仪只能识别大小在某一区间范围的单个血小板，所以血小板凝集和巨型血小板的大量出现均能引起不准确的结果，表现为假性血小板数目减少。当血小板数目低于正常范围时，有必要镜检该动物的血涂片，判断其血小板减少的原因。

人工计数法（1%草酸铵稀释计数法）相比全血自动分析仪计数法，能避免假性血小板减少症，也能直接观察血小板的形态，但是精确性较差。操作原理同白细胞计数类似，草酸铵能溶解红细胞，但对白细胞和血小板无影响。血小板体积较小且容易聚集，计数很困难。使用该方法时，血小板稀释液应防止微粒和细菌污染，使用前应过滤。血液加入稀释液内要充分混匀。计数时光线要适中，不可太强，应注意与有折光性的杂质和灰尘相区别。如果用位相显微镜计数，效果更佳，计数更准确。

1%草酸铵稀释法（人工计数血小板）计数血小板：①1%草酸铵稀释液的制备，草酸铵1.0 g及EDTA钠100 mg溶于蒸馏水，定容至100 mL，混匀过滤制得草酸铵稀释剂。②血小板计数，加20 μL的毛细血管血溶于0.38 mL的草酸铵稀释液中，反复混匀1 min。取一滴混合液，充入血细胞计数板的计数池内，静止10～15 min，待血小板下沉后，400倍镜下计数25个小方块中的血小板数。将所得的血小板数乘以1 000，即得到每微升血液中的血小板数。

对于常规血涂片筛查法，制备良好的血涂片和染色对结果十分重要，适合的染色剂主要有瑞氏染液、Diff-Quick染液。血涂片评价的第一步是在低倍镜下观察是否出现血小板凝集块，血小板凝集块通常在片头和片尾存在；然后在油镜下的单细胞层区域下，对血小板进行计数，并对5个油镜视野下的血小板数进行平均。正常情况下，每个油镜视野中，犬的血小板数为12～15个；猫为10～12个。通常情况下，油镜视野下的单个血小板代表了外周循环血液中每微升12 000～15 000个血小板。所以，血小板数目的计算方法为：油镜下血小板数目平均值×15 000＝外周血小板数/μL。对于犬、猫，功能正常的血小板数大于30 000个/μL便不会导致自发出血。因此，如果单个油镜视野下的血小板数目超过2～3个，则可以基本确定自发性出血不是由血小板减少所致。

二、血小板形态

经瑞氏染色的血涂片，犬的血小板为无核的中空网状圆形或椭圆形，内含大量的嗜碱性颗粒，直径为2.2～3.7 μm（图12-2）。而猫的血小板更大，且含有更多颗粒。血小板的形态在很多遗传性或获得性疾病时都会发生改变。通常血小板的形态学评估从以下几个方面进行。

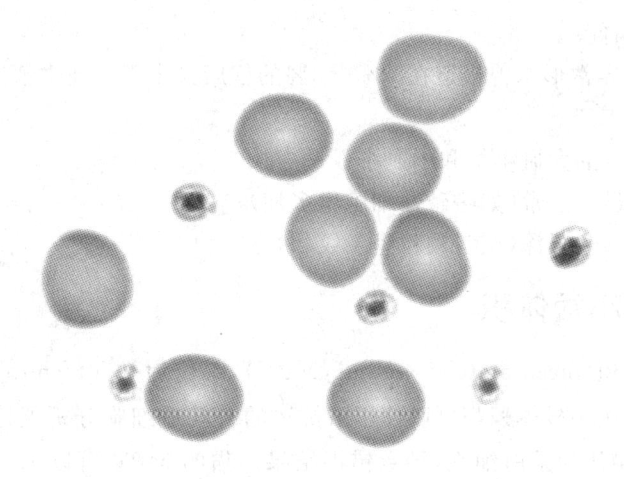

图 12-2　正常犬外周血涂片中的血小板示意

(一)染色特点

与红细胞的评估一样,“多染性”也是血涂片中血小板的一种特征。这是指不同的染色程度。通常可分为低染、多染以及正染性血小板。

(二)大小

①小细胞性:小于红细胞的 1/4(1～2 μm);

②中等大小:红细胞的 1/3～1/4(2～3 μm);

③大细胞性:等同于红细胞(7 μm)(图 12-3);

④巨细胞性:比红细胞大(>7 μm);

⑤大小不等:出现不同大小的血小板(图 12-4)。

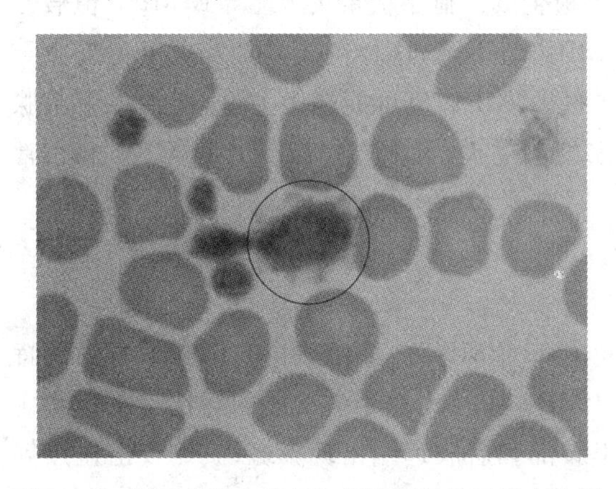

图 12-3　圆圈中为大小与红细胞相同的巨型血小板

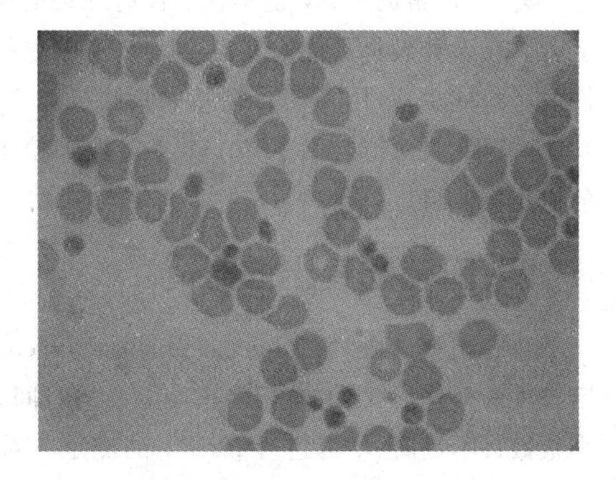

图 12-4　血小板大小不等

(三)多态性

血小板之间形态差异较大,如出现骨型、蝌蚪型、逗号型。其多态性表现:

①活化的(伪突起)和非活化的(不带伪突起的)血小板出现。

②病态颗粒化的出现。

③细胞质空泡样变。

以上血小板的异常形态曾报道在1%～3%的健康犬出现。通常情况下,下列情况为血小板的病理变化:

- 同时存在大量的大血小板和小血小板;
- 染色呈现明显不正常(如嗜碱性细胞增多症);
- 血小板颗粒染色很深(或者颗粒呈条纹状)。

三、平均血小板体积

平均血小板体积(mean platelet volume,MPV),单位为飞升(femtoliter,fL;即 10^{-15} L)。大多数动物的平均血小板体积都可以使用阻抗法的自动血细胞分析仪检测,但是由于猫血小板较大,所以会被误认为是白细胞,导致错误结果。猫的 MPV 可以选用流式细胞仪检测,同时必须保证血样中的血小板没有发生凝集,才能得到准确的 MPV 值。

有时血细胞分析仪给出的报告中不包含 MPV 值,这可能是因为仪器自身会判断血小板的大小分布是否接近血小板的正常值。若血小板的大小分布曲线不正常或血小板数目太少不能有效反映血小板大小分布时,则机器不会给出 MPV 值。所以,虽然 MPV 值在血小板的评估中非常有用,但是在患有血小板减少症的动物,其 MPV 值可能不在报告单之中。

某些动物品种,在正常范围内其 MPV 值与血小板数目呈负相关。抗凝剂的选择和储存条件对于 MPV 值的影响暂无定论。但有研究表明:以 EDTA 作为抗凝剂有时比柠檬酸盐作为抗凝剂时 MPV 更高;相对于室温,5℃储存也可能使 MPV 的值上升,这可能是由于血小板的活性升高所致。同时,骨髓发育不良时也会出现较高的 MPV 值。对于具有血小板减少症遗传倾向的查理士王犬,其 MPV 值常常较高。

另外,正常的 MPV 值不代表没有旺盛的血小板生成。血小板聚集可能导致 MPV 值假性上升。在人和犬都可能出现血小板破碎导致的 MPV 值下降,这种情况常常发生于免疫介导性血小板减少症(IMTP)。在患甲状腺机能亢进的猫,MPV 值可能轻微上升,而在患甲状腺功能减退的犬可能轻微下降。患有磷酸果糖激酶缺陷的犬,可能有轻微上升的 MPV 和正常的血小板数目。

四、口腔黏膜出血时间

口腔黏膜出血时间(buccal mucosal bleeding time,BMBT),是指动物的口腔黏膜受到特定条件的外伤后,出血自行停止所需要的时间。BMBT 可作为血小板功能的筛选检查。当血小板数目不足时,不可进行 BMBT 的测定。对于腹部和后肢远端出现瘀斑、瘀点或出血点等症状的动物,如果血小板数目正常,但 BMBT 延长,则提示血小板功能异常。血小板功能异常的原因可能是原发的,如先天性凝血因子缺乏(冯威尔布兰德因子缺乏等);也可能是获得性的,如正在接受非甾体类抗炎药(NSAID)和阿司匹林治疗或弥散性血管内凝血(DIC)等;还可见于血管疾病。

犬 BMBT 的测定程序:

①镇静动物并采用侧卧保定。

②用一个 5 cm 宽的条带捆绑住动物的上颌，最大程度暴露口腔黏膜。

③在暴露的口腔黏膜处放置单片弹簧刀，并按下弹簧刀。

④造成切口的一瞬间按下秒表开始计时。

⑤每隔 30 s 用滤纸条吸取流出的血液，注意滤纸不要接触到伤口。

⑥直至血液自然停止。

⑦按停秒表计时。

正常犬的口腔黏膜出血时间(BMBT)为 4 min 以内。BMBT 的测定也有一定的局限性。许多因素会影响出血时间的测定。比如伤口位置、大小及深浅。而且，不同的操作者之间，甚至同一操作者每次操作所得的 BMBT 值差异较大。

BMBT 延长见于：血小板减少症、血小板功能不全、冯威尔布兰德因子(vWD)缺乏、非甾体抗炎药物的治疗和服用过阿司匹林。

五、活化凝血时间

活化凝血时间(activated clotting time，ACT)测定的是从全血被加入到 37℃的表面激活剂起至血液凝集成块所需要的时间，该项目可用于动物凝血功能的初步评估。如果怀疑动物患有凝血功能障碍，ACT 可以作为一个最基本的筛检指标。ACT 能检测除凝血因子Ⅶ外的所有凝血因子，但其敏感性不如活化部分凝血酶原时间(APTT)。

当凝血因子大量减少时，活化凝血时间延长。但是 APTT 不能准确检测出是哪一种因子缺乏。如果需要确定缺乏的因子，则需要进一步的凝血因子检测。另外，当血小板数目减少到 10 000 个/μL 以下时，ACT 会相应延长 10～20 s。

六、活化部分凝血酶原时间

活化部分凝血酶原时间(activated partial thromboplastin time，APTT)是内源性凝血系统的一个较为敏感的筛选试验。其检测原理是在枸橼酸钠抗凝血中，加入足够量的活化接触因子激活剂和部分凝血酶原(代替血小板的磷脂)，再加入适量的钙离子即可满足内源凝血的全部条件，从加入钙离子到血浆凝固所需要的时间即为 APTT。样本必须保持冷藏并在 30 min 内进行测定。同时，有必要测定健康动物的 APTT 结果作为对照组。如果受检动物的 APTT 结果比正常动物长 30%以上，则代表受检动物的 APTT 有延长，正常值的范围依检验方法而异。

APTT 主要检测内源性凝血因子(因子Ⅷ、因子Ⅸ、因子Ⅺ、因子Ⅻ、因子Ⅱ、因子Ⅴ、因子Ⅹ)的活性，当这些因子的活性降低到 50%以下时，可见 APTT 延长，但是低纤维蛋白原水平也会造成 APTT 的延长。APTT 值可能因血液和抗凝剂的混合比例不正确而不正常，例如抗凝管内采血量不足或有红细胞增多症(例如严重脱水)。其他导致活化部分凝血酶原时间异常的原因见表 12-1。

表 12-1 引起 APTT 异常的因素

APTT 延长	APTT 延长
遗传性凝血因子缺乏 凝血因子Ⅷ缺乏(A 型血友病):最常见的遗传性凝血因子缺乏症,可发生于任何品种,常伴性遗传 凝血因子Ⅸ缺乏(B 型血友病):无品种特异性,伴性遗传 凝血因子Ⅺ缺乏:多发于 DSH 猫、暹罗猫、喜马拉雅猫、沙皮犬、迷你贵妇犬,通常不出现出血倾向 维生素 K 依赖型凝血因子:多发于德文卷毛猫、拉布拉多犬,常伴有 APTT 和 PT 的同时延长 获得性抗凝物质 凝血因子抗体 FDPs 升高	获得性凝血因子缺乏 维生素 K 缺乏(见于营养吸收障碍) 香豆素治疗(药量过大) 胆汁瘀积 肝衰竭 毒鼠强中毒 血栓生成性疾病(如 DIC) 肝素治疗

七、凝血酶原时间

凝血酶原时间(prothrombin time,PT),也称单级凝血酶原时间(one-stage prothrombin time,OSPT),也是凝血系统的一个较为敏感的筛选试验。凝血酶原时间主要反映外源性凝血是否正常。其原理是在枸橼酸钠处理的抗凝血液中,加入足够量的组织凝血活酶(组织因子,TF)和适量的钙离子,满足外源性凝血条件,从加入钙离子到血浆凝固所需的时间即为 PT。

PT 主要由凝血因子Ⅰ、因子Ⅱ、因子Ⅴ、因子Ⅶ、因子Ⅹ的水平决定,当这些因子的活性降低到 50%以下时,可见 PT 的延长。另外,纤维蛋白原的严重缺乏也会对凝血酶原时间造成影响。根据康奈尔大学动物健康诊断中心提供的正常范围,犬 PT:13~18 s;猫 PT:14~22 s。根据不同的检测方法,参考范围应做相应的调整。能导致 PT 延长的原因:①遗传性凝血因子缺乏;②获得性凝血因子缺乏,如早期或轻度的维生素 K 缺乏,香豆素的治疗,胆汁瘀积,肝衰竭,毒鼠强中毒及 DIC;③低纤维蛋白血症。

遗传性凝血因子缺乏主要见于比格犬、爱斯基摩犬和家养短毛猫的凝血因子Ⅶ的缺乏。

其他一些因素也会导致 PT 的延长:①采血时误用肝素、EDTA 抗凝管,或采用含分离胶的促凝管;②枸橼酸钠和血液的比例没有严格按照 1∶9 的比例,枸橼酸钠过多,会导致 PT 延长,而枸橼酸钠不足会掩盖 PT 的真性延长。

PT 缩短临床意义不大。

八、凝血酶时间

凝血酶时间(thrombin time, TT)测定的是在血浆中直接加入凝血酶,从加入凝血酶到血浆凝集成块的时间。凝血酶时间主要检测血浆中纤维蛋白原的含量及结构是否正常。正常犬猫的 TT 值小于 15 s。

TT 延长见于:血浆纤维蛋白原减低或结构异常;临床应用肝素,或在肝病、肾病及系统性红斑狼疮时肝素样抗凝物质增多;纤溶蛋白溶解系统功能亢进。TT 缩短见于血液中有钙离子存在,或血液呈酸性等。

九、纤维蛋白原

纤维蛋白原(fibrinogen, Fg)是由肝合成分泌的血浆蛋白,占血浆总蛋白的 2%~3%,是机体止血过程中重要的凝血因子(凝血因子Ⅰ),在炎症反应时充当急性期蛋白。纤维蛋白原在凝血酶的作用下形成纤维蛋白,是凝血过程的最后一步。

纤维蛋白原生成减少(如肝病和先天性纤维蛋白原缺乏症)、异常的血浆蛋白原功能(如先天性异常纤维蛋白原血症)和消耗增加都会导致血液中的纤维蛋白原含量较低。高凝状态下由于消耗增加,纤维蛋白原的水平也会下降(如 DIC)。很少有报道犬、猫患先天性纤维蛋白原缺乏症和异常纤维蛋白原症。但是由于炎性反应导致的纤维蛋白原增多症在犬、猫比较常见。

纤维蛋白原的检测可分为实验室检测法和快速检测法。实验室检测法包括可凝固蛋白法和免疫学检测。可凝固蛋白法是将凝血酶加到血浆中,使纤维蛋白形成纤维蛋白凝块,收集凝块并彻底洗涤,测其重量或将凝块用尿素或强碱溶解后在 280 nm 波长紫外光直接比色计算纤维蛋白的含量。本方法能反映纤维蛋白原的凝血功能,属于功能性检测。免疫学检测法则是通过酶联免疫吸附试验的方法检测。快速检测法需要依赖纤维蛋白原快速检测试剂盒。

纤维蛋白原的检测也需要枸橼酸钠作为抗凝剂,同其他凝血功能检测项目一样,全血与抗凝剂必须严格按照 9∶1 的比例,抗凝剂过多会造成假性的凝血时间延长,而抗凝剂不足会掩盖可能的凝血功能障碍。纤维蛋白原在室温下 4 h 之内稳定,在冷藏条件(2~8℃)下 1 d 之内稳定,而在冷冻条件下(−20℃)下一周之内都比较稳定。

犬 Fg 的正常范围为 200~400 mg/dL,猫 Fg 的正常范围为 50~300 mg/dL。不过 Fg 的正常范围也依据不同的实验室和检测方法有所不同。

Fg 升高见于炎症反应及组织坏死。Fg 降低见于:①弥散性血管内凝血;②严重的肝病;③严重的营养不良;④先天性纤维蛋白原缺乏症(罕见);⑤获得性纤维蛋白原缺乏症,如输血后产生的纤维蛋白原抗体产生、响尾蛇咬伤及丙戊酸钠治疗(罕见)。

十、纤维蛋白降解产物

纤维蛋白降解产物(fibrin degradation products, FDPs)是纤维蛋白在纤溶系统作用下降解成的不具有凝集功能的纤维蛋白碎片。该检测不适用于猫。正常情况下,血液中的 FDPs 维持在一个很低的水平(小于 10 μg/mL),在机体的纤溶系统活跃的情况下会大量增多,这是机体对内源性凝血的反应(如弥散性血管内凝血)。另外,高 FDPs 浓度还见于高纤维蛋白溶酶血症或外源性凝血(如体腔内出血)。所以,FDPs 检测可以用于检测纤维蛋白溶解系统的功能,最常应用于 DIC、高凝体况和血栓性疾病的诊断。另外,当犬患有慢性肾病和尿毒症时,也可检测到 FDPs 升高。另外,FDPs 升高还可见于肝病、体腔内出血或严重烧伤和毒鼠强中毒。其他造成 FDPs 结果异常的原因:①原发性纤维蛋白原分解,如冠状病毒感染(机制尚不清楚)。②继发性纤维蛋白溶解,见于 DIC(如败血症),蛋白质丢失性肾病和/或肠病,肾上腺机能亢进、皮质醇治疗,出血和外伤。③血管外纤维蛋白溶解,见于出血到体腔或组织中(如毒鼠强中毒)时。④清除率下降,如肝病和肾病。

FDPs 的检测主要用乳胶凝集试验,该方法是在血清中加入 FDPs 的单克隆抗体或多克隆抗体。检测 FDPs 需要用专门的 FDPs 采血管,凝血功能检测项目见表 12-2。

表 12-2 凝血功能检测项目解读

凝血障碍	BMBT	PT	ACT	APTT	PLT	FIB	FDPs
血小板减少症	↑	N	N	N	↓	N	N
血小板功能障碍	↑	N	N	N	N	N	N
vWD	↑	N	N/↑	N/↑	N	N	N
血友病	N	N	↑	↑	N	N	N
毒鼠强中毒	N/↑	↑	↑	↑	N/↓	N/↓	N/↑
DIC	↑	↑	↑	↑	↓	N/↓	↑
肝病	N/↑	N/↑	↑	↑	↓	N/↓	N

* PT 和 APTT 时间延长至正常范围上限的 1.25 倍考虑为延长。

* BMBT. 口腔黏膜出血时间；PT. 凝血酶原时间；APTT. 活化部分凝血酶原时间；ACT. 活化凝血时间；PLT. 血小板数；FIB. 纤维蛋白原；FDPs. 纤维蛋白降解产物。

* ↑. 升高或延长；N. 正常或阴性；↓. 降低或缩短。

第十三章　尿液检查

尿液检查是一项非常重要的实验室诊断技术，也是一种非常重要的监测手段。它不仅能提示动物的水合状态，而且同血清生化等检查结合起来判读，还可提示肾功能和一些全身性疾病。这项检查很便宜，所需的设备也很简单，一般的兽医诊所都能实现，但需要熟练的技术人员来操作。

完整的尿液检查包括物理性质(颜色、透明度和尿密度)检查、化学性质检查和尿沉渣(有形成分)检查。其中，化学性质检查根据不同的尿液检查试纸项目不同而各异，至少应包括pH、潜血、蛋白质、胆红素、葡萄糖、酮体和尿胆原等；尿沉渣检查则主要观察其有形成分，包括细胞、结晶、管型等。

本章节将从尿样采集、尿液分析流程、尿液分析方法及结果判读等方面分别阐述。

第一节　尿样采集和贮存

由于尿样采集方法对检查结果及判读有非常显著的影响，因此，进行尿液检查前需了解不同采样方式的优缺点。

理想的检测尿液为中段晨尿，可在动物自然排尿时用干净的容器接取。接尿对患病动物无任何侵袭性，操作简单方便，但由于动物排尿时间无法确定，因此，这一操作可行性较低；此外，接尿获取的尿样还易受生殖道、皮肤或被毛的污染，从而导致尿液细菌培养结果呈假阳性。病例在诊所就诊时，也可通过按压膀胱辅助排尿，这一操作也无侵袭性，但禁用于尿路梗阻或近期进行过膀胱切开的动物。尿路阻塞的动物可进行导尿或膀胱穿刺，这两种方式采集的尿样由于不受下泌尿道的污染，可用于尿液细菌培养，但这两种操作均具有侵袭性，且花费较高，很多主人不愿接受。膀胱穿刺常见的副作用是轻度至中度血尿，一些罕见的并发症包括膀胱因过度充盈，穿刺后尿液漏出引起腹膜炎、膀胱壁撕裂、穿刺到肠道等。

采样时间也非常重要。晨尿是最佳的，能很好地反映出尿液浓缩的能力。晨尿也能最好地显示出尿液的有形成分，例如管型。采集到尿样后要立即行进检查，延迟检查可能会出现晶体成分改变，而细胞和管型则会出现退行性变化。延迟检查也会导致尿液的化学性质变化，尤其是室温下放置过久后分析。若不能立即检查采集的尿样，需要将其冷藏，并于采样后6 h内完成检查。冷藏尿样需复温后再进行检查。尿检试纸条上的一些检查指标是用酶反应方法实现的，温度下降会导致酶反应下降；因此，未恢复室温的尿样分析结果无效。

常见的错误因素如下：没有冷藏的情况下对陈旧尿样进行检查；再次检查前未充分摇匀尿样；未按标准操作流程操作。

第二节　尿液分析操作流程

标准的操作流程对保证尿液分析结果和分析报告的准确性来说非常重要，为了保证准确性，尿液分析前需记录采集时间、采集方式、用药情况等。采集好的尿样需保存在准备好的容器内，贴好标签，并详细登记患病动物的基本信息。

为保证尿液分析结果的准确性，需规范尿液分析操作，常规尿液分析操作流程如下（改编自 Clinical Pathology for the Veterinary Team）：

(1)使用无菌注射器或容器采集尿样；

(2)将标准体积(5～10 mL)的尿样置于圆锥形离心管中；

(3)记录尿液的颜色和透明度，并进行化学性质检查；

(4)按照 1 000～2 000 r/min 的速度离心 3～5 min；

(5)利用圆锥形离心管的刻度记录尿沉渣的体积；

(6)取一滴上清液，用折射仪测量其尿相对密度；

(7)将尿检干化学试纸条浸入尿样中后立刻取出，用干净的吸水纸吸取多余的尿样，然后将其置于尿检分析仪上进行相关检查；

(8)弃去标准体积的上清液，留下 0.3～0.5 mL 再次混匀；取一滴再次混匀的沉渣液置于载玻片上，盖上盖玻片，然后进行尿沉渣检查（也可用 Sedi-Stain 染液直接对尿沉渣染色，然后镜检）；同时还要做一个尿沉渣涂片，采用瑞姬氏或 Diff-quik 染色后镜检。

第三节　尿 液 检 查

尿液分析是评估患病动物的最重要的检查手段之一，也是最重要的监测手段之一。这一检查很便宜，但是需要熟练的技术人员。推荐在诊所内检查，因为新鲜尿样能提供最全面的信息。不进行尿液分析的情况下，一些生化检查结果很难判读。评估肾功能、蛋白质浓度、代谢功能等都需要进行尿液分析。完全的尿液分析包括物理性质（颜色、透明度、相对密度）检查、化学性质检查以及尿沉渣检查。

一、物理性质检查

尿液物理性质检查的基本构成包括颜色、透明度、气味和相对密度等，疾病状态下，动物的尿液会发生相应的改变，例如颜色异常，尿液混浊等。本节将详细阐述尿相对密度的检查方法及其临床意义。

(一)颜色

正常尿液呈黄色，变化较大，从淡黄色至深黄色、棕色不等（图 13-1）。检查尿色时，需将尿样盛放于干净透明的容器内，在白色背景下观察。虽然尿色往往用来提示机体的水合状态，但尿色变化可能跟代谢、运动、用药、疾病等有关。不同颜色的尿样有不同的鉴别诊断，无色或浅色尿液常提示尿液稀释；深黄色至橙色尿液提示尿液浓缩；红色尿液常提示血尿、血红蛋白尿或肌红蛋白尿。由于出现一种颜色的原因不止一种，因此，可能还需要进行化学分析和显微镜检。

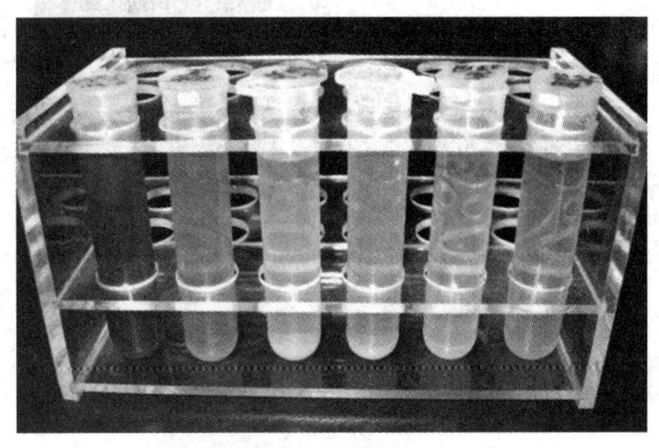

图 13-1　不同颜色和透明度的尿样

(二)透明度

透明度是指尿样的清亮度或混浊度。均匀混合的尿样需置于干净容器内观察，新鲜尿样常为清澈的，但清澈的尿样通常含有一些肉眼不可见的化学物质。尿样如果冷藏，可能会因析出晶体而变得混浊，例如无定形磷酸盐、碳酸盐、尿酸盐等；将尿样回温后，这些结晶又会重新溶解。透明度下降的尿样需要进行显微镜检查。

(三)气味

尿液分析中，气味并非常规检查项目，但某些疾病和一些药物代谢产物会改变尿液的气味，影响检查结果。陈旧尿样发出的严重氨味，可能跟能产尿素酶的细菌有关。尿样发出丙酮味提示酮血症。有些药物也会导致尿味改变。

(四)相对密度

尿液中的溶质由大量电解质和经肾排泄的代谢产物(肌酐和尿素氮等)构成。尿液中溶质的数量、大小、质量都会影响尿相对密度。和钠离子、氯离子相比，大分子物质(如尿素、葡萄糖、蛋白质等)对尿相对密度的影响更大。在兽医诊所中，尿相对密度通常通过折射仪测量(图 13-2)出来。这种方法操作简单，价格相对便宜，测量结果较为准确。

由于尿相对密度是尿液和水的折射率的比值，因此，尿液中溶质浓度升高时，尿相对密度会升高。糖尿和蛋白尿都会引起尿相对密度升高，而悬浮微粒(如管型、结晶、细胞等)不能引起光的折射，所以不会直接影响折射率或尿相对密度。

根据肾小球滤过液的相对密度将尿相对密度进行分类。肾小球滤过液的相对密度在 1.008～1.012 的范围内。尿相对密度在此范围内属于等渗尿；尿相对密度低于此范围属于低渗尿；尿相对密度高于此范围属于高渗尿。犬的尿相对密度在 1.030～1.035，猫的在 1.035～1.045 时，表明肾具有充足的尿液浓缩能力；尿相对密度远远低于此范围可能与尿液浓缩不全、尿样采集不规范及动物过度水合有关。肾的尿液浓缩能力至少损失 2/3 时，尿相对密度才会出现下降。高渗尿未必表明肾具有足够的尿浓缩能力，应综合考虑动物的临床症状、水合状态及尿液的高渗程度。

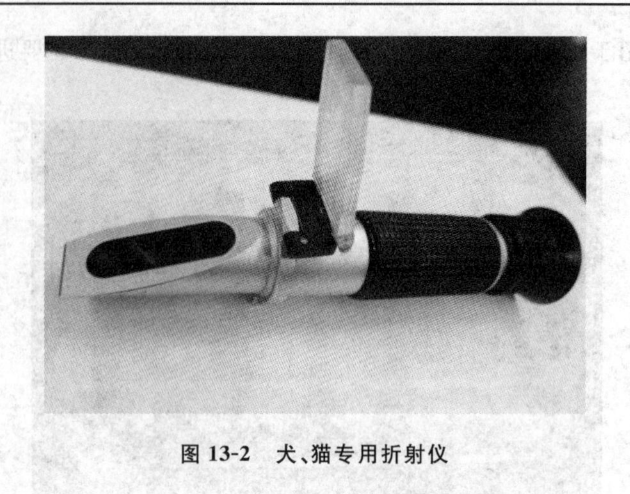

图 13-2 犬、猫专用折射仪

二、化学性质检查

随着实验室检查方法的发展进步，20 世纪 40 年代出现了"浸入即读"(dip and read)的干化学检查方法，其后 20 年间，尿液分析的发展出现了革命性飞跃。目前，干化学试纸条法(图 13-3)简单快捷，在国内、外兽医诊所内得到了广泛应用。

尿检试纸条由浸渍过化学试剂的测试垫附着在塑料条上构成(图 13-3)。当测试区浸入尿样后，会发生相应的化学反应，从而产生颜色变化。虽然一些结果的单位为"mg/dL"，但这些试验多为半定量的。常见的尿检干化学试纸的检测项目包括 pH、尿相对密度、潜血、蛋白质、葡萄糖、酮体、胆红素、尿胆原、亚硝酸盐、白细胞等。

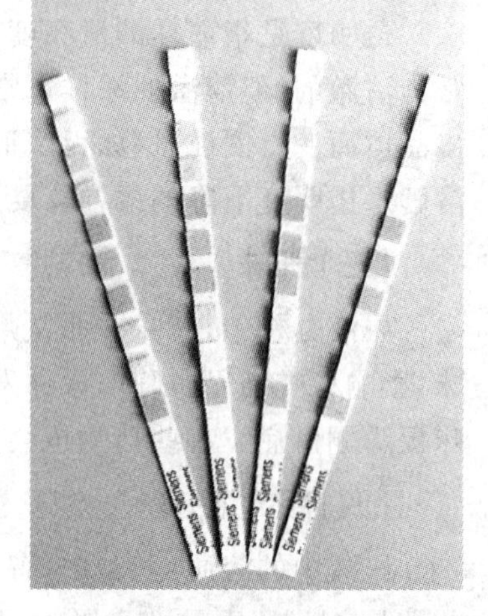

图 13-3 尿液分析干化学试纸条

(一)pH

大多数健康动物都会因正常代谢而产生各种酸，并且部分经肾排泄。尿液 pH 反映机体总酸碱平衡，并受饮食、昼夜变化、疾病状态等因素的影响。在临床工作中，常使用干化学试纸条测量尿 pH。犬、猫尿液 pH 的参考范围为 6.0～7.5。

肉食动物的尿液呈酸性。许多引起代谢性或呼吸性酸中毒的疾病能够使尿液呈酸性，如严重的腹泻、糖尿病酮症酸中毒、肾衰、严重呕吐、蛋白质分解代谢。服用某些药物也能酸化尿液，如呋塞米、蛋氨酸。在体外环境下能使尿液 pH 降低的原因如下：尿液中能够代谢葡萄糖的细菌过度繁殖并产生酸性代谢产物；用尿液试纸测定时，如果蛋白测试端与 pH 测试端相邻，蛋白测试端的酸性缓冲液可能污染 pH 测试端，导致尿液 pH 假性降低。

以素食为主的动物其尿液往往呈碱性。和碱性尿有关的疾病包括产脲酶细菌(主要为葡萄球菌、变形杆菌属)引发的泌尿道感染、代谢性或呼吸性碱中毒、呕吐、服用碱性药物(如碳酸氢钠)等。在体外环境下能增加尿液 pH 的原因包括：产脲酶细菌过度繁殖、由于尿样放置时间过久导致二氧化碳挥发、存放尿样的容器上含有清洁剂残留等。

(二)葡萄糖

葡萄糖的分子质量相对较小,能自由地从肾小球进入超滤液中。近曲小管可重吸收葡萄糖。由于受肾小球血流、肾小管重吸收率、尿液流量等因素的影响,不是所有高血糖的病例都会同时出现尿糖。若血糖水平超过肾糖阈,动物会出现尿糖。犬的肾糖阈为 180～220 mg/dL,而猫的为 280～290 mg/dL。

高血糖性糖尿的鉴别诊断包括糖尿病、肾上腺皮质机能亢进、急性胰腺炎、强烈应激、嗜铬细胞瘤、胰高血糖素瘤、药物(葡萄糖、糖皮质激素、孕酮);血糖正常性糖尿的鉴别诊断包括原发性肾性糖尿、范克尼综合征、一过性应激、肾毒性药物(损害肾小管)(如氨基糖苷类)等。

(三)酮体

酮体是脂类物质代谢的中间产物,过度脂肪动员也能产生酮体。碳水化合物代谢受阻导致能量生成受阻,从而转变成脂类代谢(利用脂类物质和脂肪酸生成能量)。酮体包括丙酮、乙酰乙酸、β-羟丁酸(3-羟基丁酸),但只有乙酰乙酸和丙酮具有酮类物质的化学结构。酮体通过肾小球滤过和肾小管分泌进入尿液,进入肾小管液中后,只有丙酮能被重吸收。干化学试纸条检测酮体时不能检查出 β-羟丁酸。

尿酮体阳性的鉴别诊断包括碳水化合物利用减少(糖尿病)或丢失(哺乳期、妊娠期、肾性糖尿、发热)、脂肪利用增多、日粮中碳水化合物的摄入量严重不足(高蛋白质、高脂肪日粮)。尿中有酮体但无葡萄糖的鉴别诊断包括发热、长期饥饿、糖原贮积症、哺乳、妊娠、碳水化合物摄入受限、测试结果有误等。

(四)蛋白质

正常尿液中含有少量或微量蛋白质,尿液中出现微量蛋白质的原因有很多种,包括小分子血浆蛋白(分子质量低于 40～60 ku)、肾小管上皮细胞分泌的蛋白质、自然排尿或导尿时远端尿道污染的蛋白质,常规检查测量不出的白蛋白等。白蛋白分子质量中等(65～70 ku),由于肾小球的选择性滤过作用,正常尿液中往往无白蛋白。近曲小管上皮细胞会重吸收少量流经肾小球的蛋白质,进入超滤液。蛋白质的种类和数量、肾小球滤过、近曲小管上皮细胞的重吸收等因素决定了尿蛋白质的含量。

可根据蛋白质的来源对蛋白尿的原因进行分类,包括肾前性蛋白尿、肾性蛋白尿、肾后性蛋白尿和肾小管分泌引起的蛋白尿。

肾前性尿蛋白包括肌肉损伤产生的肌红蛋白、血管内溶血产生的血红蛋白、浆细胞瘤或特定感染产生的 Bence-Jones 蛋白、炎症或感染引起的急性期反应蛋白。

肾性蛋白尿和肾的疾病有关,包括肾小球疾病、肾小管疾病、肾间质疾病。肾性蛋白尿可能是暂时性的(如发热引起的蛋白尿),也可能是永久性的;永久性肾性蛋白尿具有临床意义。

肾后性尿蛋白可能来源于肾盂后的任何部分(例如输尿管、膀胱、尿道),也可能来源于泌尿系统之外(例如生殖道);细菌或真菌引起的感染、自发性炎症、创伤、肿瘤和发情前期引起的出血、前列腺液和大量精子等均可引起肾后性蛋白尿。

蛋白尿要和尿比重结合起来判读,稀释尿中尿蛋白 1+的临床意义比浓缩尿中的尿蛋白 1+更显著。由于干化学试纸条法的敏感性较低,早期肾病时尿蛋白测量值可能较低,可通过测量尿蛋白肌酐比来判读蛋白尿。

(五)潜血

血尿、血红蛋白尿或肌红蛋白尿时,试纸条潜血反应均为阳性;尿液中出现这三种物质的任何一种都是异常的。由于病因差异较大,因此,区分这三种形式的潜血非常重要。血尿指尿液中出现了眼观可见或不可见完整的红细胞。红细胞至少达到5～20/μL,血红素反应才会呈阳性。尿路任何部位出血均可引起血尿。血红蛋白尿源自于血管内溶血。肌肉严重损伤(横纹肌溶解)可能会引起肌红蛋白尿。由于肌红蛋白尿和血红蛋白尿的颜色相似,且血红素反应均为阳性,故二者较难区分。肌红蛋白尿时血浆为清亮的,而血红蛋白尿相反。

判读尿潜血时还要注意一些物质能引起假阳性反应(例如过氧化物),泌尿道外的出血(尤其是未绝育母犬)也会引起尿潜血阳性。

(六)胆红素

胆红素是红细胞的正常崩解产物。衰老红细胞被脾和肝中的巨噬细胞吞噬,然后,铁和血红素分离,形成胆红素。非结合胆红素(和白蛋白结合的胆红素,又称间接胆红素)被转运至肝后变成结合胆红素(直接胆红素),然后排入胆管,最后被排入肠道。只有结合胆红素是水溶性的,可以经肾小球自由地滤过。高胆红素血症(结合或非结合性的)和胆红素尿的原因包括溶血、梗阻性或功能性胆汁瘀积(胆红素不能进入胆管树)。由于犬的胆红素肾阈值较低,因此,胆红素尿可能先于高胆红素血症出现。

(七)尿胆原

结合胆红素进入肠道后,大部分被肠道微生物转化为尿胆原,然后排出。少量尿胆原被重吸收入门静脉,经肝细胞转运后排泄入尿液。尿胆原是无色的。尿胆原是胆红素的代谢产物,并不稳定,在酸性环境中容易被氧化成尿胆素。另外,尿样受到紫外线照射时,尿胆原也可能转变为尿胆素,使尿样发绿。

由于大多数人用尿液干化学试纸条含有尿胆原这一项目,因此对动物进行尿液分析时也常有这项检查。犬溶血发作3 d后进行尿液检查时,可能会发现尿胆原升高。其他种类的动物发生溶血时,一般不会出现尿胆原升高。多数研究者认为犬猫的尿胆原检查结果不可靠。

常见的尿液检查干化学试纸条还可能有尿比重、亚硝酸盐、白细胞等项目,由于这些检查结果在犬、猫尿液分析中不准确,本章不进行相关分析讨论。

三、尿沉渣检查

尿沉渣检查主要观察细胞、结晶、管型、微生物等有形成分,需同时检查未染色样本和染色样本,未染色的尿沉渣样本利于观察结晶等,而染色样本利于观察微生物。需要注意的是,镜检未染色尿沉渣时需将光线调暗并调低聚光镜。先在低倍镜视野下评估尿沉渣的大体构成,观察较大物质的结构,再用高倍镜辨认其他物质结构。

尿沉渣检查是尿液分析的最后一步,这一部分要求操作者具备较高的专业水平。最好采用新鲜尿液制备尿沉渣,但若无法及时进行尿检,可进行适当保存(主要为冷藏)。由于低温会使无定形结晶增多,故检查冷藏尿样前,必须将尿样恢复至室温。

(一)细胞

正常动物的尿液中仅含有非常少量的细胞成分,根据尿液采集方式的不同,可能含有少量鳞状上皮细胞、移行上皮细胞,罕见红细胞和白细胞,而疾病状态下,动物的尿液中可能会含有大量的细胞成分。

1. 红细胞

未染色的尿沉渣中，红细胞呈双凹圆盘状（图 13-4）。浓缩尿样中，红细胞由于脱水变小形成皱缩或形状不规则的红细胞。相反，稀释尿液中的红细胞吸水膨胀直至破裂，形成“影细胞”（图 13-5）。犬、猫尿沉渣检查中，每个高倍镜视野下少于 5 个红细胞都是正常的。膀胱穿刺造成医源性出血，可引起尿液中非病理性的红细胞数目增多。

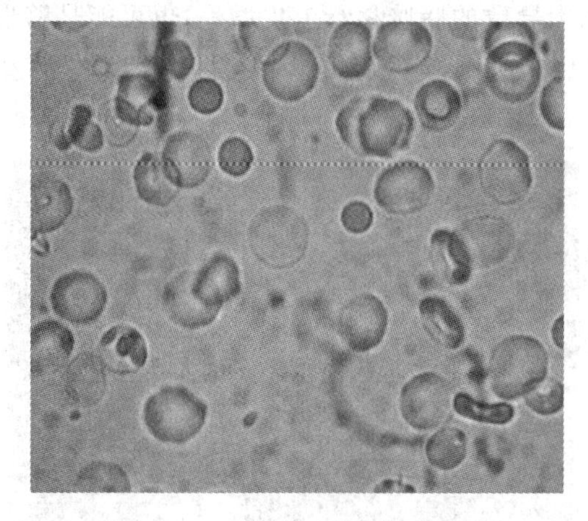

图 13-4　尿液中的红细胞（1 000×）

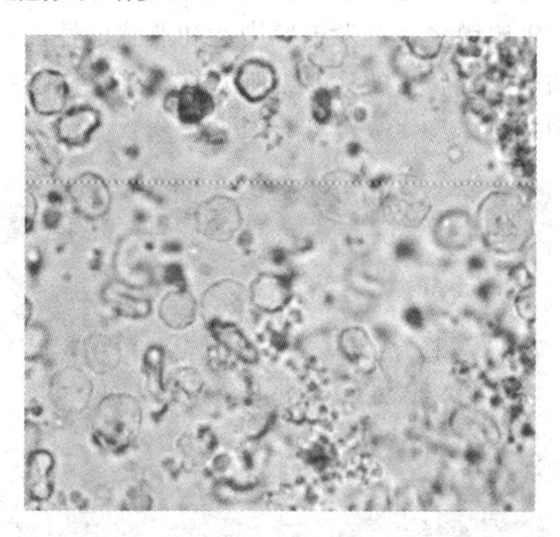

图 13-5　尿液中的“影细胞”（1 000×）

2. 白细胞

犬、猫在健康或大多数疾病状态下，尿液中出现的白细胞以嗜中性粒细胞为主，也可见其他种类的白细胞。尿闭猫的尿样常伴有大量出血，可能会见到淋巴细胞、单核细胞等。每个高倍镜视野下白细胞多于 5 个被认为异常，提示潜在的泌尿系统感染（图 13-6 和图 13-7）。

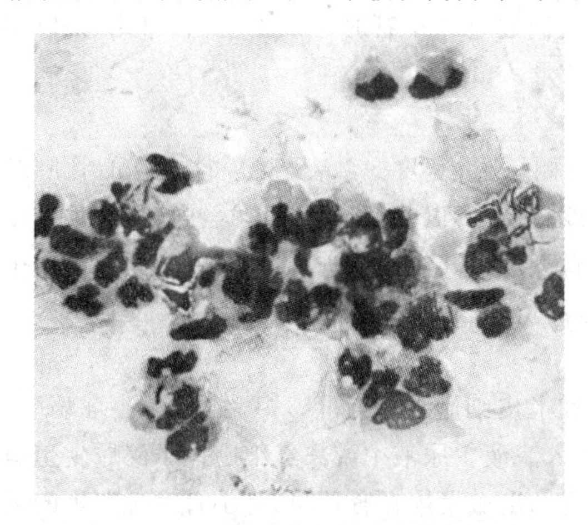

图 13-6　尿液中的退行性嗜中性粒细胞和杆菌（瑞姬染色，1 000×）

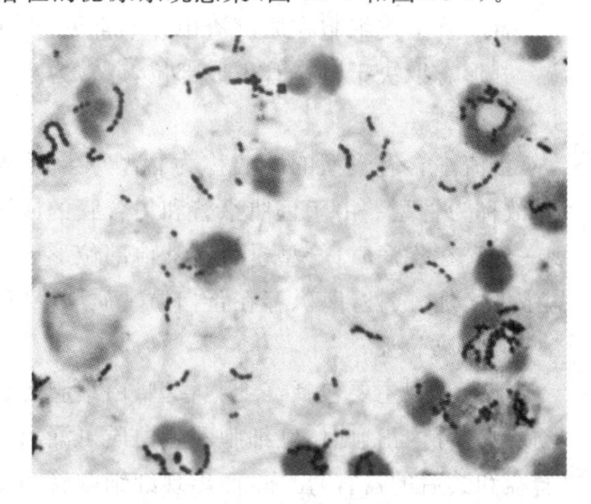

图 13-7　尿液中的嗜中性粒细胞和球菌（革兰染色，1 000×）

3. 上皮细胞

由于泌尿生殖道的上皮细胞老化脱落后会随尿液排出，所以尿沉渣中出现少量上皮细胞是正常的。尿沉渣中的上皮细胞主要为鳞状上皮细胞、移行上皮细胞和肾小管上皮细胞。

鳞状上皮细胞(图 13-8)源于泌尿生殖道(尿道和阴道),接尿、导尿获取的尿液中均可出现,源自正常组织细胞的更新脱落。正常尿沉渣中鳞状上皮细胞是最大的细胞,呈扁平状,有一个细胞核,富含细胞质,单独出现或聚集成簇。移行上皮细胞(图 13-9)比鳞状上皮细胞小,出现的概率比后者小。这类细胞起源于部分尿道、膀胱、输尿管和肾盂,部分前列腺腺体表面也有分布。这类细胞在尿沉渣中形态不一,可能呈圆形、卵圆形、尾状和多面体形。尿液中移行细胞增多可继发于感染性和非感染性炎症及息肉导致的膀胱移行上皮增生,也可能是移形细胞癌。癌变的移形细胞呈簇分布,细胞和细胞核大小不一、双核或多核、多核仁、核仁大小和/或形态不一、可见有丝分裂象。

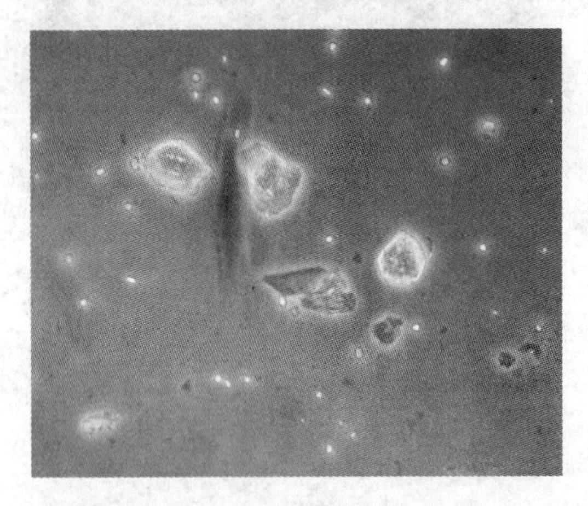

图 13-8 尿液中的鳞状上皮细胞
(该图片经由相差显微镜采集,400×)

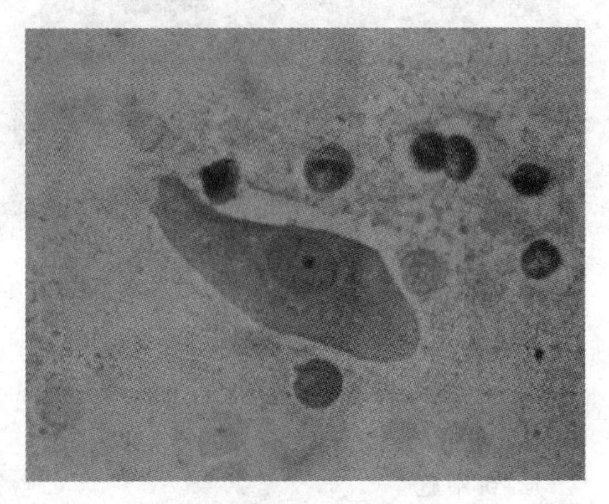

图 13-9 尿液中的尾状移形上皮细胞
(瑞姬染色,1 000×)

肾小管上皮细胞在尿沉渣中并不常见,由于它们通过肾小管时会发生退化,因此,难以辨认。其形态取决于肾小管生成部位,通常为小立方形。

4. 管型

沉渣中含有管型的尿液称为管型尿。管型两侧平行,宽度一致,反映了肾小管的管腔结构,故称为管型。由于远曲小管和集合管的尿浓度较高,所以管型多形成于这些部位。动物出现一些潜在疾病时,管型也可在其他部位形成。管型可按其内容物进行分类,种类繁多。尿中盐浓度增加、酸性环境、存在蛋白质基质和小管液滞留等因素均利于管型的形成。

5. 细胞管型

细胞管型主要包括红细胞管型、白细胞管型和上皮细胞管型(图 13-10)。当肾小球病变、受损或者肾内出血时,红细胞和蛋白质可漏出,进入滤液。尿液中游离红细胞提示泌尿生殖道(肾盂和其后的器官)出血,而出现红细胞管型则提示出血发生在肾单位;肾小管发生严重的炎症时,可能会形成白细胞管型;上皮细胞管型,是肾小管上皮细胞退化的产物。随着尿液潴留时间的延长,管型内容物可退化成粗糙或细小的颗粒样物质。上皮细胞管型提示坏死、中毒、重度炎症、灌注不良或缺氧导致的急性肾小管损伤。

6. 颗粒管型

颗粒管型(图 13-11)的质地多种多样。粗颗粒管型和细颗粒管型在尿沉渣中较常见。颗粒管型的临床意义类似于上皮细胞管型，提示潜在的肾小管损伤。健康动物的尿沉渣中偶尔可见少量颗粒管型。在无尿的急性肾衰病例中，尿液潴留会阻止管型和细胞物质的排出，所以即使没有颗粒管型或细胞管型也不能排除肾小管损伤。

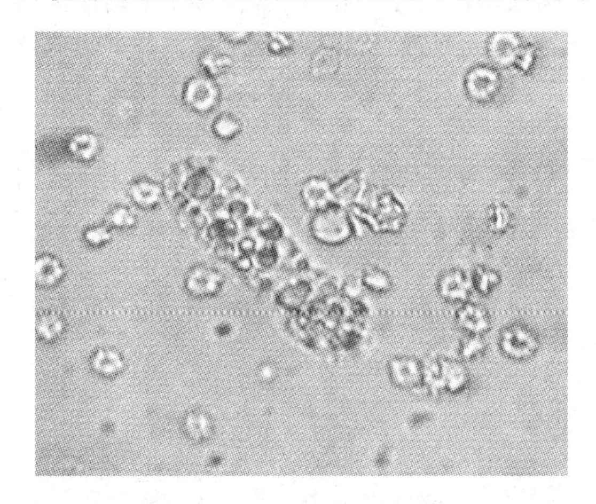

图 13-10　尿液中的细胞管型(400×)

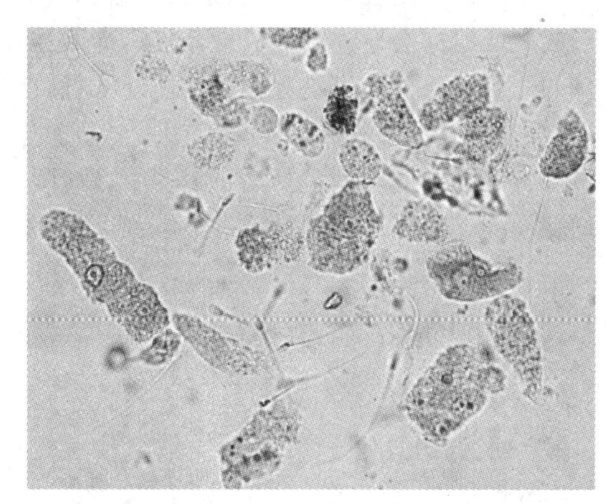

图 13-11　尿液中的颗粒管型(400×)

7. 蜡样管型

颗粒管型在肾小管停留时间过长时，颗粒崩解加快，管型基质随之变为蜡样外观。蜡样管型(图 13-12)呈灰色、黄色或无色。折光性强、易碎、有不规则的裂缝，有些已经断裂。尿液长时间潴留会形成蜡样管型，据推测，蜡样管型的基质是由细胞性或颗粒性透明管型退化而成的。蜡样管型与肾小管损伤引起的尿潴留有关。

8. 脂肪管型

在黏蛋白基质内含有脂滴或卵圆形脂质小体的管型称为脂肪管型，它在亮视野里有很高的折光性。由于肾小管上皮细胞中含脂质，因此，脂肪管型的出现可能提示肾小管损伤。

9. 透明管型

透明管型(图 13-13)是无色半透明、两端钝圆的管型。观察透明管型时最好将视野调暗，透明管型不含细胞，偶尔也能见到单个细胞或颗粒。透明管型是尿液中最常见的管型。出现病理性蛋白尿时，沉渣中透明管型的数量会增加。

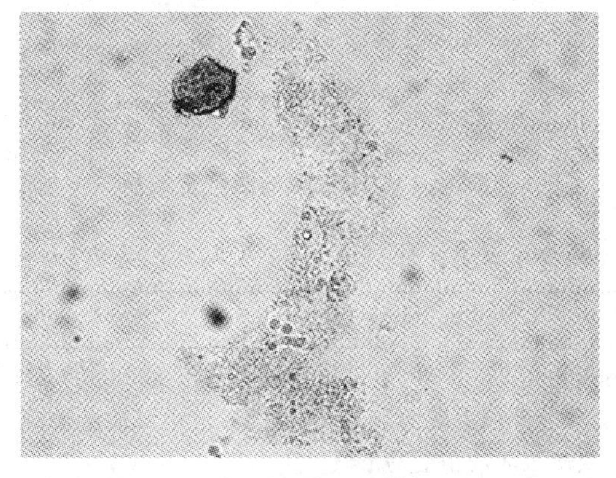

图 13-12　尿液中的颗粒管型(400×)

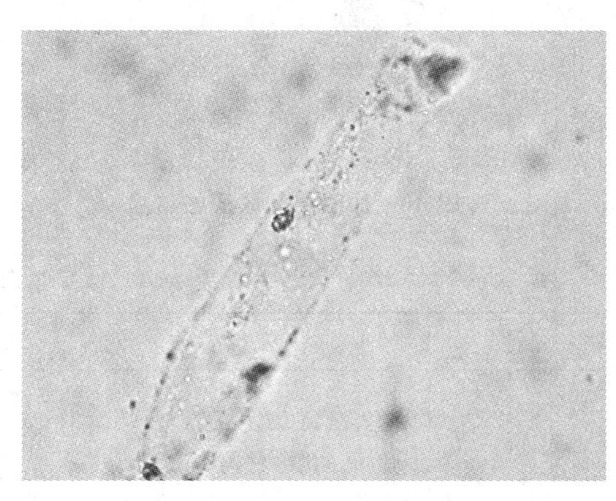

图 13-13　尿液中的透明管型(400×)

(二)结晶

在尿沉渣中可存在各种结晶，一些结晶有一定的临床意义，但大多数结晶并非病理性的。

结晶由溶质沉淀物，特别是无机盐、有机化合物或医源性化合物构成，容易在浓缩尿液中形成。低温亦会导致结晶析出，所以，冷藏尿样中通常会有结晶析出，从而掩盖了具有临床意义的尿沉渣成分。为了避免这种体外干扰，冷藏尿液应恢复室温再进行检查。新鲜接取的尿样中出现结晶与尿样浓缩程度有关。

常见的结晶类型包括磷酸铵镁结晶(图 13-14)、草酸钙结晶(图 13-15)、尿酸铵结晶(图 13-16)、胆红素结晶(图 13-17)等，其形态特征和临床意义见表 13-1。

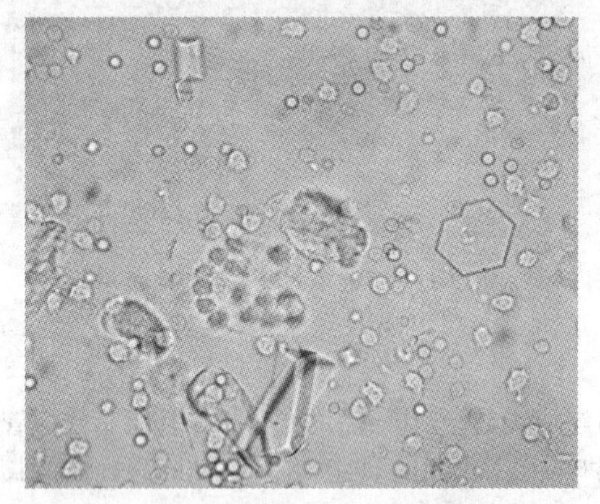

图 13-14　尿液中的磷酸铵镁结晶和胱氨酸结晶

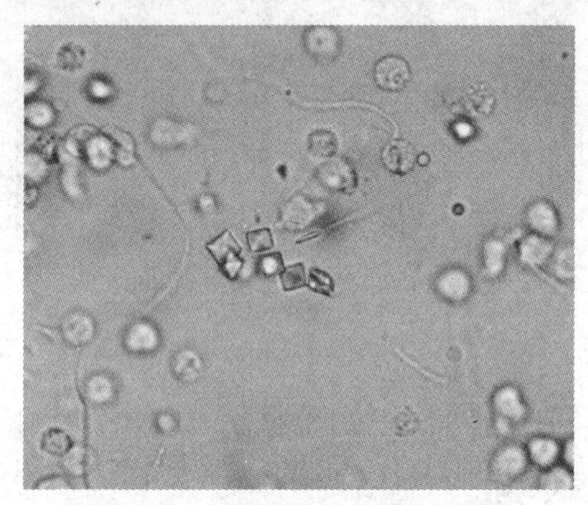

图 13-15　尿液中的二水草酸钙结晶

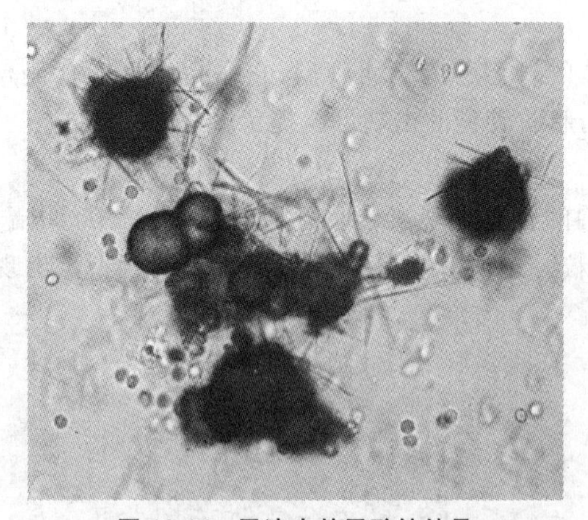

图 13-16　尿液中的尿酸铵结晶

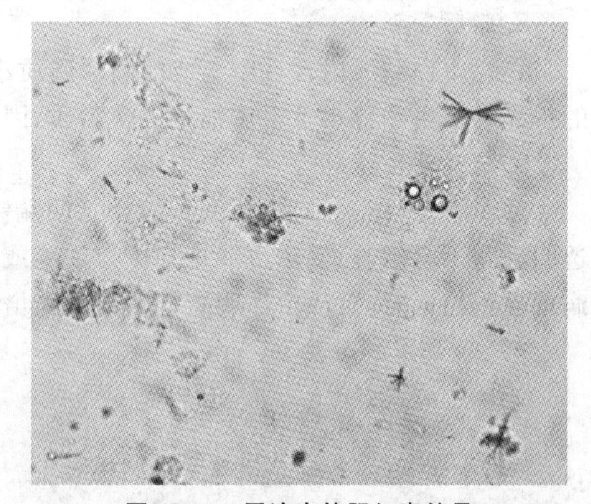

图 13-17　尿液中的胆红素结晶

表 13-1　常见结晶形态特征和临床意义

名称	外观	临床意义
磷酸铵镁结晶	无色、三到六棱柱体，两端为倾斜面的“棺材盖”	通常无临床意义。 泌尿道感染(分解尿素酶的细菌)动物的尿液中可能会出现，碱性尿液及冷藏尿液中更易形成

续表 13-1

名称	外观	临床意义
尿酸铵结晶	棕色球体，表面光滑或不规则，有角状突起（“曼陀罗”）；单个或成簇出现	由门静脉短路或肝衰竭引起的血氨升高
无定形磷酸盐结晶	无色至棕黄色，细颗粒状，离心后沉渣为白色	无临床意义。可形成管型样结构，引起误导
无定形尿酸盐结晶	无色至棕黄色，细颗粒状，离心后沉渣为淡粉色	无临床意义，由尿酸盐形成。冷藏会增加其数量。可形成管型样结构，引起误导
胆红素结晶	琥珀色，类似于小树枝或鹿角的分枝针束	提示某种程度的胆红素尿。 犬浓缩尿样中出现胆红素结晶被认为是正常的（犬的胆红素肾阈值较低）。 其他可引起胆红素尿的原因也可引起胆红素结晶
碳酸钙结晶	无色至黄色，球形或哑铃状。需与哑铃状一水草酸钙结晶相互鉴别	马属动物出现这种结晶是正常的，犬、猫尿液中不出现，但曾有报道显示犬尿中也发现过这种结晶
二水草酸钙结晶	无色折光的八面体，信封样	犬、猫尿液中出现这种结晶被认为是正常的，尿样长时间存放也会形成二水草酸钙结晶。 乙二醇（EG）中毒时偶见
一水草酸钙结晶	无色扁平，形状多样：“尖桩篱栅”、哑铃状或卵圆形，还有一些为长方形，少数呈“麦粒”或“大麻籽”样	提示高草酸尿症或高钙尿症。 高草酸尿有可能是由乙二醇（EG）中毒或摄入富含草酸的食物（如花生、黄油、甘薯和一些全麦）造成的。尿沉渣中无这种结晶也不能排除乙二醇中毒
胱氨酸结晶	无色六角形片状晶体，单独或成簇分布	提示胱氨酸尿症，是尿胱氨酸转运过程中的一种遗传缺陷（肾小管重吸收胱氨酸的能力下降）。 报道过的发病品种包括：纽芬兰犬、英国斗牛犬、腊肠犬、吉娃娃犬、马士提夫犬、澳大利亚牧牛犬、斗牛獒犬、美国斯塔福梗犬和杂种犬。 由于其在酸性尿液中溶解度较小，故酸性尿液会增加胱氨酸结石和尿路阻塞的风险

改编自 Practical Veterinary Urinalysis，2013.

第十四章 粪便检查

粪便检查是兽医临床中一种非常重要的诊断技术，也是一项常规检查，它可以辅助诊断消化系统疾病。通过常规粪便检查，可快速诊断肠道寄生虫病，也可对消化功能进行初步评估，因此，掌握粪便检查方法和结果判读具有非常重要的临床意义。

粪便检查操作非常简单，目前国内的兽医诊所内大多数都开展了这项检查，其主要检查项目包括物理性质检查、化学性质检查和寄生虫检查等。物理性质检查主要包括颜色、性状、气味等；化学性质检查主要包括 pH、粪潜血检查、胰蛋白酶检查等。本章节将以犬、猫等小动物为主，从粪便采集方法、检查方法和结果判读等方面进行阐述。

第一节 粪便采集和保存

粪便采集是粪便检查的关键，常用的采集方法包括自由排便时接取、甘油（与生理盐水等体积混合）诱导排便、用软管经直肠抽吸粪样、直接戴手套经直肠取便等。

大动物可通过直肠直接采集粪便，而犬、猫因体格较小，粪便样本采集需根据体型选择合适的方法：小型犬幼犬和猫因体型太小、虚弱等因素，常通过自由排便或诱导排便采集粪样；各种体型的成年犬均可采取诱导排便、用软管经直肠抽吸粪样等方法采集粪样，但后者更适用于腹泻病例的采样；大型成犬可直接直肠取便。

不管是采取哪种方法采集的粪便，在送往实验室检查时必须保证样本是新鲜、无污染的；如果要做寄生虫检查，需尽快操作，避免虫卵孵化，影响检出率；如果需进行粪胆红素检查的样本不能长时间受阳光照射，以免分解影响结果判读；若采集的粪便不能及时检查，需冷藏保存，必要时添加防腐剂。

第二节 粪便常规检查操作流程

粪便常规检查非常简单，但检验结果的准确性依赖于规范的操作流程。只有新鲜的、无污染的样本才有最好的诊断价值，因此，检查粪便前，首先，要了解粪便的来源和粪便离体后的时间；其次，粪样收集装置上要注明动物主人的姓名和动物的基本信息，以防样品混乱；再次，只有经过规范处理的样本，才能真实地还原机体的消化情况、微生物形态等，因此，操作必须流程化。

粪便检查操作流程如下：

①核对患病动物的基本信息，包括动物主人姓名、动物种属、年龄、品种、性别和主要症状等。

②登记粪便的颜色、性状、气味等。

③取少量新鲜采集的样本，用适量生理盐水稀释、搅匀、制成混悬液，然后用吸管吸取一滴悬液，置于载玻片上，盖上盖玻片，准备观察。

④取少量稀释的粪便混悬液制成涂片，风干后染色镜检。

第三节　粪常规检查

一、物理性质检查

动物胃肠道功能异常可导致粪便出现相应的变化，可通过物理性质检查获取一般性状资料，直接的证据就是粪便的颜色、性状、量及排便次数等异常表现。

（一）颜色

粪便颜色常受日粮、胆汁分泌量及在消化道形成时间的影响，从而呈现不同的颜色。动物正常粪便的颜色多呈浅黄色到黄褐色不等，消化速度减慢或食糜中缺乏水分，粪便颜色变深色，呈黑褐色的球状便；若日粮中肉类或动物内脏含量较高，粪便也可能呈黑色；若患犬采食较多骨头，粪便可能呈干硬状灰白色。

疾病状态下粪便颜色可能会有相应的变化，如水样粪便的颜色较浅；消化道出血动物则因出血部位、出血量呈现不同的颜色，上消化道出血粪便呈巧克力褐色或焦油褐色，下消化道出血则呈红色；胆道阻塞时粪便呈现为苍白色。

（二）性状

正常情况下，各种动物粪便应该是含水量适中，不干不稀的成形便。疾病时粪便的性状跟潜在病因和严重程度有直接关系，食物成分和肠管蠕动也会影响到粪便的性状。肠狭窄、便秘病例的粪便较硬，而肠道疾病、肠蠕动增加、胰功能障碍等会形成黏液便；急性肠炎、细菌性下痢、卡他性肠炎、病毒性肠炎等会形成水样粪便。

从肠段区分，大肠性腹泻常伴有黏液，可能呈胶冻状，而小肠性腹泻的黏液量很少或没有黏液。

（三）粪便量

动物正常排粪量与采食的食物有一定关系，采食消化吸收率高的食物，排便量少，采食消化吸收率低的食物，排便量多。生理性粪便量减少可见于采食高消化率食物、饮食减少、大肠对水分的再吸收率增加等；病理性粪便量减少多见于胃肠道狭窄、便秘、肠梗阻(包括肠套叠)、肠管破裂等，也可见于尾部脊髓神经受伤等。病理性粪便量增多常见于腹泻、胰外分泌功能不全等。

（四）排便次数

不同动物每天排便次数不同，犬、猫每天排便次数为 1～3 次。排便次数减少可见于食物中纤维素含量减少、饮水量减少、饥饿、便秘、肠蠕动减慢等；排便次数增加可见于采食消化率低的食物、肠炎、消化不良、下痢等。

二、化学性质检查

粪便的化学性质检查包括 pH、潜血反应、胰蛋白酶、粪胆红素检查等，本节将详细介绍粪便潜血的检查。

(一)pH

日粮对粪便酸碱值的影响较大，摄取碳水化合物或肉类较多时呈酸性；酸中毒动物的粪便也可能呈酸性，而碱中毒动物的粪便可能呈碱性。粪便的酸碱性可用 pH 试纸直接测定，根据标准比色卡直接判读。

(二)潜血检查

患病动物若有消化道出血，粪便镜检时可能会见到完整的红细胞，但出血量很少或红细胞已经被破坏时，肉眼可能见不到红细胞，需要进行潜血检查。潜血检查的方法也很多，本章将详细介绍联苯胺法和匹拉米洞法。

1. 联苯胺法(因联苯胺有致癌作用，目前临床上已淘汰，仅供参考)

本法共有两种试剂。①试剂 A：0.95 g 联苯胺粉末加入 100 mL 50%醋酸液，混合配制后，保存于棕色瓶中备用；②试剂 B：3%双氧水溶液。

操作时先称取 2 g 粪便，置于干净的试管中，加入 8 mL 蒸馏水稀释，分装成 2 管；然后加入 1～2 滴试剂 A，搅拌均匀；最后加入 1 滴试剂 B，观察其颜色变化。

结果判读标准如下：①不变色：阴性(－)；②浅绿色：痕量( )；③绿色：少量(＋)；④蓝色：中量(＋＋)；⑤深蓝色：大量(＋＋＋)；⑥暗蓝色：大量(＋＋＋＋)。

2. 匹拉米洞法

匹拉米洞法是一种比较好的潜血检查方法，具有操作简单、敏感性高、稳定性高等优点，在人医临床中应用较广。目前已有商品化的匹拉米洞检测试剂，因此，在兽医临床中也有一定的应用，因此，这里介绍一种商品化(BASO 公司生产的便隐血试剂，图 14-1)的检测方法。

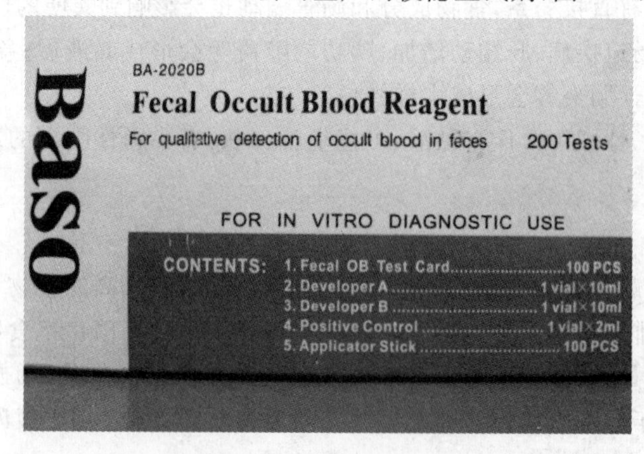

图 14-1 商品化的匹拉米洞法粪潜血试纸

此法共需要 3 种试剂。①显色剂 A：匹拉米洞；②显色剂 B：双氧水、乙醇；③阳性对照液：血红蛋白。

操作流程如下：首先将测试卡背面朝上，并打开印有“Development Window”的封盖；然后在方格内左右两侧各滴一滴显色剂 A，待试剂完全渗透之后，再各滴一滴显示剂 B；当加入显色剂 B 后，于2 min 内判读完毕。

结果判读标准如下：①当加入显色剂 B 后，于判读时间内无任何紫蓝或紫红的颜色反应，报告为阴性（－）；②当加入显色剂 B 后，1～2 min 内才逐渐产生紫红色，报告为（＋）；③当加入显色剂 B 后，1 min 内产生紫红色，报告为（＋ ＋）；④当加入显色剂 B 后，10 s 内产生紫蓝色，报告为（＋＋＋）；⑤当加入显色剂 B 后，立即产生紫蓝色，报告为（＋＋＋＋）（图 14-2）。

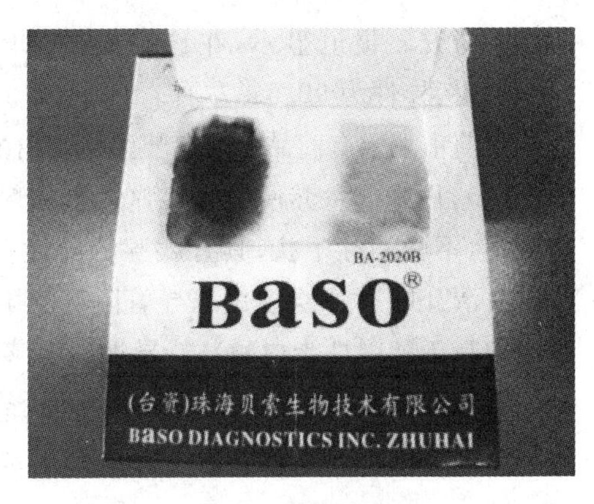

图 14-2　匹拉米洞法的结果判定示例
（左侧为粪潜血＋＋＋＋；右侧为阳性对照）

本操作注意事项如下：

①对无任何明显症状但却怀疑可能有少量出血的患病动物，建议应连续取 3 d 粪便标本。

②检验前 2 d 内应建议禁止饲喂动物血、脏器及含叶绿素类食物，以尽量避免出现假阳性。

③本试剂盒不能与氧化剂共同存放，应避免阳光直射及高温、低温和潮湿的贮存环境。

④冬天室温过低时反应可能较迟缓，应适当延长观察时间。

⑤本试剂应由专业人员使用，每次使用后请拧紧试剂瓶盖，以免挥发。

3. 胰蛋白酶检查

胰蛋白酶是一种由胰腺分泌的蛋白水解酶，可催化食物的蛋白质水解反应而促进机体消化食物。胰蛋白酶的检测主要以新鲜粪便作为样本。正常情况下，胰蛋白酶反应阳性，提示胰腺外分泌功能正常；反之则为阴性，此时主要怀疑胰外分泌功能不全。但在诊断犬的 EPI 时，该试验的敏感性和特异性均远低于 TLI。

目前大多数兽医诊所内主要采用胶片法来完成该项检查，具体操作如下：将适量粪便和碳酸氢盐混合，酸碱度调至 8.0 左右，然后将曝光过的 X 线片置于粪便混合液中，在 37℃环境下反应 40～60 min；如果粪便中含有胰蛋白酶，则用水冲洗 X 线片后，X 线片则会变为透明状；反之，则 X 线片仍为黑色。

胰蛋白酶检测的干扰因素有很多种，如果粪便中存在钙、镁、钴和锰时，胰蛋白酶活性可能会增加；如果动物近期食用了黄豆、生蛋清、氟化物等，则胰蛋白酶活性可能会下降。因此，胰蛋白酶检测假阳性或假阴性率均较高，目前正逐步退出临床诊疗工作中。

4. 胰弹性蛋白酶检查

胰弹性蛋白酶是胰腺腺泡细胞分泌的蛋白水解酶，其他组织、细胞均不能合成或分泌，因此，该酶为胰腺特异性的。胰弹性蛋白酶是唯一一种能水解硬蛋白的酶。胰腺腺泡细胞萎缩会引起胰酶分泌、合成不足，从而引起胰腺外分泌不全（EPI），但 90％以上的腺泡细胞萎缩才会引起 EPI。

胰弹性蛋白酶的分子质量为 28 ku，在肠道中很稳定，不会被降解，常温下在粪便中能稳定存在 1 周左右。研究显示，人的 EPI 诊断中，胰弹性蛋白酶的敏感性和特异性均大于 90％，是 EPI 诊断的金标准。近年来，在犬 EPI 和胰腺炎的诊断中，逐渐出现了犬胰弹性蛋白酶 1

的相关研究。报道显示,在诊断犬的 EPI 时,粪便中胰弹性蛋白酶 1 试验的敏感性高达 95.2%,特异性为 92.5%左右。

目前市场上有商品化的犬胰弹性蛋白酶 1 诊断试剂盒(ScheBo® Elastase 1-Canine,图 14-3 和图 14-4),用来测量粪便中的胰弹性蛋白酶含量,其主要优势包括:采用单克隆抗体结合的方式测定,不受治疗干扰;具有胰腺特异性;不需禁食;不需采血;不受肠炎、胰导管阻塞的干扰(注:血清 TLI 水平会受胰腺导管阻塞的干扰,但在诊断 EPI 时,血清 TLI 水平的敏感性和特异性均高于胰弹性蛋白酶);特异性和敏感性高;室温下保存的粪便 5 d 内测量结果不受影响,-80℃保存的粪便 1 年内测量结果不受影响。这种检测方法结果判读标准如下:1 g 粪便胰弹性酶达到 10 μg,提示胰腺外分泌功能正常。

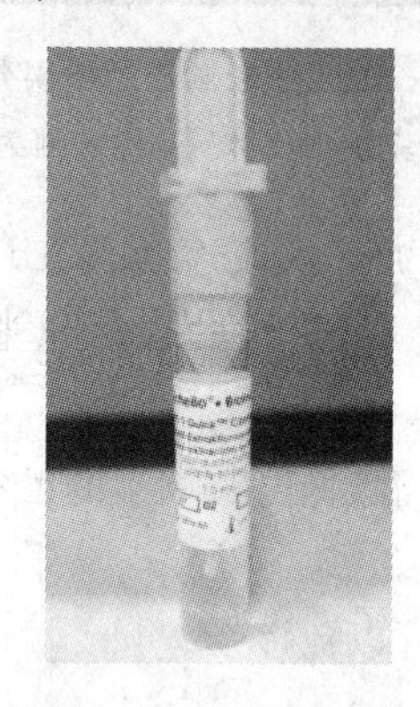

图 14-3 犬胰弹性蛋白酶 1 诊断试剂(ScheBo®)

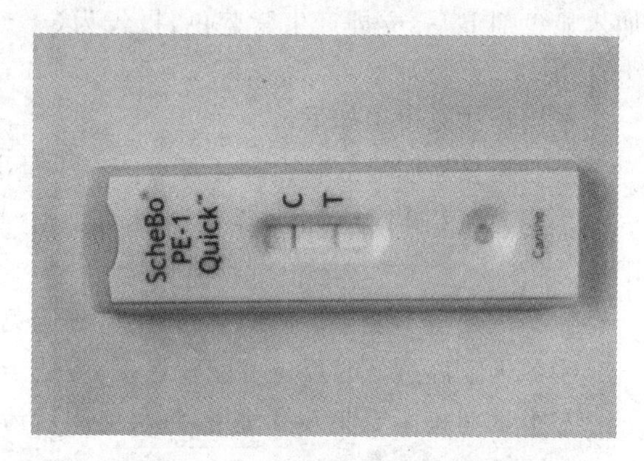

图 14-4 犬胰弹性蛋白酶 1 诊断胶体金试纸(ScheBo®)

三、粪渣检查

健康动物的粪便中偶见上皮细胞,而动物患有一些消化道疾病时,其粪便可能会因病因不同而含有不同的细胞成分。粪便检查常通过高倍镜视野中的细胞量出具检查报告。

(一)细胞

1. 红细胞

正常动物的粪便中无红细胞,肠道出血时粪便中会出现红细胞(图 14-5)。红细胞可能是完整的,也可能是被破坏的;一些上消化道出血病例的粪便中可能见不到红细胞,需进行潜血检查。

2. 白细胞

健康动物的粪便中罕见白细胞(图 14-6),但消化道炎性疾病时可能会见到白细胞。白细胞比红细胞大,且含有细胞核,因此即使不染色,也比较容易辨认。粪便中若出现大量白细胞,提示炎症或溃疡。

3. 上皮细胞

健康动物的粪便中可见少量上皮细胞,这些细胞源自于正常的代谢。肠道上皮细胞分为两种,一种为柱状上皮(源自于肠黏膜,为杯状细胞,见图 14-7),一种为扁平上皮(源自于直肠)。急性炎性疾病,尤其是犬细小病毒感染或猫瘟病毒感染时,患病犬、猫的粪便中除了经常见到大量的红细胞/白细胞，也会有成簇的上皮细胞，甚至可以见到完整的小肠绒毛（图 14-8）。

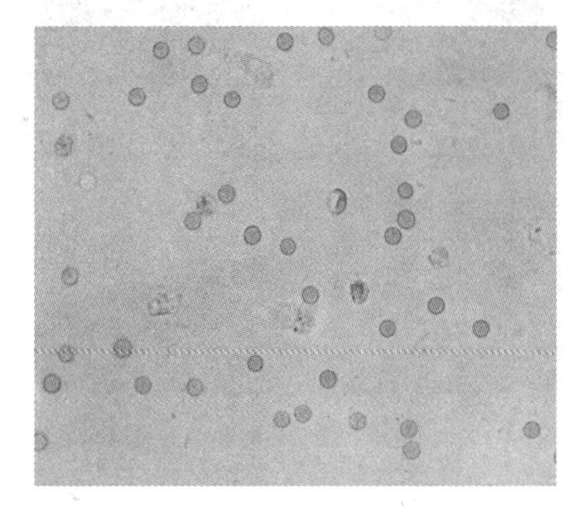

图 14-5　粪便中的红细胞(400×)

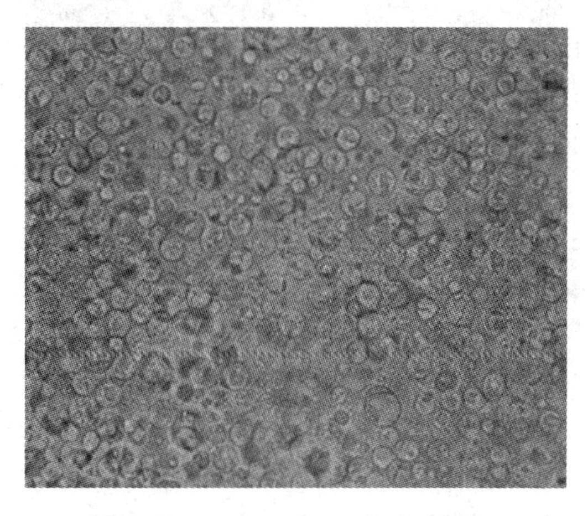

图 14-6　粪便中的白细胞(400×)

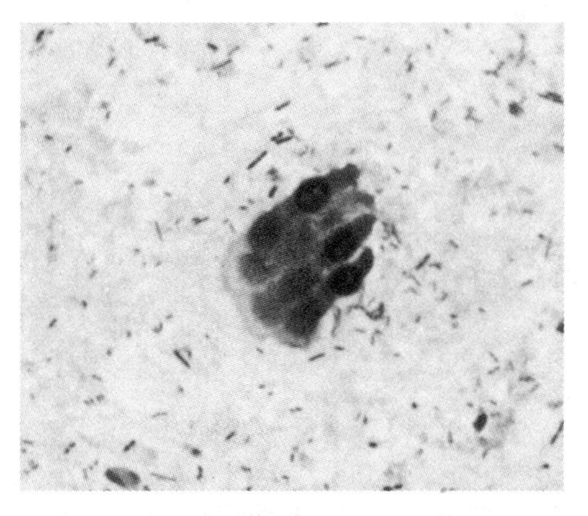

图 14-7　粪便中的上皮细胞
(瑞姬染色，1 000×)

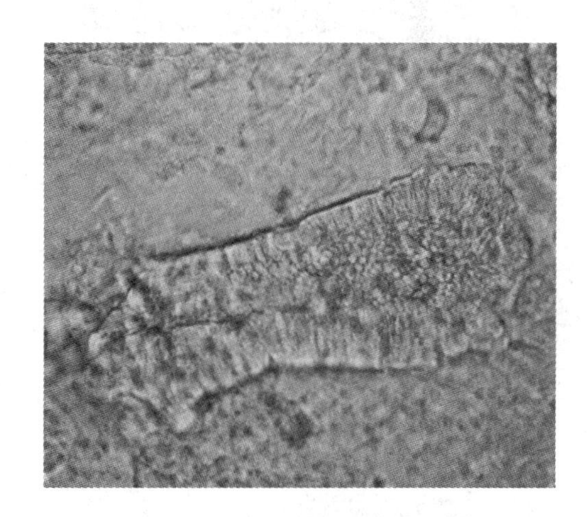

图 14-8　粪便中脱落的肠黏膜(400×)

(二)寄生虫

动物寄生虫病时可能会在排便时排出成虫，但更多时候我们见不到成虫，需要通过粪便检查来筛查是否有寄生虫感染。虫卵检查是粪便检查的一项重要内容，可通过直接涂片检查，为了提高检出率，也可进行漂浮或沉淀试验。动物常见的肠道寄生虫卵包括蛔虫卵（图 14-9）、钩虫卵（图 14-10）、鞭虫卵（图 14-10）、球虫卵囊（图 14-11 和图 14-12）、贾地鞭毛虫滋养体（图 14-13）及包囊、绦虫卵（图 14-14）、纤毛虫（图 14-15）、吸虫卵（图 14-16）、滴虫等。值得注意的是，肠道寄生虫感染可能为混合感染，因此，需认真检查，必要时进行粪便漂浮试验或沉淀试验。

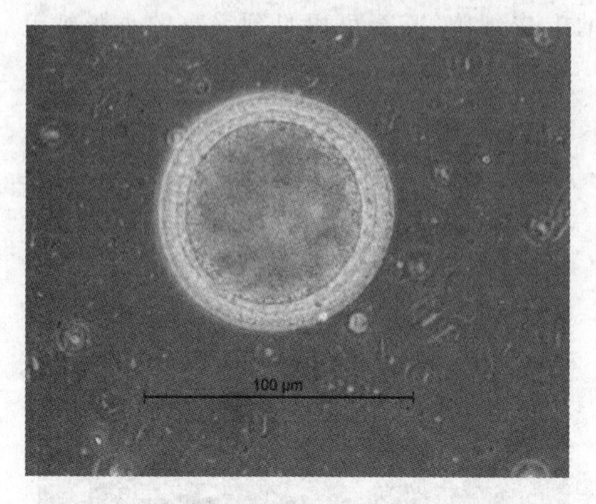

图 14-9 粪便中的犬弓首蛔虫卵(400×)

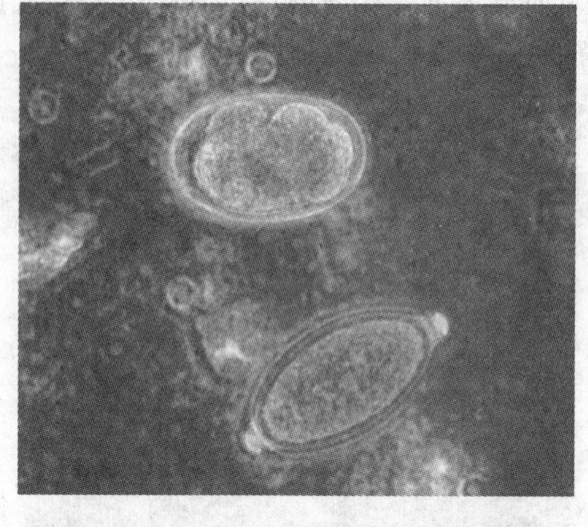

图 14-10 粪便中的犬钩虫卵和鞭虫卵(400×)

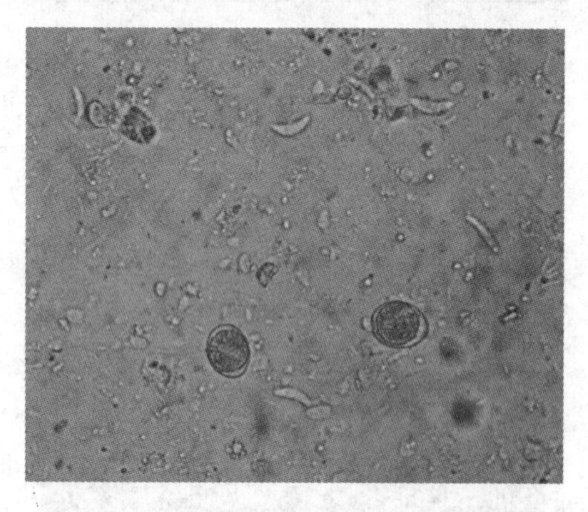

图 14-11 粪便中的球虫卵囊及裂殖子(400×)

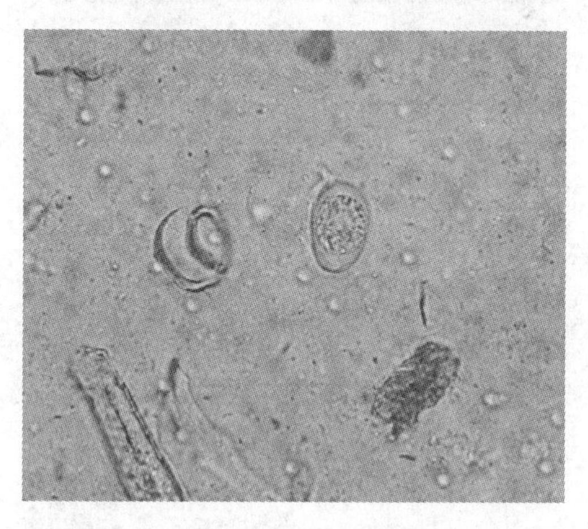

图 14-12 粪便中的球虫卵囊

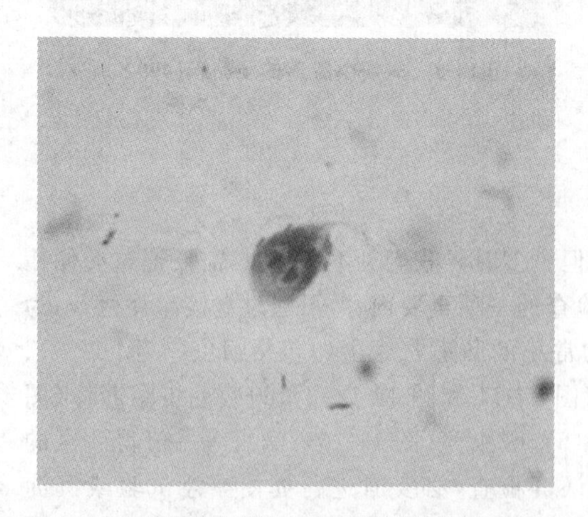

图 14-13 犬粪便中的贾地鞭毛虫滋养体(1 000×)

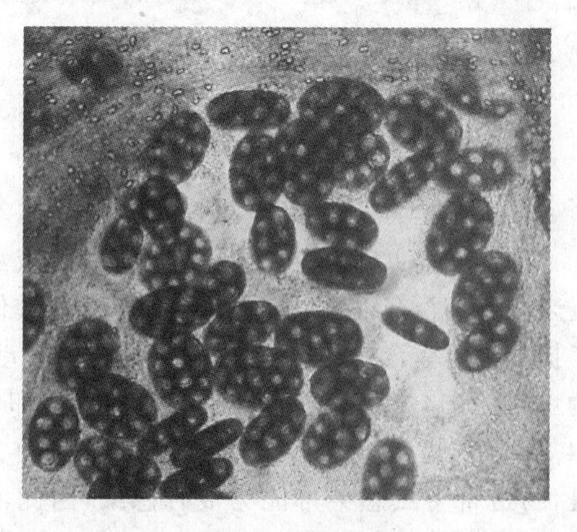

图 14-14 粪便中的猫绦虫卵(100×)

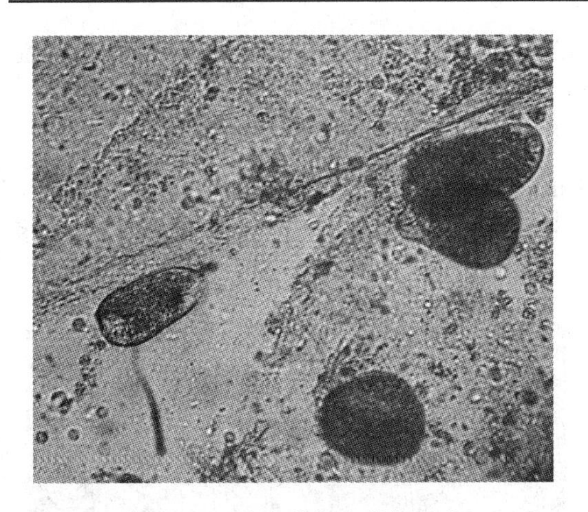

图 14-15　乌龟粪便中的纤毛虫

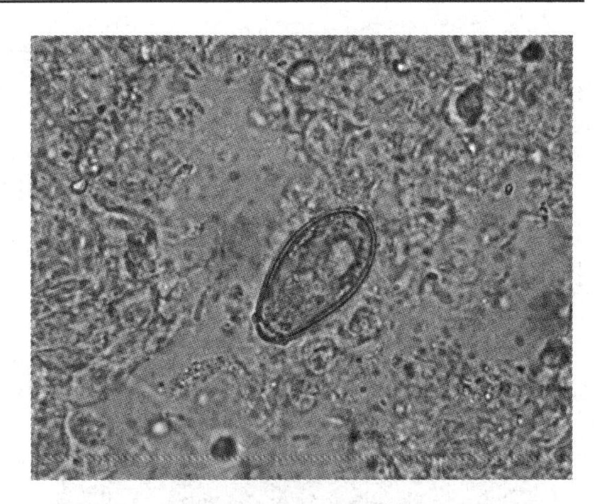

图 14-16　犬粪便中的华支睾吸虫卵(400×)

1. 粪便漂浮试验

大多数虫卵的比重在 1.010～1.020，而水的比重为 1.000，因此，为了悬浮虫卵或卵囊，需要选择合适的悬浮液。兽医诊所内常选用饱和食盐水、硫酸锌溶液、饱和蔗糖溶液等进行粪便漂浮，操作便捷，能大大提高检出率。目前市面上也有多种商品化的粪便漂浮试剂或套装，使得诊断更为简便。

2. 粪便沉淀试验

一些虫卵比重较大(大于 1.030，如吸虫卵)，常用的悬浮液不能漂浮虫卵，需进行沉淀试验。沉淀试验可用 8 mL 自来水或生理盐水稀释 2 g 新鲜粪便，混匀后离心(1 000～1 500 r/min) 5 min，小心弃掉上层溶液后吸取沉淀直接置于载玻片上镜检。

(三)其他微生物

1. 异常的微生物

动物粪便中也可能会出现一些异常的微生物，如大量酵母菌(图 14-17)、白色念珠菌、离孺胞菌(图 14-18)等。这些真菌数量较少时，无明显临床意义，但数量较多时可能会致病。注意，隐孢子虫的卵囊可能跟酵母菌相混淆，必要时需特殊染色进行鉴别。

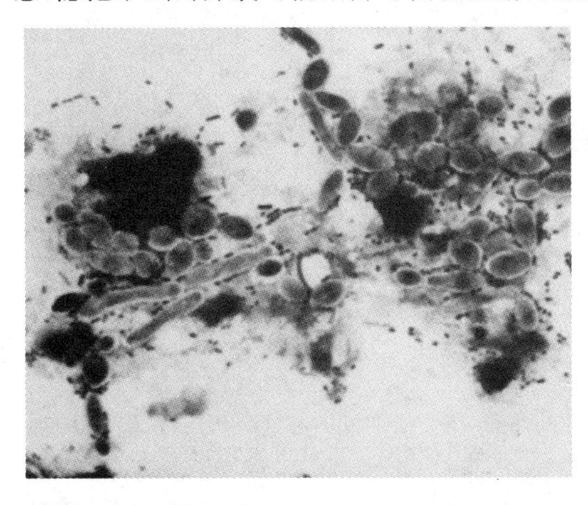

图 14-17　犬粪便中的酵母菌(瑞姬染色，1 000×)

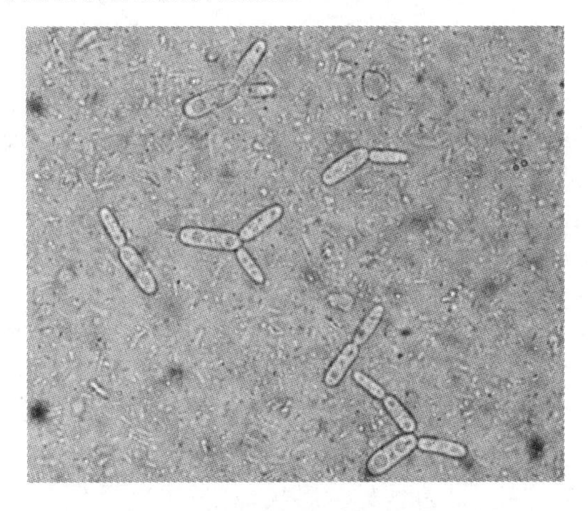

图 14-18　犬粪便中的离孺胞菌(400×)

动物肠道菌群紊乱时也会见到一些异常的微生物，需涂片染色检查，必要时可使用选择性培养基对肠道致病性微生物进行分离培养。

2. 食物残渣

动物粪便中还可能因所饲喂的食物而出现植物纤维、肌纤维(图 14-19)、淀粉颗粒(图 14-20)、脂肪滴等。这些物质少量出现于粪便中，也无明显的临床意义，但数量显著增多时，多提示消化不良或吸收障碍。

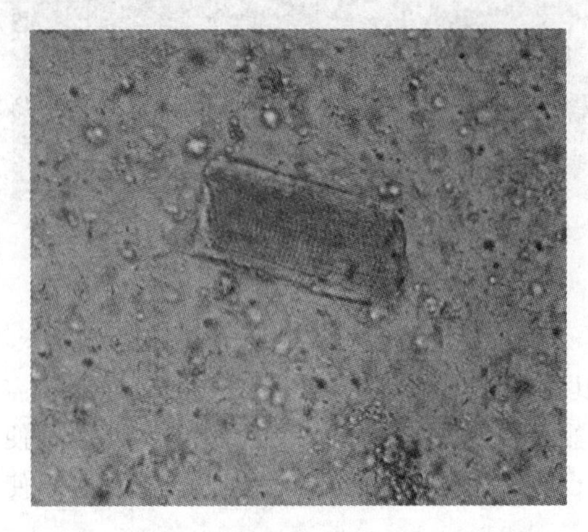

图 14-19　犬粪便中的未经消化的肌纤维(400×)

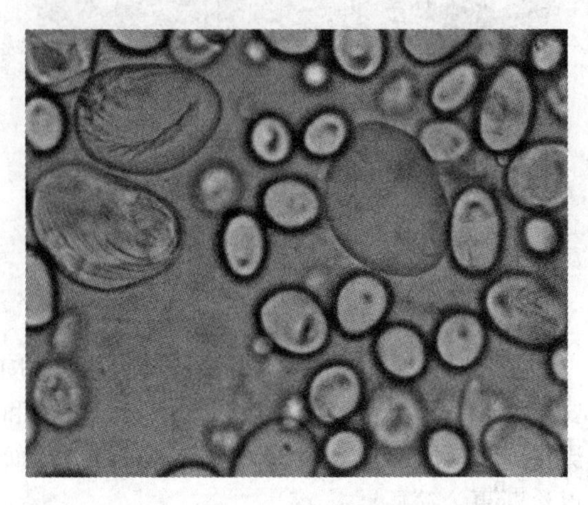

图 14-20　犬粪便中的淀粉颗粒(400×)

第十五章　体腔液检查

浆膜腔包括胸腔、腹腔、心包腔、关节腔等，正常情况下，动物的浆膜腔内有少量液体来维持机体的正常功能，而一些疾病会引起液体大量积聚于体腔内。体腔液检查是兽医临床中一种非常重要的实验室检查项目，它可以辅助判断积液的性质，为疾病的诊断和预后提供参考意义。

体腔液检查包括物理性质检查、总有核细胞计数、化学性质检查、细胞学检查、微生物学检查等。如要做微生物学检查，应优先进行培养。本章节将分别介绍上述几种检查方法。

第一节　体腔液检查操作流程

体腔液检查操作非常简单、快捷，但规范的操作流程是获取准确检查结果的前提。体腔液一般经穿刺获取，不会受到严重的污染，但样本要及时检查，以免细胞出现退行性变化，甚至发生体外污染；若需厌氧培养，还必须在采集样品 15 min 内完成接种，否则厌氧菌会可能因接触空气而死亡；另外，收集到样品后，还需要标注清楚动物主人的姓名和动物的基本信息，以防样品混乱。体腔液检查的操作流程如下：

①核对患病动物的基本信息，包括动物主人姓名、动物种属、品种、年龄、性别和主要症状等。

②登记待检积液的颜色、性状、气味等，然后将 5 mL 积液装入无菌抗凝管内。

③先进行总有核细胞计数（TNCC），一般通过血细胞计数仪实现，具体操作同血常规检查。

④将抗凝处理的积液进行离心，离心后取上清液，用折射仪检查其比重和蛋白质总量，记录结果。

⑤需要进行特殊生化检查的积液，取适量上清液，使用生化仪进行相应的检查。

⑥弃掉上清液，剩下适量液体与沉渣混合，再悬浮积液，制作涂片，进行瑞姬染色/Diff-quik 染色，镜检；必要时还要进行革兰染色。

注意：需要培养的积液，需在采集样品后于 15 min 内，用原液或经倍比稀释的原液进行接种。

第二节 体腔液检查

体腔液检查包括很多项目，分别为物理性质检查、总有核细胞计数、化学性质检查、细胞学检查、微生物学检查等。通过物理性质检查(例如颜色、透明度)，可以获取体腔液的大体信息；通过总有核细胞计数检查和蛋白质定量检查，可以初步判断液体是否为渗出液；通过化学性质检查，可以判读积液中是否含有尿液等；通过细胞学检查，可以初步诊断积液中是否有肿瘤细胞脱落。只有进行全面检查，才能为疾病诊断提供更多的信息。

一、物理性质检查

物理性质检查包括颜色、透明度、气味、相对密度、凝固性检查等，这些项目非常重要，有助于判断积液的性质。例如，红色的液体多提示出血，混浊并带凝块的乳白色液体多提示脓毒败血性病变。

(一)颜色

体腔液可能呈淡黄色，因其内所含的成分不同，可呈现出不同的颜色。

(1)黄色　积液可因含有胆红素而呈黄色。

(2)红色至红棕色　积液中若含有红细胞可呈现不同程度的红色，含有新鲜血液的积液呈粉色或红色，而含有陈旧红细胞的积液呈红棕色或褐色。红色积液常见于出血、恶性肿瘤、急性结核性胸膜炎、内脏损伤等疾病。

(3)乳白色　含有乳糜或脂肪的积液呈乳白色，常见于胸导管或淋巴管阻塞。

(4)黄白色　白细胞含量非常高，常为渗出液。值得注意的是，渗出液由于含有大量纤维蛋白原、细菌等成分，细胞被破坏后会释放出凝血酶原，因此，有时可见凝块。

(二)透明度

正常体腔液通常为透明的，而犬、猫在一些疾病情况下，体腔液中可能会含有细胞、乳糜、脂肪等成分，其含量不同，混浊度也不同。实验室诊断报告常以清澈(－)、轻微混浊(＋)、中度混浊(＋＋)、大量絮状(＋＋＋)和严重混浊(＋＋＋＋)表示。

(三)气味

正常积液通常无味，若积液中含有化脓性细菌，可能会出现严重的腐臭味。

(四)相对密度

相对密度常通过折射仪测量。正常积液相对密度低于1.017；不纯漏出液、渗出液与不纯渗出液相对密度均超过1.017，渗出液内由于蛋白质含量较高，相对密度一般会超过1.025。

(五)凝固性

漏出液中因纤维蛋白原含量很少，一般不会凝固，但渗出液因含有较多的纤维蛋白原、细菌及细胞裂解物，易发生凝固，可能会形成肉眼可见的凝块(图15-1、图15-2和图15-3)。

图 15-1　胸腔积液(乳糜胸)

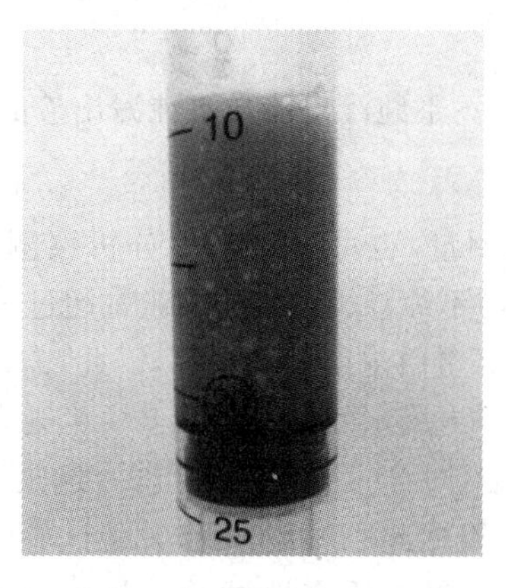

图 15-2　化脓性腹腔积液

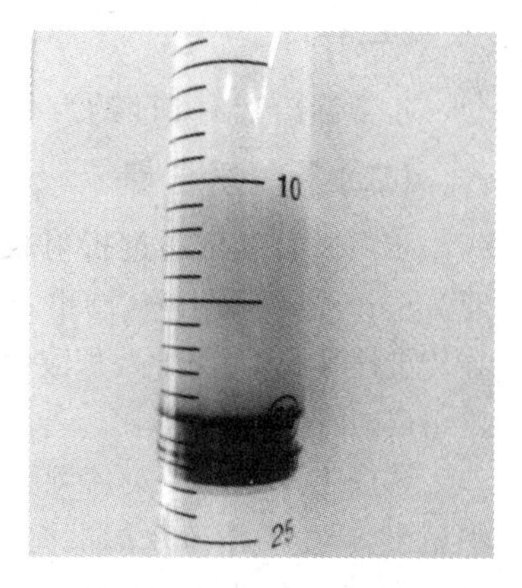

图 15-3　胸腔积液(脓胸)

二、总有核细胞计数(TNCC)

疾病不同,体腔液中含有的细胞种类和数量也不同,在判断积液是否为渗出液时,细胞数量非常关键,见表 15-1。因此,体腔液的检查需进行总有核细胞计数。

总有核细胞计数操作如下:采集样本后,最好直接置于 EDTA 抗凝管中,使用血细胞计数板或血球分析仪进行计数。诊断报告中有核细胞计数常以“个/μL”表示,由于阻抗法计数时,会把各种嗜中性粒细胞、巨噬细胞、有核红细胞、上皮细胞等都计为有核细胞,因此,还必须进行细胞学检查佐证,这样才能为积液性质的判读提供更准确的依据。如果积液含有大量红细胞,同时还需测量记录红细胞总数和 HCT,并与 CBC 检查结果相比较,判断是否为出血性积液。

表 15-1　漏出液、改性漏出液及渗出液的区别

检查项目	漏出液	改性漏出液	渗出液
颜色	清澈、淡黄色	淡黄色至黄色	清澈、黄色
相对密度	<1.017	>1.017	>1.025
蛋白质含量/(g/dL)	<3.0	>3.0	>3.0
TNCC/μL	<100	>50 000	>50 000
细胞种类	少量红细胞、间皮细胞、非退行性嗜中性粒细胞等	少量红细胞、间皮细胞、非退行性嗜中性粒细胞等	大量红细胞、巨噬细胞、退行性嗜中性细胞等
细菌	无	无	有或无

三、化学性质检查

体腔液的化学性质检查种类较多,包括 pH、蛋白质定量和生化检查等。并非所有样本均需要进行全面的生化筛查,可根据积液的物理性质检查和动物的其他检查结果,进行特殊的化学性质检查。例如若怀疑动物膀胱破裂出现尿腹,可对体腔液的肌酐、尿素氮含量进行测定,进而做出科学诊断。

(一)pH

正常漏出液的 pH 约为 7.0。不纯渗出液与不纯漏出液的 pH 均超过 7.5。

(二)蛋白质含量

蛋白质含量可通过折射仪测量,也可通过生化分析仪测量。漏出液中蛋白质含量低于 3.0 g/dL;不纯漏出液、渗出液与不纯渗出液蛋白质量常超过 3.0 g/dL。由于一些疾病(尤其是猫传染性腹膜炎)会导致积液中球蛋白浓度显著升高,因此,需使用生化分析仪详细分析其蛋白质组成,并计算出白球比。若腹水或胸水的白球比低于 0.4,则高度怀疑猫传染性腹膜炎。

浆膜上皮细胞受炎症刺激后,可产生大量浆膜蛋白,这是一种酸性糖蛋白,可在酸性溶液中析出,产生不溶于水的沉淀。根据此原理,利用李凡他试验(Rivalta test)可初步判断积液中是否含有大量蛋白质,这是一种蛋白质定性试验。具体操作:取一个 20 mL 的试管,加入 20 mL 蒸馏水,然后加入一滴冰醋酸,充分摇匀,随后加入一滴积液,若能出现白色絮状物,且沉降至管底不消失者为阳性,反之为阴性。该试验对猫传染性腹膜炎有较强的诊断意义。

(三)尿素和肌酐

可通过生化分析仪完成,主要用以区分腹水中是否渗有尿液。若犬、猫的膀胱破裂,腹水中会因含有尿液导致肌酐含量明显升高,同时应进行血清肌酐、尿素含量的测定,以判断动物氮质血症的程度。

(四)胆红素

可通过生化分析仪完成。胆红素水平有助于判断是否存在胆汁性腹膜炎。胆汁性腹膜炎通常是由胆囊或胆管破裂导致胆汁流入腹腔所致,此时积液呈深黄色、绿色或褐色且不透明,胆红素含量比血清中的高两倍以上。

(五)胆固醇和甘油三酯

这两项检查也通过生化检查完成,有助于判断积液是否为乳糜性。乳糜性积液外观一般呈乳白色至粉白色且混浊,但是也可能出现黄色至粉红色的较清亮的液体,积液中的甘油三酯水平一般高于 100 mg/dL,胆固醇/甘油三酯通常小于 1。

四、细胞学检查

由于阻抗法计数会把各种嗜中性粒细胞、巨噬细胞、有核红细胞、上皮细胞、肿瘤细胞等都计为有核细胞,因此,不能仅靠有核细胞计数来判断积液的性质,进行体腔液检查时,必须同时进行细胞学检查。

细胞学检查操作比较简单,浓浊的液体可直接涂片染色镜检,较为清亮的液体需先离心,取沉渣涂片染色镜检。常采用瑞姬染色、Diff-Quik 染色、革兰染色等方法鉴别细胞种类和微生物类型。体腔液中常见红细胞、嗜中性粒细胞、巨噬细胞、间皮细胞、上皮细胞等。若体腔内的肿瘤细胞脱落,积液中还可能会见到肿瘤细胞。

(一)漏出液

漏出液中的细胞成分很少,一般含有极少量的非退行性嗜中性粒细胞和巨噬细胞,还有可能含有少量红细胞和间皮细胞。猫传染性腹膜炎时,可能为改性漏出液,含有较多巨噬细胞和非退行性嗜中性粒细胞,可能同时伴有很少量的淋巴细胞、间皮细胞等。

(二)渗出液

渗出液为炎性的,细胞成分较多,主要为嗜中性粒细胞和巨噬细胞(图 15-4),也有可能含有少量红细胞、间皮细胞(图 15-5)、淋巴细胞等,背景中还有可能含有大量黏蛋白。

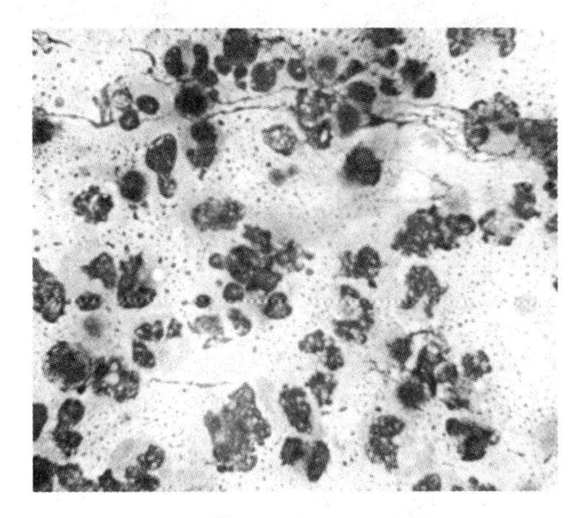

图 15-4　脓胸中大量老化的嗜中性粒细胞和巨噬细胞(瑞姬染色,1 000×)

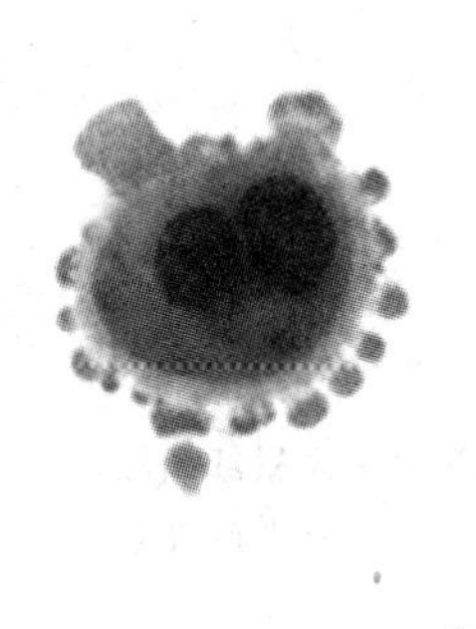

图 15-5　腹水中的反应性间皮细胞(Diff-Quik 染色,1 000×)

(三)脓毒败血性胸腔/腹腔积液

脓毒败血性积液常呈混浊状,含有大量退行性嗜中性粒细胞、空泡化的巨噬细胞和大量细菌,背景中也含有大量黏蛋白,必要时需革兰染色。

(四)出血性积液

出血性积液一般呈鲜红色或暗红色(和出血时间有关,出血时间越长,颜色越暗)。出血性积液中常含有大量红细胞(图 15-6)、少量非退行性嗜中性粒细胞、淋巴细胞、巨噬细胞和血小板等。若为肿瘤破裂引起的出血,还可能会见到一些肿瘤细胞。

(五)乳糜性积液

乳糜性积液一般呈乳白色或粉白色,内有大量淋巴细胞,长期乳糜胸的积液内还会有较多的嗜中性粒细胞和巨噬细胞。

(六)肿瘤

根据肿瘤类型不同,所引起的腹水也各不相同。间皮瘤常伴有大量恶性间皮细胞;乳腺癌转移引起的胸腔积液常可见大量恶性上皮细胞(图 15-7);淋巴瘤引起的腹水常可见大量淋巴细胞,且多为淋巴母细胞,常见有丝分裂象等现象;脾血管肉瘤破裂引起的积液常为出血性的。

五、微生物检查

在进行细胞学检查时,还要注意是否有细菌(图 15-8、图 15-9 和图 15-10)、真菌(图 15-10)、寄生虫(图 15-11)等微生物。瑞姬染色和 Diff-Quik 染色不足以满足微生物检查,因此,对于退行性嗜中性粒细胞含量较高的积液,还可制作涂片进行革兰染色。对于腐败性积液,必要时可进行细菌分离培养和药敏试验。需要注意的是,体腔液中的细菌有可能是厌氧菌,若要培养厌氧菌,需采集新鲜积液,15 min 内完成接种,置于厌氧培养箱中培养。

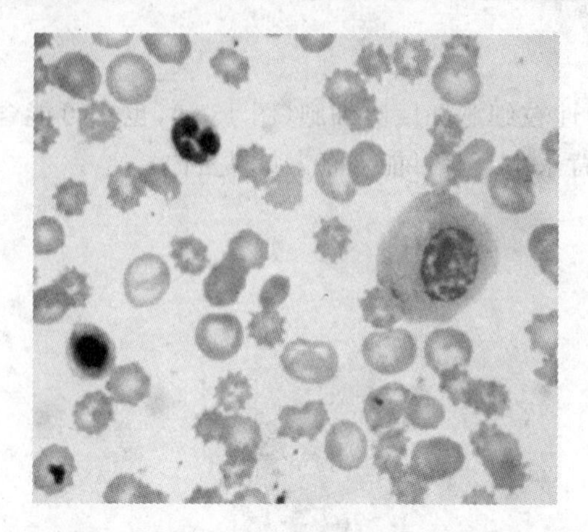

图 15-6 腹水中大量红细胞(脾血管肉瘤,Diff-Quik 染色,1 000×)

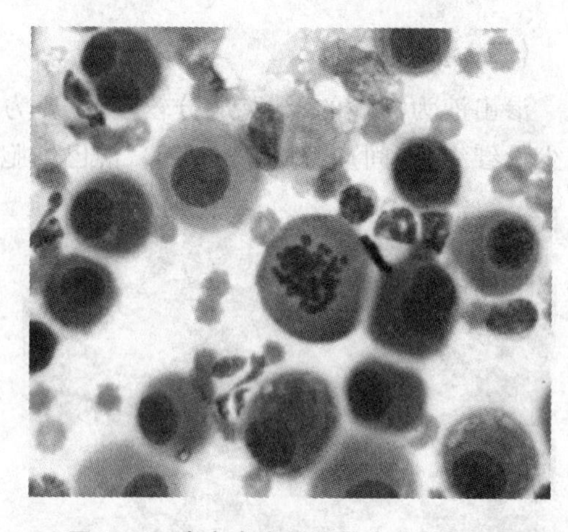

图 15-7 腹水中大量恶性上皮细胞,可见有丝分裂象(Diff-Quik 染色,1 000×)

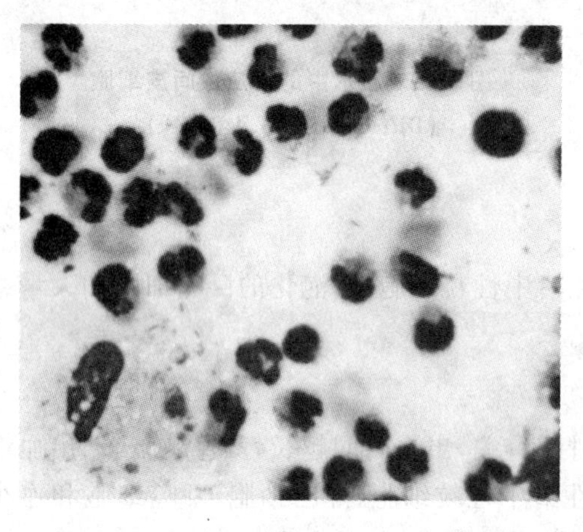

图 15-8 胸水中大量嗜中性粒细胞和细菌(Diff-Quik 染色,1 000×)

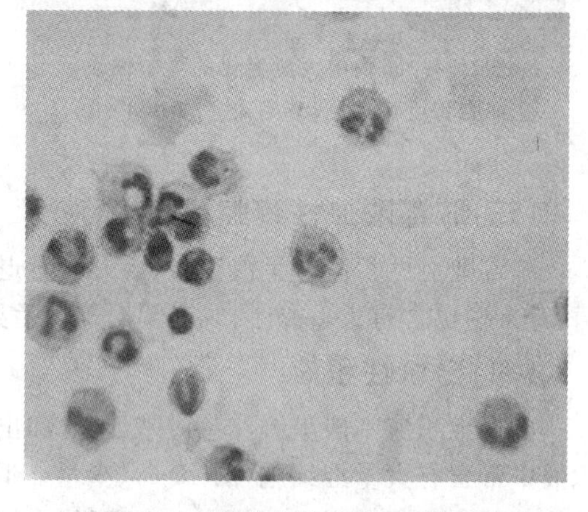

图 15-9 胸水中的革兰阳性杆菌(革兰染色,1 000×)

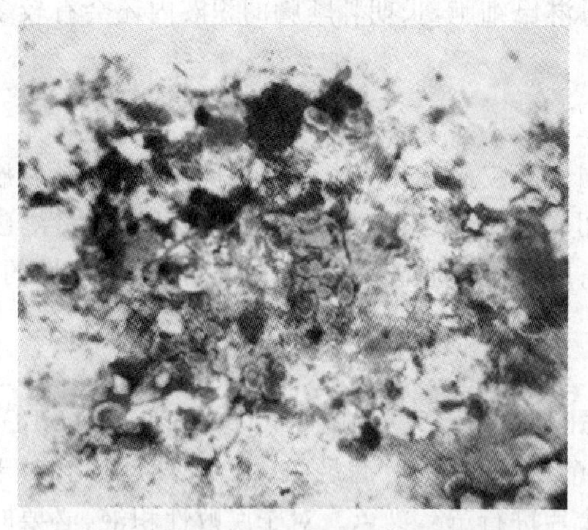

图 15-10 腹水中的大量细菌和酵母菌(瑞姬染色,1 000×)

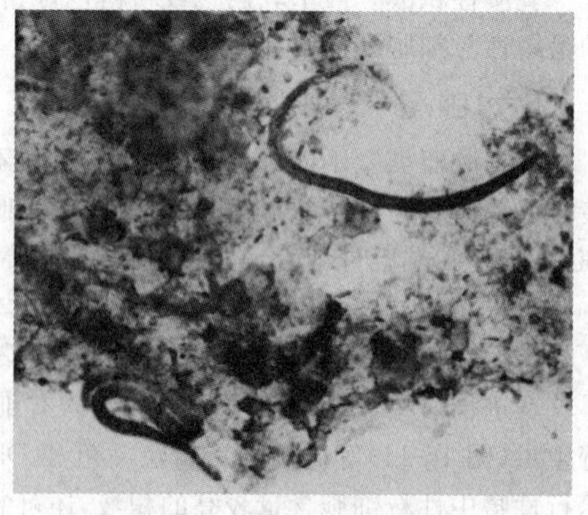

图 15-11 腹水中的线虫幼虫(Diff-Quik 染色,40×)

六、动物接种试验

如怀疑有弓形虫、锥虫等感染时，可做小白鼠腹腔接种试验，以检出或增殖虫体。

七、RT-PCR 检测

若怀疑患猫有 FIP 时，可将胸腔液、腹腔液进行 RT-PCR 检查，扩增 FIPV 目的条带，也可进行测序，检查病毒的变异位点。

第三篇　影像诊断

第十六章　X 线检查

第一节　X 线的产生、特性及其成像基本原理

X 线诊断是利用 X 线的特殊性能使机体内部组织结构和器官成像，借以了解机体的影像解剖结构与生理机能状态以及病理变化，以达到诊断和治疗的目的。随着影像诊断学的发展，X 线诊断已越来越多地用于宠物临床，对骨骼、关节及内脏器官疾病诊断具有重要意义。

一、X 线的产生

X 线是由高速飞驰的电子流撞击到金属原子内部，使原子核外轨道电子发生跃迁而产生的电磁波，称为 X 线。X 线产生必须具备 3 个条件，即电子源、高速运动的电子流和接受电子撞击的障碍物。

电子源是由阴极的灯丝，通电加热时产生活跃的电子，在阴阳极电场作用下形成向阳极高速运动的电子流。

电子流运动速度决定了 X 线能否产生及 X 线的能量大小，当电子流能量较低时，只能使障碍物原子的外层电子发生激发状态，产生可见光或紫外线；只有当电子流速度足够高时，它的动能才能够把原子的内层电子击出，产生轨道电子跃迁，产生 X 线。

障碍物的性质与 X 线的能量也有重要的关系，根据计算得知，低原子序数的元素内层电子结合能小，高速电子撞击原子内层电子所产生的 X 射线其波长太长，即能量太小；原子序数较高的元素（如钨），其原子内层结合能大，当高速电子撞击了钨的内层电子，便产生了波长短、能量大的 X 射线。现在用于 X 线诊断与治疗的 X 球管多用钨靶，也有部分用钼制成，钼原子序数比钨低，其产生的 X 射线能量相对较低，常称为“软射线”，用于乳腺等软组织的摄影检查。

在撞击过程中，高速电子流的动能绝大部分（99.8%）转变为热能，所余的部分（0.2%）转变为电磁波辐射。

二、X 线的吸收与减弱

X 线穿透组织时，由于光电吸收、康普顿散射的发生，使得其射线强度逐渐减弱。

（一）X 线的吸收

X 线通过组织时的光电吸收，使得 X 线不能穿透组织，最终导致胶片不能感光或荧光屏不能发生荧光。那些没有被吸收而穿透组织的 X 线可以到达胶片或荧光屏，使其感光或产生荧光。胶片接收到 X 线越多的部分表现越黑，接受 X 线越少的部分表现越白，黑色和白色的

阴影构成了机体的X线影像，代表了组织的结构与成分。体内不同组织及同一组织在生理和病理状态下对X线吸收程度不同，最终导致到达胶片的X线的量不同，从而在胶片上形成灰度不同的X线影像，反映了机体的情况。影响X线吸收的因素有以下几个方面：

1.被检查组织结构的原子序数

研究表明，光电吸收的概率与吸收物质原子序数的三次方成正比，两种物质光电吸收的概率比越大，其X线图像的对比程度也越高。骨与肌肉的光电吸收概率比为[$(13.8/7.4)^3$]=6.49，因此在X线影像上能清晰地显示出骨与软组织的对比阴影；脂肪和肌肉的光电吸收概率比仅为[$(6.3/7.4)^3$]=0.62，因此很难显示出它们影像密度上的差异。表16-1列出了机体组织和某些物质的有效原子序数。

表16-1 机体组织和某些物质的有效原子序数

机体组织	有效原子序数	其他物质	有效原子序数
动物肌肉	7.4	钡	56
脂肪	6.3	碘	3
骨	13.8	空气	7.6
肺	7.4	水泥	17
		钨	74
		铅	82

2.X线能量大小

试验表明，X线的穿透能力与其光子所含能量有关，光子所含能量越大，其穿透能力越强，越不易被光电吸收；随着光子能量减小，X线在物质中发生的光电吸收比例逐渐增大，光电吸收主要发生于低能量X线。

3.被检物质的密度

密度是单位体积物质的质量，反映了物质分子结构的紧密程度。X线通过物质时，密度大的物质与X线发生作用的机会多，对其的阻挡效应更强。骨的密度比脂肪、肌肉等软组织密度几乎大两倍，当X线与骨和肌肉组织发生作用时，即使无原子序数不同的影响，X线对密度大的骨比密度小的肌肉发生作用的机会要多。肺和肌肉的原子序数都是7.4，但肺内含有空气，密度较低，而肌肉的密度比肺大3.1倍，这样两者对X线的吸收出现差异，肌肉对X线的吸收能力明显大于肺。表16-2为部分组织/物质的相对密度。

表16-2 部分组织/物质的相对密度

机体组织	相对密度	其他物质	相对密度
动物肌肉	1.00	钡	3.5
脂肪	0.91	碘	4.93
骨	1.85	空气	0.001 293
肺	0.32	水泥	2.35
		钨	19.3
		铅	11.35

4.被检物质的厚度

X线穿过的组织越厚,发生光电吸收的机会越多;同时,过厚的组织也会使X线有较大的减弱。因此,摄片时必须提高电压来增强X线的能量,减少过多的光电吸收,利于影像的形成。

(二)X线的减弱

X线在通过物质时发生光电吸收、康普顿散射和连续散射,使得X线穿过物质后所剩余的原射线束在总体数量上减少很多,这称为X线的减弱。X线的减弱与穿透物质的厚度呈指数曲线下降,下降多少只能用百分数来计算,无法用具体数值来表示。例如,10 000条光子束的X线,穿透5 cm厚的组织时,如果每厘米使X线减弱50%,则通过1 cm时,X线就剩下5 000条光子束;通过2 cm时剩下2 500条,依次递减,当通过5 cm时,只剩下312条。这就是说,在摄片过程中,绝大多数X线都被组织致弱,只有约3%的X线能穿透组织到达胶片。但从理论上讲,X线的减弱永远不会使到达胶片的X线成为0。

三、X线的特性

X线属于电磁波,其波长范围在0.000 6～50 nm,诊断用射线波长为0.008～0.031 nm(相当于管电压为40～150 kV)。居于γ射线和紫外线之间,比可见光的波长短,肉眼看不见,主要有以下几种特征:

(一)穿透作用

X线波长短,能量大,具有很强的穿透能力,能透过可见光不能透过的各种不同密度的物质,并在穿透过程中受到一定程度的吸收。X线的穿透性与X线管电压,被穿透物质的密度和厚度有关。X线管电压越高,产生的X线波长越短,其穿透力越强;反之,越弱。被检物质的密度越高、厚度越厚,X线越不易穿透之。X线的穿透作用是X线成像的基础。

(二)荧光效应

X线不能被肉眼所见,它只有照射在某些荧光物质(如铂氰化钡、硫化锌和钨酸钙等)上时,激发其产生肉眼可见的荧光,根据荧光的部位和强弱判定穿透X线的部位和强弱。X线的荧光效应是透视检查的基础。

(三)感光效应

X线可使摄影胶片的感光乳剂中的溴化银感光,经化学显影、定影后,使银离子(Ag^+)还原成黑色的金属银沉淀于胶片内膜。未感光的溴化银在定影及冲洗过程中,从X线片上被冲洗掉,胶片呈现片基的透明本色。依据金属银沉积的多少,在X线片上产生了由黑至白的影像。因此,感光效应是X线影像的基础。

(四)电离效应

物质受X线照射时,都会产生电离作用,分解为正负离子,其作用是引起生物学效应的开端。

(五)生物学效应

X线照射到机体而被吸收时,以其电离作用为起点,引起活组织细胞和体液发生一系列理化性改变,而使组织细胞受到一定程度的抑制、损害以至生活机能破坏。机体所受损害的程度与X线量成正比，微量照射，可不产生明显影响，但达到一定剂量，将会引起明显改变，导致不可恢复的损害。不同的组织细胞，对X线的敏感性也不同，有些肿瘤组织特别是低分化者，对X线极为敏感，X线治疗就是以其生物学作用为根据的。同时因其有损害作用，又必须注意对X线的防护。

四、X线诊断的原理

由于X线具有穿透性、荧光作用、感光作用和生物效应等特性，而动物机体器官和组织又有不同的密度和厚度，当X线通过动物体时，被吸收的X线也必然会有差别，导致达到荧光板或胶片上的X线数量出现差别。这种差别就可以形成黑白明暗不同的阴影。通过这些阴影，我们看到动物机体内部某些器官、组织或病变的影像，进行疾病的诊断。由此可以说明，X线形成影像的基础是密度和厚度的差别，这种差别称为“对比”。

(一)阻线性

X线片是一个不同阻线性物体阴影形成的影像。一个物体密度越大，阻止射线通过的能力越强。物体阻止X线通过的能力叫作放射阻线性，通过X线引发而成照片的黑化度来量度。X线容易到达的部位，胶片冲洗之后表现为黑色；X线被阻挡而不能到达的部位，胶片经冲洗后将显示为白色。在这两个极端之间是各种明、暗、灰结合形成的区域。因此放射阻线性能取决于物体密度大小，物体密度越大，到达胶片的射线越少，该区域颜色越白；物体密度越小，达到胶片的射线越多，该区域颜色越黑。机体有5种阻线性：金属、骨与矿物质、软组织和液体、脂肪、气体(空气)。

1.金属

金属物质密度非常高，是引入机体的，比如作为造影剂、外科植入物和异物，它们可以阻止所有射线通过。金属在X线片上表现为白色(不透射线)。

2.骨与矿物质

骨骼含有65%～70%的钙质，比重高，没有金属密度高，X线通过时多被吸收，在X线片上显示为浓白色的骨影像。

3.软组织和体液

体液比气体的阻线性强，但比骨骼小；由于软组织组成成分大部分为液体，与体液相似，所以它们之间密度差别很小，缺乏对比，在X线片上皆显示为灰白色阴影。如腹部的各种器官和组织，就不能清楚地看到它们的各自影像。

4.脂肪

密度低于软组织和体液，阻线性介于体液和气体之间，在X线片上呈灰黑色。脂肪有利于衬托出不可见的结构，例如皮下脂肪阴影、肾周围的脂肪可以提供与肾组织密度的对比而将肾脏显示出来。

5.气体(空气)

密度最低，呈黑色。例如胸部照片可以清晰地看到两肺，甚至肺内的血管由于气体的衬托，可以显示出肺纹理，就是存在自然对比的结果。

(二)厚度

物体的厚度也影响X线的吸收，被检物体越靠近胶片其轮廓越清楚，物体离胶片远会导致影像放大和某种程度的失真及模糊，例如很厚的软组织表现的阴影密度也可以大于很薄的骨组织。

(三)对比

对比意味着差别。不同的组织密度决定着不同的放射阻线性，某种物质只要与周围物体具有对比，就可在X线片上与周围结构区别开来。也就是说，只有某种物体与周围组织具有不同的放射阻线性才能在X线片上看到。如果物体相互之间放射阻线性相同则不能显示。平片是在没有使用造影剂的情况下拍摄的X线片。

第二节　X线机的基本构造、使用及X线防护

一、X线机的基本构造及其类型

任何X线机不论其结构简单或复杂，都是由X线管、变压器和控制器3个基本部分组成，此外还有附属的机械和辅助装置。

(一)X线机的基本构造

1. X线管

X线管是X线机的最主要元件，由阴极、阳极、玻璃壳、绝缘油和X线管封套组成，内部真空，通电后产生高速电子流。

阴极是X线管负极的一边，由灯丝和聚焦杯两部分组成，具有产生和发射电子、对轰击靶面的电子进行聚焦的作用。灯丝由钨丝绕制成螺管状，通电加热后，灯丝外层电子脱离其轨道而形成自由电子。在一定范围内，灯丝电压越高，通过灯丝的电流就越大，灯丝温度也越高，发射电子数量也越多。因此，调节灯丝温度即可改变管电流，亦即调节了X线的量。聚焦杯是一个金属罩，由纯铁或镍制成，灯丝安装在金属罩内。热发射的电子都带负电，当它们离开灯丝射向阳极时，由于同性相斥，不能聚集成束地射向阳极靶面。聚焦杯与阴极相连、带负电，当电子流经过时，可使电子集约成束地射向阳极靶面，改善X线的焦点性能。

阳极是X线管正极的一边，由靶和阳极体组成，是接受电子和发生X线的部位。电子撞击靶面后，回到高压回路中去，同时产生大量的热量。因此，阳极必须是电和热的良好导体，通常由纯铜制成。通常靶面由钨制成，其高原子序数、高熔点、蒸发少的特性，可以延长X线管的使用寿命。将钨靶与铜体进行真空熔焊，以产生较好的散热效果。根据阳极能否旋转，可分为固定阳极和旋转阳极。固定阳极对应阴极的表面倾斜15°～22.5°，表面覆盖钨做的靶(图16-1)，电子束撞击钨靶固定的位置。旋转阳极为一钨制圆盘，连接在电动机转子的轴上，圆盘周围倾斜；曝光时阳极高速旋转，使电子撞击的焦点面不是固定在靶面的一个地方而是整个圆盘的周围，故能耐受的热容量大大提高，可使X线管功率增加2～5倍，有效焦点大为缩小(图16-2)。

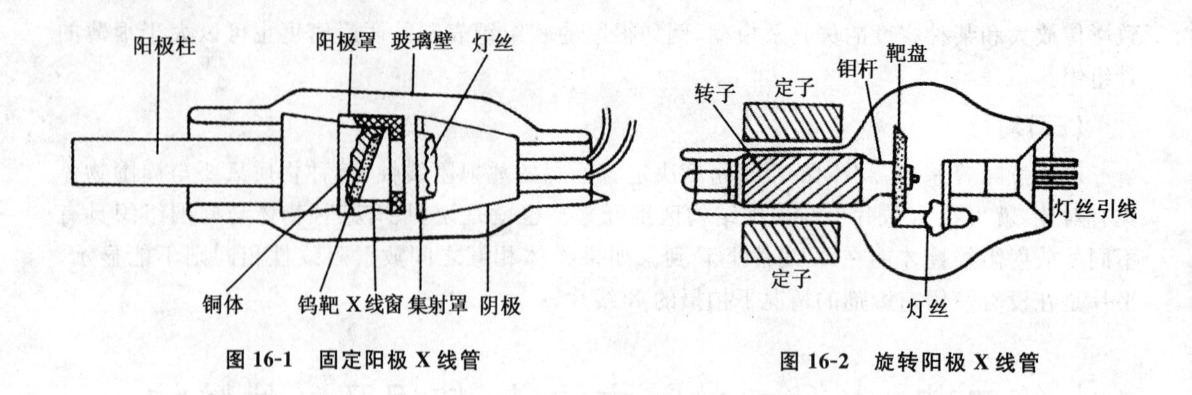

图 16-1　固定阳极 X 线管　　　　图 16-2　旋转阳极 X 线管

玻璃壳通常由高熔点、绝缘强度大、膨胀系数小的钼组硬质玻璃制成，是用来支撑阴、阳两极和保持管内真空度。玻璃壳外面是 X 线管封套，可以保护玻璃壳和阻止非正对窗口 X 线射出，减少 X 线泄漏。在 X 线管与玻璃壳之间充满绝缘油。绝缘油具有绝缘和导热作用，可将 X 线管的热量传向封套再散发出去。使用 X 线机的过程中必须随时观察有无绝缘油漏出现象，特别是在 X 线机使用年限较长的情况下更应加以注意。

2. 变压器

变压器是一种利用电磁感应原理进行能量变换的电机，由铁芯、初级线圈和次级线圈构成，初级线圈通交流电时，根据两组线圈的圈数比例关系，次级线圈的电压可以产生一定的升高或降低。X 线的变压器包括灯丝变压器、高压变压器、自耦变压器。灯丝变压器是降压变压器，将输入电压降低到几伏或十几伏，供灯丝加热。高压变压器可以将输入电压升高到几万伏或十几万伏，并把高压交流电整流成直流电。高压直流电通过高压电缆连接在 X 线管的阴极和阳极上，以产生高压电场。自耦变压器只有一组线圈，接电源的输入端为初级，接负载的输出端为次级，利用抽头把线圈分成若干部分，各个抽头的电压便有不同。自耦变压器装在 X 线机的控制台内，将交流电源的单一电压变成各种不同的电压，以供 X 线机各部分的需要。

3. 控制台

控制台是 X 线机的控制中枢，是操作人员设定各种功能、选择投照条件和操纵机器的地方，由各种按钮、开关、仪表、计时器、保险丝和指示灯等组成，集中放在箱内。控制台的控制电源电压选择器，主要控制输进变压器的电压符合设计要求；管电流选择器，主要调节从阴极流向阳极的电流，即调节 X 线的量；管电压选择器，主要调节 X 线管两极的电压，即调节 X 线的波长(质)；曝光时间选择器，主要控制 X 线持续作用的时间，从而控制 X 线的曝光量。

(二)X 线机的类型

按机动性将 X 线机分为便携式、移动式和固定式 3 类。

1. 便携式 X 线机

便携式 X 线机亦称手提式 X 线机，管电流 10～15 mA，管电压 60～75 kV，体小量轻，机动灵活，适用于基层兽医单位。

2. 移动式 X 线机

管电流 20～50 mA，管电压 70～85 kV。其结构有立柱和底座滚轮，性能优于便携式 X 线机，较适宜于动物医院室内使用。

3.固定式X线机

管电流200～500 mA，性能高，清晰度好，可用于大动物检查。

二、X线机的使用

各种类型的X线机都有一定的性能规格与构造特点，为了充分发挥X线机的设计效能，拍出较满意的X线片，必须掌握所用X线机的特性；同时必须严格遵守使用说明和操作规程。

（一）摄影检查方法

摄影检查是把动物要检查的部位摄制成X线片后，然后再对X线片上的影像进行研究的一种方法。X线片上的空间分辨率较高、影像清晰，可看到较细小的变化，对病变的发现率、诊断的准确性均较高，且X线片可长期保存，便于随时研究、比较和复查时参考，是宠物临床中最常用的影像诊断方法。

1.摄像检查的器材设备

（1）X线胶片　胶片两面都涂有碘溴化银的感光药膜，有多种规格。其感光速度有3F、4F、5F 3种，F值越大，感光速度越快，目前临床上多使用5F胶片，其感光速度快，可以减少曝光时间。X线胶片应避光保存在阴凉干燥处，并立放以免受压。拆封之后注意防潮，胶片过期后感光性能下降，使用时要适当提高曝光量弥补。胶片的γ值对照片的对比度影响较大，γ值等于1，照片对比密度与物体对比度相等；若γ值大于1，则照片对比度大于物体对比度；γ值小于1，照片对比度小于物体对比度。感光乳剂对不同颜色光波的敏感性有差异，在一般的卤化银乳剂中，如不加光学增感剂，其固有感光性吸收光谱范围为390～520 nm，最大吸收峰是470 nm，这样的胶片对蓝光比较敏感，称感蓝片，使用钨酸钙增感屏；如在卤化银乳剂中加入光学增感剂，则这样的胶片对黄色、绿色光敏感，称感绿片，使用硫氧化钆增感屏。使用CR或DR系统时，以成像板（IP板）代替普通胶片存储图像。

（2）增感屏　摄影检查时，由于组织对X线的致弱作用，使得到达胶片的X线量大为减少，仅有约5%的X线使胶片感光。为提高X线对胶片的感光利用率，可使用增感屏。增感屏表面涂有荧光物质，能把接收到的X线转换成可见光，使胶片曝光，可大大提高曝光效率。增感屏有前后两片，分别粘贴在片盒的上、下两内侧面。增感屏表面的荧光物质有钨酸钙、硫酸铅钡、氟氯化钡铕等。根据荧光物质颗粒的大小不同，可将增感屏分为低速增感屏、中速增感屏和高速增感屏；颗粒越小，增感效率低，成像清晰度高，反之，清晰度低。

（3）片盒（暗盒）　片盒是装载X线胶片进行摄影的扁盒，盒面是铝板或塑料板，而盒底用其他金属制成，外面设有弹簧扣或弹性固定板，以便固定盒底并使增感屏与胶片紧贴，防止影像模糊。暗盒的大小规格与胶片相同。

（4）聚光筒　也称遮线筒、遮光筒、集光筒，为圆锥形或圆筒形的金属筒，是由铅或其他重金属或含铅的塑料制成，装在机头或管头的放射窗上，用以限制照射野范围的大小，提高照片的影像清晰度和分辨率，减少散射线的数量。

（5）测厚尺　测厚尺是木制或铝制卡尺，用以测量被检部位的厚度，作为确定摄像曝光条件的根据。

（6）滤线器　其形状如一块平板，是由很多薄铅条和能透过X线的物质（如塑料、木条或铝条）相间构成的铅栅。它的作用如同一个过滤器，只容许由X线管射来的原发X线通过铅条间隙而到达胶片。从其他方向射来的散射线，则遇到铅条而被吸收，由于滤去对诊断无用而有害的散射线，使照片呈现清晰的影像。

(7)铅号码　铅号码包括铅制的数字、年、月、日、左、右、性别、宠物种类等，摄影时用以标记照片的日期和编号等。

(8)CR 或 DR 系统　CR 系统包括成像板、CR 阅读器、影像后处理工作站和存储装置；摄片后，将 IP 板插入 CR 阅读器进行数据提取，并在电脑上显示影像，经过灰度调整、测量、标记等处理后进行存储、打印。DR 系统，拍摄完成后，数字影像直接显示在工作站屏幕上，直接可以进行处理和打印或传送。

2. X 线摄影的步骤

(1)各按钮归位　操作前，先将各开关和调节器拨到零位处。

(2)预热机器　闭合电源闸，接通电源，调节电源调节器于标准位，机器预热。

(3)确定投照体位　根据检查目的和要求，选择正确的投照体位。

(4)测量厚度　测量投照部位的厚度，以便查找和确定投照条件。

(5)选择合适胶片　根据投照范围选用适当尺寸胶片和遮线器。

(6)安放照片标记　将铅字号码标记安放在 X 线片盒边缘。

(7)摆放位置对中心线　依投照部位和检查目的摆好体位，使 X 线管、被检机体和片盒三者在一条直线上，X 线束的中心应在被检机体和片盒的中央。

(8)选择曝光条件　根据投照部位的位置、厚度、生理、病理情况和机器条件，选择焦点、管电压(kV)、管电流(mA)、时间(s)和焦点到胶片的距离(FFD)。

(9)曝光　宠物呼吸间隙或安静的瞬间进行，以免发生移位。

(10)洗片或打印　曝光后的胶片到暗室进行冲洗，如为 CR 或 DR 则打印胶片。

(11)关闭电源　使用完毕后，各开关和调节器归零，切断电源。

(二)透视检查法

利用 X 线的穿透能力和荧光作用，在 X 线透过动物体后再照射到荧光屏上，则显现荧光影像，通过观察荧光影像而进行诊断的方法就是 X 线透视法。其优点是方法简单易行，不需要复杂的设备器材，成本费用很低，而且能迅速得出检查结果；透视又能从不同方位和角度观察病变，获得更全面和完整的印象，不仅观察到组织器官形态上的改变，还可以看到器官的运动情况，在胸部和消化道检查，透视最为常用。其缺点是不能保留永久记录，而且荧光影像不甚清晰，病变性质不易准确判断，微细的变化容易忽略，对组织厚度大的部位，对比度低而不能清楚观察；机体接受的 X 线辐射也较多，对机体损伤较大。由于动物保定困难和 X 线损伤较大，宠物临床很少进行透视检查。

1. 透视检查的器材设备

(1)荧光屏　透视检查的主要器材，由荧光纸和铅玻璃组成，镶在一个镜框上。

(2)活动光门　又称光栅，装在机头或管头的放射窗上，能随意调节照射视野的大小。

(3)暗室　因荧光作用不强，需在黑暗环境下才能观察清楚。

(4)暗适应眼镜　通常使用深红色眼镜，便于在黑暗中看清楚东西。

2. 透视前的准备

(1)暗适应　透视者应有充分的暗适应，如透视前需在暗室中适应 10～15 min。

(2)动物准备　做好被检动物的保定工作，除去体表被检部位的砂泥污物及敷料油膏，尤其要避免沾染含碘、铋类药物，皮毛尽量刷净擦干。

(3)调节视野与防护　调节好透视照射野,使其小于荧光屏的范围。检查者穿戴好防护的铅橡皮围裙与手套。

3. 透视方法与程序

(1)透视检查的方法　管电流通常使用2～3 mA,最高时亦不能超过5 mA。管电压根据被检宠物种类及被检部位厚度而定,小宠物50～70 kV,大宠物65～85 kV。距离可根据具体情况考虑,一般在50～100 cm。曝光时间由脚踏开关控制,通常踏下脚踏开关持续曝光3～5 s,再放松脚踏间歇2～3 s,断续地进行。

(2)透视检查的程序　透视前先了解透视目的及临床初步意见,在被检查宠物已切实保定后,荧光屏贴近宠物体,对准被检部位,并与X线中心垂直,然后进行透视检查。先适当开大光门,对被检部位做一全面观察,同时留意器官的形态和运动功能情况,注意有无异常发现,再缩小光门,分区进行观察,一旦发现有可疑病变时,则缩小光门做重点深入观察。最后把光门开大复核一次,并与对称部位比较,记录检查结果。如认为需要配合摄影检查,则根据透视结果,确定摄影的部位和投照方法。

(三)X线机操作注意事项

1. 严禁随意操作

严禁非操作者随意拨动控制台和摄影台的各旋钮和开关。

2. 调节电压

X线机是要求电源供电较严格的电器设备,使用前必须调整电源电压于标准位置。

3. 不可临时调节按钮

在曝光过程中,切不可临时调节各按钮,以免损坏机器。

4. 注意机器异常

在使用过程中,注意各仪表的数值和工作声音,有无其他异味,避免机器长时间工作。

5. 保持整洁

保持工作环境和机器清洁,避免水分、潮湿空气和化学物品的侵蚀。

三、X线的防护

X线的生物学作用,对人体可产生一定程度的损害,其中一部分是累积性的,在长期以后仍可发生影响。故必须增强防护意识和采取有效的防护措施。

(一)采用屏蔽

铅是制造防护设备的最好材料,一定厚度的铅板可以防护一定千伏电压的X线,可用于X线室的门窗制作。可采用加厚砖和混凝土的墙壁来屏蔽X线。

(二)具体防护措施

1. 避免X线直射

从放射窗发出的直射线放射量最大,效果最强,工作人员应避免其直接照射并尽可能缩小和控制其放射野范围。透视时X线直接照射到荧光屏上,必须用足够铅当量的铅玻璃遮盖荧光屏。

2. 使用防护装置

对闪射线的防护,要充分使用各种防护设备,如铅橡皮围裙、铅橡皮手套、铅屏风等,以起屏蔽作用。此外，透视时使用活动光门，摄影时使用聚光筒，以缩小照射野，限制照射范围，可以减少散射的产生。

3. 减少与X线接触

提高和熟练透视技术，缩短透视观察时间，不作非必要的延长观察，以减少放射时间而降低照射量。进行摄影曝光时，在距离放射源较远处操作，增加距离而减少照射量。

4. X线室应有适当的面积和高度

宽敞的房子，散射线因分散面广而强度减弱。X线室四壁与天花板建筑结构，要根据X线机的千伏数考虑防护材料的铅当量。

5. 坚持日常防护检查

如检查防护制度执行情况，防护条件是否合格，工作人员应进行作业前检查，每1～2年全面体检。每半年血液检查，发现问题应及时处理。

6. 减少不必要的人员接触X线

工作之中除操作人员和辅助人员外，闲杂人员不得在工作现场停留，特别是孕妇和儿童，检查室门外应设警示标示。

7. 动物镇静或麻醉

在符合检查要求的情况下，可对动物进行镇静或麻醉，利用各种保定辅助器材进行摆位保定，尽量减少人工保定。

第三节　X线的摄影、造影及暗室技术

一、摄影的方位名称及表示方法

X线摄影时要用解剖学上的一些通用名词来表示摆片的位置和X线的方向，如背腹位、前后位等。方位名称的第一个字表示X线的进入方向，第二个字表示射出方向，如背腹位的第一个背字表示射线从背侧进入，第二个腹字表示射线从腹侧穿出，因此，摆位时X线机的发射窗口要对准动物某一部位的背侧，X线胶片则要放在该部位的腹侧。用于表示X线摄影的方位名称有：

左(Le)—右(Rt)，用于头、颈、躯干及尾。

背(D)—腹(V)，用于头、颈、躯干及尾。

头(Cr)—尾(Cd)，用于颈、躯干、尾及四肢的腕关节和跗关节以上。

嘴(R)—尾(Cd)，用于头部。

内(M)—外(L)，用于四肢。

近(Pr)—远(Di)，用于四肢。

背(D)—掌(Pa)，用于前肢腕关节以下。

侧位(L)，用于头、颈、躯干及尾，配合左右方位使用。

斜位(O)，用于各个部位，配合其他方位使用。

二、摄影参数的调节

在进行X线摄影时，根据投照对象的情况（如动物种类、摄影部位、机体的厚度等）选择X

线管的管电压、管电流、曝光时间和焦点—胶片距离，以保证胶片得到正确曝光，获得最佳质量的X线片。管电压决定X线的质，即X线的穿透力，影响照片密度、对比度以及信息量，对感光效应影响较大。管电流决定了X线产生的量，曝光时间也与达到胶片的X线量有关，常把两者的乘积作为X线量的统一控制因素来表示，对感光效应影响较大。焦点—胶片距离对X线的感光效应影响明显，距离越远、感光效应越低。其具体关系如下：

$$感光效应=\frac{管电流(mA)\times曝光时间(s)\times[管电压(kV)]^n}{FFD^2}$$

由上述公式所知，管电流、曝光时间、管电压和FFD的改变都可以改变感光效应；同时，也可以通过改变X线的量、质和FFD来达到相同的感光效应。管电压应随组织厚度的改变而变化，如果其他条件不变，其变化规律为80 kV以下，组织厚度每增加1 cm需增加2 kV；80～100 kV，组织厚度每增加1 cm需增加3 kV；100 kV以上，组织厚度每增加1 cm需增加4 kV。不同X线机，其性能不尽相同，在临床实际操作中，应先对机子的曝光性能进行测试，对确定的部位，采用不同电压、不同曝光量进行测试，以筛选出最佳的曝光条件；对不同组织和厚度进行曝光条件的测试，总结出其规律，小动物组织厚度与管电压、管电流、曝光时间关系见表16-3，实际使用时，可以此为参考进行调整。

表16-3 组织厚度与管电压、管电流、曝光时间关系表

组织厚度/cm	管电压/kV	曝光量/mAs	管电流/mA	曝光时间/s	滤线器
5	60	2.4	30	0.08	—
6	60	3.0	75	0.04	—
7	60	4.0	50	0.08	—
8	60	4.5	75	0.06	—
9	60	4.5	75	0.06	—
10	70	2.4	30	0.08	—
11	70	3.0	75	0.04	—
12	70	4.0	50	0.08	—
13	70	4.5	75	0.06	—
14	70	4.5	75	0.06	—
15	80	4.5	75	0.06	+(5∶1)

三、造影检查技术

为了能清晰地观察某种器官、结构及其内部细节，用人工的方法，将某种高密度或低密度的无害物质，引入被检动物体内，使器官组织与被引入物质之间形成鲜明的密度差别，便可观察在自然对比下看不到的器官和组织结构。这种人工改变密度差别的方法称为人工对比，即造影检查。所引入动物体的物质，称为造影剂。阳性造影剂是阻射线物质，一旦将其引入机体就可显示出包含它的结构。它还可以显示那些存在于器官中但不易显示的物体，如透射线异

物。阴性造影剂是气体，将其引入机体后能提供对比度，常用于显示膀胱的轮廓。

(一)造影剂的种类

1. 气体造影剂

气体是低密度的造影剂，包括空气、氧气和二氧化碳等，以空气最为常用。气体造影剂常用于关节腔、腹腔、膀胱和结肠双重造影等。进行气体造影时，注气前应确认针头不在血管内方可注气，注气压力也不宜过大，注入速度小于 100 mL/min。

2. 碘制剂

现广泛用于宠物临床的是尿排泄型有机碘剂，有 35%、50%和 70%浓度的水溶液，经肾排泄，用途广泛，种类繁多。常用于尿道、心血管、脑血管和周围血管等造影，也用于胆囊、肾、脊髓造影。常见的碘造影剂有优维显(碘普罗胺)、欧乃派克(碘海醇)、泛影葡胺、泛影酸钠、碘化油等。

3. 钡剂

为医用化学纯硫酸钡，性质稳定，不溶于胃肠道，无毒性。70%左右的硫酸钡用于食道或胃的黏膜造影，50%左右的硫酸钡用于胃肠道造影，30%～40%硫酸钡甘油剂用于瘘管造影。对于食道穿孔、急性胃肠出血和胃肠道穿孔等病例禁用。

(二)造影剂的引入方法

1. 直接引入法

经动物体生理孔道引入者，如胃肠钡餐造影、钡灌肠造影、逆行肾盂造影、支气管造影、尿道膀胱造影、子宫输卵管造影等；经皮穿刺引入者，如心血管造影、脑血管造影、脊髓造影、经皮肝胆管造影、腹膜后充气造影等；经手术造瘘或病变的瘘孔引入者，如“T”形管造影、窦道造影等。

2. 生理排泄法

生理排泄法是指造影剂进入动物体后，经生理排泄，在某器官停留、浓缩，使该器官显影的方法。如静脉注入泛影葡胺，主要经肾排出，可做排泄性尿路造影(即静脉肾盂造影)；口服碘番酸片或静脉注入胆影葡胺，造影剂主要经肝排出，可进行胆系造影(即胆囊造影)。

(三)常用造影法

1. 食管造影

食管造影是将阳性造影剂(通常用硫酸钡)引入到食管腔内，以观察、了解食管的解剖学结构与功能状态的一种 X 线检查技术，其适应症为食道异物、食道狭窄、食道扩张和食道肿瘤等。经口腔灌注 70%左右的硫酸钡液，剂量为每千克体重 3～5 mL，钡餐后立即行 X 线拍照。采取侧位和腹背侧 X 线拍照。腹背侧时，因为食道部分位于脊柱的上方，建议采用腹 15°右一背左斜位拍照。对怀疑食管内刺有密度不高的细小异物时，可在钡餐中拌入少许医用棉花纤维一起喂服，观察 X 线片上有无阻挡或勾挂征象(图 16-3A)。

2. 胃肠钡饲造影

胃肠钡饲造影是将钡剂引入胃内，以观察胃及肠管的黏膜状态、充盈后的轮廓及蠕动、排空功能的一种 X 线检查方法。钡饲造影使观察胃及十二指肠的大小、形态、位置、及黏膜状况等成为可能，对胃、十二指肠内的异物、肿瘤、溃疡、幽门部病变及膈疝等的诊断具有重要意义。首先应采取侧位和腹背位 X 线拍照，经口腔灌注 50%左右的硫酸钡液，剂量为每千克体重 2～5 mL，钡餐后 5 min 行 X 线拍照，以后每隔 30～60 min 拍摄一次，直至钡餐进入直肠。胃位于前腹中线左侧，幽门位于腹中线附近。排空时间有时用于放射检查中，是指胃开始排空到胃完全排空时所需的时间，正常犬、猫钡餐可于喂后数分钟内抵达十二指肠，禁食犬猫胃排空的平均时间约 3.5 min，如滞留时间超过 12 min 以上则属异常，钡餐喂后 1～2 h 未进入十二指肠，则要怀疑胃幽门机能障碍疾病(图 16-3B)。

3. 灌肠造影

将 30%左右的硫酸钡经直肠逆行灌入结肠及盲肠，以诊断肠套叠、直肠狭窄、直肠憩室和肿瘤等。首先应采取侧位和腹背位 X 线拍照，硫酸钡灌肠，剂量为每千克体重 2～5 mL，慢灌，液体温度稍低于体温。升结肠位于腹中线右侧，横结肠前腹侧与胃相邻，前背侧与胰腺左支相邻，降结肠位于腹中线左侧，直肠是结肠的终段，从骨盆入口开始到肛管结束(图 16-3C)。

4. 心血管造影

心血管造影是造影剂快速注入心腔或大血管进行连续摄片的一种检查方法，用以显示心、大血管和瓣膜的解剖结构与异常变化。进行犬的心血管造影，动物需做全身麻醉，应采取侧位和腹背位 X 线拍照。选用高浓度水溶性有机碘化物做造影剂，如 50%泛影酸钠或 60%泛影葡胺等，剂量为每千克体重 1.0～1.5 mL。

5. 膀胱造影

主要用于膀胱、尿道结石和膀胱肿瘤等造影。膀胱造影通常是按导尿方式插管，将尿液排尽后向膀胱内灌注无菌空气 1～5 mL/kg，或灌注 10%碘化钠液(同上量)(图 16-3D)。采取腹 15°右一背左斜位拍照。临床尿道造影公犬于导尿管中放入一金属丝进行尿道导影，以便检查尿道中的结石颗粒的位置；母犬于尿道口插入一橡胶导尿管，以便检查尿道和膀胱的结石。

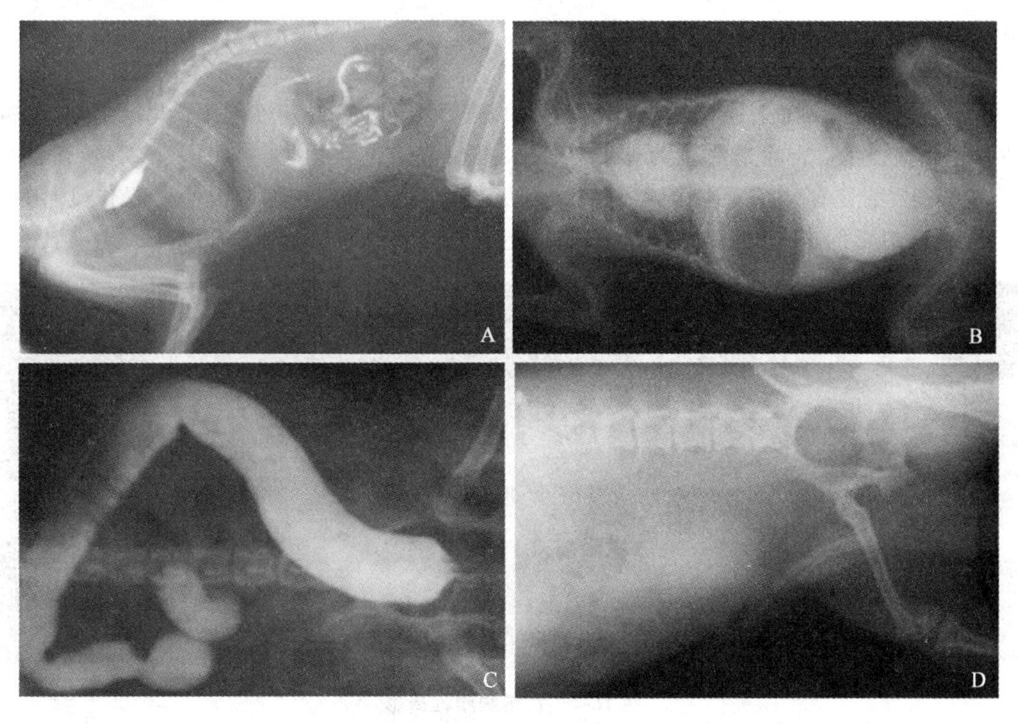

图 16-3　常用造影法

A. 食道造影；B. 胃肠道造影；C. 直肠造影；D. 尿道造影

6. 瘘管造影

瘘管造影可以了解瘘管盲端的位置、方向、瘘管分布范围及与邻近组织器官或骨骼是否相通，以辅助手术治疗。根据实际情况，可选用前述的10%～12.5%的碘化钠、碘油或钡剂等，用玻璃注射器连接细胶管或粗针头，插入瘘管内，加压注入造影剂使其充满瘘管腔。注毕轻轻拔出胶管或针头，以棉栓填塞瘘管口，以防造影剂漏出，并把周围沾有造影剂的皮肤被毛用棉花小心揩净。尽可能从两个方向或角度透视和拍片，以了解病变的全貌。

7. 气腹造影

气腹造影可以显示膈后的腹腔各器官，如膈、肝、脾、胃、肾、子宫、卵巢和膀胱等脏器，对观察其外形轮廓及彼此关系、有无其他病变存在都有较大作用。注入的空气应先通到盛有液体的玻璃瓶过滤，以防止带入细菌。可按一般腹腔穿刺方法刺穿腹壁，针头由胶管与玻璃注射器连接。如有三通接头(一叉接注射针头，一叉接空气过滤瓶，一叉接玻璃注射器)最为便利。可以连续注射，注射量因宠物种类和大小不同而异，小宠物为1～5 L。如发现宠物出现呼吸困难或不安，立即停止注射。如欲检查前腹腔器官，则应使前躯高位；检查后腹脏器，要使后躯处于高位。检查完毕，再穿刺腹腔，将游离气体尽量吸出，残余空气数天后可逐渐吸收。

8. 四肢关节充气造影

四肢关节充气造影，可用于大型犬，以了解关节间隙、关节软骨和关节憩室等情况。前肢通常由肘关节以下充气，后肢由膝关节以下至膝关节都可以进行。其中跗关节只限于胫距关节或近侧列的距跗关节。穿刺方法同外科关节穿刺术，注气操作与气腹造影相同。但应注意勿随便反复穿刺，以防造成关节囊气体漏出于邻近组织中，造成气肿而发生干扰。穿刺时如发现出血，不能注入气体，以防止形成气栓。

9. 脊髓造影

脊髓造影是将造影剂注入脊髓蛛网膜下腔以显示脊髓内、脊髓外硬膜内和硬膜外疾病的一种放射检查技术。常用造影剂为非离子性水溶性含碘化合物(如碘比多、欧乃派克和碘曲伦)。造影剂经脊髓穿刺注入蛛网膜下腔，穿刺失当能导致脊髓损伤，故要小心操作(图 16-4)。部分犬、猫对造影剂过敏，出现抽搐，可静推安定或苯巴比妥进行处理。

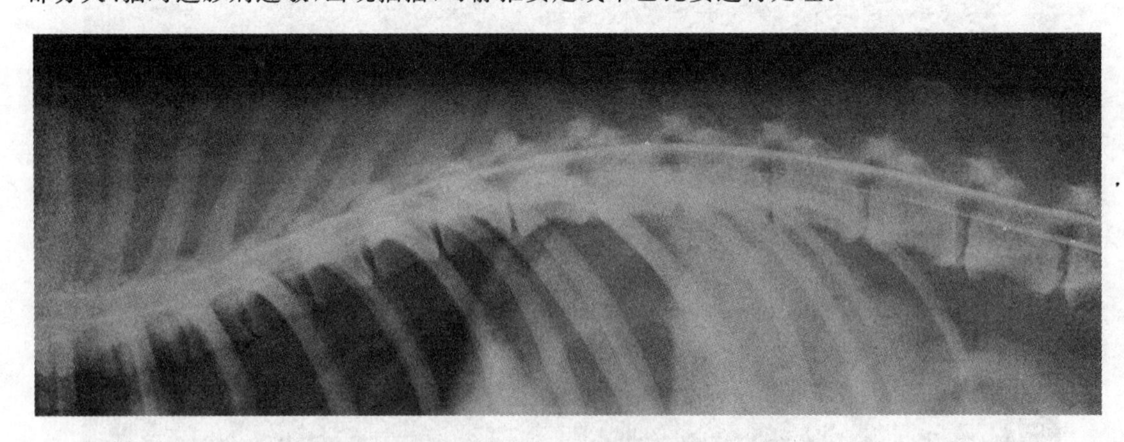

图 16-4 脊髓胸腰椎造影

四、暗室技术

(一)安装胶片

拍摄照片前应先准备好暗盒和胶片。将暗盒平放桌面,盒底向上并将暗盒底盖打开。从胶片盒中连同保护纸取出一张胶片,把胶片底页护纸掀起后正确地放胶片于暗盒内的增感屏上,另一手隔着面页护纸检查胶片已放置正确后,随则取出护纸,关闭暗盒即可。

(二)冲洗胶片

在暗室内把已投照完毕的暗盒打开,用手指捏住胶片的一角缓慢取出,装于洗片夹上,稳妥地将四角夹住,准备胶片的冲洗。胶片的冲洗操作过程,包括显影、洗影、定影、冲影和干燥五个步骤。胶片的安装、取出、显影、洗影、定影必须在暗室内进行。

1. 显影

显影是胶片冲洗最关键一步。显影效果受显影药液的温度、显影时间及药液效力的影响。显影时间过长、温度高和新配药液,往往造成影像密度过深、对比度过大、层次遭到破坏;时间不足、温度低和药液氧化会造成影像密度太淡、对比度过小、层次也受到损失。因此适当延长或缩短显影时间,可对曝光不足或过度的照片有一定的补救。显影时应当边显影边观察显影程度,以确保胶片显影适应,其过程如下:

第一步,将胶片先在清水内浸湿,以除去胶片上可能附着的气泡;

第二步,把胶片轻轻浸入显影液中,左、右、上、下往返移动数次,随后盖上显影液桶盖;

第三步,拨好定时钟预定显影时间(通常 5~8 min),待定时钟响后,显影时间已到;

第四步,拿起洗片架,在显影液桶上滴完多余药液,随后准备洗影。

2. 洗影

洗影即在清水中洗去胶片上的显影剂。把显影完毕的胶片放入盛满清水洗影箱内漂洗片刻(10~20 s)后拿起,滴去片上的水滴即行定影。

3. 定影

定影即把洗影后的胶片放入定影液桶中。定影的时间不像显影严格,一般为 10~15 min,但不应超过半小时。紧急情况下,可以将定完影的胶片进行读片、诊断。

4. 冲影

定影完后,把胶片放入流动的清水池中冲洗 0.5~1 h,把胶片上的药液彻底冲净。若无流动清水,则需延长浸洗的时间。

5. 干燥

冲影完毕的胶片可放入电热干片箱中快速干燥。没有此设备时,则把洗片架悬挂于木架上,置于通风处把胶片晾干。

CR、DR 系统,由于使用数字图像存储系统,故不需要暗室技术进行洗片,可在胶片打印机中进行打印。打印前,可通过电脑软件对数字图像进行处理,调整照片灰度、以补偿曝光的不足或过度,对图像进行测量、计算、标记、存储,最后进行打印。

第四节 X线摄影的摆位技术

一、头颈部检查的摆位

(一)头颅部检查

常用的有背腹位、腹背位和侧位三种方法。背腹位检查时,将动物伏卧,头颈成一直线,身体纵轴不允许旋转,下颌骨、额窦和头部其他组织结构对称成像,适合于下颌骨、颞颌关节、颧弓、颅脑侧壁和中脑检查(图16-5)。腹背位检查时,患宠应镇静或麻醉后进行,患宠仰卧躺在一"V"形槽上,颈下置海绵垫,并以带子套在上颌犬齿后方、向前牵引,以防止由于头部扭转而发生形状的改变(图16-6),主要用于下颌骨、颅脑、颧弓和颞颌关节的检查。侧位检查时,动物采取患侧在下的横卧保定,如患侧有损伤时,则向上;头与颈下置楔形泡沫垫,使鼻部稍抬高而下颌与暗盒相互平行,中心线通过耳、眼连线中心的垂线与颧弓水平线相交处而达胶片,光束的范围不超过头与第1～2颈椎(图16-7)。

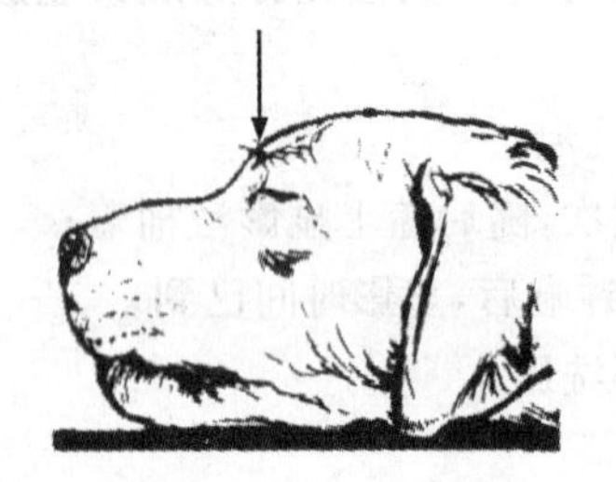

图16-5 头部背腹位投照

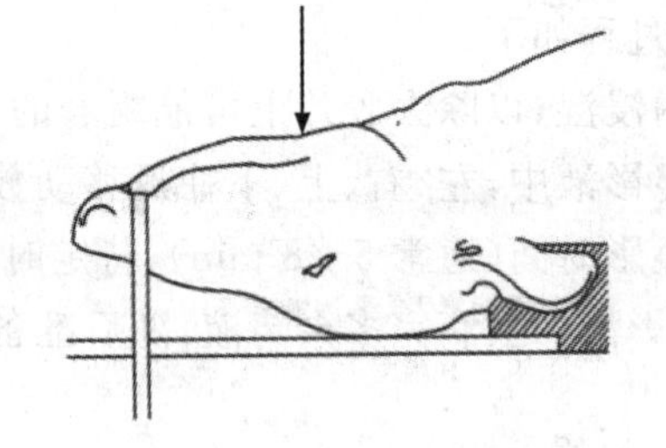

图16-6 头部腹背位投照

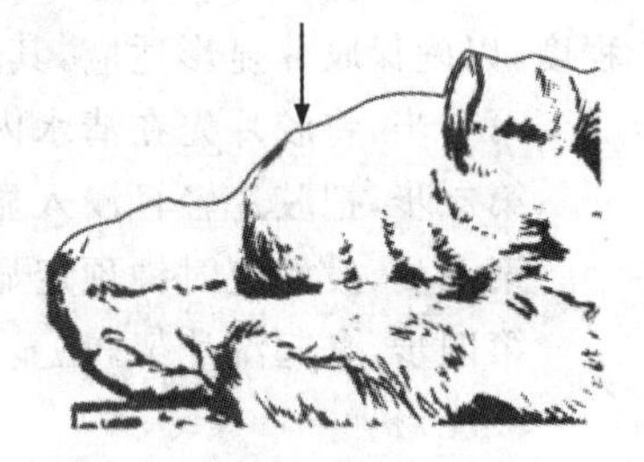

图16-7 头部侧位投照

(二)颈部检查

颈部腹背位检查时,动物仰卧、勿使颈过度伸展,以免引起颈椎屈曲。鼻竖直,头颈部抵以沙袋,颈下垫以泡沫块,以免体位移位。根据检查需要中心线以15°角前倾斜,通过第1颈椎或第3～4颈椎而达到胶片(图16-8)。颈部侧位检查时,动物侧卧,头下置一楔形海绵,在颈中部垫一海绵卷或块,后者可抬高颈中部,使中部颈棘突与桌面或暗盒平行(图16-9)。X线照射视野要求包括头颅的后部与第一胸椎。中心线根据需要可通过第1颈椎或第3～4颈椎之间。

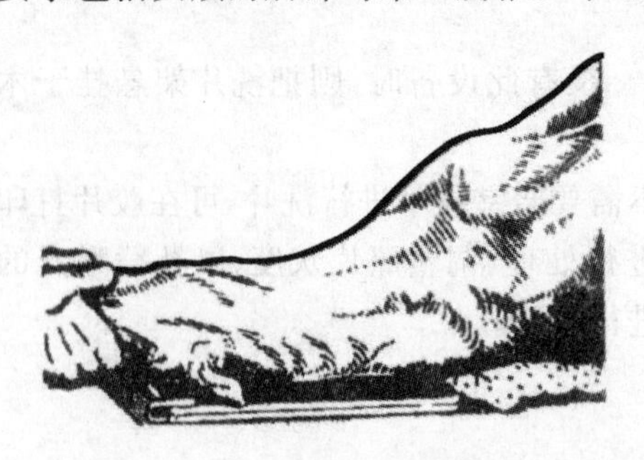

图16-8 颈部腹背位投照

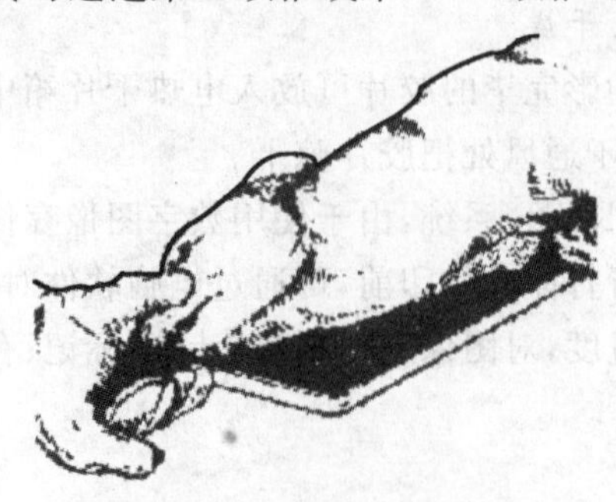

图16-9 颈部侧位投照

二、胸部检查的摆位

胸部检查摆位方法较多，常用的有侧位、正位和站立位检查。胸部侧位检查，患病动物侧卧，两前肢前伸以减少臂三头肌与前肺野重叠。颈部适度伸展以防胸部气管的偏斜。胸下置楔形海绵垫，使胸骨、胸椎棘突与台面之间为等距离，前肢与后肢上各加一沙袋，以保持位置不变动(图 16-10)。中心线通过肩胛骨后缘，相当于第 4 肋间中央，而垂直于胶片。照片的两端应包括胸骨柄和第 12 肋后缘。在充分吸气时进行曝光。正确的胸部侧位照片上，在中心线处的肋骨缘应叠合并和左右肋软骨结合处在相同的水平上。胸部背腹位检查。患病动物俯卧保定，头低下，颈上方置一沙袋，使头与颈一起靠在桌面上。把肘关节与肩胛骨一起向前外牵引，可使前肺野清楚地显示(图 16-11)。在该位置时，心脏在胸腔内近乎正常的悬吊姿势，可估计心脏的大小。胸部腹背位检查，患病动物仰卧，后躯垫以"V"形槽，防止躯体发生转动。两前肢前伸，并使肘关节向内转，胸骨与胸壁两侧保持等距离(图 16-12)。中心线垂直地通过胸中部的中线到达胶片，曝光的强度应足以透过心与纵隔。照片的前方应包括肩关节，后方为第 11 肋或第 12 肋。在充分吸气时进行投照。位置正确的照片，胸骨与胸棘突应叠合，两侧胸廓应对称。胸部腹背位的投照可较好地显示后肺野。站立胸部侧位检查，患病动物驻立于摄片架旁，尽可能让要检查的一侧胸壁紧靠暗盒，将前肢向前牵引，以便肩胛骨不在胸壁上引起重叠，中心线水平通过第 4 肋间中央而达胶片，曝光前如患病动物表现不安则需人工控制，用手辅助以保持两前肢前伸的姿势(图 16-13)。这种投照用于检查胸部内积液或游离的气体以及囊肿性肺损伤的积液是有价值的。直立胸部腹背位检查，犬一般不采用悬吊式，由两个助手各提举患犬的一条前肢，使其直立，两后肢着地负重，背紧靠摄片架的暗盒(图 16-14)。中心线水平地通过第 5～6 胸椎之间而与胶片相垂直，必须注意不要让工作人员受到中心线的直接照射。这个位置投照，在横膈下可看到胸腔内的游离气体。直立胸部侧位检查，将患病动物引至摄影架旁，助手将其两前肢提举，仅两后肢着地负重，并将患病一侧胸部紧靠暗盒(图 16-15)。中心线水平通过第 4 肋间中央而垂直于胶片，这个位置的照片能清楚地显示胸腔积液、囊肿性肺损伤，但对胸腔内的游离气体因肩胛骨阴影重叠而难以显示。

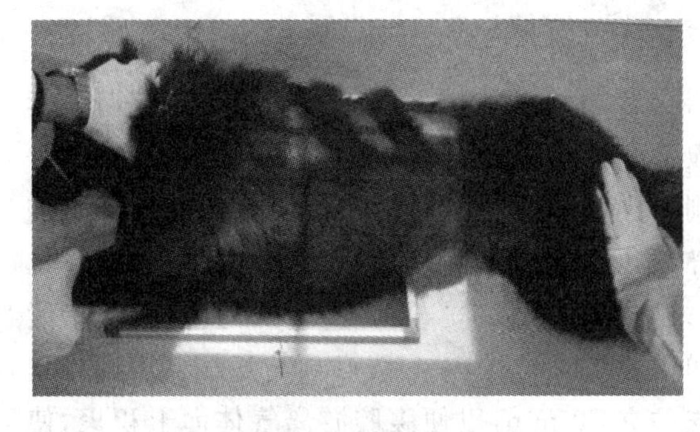

图 16-10　胸部侧位投照

图 16-11　胸部背腹位投照

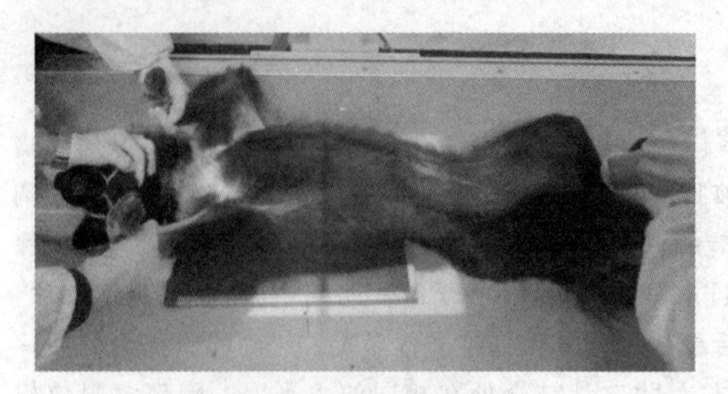

图 16-12 胸部腹背位投照

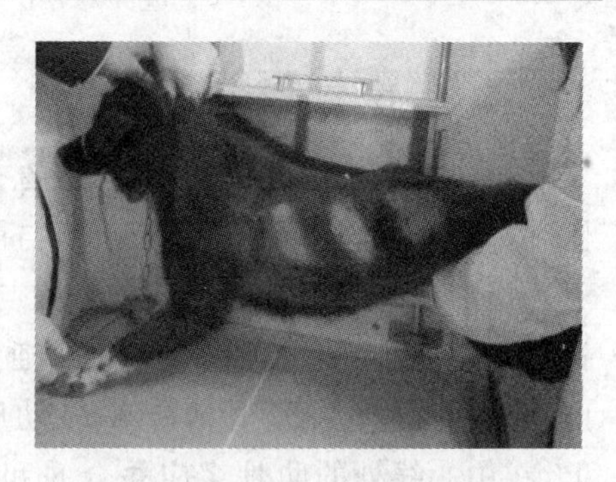

图 16-13 胸部站立侧位投照

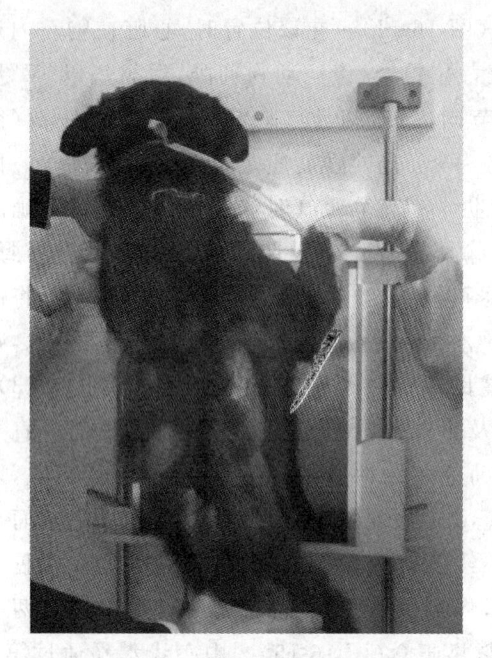

图 16-14 直立胸部腹背位投照

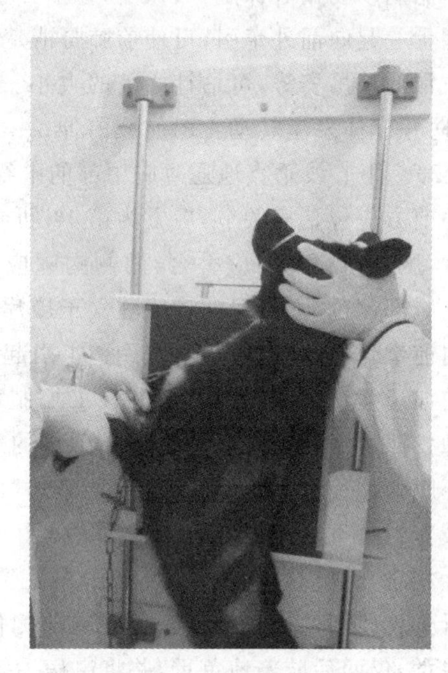

图 16-15 直立胸部侧位投照

三、腹部检查的摆位

腹部的软组织厚度较大，一般需要用滤线器摄影，有时还需配合造影，投照时后肢向后牵引，可避免股部肌肉与后腹腔的内脏相重叠。腹部侧位检查，患病动物左或右侧横卧，右侧卧时在胃底部可见到气体，左侧卧在幽门窦可见到胃内气体。使患病动物处于正常的较舒服的位置，两前肢前伸和两后肢稍向后拽。中心线对准最后肋的稍后方或拟检查的部位(图 16-16)。驻立腹部侧位检查，患病动物自然站立，如不愿站立，则需人工扶持，使腹侧壁紧靠摄影架的暗盒，中心线水平地通过腹中部。如用聚焦滤线器，中心线必须与滤线器表面相垂直(图 16-17)。投照时让患病动物在这种位置先驻立 10 min，以便腹腔游离气体向上积聚，使仅有少量游离气体亦可作出诊断。如积液多还需增加曝光量。腹部背腹位检查，患病动物俯卧，令两后肢的膝关节屈曲。外展并与身体两侧相平行。防止后肢压在腹下而引起与腹腔的内脏重叠。长尾宠物要把尾拴住。背腹位的照片前后应包括横膈和髋关节(图 16-18)。应注意避免引起腹壁紧张而使腹腔内脏受压迫导致诊断困难。在呼气结束时进行曝光，中心线垂直于背中线，相当于第3腰椎处而达胶片。背腹位的缺点是会引起体位弯曲和腹部受压迫，因此也可选用腹背位，患病动物仰卧，前躯垫以槽形泡沫垫，以保持宠物稳定与躯体两侧相对称，后肢伸展，用带子拴住或压以沙袋(图16-19)。照片的大小应能包括横膈与骨盆。中心线垂直地通过腹中线，相当于胸骨切迹与耻骨联合之间连线的中点。

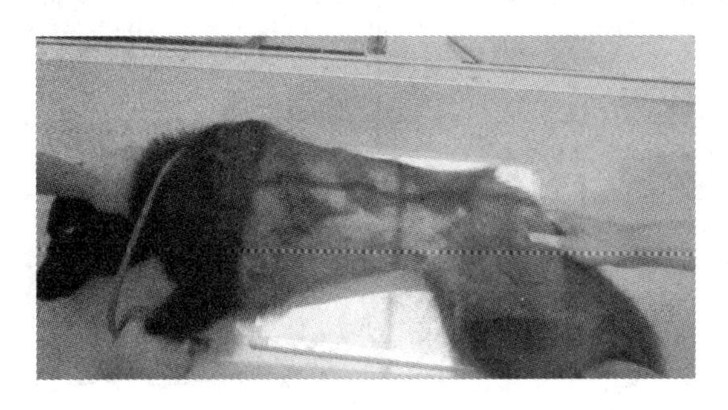

图16-16　腹部侧位投照

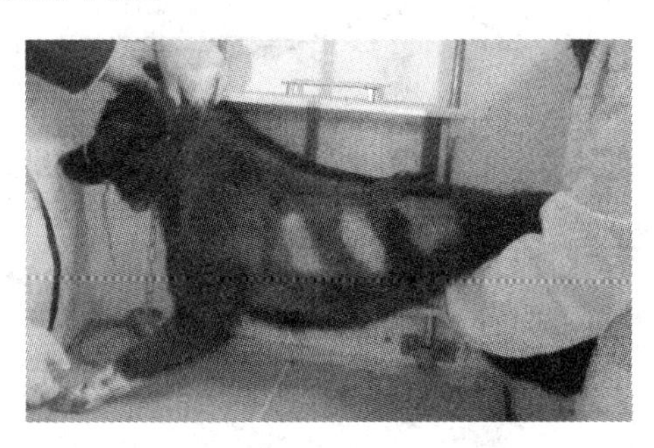

图16-17　站立腹部侧位投照

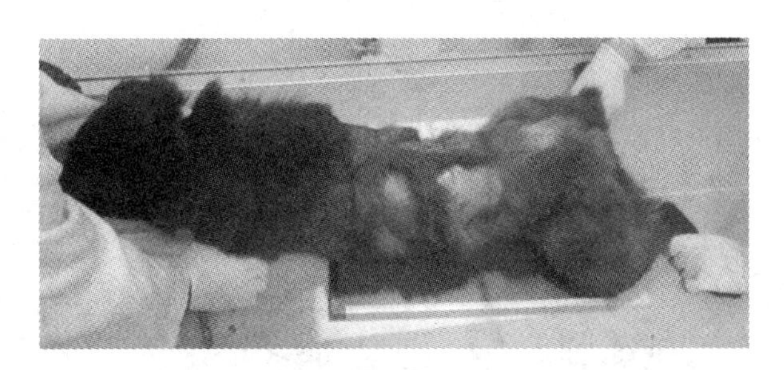

图16-18　腹部背腹位投照

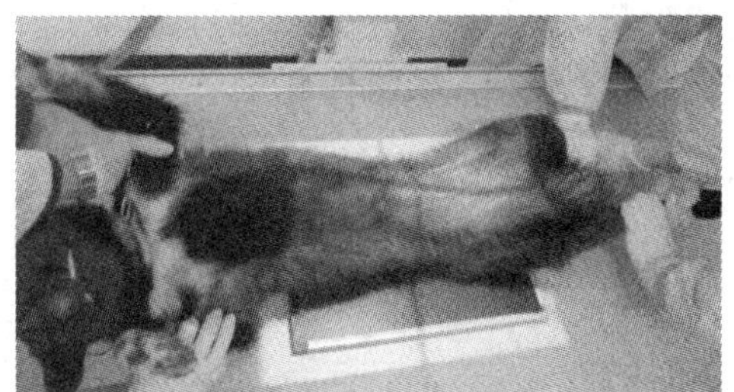

图16-19　腹部腹背位投照

四、胸椎、腰椎及骨盆检查的摆位

(一)胸椎检查

胸椎侧位检查，动物侧卧保定，胸骨部略微抬高，使胸椎平行。如前3节胸椎投照，则向后牵引前肢，以免与肩胛骨重叠。如第3节以后胸椎侧位投照，则向前牵引前肢(图16-20)。X线中心对准可疑部位。如为常规检查，则可以T6～T7椎间隙为中心。必须在呼气结束后做一次短的曝光，以免发生呼吸引起的模糊。胸椎腹背位检查，患病动物仰卧，前肢向前牵引，置于颈旁。可做必要的辅助支撑，使脊柱成一条直线(图16-21)。大型犬胸椎腹背位投照，可做适度(约5°)倾斜，以避免与胸骨重叠。X线中心线对准T6～T7椎间隙。

(二)腰椎检查

腰椎侧位检查，患病动物侧卧，在胸骨和腰棘突处下方垫以泡沫垫使脊椎与胶片相平行，四肢上加沙袋以保持位置不随便变动(图16-22)。中心线通过第13胸椎检查胸、腰椎结合部；中心线通过第3腰椎可全面检查腰椎棘突。中心线也可对准疑有病变的部位，这样可使照片图像更清晰。投照条件应高于胸椎侧位。腰椎腹背位检查，患病动物仰卧于一薄的泡沫垫，前躯靠“V”形槽泡沫而稳定不转动，前肢前伸，后肢向后牵引，但过度伸展会使腰椎发生屈曲(图

16-23)。矢状面要保持与台面相垂直,深胸品种犬,其肝区与盆腔相对比较厚和致密,因此前面的锥体必须增加曝光量才看得清楚。中心线垂直于胸骨切迹,恰好是胸、腰脊椎结合处,一般可观察第 11 胸椎至第 3 腰椎。中心线垂直于胸骨切迹和耻骨前缘连线中点,则可观察全部腰椎。

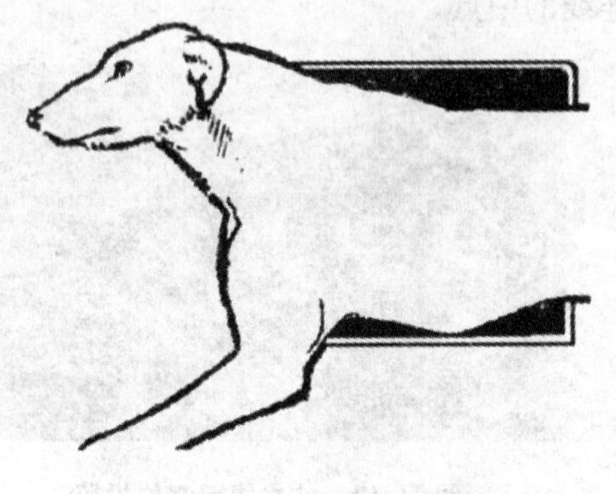

图 16-20　胸椎侧位投照

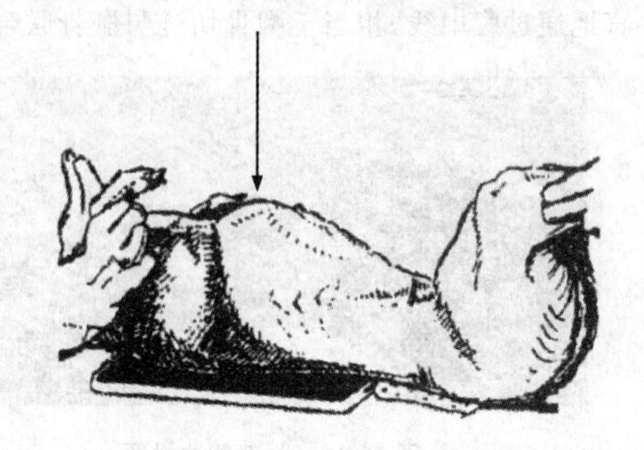

图 16-21　胸椎腹背位投照

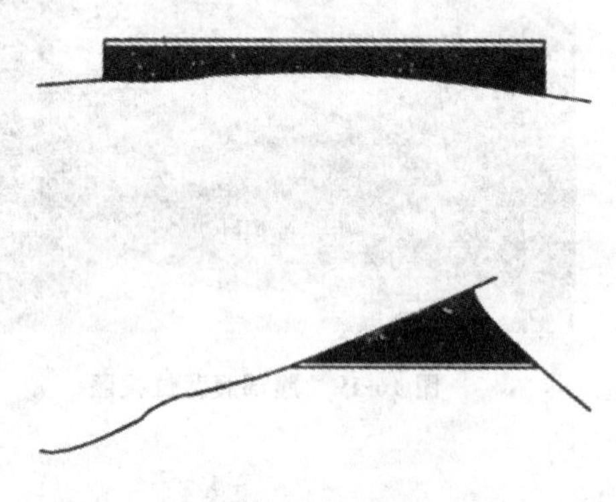

图 16-22　腰椎侧位投照

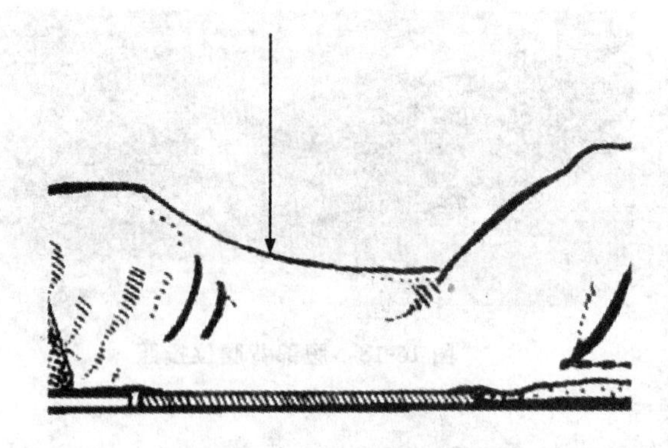

图 16-23　腰椎腹背位投照

(三)骨盆检查

骨盆侧位检查,患病动物侧卧,适当厚度的泡沫垫置于两个膝关节之间,使股骨平行于暗盒,此外腰棘突下方与胸骨下放置海绵垫可防止体位的移动(图 16-24)。中心线通过髋臼而达胶片。骨盆腹背位检查,患病动物仰卧,前躯卧于槽形海绵垫内,使身体两侧相对称,将后肢伸展,并使后肢与盒面相平行,将膝关节向内转使髌骨位于股骨髁之间,使骨盆的长轴与盒面相平行,并用绷带固定(图 16-25)。骨盆偏斜,会造成诊断困难。为了诊断髋关节发育不良,要保持上述正确的位置,有时需用手来保定,此时工作人员必须注意防护。中心线对准耻骨联合前缘。照片的范围应包括骨盆与股骨。如果动物因损伤等不愿伸展后肢,也可使两后肢屈曲、外展,并将沙袋压在跗关节上以保持位置不变动。必须注意保持两侧和骨盆的长轴不得倾斜,后者可借在腰棘突下放置软垫而解除。中心线投照的位置同上。

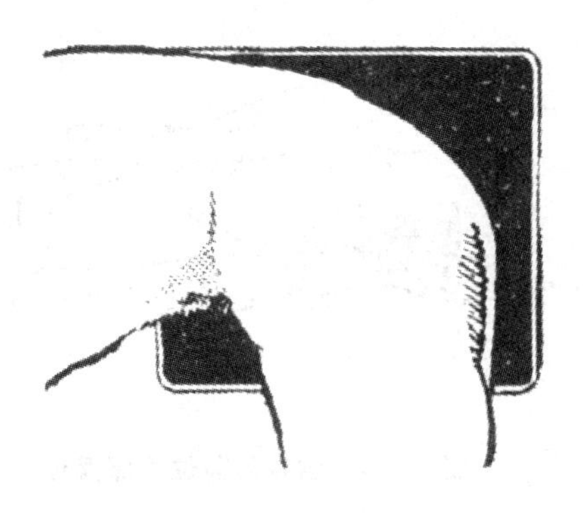

图 16-24　骨盆侧位投照

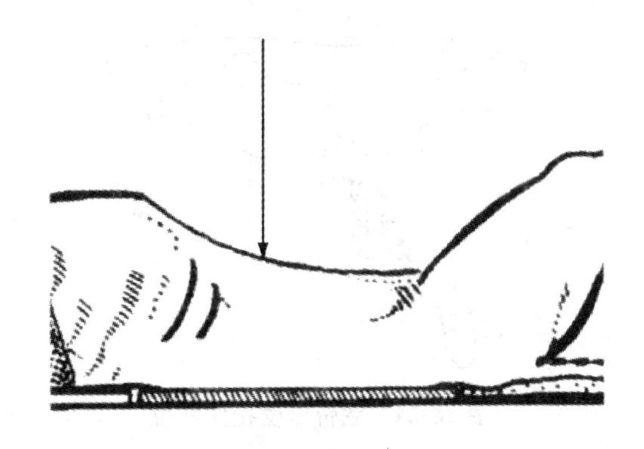

图 16-25　骨盆腹背位投照

五、四肢骨骼与关节检查的摆位

(一)肩胛骨

采用侧位、头尾位，将患肢用力向上推，使肩胛骨移位至脊椎上方，操作时在肘关节下方握持病肢，在肘关节伸展情况下，用力把肩关节推向背侧，直至肩胛骨突出在胸椎上方棘突背侧。同时将上方的健肢向后腹侧牵引，这就使胸部稍有转动和肩胛骨游离在体躯背侧，也可将下侧病肢向腹侧牵引，上侧健肢屈曲地推向头部(图 16-26)。头尾位投影，患病动物仰卧，尽可能将前肢向前牵引至伸展状态，然后用带子拴住，后肢向后拴住。而将躯体略向健侧转动，使前肢与肩胛骨离开胸廓，摄影时不会产生重叠(图 16-27)。

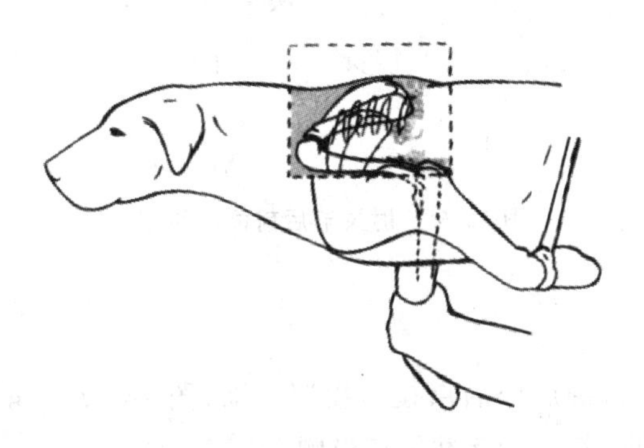

图 16-26　肩胛骨侧位投照

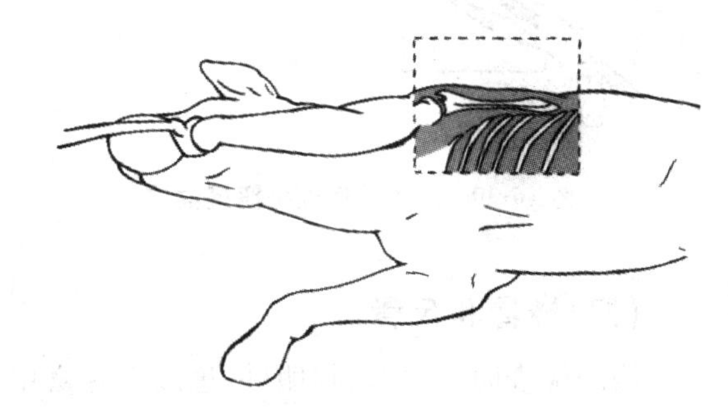

图 16-27　肩胛骨前后位投照

(二)臂骨

臂骨侧位投照，病宠患肢在下的侧卧保定，使病肢稍伸展，将上方健肢向后牵引并拴住。中心线垂直地对准臂骨中央。投照范围要求包括上下两关节端(图 16-28)。后前位投照时，患病动物仰卧，两前肢向前伸展，被检肢尽可能保持与片盒平行，以减少失真，头颈部应保持在两前肢之间，以减少身体的重叠和旋转(图 16-29)。

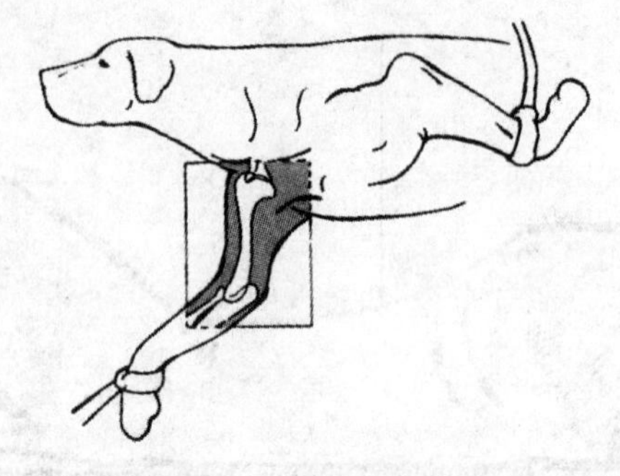

图 16-28 肱骨侧位投照摆位

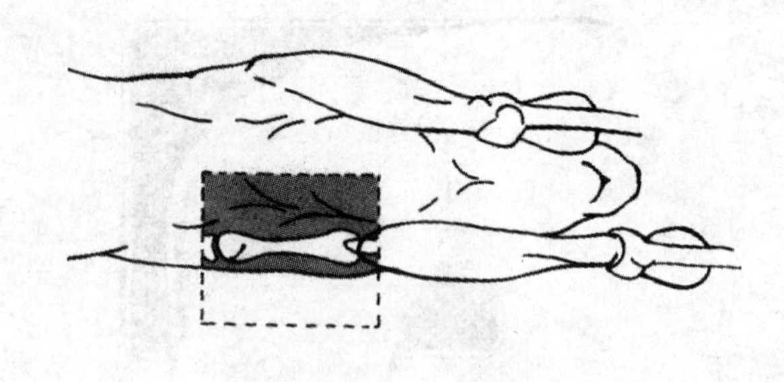

图 16-29 肱骨后前位投照摆位

(三)肘关节

侧位检查时,病宠患肢在下的侧卧保定,使病肢肘关节处于正常稍屈曲的状态。上方健肢向后牵引,肘突只有在高度屈曲肘关节时才能显现(图 16-30)。后前位投照,取俯卧姿势,病肢稍前伸,注意避免病肘向外转动,如在肘下垫以泡沫垫则有助于防移位,头应转向健侧,中心线通过臂桡关节而达于胶片(图 16-31)。

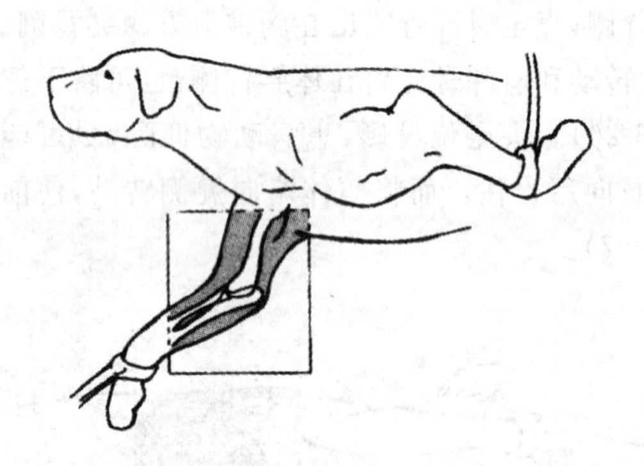

图 16-30 肘关节侧位投照摆位

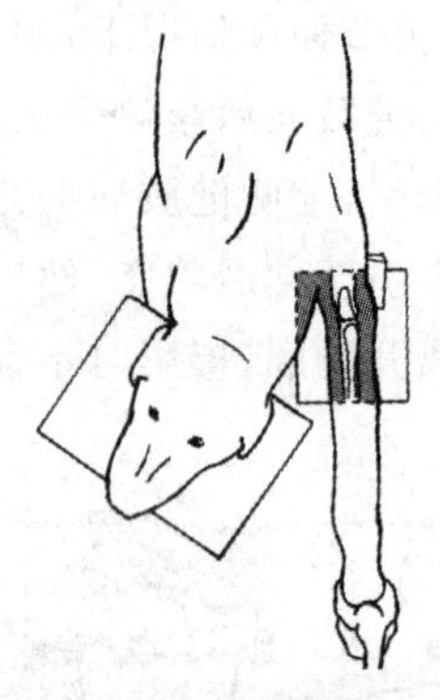

图 16-31 肘关节后前位投照摆位

(四)桡骨和尺骨

侧卧检查时,患病动物侧卧,患肢在片盒中央,健肢向后牵拉出投照范围(图 16-32)。前后位时,患肢向前伸展,将桡骨、尺骨放于片盒中央,将头抬起并远离患侧(图 16-33)。

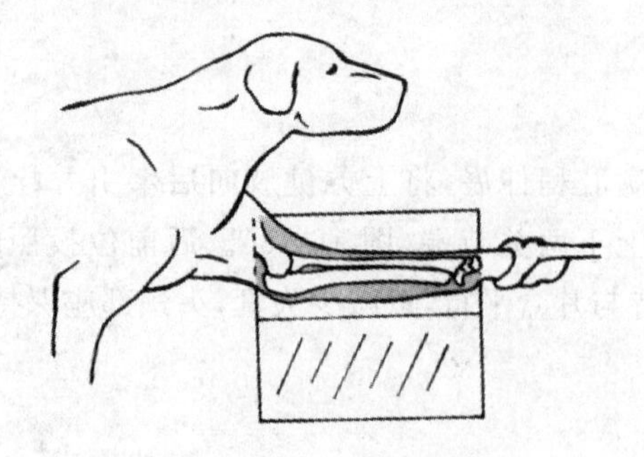

图 16-32 桡骨、尺骨侧位投照摆位

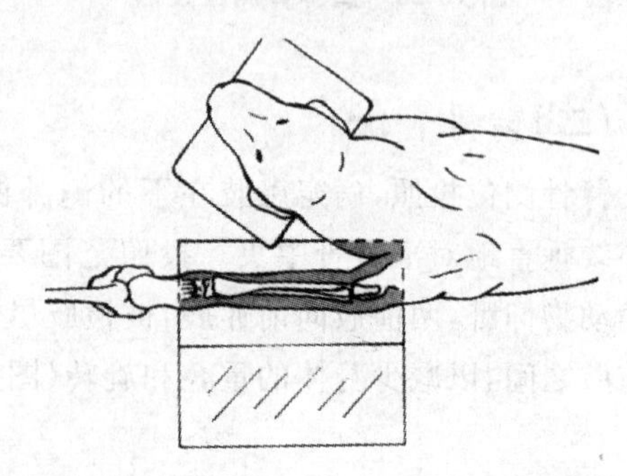

图 16-33 桡骨、尺骨前后位投照摆位

（五）腕关节

腕关节投照可采用侧位、背掌位和斜位。侧位投照，患肢在下的侧卧保定，腕关节通常稍屈曲，泡沫垫放在肘关节下，以防腕关节的移动，上方健肢向后牵引，以减少重叠（图 16-34）。背掌位投照，动物俯卧保定，病肢腕部置于暗盒上，头转向健肢，为防止患肢发生转动，可在肘关节下放一软垫（图 16-35）。斜位投照时，将患肢向内或向外侧转动，直至腕关节与胶片呈45°角。

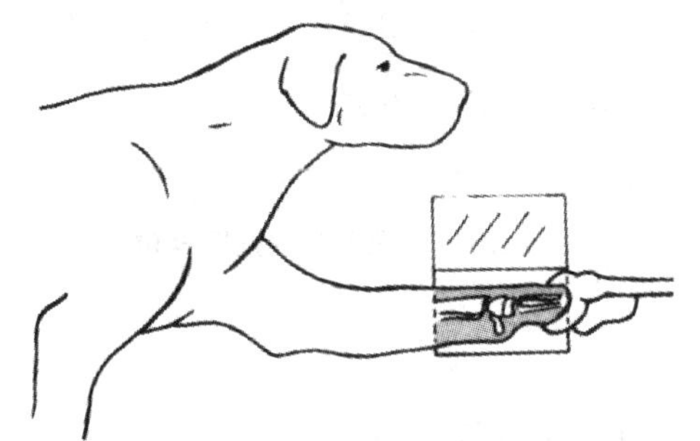

图 16-34　腕关节侧位投照摆位

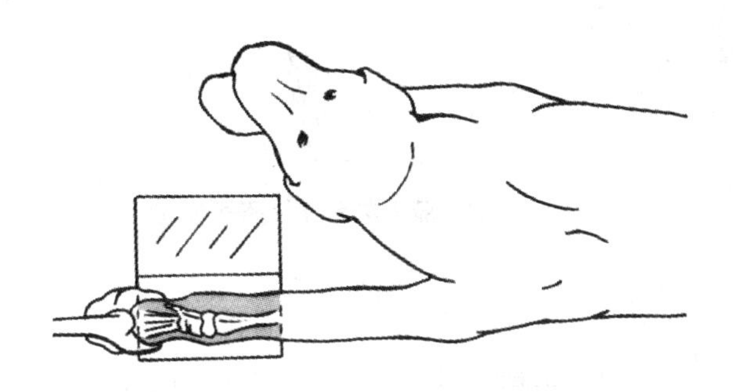

图 16-35　腕关节背掌位投照摆位

（六）掌骨和指（趾）骨

通常采用背掌位和侧位检查。背掌位检查时，俯卧保定，患肢平放于暗盒上，中心线对准掌骨中部（图 16-36）。侧位投照时，患侧在下的侧卧保定，病肢向前牵引，置于暗盒上，在肘关节下方置一沙袋以保持病肢的位置，其上方健肢向后牵引并用带子拴住，中心线对准掌骨的中部（图 16-37）。

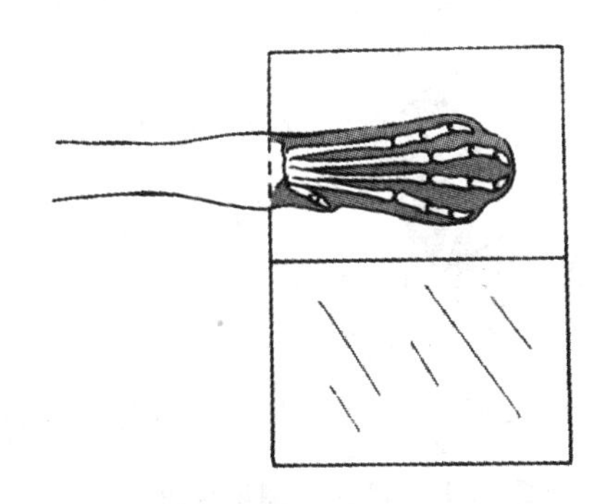

图 16-36　掌骨和指（趾）骨背掌位投照摆位

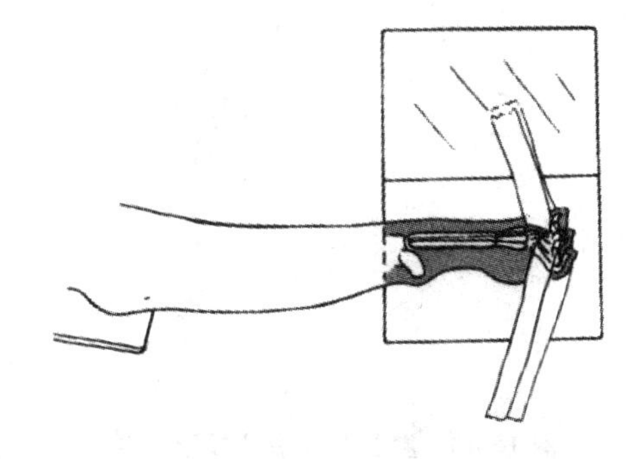

图 16-37　掌骨和指（趾）骨侧位投照摆位

（七）股骨

可采用侧位和头尾位。头尾位投照，动物仰卧，将两后肢向后牵引，使股骨与胶片平行，膝关节向内转动，前躯置于槽形海绵垫中，以防止体躯发生转动，中心线对准病肢股骨中点（图 16-38）。侧位投照时，患病动物病侧横卧，上方健肢外展，屈曲且用带子系住，中心线垂直对准病肢的中点（图 16-39）。

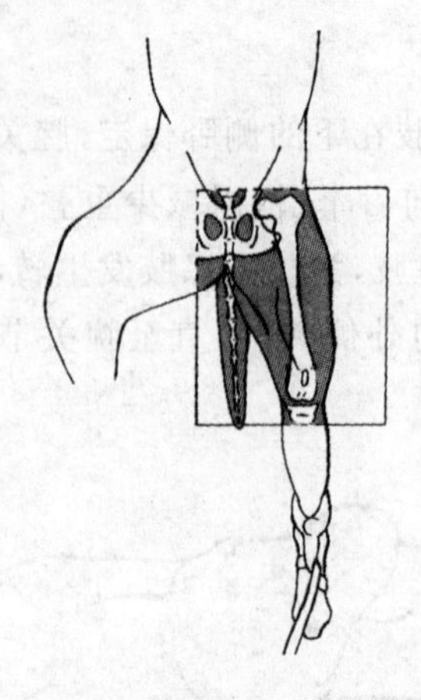

图 16-38　股骨前后位投照摆位

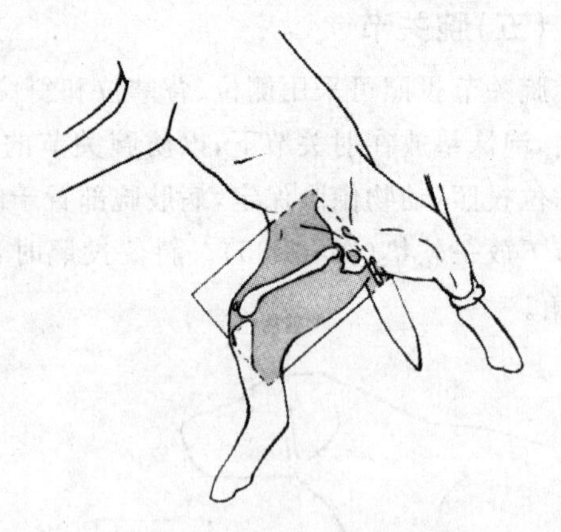

图 16-39　股骨侧位投照摆位

(八)膝关节

采用头尾位时，患病宠物俯卧，患肢向后牵引，保持伸展状态，将膝关节向内转，中心线通过膝关节间隙(图 16-40)。侧位时，患病宠物侧卧，病肢在下，将上侧健肢外展和屈曲，并用带子系住拉向后侧。检查膝关节时可中度屈曲，但不可转动。以软垫置于膝关节下支持患肢，并使胫骨长轴与胶片保持平行，可在跗关节上方压一沙袋以保持患肢这种位置。中心线穿过关节间隙(图 16-41)。

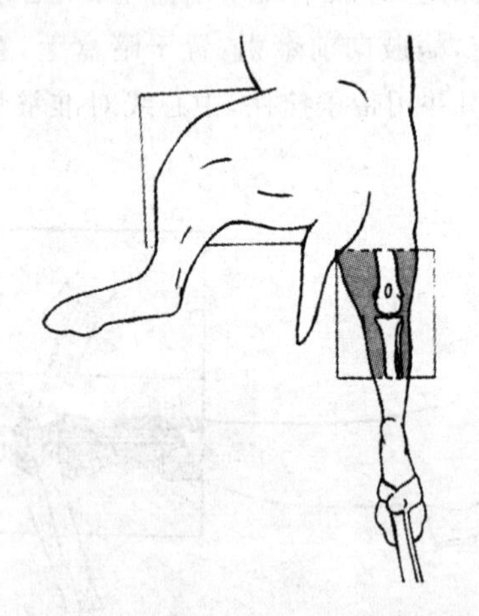

图 16-40　膝关节前后位投照摆位

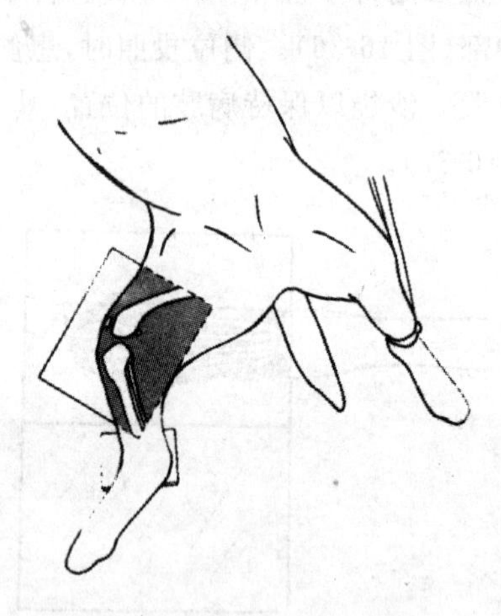

图 16-41　膝关节侧位投照摆位

(九)胫骨和腓骨

侧卧保定，患肢贴近片盒，膝关节轻微屈曲并保持端正的侧位，对侧肢向前或向后牵拉出X线束投照区，投照范围包括膝关节、胫骨、腓骨和跗关节(图 16-42)。前后位时，患病动物俯卧，患肢向后伸展，胫骨和腓骨置于片盒中央，使胫骨和腓骨为端正的前后位，髌骨位于两股骨髁之间(图 16-43)。

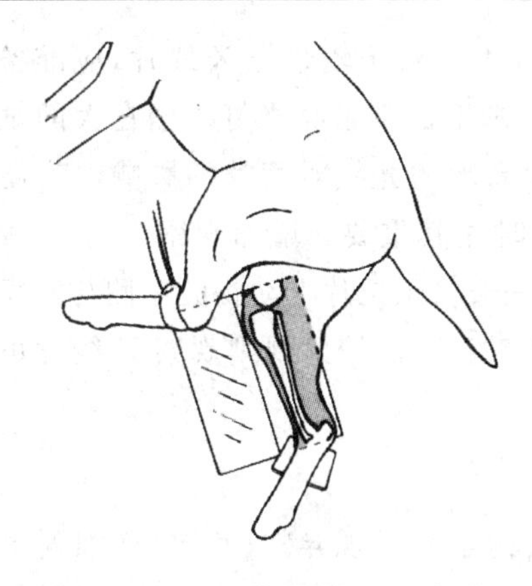

图 16-42　胫、腓骨侧位投照摆位

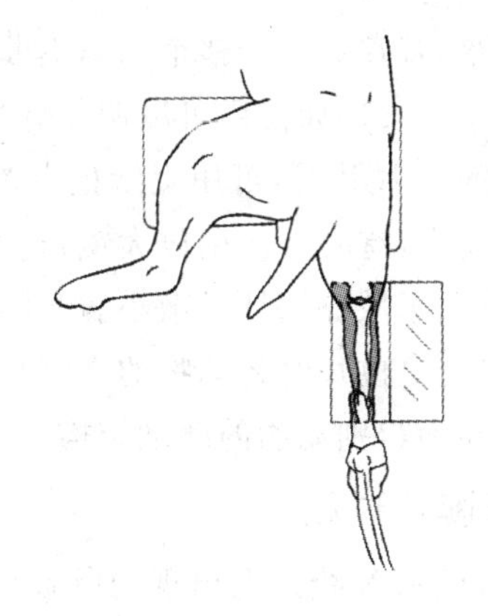

图 16-43　胫、腓骨前后位投照摆位

(十)跗关节

跗关节的背跖位，将患病宠物俯卧，患肢向前伸展暴露于体侧，患肢轻微外展远离体壁，避免体壁与跗关节重叠，膝关节内旋，使髌骨位于股骨髁之间，以确保跗关节成端正的背跖位(图 16-44)。侧位投照时，将患犬横卧，病肢在下，向后牵引病肢屈曲膝关节，将跗关节置于暗盒中心，并在其脚爪上压一沙袋，以保持这种姿势，上方健肢向前牵引并用带子系住，中心线对准跗关节(图 16-45)。

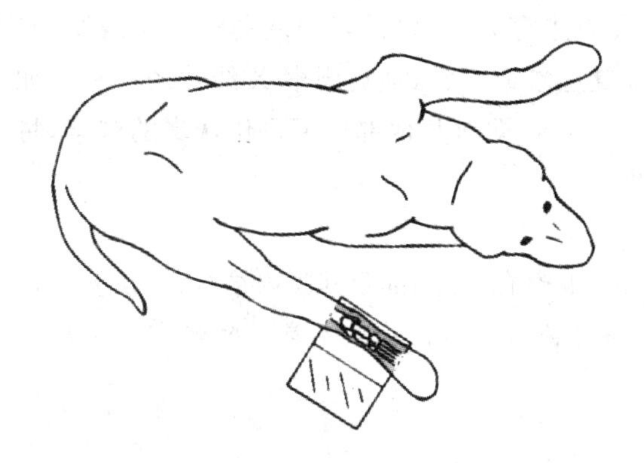

图 16-44　跗关节背跖位投照摆位

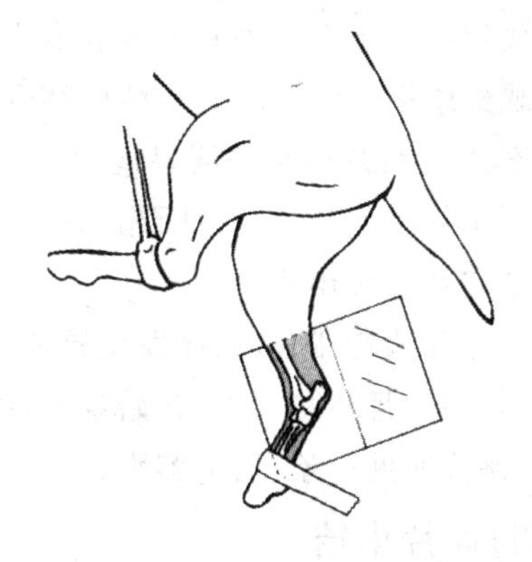

图 16-45　跗关节侧位投照摆位

第五节　X 线片的读片与疾病诊断

一、读片

读片是对 X 线片上的信息进行判读，了解体内组织器官的结构形态，从而进行疾病诊断。

(一)读片装置

X 线片的阅读需要在适宜的条件下进行。室内灯光柔和，X 线片放在具有荧光的观片灯上进行观察，观片灯可给整个X线片提供均匀的照明强度。对于较暗的X线片，应准备一个亮光灯用于观察。如使用可以调节灯光强度的观片灯，则不需准备亮光灯。当在大的观片灯上看较小的X线片时，可用黑纸板自制遮挡物，以减少周围的光线对读片的影响。为便于细小病变的观察，有时要使用放大镜，这在观察骨骼结构时尤其重要。增加观察者与X线片间的距离，有利于散在病灶或微小病变的判读。读片时，一般将正位片上动物的左侧与观察者右侧相对放置，侧位片时将动物的头侧与观察者的左侧相对。每次按此规则观察X线片可使观察者很容易地辨别动物的解剖结构。

(二)读片过程

首先，识别X线片上出现的所有结构，注意这些结构是否出现异常；其次，详细列出出现异常现象的可能原因；再次，将X线片的结果与临床征象和其他的辅助诊断结果相结合；最后，列出可能的诊断结果，按可能性大小排列，要把所有的因素都考虑进去，即进行鉴别诊断。

(三)读片方法

读片时应采用循序读片的方式，这种读片方法能保证在任何情况下整张X线片都能被观察到，而非只观察认为存在病灶的部位。有意义的病变可能不在预想的区域，如果观察者不按顺序进行观察可能就会遗漏病灶，为了保证应该显示的结构确实都观察到，必须循序读片。

1. 区域式读片

在拍片时将怀疑的病变部位置于胶片中央，在中央部位影像的形态失真最小，两边的结构也可观察到。由于X线片的中央部位最易吸引人的注意力，所以最好先从周边开始观察，然后循序观察中央。看到的每个结构都应注意其位置正常或异常，最后观察X线片的中央。如果先观察到X线片中央的明显病灶，就会出现一种倾向，即对其他部位不再作认真的观察，特别是在所见的病灶与假设诊断相一致时更会如此。

2. 器官系统式读片

列出并确认各器官，从而发现异常阴影。首先，观察脊椎、胸部及其腹内结构；再从实质性脏器(如肝、脾、肾和膀胱等)开始观察，确认显影的胃肠道；最后，确认不常见阴影和不常显影的器官，评价所见征象，列出鉴别诊断表。

(四)读片小结

任何观察方法只要是能将X线片全面观察就是可接受的方法。最好的放射诊断是将正常的放射解剖学知识与生理学、病理学、病理生理学、临床学以及其他诊断结果和经验要素相结合的过程。必须注意的是，机体对病理过程的反应只有那么几种方式，不同的疾病可产生相同的X线变化，相同的疾病不可能总是以一种方式表现出来。一种病理过程可能会掩盖另一种病理过程。在理解了病理过程的前提下，就能非常容易地解读X线片。所见支持诊断的X线征象越多，完成诊断的可能性越大。仅凭见到一个或两个特殊征象，或根据以前见到的一种状况马上作出诊断是不行的。

二、常见疾病的诊断

(一)骨骼和关节疾病的诊断

1. 骨和关节的正常X线解剖

骨骼分为长骨、短骨、扁骨和不规则骨，长骨一般由密质骨、松质骨、骨髓腔和骨膜组成，未成年动物还包括骨骺、骺板(生长板)和干骺端(图16-46)。关节分为不动关节、微动关节和能动关节，四肢关节多为能动关节，由两个或两个以上关节骨端、关节囊、关节腔组成(图16-47)。

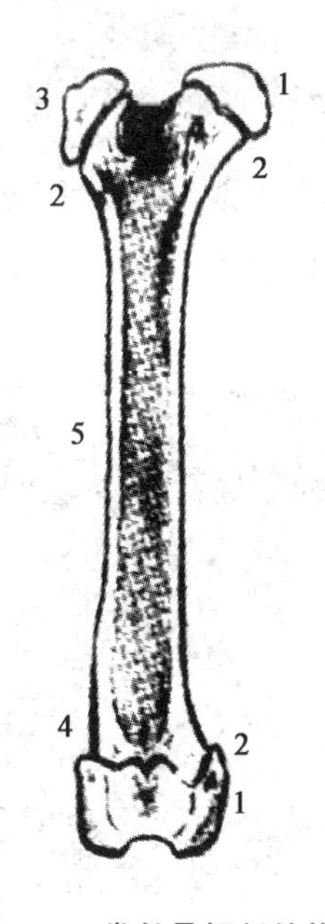

图16-46　正常长骨解剖结构示意图

1.骨骺；2.骺板；3.骨突；4.干骺端；5.骨干

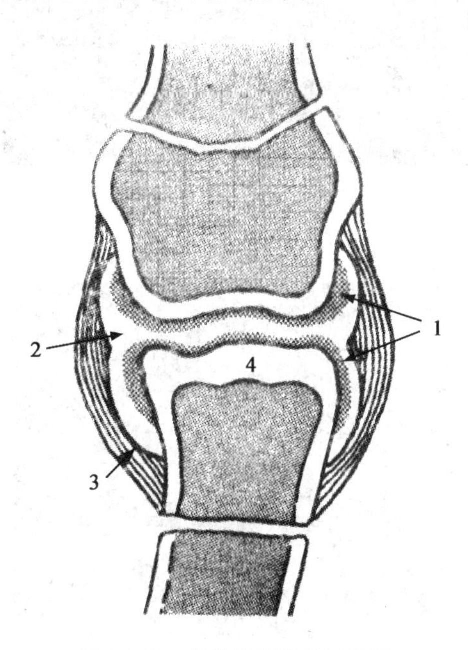

图16-47　关节解剖结构示意图

1.关节软骨；2.关节腔；3.关节囊；4.软骨下骨

2. 常见骨骼疾病的X线影像表现

(1)骨折　平片显示骨连续性中断，骨折线明显，骨小梁中断、扭曲、错位，骨骼发生分离移位、水平移位、重叠移位、成角移位或旋转移位等变形情况，同时并发软组织肿胀的征象(图16-48至图16-55)。

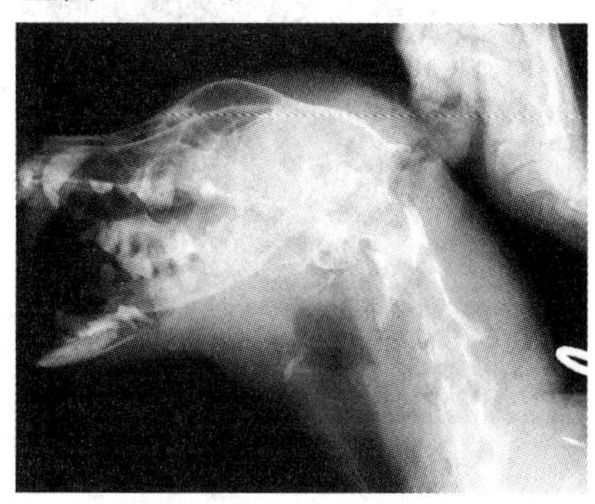

图16-48　下颌骨骨折

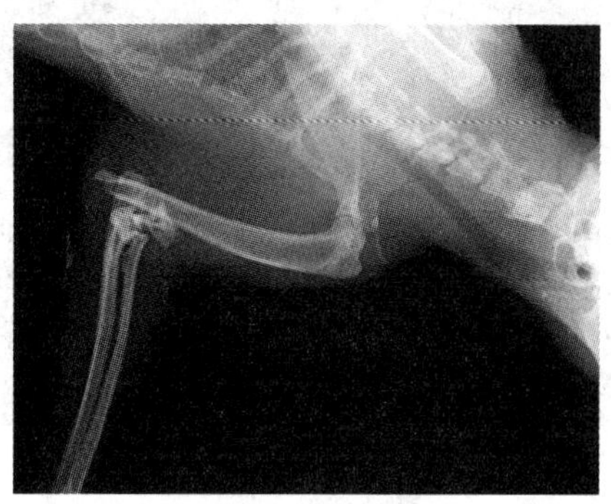

图16-49　肱骨骨折

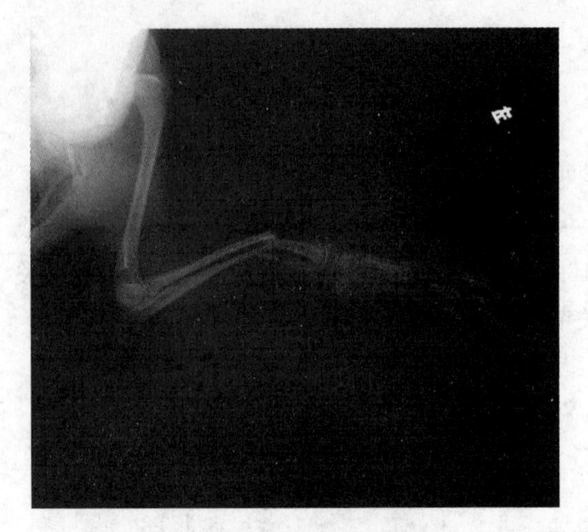

图 16-50 桡骨、尺骨骨折

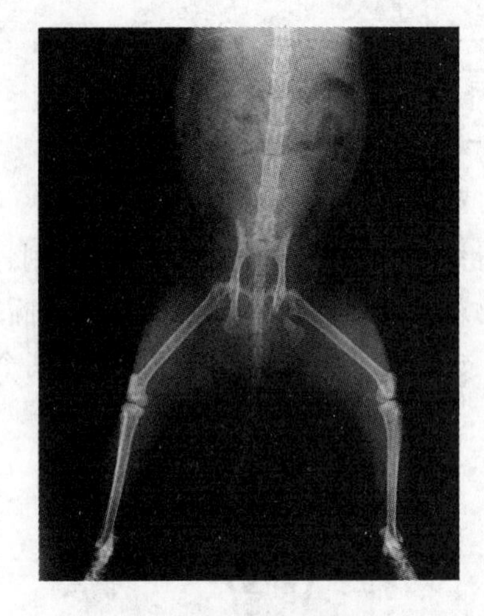

图 16-51 骨盆骨折

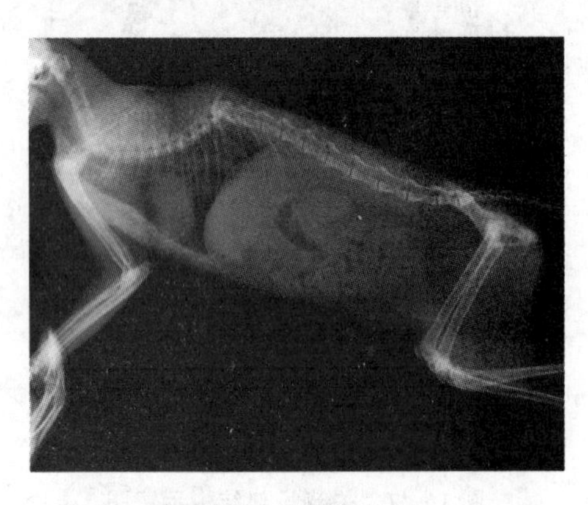

图 16-52 胸椎骨折

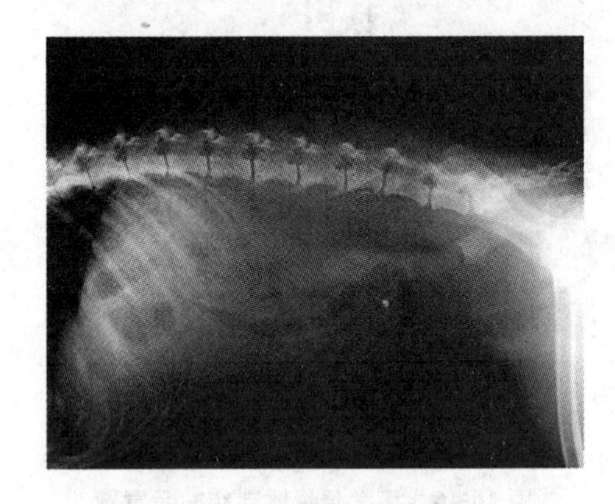

图 16-53 腰椎压缩性骨折

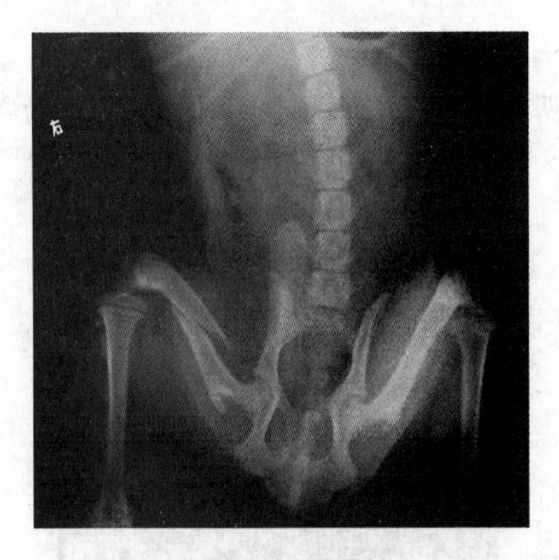

图 16-54 股骨骨折

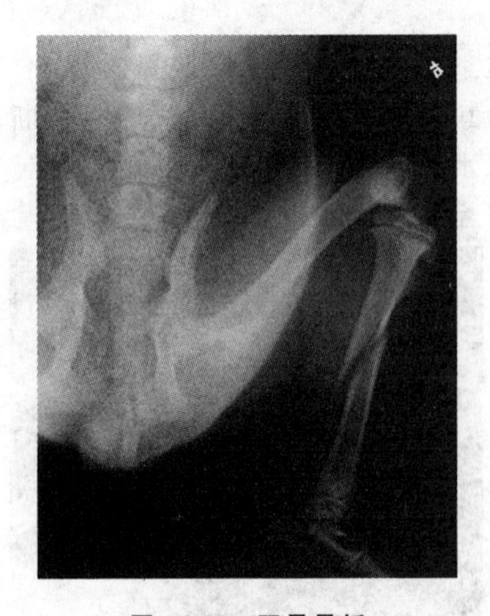

图 16-55 胫骨骨折

(2)骨肿瘤　良性肿瘤病灶骨密度降低或增高,范围下界限清晰;邻近骨皮质膨胀或受压迫变薄,但骨皮质不中断。恶性肿瘤病灶区与正常骨之间有一块界限不清的过渡区;皮质骨破坏;不同程度的骨质增生,新生骨可伴随肿瘤生长侵入周围软组织;肿瘤灶处及邻近骨膜多呈放射状、花边状骨化或考得曼三角形骨化,常见病理性骨折(图 16-56、图 16-57)。

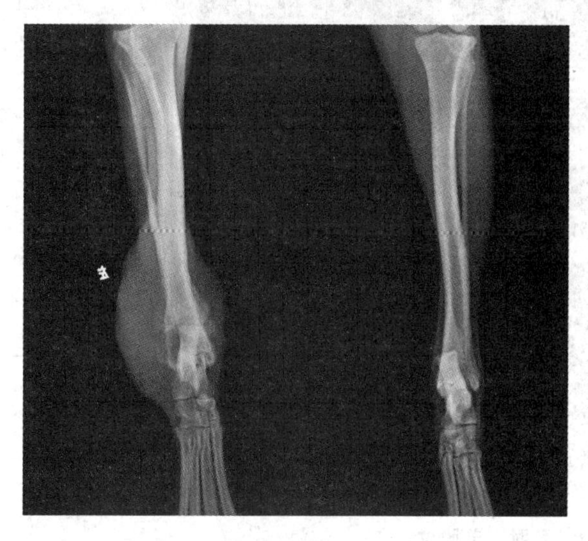

图 16-56　后肢骨肿瘤

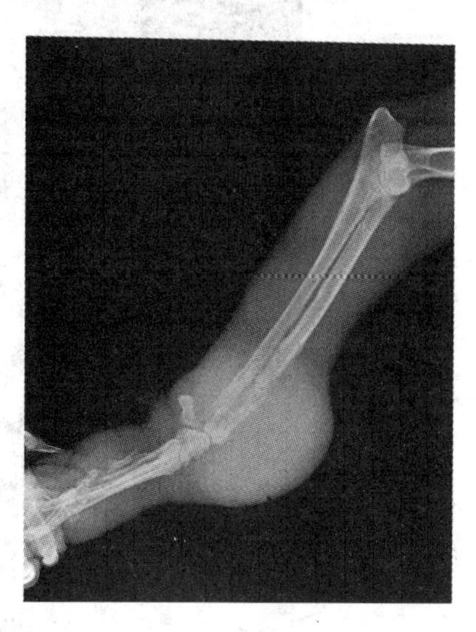

图 16-57　前肢骨肿瘤

(3)关节脱位　关节不全脱位时,关节间隙宽窄不一或关节骨位移但关节面之间尚保持部分接触;全脱位时,相对应的关节面完全分离移位,无接触(图 16-58 至图 16-60)。

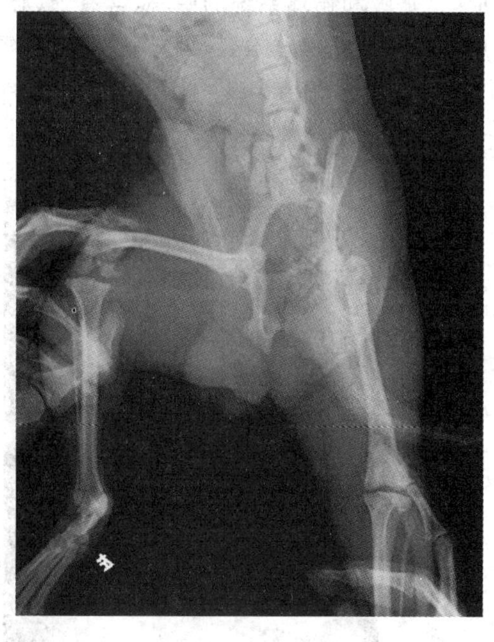

图 16-58　髋关节脱位

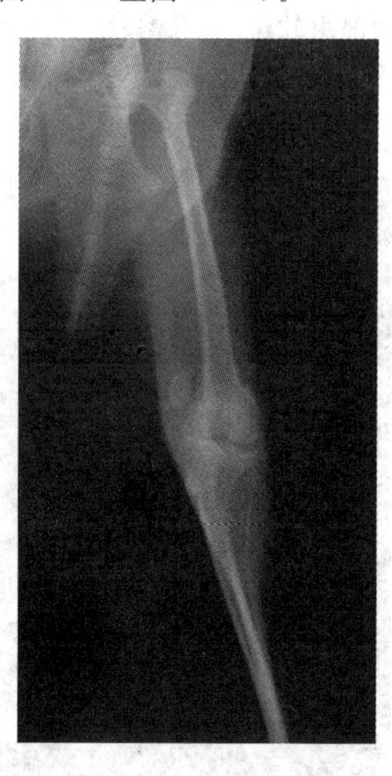

图 16-59　犬髌骨脱位

(4)髋关节发育异常　髋臼变浅、股骨头扁平、关节间隙增宽;髋臼与股骨头关节软骨下骨质硬化,影像密度升高;髋臼缘骨质增生,呈唇样突起;股骨颈骨质增生,倾角改变,呈髋内翻或髋外翻;髋关节半脱位或脱位(图 16-61)。

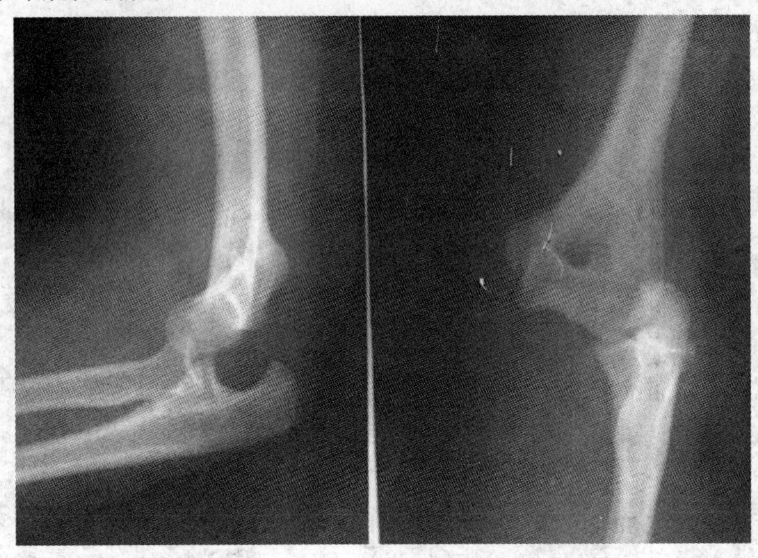

图 16-60　犬肘关节脱位

(二)胸部疾病的诊断

1. 胸部正常 X 线解剖

胸部由软组织、骨骼、纵膈、横膈、胸膜等组成,是呼吸和循环系统的中心,含有肺、心和大血管等,组织结构复杂,层次丰富。胸部检查常用侧位片和正位片检查,可对胸部食道、气管、肺、心、胸腔疾病进行诊断。犬正常 X 线解剖结构见图 16-62 至图 16-65。

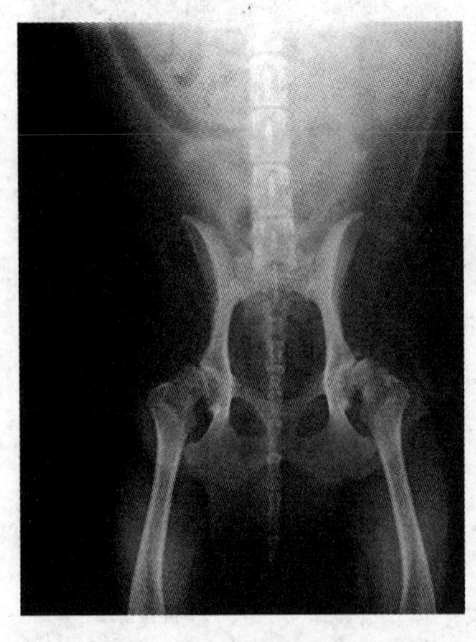

图 16-61　髋关节发育异常

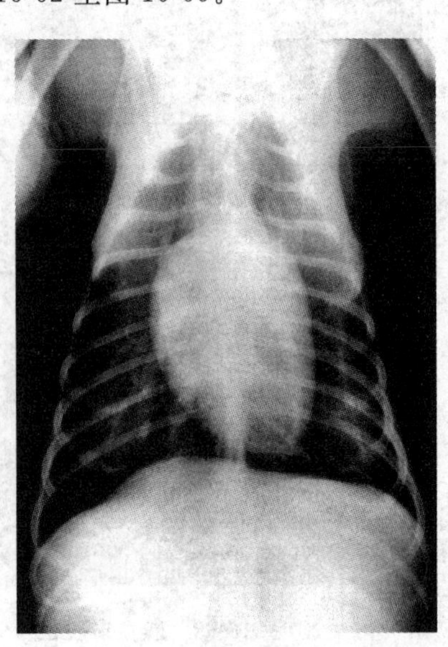

图 16-62　胸部腹背位投照

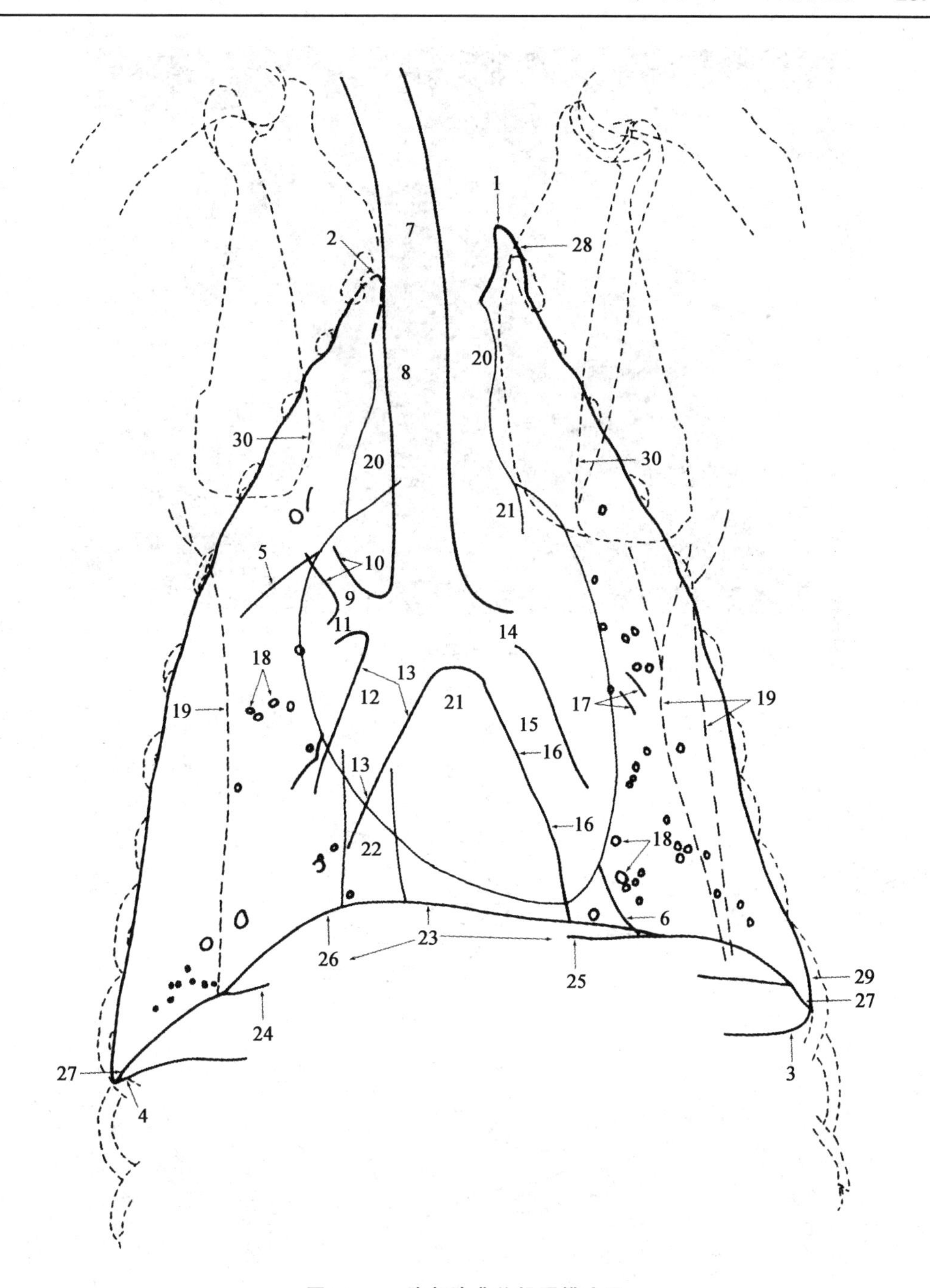

图 16-63　胸部腹背位投照模式图

1.左前叶前界;2.右前叶前界;3.左后叶后界;4 右后叶后界;5.右前叶后界增厚、纤维化的胸膜组织;6.膈心包韧带,标示后纵隔的腹侧部;7.胸腔入口处的气管腔;8.中线右侧处前纵隔内的气管腔;9.右前叶支气管腔;10.右前叶支气管壁;11.右中叶支气管腔;12.右后叶支气管腔;13.右后叶支气管壁;14.左前叶后部支气管腔;15.左后叶支气管腔;16.左后叶支气管壁;17.线性高密度阴影,标示进入左前叶后部的部分支气管壁;18.圆形高密度阴影,标示支气管壁的断面观;19.皮褶引起的肺野外侧区的阴影;20.前纵隔;21.心影,包括前缘的主动脉弓;22.后腔静脉;23.膈影;24.右膈脚;25.左膈脚;26.膈顶;27.肋膈隐窝;28.第 1 肋骨;29.第 10 肋骨;30 肩胛冈

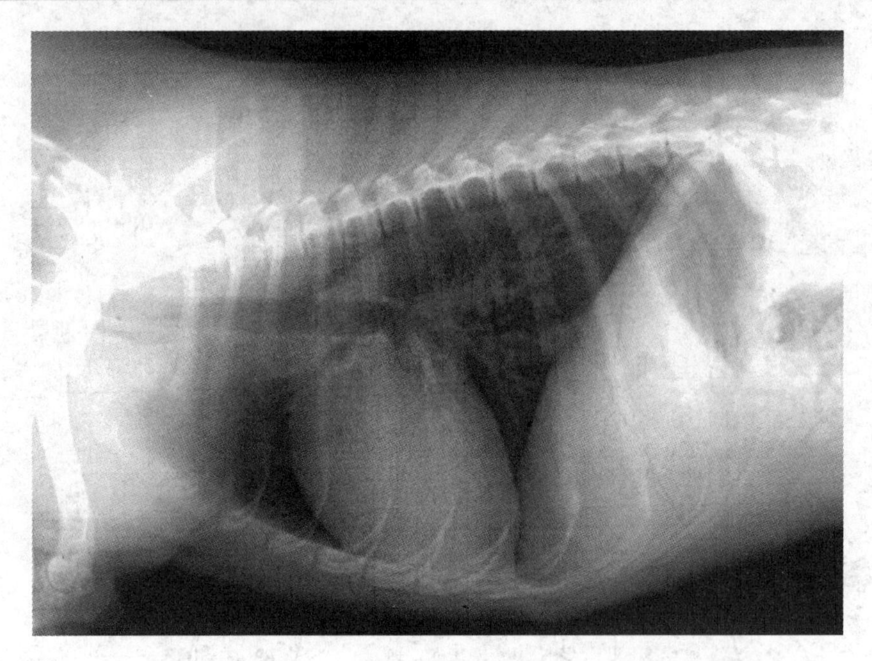

图 16-64 胸部侧位投照

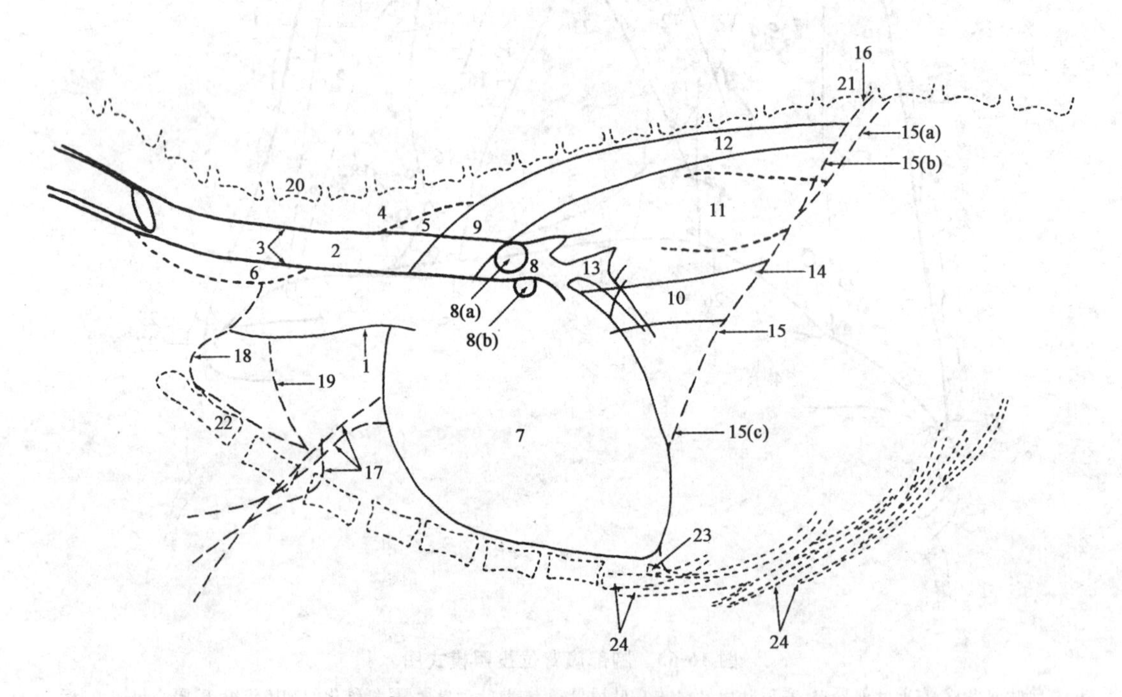

图 16-65 胸部侧位投照模式图

1.前腔静脉腹侧缘；2.气管腔；3.气管壁；4.颈长肌阴影；5.向后延伸的充气食管；6.充气的食管；7.心影；8.气管水平分叉处；8(a)右前叶支气管起始处；8(b)左前叶支气管起始处；9.主动脉弓；10.后腔静脉；11.充液的食管腔；12.降主动脉；13.肺血管；14.后腔静脉，从后腔静脉裂孔进入膈；15.膈影；15(a)左膈影；15(b)右膈影；15(c)膈顶；16.腰膈隐窝；17.与胸腔重叠的腹侧皮褶；18.左前叶的前界；19.右前叶的前界；20.第1腰椎；21.第12腰椎；22.胸骨柄；23.剑突；24.钙化的肋软骨

2.胸部常见疾病的X线影像表现

(1)支气管扩张　早期轻度支气管扩张在平片上可无明显表现，严重时才会有直接或间接征象的变化，主要表现：肺纹理增多、紊乱或呈网状，扩张含气的支气管表现为粗细不均的管状透明影，扩张而有分泌的支气管则表现为不规则密度增高阴影；肺内炎症时，可见在增多、紊乱的肺纹理中可伴有小斑片状模糊影；肺不张时，可见病变区可有肺叶或肺段不张，表现为密度不均三角形致密影，多见于中叶及下叶，肺膨胀不全可使肺纹理聚拢(图16-66)。

(2)肺气肿　肺气肿的X线征象表现为肺野透明度显著增高，显示为非常透亮的区域，膈肌后移，且活动性减弱。气肿区的肺纹理特别清楚，并较疏散。犬、猫发生广泛性肺气肿时，背腹位上可见胸廓呈桶装，肋间隙变宽，膈肌位置降低，呼吸动作明显减弱。一侧性肺气肿时，则纵膈被迫向健侧移位。

(3)小叶性肺炎　在肺野中可见多发的大小不等的点状、片状或云絮样渗出性阴影，多发生在肺心叶和膈叶，常呈弥漫性分布，或沿肺纹理的走向散在分布于肺野。支气管和血管周围间质的病变，常表现出肺纹理增多、增粗和模糊。小叶性肺炎的密度不均匀，中央浓密，边缘模糊不清，与正常肺组织没有清晰的分界。大量小叶性肺炎融合成大片浓密阴影，像大叶性肺炎，但其密度不均匀，不局限于一个肺大叶或肺大叶的一段(图16-67)。

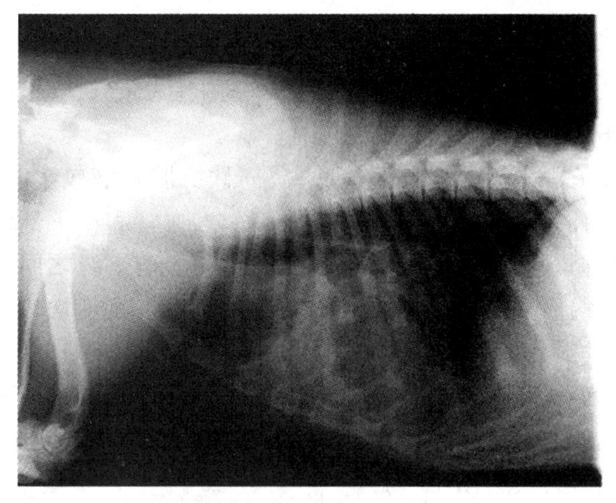

图16-66　支气管扩张

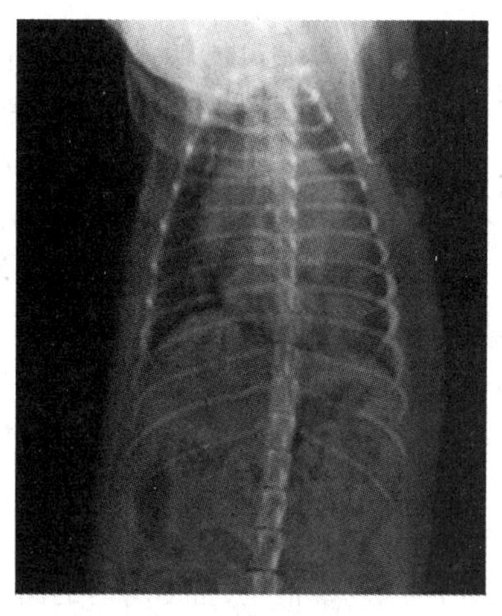

图16-67　小叶性肺炎

(4)大叶性肺炎　大叶性肺炎病理过程具有典型的分期，其对应的影像征象也较为明显。充血期时，肺内有浸润和水肿，无明显征象或仅表现为肺纹理增加、增重或增粗，肺部透亮性稍降低。肝变期，分为红色肝变期和灰色肝变期，但X线检查不能区分；肝变期时肺野的中、下部显示大片广泛而均匀致密的阴影，其形态可呈三角形、扇形或其他不规则的大片状，与肺叶的解剖结构或肺段的分布完全吻合，边缘一般较为整齐而清楚，但有的则较模糊。消散期，由于吸收的先后不同，X线表现常不一致；吸收初期可见原来的肺叶内阴影，由大片浓密、均质，逐渐变为疏松透亮淡薄，其范围亦明显缩小。而后显示为弥散性的大小不等、不规则的斑片状阴影，最后变淡消失(图16-68)。

(5)吸入性肺炎　吸入异物沿支气管扩散，病初肺野呈现沿肺纹理分布的小叶性渗出性阴影，随病情的发展，小片状阴影发生融合，形成弥漫性阴影，密度多不均匀、边缘不清。

(6)气管塌陷　侧位片较易诊断，气管直径均匀一致，塌陷时，常见在胸腔入口处的气管呈上下压扁性狭窄(图 16-69)。拍片时，如头颈部过度向上方延伸则可导致气管在胸腔入口处同样显示上下压扁的气管塌陷、狭窄现象，故应注意摆位。

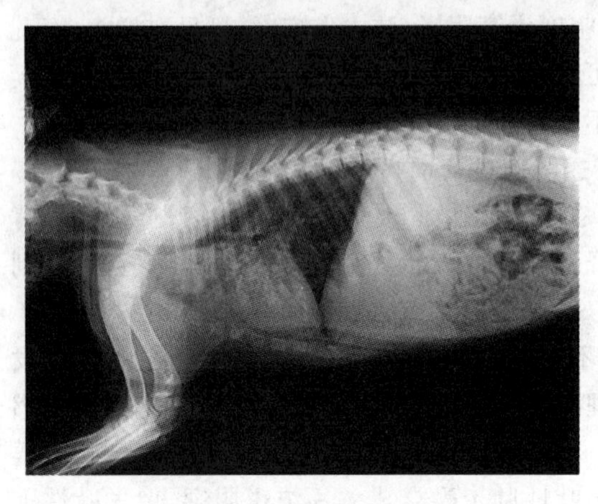

图 16-68　大叶性肺炎

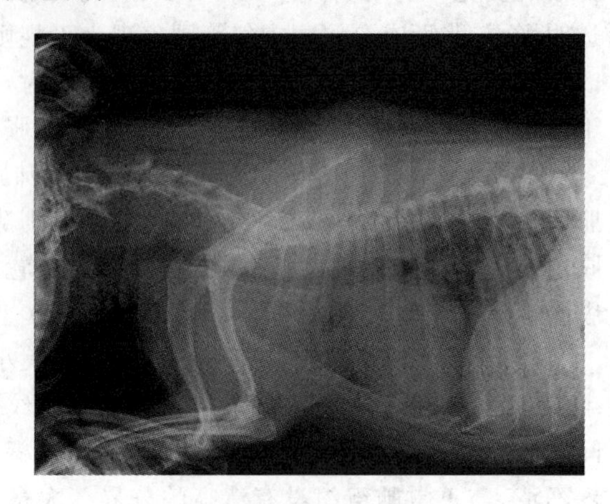

图 16-69　气管塌陷

(7)气胸　气胸时，肺野显示萎陷肺的轮廓、边缘清晰、密度增加，吸气时稍膨大。呼气时缩小。萎陷肺轮廓之外，显示比肺密度更低的、无肺纹理的透明气胸区，一侧性大量气胸时，纵隔可向健侧移位，肋间隙增宽，横膈后移(图 16-70)。

(8)胸腔积液　极少量游离性胸腔积液在 X 线片上不易发现。游离性胸腔积液较多时，站立侧位水平投照显示胸腔下部均匀致密的阴影，其上缘呈凹面弧线；心、大血管和中下部的膈影均不可显示。侧卧位投照时，心阴影模糊、肺叶密度广泛增加，在胸骨和心前下缘之间常见三角形高密度区。包囊性胸腔积液时，X 线表现为圆形、半圆形、梭形、三角形，密度均匀一致。间叶积液，X 线显示梭形、卵圆形、密度均匀。

(9)肺肿瘤　原发性肿瘤 X 线显示多为位于肺门区的边缘轮廓的圆形或结节状致密阴影，肿瘤有时可产生支气管阻塞，导致肺气肿和肺不张。转移性肿瘤可见肺野内单个或多个、大小不一、轮廓清楚、密度均匀的圆形或类圆形阴影(图 16-71)。

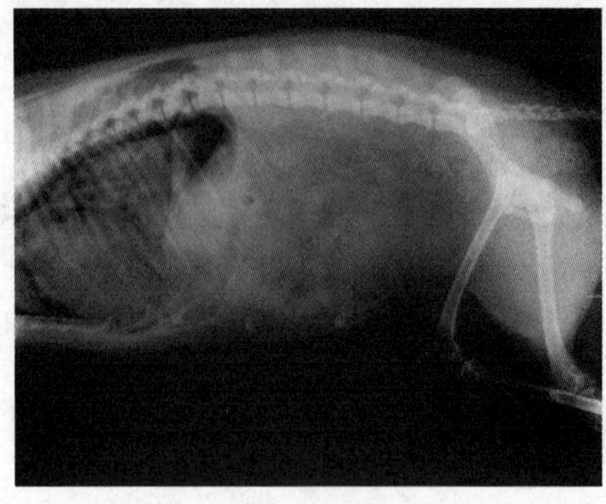

图 16-70　气胸

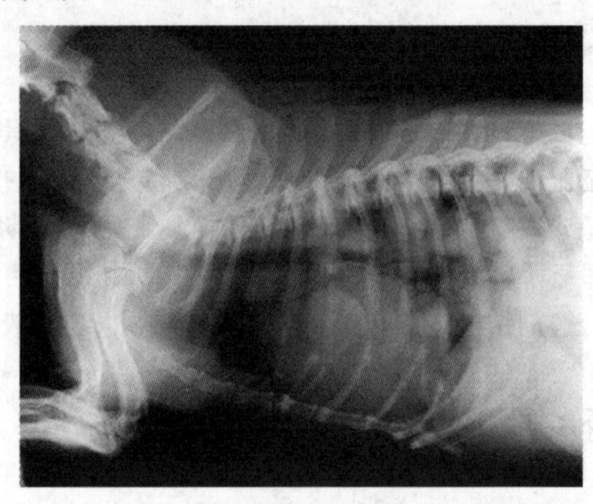

图 16-71　肺肿瘤

(10)心包积液　正常情况下,由于心包腔内存在少量液体而使心边缘显影不清楚。当心包大量积液时,心轮廓增大、变圆,X 线影像表现为球形;正位片,心包边缘几乎与两侧肋骨接触;心边缘清楚。

(11)心增大　犬侧位片的心影像,其头侧缘背侧为右心房、腹侧为右心室,后侧缘背侧为左心房、腹侧为左心室(图 16-72)。背腹位片的心影像形如歪蛋,右缘的头侧形圆,上 1/4 为右心房,向尾侧则为右心室和肺动脉。心尖偏左,左缘略直,全为左心室所在,在左缘近头侧的地方为左肺动脉。心的形态大小和轮廓因动物品种不同而差异较大,深胸品种犬(如柯利犬)心的侧位影像长而直,约为 2.5 肋间隙宽,正位片上心影像较圆较小;圆筒状宽胸品种犬(如腊肠犬)心的侧位影像右心显得更圆,与胸骨接触面更大,心宽度为 3～3.5 肋间隙宽度,正位片上右心显得扩大而且更圆。

心肥大分为全心增大、左心房增大、左心室增大、右心房增大和右心室增大。由于动物种类、品种、体型和大小差异较大,心正常形态大小差异较大,故对心增大的判定尚无统一标准。现在多采用椎体心分比(vertebral heart score,VHS)来进行心增大的判定。其方法是在标准的侧位片上,测定心的长轴和短轴,心长轴是以左主支气管腹侧缘至心尖最底部,将测得长度从 T4 前缘之后与椎体长度相比较,精确到 0.1 个椎体(L);心短轴是在心影中央测量最大垂直距离,将所测得长度也从 T4 开始向后测量椎体数,精确到 0.1 个椎体(S)(图 16-73)。然后计算 VHS,其等于 L+S,VHS 一般为 8.5～10.5 椎体,短胸犬上限至 11 椎体,长胸犬上限小于 9.5 椎体;猫 VHS 侧位片在 6.7～8.1 椎体。如 VHS 超过上限则判定为心增大。此外,还可根据 X 线片上心影像增大的部位,进一步诊断心增大的部位,如心后缘腹侧增大明显,则多为左心室增大。

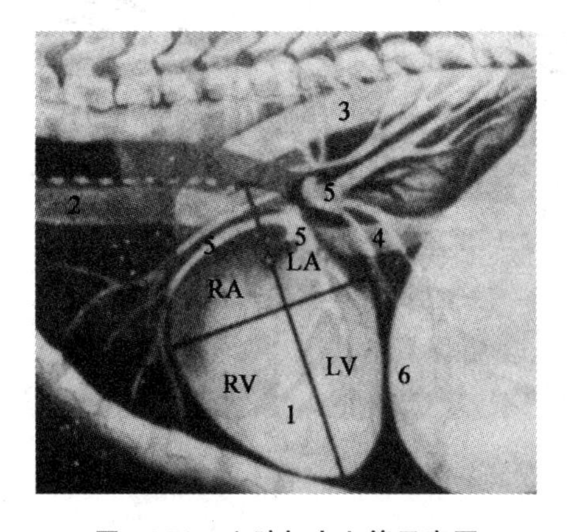

图 16-72　心脏与大血管示意图

1. 心脏;2. 前腔静脉;3. 主动脉;4. 后腔静脉;5. 肺血管
6. 横膈;RA. 右心房;LA. 左心房;
RV. 右心室;LV. 左心室

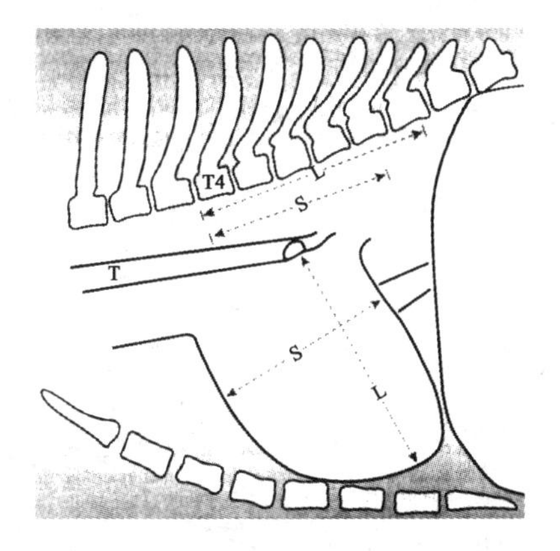

图 16-73　椎体心脏分比示意图

(三)腹部疾病的诊断

1. 腹部正常 X 线解剖

正常腹腔内器官多为实质性或含有液、气的软组织脏器,多为中等密度,其内部或器官之间缺乏明显的天然对比,故除普通平片外,通常需进行造影检查。正常犬 X 线腹部解剖见图

16-74 至图 16-77。

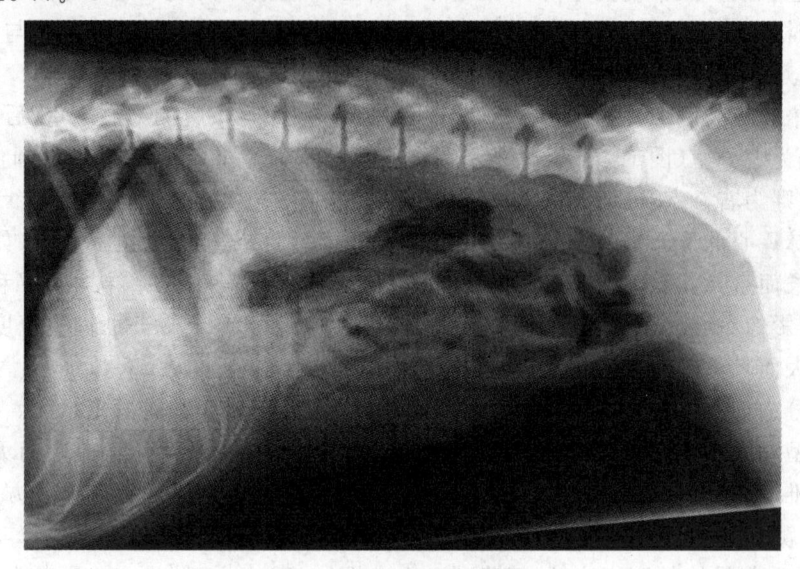

图 16-74　腹部侧位投照

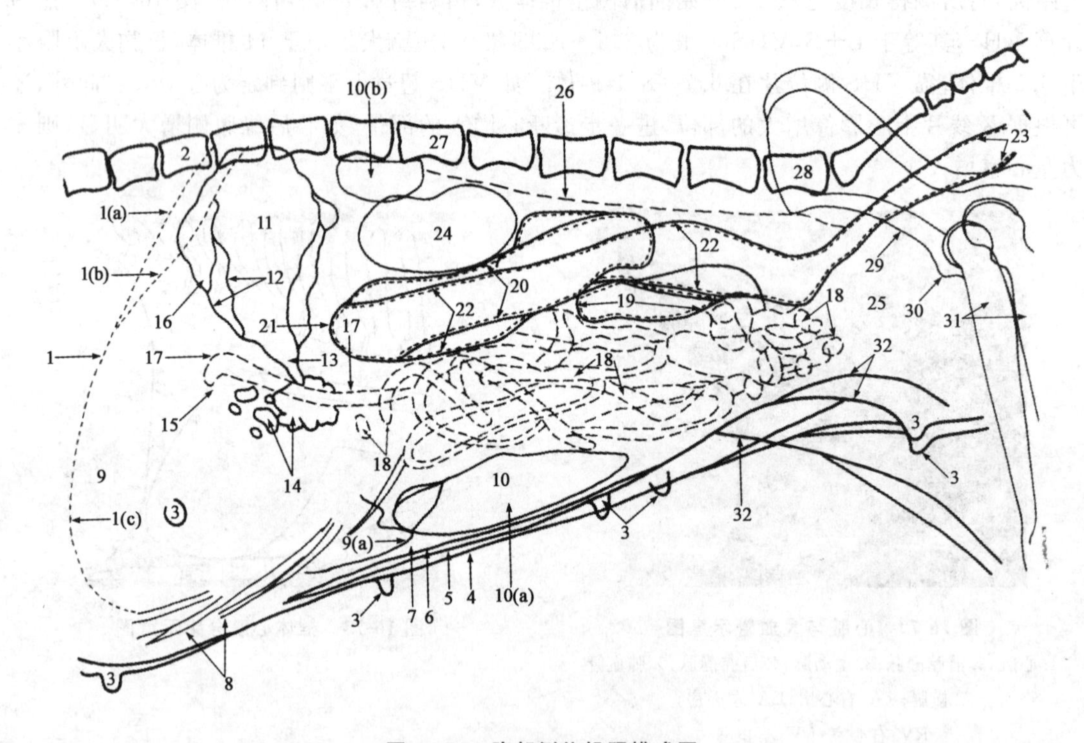

图 16-75　腹部侧位投照模式图

1. 膈影；1(a). 左膈脚；1(b). 右膈脚；1(c). 膈顶；2. 第 11 胸椎；3. 软组织密度的乳头阴影；4. 皮肤边缘；5. 皮下脂肪；6. 腹直肌；7. 腹膜内脂肪；8. 钙化的肋软骨；9. 软组织密度的肝阴影；9(a)肝的后腹侧缘；10. 脾；10(a). 腹侧端；10(b). 背侧端；11. 胃底内的气体；12. 胃黏膜；13. 胃体；14. 胃影的幽门部、窦和管；15. 幽门的位置；16. 胃贲门的位置；17. 十二指肠影；18. 空肠和回肠；19 盲肠影；20. 升结肠；21. 横结肠；22. 降结肠；23. 直肠；24. 左肾；25. 膀胱区；26. 腰下肌；27. 第 2 腰椎；28. 第 7 腰椎；29. 髂骨体；30. 髂耻隆凸；31. 股骨体；32. 皮褶

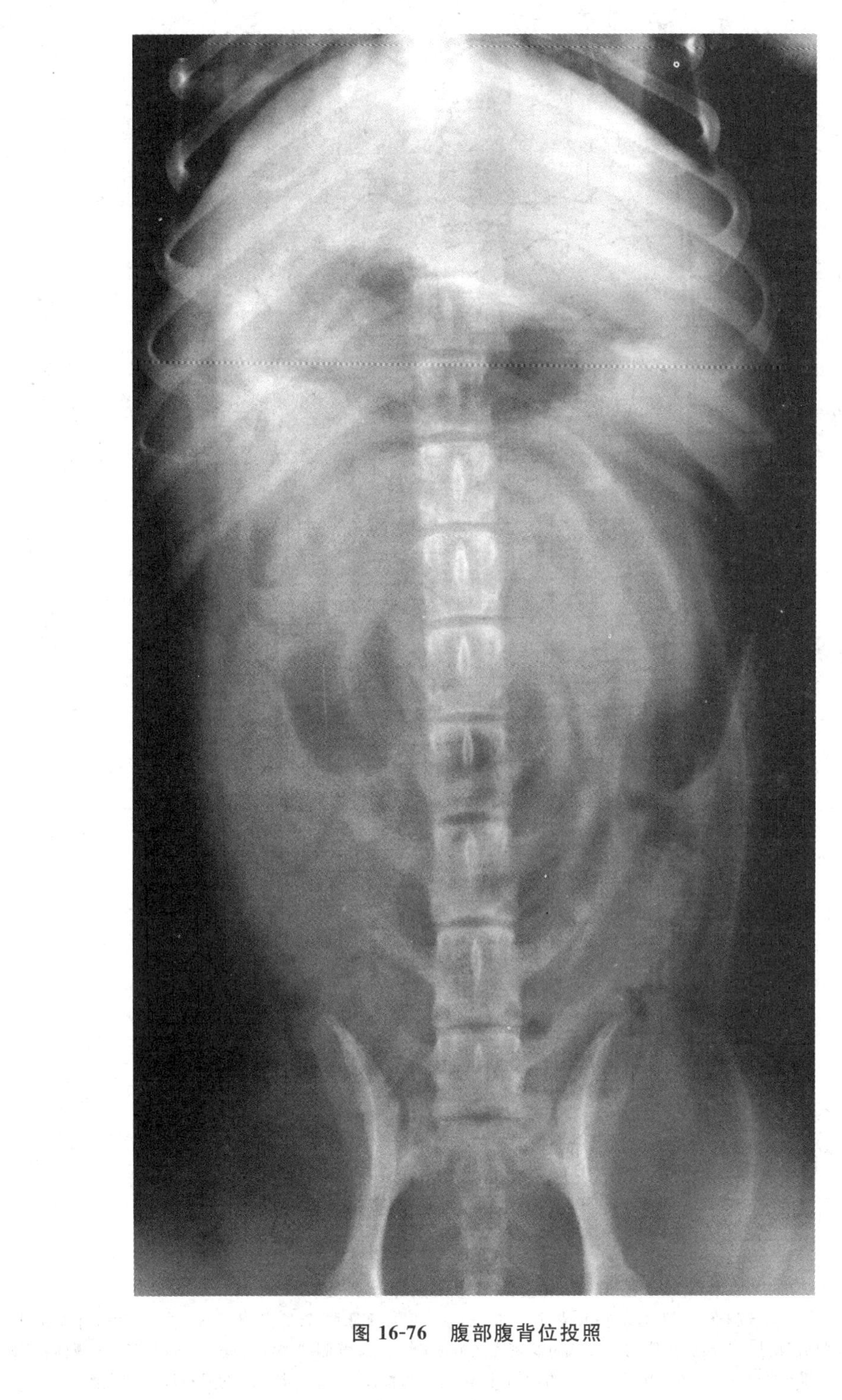

图 16-76　腹部腹背位投照

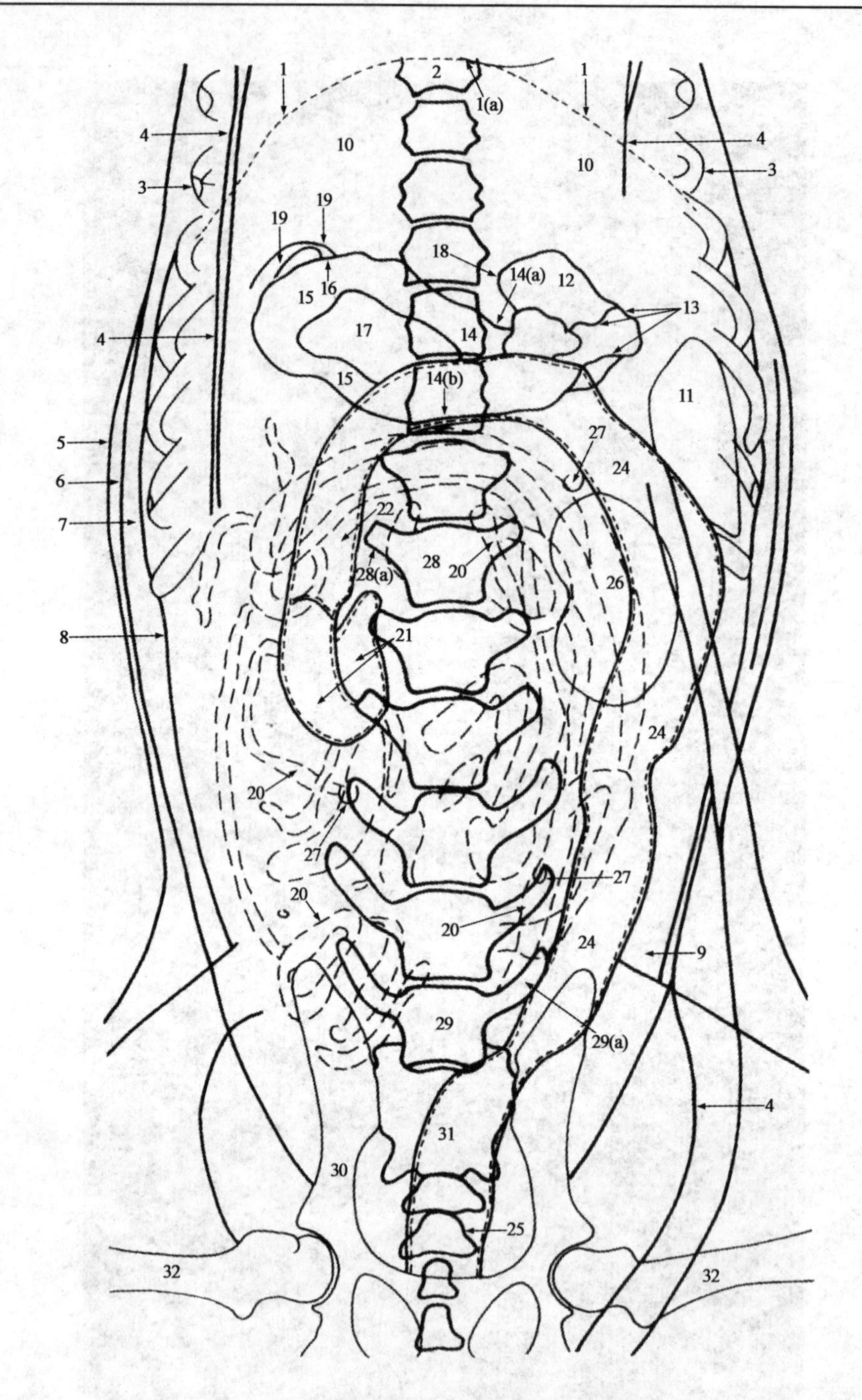

图 16-77 腹部腹背位投照模式图

1. 膈影；1(a). 膈顶；2. 第 8 胸椎；3. 第 8 肋骨；4. 皮褶；5. 皮肤边缘；6. 皮下脂肪；7. 腹外斜肌；8. 与后部肋骨外表面重叠的非常细薄的脂肪层；9. 腹膜内脂肪；10. 软组织密度的肝阴影；11. 脾背侧端；12. 胃底；13. 胃黏膜；14 胃体；14(a). 胃小弯；14(b). 胃大弯；15. 胃影的幽门部、幽门窦和管；16；幽门、幽门括约肌；17. 胃腔内的食糜；18. 胃贲门的位置；19. 十二指肠影；20. 空肠和回肠；21. 盲肠影；22. 升结肠；23. 横结肠；24. 降结肠；25. 直肠；26. 左肾；27. 软组织密度的乳头阴影；28. 第 2 腰椎；28(a). 横突；29. 第 7 腰椎；29(a). 横突；30. 髂骨体；31. 荐骨；32. 股骨体

2.腹部常见疾病的X线影像表现

(1)胃内异物　高密度不透射线异物在腹部平片易于显示，并可显示出异物的形状、大小及所在的位置(图16-78)。低密度异物可通过造影进行检查。

(2)肠梗阻　高密度异物肠梗阻可在平片中显示出异物的形状和大小及其阻塞部位(图16-79)，低密度异物需要造影才能显示，嵌闭性阻塞可确定嵌闭部位，阻塞部位之前水平投照时可见气液平面。

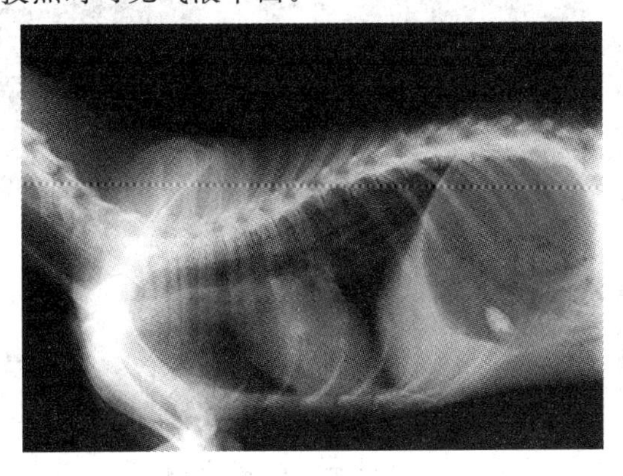

图16-78　胃内异物

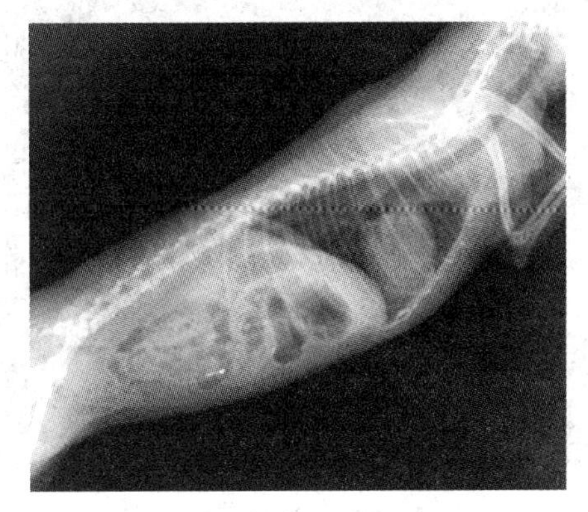

图16-79　肠梗阻

(3)肝肿瘤　X线平片可见肝阴影扩大，在发病肝上能显示数量不等、大小不一高密度肿瘤阴影，气腹造影能更清楚显示肝轮廓和肿瘤形态，严重时，可见与肝相连的胃和结肠向后推移(图16-80)。

(4)肾肿大　平片肾体积超出正常范围，肾临近器官发生移位；若肾形状规则、表面平滑，则肿大可能是代偿、肾盂积水弥漫性肿瘤等引起；若肿大形状不规则、表面不平滑，则可能是原发性或转移性肾肿瘤、肾脓肿、肾血肿引起。

(5)肾结石　一侧或双侧肾盂或肾盏内显示形状、大小、数量不定的高密度阴影或造影后的充盈缺损阴影，同时显示肾盂扩张的并发征象(图16-81)。

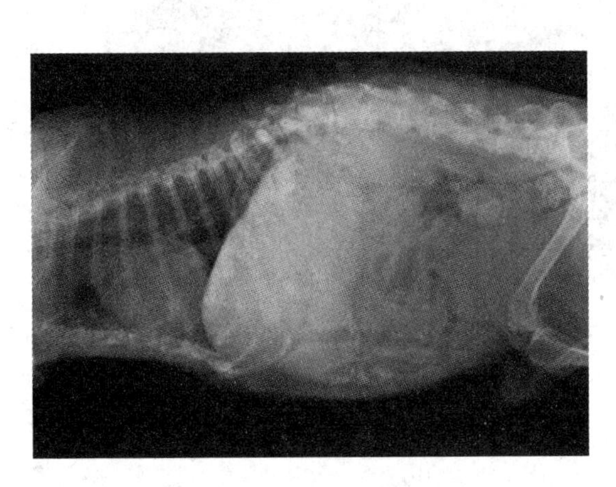

图16-80　肝肿瘤

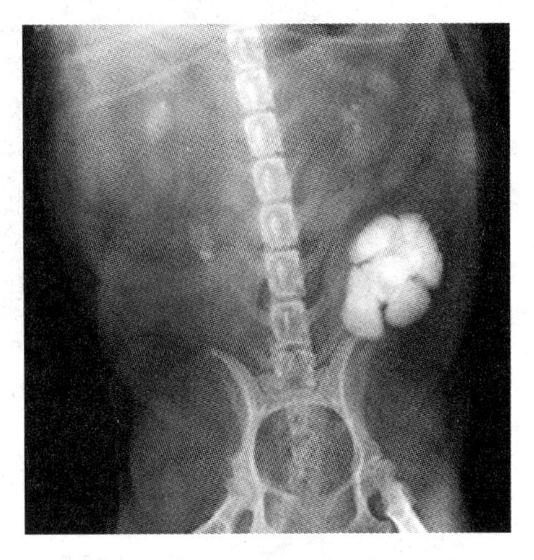

图16-81　肾、膀胱结石

(6)膀胱(尿道)结石　阳性结石时,可见膀胱和/或尿道内有形状、数量、大小不等的高密度阴影;阴性结石时,造影后可见充盈缺损,尿道阻塞后可见充盈的膀胱(图 16-82)。

(7)前列腺肿大　平片显示前列腺位于耻骨前缘之前,膀胱向前下方移位,结肠向背侧移位(图 16-83)。

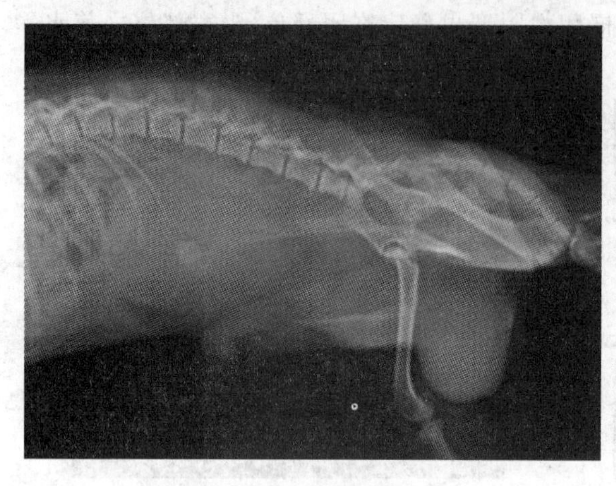

图 16-82　膀胱、尿道结石

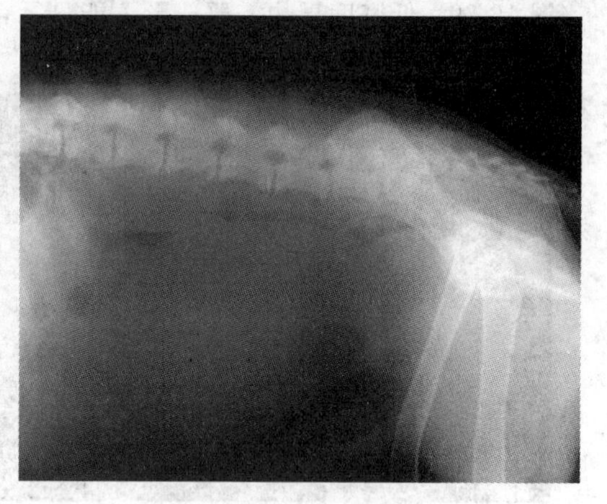

图 16-83　前列腺肿大

(8)子宫蓄脓　X 线诊断只能显示子宫内有液体,并不能显示液体的性质。侧位 X 线片子宫角显示为粗大卷曲的管状或呈分块状的均质软组织阴影,蓄脓严重时可见小肠向前、向背侧推移(图 16-84)。

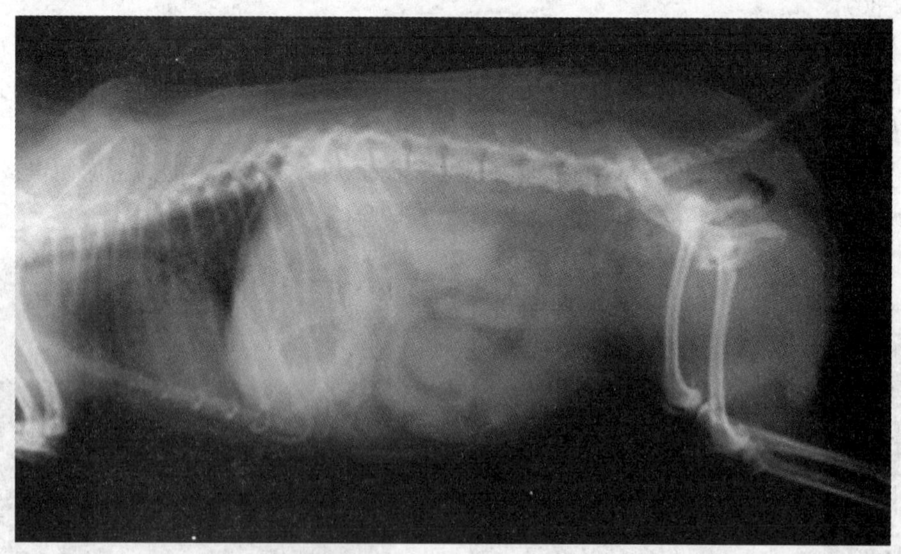

图 16-84　子宫蓄脓

(9)腹腔肿块　肿块较大时,X 线平片显示腹部有均质的软组织密度块影,有较清晰的边界。

(10)腹水　X 线片显示腹部膨大,全腹密度增大,影像模糊,腹腔器官影像被遮挡,有时可见充气肠袢浮集于腹中部,肠袢间隙增大(图 16-85)。

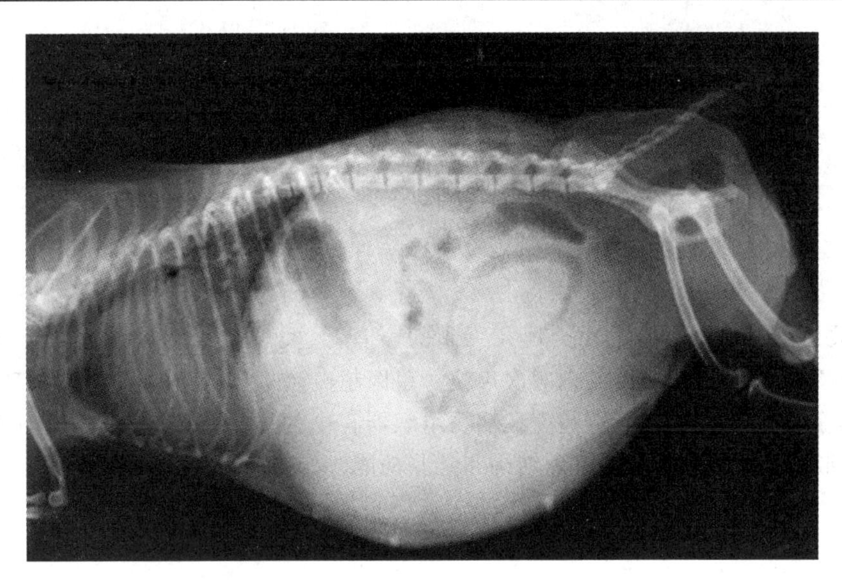

图 16-85 腹水

第十七章　超声波检查

超声波是指振动频率超过人类耳朵听阈的声音，人类耳朵所能听到的声音频率范围为20～20 000 Hz，而低于20 Hz的则叫次声波。兽医超声诊断学，是应用超声的物理特性，利用电子、超声等现代工程技术，获取超声在动物组织器官中的传播特性，通过某些物理参数的变化，以各种形式反映组织器官的解剖结构和某些功能改变的信息，为动物临床诊断提供依据的一门学科。

第一节　超声波概述

超声诊断因其无损伤，使用灵活且操作安全，已在宠物临床上广泛使用。超声检查医生必须具有良好的超声物理基础、扎实的兽医解剖和病理生理学知识以及较长时间的临床实践工作经验。

一、超声波的产生

超声的发生是根据逆压电效应的原理，由超声诊断仪的换能器(探头)产生。把压电晶体置于超声诊断仪的换能器内，由主机供给高频交变电场，使电场方向和晶体压电轴方向一致，压电晶体就沿一定方向产生强烈的压缩和拉伸，即晶体产生厚度上的振动，这种振动加于弹性介质时，介质将沿晶体片压电轴方向振动，产生交替的压缩和稀疏区。于是电振荡就转换成机械振动，从而产生纵波。如果外加交变电场的频率在20 000 Hz以上，就产生超声波。这种把电能转换成机械能的现象称为逆压电效应。超声诊断仪的换能器，就是利用逆压电效应原理把电能转换成机械能而产生超声，它可向介质内发射和传播。

二、超声波的一般性质

用于诊断的超声波是纵波，故超声波物理量均按纵波计算。超声波的主要物理性质如下：

(一)波长

超声波在一个完整的周期内所传播的距离，称为一个波长，以符号λ表示，单位为mm。波长是以两个和邻质点稠密区的中心点来计算。波长与分辨力有关，波长越短，分辨力越高，但穿透力越弱。

(二)周期与频率

振动的质点在平衡位置往返摆动一次所需的时间为周期(T)，在1 s内完成全振动的次数称为频率(f)，频率的单位为周/秒(T/s)，1 s振动一次为1赫(Hz)。如果1个周期为1毫秒

(ms),则频率为 1 000 Hz。超声频率的高低决定于振源的频率,用于超声诊断的声波频率一般为 2～20 MHz。

频率和波长与超声的分辨力有关,一般频率高、波长短的分辨力好,但探查深度浅,故在探查不同部位时要选择不同频率的探头。

(三)声传播速度

超声在弹性介质中单位时间内传播的距离,称为声速(C)。超声波在不同介质中的传播速度不同,声速与介质的密度和弹性有关,同一介质中温度高低不同时传播速度亦有差别。声波在 20～37℃的不同机体组织中的传播速度见表 17-1。

表 17-1　与诊断有关介质声速表　m/s

媒介名称	声速	媒介名称	声速
血液	1 570	肾	1 560
脂肪	1 470	颅骨	约 4 080
软组织(平均)	1 540	角膜	1 550
肌肉(平均)	1 590	空气	343
肝	1 550	生理盐水	1 534

(四)声阻抗

介质对声波传播的抵抗性称为声阻抗,其等于介质密度(g/cm^3)与声速(m/s)的乘积,即声阻抗=密度(ρ)×声速(C)。纵波传播速度与介质密度的平方根成反比,因此,介质密度越大,其声阻抗就越大。常见物质及机体组织声阻抗见表 17-2。

表 17-2　常见物质及机体组织的声阻抗

介质名称	密度/(g/cm^3)	声速/(m/s)	声阻抗/[$\times 10^4$(Pa·s)/m]
空气(0℃)	0.001 29	343	0.000 044 24
血液	1.005	1 570	1.577
羊水	1.013	1 474	1.493
肝	1.050	1 550	1.628
肌肉(平均)	1.074	1 590	1.708
软组织(平均)	1.016	1 540	1.564
脂肪	0.955	1 470	1.403
颅骨	1.658	约 4 080	7.958

三、超声波的传播与衰减

同其他物理波一样,超声波在介质中传播时亦发生透射、反射、绕射、散射及衰减等现象。

(一)反射与折射

超声在传播过程中,如遇到两种不同声阻抗物体所构成的声学界面时,一部分超声波会返回到前一种介质中,称为反射;另一部分超声波在进入第二种介质时发生传播方向的改变,即折射。

超声波反射的强弱主要取决于形成声学界面的两种介质的声阻抗差值,声阻抗差值越大,反射强度越大,反之则小。两种介质的声阻抗差值只需达到 0.1%,超声就可在其界面上形成反射,反射回来的超声称为回声。

入射波若与分界面垂直,回声就可返回到同一探头,在示波屏上呈现一个回波。相反,如果不垂直而呈一倾斜角度时,虽有回声,但由于入射角等于反射角,所以就不可能返回到同一探头上,也就收不到。超声之所以应用于医学上作为一种诊断疾病的手段,就是利用其反射特性。通过反射,可以对机体进行如下诊断:根据不同脏器的回声距离,可判断脏器的位置、大小、深度及厚度等;根据脏器内回声的多少,可了解脏器的均匀程度,判断其正常与否;根据回声的强弱,可判断介质的密度,如钙化、结石、骨等反射强;根据无回声的平段(或暗区),可了解体内液体存在的情况;鉴别体内气体存在的情况。

根据反射特性,为了达到诊断的目的,在进行超声检查时,探头必须使用耦合剂,适当加压,以保证探头与皮肤密贴面不留空隙,使超声能全部进入体内,以获得满意图像。此外还应侧动探头,使其和探查深部脏器的平面垂直,以得到返回的声波。

超声在动物体内传播时,由于脏器或组织的声阻差异,界面的形态不同,各脏器间又有密度较低的间隙,各种正常脏器有不同的反射规律,进、出脏器均有强烈反射,形成正常脏器回声图或声像图。当发生病变后,原来的声阻发生了改变,正常回声图或声像图也随着发生变化。兽医临床超声探查借此作为分析疾病、判断疾病的根据。

折射发生于超声入射角倾斜时,超声的折射定律与光波的折射定律相同。

(二)透射

超声穿过某一介质,或通过两种介质的界面而进入第二种介质内,称为超声的透射。透射能力程度与介质之间的声阻抗差异有关,当两种介质差异相近时,超声能量全部透过而不发生反射。除介质外,决定超声透射能力的主要因素是超声的频率和波长。超声频率越大,波长越短,其透射能力越弱,探测的深度越浅;超声频率越小,波长越长,其穿透力越强,探测的深度越深。因此,临床上进行超声探查时,应根据探测组织器官的深度及所需的图像分辨力选择不同频率的探头。

(三)绕射

超声遇到小于其波长 1/2 的物体时,会绕过障碍物的边缘继续向前传播,称为绕射,也称衍射。实际上,当障碍物与超声的波长相等时,超声即可发生绕射,只是不很明显。根据超声绕射规律,在临床检查时,应根据被探查目标的大小选择适当频率的探头,使超声波的波长比探查目标小得多,以便超声波在探查目标时不发生绕射,把比较小的病灶也检查出来,提高分辨力。

(四)散射与衰减

超声在传播过程中除了反射、折射、透射和绕射外,还会发生散射。散射是超声遇到物体或界面时沿不规则方向反射或折射。

超声在介质内传播时,会随着传播距离的增加而减弱,这种现象称为超声衰减。引起超声衰减的原因:第一,超声束在不同声阻抗界面上发生的反射、折射及散射等,使主声束方向上的声能减弱;第二,超声在传播介质中,由于介质的黏滞性、导热系数和温度等的影响,使部分声能被吸收,从而使声能降低。

声能衰减与超声频率和传播距离有关。超声频率越高或传播距离越远,声能的衰减,特别是声能的吸收衰减越大;反之,声能衰减越小。动物体内血液对声能的吸收最小,其次是肌肉组织、纤维组织、软骨和骨骼。

四、超声诊断方法的分类

根据超声回声显示方式的不同,可将超声诊断分为A型、B型、M型和D型四类。

(一)A型超声诊断法

A型超声诊断法(amplitude modulated display)又称超声示波诊断法。它以组织界面回声振幅的大小表示界面声反射的强弱,以超声脉冲在探头与界面间往返传输的时间来确定界面所处的距离。A型显示可以用来测定界间距离,脏器及肿瘤的大小,判别脏器的病变,并且对颅脑及眼科疾病的诊断具有重要价值。然而因其只能提供有关器官边缘的有限信息,现在几乎很少使用。

(二)B型超声诊断法

B型超声诊断法(brightness modulated display)又称超声断层显像法,是将回声信号以光点明暗的形式显示出来,在屏幕上的位置表示出反射构造在身体内的位置。B型超声广泛应用于动物各组织器官的疾病诊断。

(三)M型超声诊断法

M型超声诊断法(motion mode display)又称超声光点扫描法,是使用单一的超声波声束,并且折返的回声被表示成沿着纵轴方向的一连串小点。沿着纵轴方向的小点位置是表示反射构造的深度,而亮度则表示回声的强度。横轴是时间轴,M型超声检查的是声束穿过的组织在不同时间上的位置变化,最终得到被检查组织在一定时间内的运动轨迹。M型超声主要用于心血管系统的检查。

(四)D型超声诊断法

D型超声诊断法即多普勒法,是应用多普勒效应原理设计的。当探头与反向界面之间有相对运动时,反射信号的频率发生改变,即多普勒频移,用检波器将此频移检出,加工处理,即可获得多普勒信号音。D型超声诊断法主要用于检测体内运动器官的活动,如心血管活动、胎动及胃肠蠕动等,多适用于妊娠诊断等。

(五)多普勒彩色流体声像图

最新相控阵多普勒能用色彩记录体液,如血液流速,并且在监视屏上以将色彩叠加在二维灰阶声像图上表现出来。多普勒彩色流体声像图可以在广泛的组织区域内获得体液流速。

(六)三维图像诊断法

三维图像诊断法即将B超沿体表平移,将每秒所得到10幅左右的图像加以存储,然后再通过计算机作立体图像合成和显示。目前的超声三维图像显示是非实时的,它为超声诊断提供了更全面的空间信息，为判定肿瘤大小等提供可靠依据。

此外，还有超声CT诊断法、超声全息诊断法、超声显微诊断法和非线性声参量B/A诊断法。

第二节 超声诊断原理

常见超声诊断仪是通过脉冲回声检测原理来进行诊断的，超声诊断仪探头(超声换能器)向弹性媒质发射超声脉冲，遇到与媒质声阻抗失配目标形成的界面，即产生反射。接收和处理回声脉冲，检测其中所携带的目标信息，确定目标的方位和距离，这种方法称为脉冲回声法。

图17-1展示了脉冲回声检测的基本过程。在脉冲发射的瞬间，由于激励信号的泄漏产生显示器光点垂直偏移。随后声脉冲以恒速通过媒质(Ⅰ)，光点形成水平扫描线。超声脉冲传到媒质(Ⅰ)和(Ⅱ)的分界面时，形成反射波和透射波。反射回声脉冲经过S距离后为探头接收，由于逆压电效应作用，声信号将转换成相应的电信号，再经接收放大成为显示器垂直偏转板的输入信号，显示出界面反射脉冲。显示器上两个脉冲的间距与媒质(Ⅰ)的厚度成比例。反射脉冲的幅值与界面的声反射特性有关。如果每秒发射超声探测脉冲的次数超过20次，则在显示器上就可以稳定地显示出界面回声脉冲波形，从而检测界面的方位和距离。用这种方法可以探测超声传播路径上的许多目标。

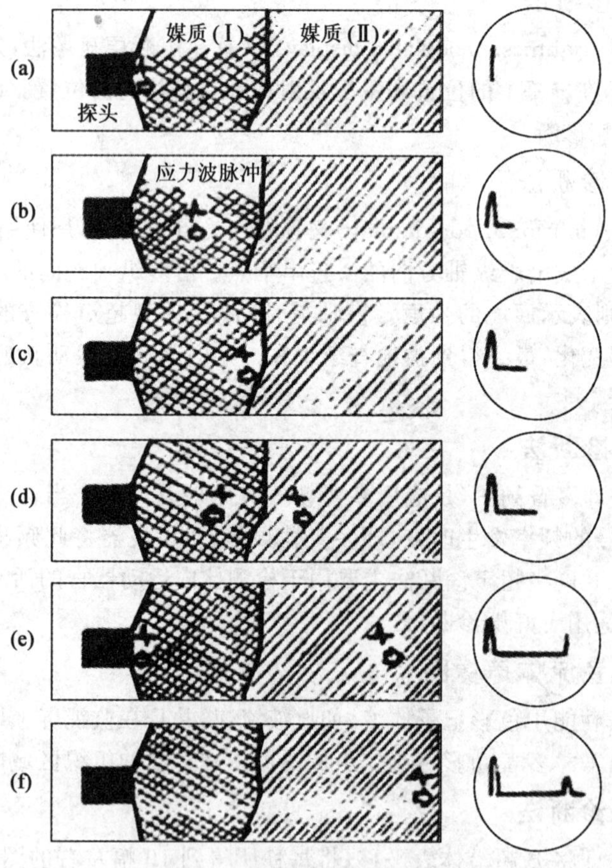

图17-1 超声脉冲回声检测原理

发射脉冲与回声脉冲间隔的时间 t 称为渡越时间，也即超声往返 $2S$ 距离所需的时间。若声速 C 已知，由 t 可测出距离 $S=Ct/2$。检测时，声波在软组织中的平均速度为 1 540 m/s，代入上述公式，可得 $t/S=13\ \mu s/cm$，即显示器上扫描时间 13 μs 相当于机体距离 1 cm。经过标定后，显示器扫描时间表示距离深度。不同组织界面形成的回声脉冲的强弱和多少不同，反映了目标界面特性，从而了解机体内组织器官的结构变化，进而诊断疾病。

A 型显示方式是幅度调制型。它以回声振幅的大小反映界面回声的强弱，而以渡越时间来确定界面间的距离。可以定点检测位于声束路径线上的多个目标。

B 型显示方式是辉度调制型。它以光点的明暗变化来反映界面回声的强弱，同样以渡越时间来确定界面间的距离。B 型显示方式与声束扫查方式相结合才能形成二维图像。

M 型显示是在时间轴上展开的辉度调制型。它仍以光点的亮度变化来表示界面反射的强弱，界面之间的距离仍由渡越时间加以确定。但代表各界面的各反射光点在时间轴进行展开，所以显示出的波形代表该受检点随着时间变化的运动轨迹。M 型可以定点检测声束路径线上多个反射界面的运动状态。不动的界面显示则为一直线。图 17-2 表示 3 种显示方式检测心所得声像图。

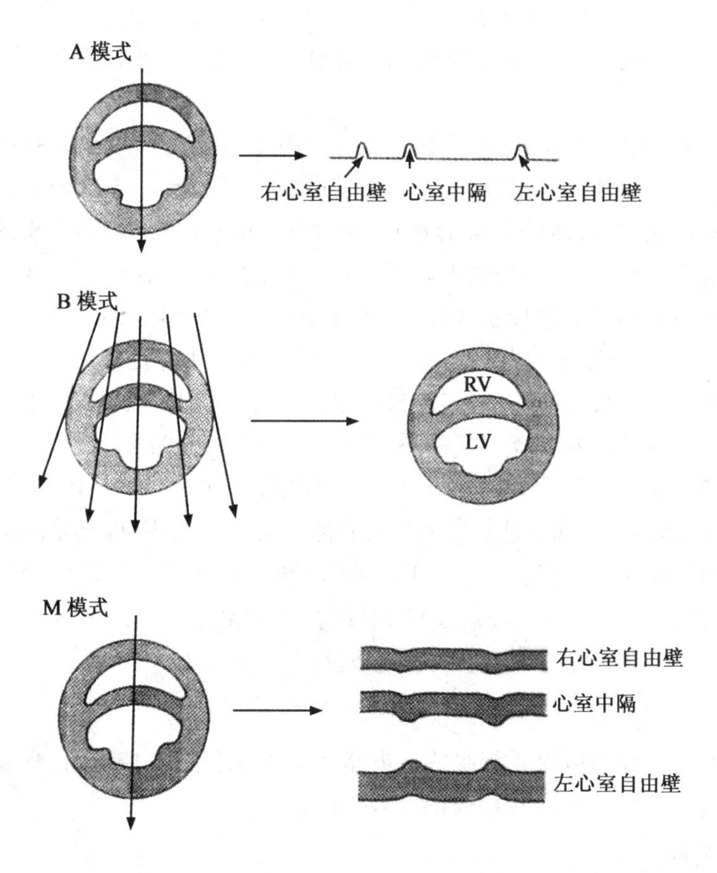

图 17-2　3 种不同显示方式检测心所得声像图

第三节 B超诊断仪及其使用和维护

B超诊断仪的种类和型号繁多，但无论何种机型，均是由探头、主机、信号显示、编辑及记录系统组成。B超诊断仪的正确使用和维护可以提高诊断的准确性、延长诊断仪的使用寿命。

一、超声诊断仪的构造

(一)探头

探头是用来发射和接收超声，进行电声信号转换的部件，又称为换能器，它与仪器的灵敏度和分辨力等有密切关系，是任何类型超声仪都必备的重要部件。

随着电子技术和超声技术的迅速发展，探头种类也日益增多，根据不同的标准，可将探头进行不同的分类。根据超声发射方式的不同，可分为脉冲式探头和连续式探头；根据探头结构不同，可分为单晶探头、多晶探头、复合探头和聚焦探头；根据扫描方式不同，可分为相控阵探头、线阵探头、旋转式探头和摆动式探头；根据临床用途可分为穿刺探头、手术探头、直肠探头、血管内探头等。

B型超声诊断仪探头多为多晶探头，由于控制方式不同，可以实现方形和扇形扫描。线阵(方形)扫描探头一般由64～256片晶片组成，与机体接触面积为22 mm×110 mm；相控阵(扇形)扫描探头多由32晶片组成，与机体接触面积为14 mm×14 mm左右。线阵探头的优点是提供接近扫描表面宽度的观察区域，结构失真率较小、有助于辨别结构之间的解剖学关系；其缺点是它们需要与皮肤表面有相当大的接触区域，对小型宠物不太适用。扇形探头仅需要较小接触体表面积，即可扫描较大区域的结构，因此在小动物临床检查中广泛使用。

探头是超声诊断仪的重要组成部分，一般超声诊断仪多配有一个以上的探头，有些超声诊断仪甚至配备6～7个探头，这些探头覆盖不同频率、不同控制方式，在诊断时，可根据诊断对象和部位不同而选用合适的探头。就宠物临床而言，B超诊断仪至少配备2个探头、其频率覆盖3.5～10 MHz，以扇形探头为佳，特别是高频探头最好配备为扇形探头，以满足小型宠物检查的需要。一般2～5 MHz探头，主要用于中大型宠物腹部和心检查；5～7 MHz探头主要用于经腔体(阴道及直肠)探查、小型宠物检查；7～10 MHz探头主要用于浅表器官(乳房、甲状腺等)、眼科检查；10～20 MHz探头，主要用于皮肤检查。

(二)主机

超声诊断仪的主体结构主要为电路系统组成。电路系统主要包括主控电路、高频发射电路、高频信号放大电路、视频信号放大器和扫描发生器等组成。

(三)显示及记录系统

显示系统主要由显示器、显示电路和有关电源组成。超声信号可以通过记录器记录并存储下来。由于B超诊断仪的功能有限，许多B超诊断仪还配有B超诊断工作站，可以将超声诊断的声像图通过图像采集系统存储于电脑中，然后可对画面进行编辑、测量、传送、打印等操作。

二、超声检查步骤

(1)准备工作 选用合适的探头,并与主机连接好。根据检查对象和部位选择合适频率和功能的探头,选择原则见探头部分内容。

(2)开机 打开电源,选择超声类型。根据检查内容选择B模式、M模式或BM模式进行检查。

(3)动物准备 动物保定,检查部位剪毛、涂布耦合剂。

(4)扫查 开始检查。

(5)优化超声结果 调节频率、增益、焦点位置、视窗深度等技术参数,获得最佳声像图。选择检查对象的深度,调节频率和焦距,使得超声波在扫查对象深度聚焦。调节增益,即超声的输出功率,使声像图维持适当亮度,增益太低或太高都会造成细微结构消失,从而影响诊断效果;合适的增益应该是能良好区别诊断结构的最低增益。

(6)获得检查结果 冻结图像,存储、编辑、打印。在检查过程中,获得典型声像图时,可对画面进行冻结(freeze frame),也可对扫查内容进行录像,便于后期的回放和进一步诊断。对所获取的具有诊断意义的声像图进行标识,对检查结构的距离、面积、周长、角度等测量、编辑,最后可打印给出诊断报告。

(7)关机 断电源。

三、超声诊断仪使用注意事项

①超声诊断仪应放置平稳,防潮防尘,且应与其他可能对超声检查造成干扰的仪器分开。

②避免频繁地开关机,开关机前应将仪器各键复位。

③探头应轻拿轻放,不可撞击。使用时涂耦合剂,不可用油剂或腐蚀性溶剂替代。每次使用后应用软布将探头擦拭干净,放置平稳。

④超声检查前应将动物保定,剃毛,用酒精擦拭皮肤去除油脂,待酒精挥发后涂耦合剂进行检查。检查应针对动物选择适当的探头及超声类型。注意频率、增益及焦点的调节以获得更为清晰的图像。

⑤超声检查前应对动物触诊,以便获得更直观的印象。

⑥动物的超声检查,除对怀疑病变的脏器检查外,还要对其他脏器及大血管进行检查。有时有些病变不表现明显临床症状或被掩盖,广泛的检查会有意外的发现。

四、超声诊断仪的维护

①仪器应放置平稳、防潮、防尘、防震。

②仪器持续使用2 h后应休息14 min,一般不应持续使用4 h以上。

③开机和关机前,各操作应归复原位。

④导线不应折曲,损伤。

⑤探头应轻拿轻放,切不可撞击,切不可与腐蚀剂或热源、磁源接触。

⑥应经常开机使用,避免长期不用,闲置过久可能导致内部短路等故障。

⑦不可反复开关电源。

⑧配件连接或断开前必须关闭电源。

⑨仪器出现故障应请专业人员进行排查和修理。

第四节 小动物临床的超声检查技术

为更好地进行超声检查,准确、全面反映检查目标在体内的状况,必须要熟练各种超声检查的技术。

一、超声扫查方式

超声扫查常用的有直接扫查法和间接扫查法。直接扫查法是将探头发射面连同耦合剂直接与被探测部位紧密接触后进行扫查。间接扫查法是用垫声块置于探头和扫查部位之间进行扫查的方法(图 17-3),多用于浅表部位的检查,如眼球、软组织包块、脾、膀胱壁等。

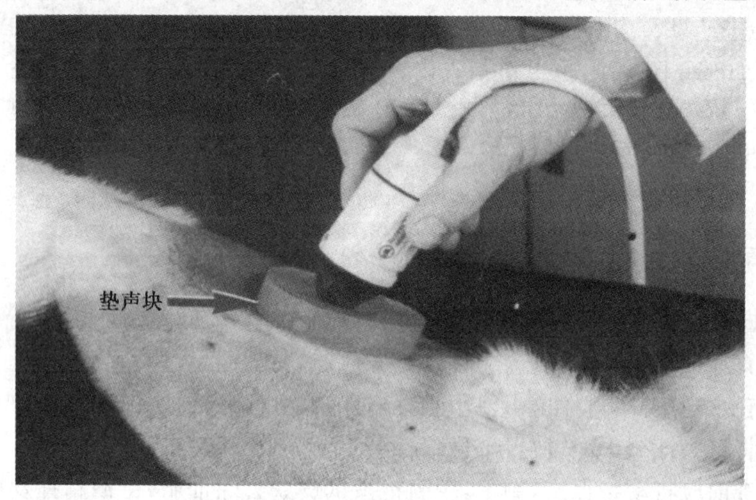

图 17-3 间接扫查法

二、动物的摆位及切面方位

动物 B 超检查时,一般将诊疗台置于 B 超诊断仪的右侧,动物躺于诊疗台上,头部位于检查者的前方,尾部朝向检查者的后方。根据检查对象的不同,可仰卧或侧卧保定,特殊情况下也可站立保定。

B 超检查时,超声波可做各个方向的切面检查,一般包括横断面扫查、冠状面扫查、矢状面扫查和斜向扫查。横断面扫查是超声波切面与动物长轴相垂直,把动物体分为前、后两部分(图 17-4A)。横断面扫查时,相对声像图的左侧代表身体右侧,图像右侧代表身体左侧,图像上方代表临近探头的身体浅部,图像下方代表远离探头的身体深部。冠状面扫查是超声波切面与动物长轴相平行,把动物体分为背、腹侧两部分(图 17-4B)。冠状面扫查时,相对声像图的左侧代表身体头侧,图像右侧代表身体尾侧,图像上方代表临近探头的身体浅部,图像下方代表远离探头的身体深部。矢状面扫查是超声波切面与动物长轴相平行,把动物体分为左、右两部分(图 17-4C)。矢状面扫查时,相对声像图的左侧代表身体头侧,图像右侧代表身体尾侧，图像上方代表临近探头的身体浅部，图像下方代表远离探头的身体深部。

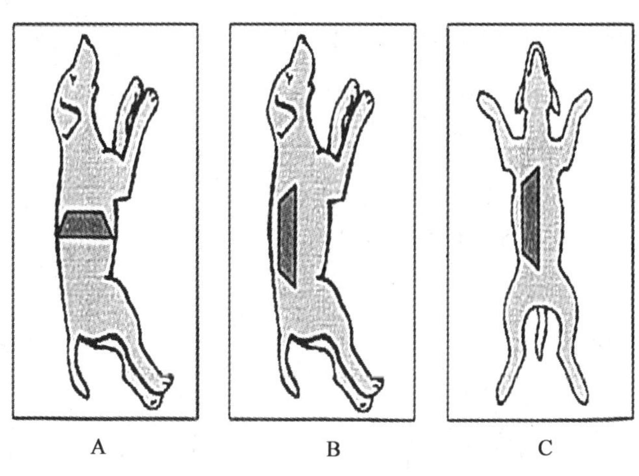

图 17-4　间接扫查法

A. 横断面扫查；B. 冠状面扫查；C. 矢状面扫查

三、扫查方法

扫查方法分类依据是探头或者声束的移动方向所构成的扫查平面。

(一)线性扫查或滑行扫查

探头发射面与被检部位皮肤之间借耦合剂密切接触，并使探头接触皮肤的同时在体表作滑行移动，以观察脏器的大小、边界、范围和结构状态，常用于动物肝等脏器的探查，此法较准确可取(图 17-5)。

(二)扇形扫查

使探头置于一点作各种方向的扇形摆动，声束呈 90°角以内的扫查，多用于妊娠诊断、小器官的检查及肝等器官检查，以便寻找胎儿和全面的观察病变，也可用于避开肠内气体或体表声窗有限时的器官扫查(图 17-6)。

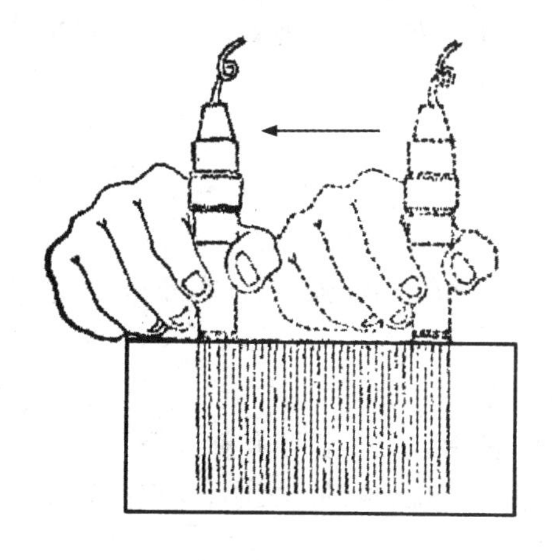

图 17-5　线性扫查示意图

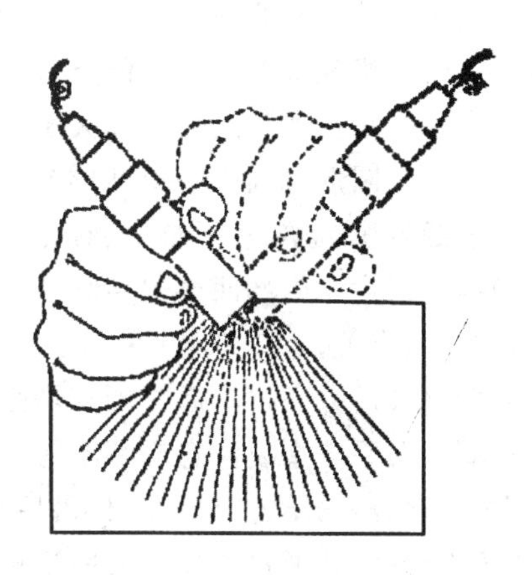

图 17-6　扇形扫查示意图

(三)放射状扫查

向四周作 360°空间的扫查(图 17-7A)。

(四)弧形扫查

探头或声束呈弧形移动(图 17-7B)。

(五)圆周扫查

指围绕肢体或躯干周围扫查一周(图 17-7C)。

(六)复合扫查

以上两种方法的同时运用(图 17-7D)。

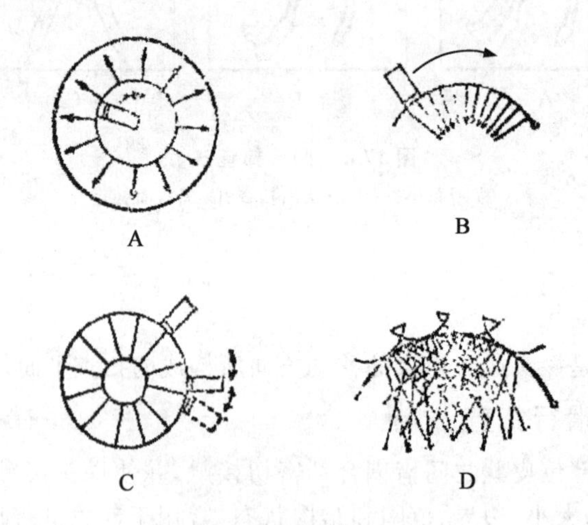

图 17-7 各种扫查法示意图

四、超声观察的基本内容

超声诊断的基本原则是仔细观察,认真分析,结合其他检查,综合判断。根据超声扫查所获得的声像图的特点和规律,阐明超声回声的生物物理学原理,提出病变的物理学性质或病变性质,以及生理功能和病理生理状态。扫查时,应从以下几个方面进行观察:

(1)定位 确定脏器或病变的方位。

(2)大小 扫查器官或病变的大小。

(3)外形 圆形、椭圆形、分叶形或不规则形。

(4)边缘轮廓 整齐、不整齐、有否向周围浸润。

(5)内部回声 内部回声包括脏器内部及肿块内部回声的形状、强弱、分布和动态,这与组织结构的性质有关。

(6)后壁及后方回声 后方回声增强、声影。

(7)周邻关系 指要注意周邻及有关脏器是否移位、变形、肿大、扩张和粘连等。

通过上述分析,结合有关资料,最后综合作出包括病变部位、数目及大小,物理性质或病理性质的超声诊断,并通过治疗实践验证诊断。

第五节　声像图及其描述

B超检查时，在监视屏上显示的切面图像称为声像图。B型、D型和M型超声的反射称回声。监视屏本底为暗区，回声为光点，从而组成声像图。根据声像图上光点的数目、亮度、形态和分布等进行综合分析，作出概括性判断。

一、B超声像图的特点

由于受B超扫查范围和成像原理的影响，其声像图具有以下特点：

①断面图，由于超声波扫查范围的限制，在监视屏上的声像图只能是超声波扫查到的切面，声像图的形状也随扫描角度变化而变化。

②声像图明暗不同的灰度反映了回声的强弱。

③实时显示，声像图是体内脏器状态的实时反应，可以检测体内器官的动态变化。

④易受气体和脂肪的干扰，影响图像的质量。

⑤显示范围小。

二、回声强度

(1)弱回声或低回声　指回声光点辉度降低，有衰减现象。

(2)等回声或中等回声　指回声光点辉度等于正常组织回声。

(3)较强回声　较正常脏器或病灶周围组织反射增强，即辉度增大。

(4)强回声或高回声　反射回声比较强回声明亮，伴有声影或二次、多次重复反射。

三、回声次数

(1)无回声　无回声的区域构成暗区。

①液性暗区——均质的液体，声阻抗无差别或差别很小，不构成反射界面，形成液性暗区。如血液、胆汁、羊水、尿液等，病理性积液如腹水、肾盂积水和含液体的囊性肿物。加大灵敏度仍无反射，混浊液体，可出现少数光点。

②衰减暗区——肿瘤，由于肿瘤对于超声的吸收，造成明显的衰减而没有明显的回声。

③实质暗区——均质的实质器官，声阻抗差别小，可出现无回声暗区。肾实质、脾等正常组织和肾癌及透明性病变组织可表现为实质暗区。

(2)稀疏回声　光点稀少，间距1 cm以上。

(3)较密回声　光点较多，间距0.5～1 cm。

(4)密集回声　光点密集，间距0.5 cm以下。

四、回声形态

(1)光点　细而圆的点状回声。

(2)光斑　稍大的点状回声。

(3)光团　比光斑更大的回声区域。

(4)光片　回声形成片状。

(5)光条　回声细而长。

(6)光带　回声较光条宽。

(7)光环　回声呈环状、边亮中暗，如胎头、钙化肌瘤等。

(8)光晕　结节光团的周围有暗区，常见癌结节的周围。

(9)网状　多个环状回声构成网眼状，见于包虫病。

(10)云雾状　见于声学造影。

(11)声影(acoustic shadow)　由于声能在声学界面(软组织和气体之间，软组织与骨骼、结石之间等)衰减或反射、折射而丧失，声能不能达到的区域(暗区)，即特强回声下方的无回声区。

(12)后方回声增强　指液性暗区的下方出现的强回声，多见于囊肿下方。

(13)靶环征(target sign)　在其中心"强回声区"的周围形成圆环状低回声带，见于某些肝肿瘤病灶的周围。

五、回声代表的意义命名

(1)二次回声　指二次重复反射，可出现于界面光滑的液性病等。

(2)多次重复回声　重复反射在 3 次以上，见于空气回声。

(3)周边回声　指脏器或占位性病变的边缘回声。

(4)内部回声　脏器或肿块内部回声。

六、其他的描述

(1)均匀性　分布均匀、不均。

(2)边缘情况　包膜或边缘光滑、完整。

(3)底边缺如　指脏器或肿块的下沿无反射。

(4)侧边失落　指肿块的周侧边无回声。

七、常见的超声伪影

伪影是指显示的影像并未准确反映出被检部位的真实影像，产生的这些影像可能是错误的、多余的、缺如的或错位的。为避免图像的错误解读，辨别这些伪影是非常重要的。了解超声的物理学基本原理及识别超声伪影是正确诊断疾病的基础。

(一)声影

声影是由于声束遇到强回声界面而产生的，声束反射回到探头，在钙化区域后方无影像形成。声影表现为强回声界面后方的无回声阴影(图 17-8)。声影对鉴别结石和组织内其他钙化是非常有用的。

(二)回声增强

声束在组织内传播时会发生衰减，操作者可通过增强回声强度来补偿衰减，对远距离的回声更应这样做。当声束穿过含液体结构时衰减降低，结果使在液体结构后方的组织比同等深度的组织回声增强。这种现象在超声诊断中特别有用，因为它可以根据声束衰减程度的不同来区别是含液结构或是固体结构(图 17-9)。

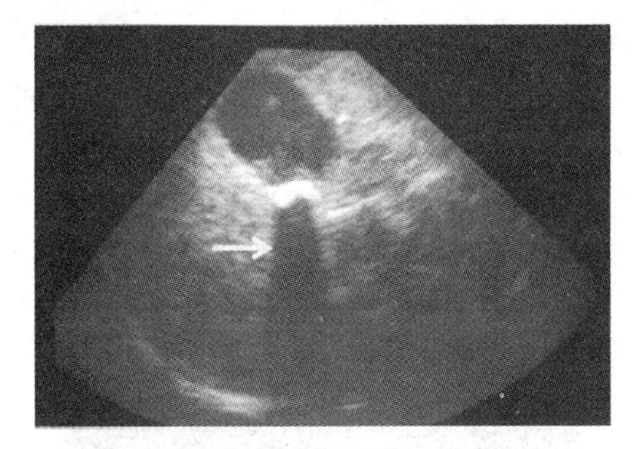

图 17-8 胆囊结石后方形成声影(箭头)

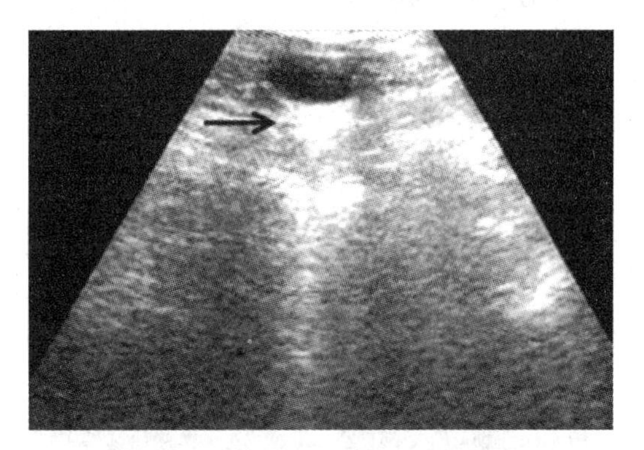

图 17-9 膀胱后方回声增强(箭头)

(三)混响

混响由脉冲声束在一个反射界面和探头之间往返弹射而造成,也与仪器的高增益设置有关。声束在反射界面和探头之间来回反射,计算机将这种反射的假回声认为是来自于原来反射界面两倍距离的回声。这种来回反射进行数次,其影像表现为一系列的白线,间隔有序,随距离的加深强度渐弱。混响可发生于皮肤与探头界面,这为外部混响(图 17-10)。内部混响发生于探头和机体内部的反射体(如气体、骨骼)之间(图 17-11)。当回声在囊壁之间来回反射时,混响效应也可在囊状结构内发生。识别这种现象对区别真假结构很重要。

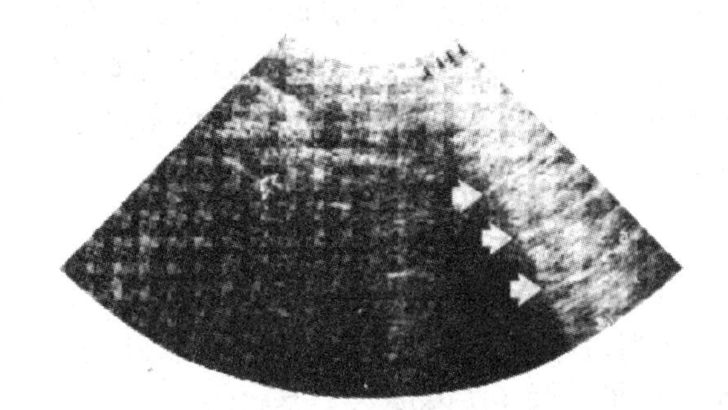

图 17-10 外部混响

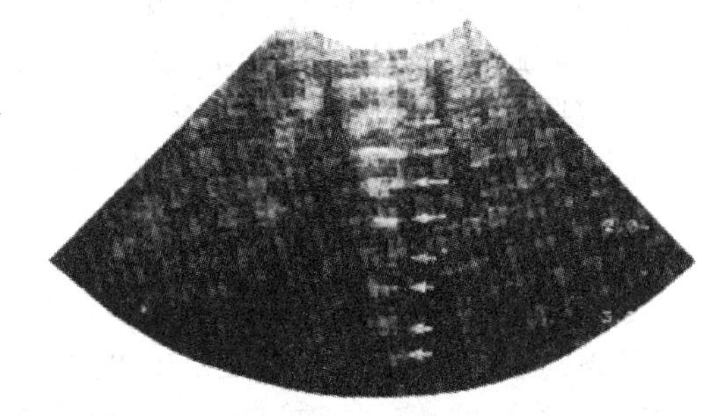

图 17-11 内部混响

(四)镜像伪影

镜像伪影发生于高反射界面组织的结合处,如膈肺界面。其产生是由于原始声束(实线箭头)在强回声界面 a 上发生成角度的反射,其反射声束进入其他结构和界面 b,并在这些结构和界面 b 上产生回声(虚线箭头),该回声又被先返回到强回声界面 a 上,最后才返回探头。仪器经过简单的 $s=v\times t$ 的方式计算出该结构所在的深度,并在其原始声束入射的方向上将其表示出来,就得到了结构和界面 b 在强回声界面 a 远方的镜像(图 17-12)。这种伪影特别容易发生在肝超声检查时,此时在膈的两边都可以看到肝组织和胆囊。这种伪影与膈破裂相似。

探头发射超声波(实线)到反射面 a,发生反射后到达结构和发射面 b,在 b 上将声波(虚线)反射至 a,再经过 a 将声波返回探头,结果在显示器上显示位置与实际位置呈 a 发射面的镜像关系。

(五)侧边声影

在弯曲的界面上,当声束以切线角度进入弯曲结构的顶端时,声束角度发生折转,导致在顶端没有回声返回探头,并且在原声束通路上没有声波继续传递。其影像表现为顶端成像的缺失和其远场的无回声声影(图 17-13)。

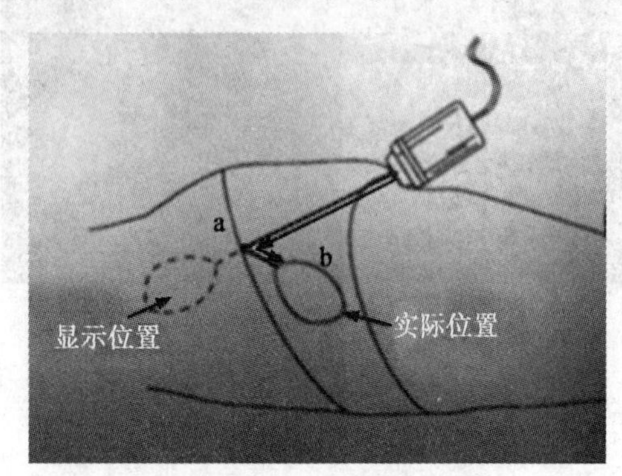

图 17-12 镜像伪影示意图

探头发射超声波(实线)到反射面 a,发生发射后到达结构和发射面 b,在 b 上将声波(虚线)反射至 a,再经过 a 将声波返回探头,结果在显示器上显示位置与实际位置呈 a 发射面的镜像关系。

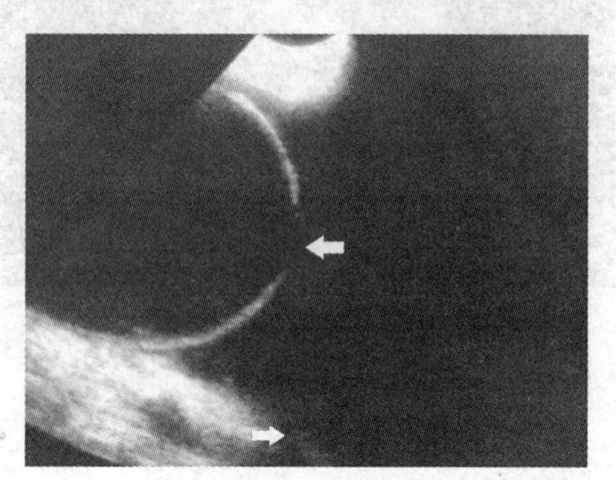

图 17-13 侧边声影

(六)切片厚度/束宽伪影

当发射的声束这一部分的宽度超过含液或囊状结构时,切片厚度伪影就会发生。可见来自该区域邻近组织的回声,特别是含液结构内部更明显,产生肿块或沉积表象。这种伪影可在胆囊内见到,有时叫作假瘀积。改变动物体位时真正沉积也会改变位置,假淤积表面永远与声束垂直,而真正淤积将与动物的水平面成平行关系。

(七)旁瓣伪影

由于超声仪器发出的主声束周围有一些小的声束,称为旁瓣,在其传递过程中也会产生回声,机器识读这些旁瓣的回声也是由中央主声束产生的,并把影像叠加起来,机器的这种误读导致在图像上错误地显示出弱的回声。旁瓣伪影在液性暗区(如膀胱内)较易观察到(图 17-14)。

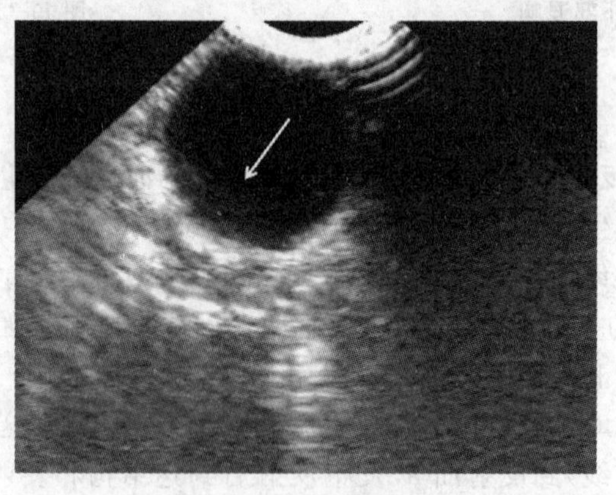

图 17-14 旁瓣伪影

在膀胱内可见产回声物,疑似肿块。移动探头后可发现为假象。

第六节　超声检查的临床应用

超声检查可以应用于动物的胸腔、腹腔及浅表软组织，此处仅针对腹腔检查进行论述。

腹部超声检查时，可以从任何部位开始，但应注意避开骨骼和含气组织。大体检查后再进行系统全面的检查。超声检查时动物可取侧卧及仰卧位，对于大型动物也可用站立位，但临床以仰卧应用较多。为使动物更为配合，可用毛毯或海绵铺于身下，也可让动物主人保定，将动物置于腿上。对于腹痛剧烈的动物，也可使用化学保定剂。

一、肝的超声检查

犬、猫的肝正常情况下位于腹腔的胸廓部分。由左外侧叶、左内侧叶、右外侧叶、右内侧叶、方叶和尾叶组成。肝的前端轮廓呈凸起形，大部分与横膈紧贴。后部以右肾、十二指肠前曲和胃为界。腹腔在此区域最深。从前到后由右内侧叶、右外侧叶及尾叶形成肝的右缘。肝的左缘由头侧的左内侧叶和尾侧的左外侧叶构成。方叶在肝前部的中央。肝的左侧和右侧分别与腹壁相接。胆囊位于前腹部右侧。肝的各个分叶在常规超声检查时无法区分，通常简单用胆囊作为左右肝的分界。

超声检查时，动物取仰卧位或右侧位。前腹部剃毛，偶尔也包括肋骨旁区域。因胃在肝正后方，因此检查肝时应将胃排空。若胃内有食物及气体，将干扰肝的图像，此时可将探头置于肋间进行检查。但当胃内充满液体时，不会对成像造成干扰，相反可作为声窗。当仰卧位时，尤其长时间仰卧后，胃肠道内的气体上升，会对成像有干扰，此时可改用侧卧位或站立位进行检查。

将探头置于剑状软骨附近的腹中线上，与动物长轴平行，并向前方稍倾斜，以获得纵切面或矢状切面图像。向左或向右移动探头以检查整个肝。探头旋转 90°，以得到肝影像的横切面。整个肝的检查还可通过变换探头的角度，以扇形扫查的方式从前背侧到前腹侧或从右前侧到左前侧进行扫查。

肝组织回声呈现松散的小光点、质地均匀、中等回声。横膈呈现为一条随呼吸上下移动的薄且清楚的高回声性线，紧贴肝，可作为一个有用的标识。肝在图像上位于横膈膜与探头之间。为了客观地评估肝的回声性，应在相同的深度及参数设定下，比较肝和其他的实质脏器。肝的回声比脾实质低，但略高于肾皮质。胆囊显示为一个无回声结构，位于偏右侧的肝回声内。有时其内部呈现粒状沉积，尤其是禁食动物（图 17-15）。声像图中的多种伪影与胆囊有关，如后方回声增强、旁瓣伪影、侧边声影等。肝内的血管在纵断面和横断面上均可以被确认为是无回声的管腔。门静脉可通过亮的强回声管壁来鉴别。肝静脉分支也可见，散在于肝区内。肝动脉和胆管通常不可见（图 17-16）。

检查肝时，应从一侧起向另一侧仔细扫查，在扫查过程中注意胆囊及肝内血管等。为了看到肝轮廓的变化应对其边缘进行检查，肝肿大时可见边缘变钝。当腹腔内有液体存在时可看到肝的分叶，从而可以鉴别细小的病变（图 17-17），但是通过特征性的超声图像确定组织病理学诊断的病因也是不可能的。若要对可疑变化或不明确的检查结果进行确定，可进行细针穿刺或活组织检查。

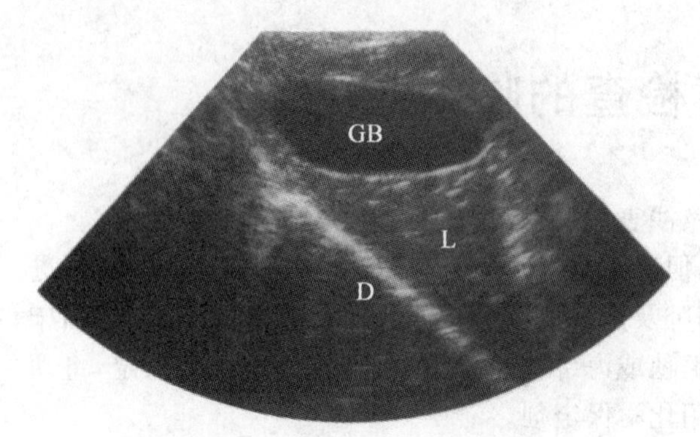

图 17-15 肝超声图(一)

GB. 胆囊;L. 肝脏;D. 膈肌

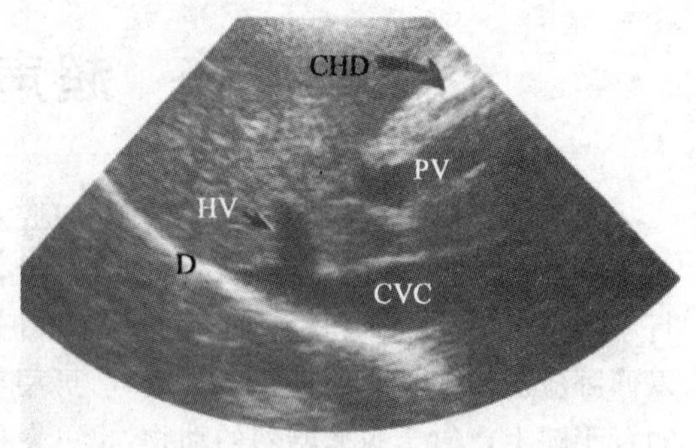

图 17-16 肝超声图(二)

D. 膈肌;CVC. 后腔静脉;HV. 肝静脉;PV. 门静脉;CHD. 总胆管

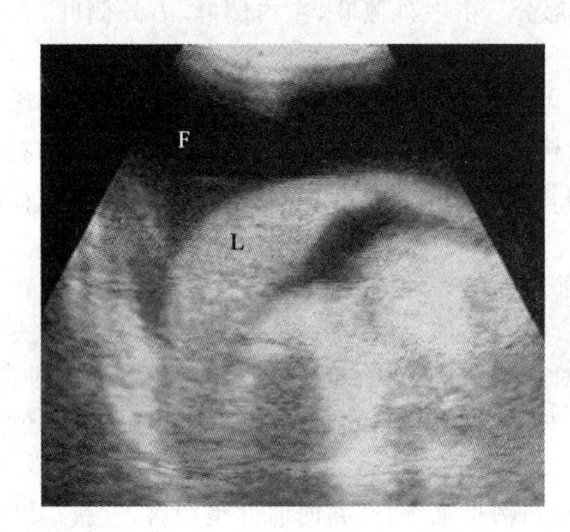

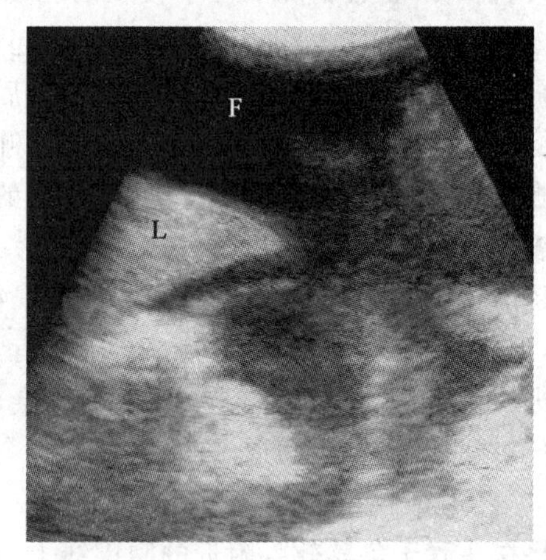

图 17-17 10 岁西施犬,发病 20 d,伴有腹水,可见大量液体(F)将肝各叶(L)的轮廓清楚地呈现,肝回声增强。因液体为无回声伴有后方声影增强,会造成后方组织图像回声增强的假象,因此,应将肝与周围组织对比以作出正确诊断

肝局部的变化可能是单个的或大量存在的。检查时应注意病灶的数目、形状、大小、边缘的确定以及回声强度。回声可以从无回声到低回声再到强回声而变化。局部性病变与其相邻的肝实质形成对比。病变组织回声多变,包括囊肿、良性结节样增生、出血、脓肿和肿瘤。良性瘤样增生可能会表现为回声增强或减弱。在检查中有时可见中央为强回声,外有低回声边缘环绕的图像,即所谓的靶环征。其大多为肿瘤的指征,但不确定,应注意与肝炎和肝硬化相区别。若要确定肿瘤为良性与恶性,或做其他鉴别诊断,需要做活组织检查。

肝实质出血形成血肿,开始时通常有回声,而后随时间而改变。当凝血块形成且收缩时,病变逐渐可能表现为混合性回声或低回声。当血肿消散后,病变部位逐渐缩小。

肝脓肿通常不可见,且病变回声依其发展阶段的不同而不同,随着脓液的浓稠度以及有无组织碎片的出现而变化。

弥漫性肝疾病的超声诊断相对比较困难。检查肝的边缘是很重要的。肝缘应该是非常平整的,如果边缘不规则或有结节则是不正常的。在检查时应将增益设置合理,否则可能会造成肝图像整体回声的细微变化，从而发生误诊。

弥漫性的回声增强可能是广泛的脂肪浸润、肝硬化或脂肪肝的结果。回声减弱则可能与肝充血或淋巴瘤有关。弥漫性肿瘤浸润鉴别困难，细针抽吸或活组织检查对于诊断是必需的。

胆囊的大小根据是否进食而发生变化，胆囊壁厚度评价困难，正常厚度为 1～2 mm。胆囊炎可能引起胆囊壁增厚并且产生双层的环（图 17-18）。当胆囊炎伴发外周水肿时，胆囊的周围有光晕存在。胆结石在小动物偶见，但是很容易用超声波检查出来。图像显示为粒状强回声图像，沉降在胆囊底部，依据胆结石是否钙化，声影或有或无（图 17-18）。犬胆囊黏液囊肿，胆囊内见猕猴桃切面样或星样图案的中等回声图像（图 17-19）。

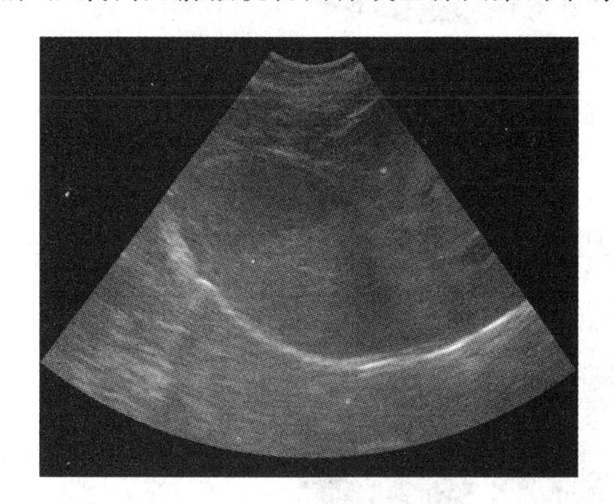

图 17-18　胆囊炎，猫细菌性肝炎引起胆囊壁炎症，表现双重胆囊壁

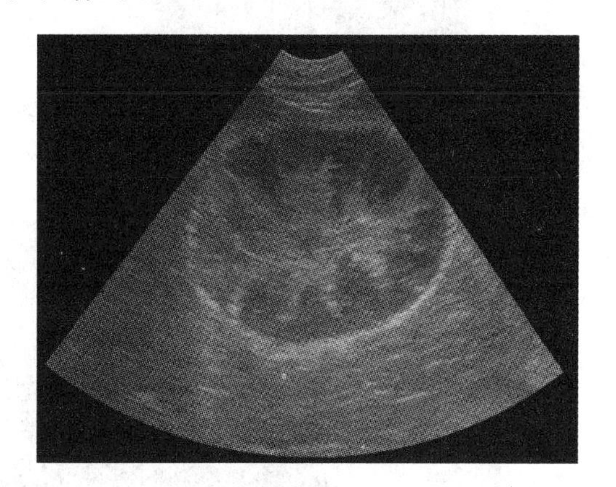

图 17-19　胆囊黏液囊肿，犬胆囊内见猕猴桃切面样结构

二、脾的超声检查

脾位于左前腹部，大约与胃大弯平行。脾头与胃相连、靠近胃底，在左肾前方，并贴着左侧体壁，脾体和脾尾游离。脾横切面呈三角形。

检查时动物仰卧保定。腹部自剑状软骨到脐部和耻骨的中间向两侧数厘米剃毛。将探头放在剑状软骨的正后方，与皮肤垂直。然后将探头沿肋骨弓缓慢移至左侧，直到脾头被确定。检查前最好先将胃排空或充满液体，否则胃内容物可能会干扰成像。确定脾头后，向下移动探头来观察体部和尾部。

脾呈中等回声结构，光点细密均匀，回声高于肝和肾。脾包膜呈强回声，无回声的脾内脉管散在于脾实质内。沿左侧腹壁及位于脾中部的小肠滑动探头可以对脾进行扫查，这在检查时是十分必要的。脾非常靠近腹壁，因此在扫查时不可过度用力，以免压力使脾斜向滑开探头，也可用垫声块进行检查，可扫查脾全貌。并且应聚焦于脾的深度，以得到最适当的影像（图 17-20）。

肿瘤可能是脾最常见的局部性异常，其超声影像外观上变化非常大，但是在犬猫常为均匀的低回声或是混合回声，有或无分隔（图 17-21）。几种常见的肿瘤包括白血病、淋巴肉瘤、血管瘤、血管肉瘤、纤维肉瘤和平滑肌肉瘤。腹腔内可能有积液，如血液，尤其是患有血管肉瘤破裂时。

脾创伤或肿瘤等病会造成脾血肿。出血区显示为无回声。随血肿的发展阶段不同，回声

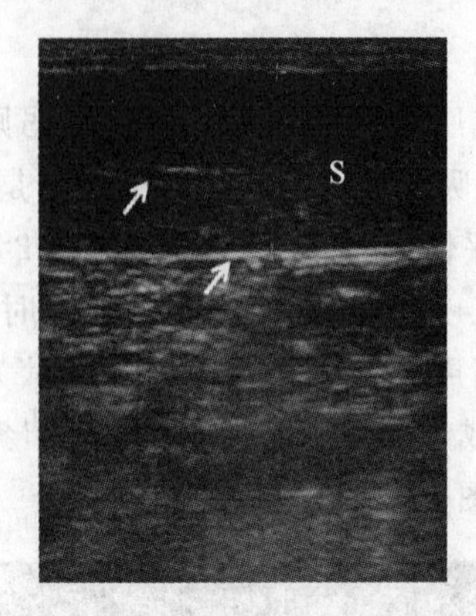

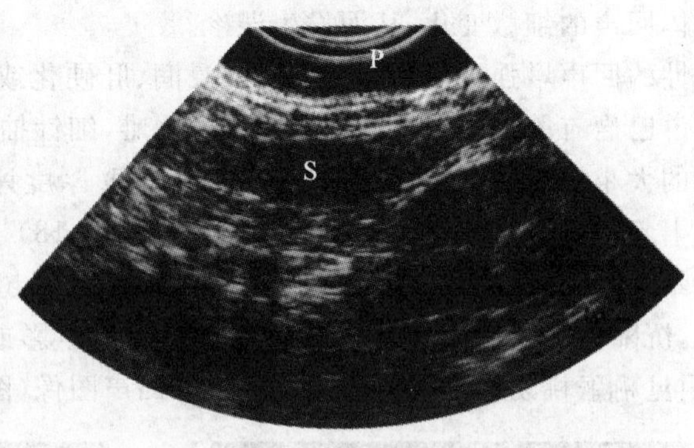

图 17-20 脾超声图

S. 脾脏；P. 垫声块，箭头示脾包膜和血管

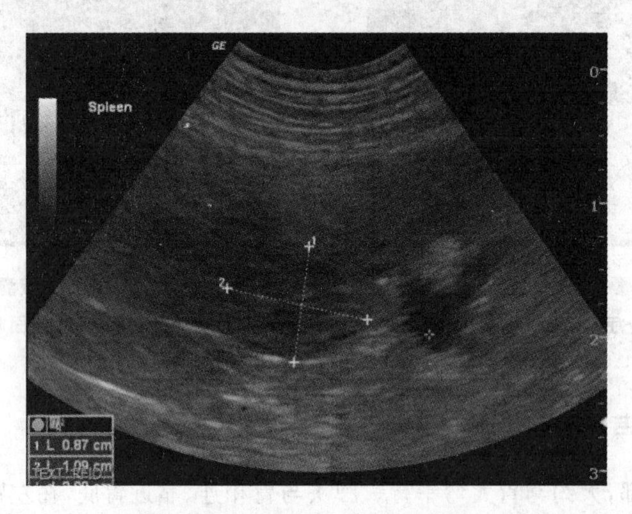

图 17-21 脾内小结节，右侧为腹水

变化不同。最初为强回声，当其体积恢复正常后，显示为低回声。

脾的局部性病变经常可以被确认出来，但是在超声检查中很少有特异性。与邻近肝和肾的回声做比较可能对检查有所帮助。

整个脾肿大可能和败血症有关。脾平整的肿大也可以是继发于右心衰竭、全身麻醉或慢性肝病，或是脾扭转。

三、泌尿系统的检查

泌尿系统包括肾、输尿管、膀胱、前列腺和尿道。

（一）肾

肾呈豆形，位于前腹部的腹膜后腔，分别在主动脉和后腔静脉旁。方向为从前背侧和向后腹侧倾斜。左肾的前侧为脾、胃大弯和胰腺左支。右肾比左肾靠前，与肝后叶的右肾隐窝相接，其前极位于肋弓内且常被最后肋骨阻挡约 1/2。右肾内侧与后腔静脉相邻，腹侧与胰腺的右支和升结肠相邻，背外侧与降十二指肠相邻。猫肾因系膜较长而游离性比犬大。

肾由髓质和外周的皮质组成,内侧中间为肾窦,肾窦内有脂肪、肾动脉和肾静脉、神经和肾盂。肾髓质接近肾窦伸入到肾盂的部分为肾脊。肾盂收集来自肾集合管的尿液,尿液通过输尿管从肾盂进入膀胱。肾内侧开口称为肾门,是肾动脉、肾静脉、输尿管、淋巴系统和神经进出肾的地方。

检查肾时,动物可以取仰卧或侧卧位。动物仰卧位时,从腹侧进行检查,但肠道内气体对检查会有干扰。腹部大面积剃毛。左肾与脾相邻,扫查右肾时以肝为参照。侧卧位时,在腰椎旁扫查可以得到很好的肾图像,但要剃毛剃到腰部较高的位置。较少的保定常使猫比较配合,因此对猫可取侧卧位。剃除腰肌下方左侧最后肋骨及右侧最后两肋间的被毛。肾位于两侧腹壁下很浅表的位置,因此可用 5.5 MHz 或 7.5 MHz 探头扫查。

超声能检查出肾的形状、大小和结构。由于体型差异,犬肾的长度差异很大,猫的变化不大。肾皮质是低回声的,且在纹理上呈细微的颗粒状。与肝相比,犬的肾皮质回声略低或相等,而与脾相比为低回声。而对于猫,肾的回声有时比肝强,与脾相等。肾髓质为低回声,位于肾皮质的内侧,且通常被肾盂憩室和血管分成几部分。由于存在脂肪和纤维组织,肾盂部为强回声,位于肾门处(图 17-22 和图 17-23)。在这一区域可能会看到肾静脉和肾动脉。

因为正常的肾为混合性回声,所以肾内小的局部性病变可能很难检查出来,检查时一定要仔细。

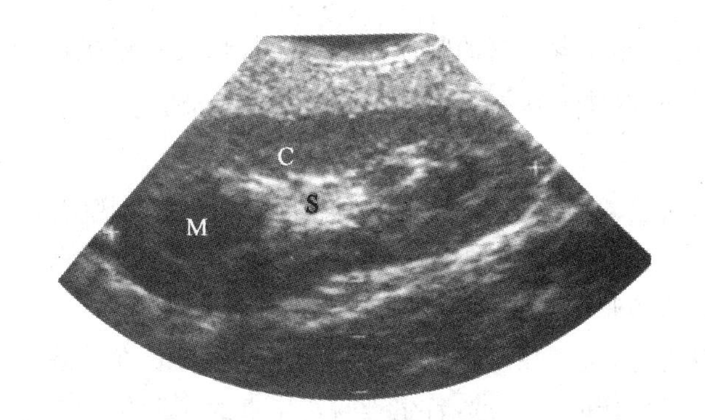

图 17-22 肾纵切图

C. 肾皮质;M. 髓质;S. 肾盂

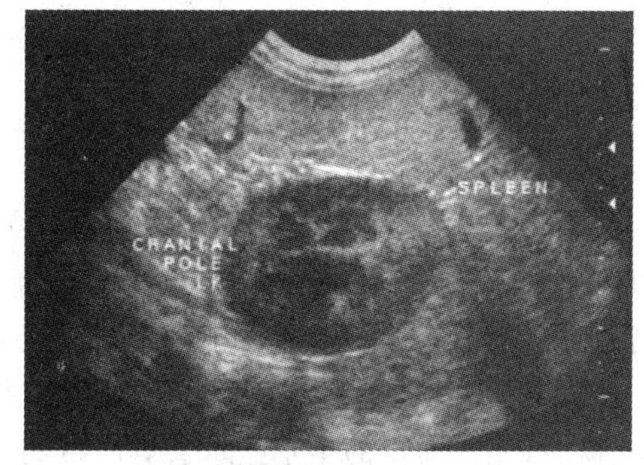

图 17-23 肾横切图

肾囊肿可能为单个或多个,而且尺寸变化很大。肾囊肿具有特征性的超声图像,单纯的囊肿是平整、圆形的无回声区,边缘光滑,有后方回声增强效应。如果囊肿靠近肾包膜,就会影响肾轮廓。肾周囊肿表现为肾周围大的无回声区,充满液体。假如在一侧肾检查出囊肿,另一侧的肾也一定要检查。

肾脓肿不常见。超声检查可见局灶性低回声区,可看到絮样强回声。后壁回声增强不如肾囊肿时明显。

肾肿瘤不常见。肿瘤变化为局灶性或多发性。如果不想漏检小肿瘤,就需要对肾的三个面都进行扫查。淋巴瘤的皮质回声减弱或出现局灶性低回声区,不见后壁回声增强。其他类型肿瘤的回声是变化无常的,确诊需要进行细针穿刺抽吸或活检。

肾破裂可见于创伤。肾内出血时,无回声区域会破坏肾结构,肾周围出血为肾周围无回声区。但在初期要区别血液和肾盂或输尿管创伤所造成的尿液漏出是很困难的。随时间推移,出血造成的无回声区会变小,回声增强,而回声结构各异。但尿液的蓄积则可能会增加。

肾盂肾炎是肾的化脓性炎症,超声表现常见肾盂有一定程度的扩张,肾髓质和肾盂回声增强,肾大小和形状差异较大。

肾积水是指肾的流出通道扩张。超声检查肾盂明显扩张,根据病变的严重程度可见到不同大小的无回声区域。扩张的输尿管呈无回声的管状结构,从肾盂向后到膀胱。如果病程较长,肾的结构会逐渐被无回声的液体代替,最后肾可能会变成一个充满液体的囊并且有极薄的皮质外环。

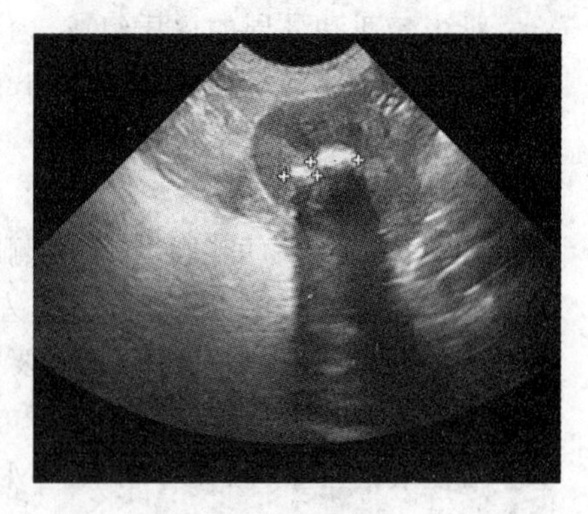

图 17-24 肾结石

肾结石一般位于肾中央肾盂部,无论其矿物成分为何,均为强回声,且后方有明显声影。有时小结石与肾盂的强回声难以区分开(图 17-24)。

(二)输尿管

输尿管是一对将尿液从肾输送到膀胱的管状组织,起源于肾盂,向后腹侧移行至膀胱,再转向腹侧由三角区斜的开口进入膀胱。

输尿管的超声检查需要高分辨率的探头以及操作者丰富的临床经验。正常情况下输尿管不扩张很难进行检查,当肾积水时,扩张并且充满液体的输尿管可以被检查出来。

(三)膀胱

膀胱位于后腹部,其形状和位置与所含的尿量有关。猫的膀胱比犬靠前。雄犬的膀胱背侧是直肠、降结肠和小肠,而雌犬的膀胱背侧为子宫、子宫阔韧带、直肠和降结肠。当扩张时,膀胱腹侧与腹壁相邻,前方与小肠相邻。雌犬的膀胱比雄犬略微靠前。

当膀胱充盈时是最容易检出的,因此理想情况,应该在膀胱中度充盈时进行检查。在膀胱不充盈时,注入适量的生理盐水会有所帮助。但操作时应注意,若生理盐水中混有会产生强回声的气泡,则会干扰影像。因此,超声检查应在导尿或施行造影前进行。

动物可以在站立、仰卧或是侧卧时来检查。猫及母犬要剪去耻骨前缘到脐部之间的被毛,公犬要剪去包皮一侧的小块区域被毛。皮肤处理,涂耦合剂后,将探头垂直放在皮肤上。

检查膀胱时要从膀胱颈到膀胱做横切面扫查,并从左到右或从右到左做纵切面扫查,以保证检查到整个膀胱。膀胱内为液体,几乎不发生声束衰减,因此其后方会产生回声增强的伪影,可将增益相应调低一些。

正常的膀胱充盈时,界限良好并且轮廓平整。膀胱壁很薄,若要检查膀胱壁的组成,则需要高分辨力的探头。当膀胱不充盈时,膀胱壁则会显得比较厚。膀胱内的尿液为无回声的,其后方回声增强。结肠可能引起膀胱凹陷,结肠内的气体和矿物质形成的强回声影像则可能被误认为膀胱内的结石。仔细地超声检查配合腹部触诊可以将结肠形成的假象和膀胱病变进行鉴别。从腹部的外侧进行扫查有助于避开结肠。

在膀胱内有时会出现随体位变化而改变的沉淀物,有可能是由于尿路感染或泥沙状结晶而出现的。在猫(犬偶见)膀胱内的沙样的沉淀物可能是尿石症的表现(图 17-25)。尿液中的凝血块可能来自于膀胱或是肾的病变。通常为形状不规则且呈低回声性,也会随动物体位变化而改变。

膀胱结石无论组成成分如何，均可用超声检出。结石常表现为膀胱腔内的强回声点或团块，并且有清楚的后方声影（图 17-26）。结石通常会沉降在膀胱的最低部，在冲击触诊腹壁或移动动物时其位置会改变。当有炎症时，结石可能会黏附在膀胱壁上，此时很难与膀胱壁的钙化相区别。偶尔在前列腺尿道内也可检出结石。若结石很小，其后方可能无声影。

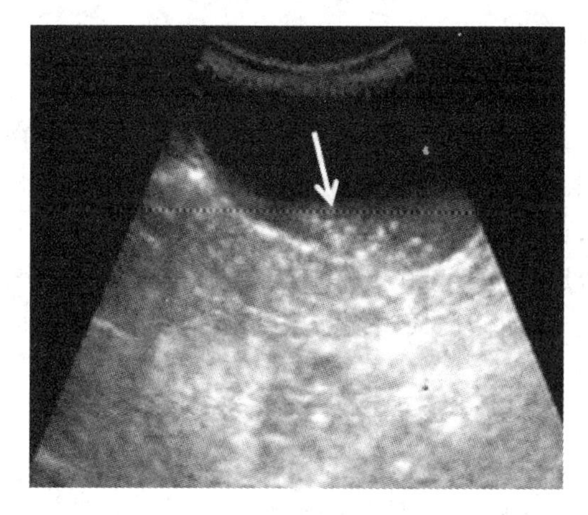

图 17-25　北京犬，5 岁，♀。超声检查可见大量细小结石（箭头）沉积在膀胱底部，因结石较小，后方无声影

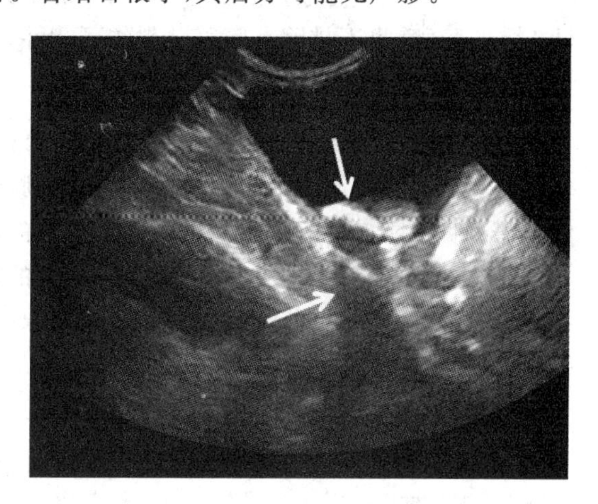

图 17-26　膀胱结石，箭头示结石和结石形成的声影

膀胱炎时常见膀胱壁广泛性增厚，在前腹侧最明显。膀胱壁回声可增强，甚至在膀胱扩张时黏膜的边缘也不规则（图 17-27）。在尿液中可能会出现沉淀物以及血凝块或结石。

膀胱肿瘤只有达到足够大时才能够被检出，这也与探头的频率有关，检查时尽量应用高频率的探头。有些病例可以清楚地看到壁上的肿瘤凸入膀胱腔内，呈乳头状或息肉样延伸（图 17-28）。而其他的病例则会出现膀胱壁不规则地增厚。为了确定肿瘤的类型，可在超声引导下进行活组织检查。

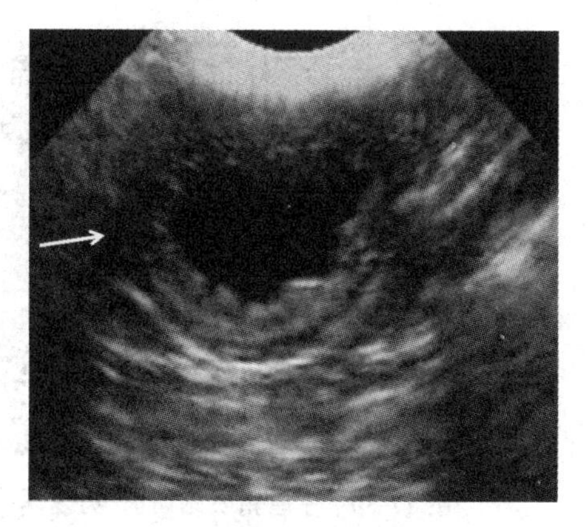

图 17-27　为膀胱炎时膀胱声像图。膀胱壁增厚，黏膜边缘不规则（箭头）

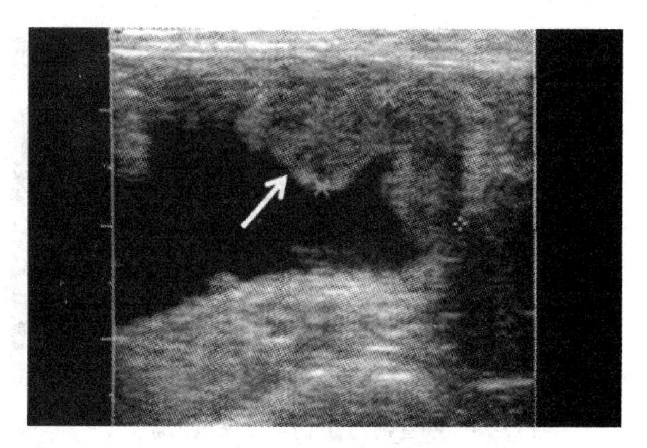

图 17-28　膀胱肿瘤，箭头膀胱内壁的肿瘤

膀胱破裂单靠超声诊断常是无法确定的。如有相关病史(外伤或尿道阻塞),当腹腔内有液体存在或无法确认膀胱,均提示有膀胱破裂的可能性。但多数破裂的膀胱内会有一些尿液,单靠超声波检查来确定泄漏的位置是不可能的。同时,有腹水存在时,膀胱顶端会产生侧边声影,导致顶端壁层结构不清,可能会被误认为破裂孔。检查时,可向膀胱内注入生理盐水,若膀胱无法充盈或见到有液体进入腹腔,则可确定为膀胱破裂。但即使在超声检查中发现一个明显正常的膀胱,也不排除有膀胱破裂的可能性。

(四)尿道

尿道是将尿液从膀胱排到体外的管道。雄犬也会传输精液。雄犬尿道的近端在坐骨弯曲之前通过前列腺。尿道的远端位于阴茎骨的腹侧。雌犬的尿道短,从膀胱直达尿道开口,开口位于阴道底壁阴道前庭结合部的后方。雄猫的尿道开口朝后。

通常能在膀胱后看到尿道的影像。雄犬的尿道穿过前列腺,在横向扫查时,偶尔会表现为低回声模糊的环状结构。纵向扫查时,前列腺中心纵向的高回声线状条纹代表了尿道周围的纤维组织。这些条纹被称为门回声。

四、生殖系统的检查

(一)子宫

犬、猫的子宫包括子宫颈、子宫体和双侧的子宫角。子宫体部分位于腹腔内,部分位于骨盆内,而子宫角则完全位于腹腔内。子宫背侧是降结肠和输尿管,其腹侧是膀胱和小肠。

子宫在动物仰卧、侧卧或是站立时均可检出。将脐部到耻骨处的被毛剃除,皮肤处理,涂耦合剂。由腹中线开始对腹腔进行全面扫查。充满尿液的膀胱可以作为标识。在检查前应让动物排便,充满粪便的结肠会对子宫的成像有所干扰。

在犬、猫,正常未妊娠的子宫在超声检查中经常无法被看到。偶尔未妊娠的子宫能见于膀胱的背侧和结肠的腹侧,子宫为致密的、主要为低回声的结构(图 17-29 和图 17-30)。由于缺乏类似肠壁的分层、蠕动和腔内气体,可将其与肠道区分开。发情期子宫增大,并出现放射性强回声线。

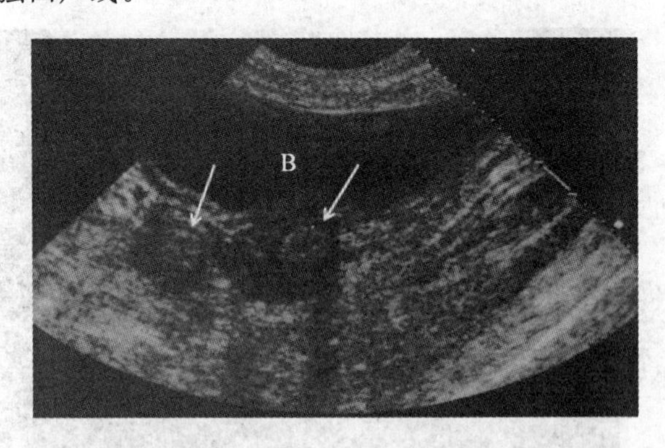

图 17-29　子宫横切,B 为中度充盈的膀胱,其背侧有左、右两侧的子宫角

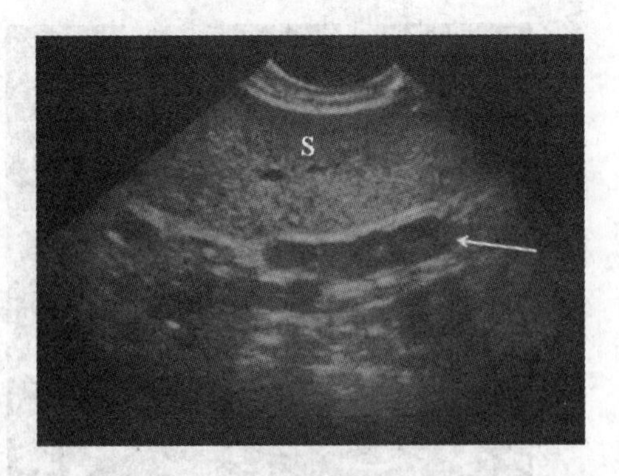

图 17-30　子宫角长轴切面,为发情期子宫,S 为脾

通过确认胎囊可判定妊娠，胎囊为胎儿组织悬浮在羊水中的囊状结构，通常在第 24 到 28 天时最先被看到。母犬交配后受孕时间可达 7 d，因此估计妊娠日期时可能有误差。所以在作出未妊娠的诊断时一定要慎重，尤其是多次配种时，可以建议 1 周后再复查一次，以免漏检。一般认为在最后一次交配后 30 d 检查比较理想。猫的妊娠时间应从最后一次交配算起，通常在交配后第 15 天就可认定是否妊娠。因为无法同时显现整个子宫，所以用超声检查来确定胎儿数目常有误差。但一般认为从 28～35 d 时相对比较准确。

最初胎囊为环状无回声结构，内有产回声的胎儿。在羊水中，胎儿看起来像是一个逗号状的结构。在妊娠的第 34～37 天可以看到胎儿运动。在第 38～45 天可以看到脏器的发育。随着胎儿的增大，可以看到带有声影的强回声骨骼（图 17-31）。胎儿的心跳动通常是很清楚的（图 17-32），肺因没有空气充盈，呈现中等回声。胎儿的肝为低至中等回声，占据了腹腔的大部分。胃内通常含有羊水，看起来为一个靠近肝的无回声结构。膀胱也是无回声的，位于胃的后方。

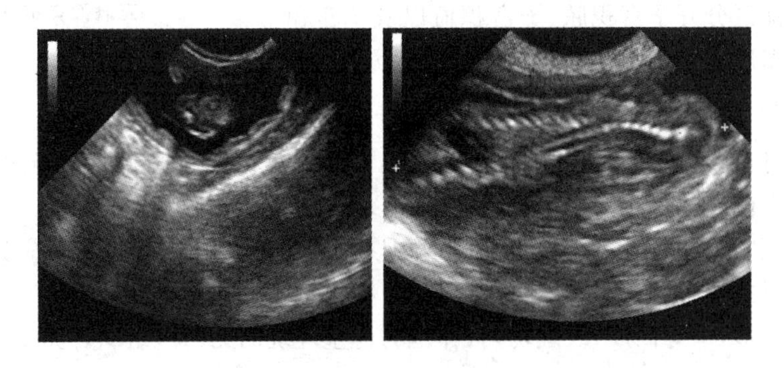

图 17-31　妊娠声像图，左图为妊娠早期，胎儿漂浮于羊水内；右图为妊娠后期，羊水减少，可见强回声骨骼图像

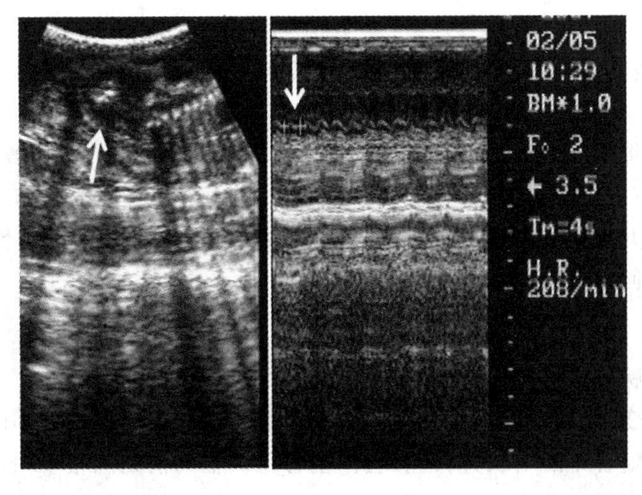

图 17-32　犬妊娠 50 d，B—M 式声像图。左图为 B 型超声，可见胎儿头（箭头）以及椎骨。骨骼强回声，故椎骨后可见条状声影。此时，在动态图像下可见胎儿心跳，可用 M 超（右图）测量心跳次数。在心跳波动中选定一个周期（箭头所指处两个十字为一次心跳周期），超声仪自动计算出胎儿心跳为 208 次/min

胎儿的死亡可以用超声检出。胎动减少以及心跳速率的降低均为异常。当胎儿无法检出心跳时，则可确认死亡。当心跳低于170次/min时，胎儿存活下来的概率很低。如果胎儿死亡已久，在子宫内可能蓄积气体，此时超声检查为强回声的小点或条纹。当胎儿软化时，可发现胎儿结构消失，而且可以在子宫内看到不规则回声的组织碎片。当动物已超过预产期时，超声检查是十分必要的。在动物分娩后也可以检查子宫内是否有胎儿滞留。分娩后的子宫大，并含有不等量的液体。产后4～6周子宫逐渐恢复到正常大小。

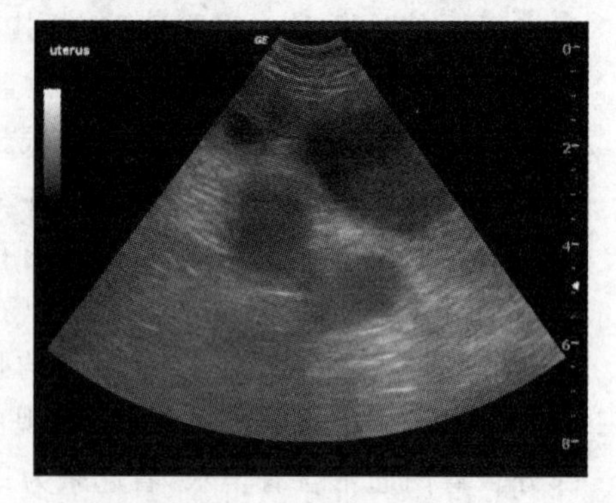

图 17-33　子宫积脓，可见充满液体的子宫角

闭合性子宫积脓时，可以在膀胱的前方以及背侧检出扩张并且充满液体的子宫角和子宫体(图 17-33)。在开放性子宫积脓时，子宫不大，其切面为无回声的环形组织。通常不能区分开子宫积脓、子宫积血以及子宫积水。由于子宫壁脆弱，穿刺可能导致子宫破裂，因此不建议穿刺。

(二)卵巢

卵巢位于肾后方，右侧卵巢比左侧更靠前。左侧卵巢位于腹壁和降结肠之间大约第3或第4腰椎处。右侧卵巢位于降十二指肠的背侧以及右肾的后腹侧。

在犬、猫，正常的卵巢很难被检查到。动物取侧卧位或背卧位。检查时应先确定肾，之后向后方移动来寻找卵巢。

卵巢为卵圆形，中等回声，纹理均匀，卵泡为薄壁环绕的无回声组织。卵巢常被脂肪包裹，长约1 cm。卵巢的辨认与机器的分辨率、探头的频率和操作者的经验有关。

较大的卵巢囊肿通常很容易被检查出来。它们通常会下垂到后腹部的中间或是腹侧部。超声检查可见一个规则的、有薄壁的无回声结构。应注意与卵泡区别。

(三)睾丸

睾丸呈卵形，被阴囊包裹。左侧睾丸比右侧靠后。每个睾丸的背外侧有一系列卷曲的小管，称为附睾。

超声检查时可将阴囊的毛剃除，并涂大量耦合剂。睾丸的回声结构致密、均一、回声颗粒较粗，边界为强回声。中心的强回声线为睾丸纵隔。附睾位于睾丸背侧，回声略弱，结构粗糙。

猫很少发生睾丸疾病。犬常见的睾丸异常是肿瘤。睾丸肿瘤的回声性各异，各种肿瘤无特异性。可能为低回声，强回声，或混合回声。

(四)前列腺

前列腺围绕着膀胱颈部尿道的近端。位于骨盆联合，在腹膜外。其位置随膀胱的扩张会发生一定程度的改变。当膀胱充盈时，前列腺位于耻骨前缘。当膀胱空虚时，则位于骨盆内或部分位于骨盆内。随着年龄增长，前列腺会向前移位。猫的前列腺很小，且很少有前列腺疾病发生。

前列腺的超声检查可以经腹部或经直肠来操作。直肠检查法可以将前列腺位于骨盆腔内的部分也扫查出，但是需要特殊的直肠探头。大部分的病例，经腹部检查已经可以满足需要。

检查时动物应取仰卧位或是侧卧位，在耻骨前缘及阴茎一侧剪去被毛。涂耦合剂后，将探头垂直地放在皮肤表面，平行于阴茎，首先定位膀胱。探头向后移到膀胱颈，倾斜角度可以看到前列腺。若前列腺整个或部分位于骨盆腔内，将探头在耻骨下缘呈一角度，对探头施压，可以获得更好的图像。一旦见到前列腺，则应从一侧扫查至另一侧，然后将探头旋转 90°看横断面，也是从一端横扫至另一端。用这种方法可以完整地检查前列腺。

犬正常的前列腺轮廓是平整且周围界限良好的。矢状面扫查，前列腺为圆形或卵圆形，边界光滑，具有明显强回声的包囊(图 17-34)。横断面扫查时前列腺分两叶，圆形，有明显强回声包囊(图 17-35)。尿道位于前列腺背侧或腹侧，为中央无回声的环形区。通常看不到尿道，除非对动物进行麻醉或者有尿道扩张。正常前列腺的大小和超声影像随年龄以及是否去势而发生变化。性成熟犬的前列腺为强回声。在未成熟或去势的犬，前列腺小，且为低回声。

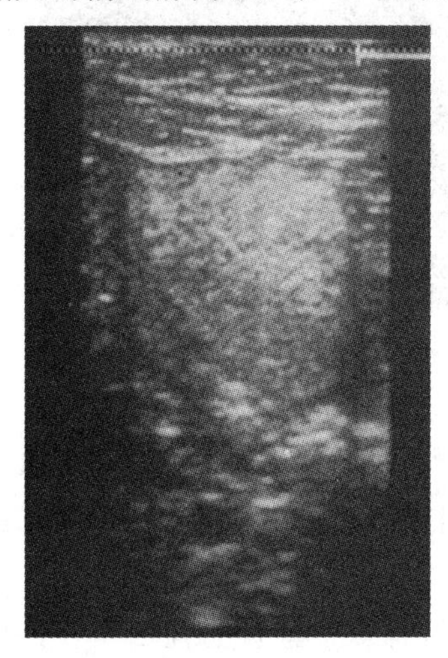

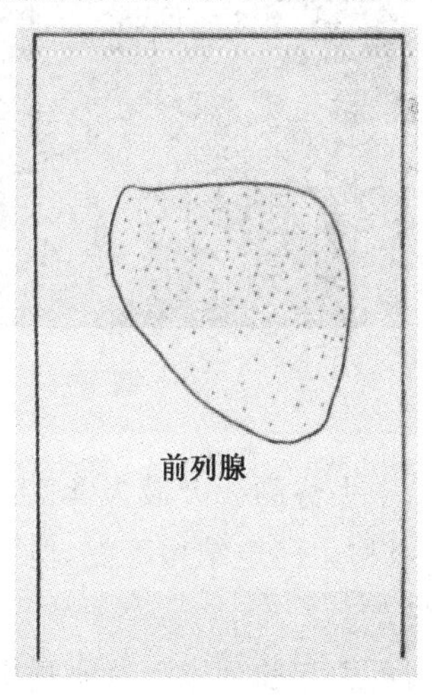

图 17-34　犬前列腺纵切面，呈卵圆形，实质结构清晰，回声较周围组织增强，并且边缘光滑

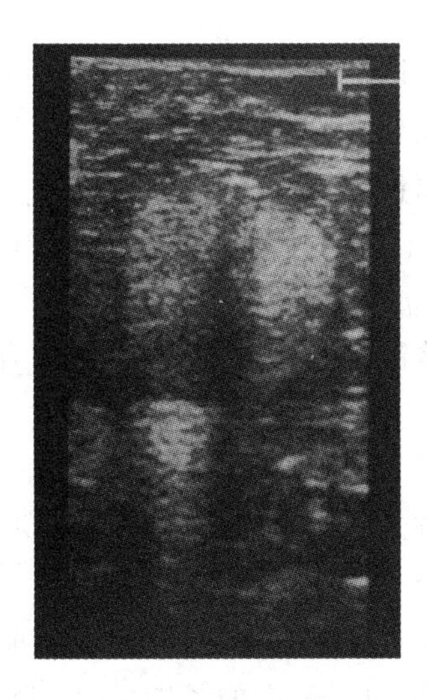

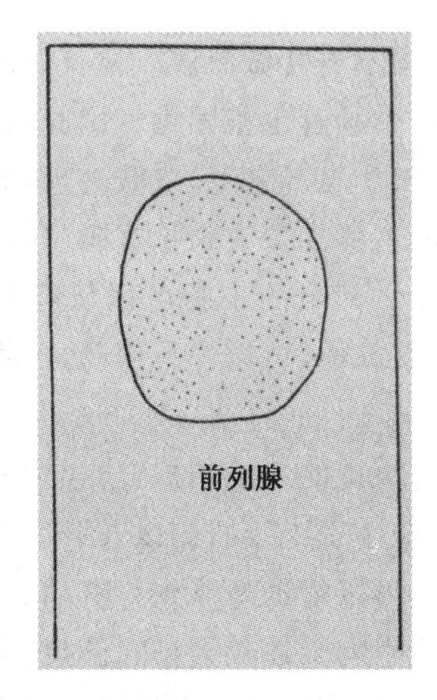

图 17-35　犬前列腺横切面，呈对称蝶状，实质结构清晰，回声较周围组织增强，并且边缘光滑

超声检查前列腺时，最常见的局部实质病变为前列腺旁囊肿（图 17-36）。前列腺旁囊肿是充满液体的残余穆勒氏管系统，主要发生在年龄较大的大型犬。囊肿壁有不同的厚度。前列腺旁囊肿中包含无回声到有回声的液体和内部间隔，可以变得非常大，且可能会矿化。

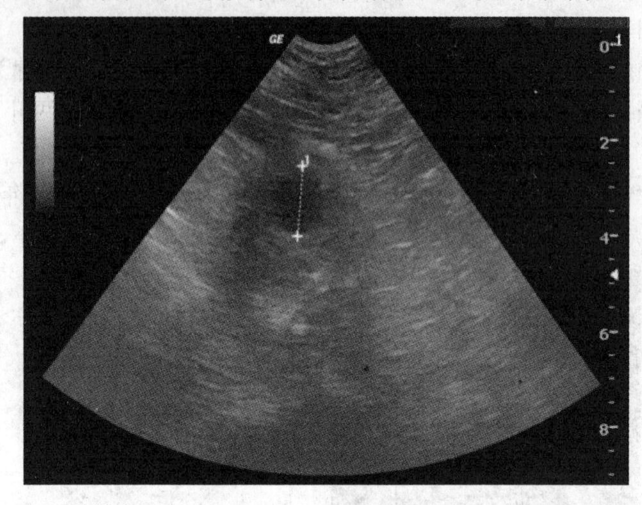

图 17-36　前列腺囊肿

前列腺肥大在尚未去势的公犬最为常见。良性前列腺增生时，前列腺仍有正常的形状以及光滑的边界，两侧对称。回声结构不变，但回声略增强。除了大小之外，很难鉴别正常的前列腺和肥大的前列腺。

前列腺肿瘤疾病可引起前列腺形状不规则，有多个融合的强回声灶，引起混合回声，回声结构各异。出血及坏死区域表现为低回声区。肿瘤的矿化表现为带声影的强回声灶。

五、胃肠道的超声检查

一般来说，胃肠道不适合做超声波检查。因固体食物、粪便以及气体均会对超声影像造成严重影响。要定位一个肠管也很困难。因此，此处简单叙述。

动物取仰卧位，整个腹部剃毛，皮肤处理，涂耦合剂。探头置于肋弓之后的正中线，此处可确认胃底部。之后向右移动探头来扫查幽门及十二指肠。在检查前可让动物饮水，以使胃及十二指肠内充满液体。其余的小肠可以从腹壁的中间来扫查，但其内的气体常会干扰成像。大肠检查时，因其内有粪便，可以先行灌肠，再将温水灌入结肠内。此时动物需麻醉，清醒的动物是无法忍受的。

充满液体的胃有清楚的胃壁结构，内容物呈无回声性。但液体内的气泡经常被看到。幽门为卵圆形或圆形，位于正中线右侧以及肝后方。高分辨率的探头可以观察到胃及肠管的分层结构。检查时有时可以清楚地看到胃蠕动。

胃肠道的超声检查局限性较大，并且对仪器、探头分辨率和操作者经验有较高的依赖性。肠道梗阻及套叠时，如果充满液体也可以被看到，可见套叠的肠管呈同心圆状（图 17-37）。

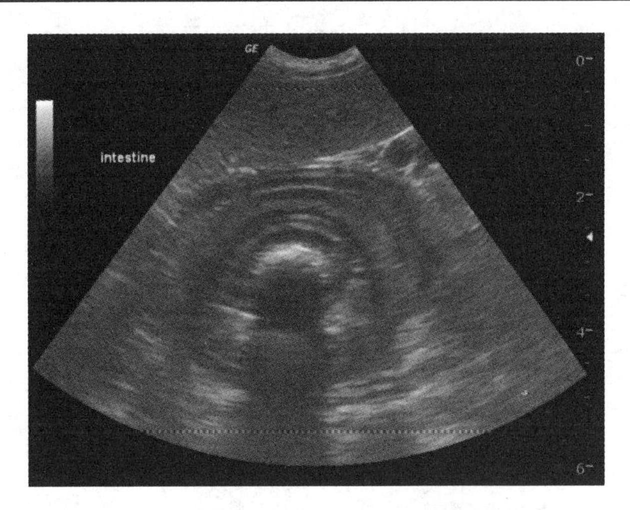

图 17-37　肠套叠，犬从胃到肠的一条皮质牵引绳造成线性异物和肠套叠

六、其他腹腔小器官的检查

（一）胰腺

犬的胰腺很难用超声检查。胰腺为一腺体，总体形态有些像倒置的“V”字。与胃大弯、十二指肠和升结肠、横结肠邻近。包括胰体和左右两叶。右叶位于十二指肠内侧，沿右侧腹壁延伸，靠近右肾腹面、肝的尾突；左叶比右叶窄且短，行走于胃大弯的后背侧，与肝尾突、门静脉相邻，左叶尾端可达胃底和脾头交界处。两叶联合处为胰体，前方与幽门部相接。

检查时应用高分辨率的探头。动物取仰卧或右侧卧，前腹部和右侧肋旁区域剃毛。动物需禁食，检查前允许其饮水，因为充满液体的胃对检查有所帮助。但对胰腺炎引起呕吐的动物则不应如此。胰腺右支可通过十二指肠和右肾定位，左支可在胃底、脾和横结肠围成的三角区内寻找。

胰腺炎有时可产生明显的超声影像改变，如胰腺的低回声和周围脂肪的高回声影像，有时超声影像变化不大。超声检查对胰腺炎、胰腺脓肿、肿瘤或局部腹膜炎的区分困难。

（二）肾上腺

肾上腺位于两侧肾的前内侧。每个腺体由皮质和中央髓质组成。动物在左侧肋骨之后、右侧最后两肋间以及腰肌下方剪毛。先确定肾，左侧在左肾前内侧和主动脉之间，右侧在右肾前内侧和后腔静脉之间寻找肾上腺。

肾上腺的检查对仪器、探头和检查者的经验有较高要求。肾上腺通常表现为低回声，但是偶尔可见强回声的髓质。应对其进行横向和纵向扫查。有时会被埋在肾周围的脂肪内，有时因为被肠管或脂肪覆盖而无法检出。

犬的肾上腺皮质机能亢进时有时可见肾上腺肿大，或有肾上腺肿瘤的表现。

在猫，肾上腺的肿块不常见。

第四篇　建立诊断的方法与原则

◇ 第十八章　建立诊断

◇ 第十九章　各器官、系统疾病的综合征

第十八章　建立诊断

小动物临床工作的基本任务在于防治各种小动物的不同疾病。只有正确认识疾病，掌握其发生发展规律，才能制定合理、有效的防治措施。因此，诊断是防治工作的前提，是临床工作的基础。临床工作者只有通过诊断和防治的反复实践，才能不断提高解决实际问题的能力和水平。

诊断就是从疾病的现象到本质的认识过程。疾病的症状是疾病的现象，要透过这些现象认识疾病的本质。所以，诊断就是对疾病的本质作出的正确判断。

建立诊断就是诊断的形成。要形成正确的诊断，必须经过特定的步骤并运用正确的诊断思维方法。

第一节　症状、诊断及预后的概念和分类

一、疾病的症状及对症状的评价

小动物患病时，由于组织、器官发生形态改变和机能异常而呈现出异常的临床表现，称之为症状(symptom)。在人医临床上有主观症状(如胸闷、恶心)与客观体征(如肿胀、溃疡)的区分，但在小动物临床上，只能运用客观的方法检查患病动物，对获得的异常表现用症状这个术语表示。

从临床的观点出发，症状可可分为全身症状与局部症状、主要症状与次要症状、固定症状与偶然症状、典型症状与示病症状、综合征候群或综合征。

二、疾病诊断的概念及分类

所谓疾病的诊断(diagnosis)，即兽医师通过诊察之后，对病畜的健康状态和疾病情况提出的概述性判断，通常要指出病名。一个完整的诊断，要求做到：表明主要病理变化的部位；指出组织、器官病理变化的性质；判断机能障碍的程度和形式；阐明引起病理变化的原因。

例如，亚急性细菌性心内膜炎，是一个相对比较完整的诊断。但在临床上，由于种种原因，有时很难得出完整的诊断，而只是包含了上面所要求的一项或两项内容。

(一)按诊断所表达内容的不同，可分为症状诊断、病理形态学诊断、原因诊断、机能诊断和发病学诊断

1. 症状诊断

仅以症状或一般机能障碍所作的诊断，称为症状诊断，如发热、咳嗽、腹痛、腹泻、跛行、痉

挛等。因为同一症状可见于不同的疾病,而且未能说明疾病的性质和原因,所以这种诊断的价值不大,力求不作出这类诊断。

2.病理形态学诊断

根据患病器官及其形态学变化所作出的诊断,称为病理形态学诊断,如溃疡性口炎、支气管肺炎、渗出性胸膜炎等。这种诊断一般可以指出病变的部位和疾病的基本性质,但仍未说明疾病的发病原因,对于制订预防措施帮助不大,但作为一般的治疗依据还是适用的。

3.原因诊断

这种诊断能表明疾病发生的原因,对于疾病防治很有帮助,如炭疽,结核病、放线菌病、肝片吸虫病、风湿性肌炎、霉菌性胃肠炎、缺铁性贫血等。

4.机能诊断

表明某一器官机能状态的诊断,称为机能诊断。如胃酸过少性消化不良、肝功能不全、肾功能不全、心功能不全等。

5.发病学诊断

阐明发病原理的诊断,称为发病学诊断或发病机制诊断。这种诊断不但要阐明疾病发生的具体原因,还要说明疾病的发展过程,疾病的发生与机体内在矛盾的关系,以及病理过程的趋向和转归,如营养性继发性甲状旁腺机能亢进症、自体免疫性溶血性贫血、过敏性休克等。发病学诊断,除要求作出"疾病的诊断"外,还要求作出切合某一个体病畜的"病畜的诊断",所以它是一种比较完满的诊断。

(二)根据建立诊断的时间,可以分为早期诊断和晚期诊断

1.早期诊断

早期诊断为在发病初期建立的诊断,对于疾病得到早期的防治很重要,尤其在发生传染病时,意义更大,只有建立早期诊断,才能保证患病动物群得到及时隔离、消毒和治疗,以防疾病扩散传播,交叉感染。为使疾病能得到早期诊断和及时治疗,应不断提高诊断技术和水平。

2.晚期诊断

晚期诊断是指疾病发展到中、后期,甚至尸检时建立的诊断,这种诊断使疾病的有效防治受到时间上的限制。

(三)根据建立诊断的手段,可分为观察诊断和治疗诊断

1.观察诊断

对有些疾病,一时不能作出诊断,需待一定时间的观察后,发现新的有价值的症状,或获得补充检查结果,而建立的诊断。

2.治疗诊断

根据特殊疗法是否获得疗效而建立的诊断,如怀疑为有机磷中毒时,当应用解磷定和阿托品治疗收到有效的结果,则可确定诊断。

(四)根据诊断的准确程度,可分为疑问诊断、初步诊断、最后诊断和待除外诊断

1.疑问诊断

系指疾病症状不明显,或病情复杂仅依据当时的情况所作出的暂时性的诊断。在以后的观察治疗过程中,或被证实,或被完全推翻,如疑问诊断是错误的,应随时加以纠正。

2. 初步诊断

初步诊断是在经过病史调查、一般检查及系统检查之后所作出的诊断，它是进一步实施诊疗的基础。无论在任何情况下，初步诊断都是必要的，否则诊疗方案和措施便无从谈起。

3. 最后诊断

最后诊断是在经过全面检查，排除类似疾病，并通过治疗验证之后所作出的诊断。对于疾病是否治愈，病畜是否死亡或失去使用价值，均应作出最后诊断，以便不断总结经验，提高诊断能力和水平。

4. 待除外诊断

有些疾病缺乏特异性或足够的诊断依据，只有在排除了其他一切可能的疾病后，才能作出诊断。临床上常用"××病待除外"或"印象：××病"的形式作为暂时的诊断，以表示诊断欠完善。

三、疾病预后的判断

在作出疾病诊断之后，应对疾病的相对持续时间、可能的转归和小动物的生产性能、使用价值等作出判断，称为预后(prognosis)判定。预后不单是判断病畜的生死，同时也要推断患病动物的生产能力和饲养价值，以及是否需要安乐死等问题。诊断愈完善，愈个体化，则预后判定愈正确。

判定疾病的预后，要实事求是，严肃认真，既不能夸大病情，也不应重病说轻；预后良好也不要盲目乐观；预后不良，也不应轻易放弃诊疗努力；要如实向动物主人说明情况，取得合作和支持。

判定疾病的预后，应充分考虑患病小动物的个体特性(如年龄、营养、体质等)、周围的环境(如饲养管理、气候条件和环境污染情况等)和疾病的发展变化，决不能单纯以疾病本身来判断。

临床上，一般把疾病的预后分为预后佳良、预后不良、预后慎重和预后可疑。

(一)预后佳良

预后佳良是指病情轻，患病动物个体情况良好，不但能恢复健康，而且不影响生产性能和经济价值。如支气管炎、口炎等。

(二)预后不良

预后不良是指由于病情危重尚无有效治疗方法，患病动物可能死亡，如胃肠破裂或不能彻底治愈，影响生产性能和经济价值，如犬心肌炎型细小病毒感染、慢性肺泡气肿等。

(三)预后慎重

预后慎重是指预后的好坏依病情的轻重、诊疗是否得当及个体条件和环境因素的变化而有明显的不同。如日射病或热射病、有机磷中毒、肠扭转、肠套叠等，可能在短时间内很快治愈，也可能因治疗不当而死亡。

(四)预后可疑

由于资料不全，或病情正在发展变化，一时不能作出肯定的预后，称为预后可疑。如犬瘟热，可能得到完全治愈而预后佳良，也可能由于病毒侵入脑膜而预后不良。

第二节 建立诊断的方法

建立诊断，就是对疾病本质作出正确的判断，而判断则是一种逻辑思维过程。建立诊断的方法，通常采用以下两种，即论证诊断法和鉴别诊断法。

一、论证诊断法

论证，就是用论据来证明一种客观事物的真实性。论证诊断法(recognition diagnosis)，就是从检查患病动物所搜集的症状资料中，分出主要症状和次要症状，按照主要症状设想出一个疾病，把主要症状与所设想的疾病，互相对照印证，如果用所设想的疾病能够解释主要症状，且又和多数次要症状不相矛盾，便可建立诊断，这种诊断方法就叫作论证诊断法。

例如有一只母犬，突然发病，食欲废绝，前期呼吸急促，四肢僵硬，运动失调，对外界反应迟钝，随后症状逐渐加重，全身痉挛，牙关禁闭，病史调查显示该犬正处于哺乳期，且产仔数较多，像这样的疾病，略有临床经验的兽医便很容易想到产后缺钙。如果把上述症状与成书记载的母犬产后缺钙的症状相互对比，大多是符合的，而且经静脉输入葡萄糖酸钙溶液，并配合注射钙制剂后，病犬很快恢复，进一步证实母犬产后缺钙的诊断是正确的。

有一定临床经验的兽医，大多愿意使用论证诊断法，因为它比较简便，不需要像鉴别诊断法那样罗列许多病名，逐个进行淘汰，才能对疾病作出诊断。尤其当症状暴露得比较充分，或出现综合症状或示病症状，使疾病变得比较明显时，运用论证诊断法就比较适宜。反之，如果症状不够完备，疾病暴露不充分，缺乏临床经验，则以使用鉴别诊断法为宜。对初学者，在论证诊断时容易出现生搬硬套的现象，按照书本去与患畜机械对照，却忽略了即便同一种疾病，其病程、病情不同，所表现的症状也不尽相同；患病动物个体的差异，也会使临床表现不尽一样，所以，应学会对具体问题作具体分析，只有这样才能深刻认识疾病的本质和规律，防止主观臆断、生搬硬套。

二、鉴别诊断法

在疾病的早期，当病畜表现症状不典型或疾病复杂，找不出可以确定诊断的依据来进行论证诊断时，可采用鉴别诊断法。其具体方法：先根据一个主要症状，或几个重要症状，提出多个可能的疾病，这些疾病在临床上比较近似，但究竟是哪一种，需通过相互鉴别，逐步排除可能性较小的疾病，逐步缩小鉴别的范围，直到剩下一个或几个可能性较大的疾病，这种诊断方法称为鉴别诊断法(differential diagnosis)，也叫排除诊断法。

在提出待鉴别的疾病时，应尽量将所有可能的疾病都考虑在内，以防止遗漏而导致误诊。但是考虑全面，并不等于漫无边际，而是要从实际所搜集的临床材料出发，抓住主要矛盾来提出病名。一般是先想到常见病、多发病，因为这些疾病的发病率高。除此以外，也要想到罕见病和稀有病，特别是与常见病、多发病的一般规律和临床经验有矛盾时，更应注意。

在实行鉴别诊断时，应根据什么来排除或否定那些可能性较大的疾病呢？主要依据所提出的疾病能否解释病畜所呈现的全部临床症状，是否存在或出现过该病的固定症状与示病症状；如果提出的疾病与患病动物呈现的临床症状有矛盾，则所提出的疾病就可以被否定。经过这样的几次淘汰，可筛选出一个或两个可能性较大的疾病。如果用一个疾病不能解释所有的症状，就应考虑是否存在并发症或伴发症。

例如，患病小动物，临床表现呼吸困难，两侧鼻孔流污秽不洁鼻液，胸部听、叩诊有变化，精神沉郁，体温升高等症状。依据上述主要症状，应考虑到腐败性气管炎、支气管扩张、鼻旁窦坏疽性炎症及坏疽性肺炎等疾病。由于腐败性支气管炎缺乏高热和肺浸润的病征，故可排除。支气管扩张时，由于渗出物积聚和分解，呼出气和鼻液也可能有恶臭味，但其渗出物是周期性地出现，而且是在剧烈咳嗽之后，全身症状亦不明显。鼻旁窦坏疽性炎症多为单侧性额窦发炎，缺乏全身症状，恶臭鼻液多自一侧鼻孔流出。鉴于上述 3 种疾病与病畜呈现的临床症状有矛盾，则可以被否定。而坏疽性肺炎与患病动物的临床表现基本相符，如果有误咽病史，鼻液内检出弹力纤维，即可诊断为坏疽性肺炎。因为在腐败性支气管炎、支气管扩张、鼻旁窦坏疽性炎症及坏疽性肺炎这 4 种疾病的早期，在各自的典型症状尚未出现时，它们之间有相类似的症状，以致经验不多的兽医往往不能很快识别出来。

一般临床上，是先用鉴别诊断法，后用论证诊断法；也有先用论证诊断法的，这不是死板的公式，要根据疾病的复杂性和个人的临床经验来决定。为了求得诊断有把握，对于用鉴别诊断法得来的诊断结果，最好再通过论证诊断法加以证实，所以两种诊断法不是对立的，而是相互补充的。

不论采用哪种方法建立诊断，都还必须根据疾病的发展变化经常加以核查。因为疾病的病理过程是不断变化的，在这个过程中有的症状消失，有的症状出现，或者在病理过程中的主要矛盾与次要矛盾发生了相互转化。因此，必须用发展的观点对待所提出的诊断。这样用动态的观点观察疾病，有助于明确一时未能排除或未能肯定的疾病的诊断。

第三节　建立诊断的步骤

在疾病诊疗过程中，建立正确的诊断，通常是按照以下 3 个步骤来进行的。即调查病史，搜集症状；分析症状，建立初步诊断；实施防治，验证诊断。

下面结合一些实际病例，讨论如何具体运用建立诊断的 3 个步骤。

一、调查病史、收集症状

完整的病史，对于建立正确诊断非常必要。要得到完整的病史资料，应全面、认真地调查现病史、既往生活史和周围环境因素等，调查中要特别注意病史的客观性，防止主观片面。片面的和不准确的病史，经常会造成诊断上的严重错误，必须注意避免和克服。例如，一例患子宫蓄脓的犬，如果只凭动物主人主诉，即该犬近期精神沉郁，体温略升高，食欲降低，饮水量增加，有呕吐现象，而未道及病犬的性别、年龄、生育情况，且有脓性分泌物不断从阴门中流出，就可能把兽医的注意力吸引到一般胃肠道疾病上去，而忽略了对子宫蓄脓的考虑。

除调查病史外，对于建立正确诊断更为重要的，是对病畜进行细致的检查，全面地搜集症状。搜集症状，不但要全面系统，防止遗漏，而且要依据疾病进程，随时观察和补充。因为每一次对动物的检查，都只能观察到疾病全过程中的某个阶段的变化，而往往要综合各个阶段的变化，才能获得对疾病较完整的认识。在搜集症状的过程中，还要善于及时归纳，不断地作大体上的分析，以便发现线索，一步步地提出要检查的项目。具体来说，在调查病史之后，要对主诉提供的材料作大体上的分析，抓住科学合理的资料，以便确定检查方向和重点。在一般检查、系统检查、特殊检查及实验室检验之后，要及时对检查结果进行归纳和小结，为最后的综合分析作准备。这样做，看起来多费了一些时间，但实际上线索找对了，方向摸准了，更易收到事半功倍的效果。例如，有一只病犬，病史指出，运动时奔跑无力，易出汗，气喘，近期食欲减退，精神沉郁，1周前灌药过程中发呛、咳嗽。从这一简单病史来看，这只病犬既可能是慢性心功能不全，也可能是慢性消化不良引起的全身功能衰竭。至于灌药发呛、咳嗽，有两种可能：或者是药液灌到气管内引起的咳嗽，也可能是投药器具刺激咽部引起的咳嗽。因此，对这样的病犬，就应当对消化、呼吸及循环三个系统做全面的检查。如果在一般检查中，发现病犬体温升高、呼吸加快、咳嗽、流鼻液，则应当在不忽视其他系统的前提下，把呼吸系统暂定为检查的重点。待各个系统检查完毕后，如还不能肯定是支气管、肺或胸膜的疾病，在有条件的情况下，可以进行胸部X线检查，或对鼻液、支气管抽吸液进行细胞学检查。经过系统检查和特殊检查之后，即可就各系统检查结果进行比较分析，以便为下一步建立初步诊断提供全面、客观的依据。

二、分析症状、建立初步诊断

(一)分析症状

在临床实际工作中，不论是所调查的病史材料，还是所搜集到的临床症状，往往都是比较零乱和不系统的，必须进行归纳整理，或按时间先后顺序排列，或按各系统进行归纳，以便对所搜集的症状进行分析评价。在分析症状的过程中，应处理好以下4种关系。

1.现象与本质的关系

一定的临床材料，不管是病史资料、症状表现，还是实验室检验结果，都具有它们所代表的临床诊断意义，这就是现象与本质的关系。例如，胸膜摩擦音是一种病理现象，它所反映的本质是胸膜面上有纤维蛋白沉着，是由纤维素渗出性胸膜炎引起的。疾病的症状和疾病的本质，是辩证统一的两个方面，二者互相联系，但不是彼此等同。有些症状比较明显地反映了疾病本质的某些方面，对于建立诊断极有意义；有些则可能是假象，应加以识别。在兽医临床上，辨别真假，是一个比较复杂的问题，不仅对动物主人的主诉材料要进行分析，就是对临床症状也有辨别的问题。对动物主人的主诉材料，主要是对照现症检查的结果，分析鉴别。如果主诉与现症一致，证明主诉是正确的，对提供诊断线索有重要意义；不一致时，则应以现症作为诊断依据。

疾病的临床表现一般都比较复杂，如何透过复杂的临床表现去认识疾病的本质，这就要求掌握认识疾病的理论知识与检查病畜的方法。除此以外，还应掌握识别假象，辨证认病的能力。例如，上述病犬，1周前在灌药过程中咳了几声，究竟是药液误入气管引起的，还是投药器具刺激咽部引起，应仔细分辨，加以区分，才不致发生误诊。如果经过检查，病犬呼吸系统症状不明显，仍以消化系统症状为主，则可认为灌药当时的咳嗽是投药器具刺激咽部引起的，而对于提示误咽性肺炎来说是一种假象。故在分析症状时，要区别真象和假象，才能真正揭露疾病本质。

2.共性与个性的关系

许多不同的疾病可以呈现相同的症状，即所谓“异病同症”。例如水肿，在一些心脏病、肝病、肾病和贫血等疾病时都可以出现，水肿是这些疾病的共同症状，是共性，但水肿在这些疾病时的表现却各有特点，即个性。如心脏病性水肿因受重力影响，多出现于胸腹下部及四肢下端；而肾病性水肿则首先出现于皮下疏松组织较多的部位，如眼睑、阴囊等处。

再就疾病与病畜而言，疾病是共性，病畜是个性。由于引起疾病的原因复杂，疾病的类型又不相同，发展阶段也不尽一样，个体差异又很大，故同一种疾病在不同病畜身上，其表现是有差异的。有的症状典型，有的表现不明显；有的以这一症状为主，有的以那一症状为主；而且，同一种疾病，即使在同一病畜身上，由于疾病发展阶段不同，其症状自然也就有所差别。因此，要求任何病畜在相同阶段都出现典型的症状，是不可能的。所以，在临床诊断中，只有善于从特殊性中发现一般规律，又能用一般规律去指导认识特殊性，才能对疾病的认识越来越深化。鉴别诊断法，就是从共性与个性的关系上来建立疾病诊断的。

3. 主要症状与次要症状的关系

在分析症状时，不仅要去伪存真，还要去粗取精，抓住主要矛盾。一个疾病，可以出现多种症状，即所谓“同病异症”；同一个症状，又可以由不同的疾病引起，所谓“同症异病”。因此，对待症状，不能同等看待，应区分主次，抓住主要症状。在临床上，可根据症状出现的先后和症状的轻重，找出其主要症状。一般来说，先出现的症状大多是原发病的症状，常常是分析症状、认识疾病的向导；明显的和严重的症状往往就是疾病的主要症状，是建立诊断的主要依据。

例如，上述的病犬，开始时发现食欲减退，奔跑气喘、易疲劳，容易出汗，以及1周前在灌药过程中出现过咳嗽，是最早出现的症状，是动物临床最先怀疑某种或某几种疾病的主要线索。经过检查，如果发现有静脉瘀血，结膜发绀，四肢下端水肿，并且心脏听、叩诊有变化，说明易疲劳、发喘、易出汗是心力衰竭的表现，是主要矛盾；而吃食少等消化系统症状是次要症状，灌药过程中发生的咳嗽只是一种偶然的现象。临床上对主要症状明显的疾病，以使用论证诊断法较为合适。

4. 局部与整体的关系

动物体是一个复杂的整体，各组织、器官虽有相对的独立性，但又相互密切联系。许多局部病变可以影响全身；相反，全身性的病变又可以局部症状为突出表现。例如，局部脓肿可引起发热等全身症状；而钙、磷代谢障碍等全身性疾病，可以表现为骨骼变形、四肢运动障碍等局部症状，所以，对疾病的诊断，必须把局部和整体结合起来进行分析，防止孤立、片面地对待症状。

此外，还应注意症状之间有无内在联系，彼此有无矛盾。只有把视、触、叩、听、嗅诊所搜集到的临床症状与实验室检验和相应的特殊检查的结果纵横剖析、连贯起来思索，分析各种检查结果彼此之间是否一致，各个症状符不符合某种疾病应有的症状，才能提出正确的诊断。

(二)建立初步诊断

建立诊断就是对病畜所患的疾病提出病名。这一病名应能指出患病部位、患病器官、疾病性质、功能障碍的程度和形式以及发病原因。怎样才能提出恰当的病名？除了上面所说的分析症状应注意的几个关系外，还要能善于发现综合症状和示病症状，最后应有论证诊断法或鉴别诊断法，建立初步诊断(primary diagnosis)。在建立诊断时，首先要考虑常见病和多发病，应注意动物的种属、年龄，以及地区和环境条件等因素，如3月龄以内的幼犬易患营养代谢病，6～8岁犬多发循环系统疾病，在传染病流行季节首先要考虑传染病，在高氟地带应考虑氟中毒等。

在建立初步诊断时，如果动物所患疾病不止一种，应分清主次，顺序排列。影响健康最大或威胁生命的疾病为主要疾病，应排在最前面。在发病机制上与主要疾病有密切关系的疾病，称为并发病，列于主要疾病之后；与主要疾病无关而同时存在的疾病，称为伴发病，排列在最后。例如：初步诊断佝偻病，并发肋骨骨折，伴发蠕形螨病和真菌感染。

三、实施防治，验证诊断

在临床实际工作中，在运用各种检查手段，全面客观地搜集病史、症状的基础上，通过分析加以整理，建立初步诊断后，还需拟订和实施防治计划，并观察这些防治措施的效果，去验证初步诊断的正确性。一般说来，防治效果显效的，证明初步诊断是正确的；防治无效的，证明初步诊断是不完全正确的，此时则要重新认识，修正诊断(diagnosis correcting)。实际上，在初诊时就能作出正确无误的诊断，并能拟订出始终可用的防治计划的情况并不多见。这是因为不但常常受诊断技术水平的限制，而且也受疾病发展及其表现程度的限制。所以，对于症状比较复杂的病畜，在建立初步诊断后，仍需在治疗过程中不断观察，不断分析研究，如果发现新的情况或病情与初步诊断不符时，应及时作出补充或更正，使诊断更符合客观实际，直至最后确定诊断。临床工作者只有通过反复实践，在技术上精益求精，才能不断提高对疾病的认识能力和诊断水平。

综上所述，从调查病史、搜集症状，到综合分析症状、建立初步诊断，直至实施防治、验证诊断，是认识、诊断疾病的 3 个过程，这三者相互联系，相辅相成，缺一不可。其中调查病史、搜集症状是认识疾病的基础；分析症状是揭露疾病本质、制订防治措施的关键；实施防治、观察疗效，是验证诊断、纠正错误诊断和完善正确诊断的唯一途径。如果，搜集症状不全，或先入为主，主观臆断，根据片面或主观、客观相分离的症状下诊断，就难免得出错误的诊断；如果对搜集的症状，不加分析，主次不分，表里不明，那么对疾病的认识就只能停留在表面现象上，无法深入疾病的本质；如果建立初步诊断之后，就以为万事大吉，不去验证，那就无从纠正错误的认识，不能达到建立正确诊断的目的。

第四节　建立正确诊断的条件和产生错误诊断的原因

一、建立正确诊断的条件

对疾病作出正确诊断，是对小动物疾病实施合理有效治疗的基础。要使诊断正确可靠，必须具备以下条件。

(一)充分占有资料

建立正确的诊断，首先要充分占有关于病畜的第一手资料。为此，要通过病史调查、临床检查、实验室检验、特殊检查等，对病畜发病原因、呈现的症状，以及血、尿、粪的变化加以全面了解。不能单凭问诊或几个症状就简单地建立诊断。在临床实际工作中，有时因时间仓促、设备不全和其他条件的限制，或因病畜亟待处理而来不及做细致周密的检查，但决不能因此而强调客观困难，而应积极创造条件，以期占有全部临床资料。关于这方面，系统、有计划地实施顺序检查，则是达到系统全面而不致遗漏主要症状的捷径。在临床上，由于检查疏忽而发生误诊的并不罕见。所以，养成按顺序检查的习惯是非常必要的。

（二）保证资料客观、真实

在检查病畜搜集症状时不能先入为主，或“带着疾病”去搜集症状。搜集症状要如实反映病畜的情况，避免牵强附会。不能认为有什么样的病史，就一定会出现什么样的症状；更不能以为听诊上出现什么情况，叩诊或特殊检查上也一定会出现什么变化。因为疾病过程是千变万化的，同种疾病并不一定出现相同的症状。虽然在接触到病畜，尤其在进行了一般检查和某个重点系统检查之后，会不断考虑某些怀疑和可能，也允许有某种假设（hypothesis），但这些假设都应建立在科学的、客观的基础之上，并且要有实际根据和比较圆满的解释，尤其不要局限在少数假定范围之内，而应尽可能广开思路，针对所有可能的疾病进行补充检查，以达到建立正确的诊断。

（三）用发展的观点看待疾病

任何疾病都是不断发展变化的，每一次检查，都只能看到疾病全过程中的某个阶段的表现，因此必须用发展变化的观点看待疾病。只有综合多个阶段的表现，才能获得较完整的资料和疾病的全貌。用发展的观点看待疾病，就是要正确评估疾病每个阶段所出现症状的意义，按照各个现象之间的联系，根据主要与次要、共性与个性的关系，阐明疾病的本质，既不应把现实的疾病与成书记载的资料生搬硬套，也不能只根据某个阶段的症状一成不变地建立诊断。

（四）全面考虑、综合分析

要建立正确的诊断，必须全面考虑，综合分析，合乎逻辑地推理。在提出一组待鉴别的疾病时，应尽可能将全部有可能存在的病都考虑在内，以防遗漏而导致错误的诊断。对临床检查结果和实验室检验结果要结合起来分析，既要防止片面依靠实验室检验结果建立诊断，也要避免忽视实验室检验结果的倾向。即使一、两次实验室检验为阴性结果，也往往不足以排除某一疾病的存在，例如，肾炎的蛋白尿不是每次实验室检查均出现，而可能是间歇地出现。

总之，建立正确诊断，一是要实事求是地反映疾病和病畜的实际情况，防止主观片面；二是用发展的观点看待事物，避免孤立静止地看待疾病。只有这样，才能充分认识疾病的本质，达到正确诊断疾病的目的。

二、产生错误诊断的原因

错误的诊断，是造成防治失败的主要原因，它不仅造成个别小动物的死亡或影响其生产性能和经济价值，而且还可能造成疾病蔓延，使患病动物群遭受危害。导致错误诊断的原因多种多样，概括起来可以有以下四个方面。

（一）病史不全面

病史不真实或者简单的介绍对建立诊断的参考价值极为有限。例如，病史不是由饲养管理人员提供的，或者是为了推脱责任而做了不真实的诉说，或者以其主观看法代替真实情况，对过去治疗经过、用药情况及疫苗免疫等叙述不具体，以致兽医不能真正掌握第一手资料，从而发生误诊。

（二）条件不完备

由于时间紧迫，仪器设备不全，检查场地不适宜，动物性情暴躁，骚动不安，或卧地不起，难以进行周密细致的检查，也往往引起诊断不够完善，甚至造成误诊。

(三)疾病复杂

疾病比较复杂，症状不够典型，或症状不明显，而兽医又忙于诊治处理。在这种情况下，建立正确诊断比较困难，尤其对于罕见的疾病和本地区从来未发生过的疾病，由于初次接触，容易发生误诊。

(四)业务不熟练

由于兽医人员缺乏临床经验，检查方法不够熟练，检查项目不够齐全，认症辨证能力有限，不善于利用实验室检验结果分析病情，诊断思路不开阔，从而导致错误的诊断。

综上所述，造成错误诊断的原因虽有多种，但不是完全不可避免的。例如，对病史调查一定要做到详细全面，并用自己的检查结果验证其真实性；对于条件不具备的，应尽量争取和创造必要的条件；对于病情比较复杂的，应周密细致地检查；如病情不太严重，而时间又允许作观察的，可不忙于下最后诊断。至于业务不熟练，可以通过学习，刻苦钻研业务，反复操作，或通过会诊，以弥补自己的不足。此外，还可利用尸体剖检来验证动物生前的诊断，提高对疾病的诊断水平。

第十九章　各器官、系统疾病的综合征

第一节　循环器官、系统疾病的综合征

一、心功能不全的综合症状

通常见有心搏动次数增多或减少，脉搏减弱或脉律不齐，心音亢进或减弱，或只听到第一心音，而第二心音听不到，有的发生心音分裂，心内杂音，或心音混浊。表在静脉怒张，黏膜发绀，呼吸急促、浅表，或伴发肺水肿，有泡沫性鼻液。精神沉郁，或高度沉郁乃至晕厥倒地，痉挛。慢性心功能不全，常见动物耐力和生产性能下降，食欲减损，全身乏力，动则气喘，容易出汗，浅表静脉瘀血，或于四肢下端出现水肿，可见有肝、肾、肺、胃肠瘀血所引起的机能障碍，体腔积液。

二、外周血管衰竭综合症状

通常见有体温低下，四肢末梢厥冷，呼吸、脉搏增数，肌肉无力，精神沉郁，甚至发生阵挛性惊厥。循环血量不足，中心静脉压降低，静脉穿刺血流不畅，毛细血管再充盈时间延长，尿量减少或无尿。由脱水引起的血管衰竭，除有脱水的病史外，可见皮肤干燥，弹力减退，眼窝凹陷，血液黏稠，红细胞压积容量增高，血浆蛋白含量增多。休克引起的血管衰竭，除心源性休克有急性心力衰竭的症状外，其他如感染性休克、创伤性休克、过敏性休克等，除有一定病史外，常呈现渴欲增进，黏膜苍白，皮肤出冷汗，血压低下，脉搏细弱，或全身抽搐和昏迷。

三、心包疾病的综合症状

患病动物心区触诊敏感，叩诊有疼痛反应，表现呻吟、躲闪、反抗等，心浊音区扩大。听诊心音减弱，有心包摩擦音或心包拍水音。脉搏增数，黏膜发绀，表在静脉怒张，皮下尤其颈基部及胸下浮肿。

第二节　呼吸器官、系统疾病的综合征

一、上呼吸道疾病的综合症状

通常表现为打喷嚏或咳嗽、流鼻液，无呼吸困难或呈吸气性呼吸困难，胸部听、叩诊变化不

明显。如鼻液多，呼吸时闻有鼻狭窄音、哨音或笛音，常打喷嚏或鼻喷，鼻黏膜潮红肿胀，以及鼻腔狭窄等，可能是鼻腔疾病。如患病动物呈现单侧性脓性鼻液，鼻腔狭窄，吸气困难，鼻旁窦的外形发生明显改变，可能是鼻旁窦的疾病。如咳嗽重，头颈伸展，喉部肿胀，触诊敏感，可能是喉的疾病。

二、支气管疾病的综合症状

患病动物通常表现为咳嗽多，流鼻液，胸部听诊有啰音，叩诊无浊音，全身症状较轻微。大支气管疾病，咳嗽多，流鼻液，肺泡呼吸音普遍增强，可听到干啰音或大、中水泡音，X线检查，肺部有较粗纹理的支气管阴影。细支气管疾病，呼气性呼吸困难，广泛性干啰音和小水泡音，肺泡呼吸音增强，胸部叩诊音比较高朗，继发肺泡气肿时，肺叩诊界扩大。

三、炎性肺病的综合症状

通常见有混合性呼吸困难，流鼻液、咳嗽，肺泡呼吸音减弱或消失，出现病理性呼吸音，肺叩诊有局灶性或大片浊音区，X线检查，可见相应的阴影变化。体温升高，全身症状重剧，白细胞增多，核型左移或右移。

四、非炎性肺病的综合症状

呼气性或混合性呼吸困难，胸部听、叩诊异常，一般无热，细胞计数一般无异常。肺气肿，呈现呼气性呼吸困难，二次呼气明显，肺泡呼吸音减弱，叩诊呈过清音，X线检查肺野透明。肺充血或肺水肿，混合性呼吸困难，两侧鼻孔流多量白色细小泡沫样鼻液，胸部听诊有广泛的小水泡音或捻发音，叩诊呈浊鼓音。X线检查，肺阴影一致加深。重者呈现心力衰竭的体征。

五、胸膜疾病的综合症状

患病动物呈现混合性呼吸困难，腹式呼吸明显，无鼻液，咳嗽少，胸壁敏感，听诊有胸膜摩擦音，叩诊呈水平浊音，胸腔穿刺有大量渗出液或漏出液。

第三节　消化器官、系统疾病的综合征

一、口腔、咽、食管疾病的综合症状

口腔、咽、食管疾病的共同症状，是流涎、咀嚼和吞咽障碍。口腔疾病因无吞咽障碍，唾液一般不混有食物，唾液于口内或挂在口角，呈白色泡沫状或牵缕状，且有不同程度的咀嚼障碍，进一步检查可发现口腔及牙齿病变，甚至口腔异物。咽及食管疾病，都表现有咽下障碍和流涎，唾液不仅含于口内，挂于口角，还从两侧鼻孔流出，采食及饮水时尤为明显。咽部疾病，在吞咽时立即有水和食物从鼻腔逆出，咽部肿胀，触压敏感，头颈伸展，避免运动。食管疾病，在多次吞咽动作后才有食物和饮水从口、鼻流出，行食管触诊、探诊可见食管异常改变。食管炎，触诊发炎部位敏感，胃管插至发炎部位，动物表现不安。食管痉挛时，在左侧颈静脉沟部可见自上而下或自下而上的波浪状收缩，外部触诊，感到食管呈硬索状，发作时胃管不能插入，发作

停止后，则胃管可以顺利插入。食管麻痹，胃管插入无阻力。食管憩室，如胃管插至室壁上，胃管不能插入，否则可顺利通过。

二、消化障碍性胃肠病的综合症状

患病动物呈现食欲障碍，偏食或异嗜，口腔干燥或湿润，有舌苔、口臭，肠音减弱或增强，粪便干燥、稀软或水样，含有多量黏液或血液，臭味较重。全身症状不明显或重剧，体温正常或升高，脉搏、呼吸正常或增数。有的有轻微腹痛症状，如拱背、运步小心等。消化不良，精神、体温、脉搏等全身状态无明显变化。胃肠炎，则精神、体温、脉搏等全身状态和自体中毒症状重剧，腹泻常混有脓血等异常混合物。

三、动物腹痛的综合症状

腹痛时，小动物食欲减退或废绝，肠音减弱、消失或亢进，排粪减少、停止或长期保持排粪姿势没有粪便或仅排出少量稀软便及黏液，口腔干燥或湿润，有的腹围膨大。体温、呼吸、脉搏，初期无明显变化，中后期脉搏增数，有的腹围不大而呼吸促迫，体温升高，保持静止或烦躁不安。严重病例，可呈现卧地不起，精神极度沉郁，甚至用头撞击腹部，有些病例有心律失常的现象。

四、肝病的综合症状

通常见有可视黏膜黄染，食欲减退，消化紊乱，排粪时干时稀。精神沉郁，甚至出现昏迷，心动徐缓。肝区触诊敏感，叩诊浊音区扩大，肝功能检查一些指标有不同程度的改变。有的患病动物无色素部皮肤发生光敏性皮炎。慢性肝病还表现消瘦、贫血、浮肿及腹水等症状。

第四节 泌尿器官、系统疾病的综合征

一、肾疾病的综合症状

常见有尿量减少，有的尿量增加，眼睑或腹下有浮肿，动脉压升高，主动脉瓣区第二心音增强，尿中有蛋白质、红细胞、肾上皮细胞和管型，肾区触诊疼痛，肾功能指标出现不同程度的改变。严重的病畜出现尿毒症，呼出气有尿臭味，并有痉挛、昏迷等神经症状。

二、尿路疾病的综合症状

屡见动物取排尿姿势，尿频或频尿，仅有少量尿液排出，排尿带痛，表现不安，个别病例发出呻吟声。尿常规检查可能多项指标异常，尿液混浊，或混有脓、血、细沙砾样物，膀胱触诊敏感，空虚或膨满。尿沉渣中有多量扁平上皮或尾状上皮细胞及多种无机盐结晶。

第五节　神经系统疾病的综合征

一、脑病的综合症状

精神状态异常，过度兴奋，或精神沉郁、昏睡乃至昏迷，意识紊乱和运动障碍，不注意周围事物，对外界反应迟钝或消失，皮肤痛觉和反射减弱或消失；运动不顾障碍物，盲目运动或圆圈运动，采食、饮水状态异常，嗅觉、味觉错乱。眼球震颤、斜视，瞳孔大小不等，鼻唇部肌肉挛缩，牙关紧闭，舌纤维性震颤。有的口唇歪斜，耳下垂，舌脱出，吞咽障碍，听觉减弱，视觉障碍。

二、脊髓病的综合症状

常可见节段性的感觉机能紊乱，截瘫或单瘫，反射亢进或消失，肛门和膀胱括约肌功能障碍，排粪、排尿障碍。脊髓实质的疾病，可见有脊髓传导径路损伤的症状，如一侧或两侧的痛觉消失或深感觉障碍。脊髓膜的疾病，常见有脊神经根的刺激症状，如一定区域的痛觉过敏。腰荐部脊髓损伤，可呈现排尿、排粪机能高度障碍，致使粪尿失禁或滞留，后肢瘫痪。前段胸髓损伤，不但排尿、排粪机能障碍，而且整个后躯感觉消失及瘫痪，但腱反射增强。颈髓中段损伤，表现为两前肢感觉消失和瘫痪，反射消失，甚至有窒息死亡的危象。

第六节　血液及造血器官疾病的综合征

一、贫血性疾病的综合症状

可视黏膜苍白，精神沉郁，食欲减退，倦怠无力，不耐运动，容易疲劳，可能有浮肿，呼吸、脉搏显著加快，心听诊有缩期杂音(贫血性杂音)。急性失血性贫血，起病急骤，可视黏膜突然苍白，体温低下，四肢发凉，脉搏细速，乃至陷入低血容量性休克而迅速死亡，血液检查呈正细胞正色素型贫血。慢性失血性贫血，起病隐袭，可视黏膜逐渐苍白，日趋瘦弱，贫血渐进增重，后期常伴有四肢和胸腔下浮肿，乃至体腔积水，血液检查呈正细胞低色素型贫血。溶血性贫血，起病快速或较慢，可视黏膜苍白、黄染，往往排血红蛋白尿，体温正常或升高，病程短急或缓长，血液检查为正细胞正色素或低色素型贫血，间接胆红素增多。缺铁性贫血，起病缓慢，可视黏膜逐渐苍白，体温不高，病程较长，血液检查呈小细胞低色素型贫血。缺钴性贫血，具地区性、群发性，起病徐缓，食欲减退，逐渐消瘦，体温不高，病程长，血液检查呈大细胞正色素型贫血。再生障碍性贫血，除继发于急性辐射损伤外，一般起病较慢，可视黏膜苍白，全身症状越来越重，而且伴有出血综合征，血液检查呈正细胞正色素型贫血。

二、出血性疾病的综合症状

可视黏膜或皮肤有出血斑点，黏膜下或皮下有大小不等的血肿，粪便、尿液、鼻液、眼房液乃至胸腹腔穿刺液混有血液，关节腔出血肿胀。有的发生肺出血而呼吸困难，有的因脑出血而瘫痪。血液检查，流血时间正常或延长，血管脆性阳性或阴性，血小板数减少或正常，血块收缩不良或正常，凝血时间延长或正常，凝血酶原时间延长或正常。

第七节　营养代谢病的综合征

患病动物表现精神沉郁，消化紊乱、异嗜，食欲减退或偏食，有的长期腹泻或排稀软便；生长迟缓，发育停滞，躯体消瘦，被毛粗乱，肋骨轮廓外露，营养不良；生产性能下降、繁殖机能障碍，长期不发情或发情延迟，屡配不孕或孕期返情，胚胎早期死亡、早产、流产，雄性动物性欲低下，精子异常；骨骼、关节变形、运动机能障碍，关节粗大，长骨变形，脊柱弯曲，头骨肿胀变形，骨疣增生，不明原因骨折，病畜喜卧，不愿站立，行走缓慢，跛行等。有的动物呈现神经症状，昏睡、昏迷，抽搐、痉挛、惊厥，头颈歪斜，后躯摇摆，步样蹒跚，盲目行走等；免疫机能低下，细菌、病毒、寄生虫等感染性疾病的发病率增加。此外，营养代谢病还具群发性、地方流行性、多呈慢性经过等特点。

第八节　中毒病的综合征

动物通常表现为重剧的消化障碍、食欲废绝，流涎、呕吐，腹痛、腹泻、腹胀，粪便混有黏液和血液；明显的神经症状，瞳孔缩小或散大，精神兴奋、狂暴或沉郁、昏睡，肌肉痉挛或麻痹，反射减退或感觉消失；体温一般正常或低下。此外，还有一定的呼吸、循环、泌尿和皮肤症状，如呼吸促迫而困难，心搏动亢进，脉律不齐，多尿、少尿甚至尿闭，或血尿、血红蛋白尿，有的皮肤上出现疹块。慢性中毒，起病隐袭，病程较长，一般表现为消瘦、贫血及消化障碍等。

参考文献

[1] Jack C M, Watson P M. Veterinary technician's daily reference guide: canine and feline [M]. 3rd ed. Iowa: John Wiley & Sons Inc. ,2014.
[2] 中国兽医协会. 2014 年执业兽医资格考试应试指南[M]. 北京: 中国农业出版社,2014.
[3] Thrall D E. Textbook of veterinary diagnostic radiology[M]. 6th ed. St. Louis: Saunders Elsevier,2013.
[4] 王九峰. 小动物内科学[M]. 北京: 中国农业出版社,2013.
[5] 高得仪,韩博. 小动物疾病临床检查和诊断[M]. 北京: 中国农业大学出版社,2013.
[6] Hackett T B, Mazzaferro E M. Veterinary emergency and critical care procedures[M]. 2nd ed. Iowa: Wiley-Blackwell,2012.
[7] Harvey J W. Veterinary hematology: a diagnostic guide and color atlas[M]. St. Louis, Mo.: Elsevier/Saunders,2012.
[8] Gupta R C. Veterinary toxicology: basic and clinical principles[M]. 2nd ed. Amsterdam; Boston: Elsevier/Academic Press,2012.
[9] Sink C A, Weinstein N M. Practical veterinary urinalysis[M]. Iowa: Wiley-Blackwell, 2012.
[10] Koch S N, Torres S N F, Plumb D. Canine and feline dermatology drug handbook[M]. Chichester, West Sussex: Wiley-Blackwell,2012.
[11] Nelson R W, Couto C G. 小动物内科学[M]. 夏兆飞,张海彬,袁占奎,译. 北京: 中国农业大学出版社,2012.
[12] Thompson M S. 犬猫疾病鉴别诊断[M]. 曹杰,译. 北京: 中国农业科学技术出版社, 2012.
[13] 钱存忠,刘永旺. 犬猫病误诊误治与纠误[M]. 北京: 化学工业出版社,2012.
[14] Dobson J M, Lascelles B D X. BSAVA manual of canine and feline oncology[M]. 3rd ed. Gloucester: British Small Animal Veterinary Association,2011.
[15] 张乃生,李毓义. 动物普通病学[M]. 2 版. 北京: 中国农业出版社,2011.
[16] 韩博. 犬猫疾病学[M]. 3 版. 北京: 中国农业大学出版社,2011.
[17] Gough A. 小动物医学鉴别诊断[M]. 夏兆飞,袁占奎,译. 北京: 中国农业大学出版社, 2010.
[18] 谢富强. 兽医影像学[M]. 2 版. 北京: 中国农业大学出版社,2011.
[19] Lavin L M. 兽医 X 线摄影技术——如何拍出合格的 X 线片[M]. 谢富强,译. 北京: 中国农业大学出版社,2010.
[20] 王哲,姜玉富. 兽医诊断学[M]. 北京: 高等教育出版社,2010.

[21] 安铁洙，谭建华，张乃生. 猫病学[M]. 北京：中国农业出版社，2010.
[22] Riviere J E, Papich M G. Veterinary pharmacology and therapeutics[M]. 9th ed. Iowa: Wiley-Blackwell, 2009.
[23] Nautrup C P, Tobias R. 犬猫超声诊断技术图谱与教程[M]. 谢富强，译. 北京：中国农业大学出版社，2009.
[24] Schebitz H. 犬猫放射解剖学图谱[M]. 熊惠军，译. 沈阳：辽宁科学技术出版社，2009.
[25] 夏咸柱，张乃生，林德贵. 犬病[M]. 北京：中国农业出版社，2009.
[26] 宋大鲁，宋旭东. 宠物诊疗金鉴[M]. 北京：中国农业出版社，2009.
[27] 邓干臻. 兽医临床诊断学. 北京：科学出版社，2009.
[28] 刘宗平. 兽医临床症状鉴别诊断学[M]. 北京：中国农业出版社，2008.
[29] Rosenfeld A J. Veterinary medical team handbook: the team approach to veterinary medicine[M]. Iowa: Blackwell Pub., 2007.
[30] Jackson M L. Veterinary clinical pathology: an introduction[M]. Iowa: Blackwell Pub., 2007.
[31] Thrusfield M. Veterinary epidemiology[M]. 3rd ed. Oxford: Blackwell, 2007.
[32] 王俊东，刘宗平. 兽医临床诊断学[M]. 北京：中国农业出版社，2006.
[33] 郭定宗. 兽医临床检验技术[M]. 北京：化学工业出版社，2006.
[34] 胡元亮. 中兽医学[M]. 北京：中国农业出版社，2006.
[35] 韩博. 动物疾病诊断学[M]. 北京：中国农业大学出版社，2005.
[36] Meyer D J, Harvey J W. Veterinary laboratory medicine: interpretation & diagnosis [M]. 3rd ed. St. Louis, Mo.: Saunders, 2004.
[37] 张德群. 高等农业院校兽医专业实习指南[M]. 北京：中国农业大学出版社，2004.
[38] Lane D R, Cooper B C. Veterinary nursing[M]. 3rd ed. Oxford: Butterworth-Heineman, 2003.
[39] 东北农业大学. 兽医临床诊断学[M]. 3 版. 北京：中国农业出版社，2003.
[40] Nyland T G, Mattoon J S. Small animal diagnostic ultrasound[M]. 2nd ed. Philadelphia: W. B. Saunders Co., 2002.
[41] 侯加法. 小动物疾病学[M]. 北京：中国农业出版社，2002.
[42] Mcallister K Y. Diagnostic radiology and ultrasonography of the dog and cat[M]. Pennsylvania: W. B. Saunders Company, 2000.
[43] Oliver J E, Hoerlein B F, Mayhew I G. Veterinary neurology[M]. Philadelphia: Saunders, 1987.
[44] Kelly W R. Veterinary Clinical Diagnosis[M]. 3rd ed. London: Bailliere Tindall, 1984.